리핀코트의 그림으로 보는

세포분자생물학

Lippincott® Illustrated Reviews:
Cell and Molecular
Biology

리핀코트의 그림으로 보는

세포분자생물학

Lippincott® Illustrated Reviews: Cell and Molecular Biology

제3판

저 자

Nalini Chandar, PhD
Susan Viselli, PhD

역 자

유시욱

Philadelphia • Baltimore • New York • London
Buenos Aires • Hong Kong • Sydney • Tokyo

(주)바이오사이언스출판

리핀코트의 그림으로 보는

세포분자생물학 제3판

초판 인쇄: 2024년 8월 30일
초판 발행: 2024년 9월 5일
지은이: Nalini Chandar • Susan Viselli
옮긴이: 유시욱
발행인: 문정구
발행처: (주)바이오사이언스출판
본 사: 10860 경기도 파주시 탄현면 국화향길 10-56, 1동
서울사무소: 06569 서울특별시 서초구 도구로 115, 3층(방배동)
전 화: (02)581-4057~8
팩 스: (02)581-4059
이메일: inquiry@biosciencepub.com
홈페이지: http://www.biobooks.co.kr
ISBN: 979-89-6827-162-8 (93470)
등록번호: 제22-3079호

값 35,000원

(주)바이오사이언스출판

헌정사

우리가 가르치는 학생들과 우리를 가르친 선생님께 이 책을 드립니다.

감사의 글

먼저 Wolters Kluwer 팀에게 깊은 사의를 표합니다. 이 책의 제3판이 출판되는 동안 귀중한 지원을 해준 Crystal Taylor에게 감사드립니다. 또한 개발 편집자 Deborah Bordeaux와 편집 코디네이터 Sunmerrilika Baskar에게 감사의 말씀을 전합니다.

우리는 교수진과 학생들로부터 받은 비평을 소중히 여기며, 이 교재가 교수진의 강의에 유용하게 사용되기를 바라고, 보건 전문직 학생들이 학습하는 데 큰 도움이 되기를 바랍니다.

표지 사진: 생쥐 조골세포의 현미경 사진으로, 접착연접(캐드헤린-11, Cad-11)은 녹색으로, 액틴섬유는 빨간색으로, 핵은 파란색으로 표시하였다.
(Midwestern University의 Chandar Research Laboratory 제공)

역자 서문

이 책은 '리핀코트' 시리즈 중 세포학과 분자생물학 분야에서의 핵심 원리를 설명한 책으로, 제2판이 나온 지 4년여 만에 수정 보완되어 제3판을 출판하게 되었다. 모든 생명체의 근본적인 특징은 세포를 기본 단위로 구성되어 있으며, 유전정보를 통해 다양한 형질을 후대에 물려준다는 것이다. 따라서 세포학과 분자생물/유전학은 생명의 원리와 개념을 이해하는 데 가장 기본적이면서 중요하다고 할 수 있다. 즉 생명과학을 전공하는 학생은 반드시 공부해야 할 교과목이라고 볼 수 있다.

이 책은 그림을 중심으로 생명과학의 주요 개념 및 내용을 간결하게 정리하고 있으며, 인체의 적용 사례를 통해 쉽게 접근할 수 있도록 구성되었다. 또한 각 장의 말미에는 본문의 내용에 대해 학생들이 얼마나 이해하고 있는지를 스스로 진단할 수 있도록 학습 문제를 수록하고 있다. 따라서 이 책은 의 · 약학 및 간호 · 보건 계열뿐만 아니라 농림축산 및 산림자원 등과 같이 생명과학/생명공학을 공부하려는 학생들에게 훌륭한 길잡이 역할을 할 수 있으리라 생각한다. 또한 이 책은 한 학기용 교재로 사용하기에 적당한 분량으로 구성되어 있어서, 생명과학에 관심이 있는 대학생들을 위한 교양과정 또는 관련 학과로 진학하고자 하는 학생들을 위한 고등학교의 교재로 사용하기에도 적합하다고 할 수 있다.

이 책을 번역하는 동안 원서에서의 오류를 수정하였고, 다소 어려운 내용은 역자주를 첨가하여 생명과학 초보자라도 쉽게 이해할 수 있도록 노력하였다. 이 책의 용어는 고등학교와 대학교 교육과정을 유기적으로 연결하기 위해 교육부에서 발행한 〈2022 개정 교육과정에 따른 교과용 도서 개발을 위한 편수자료〉를 우선 고려하였고, 한국생물과학협회에서 편찬한 〈생물학용어집〉과 생명과학 전공 서적을 참조하여 결정하였다. 용어 표기는 최근의 추세에 따라 원어 발음을 기준으로 정하였고, 숫자가 포함된 용어는 아라비아 숫자로 표기하였다.

이 책 작업을 하면서 조금이라도 학생들에게 도움이 되는 책을 만들고자 노력하였으나, 본의 아니게 오류가 있다면, 독자 여러분의 피드백을 받아서 반영하고자 노력할 것임을 밝힌다. 마지막으로 본 교재가 출판되기까지 많은 수고를 기울인 ㈜바이오사이언스출판에 감사드리며, 특히 꼼꼼하게 작업을 진행해 주신 편집팀의 노고에 대해 감사드린다.

2024년 8월

역자 유시욱

역자 소개

유시욱 영남대학교 자연과학대학 생명과학과

목 차

제 1 단원
세포와 조직, 기관
Cell and Tissue Structure and Organization

구조의 다양성이라는 가면 아래, 일관성 있는 계획은 어디에나 숨겨져 있다–복잡한 것은 모든 면에서 간단한 것으로부터 진화한 것이다.

– 토마스 헨리 헉슬리(Thomas Henry Huxley; **영국 생명과학자,** 1825~1895)
A Lobster; or, the Study of Zoology (1861).
In: *Collected Essays*, Vol. 8. 1894: 205-206.

인간 생명의 가장 기본적이고 단순한 형태는 세포이다. 인간을 포함한 복잡한 생명체는 생장하고 분화하여 완전한 생명체를 생성하는 개별 세포의 집합이다. 성체의 각 세포는 특정 계통을 따라 전구세포로부터 목적지향적 방식으로 발생하여 기능에 따라 구조적으로 조직화된다. 간세포, 혈액세포, 뼈세포, 근육세포 등은 생명체가 수정된 직후 생성되는 줄기세포에서 유래한다. 작은 줄기세포에는 일련의 다양한 세포 유형으로 발생할 수 있는 능력이 숨겨져 있으며, 각 세포 유형들은 효율적인 개개의 단위로 분화하며, 이는 인체라는 기반 내에서만 생존 가능하다.

따라서 세포 및 분자생물학에 대한 논의는 생명체의 다른 모든 세포를 생성하는 줄기세포를 연구하는 것으로부터 시작된다. 이 단원에서는 세포에 의해 생산되지만, 세포막 경계 외부에 있는 세포외기질을 비롯한 조직의 구조적 요소들을 심층적으로 다루게 된다. 세포 구조를 고려할 때 세포막은 그 출발점이 된다. 세포의 가장 바깥쪽 경계인 원형질막은 환경으로부터 세포 내부를 보호한다. 또한 환경과의 상호작용을 가능하게 하고 세포의 기능을 촉진하는 역동적 구조이기도 하다. 원형질막 범위 내에서 세포골격 단백질들이 발견되는데, 이들은 세포질을 구성하고 세포의 구조적 틀을 제공할 뿐만 아니라 염색질과 세포소기관의 세포 내 이동을 가능하게 한다. 세포소기관은 마이토콘드리아의 에너지 생산, 라이소솜의 거대분자 소화, 핵의 DNA 및 RNA 합성 등의 기능적인 과정을 수행하는 세포 내의 특수 센터이다. 각 세포소기관은 그 자체로 세포 내에서 고유한 역할을 수행하는 복잡한 기계이지만, 이들 세포소기관은 세포골격에 의해 물리적으로 연결되어 있기에, 통합된 목표를 가지고 역할을 수행하는 데 있어 서로 협력한다.

1 줄기세포와 분화

Stem Cells and Their Differentiation

I. 개요

생명체 내의 모든 세포는 **전구세포**(precursor cell)에서 유래된다. 전구세포는 특정 경로를 따라 분열하여 조직 및 기관 내에서 특정한 역할을 하도록 분화된 세포를 생성한다. 완전한 하나의 생명체를 생성할 수 있는 능력을 가진 세포를 **줄기세포**(stem cell)라고 한다. 줄기세포는 분화되지 않은 상태를 유지하며 자가재생 능력을 갖는 것이 특징이다. 이들은 또한 다양한 범위의 전문화된 세포 유형으로 분화하는 딸세포(자손세포)를 생산한다. 다양한 세포 유형으로 분화할 수 있는 능력을 가진 딸세포는 **전분화능**(pluripotent) 세포이다.

인체는 약 200종류의 다양한 유형의 세포로 구성되어 있다. 인간 유전체는 모든 세포 유형에서 동일하고, 이는 한 개체 내의 모든 세포가 정확히 동일한 DNA 서열과 유전자를 갖는다는 것을 의미한다. 줄기세포는 모든 다양한 방법을 통해 인간 유전자들이 단백질로 발현되게 하는 잠재적 능력을 가지고 있다. 또 다른 세포 유형에서 유전체의 다른 영역이 발현되기 위해서는 유전체가 가역적으로 변형되어야 한다. 실제로, **염색질**(chromatin; 특정 단백질과 DNA의 복합체)의 구조는 세포 유형에 따라 다르며, DNA와 결합하는 단백질 또는 DNA 자체의 가역적 공유결합 변형에 의해 만들어진다(6장 참조). 이러한 변형은 DNA의 영역을 노출시켜 **전사**(DNA → RNA)에 필요한 단백질과 효소가 결합하도록 하는 데 중요하며, 이는 단백질을 생산하는 유전자 발현의 차이를 나타내게 한다(8장 참조).

전구세포에서 유래한 서로 다른 세포들은 증식(분열)하고 분화하여, 결국에는 독특한 구조, 기능 및 화학적 구성을 가진 세포가 된다. 자손세포는 세포에서 생산된 특정 단백질, 특별한 유형의 세포분열 및 전구세포의 미세환경으로부터 생산된다. 이 자손세포는 생명체를 유지하고 신체의 특정한 기능을 수행할 수 있다.

II. 줄기세포

줄기세포는 초기 배아와 성숙한 조직 모두에 존재한다(그림 1.1). 초기 배아에 존재하는 줄기세포는 생물체의 모든 세포 유형으로 분화할 수 있는 강력한 능력을 가지고 있다. 줄기세포 집단은 성인에게도 존재하며 계통을 벗어나지 않는 범주 안에서 다양한 세포로 분화할 수 있지만, 계통 밖으로는 분화할 수 없다. 예를 들어, 조혈모세포(hematopoietic stem cell, HSC)는 서로 다른 유형의 혈액세포로 분화할 수 있지만, 간세포(liver cell)로는 분화할 수 없다. 그러나 연구자들은 성체 줄기세포가 특정 조건

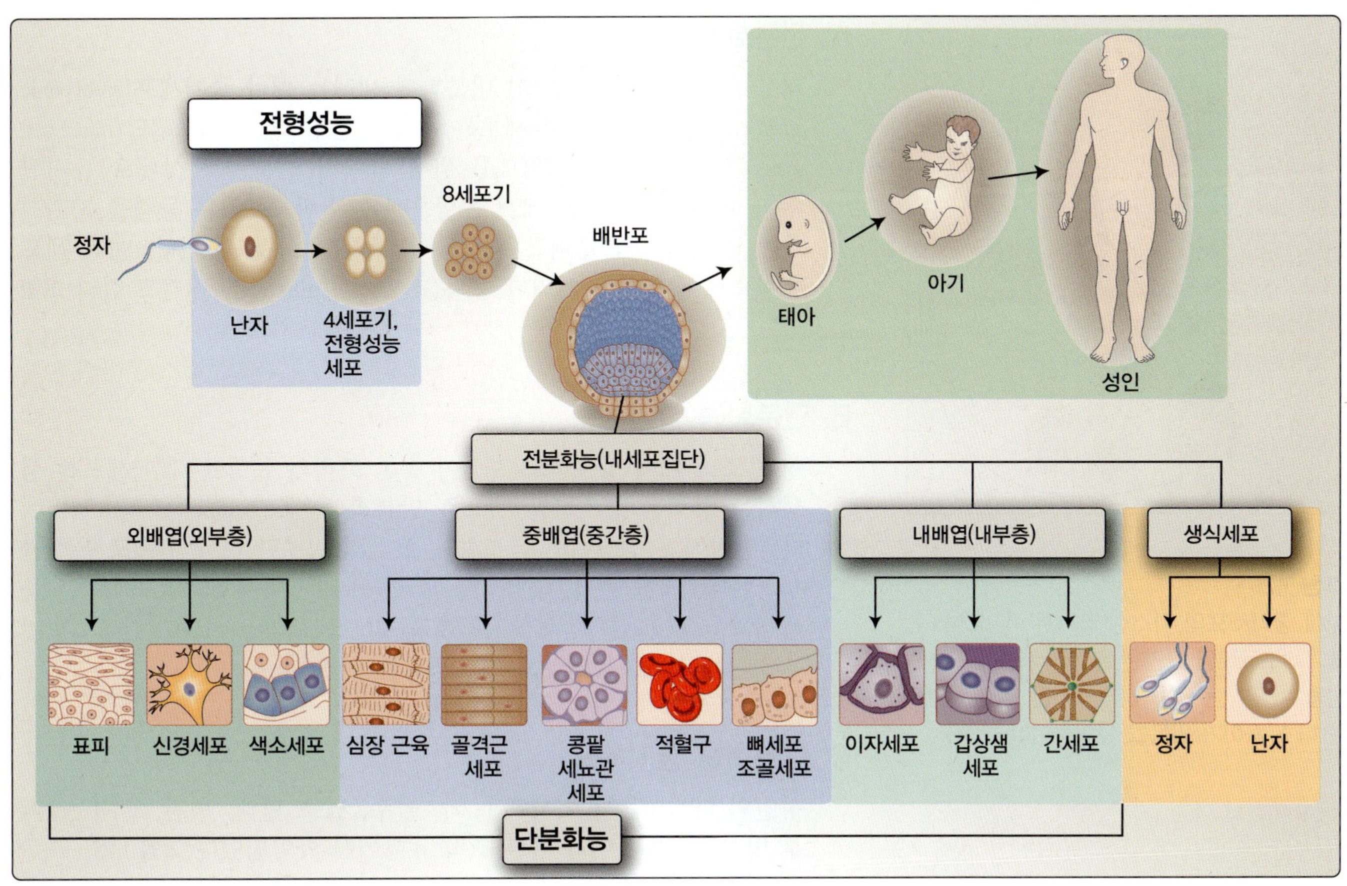

그림 1.1
배아 줄기세포와 성체 줄기세포

에서 이전에 알고 있었던 것보다 더 많은 세포 유형으로 분화할 수 있는 새로운 특성을 발견했다.

- **전형성능**(totipotency)은 단일 세포가 전체 생명체로 발생할 수 있는 능력이다(예: 수정란 및 4세포기의 세포).
- **전분화능**(pluripotency, 만능분화능)은 생명체의 발생에 필요한 태반, 양막, 융모막과 같은 배외조직인 지지 구조를 제외하고 신체의 모든 세포 유형으로 분화할 수 있는 세포의 능력이다.
- **다분화능**(multipotency)은 작은 범위의 서로 다른 세포 유형으로 분화할 수 있는 세포의 능력이다.
- **단분화능**(unipotency)은 오직 한가지 세포 유형으로 분화할 수 있는 세포의 능력이다.

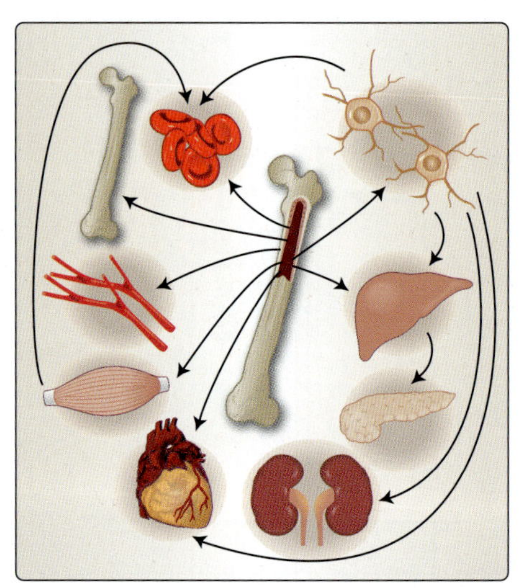

그림 1.2
성체 줄기세포의 가소성(역자주: 이 모식도는 줄기세포로부터 다양한 유형의 자손세포가 형성될 수 있다는 것을 나타냈지만, 실제 사례와는 다소 차이가 있음을 유의하여야 한다.)

A. 전분화능 줄기세포

배아에서 가장 원시적이고 미분화된 세포는 **배아 줄기세포**(embryonic stem cell, ESC)이다. 이 세포는 착상 전 배아의 내세포집단(inner cell mass)에서 유래되며(그림 1.1) 생체 밖에서 전분화능 상태로 유지될 수 있다. 이들은 여러 세포 유형으로 분화할 수 있는 능력을 가진 3가지 배엽(외배엽, 중배엽, 내배엽) 모두를 생성할 수 있다. 여러 세포 유형으로 분화하는 이러한 능력을 가소성(plasticity)이라고 한다(그림 1.2).

B. 단분화능 줄기세포

성체 조직 내에 상주하고 자신이 속한 조직의 유형에 대한 세포를 생성하는 능력을 유지하는 세포는 단분화능 세포(unipotent stem cell)이다. 일반적인 상황에서 단분화능 줄기세포는 단 하나의 세포 유형만 생성한다. 예를 들어, 근육모세포(myoblast; 근육세포의 전구세포)는 근육세포(myocyte)를 생성할 수 있고, 간모세포(hepatoblast; 간세포의 전구세포)는 간세포(hepatocyte)를 생성할 수 있다.

C. 다분화능 줄기세포

성인의 다분화능 줄기세포는 뇌, 골수, 말초 혈액, 혈관, 골격근, 피부 및 간과 같은 여러 다른 조직 유형에서 확인되었다(그림 1.2).

1. **조혈 줄기세포(hematopoietic stem cell, 조혈모세포):** 이 줄기세포 집단은 적혈구, B림프구, T림프구, 자연살해세포(natural killer cell), 호중구(neutrophil), 호염기구(basophil), 호산구(eosinophil), 단핵구(monocyte), 대식세포(macrophage) 및 혈소판을 포함한 모든 유형의 혈액세포를 생성한다.

2. **간충직 줄기세포(mesenchymal stem cell):** 이는 **골수기질세포**(bone marrow stromal cell)라고도 부르는데, 골세포(osteocyte), 연골세포(chondrocyte), 지방세포(adipocyte) 및 기타 결합조직에 포함된 다양한 세포 유형을 생성한다.

3. **피부 줄기세포(skin stem cell):** 이 유형의 줄기세포는 표피의 기저층과 모낭의 기저층에서 발견된다. 표피 줄기세포는 각질형성세포(keratinocyte)를 생성하는 반면, 모낭 줄기세포는 모낭이나 표피로 분화한다.

4. **신경 줄기세포(neural stem cell):** 뇌에 있는 줄기세포는 3가지 주요 세포 유형[신경세포(neuron) 및 비신경세포인 성상세포(astrocyte)와 희돌기아교세포(oligodendrocyte)]으로 분화할 수 있다.

5. **상피 줄기세포(epithelial stem cell):** 소화관 내벽에 위치한 상피 줄기세포는 심부 창자샘(deep crypt)에서 발견되며, 흡수세포(absorptive cell), 배상세포(goblet cell), 파네트세포(Paneth cell) 및 장내분비

세포(enteroendocrine cell)를 포함한 여러 세포 유형으로 분화한다.

III. 줄기세포의 분화 경로 결정

대부분 줄기세포는 먼저, 분화된 세포 집단을 생성하기 전에 중간 단계인 선조세포[**이행증폭세포**(transit amplifying cell)라고도 함]가 된다. 이 단계별 과정의 좋은 예로 조혈 줄기세포(hematopoietic stem cell, **HSC**; 조혈모세포라고도 함)가 있다. HSC는 다분화능을 가졌지만, 단계적 과정을 통해 특정 경로로 가도록 결정된다. 첫 번째 단계에서 HSC는 2개의 다른 **선조세포**(progenitor cell)가 된다. 이 특별한 목적의 선조세포는 여러 번 세포분열을 하여 특별한 유형의 세포 집단을 생성한다. 이 경우, HSC는 림프계 세포의 생성이 가능한 림프 선조세포(lymphoid progenitor)와 골수성 세포의 생산으로 이어지는 골수 선조세포(myeloid progenitor)를 생성한다(그림 1.3).

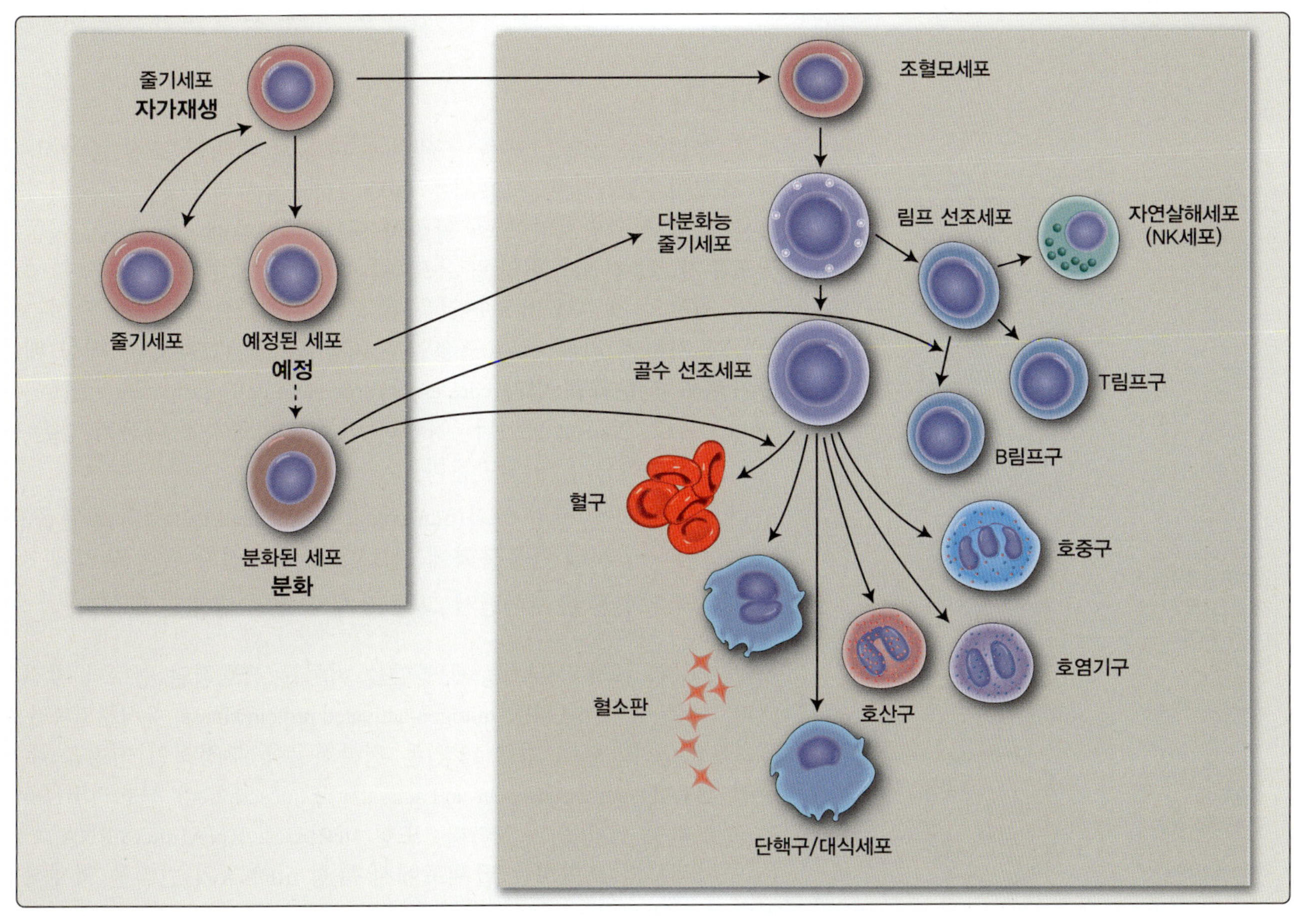

그림 1.3
줄기세포는 단계적 과정을 통해 서로 다른 경로로 진행한다.

또 다른 발생 경로는 유전자 발현의 변화로 인해 발생한다. 특정 경로에 대한 유전자는 켜져 있는 반면에 다른 경로에 대한 접근은 DNA에 결합하여 **전사인자**(transcription factor)로 작용하는 특정 단백질에 의해 차단된다(10장 참조). 이로써 특정 경로에 필요한 유전자를 활성화하는 반면, 다른 경로 발생에 필요한 유전자의 발현을 차단할 수 있다.

IV. 줄기세포의 전분화능

자가재생이 가능한 줄기세포의 안정적인 집단을 유지하려면 딸세포로의 분화를 방지하고 증식을 촉진하는 메커니즘을 전달해야 한다. 줄기세포가 전분화능을 유지하는 특정 메커니즘은 아직 많이 알려지지 않았지만, 생쥐의 배아 줄기세포에 관한 연구는 줄기세포의 분화를 방지하고 증식을 촉진하는 전사인자의 자기-조직화 네트워크의 중요성을 나타내고 있다. 이 과정을 용이하게 하는 또 다른 방안은 DNA에 대한 전사인자의 결합 접근성을 변화시키는 방식인데, 이를 DNA, 히스톤 단백질, 염색질 구조의 **후성유전적 변형**(epigenetic modification; DNA 서열을 직접 변경하지 않고 DNA가 RNA로 전사되는 능력에 영향을 미치는 변화)이라고 한다.

A. 전사인자

세포 전분화능 프로그램을 조율하는 다양한 형태의 조절 중에서 전사 조절이 가장 많이 사용되는 형태이다. 줄기세포에서 전사인자는 다른 보조 전사인자와 보조 활성화 단백질을 통해 작용한다. 이들은 **세포주기**(cell cycle) 진입을 유도하는 특정 신호전달 경로를 활성화하여 세포의 생존과 세포분열을 촉진한다. 여러 전사인자가 전분화능을 유지하기 위한 주된 조절인자 역할을 한다(**그림 1.4**). **핵심 배아 줄기세포 전분화능 인자**(core embryonic stem cell pluripotency factor)는 Oct4, Sox2, Nanog 등이다. 이러한 전분화능 인자는 다음과 같은 방식으로 전분화능 상태를 만든다.

- 다른 전분화능 관련 인자(pluripotency-associated factor)의 발현을 활성화함과 동시에 계통분화에 필요한 표적 유전자 발현을 억제.
- 서로의 발현을 유지하면서 그들 자체 유전자 발현의 활성화.

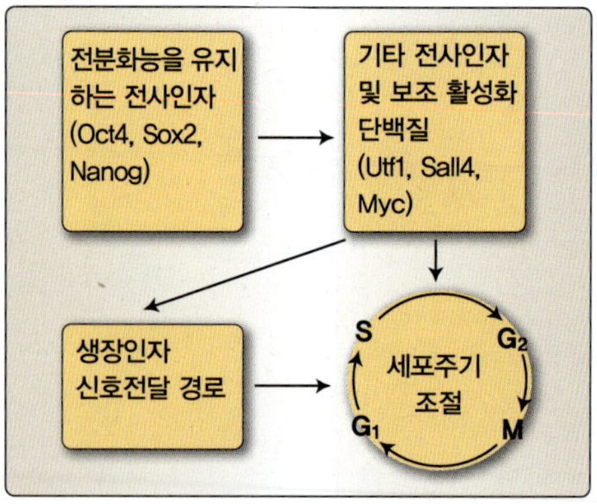

최근 연구를 통해 전분화능에 영향을 미치는 신호전달 경로가 발견되었다. 예를 들어, MAPK(mitogen-activated protein kinase, 유사분열촉진 활성단백질 인산화효소) 경로(18장)는 전분화능에 부정적인 영향을 주는 반면, STAT(signal transducer and activator of transcription) 신호전달(18장)은 전분화능 상태를 보완한다. 또한 마이크로 RNA(micro RNA, 8장)는 줄기세포와 분화하는 딸세포에서 특정 mRNA의 번역을 억제하는 것으로 알려졌다.

그림 1.4
줄기세포의 전분화능(pluripotency) 유지에 관여하는 단백질

B. 후성유전학적 메커니즘

줄기세포의 분화가 유도될 때, 그 핵은 미분화 줄기세포의 핵과는 현

저하게 다르다. 염색질은 분화된 세포에서보다 미분화 줄기세포에서 더 풀어져 있으며, 전분화능 세포의 특징적인 여러 유전자의 발현을 낮은 수준으로 유지한다. 이러한 열린(탈응축된) 구조는 줄기세포가 생명체의 요구에 반응하는 데 필요한 조절을 빠르게 할 수 있도록 한다. 핵심 전분화능 인자(Oct4, Sox2 및 Nanog)는 DNA **메틸화효소**(DNA methyltransferase; 생물학적 기능을 변경하기 위해 메틸 그룹을 DNA로 전달하는 것을 촉매함, 6장), **폴리콤 그룹 단백질**(polycomb group protein; 히스톤을 변형하고 표적 유전자를 억제시킴) 및 기타 염색질 재구성 인자(chromatin remodeling factor)를 조절하여 염색질 상태를 조절할 수 있다. 따라서 Oct4 또는 Sox2와 같은 핵심 인자 수준의 작은 변화는 전분화능 유지 또는 분화 유발 여부를 결정할 수 있다.

V. 줄기세포 재생

발생과정은 세포들이 서로 다른 경로로 가도록 결정한다. 그러나 줄기세포의 경우에는 분화된 세포 집단을 생성하는 동시에, 줄기세포 집단을 유지하기 위한 메커니즘도 있어야 한다. 이 메커니즘을 **비대칭 세포분열**(asymmetric cell division)이라고 한다.

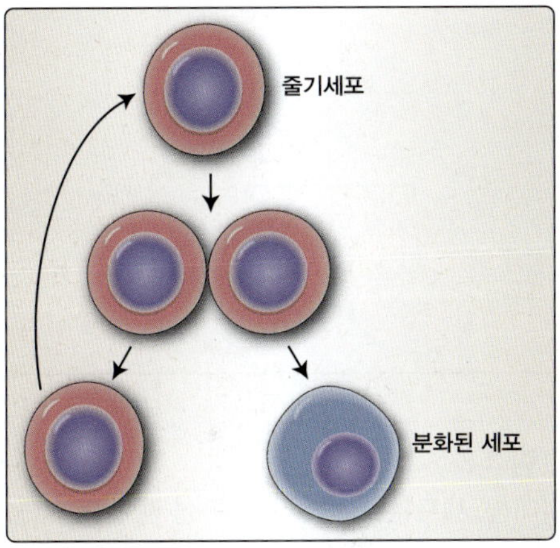

비대칭 세포분열은 운명이 다른 두 개의 딸세포가 생성될 때 발생한다. 줄기세포는 자신과 같은 딸세포를 생산할 수 있는 능력(즉, 계속해서 줄기세포가 될 수 있는 능력)과 다른 경로로 진행하여 특정 유형의 세포로 분화할 수 있는 또 다른 딸세포를 생성할 수 있는 능력을 가지고 있다(그림 1.5).

그림 1.5
비대칭 세포분열

비대칭 세포분열이 일어날지 여부를 결정하는 몇 가지 메커니즘이 줄기세포 내에 존재한다. 이러한 메커니즘 중 하나는 **세포극성**(cell polarity)이다. 극성은 초기 배아에서는 안정적인 특징이지만, 조직 내 줄기세포에서는 아마도 일시적인 특징일 것이다. 7개의 막관통 도메인을 갖는 수용체에 의해 전달되는 외부 신호전달이 이 과정에 관여한다(17장 참조).

VI. 줄기세포 미세환경

줄기세포가 집단으로 유지되며 특정 세포 유형으로 분화되지 않아야 하는 경우, 줄기세포의 지속적인 존재를 보장하는 메커니즘이 존재해야 한다. 줄기세포의 자가재생 및 유지 능력을 조절하는 주변 환경을 "**줄기세포 미세환경**(stem cell niche)"이라고 한다. 이는 줄기세포의 과잉 생산으로부터 개체를 보호하면서 줄기세포를 고갈되지 않게 한다. 줄기세포 미세환경은 생명체의 요구에 따라 줄기세포가 균형 잡힌 반응을 하도록 신호전달을 통합하는 기본 조직 단위로서 역할을 한다. 진전된 연구의 결과로 인해 다양한 유형의 조직 줄기세포 미세환경이 발견되고, 비대칭 줄기세포 분열 조절에서의 미세환경의 역할이 규명되기에 이르렀다. 줄기

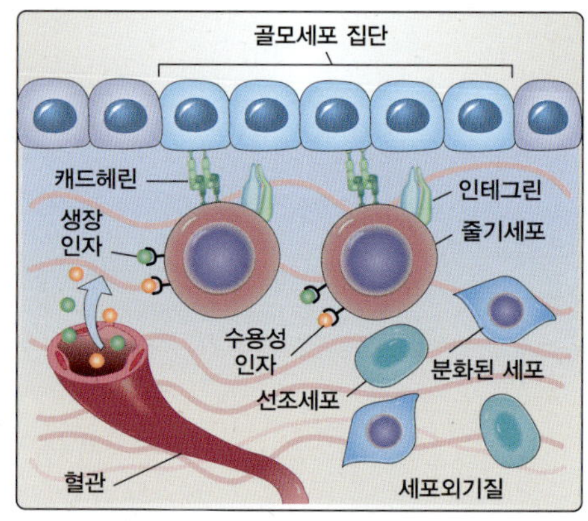

그림 1.6
조혈모세포의 미세환경을 유지시키는 외인성 경로

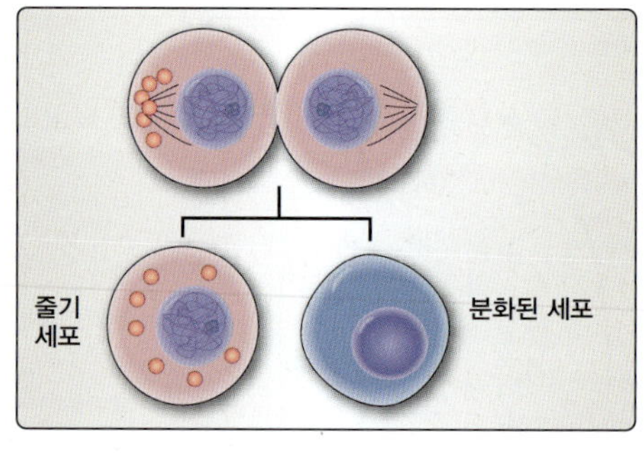

그림 1.7
비대칭 세포분열 중 세포 구성 물질의 차등적 분리

세포 운명의 선택은 외인성 신호전달과 내인성 메커니즘에 의해 결정된다(17장과 18장 참조).

A. 외인성 신호전달

줄기세포의 증식과 재생을 조절하는 단서는 아직 잘 정의되어 있지 않지만, 세포외기질의 상호작용이 중요한 역할을 하는 것으로 알려져 있다(세포외기질에 관해서는 2장 참조). 줄기세포와 **줄기세포의 특성**(stemness) 또는 자가재생 능력을 지원하고 분화 능력을 유지하기 위해 E-캐드헤린(E-cadherin) 및 β-카테닌(β-catenin)이 관여하는 세포 사이의 연접에 관한 연구가 주목받고 있다(세포 부착 분자 및 세포연접에 관해서는 2장 참조). 이러한 내용은 조혈모세포(HSC)에서 가장 잘 알려졌는데, HSC는 그들을 지지하는 뼈의 미세환경 내에서 특정 골모세포(osteoblast, 조골세포)와 결합되어 있다. 세포연접을 통한 신호전달 경로는 HSC의 재생 및 증식에 중요한 것으로 밝혀졌다. 골모세포와 직접 접촉하지 않는 세포들은 분화하는 반면, 골모세포와 연결된 세포들은 줄기세포로 남게 된다(그림 1.6)

B. 내인성 메커니즘

포유류 세포의 비대칭 세포분열 메커니즘은 완전히 밝혀지지 않았는데, 다양한 메커니즘이 비대칭 세포분열을 일으킬 수 있다. 이러한 메커니즘 중 하나는 **체세포분열**(mitosis)이 일어나기 전에 세포를 다양한 영역으로 세분화하여 극성의 축을 생성할 수 있는 특정 단백질이 관여하는 것이다. 특정 세포의 운명결정 분자들이 2개의 딸세포 중 하나로 들어가면, 그 세포는 줄기세포로 유지되고 다른 세포는 분화할 수 있다(그림 1.7).

VII. 줄기세포 기술

A. 재생의학

전분화능 줄기세포는 다음과 같은 여러 질병과 증상을 치료하기 위해 세포와 조직의 재생 가능한 대체 공급원을 제공할 수 있다.

- 이자의 β 세포 파괴로 인한 제1형 당뇨병
- 도파민을 분비하는 뇌세포의 파괴로 인한 파킨슨병
- 뇌에서 단백질 플라크의 축적으로 인해 뉴런 감소로 나타나는 알츠하이머병
- 혈전에 의한 산소결핍과 뇌 조직의 손실로 인한 뇌졸중
- 골격근의 마비로 이어지는 척수 손상
- 손상된 세포들이 줄기세포로 대체될 수 있는 화상, 심장 질환, 골관절염 및 류마티스 관절염 등

B. 유도만능줄기세포와 재프로그래밍

전분화능을 조절하는 핵심 유전자의 사본을 추가 도입하여 성체의 체세포를 전분화능 상태로 전환시키는 것이 가능해졌는데, 이를 **세포 재프로그래밍**(cellular reprogramming)이라고 한다. 재프로그래밍으로 환자 자신의 체세포를 이용하여 질병 치료가 가능한 흥미로운 전망이 열리게 되었다. 이 경우 배아 줄기세포(ESC)를 유지하는 4개의 핵심 전사인자(Oct4, Sox2, Klf4, Myc, OSKM 칵테일)를 사용하는데, 이는 생쥐의 피부 섬유모세포를 유도만능줄기세포(induced pluripotent stem cell, **iPSC**)로 재프로그래밍을 유도하기에 충분하다. 재프로그래밍은 또한 사람의 여러 세포 유형을 대상으로 이 방법론의 단순성과 재현성을 입증하려고 시도되었다. 재프로그래밍 과정에 몇 가지 장애물이 있지만, 위에서 언급한 질병들의 치료에서 iPS 세포의 잠재력은 엄청나다(그림 1.8). 인간 ESC 및 iPSC에서 유래된 세포를 가지고 척수 손상, 황반 변성, 제1형 당뇨병, 파킨슨병 및 심부전 등에 대한 유용성을 평가하기 위해 사람을 대상으로 한 몇몇 임상 시험이 진행 중이다.

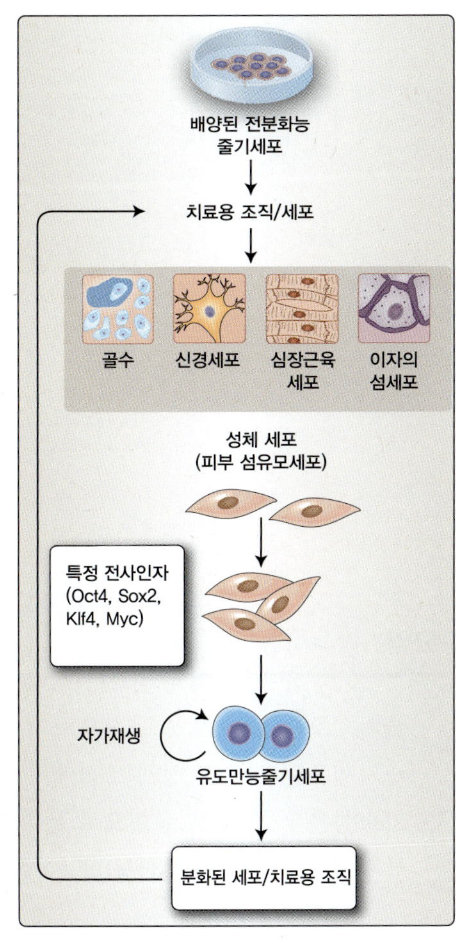

그림 1.8
줄기세포 기반 치료

임상 적용 1.1 제대혈 및 치아 은행

전에는 출산 후 일상적으로 버려지던 제대혈(cord blood, 탯줄 혈액)이 조혈모세포(HSC)의 중요한 공급원으로 인식되고 있으며 혈액 질환이 발생할 수 있는 환자를 위한 귀중한 도구로 보관되고 있다. 현재까지 악성 혈액 종양 및 백혈병, 지중해 빈혈, 낫모양적혈구빈혈증과 같은 질병에 대해 수천 건의 제대혈 이식이 시행되고 있다.

치아의 경우, 다양한 유형의 간충직 줄기세포 집단이 존재한다는 것이 알려졌으며, 이들이 위치한 부위에 따라 분류되었다. 하악 제3대구치(사랑니)에서 유래된 치수 줄기세포(dental pulp stem cell, **DPSC**), 탈락 유치(아기 치아)줄기세포(stem cells from human exfoliated deciduous teeth, **SHED**), 치주 인대 줄기세포(periodontal ligament stem cell, **PDLSC**) 등이 그 예이다. 이 세포는 일반적으로 치아 줄기세포(dental stem cell, **DSC**)라고 불리며, 작은 크기에도 불구하고 강한 증식 능력으로 인해 풍부한 세포의 공급원으로 작용한다. 이러한 간충직 줄기세포는 골모세포(osteoblast), 연골모세포(chondroblast), 지방세포 및 신경세포로 분화할 수 있는 잠재력과 함께 일상적인 발치를 통해 쉽게 얻을 수 있다는 점 때문에 조직 복구를 위한 매력적인 방법이 된다. 다수의 온라인 사이트에서 제대혈 은행 대안으로 "치아 은행"을 강조하고 있지만, 이 기술이 임상적으로 유용한 수준에 도달했는지 여부는 분명하지 않다.

VIII. 줄기세포 질환

줄기세포의 이상이 여러 질병 및 증상의 원인이 될 수 있다.

화생(metaplasia)은 한 유형의 세포를 다른 유형의 세포로 전환시켜 기관의 특정 세포 유형의 기능을 변화시키는, 조직 분화 중 일어나는 전환 현상이다. 이는 종종 폐 질환(예: 폐 섬유화) 및 장 질환(예: 염증성 장 질환 및 크론병)에서 나타난다. 화생은 최종적으로 분화가 일어난 세포가 아닌 줄기세포에 의해 야기될 수 있는 변화를 나타낸다.

실제로 많은 암, 특히 혈액, 장, 피부와 같이 지속적으로 재생되는 조직의 암은 사실상 줄기세포의 질병일 가능성이 크다. 이러한 세포만이 악성 형질전환에 필요한 유전적 변화를 축적하기에 충분한, 오랜 시간 동안 사라지지 않고 지속된다(22장 참조).

요약

- 줄기세포는 다른 세포 유형으로의 분화 가능성에 따라 분류할 수 있다.
- 줄기세포는 배아와 성체 조직에서 모두 발견된다.
- 가소성은 다른 세포 유형으로 분화하는 능력을 말한다.
- 특정 전사인자는 전분화능(만능분화성)을 유지하는 역할을 한다.
- 세포의 줄기특성(stemness)의 유지 및 분화 유도 능력은 세포의 염색질 변형으로 조절된다.
- 줄기세포의 특성을 유지하기 위해서는 비대칭 분열이 필요하다.
- 줄기세포의 운명은 외인성 및 내인성 메커니즘에 의해 결정된다.
- 전분화능은 주요 전사인자의 과다발현으로 인해 성체의 체세포에서 유도될 수 있다.

학습 문제

다음 중 가장 적절한 답을 하나만 고르시오.

1.1 줄기세포의 유지 및 재생에 필요한 것은?

A. 탈응축된 구조의 염색질
B. 억제 상태의 전사인자들
C. 신호전달 메커니즘의 억제
D. 세포주기로의 진입 방지
E. 2개의 딸 줄기세포를 생산하는 세포분열

정답 A
탈응축되어 개방된 염색질은 분화 억제 및 줄기세포의 특성 유지를 매개하는 마스터 전사인자에 의한 조절을 가능케 한다. 전사인자와 신호전달 메커니즘은 이 과정을 조절하는 데 중요한 역할을 한다. 줄기세포의 재생은 증식 및 활성 세포주기를 통해 일어나고, 비대칭 세포분열은 2개의 서로 다른 딸세포를 생산하여 줄기세포가 계속 증식할 수 있게 한다.

1.2 줄기세포의 전분화능을 유지하는 마스터 조절인자(master regulator)는 어떤 기능을 갖는가?

A. 액틴결합 단백질
B. 부착 단백질
C. 미세소관 운동단백질
D. 2차 전달자
E. 전사인자

정답 E
전사인자는 DNA의 표적 유전자를 조절함으로써 전분화능을 유지한다. 액틴결합 단백질은 세포골격 단백질인 액틴필라멘트의 조립 및 분해에 중요하다. 세포 사이의 부착 및 세포외기질에 대한 세포의 부착은 세포 부착 분자를 필요로 한다. 미세소관 운동단백질은 세포 내 이동을 돕는 단백질이다. 2차 전달자는 세포 내에서 신호를 전달한다(자세한 내용은 2, 4, 17장 참조).

1.3 다음 중 줄기세포의 미세환경을 유지하기 위해 필요한 것은 무엇인가?

A. 줄기세포와 다른 줄기세포의 결합
B. 줄기세포가 없는 특정 세포외기질과의 상호작용
C. 줄기세포와 다른 유형의 세포 사이의 인테그린 매개 부착
D. 운명결정 인자의 딸세포로의 대칭적 분리
E. 줄기세포에 대한 특정 생장인자에 대한 무반응성

정답 C
인테그린은 줄기세포를 다른 유형의 세포에 부착하여 줄기특성을 유지한다. 미세환경에서 줄기세포는 다른 비줄기세포와 결합하며 이는 세포외기질 성분과의 상호작용으로 이루어진다. 생장인자를 통해 매개되는 신호전달 경로는 줄기세포의 반응에 영향을 미친다. 세포 구성요소의 비대칭 분포는 줄기세포의 재생에 필수적이다.

1.4 유도만능분화능의 의미는 무엇인가?

A. 배아 줄기세포에서 줄기특성의 활성화
B. 배반포의 내세포집단으로부터 세포 생성
C. 전형성능 세포에서 전분화능세포로의 전환
D. 단분화능 세포가 전분화능 세포로 되도록 핵 재프로그래밍
E. 중배엽에서 생식계열세포 생성

정답 D
줄기세포를 제어하는 핵심 전사인자의 도입으로 단분화능 세포에서 전분화능을 유도할 수 있다. 배아 줄기세포는 내세포집단에서 생성되며 전분화능을 갖는다. 전분화능 세포는 전체 생명체를 형성할 수 있으며, 배반포에서 유래하는 분화된 세포 유형인 생식계열세포는 중배엽에서 생성될 수 없다.

1.5 줄기세포의 전분화능을 유지하는 전사인자에 대한 설명으로 옳은 것은?

A. 특정 분화 경로의 활성자이다.
B. 응축된 염색질 구조를 유지하는 데 도움이 된다.
C. 줄기특성에 필요한 다른 마스터 전사인자를 억제한다.
D. 줄기세포를 생성하기 위해 체세포에서 과다발현될 수 있다.
E. 전형성능 세포에 없는 단백질이다.

정답 D

줄기세포에서 활성화되는 4가지 핵심 전사인자의 "칵테일"을 사용하여 체세포를 전분화능으로 전환할 수 있다. 이러한 전사인자는 분화를 억제하고 탈응축된 염색질을 능동적으로 조절한다. 핵심 전사인자는 전분화능 세포에서 서로의 발현을 증가시킨다. 전형성능 세포는 배외조직을 포함한 전체 생명체를 형성할 수 있는 능력이 있으므로 이들 세포 또한 활성 핵심 전사인자를 가지고 있다.

세포외기질 및 세포 부착

2

Extracellular Matrix and Cell Adhesion

I. 개요

동일한 발생 기원을 가진 세포 집단은 **조직**(tissue)으로 구성되고, 특정 생물학적 기능을 수행하기 위해 서로 협력한다. 조직에는 **상피**(epithelial), **근육**(muscle), **신경**(nervous) 및 **결합**(connective)조직의 4가지 기본 유형이 있다. 상피조직은 표면에서 넓은 면을 이루며 보호, 분비, 흡수 및 여과 기능을 한다. 근육조직은 운동과 수축을 담당한다. 신경조직은 근육, 정신 활동 및 신체 기능을 조절하기 위한 자극을 전달한다. 그리고 가장 풍부한 유형의 조직인 결합조직은 몸 전체에 광범위하게 분포되어 있어 각 조직을 연결하면서 또한 서로가 분리되게 하여 내구력, 방어력 및 탄력성을 제공한다. 혈액, 뼈, 연골, 지방, 인대, 림프 및 힘줄이 결합조직의 예이다.

각 조직은 각 세포 구성물이 그들 자체의 필요에 의하거나 조직 내 역할 수행을 위해 영양소를 대사하고, 외부 자극에 반응하며, 생장 및 분화할 수 있는 안정적인 환경을 만든다. 상피, 근육 및 신경조직은 주로 세포로 구성되는 반면, 결합조직은 세포 외 공간에 풍부한 거대분자로 이루어진 기질(matrix)을 포함한다. 이러한 거대분자는 세포에 의해 합성되고 분비되어 결합조직 내에 존재하면서 조직의 물리적 특성을 나타낸다. 결합조직을 구성하는 세포에서 분비된 거대분자는 모두 함께 **세포외기질**(extracellular matrix, ECM)을 구성하며, 이들이 조직의 물리적 특성을 나타내는 데 기여한다.

부착(adhesion)은 조직의 형태 유지 및 세포와 세포 또는 세포와 ECM 연결에도 중요하다. 조직 내의 구조적인 ECM 구성요소에는 부착 매개 단백질도 포함된다. 세포 내의 막관통 부착 단백질도 세포와 ECM 사이의 물리적 연결을 촉진하며, 세포 생장 및 분화와 세포 이동에도 중요한 역할을 한다. 조직 내의 세포와 ECM은 부착 연결을 변화시키거나, 복잡한 피드백 메커니즘을 만들어서 서로 간에 영향을 준다.

세포와 ECM으로 구성된 조직은 부착 의존적이며, 서로 결합하여 기관의 구조를 형성하는데, 이들은 아주 특수한 기능을 가진다. 예를 들면, 근육과 섬유상 결합조직이 연합하여 혈액을 내보내는 심장을 형성한다. 조직의 비세포성 구성요소의 물리적 성질과 특성은 또한 그 기관의 특화된 구조와 기능을 나타내는 데 기여한다. 조직 부피의 상당 부분이 ECM의 복잡한 거대분자의 네트워크로 채워진 세포 외 공간이기 때문에 세포외기질의 특징과 속성은 각 기관의 기능에 기여한다. 이들 거대분자의 적절한 합성은 정상적인 기관의 구조와 기능 및 개인의 건강 유지를 위해 필요하다. ECM 구성요소의 합성이 잘못되거나 ECM의 단백질 및 다당류 손상은 질병을 유발할 수 있다.

II. 세포외기질

조직 내 세포에서 합성되고 분비되는 단백질과 다당류는 ECM에서 조직적이고 복잡한 네트워크로 조립된다. 이러한 세포외기질은 각기 다른 조직에서 다른 기능을 수행하도록 특화되어 있다. 예를 들어, ECM은 힘줄에서 내구력을 더하고 콩팥에서는 여과 작용에 관여하며 피부 조직에서는 피부의 부착에 관여한다.

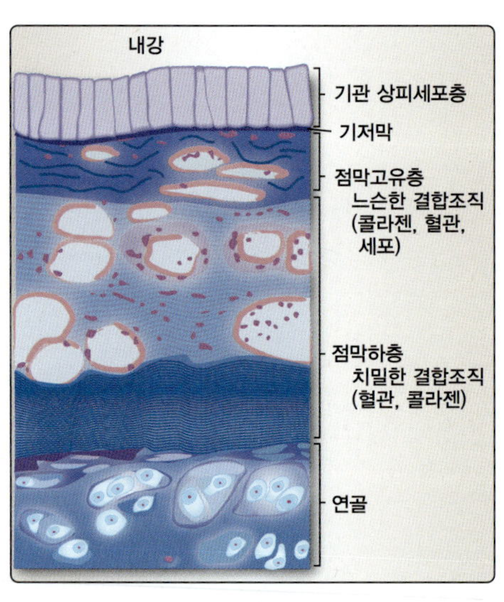

그림 2.1
상피세포층 하부의 결합조직

세포 및 세포 외 물질은 조직에 따라 서로 다른 비율로 존재한다(그림 2.1). **상피조직**(epithelial tissue)은 주로 세포로 구성되어 있는데, 이웃한 세포가 서로 붙어 넓고 얇은 평면을 이루고 소량의 ECM만 포함하는 반면, **결합조직**(connective tissue)은 주로 ECM으로 이루어지며 부피당 세포 수가 적다. **기저막**(basement membrane) 또는 **기저판**(basal lamina)으로 알려진 상피세포의 ECM은 같은 층의 상피세포에서 동일 방향으로 분비된다. 따라서 기저막은 그것을 분비한 상피세포의 아래에 존재하며, 상피세포와 그 아래에 있는 결합조직을 구분하게 한다. **고유층**(lamina propria)은 상피세포 또는 상피조직 아래에서 발견되는 느슨한 결합조직으로 구성된 얇은 층이다. 상피와 고유층은 함께 **점막**(mucosa)을 구성한다. "점성의 막(mucous membrane)" 또는 "점막"이라는 용어는 고유층과 상피를 함께 부르는 용어이다. **점막하층**(submucosa)은 점막 아래의 조직층을 말한다.

ECM의 물리적 특성도 조직마다 다르다. 혈액은 유체인 반면, 연골은 해면질(sponge)의 특성을 가지는데, 이는 세포 외 물질의 특성으로 인한 것이다. ECM을 구성하는 세포 외 물질은 크게 3가지 주요 범주, 즉 (1) 글라이코스아미노글라이칸(glycosaminoglycan, GAG) 및 프로테오글라이칸; (2) 콜라젠과 엘라스틴을 포함한 섬유상 단백질; (3) 파이브로넥틴 및 라미닌을 포함하는 부착 단백질로 나눌 수 있다. 이 범주 중 2가지가 단백질 유형인 반면, 프로테오글라이칸은 대부분 탄수화물로 구성되어 있다.

A. 프로테오글라이칸

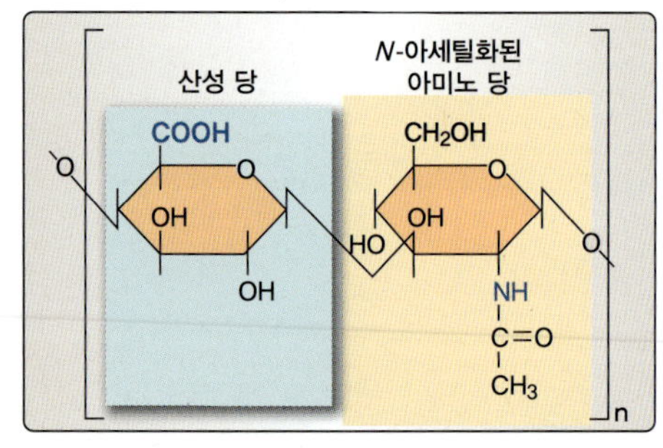

그림 2.2
GAG의 2당류 단위체의 반복

프로테오글라이칸(proteoglycan)은 GAG와 단백질의 집합체이다. GAG는 **점액다당류**(mucopolysaccharide)라고도 알려져 있으며, 반복되는 2당류 사슬로 구성되는데, 당 중 하나는 *N*-아세틸글루코사민(*N*-acetylglucosamine) 또는 *N*-아세틸갈락토사민(*N*-acetylgalactosamine, 그림 2.2)과 같은 *N*-아세틸화된 아미노 당이고 다른 하나는 산성 당이다. 결합조직에서 **기저물질**(ground substance)은 세포 사이에 축적되는 세포 외 젤(gel)상 물질을 말하며, 주로 물과 프로테오글라이칸으로 구성되며 섬유상 단백질은 포함되지 않는다. 프로테오글라이칸은 모든 결합조직과 다양한 세포 표면에서 발견된다.

GAG는 길고 가지가 없는 사슬로 구성되며 용액에서 펼쳐진 구조를 갖는다. 대부분 GAG는 황산염을 가지며 모두 여러 개의 음전하를 띤다. 가장 많은 GAG는 콘드로이틴 황산염(chondroitin sulfate)이다. 다른 GAG에는 히알루론산(hyaluronic acid), 케라틴 황산염(keratin sulfate), 더마탄 황산염(dermatan sulfate), 헤파린(heparin) 및 헤파란 황산염(heparan sulfate)이 포함된다.

1. **프로테오글라이칸의 특성:** GAG의 순 표면 전하가 음성(–)이기 때문에 GAG는 서로 반발한다. 용액에서 GAG는 서로 미끄러지듯 지나가는 경향이 있어 점액 분비 등과 관련된 미끄러운 점성이 나타나게 한다. 또한 GAG는 음(–)전하를 띠기에 양(+)전하를 띠면서 물 분자와 복합체를 이루고 있는 소듐이온(Na^+)을 끌어당긴다(그림 2.3). 수화된 소듐이온은 GAG를 포함하는 기질 내로 유입된다. 기질의 물 유입 현상은 팽창압력(turgor)을 만들게 되어 ECM의 섬유상 단백질인 콜라젠에서 유래하는 인장력과 균형을 이루게 된다. 이러한 방식으로 GAG는 조직 압착에서 오는 압력을 견디게 한다. 무릎 관절을 감싸는 연골 기질 내면에는 많은 양의 GAG가 있으며 콜라젠도 풍부하다. 이 연골은 질기고 압착을 잘 견뎌낸다. 연골에 있는 수화된 GAG의 물풍선과 같은 구조는 뼈의 관절에서 쿠션 같은 역할을 한다. 압착력이 가해지면 물은 밀려 나가고 GAG는 작은 공간을 차지하게 된다(그림 2.4). 압착력이 해제되면 물은 다시 밀려 들어가서 마치 마른 스폰지가 물을 빠르게 흡수하듯이 GAG를 재수화시킨다. 이러한 수화상태의 변화 및 ECM이 물을 빼낸 후 빠르게 회복하고 재수화하는 능력을 **탄력회복성**(resilience, 회복력)이라고 한다. ECM의 탄력회복성은 관절의 윤활액(synovial fluid)과 눈의 유리체액에서도 관찰된다.

2. **프로테오글라이칸의 구조:** 대부분 GAG는 단백질과 공유결합으로 연결되어 핵심 단백질 및 뻗어 나온 GAG 사슬로 구성된 **프로테오글라이칸 단량체**(proteoglycan monomer)를 형성한다. 연골 프로테오글라이칸의 GAG는 콘드로이틴 황산염과 케라틴 황산염을 가지고 있다. 프로테오글라이칸 단량체 내의 개별 GAG는 전하 반발로 인해 서로 멀리 떨어진 채로 유지된다. **아그레칸**(aggrecan)으로 알려진 프로테오글라이칸은 종종 "병 닦는 솔" 또는 "전나무"와 같은 모양을 가진 것으로 설명된다(그림 2.5). 개별 GAG 사슬은 솔의 철사 강모나 전나무의 바늘잎과 유사하며, 핵심 단백질은 그 가지에 해당한다. 솔의 손잡이의 중앙 부분 또는 나무줄기에 해당하는 것은 **히알루론산**(hyaluronic acid)이다. 개별 프로테오글라이칸 단량체는 이렇게 커다란, 황산화되지 않은 GAG인 히알루론산에 결합하여 프로테오글라이칸 응집체를 형성한다. 이 결합은 주로 핵심 단백질과 히알루론산 사이의 이온 작용을 통해 일어나며, 더 작은 **연결 단백질**(link protein)로 연결되어 안정화된다.

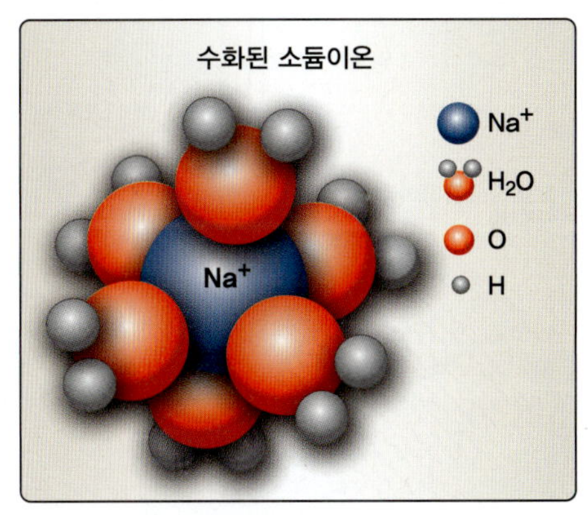

그림 2.3
소듐이온(Na^+)의 수화

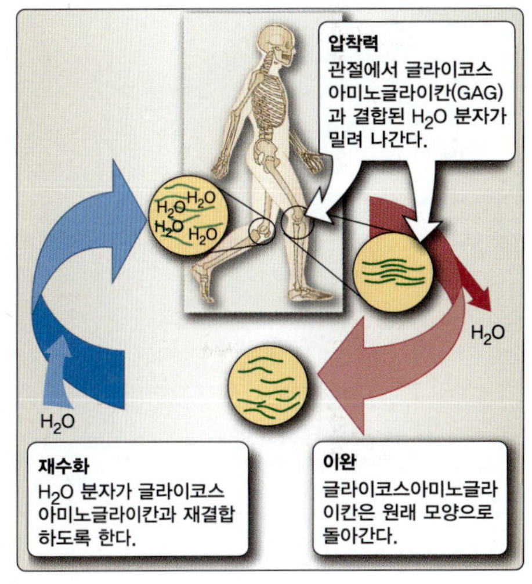

그림 2.4
GAG의 탄력회복성

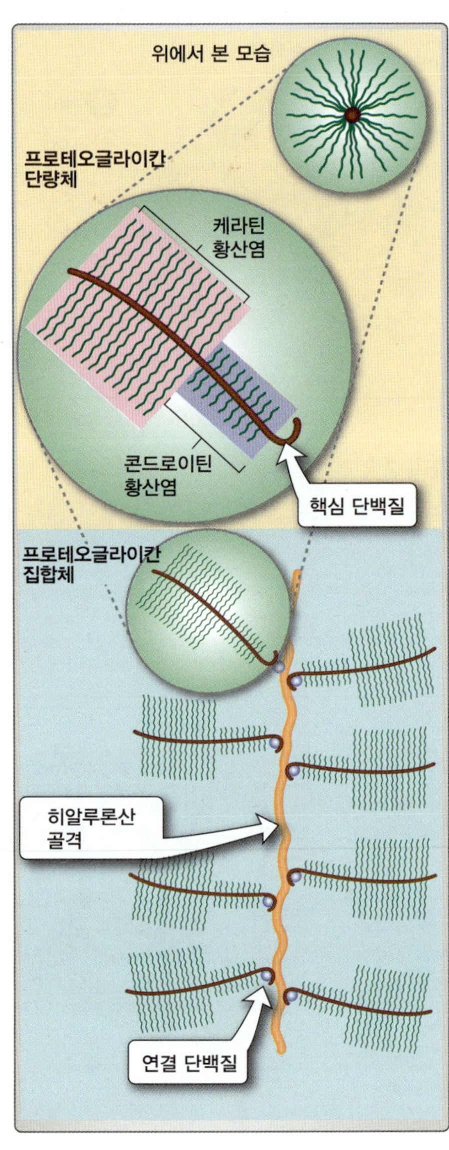

그림 2.5
연골 프로테오글라이칸 모델

B. 섬유상 단백질

ECM 내 분자의 두 번째 범주는 섬유상 단백질(fibrous protein)이다. 2차, 3차 또는 심지어 4차 구조로 인해 조밀한 구조를 갖는 구형 단백질과 달리, 섬유상 단백질은 조직 내에서 구조적인 기능을 갖는 펼쳐진 형태의 단백질이다. 섬유상 단백질은 특정 유형의 아미노산으로 구성된 1차 구조로부터 2차 구조가 형성되지만, 그보다 더 복잡한 단백질 구조를 가지지는 않는다. **콜라젠**(collagen)과 **엘라스틴**(elastin)은 세포외기질의 섬유상 단백질로서 피부와 혈관벽 등 결합조직의 중요한 구성요소들이다.

임상 적용 2.1 골관절염 치료와 글루코사민

골관절염(osteoarthritis)은 전 세계적으로 수백만 명이 앓고 있는 가장 흔한 형태의 만성 관절 질환이다. 관절 연골이 퇴화되면 통증, 뻣뻣함 및 부종을 유발하면서 징후와 증상은 점점 나빠지게 된다. 전통적인 치료법에서는 증상은 완화시키지만 관절의 상태는 개선시키지 못하는 약물을 주로 사용했다. 글루코사민과 콘드로이틴이 통증을 완화하고 골관절염의 진행을 멈추는 것으로 보고되었다. 이러한 약물은 미국에서는 처방전 없이 구입할 수 있는 건강 보조제로 쉽게 구할 수 있다. 잘 설계된 여러 임상 연구에 따르면 글루코사민 황산염(글루코사민 염산염은 제외)과 콘드로이틴 황산염이 골관절염 증상 완화에 미약~중간 정도의 효과가 있는 것으로 발표되었다. 임상 및 경제 측면의 골다공증 및 골관절염 유럽 협회(The European Society for Clinical and Economic Aspects of Osteoporosis and Osteoarthritis, ESCEO)는 특허 등록된 글루코사민 황산염 결정질 제제가 통증을 조절하고 질병이 진행되는 과정에 지속적인 영향을 준다는 면에서 다른 글루코사민 황산염 및 글루코사민 염산염 제제보다 우수하다고 발표했다. 장기간의 임상 시험에서 무릎 골관절염 관리 초기에 이러한 형태의 글루코사민을 사용해 치료를 시작하면 관절의 구조적 변형을 지연시킬 수 있음이 밝혀졌다. 특허 등록된 글루코사민 황산염 결정질 제제를 최소 1년 이상 사용하면 치료가 끝난 후 최소 5년 동안 관절 교체 수술의 필요성이 감소한다고 보고되었다.

1. **콜라젠:** 콜라젠은 인체에서 가장 풍부한 단백질로, 전체 몸의 단백질 질량의 약 30%를 구성한다. 콜라젠은 전단력(양쪽에서 당기는 힘)에 저항하는 강하고 질긴 단백질 섬유를 형성하며 뼈, 힘줄 및 피부에서 주요 단백질 유형이다. 힘줄에 있는 콜라젠 다발은 내구력을 제공한다. 뼈에서 콜라젠 섬유는 다른 콜라젠 섬유에 대해 일정 각도를 갖도록 배열되어, 모든 방향에서 가해지는 기계적 전단 스트레스에 대한 저항성을 제공한다. 콜라젠은 세포외기질에 고르게 분포되어 지지대 및 내구력 제공자의 역할을 한다.

콜라젠은 30종류로 구성된 단백질 집단이며 콜라젠 사슬을 암호화하는 46개의 유전자가 알려져 있다. 그러나 인체에 있는 콜라젠의 90%는 유형 I-V 콜라젠에 속한다. 유형 I, II, III, V 및 XI은 각각의 콜라젠 분자가 다발로 함께 모여 만들어진 원섬유(fibril)의 선형 중합체를 가지고 있다. 비원섬유형 콜라젠인 IV형은 기저판(basal lamina)을 형성하며, 별개의 원섬유가 아닌 3차원적 그물구조가 되는 그물 형성 콜라젠이다.

a. **원섬유 콜라젠의 구조:** 콜라젠 분자는 α **사슬**(chain)이라고 부르는 3개의 사슬로 이루어져 있는데, 서로가 휘감겨서 콜라젠 3중 나선구조를 이룬다(그림 2.6). 유형 I-V 콜라젠에서 발견되는 콜라젠 사슬을 암호화하는 유전자는 표 2.1에 나와 있다. 다양한 유형의 콜라젠은 서로 다른 α 사슬을 가지며 서로 다른 조합으로 발생한다(표 2.2). 예를 들어, 콜라젠 I형에는 2개의 I형 α1 사

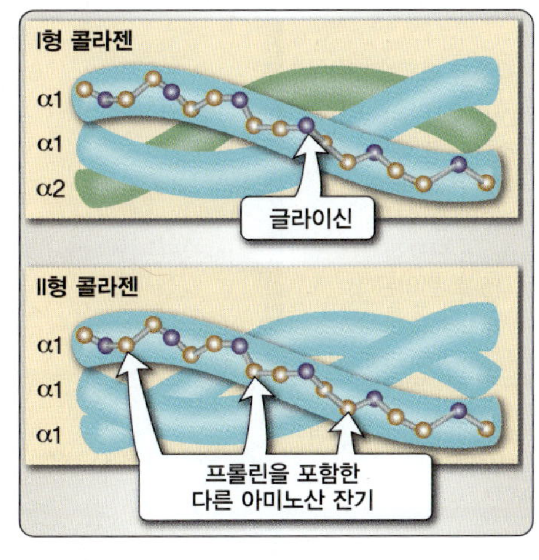

그림 2.6
콜라젠의 3중 나선구조

표 2.1 유형 I-V 콜라젠의 콜라젠 α 사슬에 대한 유전자

유전자	이름
COL1A1	I형 콜라젠 α 1 사슬
COL1A2	I형 콜라젠 α 2 사슬
COL2A1	II형 콜라젠 α 1 사슬
COL3A1	III형 콜라젠 α 1 사슬
COL4A1	IV형 콜라젠 α 1 사슬
COL4A2	IV형 콜라젠 α 2 사슬
COL4A3	IV형 콜라젠 α 3 사슬
COL4A4	IV형 콜라젠 α 4 사슬
COL4A5	IV형 콜라젠 α 5 사슬
COL4A6	IV형 콜라젠 α 6 사슬
COL5A1	V형 콜라젠 α 1 사슬
COL5A2	V형 콜라젠 α 2 사슬
COL5A3	V형 콜라젠 α 3 사슬

표 2.2 콜라젠의 유형별 사슬 구성

유형	사슬 구성	특징
I	$[\alpha1(I)]_2[\alpha2(I)]$	가장 풍부한 콜라젠 뼈, 피부, 힘줄에서 발견됨 흉터 조직에 존재
II	$[\alpha1(II)]_3$	하이알린(유리질) 연골에서 발견됨 갈비뼈의 배쪽 끝, 후두, 기관, 기관지, 뼈의 관절면에 존재
III	$[\alpha1(III)]_3$	상처 치유 중 과립조직(새살)의 콜라젠 더욱 강한 I형 콜라젠이 만들어지기 전에 생산 망상 섬유 형성 동맥벽, 장, 자궁에서 발견됨
IV	$[\alpha1(IV)]_2[\alpha2(IV)]$	기저판과 수정체에서 발견됨 콩팥 네프론의 사구체에 있는 여과 시스템의 일부
V	$[\alpha1(V)]_3$, $[\alpha1(V)]_2[\alpha2(V)]$, or $[\alpha1(V)][\alpha2(V)][\alpha3(V)]$	뼈, 진피 및 태반 등의 광범위한 조직 또한 유형 I 콜라젠과 관련하여 발견됨 결함이 생기면 전형적인 엘러스-단로스 증후군을 유발함.

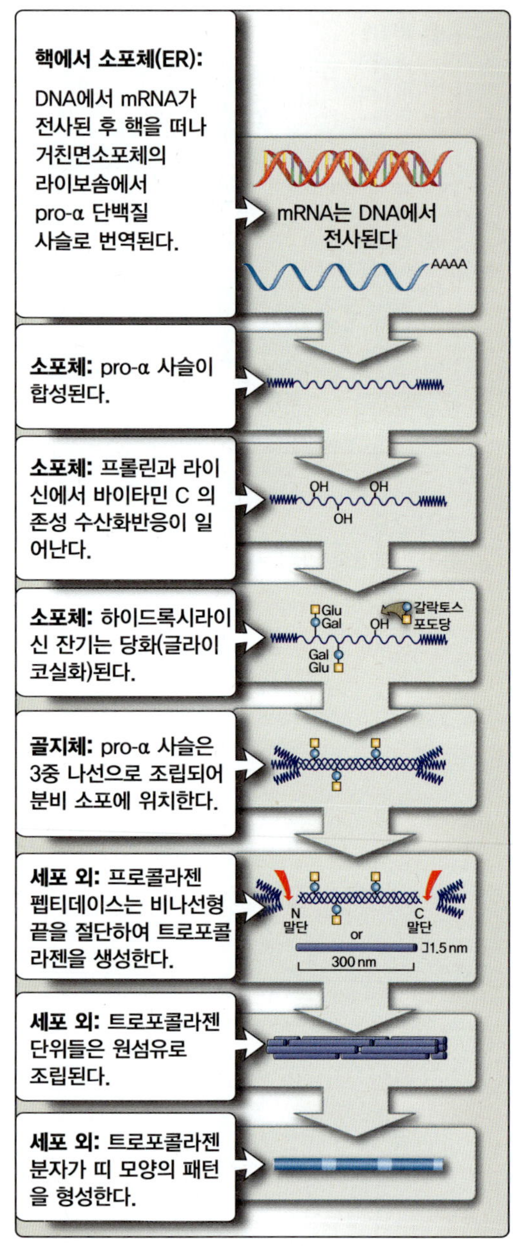

그림 2.7
콜라젠 합성

슬과 1개의 I형 α2 사슬이 있고, II형 콜라젠에는 3개의 II형 α1 사슬이 있다. α 사슬은 1차 아미노산 서열에서 세 번째 아미노산은 모두 **글라이신**(Glycine, Gly)인데, 그 곁사슬은 가장 간단한 수소 원자이다. 콜라젠에는 아미노산 **프롤린**(Proline, Pro)과 **라이신**(Lysine, Lys)이 풍부하다. 대부분 α 사슬의 아미노산 서열은 -X-Y-Gly의 반복 단위로 표시될 수 있다. 여기서 X는 일반적으로 Pro이고, Y는 종종 Pro 또는 Lys의 변형체인 하이드록시프롤린(Hyp) 또는 하이드록시라이신(Hyl)인 경우가 많다. 콜라젠 3중 나선에서 Gly 잔기(잔기는 단백질을 구성하는 아미노산을 의미함)의 작은 곁사슬인 수소는 나선의 내부로 향하게 배치되었는데, 나선 내부의 공간은 너무 좁아서 다른 아미노산의 곁사슬에는 맞지 않는다. 이 형태에서 3개의 α 사슬은 밀접하게 모아질 수 있다. Pro는 또한 펩타이드 사슬에서 각 α 사슬의 나선형 구조 형성을 촉진하는데, 이것은 Pro가 펩타이드 사슬 내 뒤틀림(kinks)을 초래하는 고리 구조를 가지고 있기 때문이다(리핀코트 생화학 1장 아미노산 구조 참조).

b. **원섬유 콜라젠의 합성:** 개별 원섬유 콜라젠 폴리펩타이드 사슬은 막에 결합된 라이보솜에서 번역된다(**그림 2.7**). 그런 다음 특정 Pro 및 Lys 아미노산 잔기에 특이한 변형이 이루어진다. 산소 분자를 필요로 하는 반응에서 Fe^{2+} 및 환원제인 **바이타민 C**(ascorbic acid), 프롤린 수산화효소 및 라이신 수산화효소는 새롭게 합성된 단백질의 특정 Pro 및 Lys(프롤린 및 라이신 잔기)의 **수산화**(hydroxylation, -OH) 반응을 촉매한다(**그림 2.8**). 그 후 하이드록시라이신 잔기 중 일부가 **당화**(glycosylated; 탄수화물이 효소에 의해 첨가)된다.

골지체에서 3개의 pro-α 사슬(α-사슬 전구체)은 지퍼와 같은 접힘 방식에 의해 나선으로 조립된다. 그다음 분비 소포가 골지체에서 떨어져 나와 원형질막과 결합, 새로 합성된 콜라젠 3중 나선을 세포 외 공간으로 방출한다. 새로 합성된 사슬의 각 말단(C-말단 및 N-말단)의 작은 부분인 프로펩타이드는 프로콜라젠 펩티데이스와 같은 단백질분해효소에 의해 절단되어 **트로포콜라젠**(tropocollagen)을 생성한다. 트로포콜라젠 분자의 자가 조립 및 교차결합이 발생하여 성숙한 **콜라젠 원섬유**(collagen fibril)를 형성한다. 원섬유 내의 콜라젠 분자의 묶음은 전자 현미경으로 관찰할 수 있는 띠 모양의 패턴을 가진, 특징적인 반복 구조를 나타내게 한다.

콜라젠의 원섬유 배열은 **라이신 산화효소**(lysyl oxidase)에 의해 일어나는데, 이는 라이신 및 하이드록시라이신 아미노산 잔기를 **알라이신**(allysine) 잔기로 변형시켜 성숙한 콜라젠 섬유에서 볼 수 있는 공유 교차결합을 형성하도록 한다(**그림 2.9**). 이 교차결합은 결합조직이 제대로 작용하기 위해 필요한 인장력을 얻는 데 필수적이다.

임상 적용 2.2 콜라젠과 노화

콜라젠은 피부의 지지 구조에 중요한 역할을 하기 때문에 콜라젠 생성이 느려지거나 구조가 바뀌면 피부의 상태 또한 변한다. 피부가 노화되면 콜라젠 생성이 느려진다. 20대 중반이 되면 콜라젠 생성이 감소한다. 여성이 폐경기에 도달한 후 처음 5년 이내에 콜라젠 생성의 30%가 손실되는 것으로 추정된다. 또한, 시간이 지남에 따라 콜라젠 섬유가 단단해지는데, 이론적으로 이 손상은 콜라젠에 부착된 자유 라디칼(radical)에 의해 발생하여 콜라젠 가닥이 서로 결합하고 더 두꺼워져 움직임에 잘 구부러지지 않게 된다. 이로 인해 성숙한 피부 조직에서 주름이 형성되고 피부의 탄력이 손실된다. 피부의 볼륨을 회복하고 주름을 줄이기 위해 때때로 콜라젠을 주사하기도 한다. 노화 방지 제품에는 일반적으로 자유 라디칼을 억제하고 콜라젠 손상을 늦출 수 있는 바이타민 C와 같은 항산화제가 포함되어 있다. 식물 또는 동물 콜라젠을 포함한 일부 OTC(over the counter drug; 의사의 처방 없이 구할 수 있는 일반 의약품) 제품에는 피부에 흡수되어 노화로 인해 손실된 천연 콜라젠을 보충할 수 있다고 되어 있다. 경구용 콜라젠 보충제도 사용할 수 있지만, 위산에 의해 파괴되고 혈류로 흡수되지 않을 가능성이 크다. 보다 유망한 제품에는 콜라젠을 분해하는 효소인 콜라제네이스(collagenase)의 합성을 억제하는 레티노이드(retinoid)가 포함되기도 한다. 처방 크림제로 나온 레티노산은 피부에서 새로운 콜라젠 섬유의 생성을 자극할 수 있다. 수백 가지의 OTC 노화 방지 제품이 시중에 나와 있지만, 처방용 크림제보다 훨씬 함량이 낮거나 또는 다른 활성 성분을 함유하고 있다. OTC 항노화 제품의 효능은 입증되지 않았다.

2. **엘라스틴:** ECM의 다른 주요 섬유상 단백질은 엘라스틴이다. 엘라스틴에 의해 형성된 탄성 섬유는 피부, 동맥 및 폐가 찢어지지 않고 늘어나거나 수축되도록 한다. 엘라스틴은 글라이신, 알라닌, 프롤린 및 라이신 아미노산이 풍부하다. 콜라젠과 유사하게 엘라스틴에는 소량이지만 하이드록시프롤린이 포함되어 있다. 엘라스틴은 구조 내에서 탄수화물이 발견되지 않으므로 당단백질이 아니다.

   a. **엘라스틴의 합성:** 세포는 엘라스틴 전구체인 트로포엘라스틴(tropoelastin)을 세포 외 공간으로 분비한다. 그런 다음 트로포엘라스틴은 자신이 침착되는 지지대의 역할을 하는 **피브릴린**(fibrillin)을 포함한 당단백질 미세섬유와 상호작용한다. 트로포엘라스틴 폴리펩타이드 내의 어떤 라이신 잔기의 일부 곁사슬은 변형되어 알라이신(allysine)을 형성한다. 다음 단계에서, 트로포엘라스틴 폴리펩타이드의 3개 알라이신 잔기의 곁사슬과 변형되지 않은 1개의 라이신 잔기의 곁사슬이 공유결합으로 연

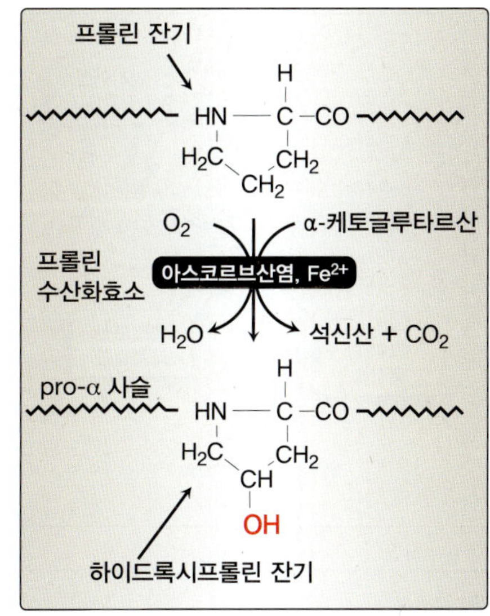

그림 2.8
프롤린 수산화효소에 의한 콜라젠 pro-α 사슬의 프롤린 잔기의 수산화(Ferrier DR. 생화학. 6판. Wolters Kluwer, 2014.)

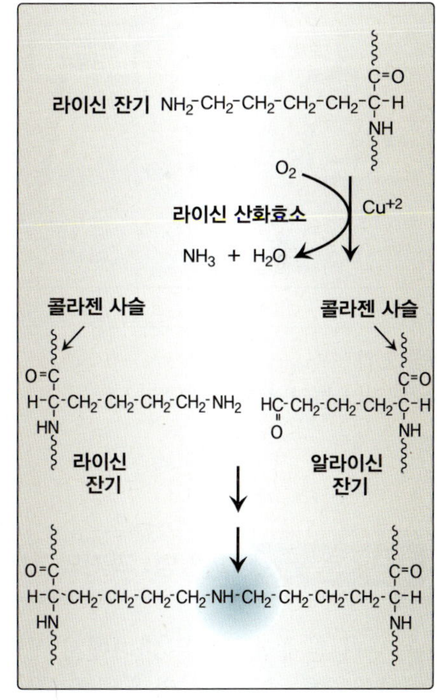

그림 2.9
콜라젠의 교차결합 형성 [참고: 라이신 산화효소는 갯완두속(*Lathyrus* 속) 식물의 독소에 의해 비가역적으로 억제되어 갯완두중독(lathyrism)을 유발한다. Ferrier DR. 생화학. 6판. Wolters Kluwer, 2014.]

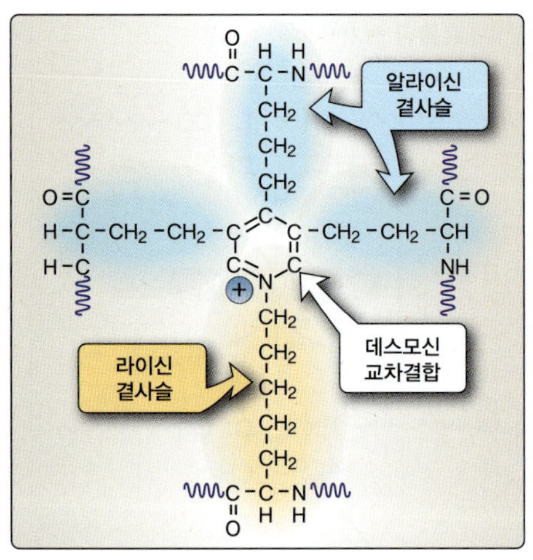

그림 2.10
엘라스틴의 데스모신 교차결합

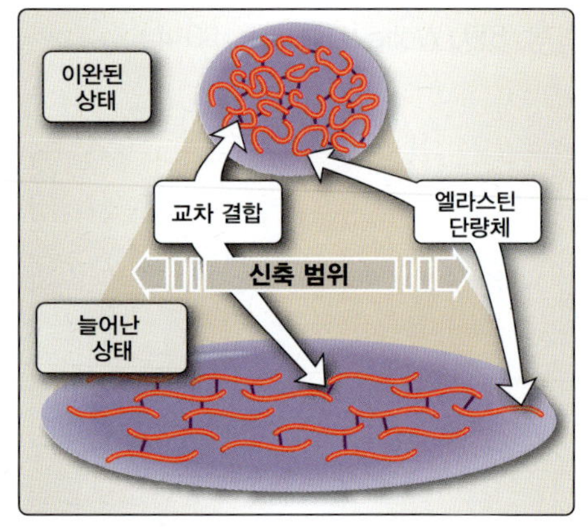

그림 2.11
이완되거나 늘어난 형태의 엘라스틴

결되어 **데스모신 교차결합**(desmosine cross-link)을 형성한다(그림 2.10). 그 결과 각각의 폴리펩타이드 사슬 4개가 함께 공유결합으로 연결된다.

b. **엘라스틴의 특징:** 엘라스틴의 구조는 엘라스틴을 포함하는 조직에 신축성을 부여할 수 있는 상호 연결된 고무 같은 네트워크 구조이다. 이 구조는 서로 매듭지어진 고무밴드의 집합체와 유사한데, 여기서 매듭은 데스모신 교차결합에 해당한다. 엘라스틴 단량체는 질서정연한 2차 단백질 구조가 결여된 것으로 보이는데, 이것은 엘라스틴이 이완될 때(relaxed)와 늘어날 때(stretched) 서로 다른 형태를 취하기 때문이다(그림 2.11).

C. 섬유상 단백질과 질병

콜라젠과 엘라스틴은 조직에서 중요한 구조적 역할을 하기 때문에 이러한 섬유상 단백질의 생성에 문제가 생기면 질병 상태를 초래할 수 있다. 선천적 및 후천적 결함으로 모두 비정상적인 섬유상 단백질이 생성되면 조직의 물리적 특성을 변화시키는 심각한 결과를 초래할 수 있다. 다른 경우에는 섬유상 단백질의 합성은 적절하나, 분해가 제대로 일어나지 못해 조직의 정상적인 기능에 손상을 입게 된다. 아래에 설명된 질병은 정상적인 섬유상 단백질이 조직 및 개인의 건강에 얼마나 중요한 요소인지를 보여준다.

1. **괴혈병:** 음식에서 섭취하는 **바이타민 C가 결핍되면** 비정상적인 콜라젠 생성으로 인해 발생하는 괴혈병(scurvy)이 일어난다. 바이타민 C가 없으면 프롤린 및 라이신 잔기의 수산화가 일어나지 않기에 안정적인 3중 나선을 형성할 수 없어서 pro-α 사슬에 결함이 생긴다. 이러한 비정상적인 콜라젠 pro-α 사슬은 세포 내에서 분해된다. 결과적으로 바이타민 C 결핍으로 인해 수명이 다한 콜라젠을 대체할 수 있는 정상적이고 기능적인 콜라젠이 부족하게 된다. 따라서 조직에 인장력과 안정성을 제공하는 콜라젠이 적어지므로 혈관이 약해지고, 멍이 쉽게 들고, 상처 치유가 느려지며, 잇몸 출혈과 치아 손실이 발생한다(그림 2.12A).

임상 적용 2.3 괴혈병: 과거와 현재

수 세기 전에 괴혈병은 바다에서 여러 달을 보낸 선원들 사이에서 치명적인 질병이었다. 그들은 긴 항해 동안 바이타민 C를 공급받기 위해 배에 라임(lime, 레몬과 유사한 과일)을 싣기 시작했다. 21세기에 들어 괴혈병은 훨씬 감소했지만, 오늘날의 산업화된 사회에서 여전히 발생한다. 주로 가난한 사람, 혼자 음식을 준비하는 독거노인, 치아가 좋지 않은 사람, 알코올 중독자, 다이어트 중인 사람에게서 나타난다. 어떤 사람들은 음식 앨러지나 과민증 때문에 바이타민 C의 식이 공급원인 과일과 채소를 멀리하기도 한다. 괴혈병은 소아청소년 집단에서 덜 발생한다. 그러나 어린이의 괴혈병 징후는 아동 학대의 징후와 유사한데, 발달 중인 뼈가 성인 뼈보다 괴혈병의 영향을 더 받기 때문이다. 괴혈병은 실제로 아이들에게 적절한 음식을 제공하지 않는 부모의 방치로 인해 발생할 수 있다. 오늘날 바이타민 C 결핍은 일반적으로 다른 필수 영양소의 결핍과 동반되기 때문에 진단이 지연될 수 있다.

2. **골형성부전증:** 후천적 콜라젠 결핍으로 인한 괴혈병과 달리, 콜라젠 유전자의 돌연변이로 인한 콜라젠 결함은 평생 동안 영향을 미친다. 콜라젠 결핍증의 하나인 골형성부전증(osteogenesis imperfecta, OI)은 "부서지기 쉬운 뼈 질환"이라고 불리는데, 이들이 쉽게 골절되는 약한 뼈를 가지고 있기 때문이다(**그림 2.12B**). 전 세계적으로 10,000명에서 20,000명 중 한 명꼴로 나타나며, 미국에서는 25,000명에서 50,000명이 골형성부전증을 가지고 있다. 콜라젠 유전자 돌연변이로 인해 콜라젠 생성이 감소하거나 비정상적인 콜라젠이 생성될 수 있다. 여러 형태가 중복되긴 하지만, 현재 최소 19종류의 골형성부전증 유형이 알려져 있다. 사례의 90%는 *COL1A1* 또는 *COL1A2* 유전자의 돌연변이로 인한 콜라젠 1의 결함으로 인해 발생한다.

가장 흔한 형태는 골형성부전증 I형으로 가장 가벼운 증상을 보이는데, 출생아 30,000명당 1명꼴로 발생하는 것으로 추정된다. I형 골형성부전증은 1형 콜라젠의 구조는 정상이지만 적은 양 때문에 발생한다. 이들은 특히 사춘기 이전에 쉽게 골절되는 뼈를 가지고 있다. I형과 기타 나머지 유형의 골형성부전증의 경우 콜라젠 농도가 낮을 때 외관상 정맥이 보이기 때문에 공막(눈의 흰자위)이 청회색으로 착색되어 보이고, 척주 만곡과 청력 손실이 있을 수 있다.

II, III 및 IV형의 골형성부전증에서 *COL1A1* 또는 *COL1A2*의 돌연변이는 비정상적인 1형 콜라젠 구조를 초래한다. II형은 출생 이전 또는 직후에 사망하며, 출생아 60,000명 중 약 1명꼴로 나타난다.

II형의 골형성부전증이 있는 어린이는 비정상적으로 짧은 사지, 청색 공막, 기형 갈비뼈 및 긴 뼈를 가지고 있으며, 종종 출생 시 수많은 골절이 나타난다. 그들은 폐가 덜 발달하고 흉부가 비정상적으로 작아서 호흡 부전을 일으킨다. 골형성부전증 III형은 연약하고 기형적인 뼈가 특징이며, 나이가 들면서 악화된다. 작은 키, 척주 만곡(척추측만증 및 후만증), 호흡기 문제가 발생한다. 돌출된 이마(frontal bossing)와 비정상적으로 작은 턱(micrognathia)으로 인해 때때로 삼각형의 얼굴 모양이 된다. 때로는 청력 손상과 부서지기 쉽고 변색된 치아(상아질 형성 부전증)도 보인다. IV형의 골형성부전증을 가진 사람은 주로 사춘기 이전에 골절을 경험한다. 그들은 정상 키보다 작은 경향이 있고, 경증에서 중등도의 뼈 기형, 삼각형 얼굴 및 척주 만곡 경향이 있다.

대부분 골형성부전증의 유형은 하나의 대립유전자에서만 돌연변이가 발생하기 때문에 상염색체 우성 유전 양상을 갖는 것으로 간주되는 반면, I형 및 IV형 골형성부전증을 가진 대부분 사람의 경우 부모 역시 같은 질환을 가지고 있다. 새로운 돌연변이는 II형 및 III형의 골형성부전증에서 발생하는 것으로 생각되며, II형을

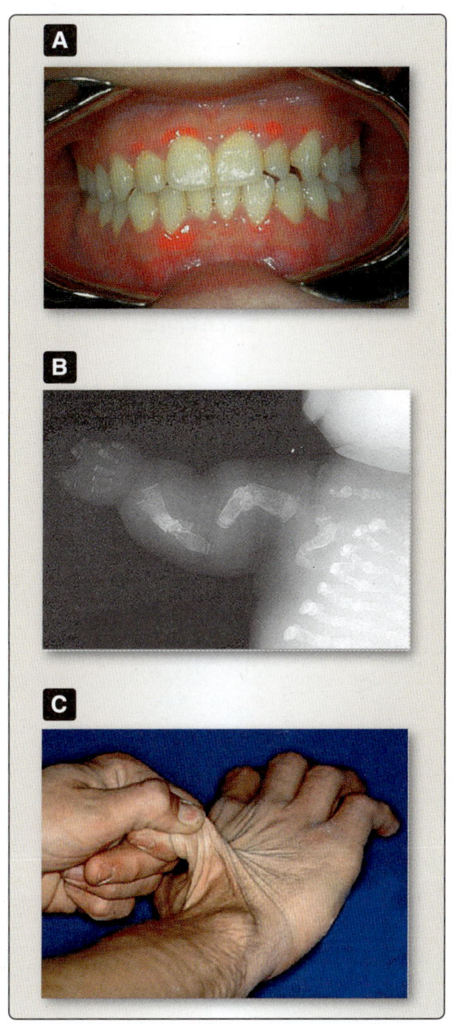

그림 2.12
비정상적인 섬유상 단백질의 징후 **A.** 괴혈병 환자의 잇몸 출혈 **B.** 골형성부전증 환자의 골절된 뼈 **C.** 엘러스-단로스 증후군 환자의 과도하게 늘어나는 피부

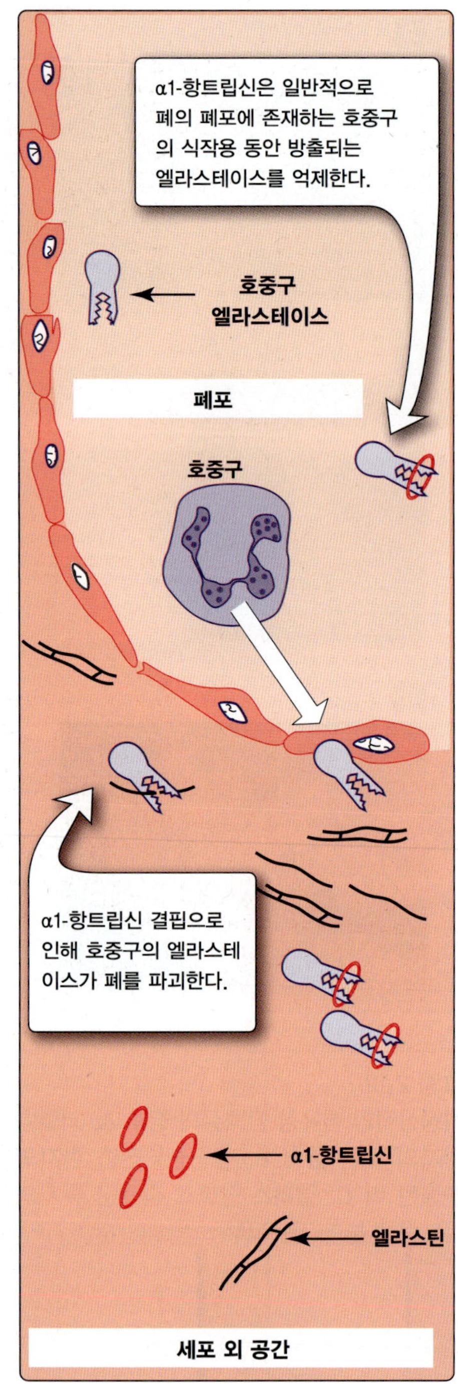

그림 2.13
공기전염 병원체에 대한 면역 반응으로 활성화된 호중구에서 방출된 엘라스테이스에 의한 폐포 조직 파괴 (Ferrier DR. 생화학. 6판. Wolters Kluwer, 2014.)

가진 어린이 혹은 보인자의 부모는 골형성부전증의 징후나 증상이 나타나지 않는다.

3. **엘러스-단로스 증후군:** 엘러스-단로스 증후군(Ehlers-Danlos syndrome, EDS)은 일반적으로 원섬유 콜라젠의 구조, 생산 또는 처리에 있어 선천적 결함으로 인해 발생하는 장애를 일컫는 질환군이다. 현재 13개의 하위 유형으로 구별되며, 각 하위 유형의 진단에 도움이 되는 일련의 임상 기준이 있다. 하위 유형 간에 징후와 증상은 상당히 중복된다. 대부분 유형의 EDS는 상염색체 우성 형질로 유전된다. 정상적인 운동 범위를 넘어서는 비정상적으로 유연하고 느슨한 관절과 신축성 외에도 과도하게 연약한 피부와 혈관이 특징이다(그림 2.12C).

   과다운동성 EDS(hypermobile EDS) 다음으로는 전형적인 기존의 EDS가 가장 일반적이다. 기존 EDS 유형은 쉽게 멍이 드는 매우 탄력 있고 연약한 피부, 위축성 흉터, 일반화된 과다운동성을 특징으로 한다. 이 유형의 EDS는 V형 콜라젠을 암호화하고 상염색체 우성 형질로 유전되는 *COL5A1* 또는 *COL5A2* 유전자의 돌연변이로 인해 발생한다. 과다운동성 EDS 유형 역시 상염색체 유전 패턴을 갖지만, 분자 유전학적 기초가 알려지지 않았다. 크고 작은 관절 모두에서 관절 과다운동성을 특징으로 가지고 있는데, 이는 재발성 관절 탈구 및 불완전 탈구(subluxation)로 이어질 수 있다.

4. **마르팡 증후군:** 상염색체 우성 형질로 유전되는 또 다른 상태는 마르팡 증후군(Marfan syndrome)이다. 이 질병은 엘라스틴 섬유 유지에 필수적인 **피브릴린-1**(fibrillin-1) 단백질을 암호화하는 *FBN1* 유전자에서 돌연변이가 발생하여 생긴다. 엘라스틴은 몸 전체에서 발견되며 특히 대동맥, 인대 및 눈 일부분에 풍부하기에 이러한 부위는 마르팡 증후군 환자에게 가장 큰 영향을 미친다. 이들은 안구 이상과 근시(myopia) 및 대동맥 이상, 긴 팔다리와 긴 손가락, 큰 키, 척추측만증(척추 좌우 또는 앞뒤로 만곡) 또는 척추후만증(척추 상부 만곡), 비정상적인 관절 운동성, 손, 발, 팔꿈치 그리고 무릎의 과다신장성(hyperextensibility)을 가지고 있다.

5. **α1-항트립신 결핍:** α1-항트립신 결핍(α1-antitrypsin deficiency)도 엘라스틴과 관련이 있다(그림 2.13). 이것은 *A1AT* 유전자의 돌연변이로 인해 발생하는 상염색체 우성 질환이다. 그 결과, 일반적으로 엘라스틴을 분해하는 효소인 엘라스테이스(elastase)의 작용을 조절하는 단백질분해효소(protease) 억제 단백질인 α1-항트립신이 부족해진다. 모든 사람의 폐에서 폐포(작은 기낭)는 활성화된 호중구(neutrophil)에서 방출되는 낮은 수준의 호중구 엘라스테이스에 만성적으로 노출된다. 그러나 α1-항트립신(α1-프로테이스 억제인자, α1-항프로테이스라고도 함)에 의해 대개 억제되는데, 이 α1-항트립신은 호중구 엘라스테이스의 가장 중요한 생리적 억제인자이다. α1-항트립신이 결핍된 사람은 폐에서 엘라스테이스를 억제하

는 능력이 감소한다. 폐 조직은 재생될 수 없기에 폐포벽의 결합 조직 파괴가 복구되지 않아서 질병이 생긴다. 이들은 일반적으로 20세에서 50세 사이에 폐 질환의 증상을 나타낸다. 처음에는 가벼운 신체 활동 후 숨가쁨을 경험할 수 있지만, 종종 폐기종 상태로 진행되며 돌이킬 수 없이 손상된다. 담배 연기는 이들의 폐 손상을 가속화한다. 미국에서는 폐기종 환자의 2~5%가 α1-항트립신에 유전적 결함이 있는 것으로 추정하고 있다.

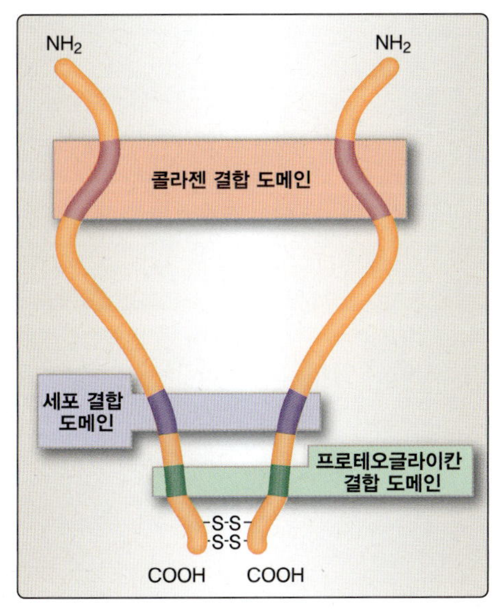

그림 2.14
파이브로넥틴 2량체의 구조

D. 부착 단백질

ECM 구성요소의 마지막 범주는 ECM을 구성하고 서로 연결하며 세포를 ECM에 연결하는 단백질로 구성된다. **파이브로넥틴**(fibronectin)과 **라미닌**(laminin)은 세포 외 공간으로 분비되는 부착성 당단백질이다. 파이브로넥틴은 결합조직의 주요 부착 단백질인 반면, 라미닌은 상피조직의 주요 부착 단백질이다. 둘 다 다기능 단백질로 생각하는데, 이는 프로테오글라이칸과 콜라젠, 그리고 원형질막에서 바깥쪽으로 확장되는 인테그린 계열(그림 2.17D 참조)의 세포 부착 분자를 통해 세포 표면에 연결하는 3가지 다른 결합 도메인을 포함하기 때문이다(그림 2.14). 파이브로넥틴 또는 라미닌과의 상호작용을 통해 프로테오글라이칸과 콜라젠은 서로 연결되며 세포 표면에도 연결된다. 따라서 부착 단백질은 ECM 구성원을 서로 결합시키고 세포를 ECM에 연결하는 역할을 한다.

E. ECM 분해 및 리모델링

ECM은 매우 역동적으로 ECM 구성요소가 축적, 분해 및 변형되는 리모델링 과정을 거친다. 리모델링을 통해 세포 분화의 조절, 줄기세포의 미세환경 형성, 상처 복구 및 뼈 리모델링의 과정이 일어난다. ECM 리모델링에 관여하는 효소에는 금속단백질분해효소(metalloproteinase) 집단으로, 기질 금속단백질분해효소(matrix metalloproteinase, **MMP**), 디스인테그린과 금속단백질분해효소(a disintegrin and metalloproteinase, **ADAM**)로 알려진 막관통 단백질분해효소, 분비형 단백질분해효소, **ADAMTS**(ADAM with thrombospondin domain; 트롬보스폰딘 도메인을 가진 ADAM)가 포함된다. 일부 세린 단백질분해효소는 또한 ECM 부착 단백질의 ECM 성분을 분해한다. 일부 MMP는 프로테오글라이칸 및 부착 단백질을 포함한 ECM 구성요소를 대상으로 하지만, 다른 MMP는 콜라젠을 분해한다. ADAMTS 계열의 여러 구성원은 프로테오글라이칸을 분해하는 반면, 다른 구성원은 콜라젠 리모델링에 관여한다. 금속단백질분해효소의 조직 억제인자(tissue inhibitors of metalloproteinase, **TIMP**)는 일반적으로 특정 금속단백질분해효소의 기능을 조절한다.

ECM이 제대로 리모델링되지 않고 조직의 역동성이 변경되면 병적 결과를 초래할 수 있다. MMP의 과다발현과 MMP 또는 ADAMTS의 기능 결손을 유발하는 돌연변이가 ECM 리모델링의 변형을 유발할 수 있다. 결과적으로 세포 분화, 세포 증식 및 세포사멸뿐만 아니라 조직 섬유화 및 암 등의 병리학적 과정의 변화가 포함될 수 있다. 골관절염 및 류마티스 관절염 환자의 관절에서 연골 및 뼈의 병적인 파괴는 부분적으로 금속단백질분해효소의 과다발현에 기인한다.

III. 세포 부착

세포와 ECM 및 세포와 세포의 부착은 **세포 부착 분자**(cell adhesion molecule)라고 하는 원형질막에 고정된 단백질에 의해 매개된다. 부착 분자가 모여 **세포연접**(cell junction)이 형성되고 조직 내에서 세포가 서로 달라붙게 된다. 바이러스 감염, 심혈관계 질환, 뼈 및 관절 질환 등 많은 질병의 발병에 세포 부착이 관여한다는 인식이 높아지고 있다. 세포 부착의 근본적인 과정에 대한 보다 완전한 이해를 통해 이러한 다양한 병변은 더 잘 이해될 것이다.

A. 발생 중인 조직에서의 부착

대부분 상피조직을 포함한 많은 조직은 전구체 세포에서 발생하는데, 이들은 분열하여 자신의 복제물인 세포를 생성한다. 이렇게 새로 생성된 세포는 세포 부착으로 인해 ECM 및/또는 다른 세포에 부착된 상태로 남아 있다(그림 2.15). 생장하는 조직은 세포가 부착된 상태를 유지하고 다른 곳으로 이동하지 않기 때문에 형성될 수 있다. 복잡한 기원을 가진 조직의 발생에서는 선택적 부착이 필수적이다. 이러한 상황에서는 세포의 이동도 필요하다. 하나의 세포 집단이 다른 세포 집단에 침투하여 그 집단에 선택적으로 부착하거나, 혹은 다른 세포 유형에 부착하여 조직을 만들 수 있다.

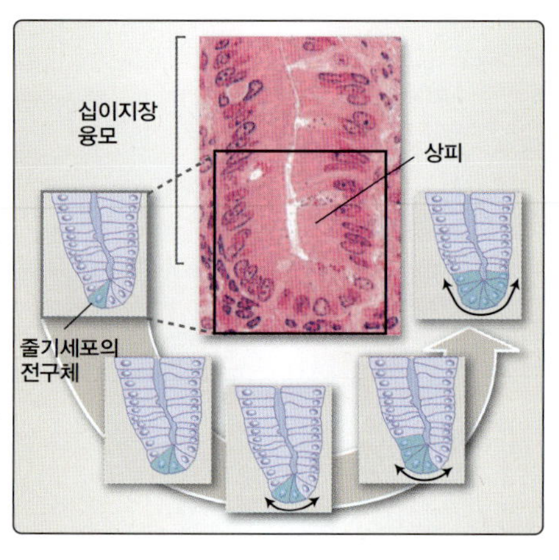

그림 2.15
상피조직 발생과정 중 세포 부착

B. 세포연접

성숙한 조직에서도 선택적 세포 부착으로 인해 구조와 안정성이 능동적으로 유지된다. 이러한 부착은 세포에 의해 형성되며 미세 조절 및 조정이 진행된다. 조직 내 세포는 **세포연접**(cell junction)으로 알려진 특화된 영역에서 다른 세포에 부착되는데, 세포연접은 그 구조와 기능에 따라 분류할 수 있다(그림 2.16). 예를 들어, 개별 세포 사이의 단단하고 치밀한 물리적 장벽은 **밀착연접**(tight junction, occluding junction, zonulae occludente이라고도 함)을 이룬다. **접착연접**(adherens junction, zonulae adherente라고도 함)과 마찬가지로 **데스모솜**(desmosome) 또는 **고착연접**(anchoring junction, maculae adherente라고도 함)은 세포골격의 구성요소(중간섬유 및 액틴), 내부의 구조 및 지지단백질과 상호작용하면서 인접한 세포를 연결하는 기능을 한다(4장 참조). **헤미데스모솜**(hemidesmosome)은 세포골격 중간섬유를 기저판(basal lamina)에 연결한다. 마지막으로 **간극연접**(gap junction, communicating junction nexus라고도 함)은 세포 간 신호전달을 허용한다. 세포연접은 조직의 구조와 통합성을 유지하는 데 중요하며, 개별 세포에서 부착 분자의 집합체로 구성된다.

C. 세포 부착 분자

세포 부착 분자는 선택적 세포-세포 부착, 세포-ECM 부착을 매개한다. 이들은 모두 세포의 원형질막 내에 내장된 **막관통 단백질**(transmembrane protein)이다. 그들은 원형질막을 통해 세포질에서 세포 외 공간으로 뻗어 나와 있다. 세포 외 공간에서 이들은 리간드에 특이적으로 결합한다. 리간드는 다른 세포의 세포 부착 분자, 다른 세포 표면의 특정 분자 또는 ECM의 구성요소일 수 있다. 각각의 부착 분자 간의 상호작용은 발생과정 중 세포의 부착에 중요하며 세포 이동을 매개하기도 하다. 세포-세포 부착에서는 4개 집단의 부착 분자, 즉 **캐드헤린**(cadherin), **셀렉틴**(selectin), **면역글로불린 대집단**(immunoglobulin superfamily) 및 **인테그린**(integrin)이 작용한다(표 2.3). 인테그린은 세포-ECM 부착에서도 작용한다(리핀코트의 그림으로 보는 면역학, 13장 참조).

1. **캐드헤린:** 조직의 온전한 구조를 유지하기 위해 세포를 함께 붙잡고 있는 중요한 세포 부착 분자는 캐드헤린이다(그림 2.17A). 이러한 막관통 연결 단백질은 다른 세포의 캐드헤린에 결합하는 세포 외 도메인을 포함한다. 캐드헤린은 또한 세포질의 내부 골격인 액틴 세포골격에 결합하는 **카테닌**(catenin) 계열의 연결 단백질과 결합하는 세포 내 도메인도 가지고 있다(4장 참조). 따라서 2개의 세포가 캐드헤린을 통해 함께 연결되면 세포 내부의 액틴 세포골격도 간접적으로 연결된다. **칼슘**(calcium)은 캐드헤린이 다른 캐드헤린과 결합하는 데 필요하다. 캐드헤린에 의해 매개되는 부착력은 오래 지속되며 조직 구조를 유지하는 데 중요하다.

2. **셀렉틴:** 일부의 다른 부착 분자는 보다 일시적인 세포 간 부착을 중재한다. 예를 들어, 셀렉틴은 백혈구가 염증 부위로 이동하는 것을 매개하는 면역 체계에서 특히 중요하다. 셀렉틴은 그 구조의 세포 외 부분에 있는 "**렉틴**(lectin)" 또는 탄수화물 결합 도메인의 이름을 따서 명명되었다(그림 2.17B). 한 세포의 셀렉틴은 다른 세포의 탄수화물 함유 리간드와 상호작용한다.

3. **면역글로불린 대집단:** 세포 간 부착 분자의 또 다른 부류는 면역글로불린(항체)의 구조적 특성을 공유하기 때문에 이름 지어졌다. 면역글로불린 계열의 구성원으로서의 부착 분자는 세포 간 부착을 미세 조정하고 조절한다(그림 2.17C). 면역글로불린 집단 중 일부는 상해 및 스트레스 동안 혈관을 감싸는 내피세포에 백혈구가 부착하는 것을 촉진한다. 이 집단의 부착 분자에 대한 리간드는 면역글로불린 대집단의 또 다른 구성원 및 인테그린이다.

4. **인테그린:** 인테그린은 세포-세포 부착과 세포-ECM 부착을 모두 매개할 수 있는 세포 부착 분자이다. 이 집단은 상동성 막관통 이

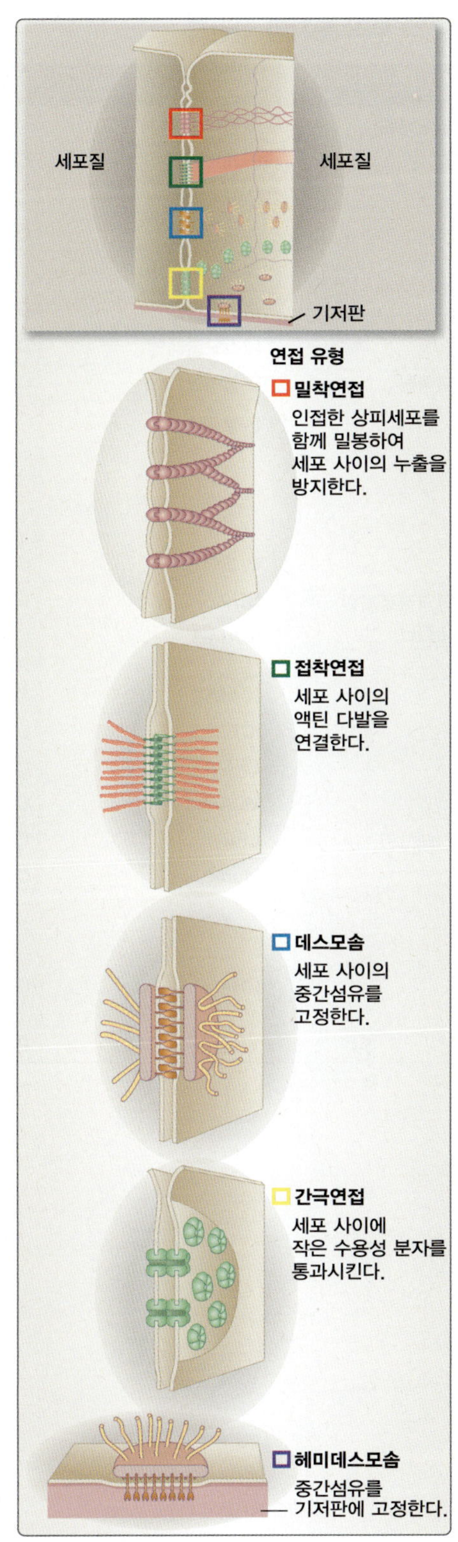

그림 2.16
세포연접의 유형

표 2.3 부착 분자와 리간드

집단	이름	동의어	발현위치	리간드
캐드헤린	고전적 유형			
	E-캐드헤린	CDH1	상피조직	E-캐드헤린
	N-캐드헤린	CDH2	뉴런	N-캐드헤린
	P-캐드헤린	CDH3	태반	P-캐드헤린
	데스모솜			
	데스모콜린	DSC1, 2, 3	상피조직	데스모콜린
	데스모글레인	DSG1, 2, 3	상피조직	데스모글레인
셀렉틴	E-셀렉틴	CD62E	활성화된 내피	시알릴 루이스 X
	L-셀렉틴	CD62L	백혈구	CB34 GlyCAM-1 MadCAM-1 황산화 시알릴 루이스 X
	P-셀렉틴	CD62P	혈소판, 활성화된 내피	시알릴 루이스 X, PSGL-1
면역글로불린 대집단	CD2	LFA-2	T 세포	LFA-3
	ICAM-1	CD54	활성화된 내피, 림프구, 가지돌기 세포	LFA-1 Mac-1
	ICAM-2	CD102	가지돌기 세포	LFA-1
	ICAM-3	CD50	림프구	LFA-1
	LFA-3	CD58	항원 제시 세포, 림프구	CD2
	VCAM-1	CD106	활성화된 내피	VLA-4
인테그린	LFA-1	CD11a:CD18	식세포, 호중구, T 세포	ICAM-1, -2, -3
	Mac-1	CD11b:CD18	호중구, 대식세포, 단핵구	ICAM-1 iC3b 피브리노겐
	CR4	CD11c:CD18	가지돌기 세포, 호중구, 대식세포	iC3b
	VLA-4	CD49d:CD29	림프구, 대식세포, 단핵구	VCAM-1

종2량체 단백질로 작용하며, 상대적으로 낮은 친화력으로 리간드에 결합한다. 인테그린의 결합과 기능은 다수의 약한 부착 상호작용을 특징으로 한다. 인테그린은 2개의 막관통 사슬인 α와 β로 구성된다(**그림 2.17D**). 현재까지 최소 19개의 α 사슬 및 8개의 β 사슬이 알려져 있다. 서로 다른 α 및 β 사슬의 조합으로 독특한 결합 특성을 지닌 인테그린이 만들어진다. 가령, β_2형의 소단위체는 백혈구에서만 발현된다.

a. **리간드:** 인테그린이 세포-세포 부착을 매개할 때 면역글로불린 계열의 일부가 인테그린의 리간드가 된다. 인테그린이 세포를 ECM에 결합시킬 때는 콜라젠과 파이브로넥틴이 일반적으로 리간드 역할을 한다. 파이브로넥틴의 세포-결합 도메인은 인테그린 결합 부위이다. 인테그린의 세포 외 도메인은 RGD **트라이펩타이드**(RGD tripeptide)로 알려진 3가지 아미노산 잔기[즉, 아르지닌(arginine, R), 글라이신(glycine, G), 아스파트산(aspartate, D)의 한 글자 약어를 기반으로 명명]를 인식하여 ECM 구성요소

에 결합한다. 이러한 결합은 인테그린의 세포질 도메인의 변화를 유발하여 세포 부착, 생장 및 이동을 조절하는 세포골격 및/또는 기타 단백질과의 상호작용이 변하게 된다. 대부분의 인테그린의 세포 내 영역은 세포골격 액틴섬유 다발과 연결되어 있다. 따라서 인테그린은 세포 내의 세포골격과 세포를 둘러싼 ECM 사이의 상호작용을 매개한다.

b. **신호전달:** 세포 내부에서 생성된 신호는 일부 인테그린의 활성화 상태를 변화시켜 세포 외 리간드에 대한 친화력에 영향을 미친다. 그래서 인테그린은 원형질막을 통해 양방향으로 신호를 보낼 수 있는 독특한 능력을 가지고 있는데, 이 과정을 **내-외** 및 **외-내 신호전달**(inside-out and outside-in signaling)이라고 한다.

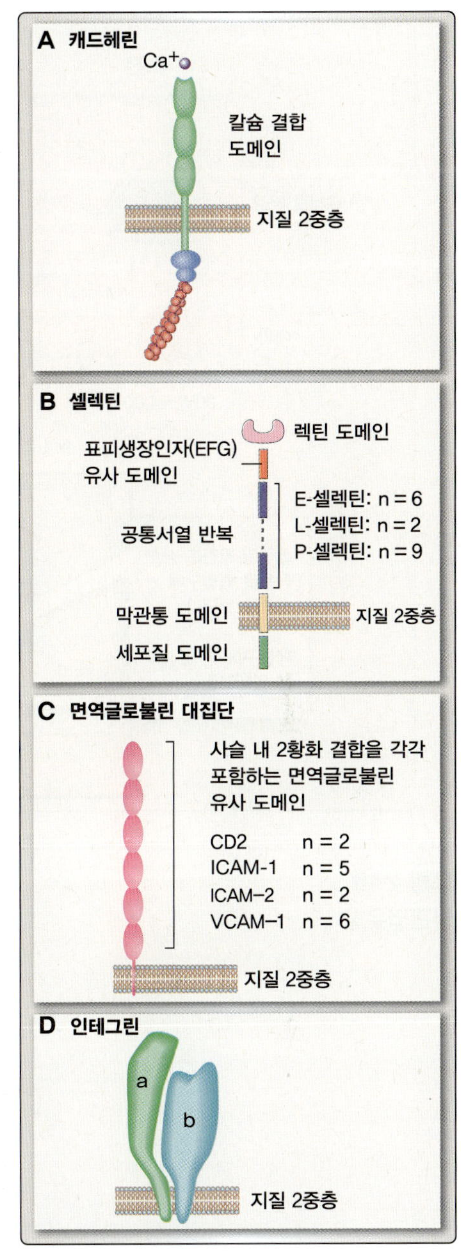

그림 2.17
A. 캐드헤린, B. 셀렉틴, C. 면역글로불린 대집단, D. 인테그린

D. 부착 및 질병

건강을 유지하고 질병을 방어하려면 부착 분자가 정상적으로 발현되고 작용하는 것이 필요하다. 이러한 정상적인 세포-세포 및/또는 세포-기질 상호작용이 방해받거나 중단되면 질병이 생길 수 있다. 조직 내 염증 부위로의 면역세포 이동은 백혈구 및 내피세포의 부착 분자에 따라 달라진다. 부착 분자의 발현에 문제가 생기면 이 과정이 중단된다. 그러나 부착 분자는 감염인자 및 질병 과정 동안에 이용되기도 하는데, 부착 분자의 발현이 증가하면 천식 및 류마티스 관절염을 포함한 염증성 질환을 돕는 결과를 초래할 수도 있다.

1. **혈관외유출(순환계에서 조직으로 세포 이동):** 면역계의 백혈구가 조직의 감염 인자에 반응하면, 백혈구의 부착 분자가 리간드를 만나게 되어 혈액에서 조직으로 세포의 이동이 촉진된다(리핀코트의 그림으로 보는 면역학, 그림 13.3 참조).

a. **단계:** 이 과정에서 백혈구의 셀렉틴이 종종 내피세포 표면의 면역글로불린 계열 리간드에 결합한다. 그런 다음 혈관 내피를 따라 백혈구가 연이어 "**회전**(rolling)"한다 (그림 2.18). 셀렉틴이 리간드와 결합하여 시작되는 신호로 인해 동일한 백혈구 안에 있는 인테그린의 **활성화**(activation)가 내-외 방식으로 일어난다. 활성화된 인테그린은 내피의 리간드에 결합하여 백혈구를 **확실하게 정지**(firm arrest)시킨다. 이어서 **혈구누출**(diapedesis), 즉 내피층을 통과하는 이동 및 **혈관외유출**(extravasation)로 백혈구가 조직으로 유입된다. 회전, 활성화 및 확실한 정지의 이러한 전통적인 세 단계에 대한 이해는 최근에 자세히 규명되었다. 느린 회전, 부착 강화, 내강 기어가기(intraluminal crawling), 세포 주위 및 세포 관통 이동(paracellular and transcellular migration) 등의 별도의 추가적인 단계는 최근에 밝혀졌다.

b. **지방 줄무늬 형성:** 이와 같이 면역계의 세포가 조직의 감염 부위에 도달할 수 있게 하는 일반적인 과정이 심혈관계 질환의 첫 번째 병리학적 변화 중 하나인 **지방 줄무늬 형성**(fatty streak

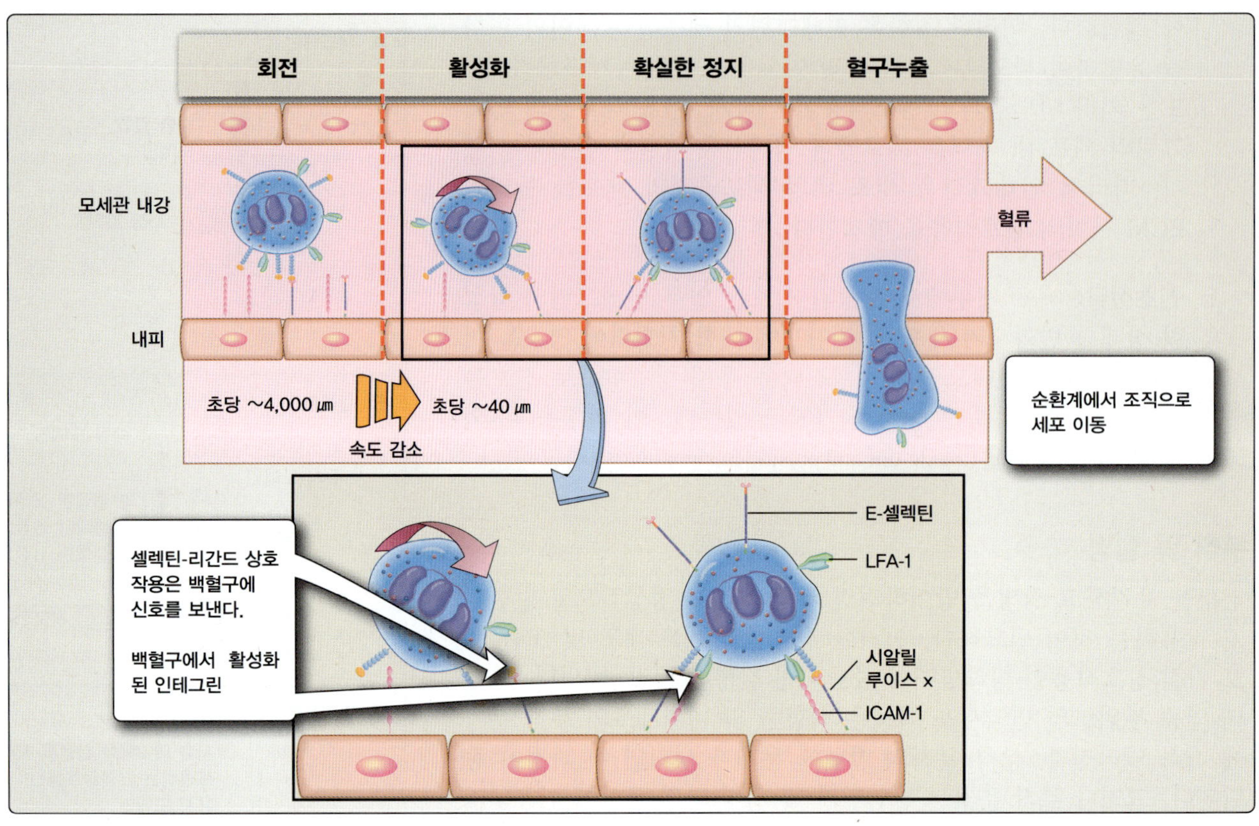

그림 2.18
혈관외유출

formation)에서도 발생한다. 죽상경화증(atherosclerotic)은 혈관의 내벽인 내피의 손상에서부터 시작된다. 단핵구(monocyte)가 부착 분자 의존적 방식으로 손상된 내피에 결합한 후, 내피하층(subendothelium)으로 혈구누출 및 혈관외유출이 일어나게 된다. 그들은 내피하층에서 과도한 지질을 삼켜 거품 세포(foam cell)가 된다. 거품 세포는 혈관 벽에 축적되어 석회화되는 플라크(plaque)를 형성한다. 결과적으로 혈액의 흐름에 제한이 생길 수 있다(리핀코트의 그림으로 보는 생화학, 제8판, 그림 18.23 참조).

2. **부착 분자 결함:** 특정 부착 분자들의 발현이 손상되면 백혈구가 감염 부위로 이동하는 것이 억제될 수 있다. 또 다른 부착 분자들이 비정상적으로 발현되면 정상 조직 구조가 붕괴될 수 있다. 따라서 두 경우 모두 개인의 건강에 문제가 생긴다.

   a. **상피-간충직 전이:** 상피-간충직 전이(epithelial-mesenchymal tra-nsition, EMT)는 상피세포의 부착 및 극성에 변화가 생길 때 일어난다. 이러한 현상은 배아 발생과정에서 나타나지만 암 진행 과정 중의 일반적인 특징이기도 하다. EMT는 암이 이동성 및 침습성 특성을 갖도록 한다. 부착 분자의 발현이나 기능의 변화는 암의 진행에 관련되는 것으로 생각된다. 대부분 암은 상피조

직에서 유래하며, E-캐드헤린은 상피조직을 구성하는 데 매우 중요하다. 대부분의 상피 종양에서는 E-캐드헤린의 기능이 변화되어 있는 것을 알 수 있다. 연구에 따르면 암의 진행 과정에서 E-캐드헤린 매개 세포-세포 부착 기능이 상실되며, 이것이 다음 단계의 암의 확산 또는 전이에도 필요하다. 암 환자의 주요 사망 원인이 암세포의 전이적 전파이므로 세포 부착과 그 과정 중의 신호전달의 분자 메커니즘을 이해하는 데 많은 연구가 집중되고 있다.

b. **백혈구 부착 결핍:** 건강에 대한 기능적 부착 분자의 중요성은 드물지만 심각한 면역결핍증인 **백혈구 부착 결핍** I(leukocyte adhesion deficiency I, LAD) 사례로 알 수 있다. 암이 진행되면서 나중에 발생하는 부착 분자의 변형과는 대조적으로, LAD는 일반적으로 백혈구에서만 발현되는 **인테그린의 소단위체**(subunit of integrin)인 β_2의 유전적 결함이다. 따라서 백혈구는 감염 부위로 이동하는 능력이 손상되어 반복적인 세균 감염이 일어난다. LAD 환자는 일반적으로 2세 이상 생존하지 못한다.

c. **천포창:** 부착 분자 결함과 관련된 또 다른 질병은 천포창(pemphigus)으로, 세포-세포 간 부착이 안 되어 물집이 발생한다. 천포창은 캐드헤린이 매개하는 세포 부착에 문제가 생겨 발생하는 자가면역 질환이다. 증상의 정도에 따라 세 가지 유형의 천포창이 존재한다. 모든 형태의 천포창은 캐드헤린의 하위 유형 중 **데스모글레인**(desmoglein)으로 알려진 단백질에 결합하는 자가항체에 의해 발생한다. 데스모글레인에 결합하는 항체는 세포 부착 기능을 방해한다. 따라서 인접한 표피세포가 서로 결합할 수 없어서 물집이 생긴다. [**천포창**(pemphigoid)은 물집이 생기는 상태에 대한 관련 증상을 총칭하며, 헤미데스모솜 단백질에 대한 자가항체가 세포의 기저판(basal lamina)에 대한 세포 부착을 손상시킨다.]

3. **부착 분자 발현 증가 및 염증:** 세포 당 부착 분자 수가 일반적인 수준보다 많이 발현되면 특정 영역으로의 세포의 이동이 촉진되고 부적절한 염증이 발생할 수 있다.

a. **천식:** 천식(asthma)과 같이 부적절한 염증이 만성화되는 경우, 진행 중인 염증의 원인을 발견하는 것은 예방의 중요한 단계이다. 천식에서는 기도가 수축되고 점점 염증이 생기게 된다. 발병은 종종 바이러스 감염으로 인해 촉발된다. 상해나 스트레스 후에 내피세포와 백혈구 사이의 부착을 정상적으로 촉진하는 면역글로불린 대집단 중 하나인 ICAM-1은 천식 발병과 관련이 있다. 천식 환자의 기도에서 ICAM-1 발현 증가가 관찰되는데, 이로 인해 부적절하게 많은 수의 면역세포가 기도로 이동하여 만성 염증이 일어나도록 자극한다.

임상 적용 2.4 천포창의 유형

수포성 질병인 천포창에는 세 가지 유형이 있는데 심상성 천포창(pemphigus vulgaris), 낙엽성 천포창(pemphigus foliaceus) 및 신생물주위 천포창(paraneoplastic pemphigus)이 그것이다. 심상성 천포창이 가장 흔하며 구강 궤양이 특징이다. 낙엽성 천포창은 가장 경증을 나타낸다. 두피, 가슴, 등, 얼굴에 딱딱한 궤양이 생기는 것이 특징이며 습진이나 피부염으로 오진하는 경우가 많다. 가장 드물긴 하지만 심각한 형태의 천포창은 악성 변종인 신생물주위 천포창으로, 일반적으로 다른 악성 종양과 함께 발견된다. 이 환자의 경우 입, 입술 및 식도에 매우 통증이 심한 궤양이 나타난다. 폐 조직에서 폐포의 치명적인 파괴 역시 이 유형에서 일어난다.

b. **류마티스 관절염:** 또 다른 염증성 질환인 류마티스 관절염(rheumatoid arthritis)의 병인에 부착 분자의 발현 증가가 포함될 수 있는데, 이 자가면역 질환에서 뼈세포는 부착 분자의 발현을 증가시킬 수 있다. 류마티스 관절염에서 윤활막의 염증은 백혈구의 부착 증가와 관련이 있는데, 인테그린 LFA-1 및 ICAM-2가 선택적으로 관련되어 있다고 입증되었다. 특정 부착 분자를 저해하는 것이 류마티스 관절염에 대한 잠재적 치료법이다.

4. **감염 인자에 대한 수용체로서의 부착 분자:** 부착 분자는 또 다른 방식으로 염증과 감염의 진행을 도울 수 있다. 부착 분자는 인간 세포에서 광범위하게 발현되고 바이러스는 감염을 일으키기 위해 숙주세포의 결합 단백질이 필요하기에, 부착 분자가 때때로 이 역할을 할 수 있다. 내피세포에 대한 백혈구의 부착을 매개하는 동일한 ICAM-1 분자는 감기의 가장 중요한 병인인 라이노바이러스(rhinovirus) 집단의 수용체로도 사용된다. 라이노바이러스 감염은 또한 천식 악화의 주요 원인이다. 따라서 ICAM-1을 차단하는 것이 라이노바이러스 감염을 억제하는 치료 방법이 될 수 있다.

요약

- 조직은 조직 내 세포 및 그 세포가 생산하는 세포 외 거대분자로 구성된다. 조직 부피의 상당 부분이 ECM으로 채워진다.
- ECM에는 프로테오글라이칸, 섬유상 단백질 및 부착 단백질이 포함되어 있다.
- 프로테오글라이칸은 글라이코스아미노글라이칸과 작은 연결 단백질로 구성된다. 프로테오글라이칸은 압착력에 대한 복원력과 저항력을 제공한다.
- 섬유상 단백질에는 콜라젠과 엘라스틴이 포함된다. 콜라젠은 전단력에 강한 질긴 섬유를 형성한다. 엘라스틴은 조직이 파열되지 않고 늘어나거나 수축하도록 한다.

요약(이어짐)

- 섬유상 단백질의 이상은 질병을 초래한다.
  - 괴혈병: 식이성 바이타민 C 부족으로 인한 손상된 콜라젠을 생성한다.
  - 골형성부전증: 약한 뼈를 특징으로 하는 콜라젠의 유전성 장애이다.
  - 엘러스-단로스 증후군: 과도하게 늘어나는 관절과 늘어지는 피부가 특징이다.
  - 마르팡 증후군: 결함이 있는 피브릴린-1은 엘라스틴을 유지하기가 어렵고 대동맥, 눈 및 골격에 결함을 초래한다.
  - α1-항트립신 결핍: 폐기종에 걸리기 쉽게 만든다. α1-항트립신이 부족할 때 엘라스틴에 대한 엘라스테이스의 단백질 분해 효과가 억제되지 않는다.
- ECM은 기질 금속단백질분해효소의 활성에 의해 조절되는 지속적인 리모델링을 거친다.
- 세포 부착은 정상적인 조직 구조를 유지하기 위해 필요하다.
- 세포연접은 세포-세포 및 세포-ECM의 부착을 매개하는 부착 분자로 구성된다. **세포 부착 집단**은 다음과 같다.
  - 캐드헤린: 다른 세포의 캐드헤린과 결합하여 조직 내 세포 사이에 장기간 부착을 제공한다.
  - 셀렉틴: 다른 세포의 탄수화물 함유 리간드에 결합하여 백혈구의 이동을 매개한다.
  - 면역글로불린 대집단: 세포 간 접착을 미세 조정하고 조절한다.
  - 인테그린: 세포-세포 및 세포-ECM의 부착을 모두 매개한다.
- 세포 부착이 파괴되면 질병이 발생할 수 있다.
- 혈관외유출: 백혈구가 감염 조직 부위로 이동하는 정상적인 과정은 단핵구가 지방 줄무늬를 형성하는 데에도 이용될 수 있다.
- 부착 분자 발현의 변화는 암의 진행에 관여한다.
- β_2 인테그린 소단위체가 결핍되면 백혈구 부착 결핍이 발생하고 조기에 감염으로 사망하게 된다.
- 부착 분자 발현 증가는 염증을 강화하고 류마티스 관절염 발병에 중요한 역할을 한다.
- 부착 분자는 라이노바이러스 등의 바이러스에 이용되기도 하는데, 인간의 경우 바이러스는 부착 분자를 수용체로 이용한다.

학습 문제

다음 중 가장 적절한 답을 하나만 고르시오.

2.1 다음 보기 중 세포외기질에서 해당 성분의 기능을 가장 정확히 나타낸 것은?

A. 엘라스틴은 전단력에 저항하는 견고한 당단백질 섬유를 형성한다.
B. 라미닌은 결합조직의 주요 부착 당단백질이다.
C. 글라이코스아미노글라이칸은 수화된 젤을 형성하여 압착력에 저항하는 데 도움을 준다.
D. 파이브로넥틴은 피부와 폐가 찢어지지 않고 늘어날 수 있도록 해준다.
E. 콜라젠은 연골과 같은 조직에 탄력성을 부여한다.

정답 C

글라이코스아미노글라이칸은 수화된 젤을 형성하여 압착력에 저항하는 데 도움을 준다. 콜라젠은 조직이 전단력에 저항하도록 돕는 당단백질이다. 엘라스틴은 조직에 고무 같은 특성을 부여하는 섬유상 단백질(글라이코실화되지 않음)이다. 파이브로넥틴은 다기능 부착 단백질이다. 글라이코스아미노글라이칸은 수화된 젤을 형성하고 조직에 탄력성을 부여한다. 파이브로넥틴과 구조가 유사한 라미닌은 상피조직의 주요 부착 단백질이다.

2.2 78세 남성이 괴혈병 진단을 받았다. 이 환자의 콜라젠 결함의 원인은?

A. 안정적인 콜라젠 3중나선의 형성을 방해하는 유전적 결함
B. Pro 및 Lys 잔기를 수산화하는 능력이 손상됨
C. 데스모신 교차결합을 형성하기 위한 Lys 잔기의 교차결합 불능
D. Gly를 다른 더 큰 아미노산으로 치환하는 돌연변이
E. 바이타민 C 매개 트로포콜라젠의 파괴

정답 B

Pro 및 Lys 잔기를 수산화하는 능력이 손상되었다. 괴혈병은 유전적이지 않으며, 후천적인 바이타민 C의 결핍으로 발생한다. 바이타민 C는 Pro 및 Lys 잔기의 수산화에 필요하다. 괴혈병은 돌연변이, 생성된 콜라젠 파괴 또는 데스모신 교차결합 형성 능력을 수반하지 않는다. 바이타민 C는 콜라젠 분해를 매개하지 않는다.

2.3 다음 중 캐드헤린에 의해 매개되는 세포 부착의 독특한 특성은 무엇인가?

A. 캐드헤린은 막관통 단백질이고 다른 부착 분자는 세포 내 단백질이다.
B. 캐드헤린은 세포-세포 부착이 아닌 세포-ECM 부착을 매개한다.
C. 캐드헤린은 리간드 역할을 하는 다른 캐드헤린과 동종친화적 결합을 가지고 있다.
D. 캐드헤린은 세포골격과 ECM 사이의 양방향 신호전달을 중재한다.
E. 한 세포의 캐드헤린은 다른 세포의 글라이코실화된 리간드에 결합한다.

정답 C

캐드헤린은 동종친화적 결합을 하며, 다른 캐드헤린은 리간드 역할을 한다. 캐드헤린이 아닌 셀렉틴의 독특한 특성이 탄수화물 함유 리간드에 결합하는 것이다. 모든 부착 분자는 세포-세포 부착을 매개할 수 있는 막관통 단백질이다. 인테그린은 세포-세포 및 세포-ECM 부착을 촉진하고 세포 내-외 신호와 세포 외-내 신호를 전달한다.

2.4 세포 표면의 당단백질은 특정 부착 분자의 리간드이다. 그 부착 분자는 어느 집단에 속할 가능성이 가장 큰가?

A. 캐드헤린
B. 콜라젠
C. 면역글로불린 대집단
D. 인테그린
E. 셀렉틴

정답 E

셀렉틴은 탄수화물 함유 리간드에 결합하는 부착 분자이다. 캐드헤린은 다른 캐드헤린과 결합한다. 면역글로불린 대집단 구성원은 종종 인테그린을 리간드로 사용한다. 또한, 인테그린은 세포와 ECM의 상호작용을 매개할 수 있으므로 파이브로넥틴을 비롯한 ECM 구성요소를 리간드로 포함한다. 콜라젠은 ECM의 섬유상 단백질이며 부착 분자 계열이 아니다.

2.5 α1-항트립신이 결핍된 환자에서 폐기종이 오기도 하는데 다음 중 어느 분자의 과도한 분해 때문인가?

A. 콜라젠
B. 엘라스틴
C. 글라이코스아미노글라이칸
D. 라미닌
E. 프로테오글라이칸

정답 B

엘라스테이스의 주요 억제제인 α1-항트립신이 결핍되면 폐의 엘라스틴이 광범위하게 분해될 수 있다. 콜라젠, 글라이코스아미노글라이칸, 프로테오글라이칸 및 라미닌을 포함한 다른 ECM 성분은 엘라스테이스에 의해 작용하지 않는다. (α1-항트립신이라는 이름은 트립신을 생리학적으로 억제하는 역할을 강조하지만, 이는 단백질분해효소인 엘라스테이스의 주요 조절인자이다. 엘라스테이스는 특별히 α1-항트립신이 작용하지 않는 경우 엘라스틴을 분해한다.)

2.6 다음 중 세포외기질의 기능과 정확히 일치하는 성분은 무엇인가?

A. 콜라젠은 전단력에 저항하는 질긴 단백질 섬유를 형성한다.
B. 엘라스틴은 결합조직의 주요 부착 당단백질이다.
C. 파이브로넥틴은 ECM이 압착력에 저항할 수 있도록 수화된 젤을 형성한다.
D. 글라이코스아미노글라이칸은 피부와 폐가 찢어지지 않고 늘어날 수 있게 해준다.
E. 라미닌은 연골과 같은 조직에 탄력성을 부여한다.

정답 A

콜라젠은 그것을 함유한 조직에 강도와 전단력에 대한 저항성을 부여하는 질긴 섬유를 형성한다. 엘라스틴은 조직에 고무 같은 특성을 부여하는 섬유상 단백질이다. 파이브로넥틴은 다기능 부착 단백질이다. 글라이코스아미노글라이칸은 수화된 젤을 형성하고 조직에 탄력성을 부여한다. 파이브로넥틴과 구조가 유사한 라미닌은 부착 단백질이다.

2.7 전신홍반성루푸스(systemic lupus erythematosus, SLE)를 앓고 있는 32세 여성은 관절 통증과 부종 소견을 보이며 연골의 압박/변형 능력에 손상이 있다. 이 SLE 환자에서 손상된 세포외기질과 연골에 미치는 영향에 대해 가장 잘 설명한 것은?

A. 콜라젠에서 하이드록시라이신이 부족하여 안정성이 떨어진다.
B. 엘라스틴이 늘어나지 않아 연골이 확장되지 않는다.
C. 과도한 콜라젠이 관절 경직을 유발한다.
D. 라미닌 매개 부착이 저해되어 SLE 연골이 더욱 확장된다.
E. 프로테오글라이칸이 감소하여 연골의 복원력이 손상되었다.

정답 E

연골의 프로테오글라이칸 수치가 감소하면 연골의 복원력이 손상된다. 콜라젠, 엘라스틴 또는 라미닌은 프로테오글라이칸에 의해 형성된 수화물 젤로 인해 발생하는 연골의 복원력에 크게 기여하지 않는다.

2.8 다음 중 셀렉틴에 의해 매개되는 세포 부착의 독특한 특성은 무엇인가?

A. 셀렉틴은 막관통 단백질이고, 다른 부착 분자들은 세포 내 단백질이다.
B. 셀렉틴은 세포-세포 부착이 아닌 세포-ECM 부착을 매개한다.
C. 셀렉틴은 다른 셀렉틴이 리간드 역할을 하는 동종친화적 결합을 가지고 있다.
D. 셀렉틴은 세포골격과 ECM 사이의 양방향 신호전달을 매개한다.
E. 한 세포의 셀렉틴은 다른 세포의 글라이코실화된 리간드에 결합한다.

정답 E

셀렉틴의 고유한 특성은 탄수화물 함유 리간드에 결합한다는 것이다. 모든 부착 분자는 세포-세포 부착을 매개할 수 있는 막관통 단백질이다. 인테그린은 세포-세포 및 세포-ECM 부착을 촉진하고 세포 내-외 및 세포 외-내 신호를 전달한다. 캐드헤린은 동종친화적 결합을 가지며 다른 캐드헤린을 리간드로 사용한다.

2.9 파이브로넥틴은 특정 부착 분자의 리간드이다. 파이브로넥틴과 결합하는 부착 분자는 어느 집단에 속할 가능성이 가장 큰가?

A. 캐드헤린
B. 콜라젠
C. 면역글로블린 계열
D. 인테그린
E. 셀렉틴

정답 D
파이브로넥틴은 ECM의 구성요소이며, 인테그린은 세포-ECM 부착을 매개할 수 있는 부착 분자이다. 캐드헤린, 면역글로불린 대집단 구성원 및 셀렉틴은 세포-세포 부착만을 매개한다. 콜라젠은 부착 분자가 아니라 ECM 내의 섬유상 단백질이다.

2.10 라이노바이러스 감염을 예방하는데 잠재적인 이점이 있는 부착 분자는 다음 중 어느 것인가?

A. ICAM-1
B. ICAM-2
C. L-셀렉틴
D. P-캐드헤린
E. VLA-4

정답 A
라이노바이러스는 숙주의 호흡기관 내피세포에 ICAM-1 부착 분자를 이용한다. 나열된 다른 부착 분자 중 어느 것도 이러한 방식으로 라이노바이러스에 의해 이용되지 않는다.

생체막

Biological Membranes

3

I. 개요

막은 각 세포와 특정 세포소기관의 외부 경계를 형성한다. **원형질막**(plasma membrane)은 외부 환경과 세포의 내부를 구분 짓는 선택적 투과성 구조를 갖는다. 특정 분자는 원형질막을 가로질러 이동함으로써 세포 안팎으로 들어오고 나가는 것이 가능하다. 막은 구조를 형성하고 세포 기능을 촉진하는 지질(lipid)과 단백질(protein)로 구성된다. 예를 들어, 세포 부착 및 신호전달은 원형질막에서부터 시작되는 과정이다. 원형질막의 안쪽 부분은 세포 내 세포골격 단백질의 부착점 역할을 한다. 생체막의 기본 구조는 **인지질 2중층**(phospholipid bilayer)이다(그림 3.1). 2개의 역평행 인지질층이 세포 내부 내용물을 둘러싸는 막을 형성한다. 세포질에 가장 가까운 인지질의 막 층은 세포질 쪽 **내부층**(inner leaflet)이고 외부 환경에 가장 가까운 층은 **외부층**(outer leaflet)이다. 콜레스테롤 분자는 인지질 분자 사이에 끼워져 있다. 단백질은 또한 세포막과 결합하여 특정 신호 분자의 전달 또는 반응을 포함하여 세포가 필요로 하는 생물학적 기능을 한다. 막을 생성하는 지질 및 단백질 성분은 세포의 내부 환경을 유지하기 위한 안정적이면서도 역동적인 장벽을 설정하는 데 중요하다.

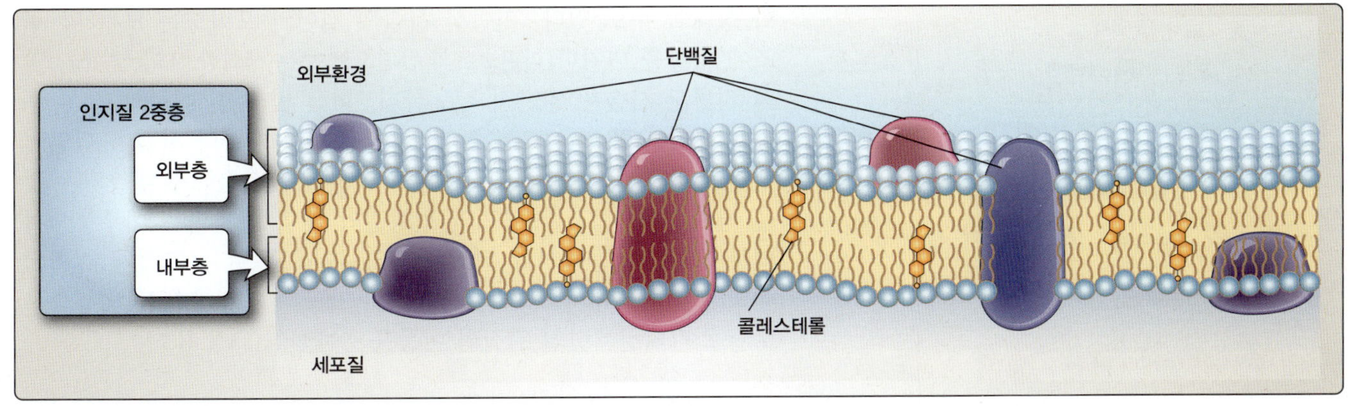

그림 3.1
원형질막의 구조

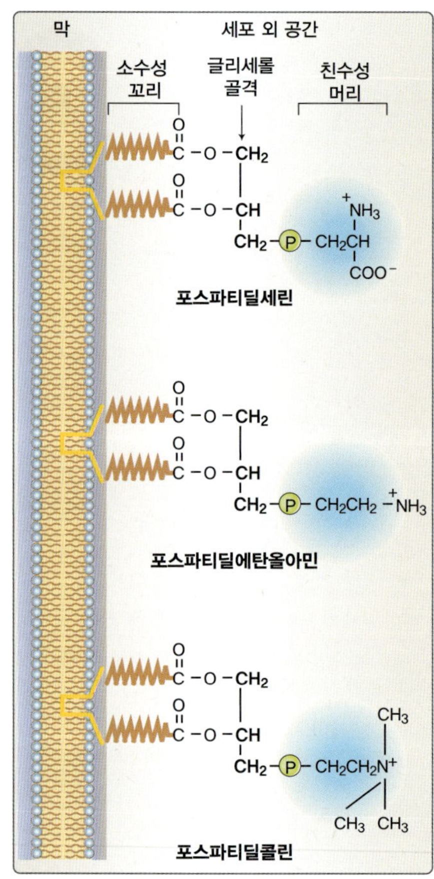

그림 3.2
일부 인지질의 구조

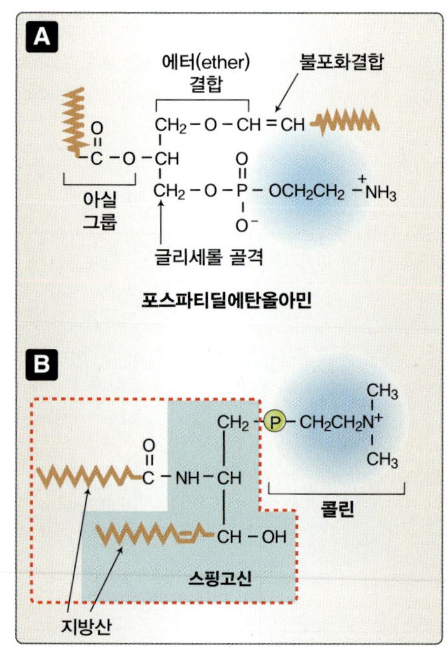

그림 3.3
인지질의 글리세롤(A)과 스핑고신(B) 골격

II. 구성성분

원형질막, 세포소기관 막, 세포 내 소낭(막으로 둘러싸인 세포 내 구조)을 포함한 모든 세포의 막은 동일한 물질로 구성되어 있다. 이러한 생체막의 주요 구성요소는 지질과 단백질이다. 막을 위한 구조, 지지 및 기능을 제공하기 위해 여러 형태의 지질이 존재한다. 막단백질은 또한 구조적 역할과 기능적 역할을 모두 수행한다.

A. 지질

지질은 생체막에 존재하는 가장 풍부한 유형의 거대분자이다. 원형질막 및 세포소기관 막은 40%에서 80% 사이의 지질을 포함한다. 이 지질은 막의 기본 구조와 골격을 모두 제공하고 그 기능을 조절한다. 세포막에서 발견되는 3가지 종류의 지질은 인지질(phospholipid), 콜레스테롤(cholesterol) 및 당지질(glycolipid)이다.

1. **인지질:** 인지질은 가장 풍부한 유형의 막 지질이다. 이들은 본질적으로 **양친매성**(amphipathic)이다. 즉, 친수성 성분과 소수성 성분을 모두 가지고 있다. 친수성 또는 극성 부분은 "머리"에 있다(그림 3.2). 머리 부분에는 인산과 이에 부착된 알코올이 있다. 알코올은 세린, 에탄올아민, 이노시톨 또는 콜린일 수 있다. 인지질의 이름에는 **포스파티딜세린**(phosphatidylserine), **포스파티딜에탄올아민**(phosphatidylethanolamine), **포스파티딜이노시톨**(phosphatidylinositol) 및 **포스파티딜콜린**(phosphatidylcholine)이 포함된다. 이 모든 인지질에는 글리세롤(glycerol)이라는 분자가 포함되어 있지만, 막 인지질인 **스핑고마이엘린**(sphingomyelin)은 머리 부분에 알코올 콜린이 있고 글리세롤 대신 스핑고신을 포함한다(그림 3.3).

   인지질의 소수성 부분은 긴 탄화수소 지방산 꼬리이다. 외부층의 극성 머리 부분은 외부 환경을 향한 반면, 지방산 꼬리는 인지질 2중층의 내부로 향해 있다. 지방산은 탄소 원자에 최대 수의 수소 원자가 결합한 포화 상태이거나 1개 이상의 C=C 2중결합으로 불포화 상태일 수도 있다. 지방산 사슬의 길이와 포화도는 모두 막 구조에 영향을 미친다(리핀코트의 그림으로 보는 생화학, 17장 참조). 막의 지방산 사슬은 일반적으로 굽힘, 회전 및 측면 이동과 같은 운동을 한다(그림 3.4). C=C 2중결합이 존재할 때마다 사슬에 꺾임이 생겨 일부 유형의 운동이 감소하고 지방산이 밀접하게 배열되는 것을 방지한다. 건강한 세포의 원형질막 내의 인지질은 내부층에서 외부층으로 이동하거나 뒤집히지(flip-flop) 않는다. 그러나 계획된 세포자멸 과정에서 효소는 죽어가는 세포의 내부층에서 외부층으로 포스파티딜세린의 뒤집힘 이동을 촉매한다(23장 참조).

2. **콜레스테롤:** 세포막의 또 다른 주요 구성요소는 극성 수산기 그룹과 소수성 스테로이드 고리 및 부착된 탄화수소를 포함하는, 양친매성 분자인 콜레스테롤(cholesterol)이다(그림 3.5). 콜레스테롤

은 인지질 사이에 삽입되어 세포막 전체에 분산 분포한다. 콜레스테롤의 극성 수산기 그룹은 인지질의 극성 머리 부분 근처에 있는 반면, 콜레스테롤의 스테로이드 고리와 탄화수소 꼬리는 인지질과 평행하게 배열된다(**그림 3.6**). 콜레스테롤은 불포화 지방산 꼬리의 꺾임으로 인해 생성된 공간에 잘 맞게 들어가므로, 지방산의 이동 및 운동 능력을 감소시켜 막을 경직시키고 강화시킨다.

3. **당지질:** 당지질은 탄수화물이 부착된 지질로, 인지질 및 콜레스테롤보다 낮은 농도로 세포막에서 발견된다. 당지질의 탄수화물 부분은 항상 세포 외부를 향하며 외부 환경으로 돌출되어 있다. 당지질은 세포에서 관찰되는 탄수화물 외피를 형성하는 데 도움을 주고 세포 간 상호작용에 관여한다. 이는 혈액형 항원의 원천이며, 또한 콜레라 및 파상풍을 포함한 독소의 수용체로 작용할 수 있다.

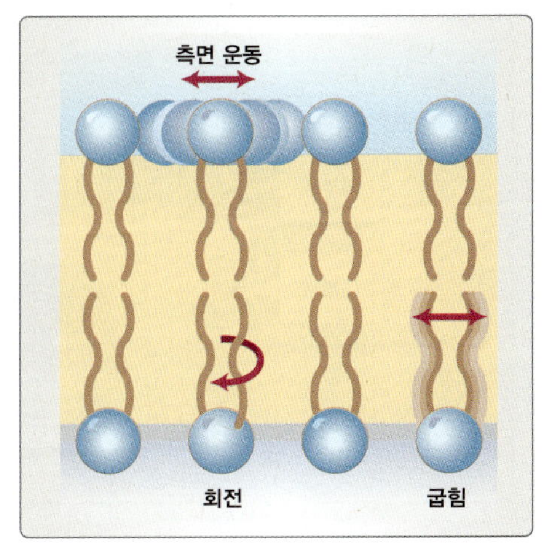

그림 3.4
막 인지질의 운동 유형

B. 단백질

단백질은 주로 막의 다양한 생물학적 기능에 크게 관여한다. 예를 들어, 일부 막단백질은 물질을 세포 안팎으로 운반하는 데 관여한다(3단원 참조). 또 다른 막단백질은 호르몬이나 생장인자에 대한 수용체 역할을 한다(4단원 참조). 원형질막 내의 단백질 종류는 세포 유형에 따라 다르지만, 모든 막단백질은 3가지 주요 방법 중 하나로 막과 결합한다.

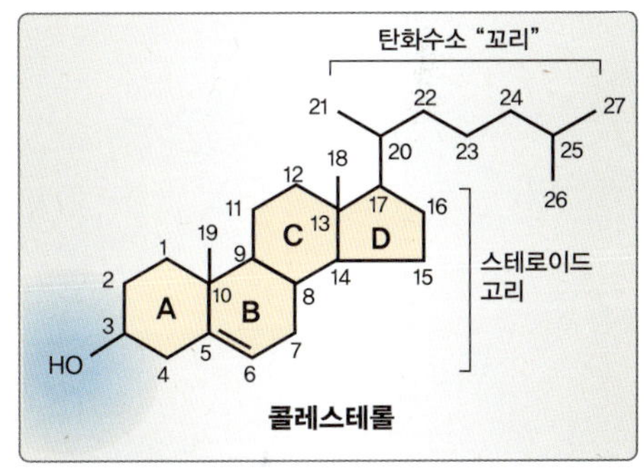

그림 3.5
콜레스테롤의 구조

1. **단백질의 막결합:** 일부 단백질은 막의 2중층을 가로지르며 외부 환경에서 세포질까지 걸쳐 있지만, 다른 단백질은 막 지질에 고정되어 있고 또 다른 단백질은 원형질막의 세포질 부분과 결합되어 있다(**그림 3.7**).

   a. **막관통 단백질:** 막관통 단백질(transmembrane protein)은 지질 2중층 내에 걸쳐 있는데, 막을 관통하여 외부 환경에서 세포질 내부까지 뻗어 있다. 일부 막관통 단백질은 하나의 막관통 도메인을 가지고 있지만, 여러 개의 막관통 도메인을 포함하는 단백질도 있다. 일부 호르몬 수용체는 7개의 특징적인 막관통 도메인(7-pass 또는 7-loop를 가진 막관통 수용체)을 가진 단백질이다. 모든 막관통 단백질은 아미노산의 화학적 특성에 따라 친수성 및 소수성 성분을 모두 포함한다. 이들 단백질은 친수성 부분이 수용성의 외부 환경 및 세포질과 접하고, 소수성 부분이 인지질의 지방산 꼬리와 접하여 막 내에 위치하도록 배열되어 있다. 단백질은 가장 일반적으로 하나 이상의 α **나선**(helix)을 포함하는 구조를 이용하여 세포막을 통과한다(리핀코트의 그림으로 보는 생화학, 1~2장 참조).

   b. **지질고정 단백질:** 막단백질의 두 번째 구성원은 막 2중층의 중심 부분에 들어가지 않고 지질의 일부에 공유결합으로 부착된 **지질고정 단백질**(lipid-anchored protein)이다.

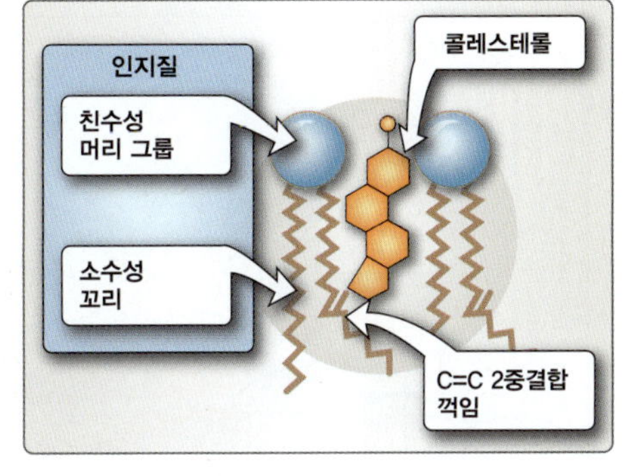

그림 3.6
막의 콜레스테롤과 인지질

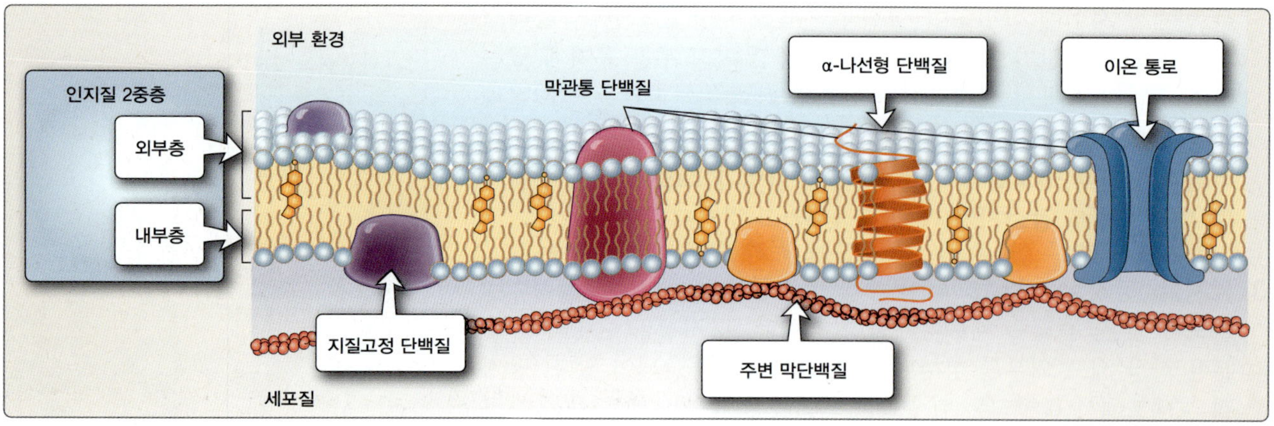

외부 환경
인지질 2중층
외부층
내부층
막관통 단백질
α-나선형 단백질
이온 통로
지질고정 단백질
주변 막단백질
세포질

그림 3.7
막과 결합한 단백질

막관통 및 지질고정 단백질은 모두 전체 막 구조를 파괴해야만 막에서 분리할 수 있기에 **내재 막단백질**(integral membrane protein)이라고 한다.

c. **주변 막단백질:** 세 번째 범주의 단백질은 **주변 막단백질**(peripheral membrane protein)로, 막의 세포질 쪽에 위치하며, 지질에 직접 부착된 다른 막단백질과 결합함으로써 막 지질에는 간접적으로 부착된다. 스펙트린을 포함하여 적혈구의 막 골격 형성에 관여하는 세포골격 단백질은 주변 막단백질의 예이다(4장 참조).

2. **막단백질의 기능:** 막단백질은 세포가 조직의 구성원으로 작용할 수 있도록 한다(그림 3.8). 예를 들어, **세포 부착 분자**(cell adhesion molecule)는 세포 표면까지 확장되어 세포-세포 부착을 촉진하는 단백질이다(2장 참조). 다른 막단백질은 분자가 세포에 들어가고

외부 환경
리간드 &
수용체
G 단백질
이온 통로
인지질 2중층
외부층
내부층
β
γ
α
GDP
세포질
세포골격 단백질

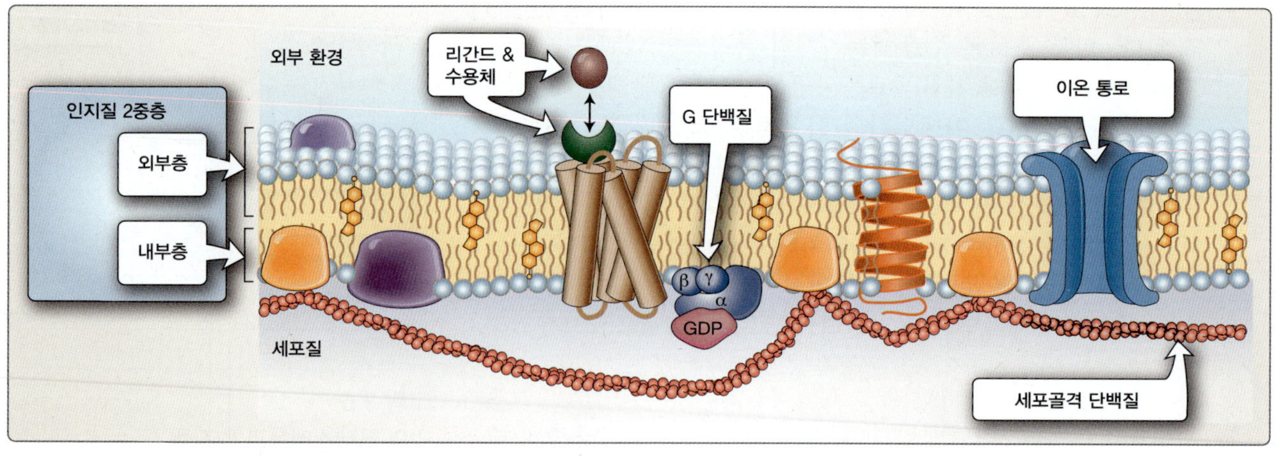

그림 3.8
막단백질의 기능

나올 수 있도록 하는 **이온 통로**(ion channel) 및 **수송 단백질**(transport protein)의 역할을 한다(3단원 참조). **리간드 수용체**(ligand receptor)인 막단백질은 세포가 호르몬 및 기타 신호 분자에 반응할 수 있도록 한다(4단원 참조). 이러한 막단백질의 예는 그 구조가 2중층에 걸쳐 있는 내재 막관통 단백질이다. 지질고정 막단백질에는 특정 리간드에 대한 반응으로 세포 신호전달에 참여하는 **G 단백질**(G protein)이 포함된다(17장 참조). 주변 막단백질에는 막에 부착되어 모양을 조절하고 구조를 안정화시키는 **세포골격 단백질**(cytoskeletal protein)이 포함된다(4장 참조). 일부 다른 주변 막단백질도 세포의 신호전달에 관여하며, 호르몬이 단백질 수용체에 결합한 후 활성화되는, 막의 내부층에 부착된 효소를 포함한다(17장 참조).

III. 구조

세포막의 단백질과 지질은 세포의 안정적인 외부 구조를 형성하도록 특정 방식으로 배열되어 있다. 막 구성요소는 특정 위치에 단단히 고정되어 있지 않은데, 앞서 인지질에 관해 설명한 것처럼 단백질과 지질은 여러 유형의 운동이 가능하다(그림 3.4 참조). 막단백질 또한 측면으로 이동할 수 있고 회전할 수도 있다. 막 성분의 조성과 역동적 특성으로 인해 막은 유동적이다. 이 유동성에도 불구하고 막의 구조는 매우 안정적으로 세포를 지탱한다. 인지질의 배열은 콜레스테롤에 의해 견고해지는 기본적인 구조를 제공하며, 단백질들이 기능적 역할을 수행하게 한다.

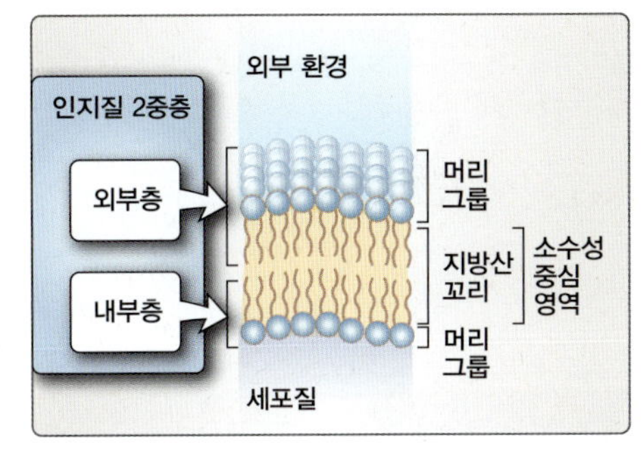

그림 3.9
막에서 인지질 2중층의 배열

A. 2중층 배열

막 인지질의 소수성 지방산 꼬리는 세포질과 외부 환경의 극성 수용성 액체(예: 혈액 또는 림프를 포함한 기타 세포액)에서 멀어지는 방향으로 향한다. 그러나 인지질의 친수성 부분은 극성 환경을 향한다. 이러한 구조를 이루기 위해서는 두 층의 인지질이 필요하다(그림 3.9). 각 층의 인지질은 서로 반대 방향으로 위치한다. 인지질 한 층(외부층)의 극성 머리 부분은 외부를 향하고 다른 층(내부층)의 머리 부분은 세포질 쪽의 내부를 향한다. 비극성 또는 소수성의 중심 영역은 두 층의 지방산 꼬리가 서로 만나는 부분이다.

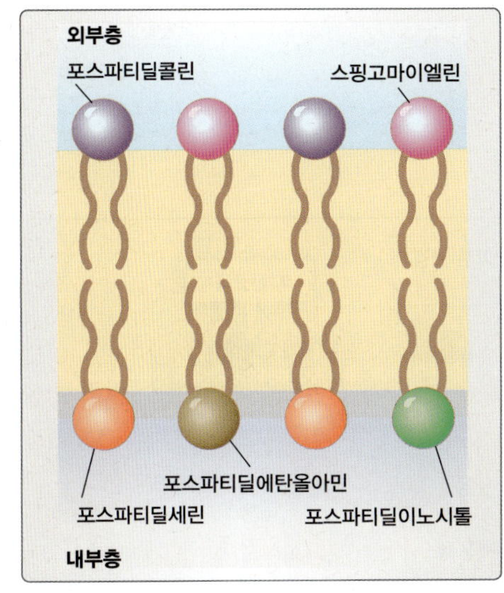

그림 3.10
막의 비대칭성

B. 비대칭

모든 인지질의 지방산 꼬리는 구조적으로 서로 매우 유사하며, 앞서 언급한 바와 같이 각 인지질 분자의 특성은 머리 부분의 알코올에 의해 결정된다(II.A.1절 참조). 어떤 인지질은 외부층에서 발견되는 반면, 또 다른 인지질은 내부층에서 더 많이 발견된다. 대부분 인간 세포의 원형질막에서 포스파티딜콜린과 스핑고마이엘린은 외부 환경을 향하는 외부층에 있는 반면, 포스파티딜세린과 포스파티딜에탄올아민 및 포스파티딜이노시톨은 세포질을 향하는 내부층에 있다(그림 3.10). 앞서 언급한 바와 같이(II.A.1절), 세포자멸 또는 세포예

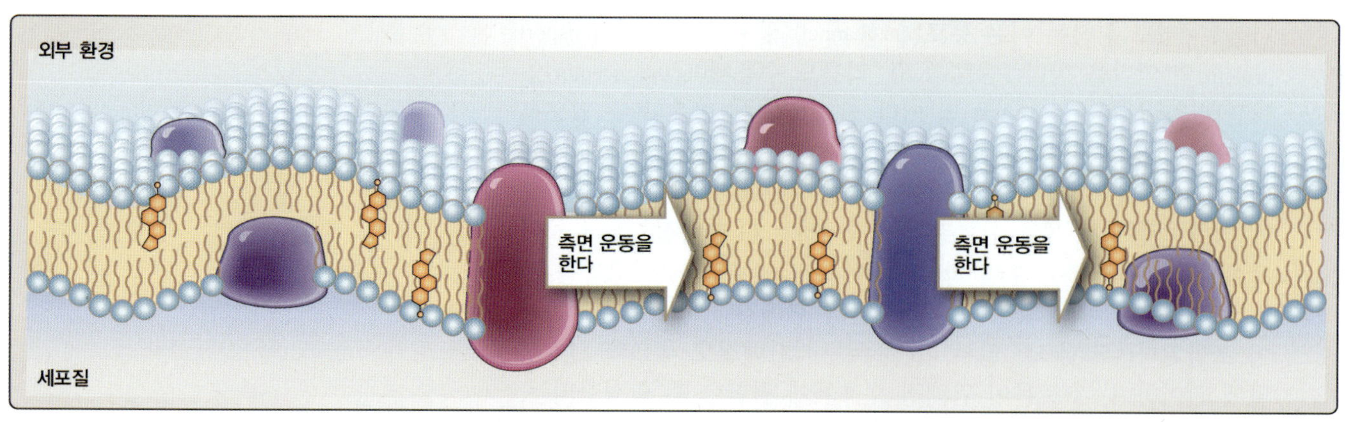

그림 3.11
유동 모자이크 모델

정사 동안 포스파티딜세린은 효소에 의해 막의 내부층에서 외부층으로 뒤집힌다. 외부층에 존재하는 포스파티딜세린은 자멸 중인 세포를 식세포가 제거하도록 유도하는데, 이는 막 비대칭의 유지가 정상적인 세포의 기능에 중요하다는 것을 나타낸다.

막은 각 층에 있는 인지질의 비대칭 분포 외에도 당지질(glycolipid)도 그 배열에 차이가 있는데, 인지질에 부착된 탄수화물은 세포에서 돌출된 상태로 항상 외부층에 존재한다. 이와 유사하게 당단백질(glycoprotein)도 탄수화물 부분이 외부로 돌출된 상태로 외부층에 배열되어 있다. 그러나 주변 막단백질은 세포질을 향하는 막의 내부층에만 부착된다. 따라서 내부 및 외부 막 층은 그 구성이 다르며, 각각 다른 기능을 가지고 있다. 그러나 콜레스테롤은 쉽게 뒤집히거나 한 층에서 다른 층으로 이동할 수 있기에 막 2중층의 양쪽에 모두 분포한다.

C. 유동 모자이크 모델

지난 수십 년 동안, 원형질막을 설명하기 위해서 1972년 싱어와 니콜슨(Singer and Nicholson)이 제안한 유동 모자이크막 모델(fluid mosaic membrane model)이 사용되었다. 이 모델에서 막은 측면으로 확산하는 지질의 성질 때문에 유체의 특징을 가지고 있어서, 전체적인 구조는 흐르는 바다와 같다. 막단백질은 모자이크처럼 막 전체에 분산되어 있다. 대부분 막단백질은 측면 운동을 할 수 있기에, 지질의 바다에 떠 있는 빙산에 비유된다(그림 3.11).

D. 지질뗏목

지질뗏목(lipid raft)은 세포막에서 스핑고지질과 콜레스테롤이 풍부한, 특수한 역동적인 미세 영역이다(그림 3.12). 막단백질은 대개 지질뗏목 내에 모여 있다. 지질뗏목의 기능에는 콜레스테롤 수송, 세포내섭취(endocytosis) 및 신호전달이 포함된다.

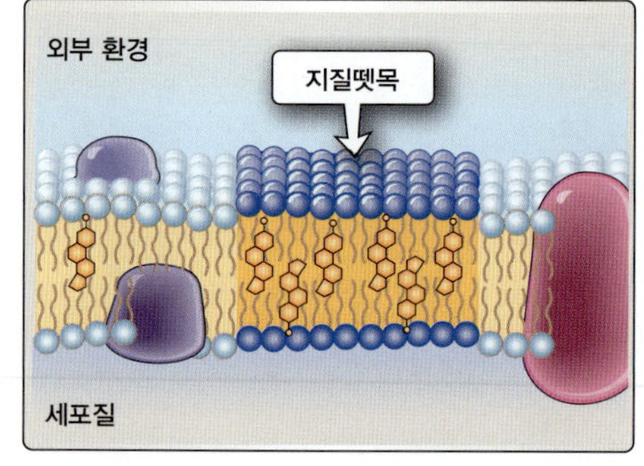

그림 3.12
지질뗏목

지질뗏목 가설은 콜레스테롤이 글라이코스핑고지질(아실 사슬을 가진 인지질) 및 스핑고마이엘린과 결합하여, 막 주위의 제대로 정렬되지 않은 지질로 만들어진 인지질 바다에 떠다니는 "뗏목" 같은 일시적인 구조를 형성한다고 가정한다. 뗏목 내의 인지질의 지방산 사슬은 길고 더 단단하게 밀집해 있다. 지질뗏목의 평균 크기, 분포 및 수명은 잘 정의되어 있지 않으며, 지질뗏목을 형성하는 힘도 완전히 이해되지는 않았다. 스핑고지질과 콜레스테롤 사이에는 강한 인력이 있고, 인지질과 스핑고지질 사이에는 반발력이 있는 것으로 보인다. 이 반발력은 뗏목 형성에 중요한 역할을 할 가능성이 크다. 살아 있는 세포에서 지질뗏목을 연구하는 것이 사실 어렵고 광학 현미경으로 관찰하기에는 구조가 너무 작다. 그러나 독특한 유형의 지질뗏목 구조가 제안되었다. 지질뗏목의 유형에는 평면형, **글라이코스핑고지질 풍부 막**(glycosphingolipid-enriched membrane, GEM)형 및 **카베올라**(caveola)가 포함된다. 평면형 뗏목은 원형질막의 평면과 연속적이며 독특한 형태학적 특징은 없다.

카베올라는 **카베올린-1**(caveolin-1)을 포함하는데, 이는 원형질막에 플라스크 모양의 안쪽 주름을 형성하여 막의 형태에 국부적인 변화를 일으키는 내재 막단백질로서, *CAV1* 유전자에 의해 암호화된다(그림 3.13). **카빈**(cavin) 계열 단백질 중 특히 카빈-1[cavin-1, 또는 PTRF(polymerase 1 and transcript release factor)라고도 함]은 카베올린-1과 협력하여 카베올라의 형성을 조절한다.

카베올라는 세포내섭취, 콜레스테롤 항상성, 세포 신호전달 및 근육세포의 물리적 보호에 관여한다. 카베올라는 다양한 조직, 특히 내피세포에서 발견되지만 신경조직에는 없다. 아라키돈산, 세포 신호전달에 관여하는 지방산, 특정 생장인자 수용체, 인테그린, 인슐린 수용체 등 많은 단백질과 지질이 카베올라에서 고농도로 발견된다. 바이러스, 독소, 곰팡이 및 프리온을 포함한 다양한 유형의 병원체는 카베올라를 사용하여 숙주세포에 들어가 라이소솜(lysosome)으로 운반되어 분해되는 것을 피한다.

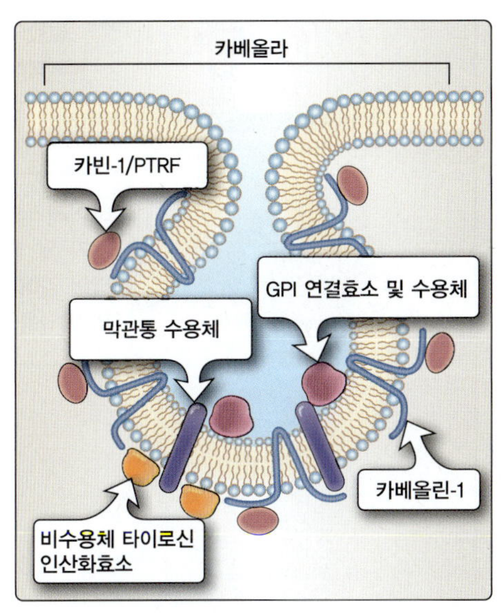

그림 3.13
카베올라의 형태

임상 적용 3.1 지질뗏목과 SARS-CoV2

지질뗏목은 코로나바이러스를 포함하여 인체 세포를 감염시키는 여러 바이러스의 복제주기에 관여한다. COVID-19 유발 인자인 SARS-CoV2는 지질뗏목에 국한된 안지오텐신 전환효소 2(angiotensin-converting enzyme 2, ACE 2) 수용체에 결합하여 인체의 기도 상피세포를 감염시킨다(그림 3.14). 이 코로나바이러스의 스파이크 당단백질은 ACE 2 수용체와 상호작용하여 바이러스의 구조적 변화를 일으키고 바이러스가 숙주세포로 진입하는 데 필요한 신호를 촉발한다. 인체의 단백질분해효소인 TMPRSS2(transmembrane protease serine subtype 2)는 바이러스의 스파이크 단백질을 절단하여 바이러스와 세포막의 융합을 매개함으로써 감염이 시작되도록 한다. 지질뗏목 매개 세포내섭취를 통해 바이러스 입자가 세포로 들어온다. 세포질에서 바이러스 단백질이 번역되고, 새로운 바이러스 RNA가 형성되면서 바이러스가 복제된다. 이 바이러스는 호흡기관의 다른 숙주세포 및/또는 심장 근육, 결장, 소장, 갑상샘 및 콩팥을 포함한 ACE2를 발현하는 세포를 감염시킨다.

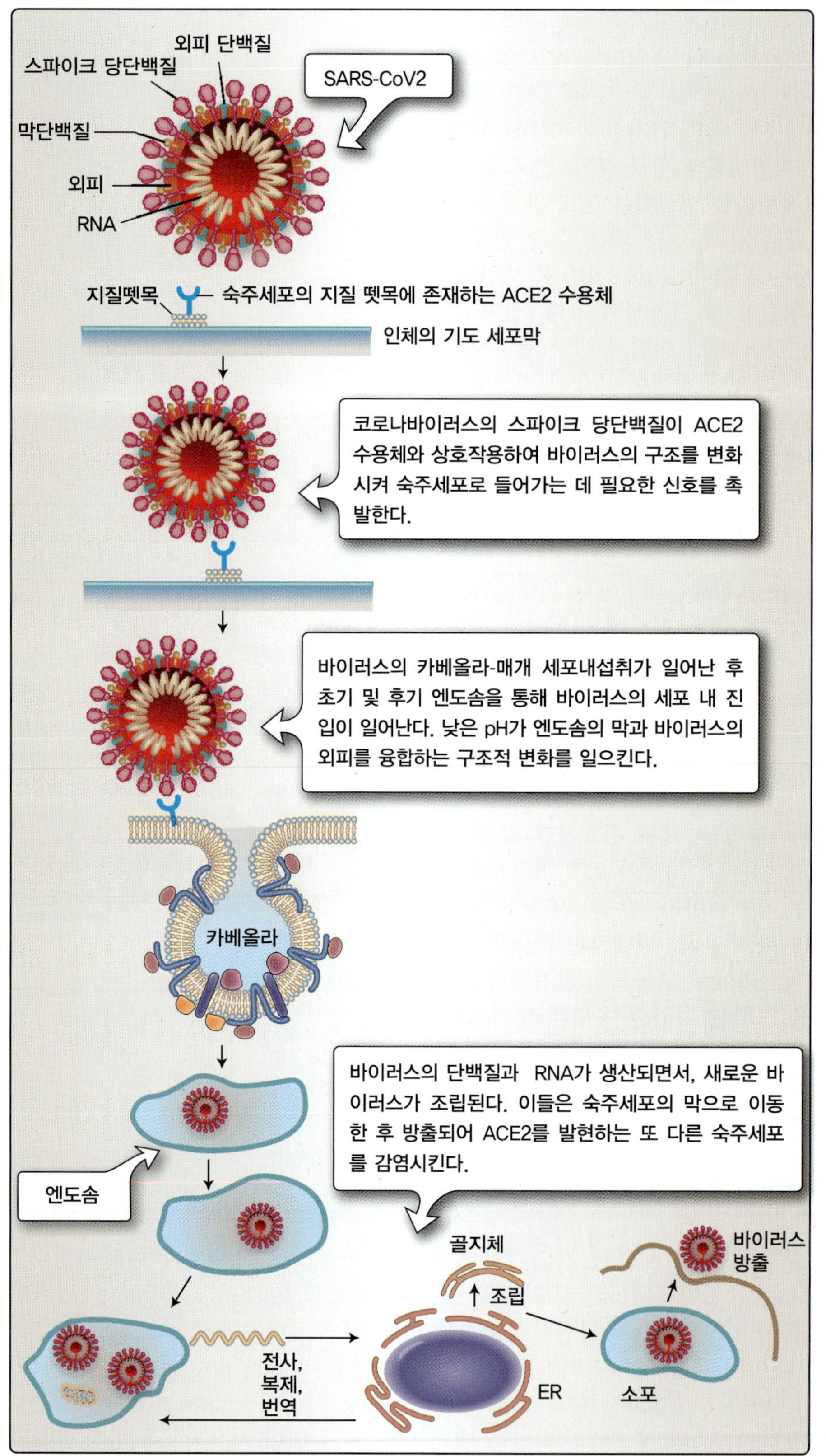

그림 3.14
지질뗏목과 SARS-CoV2

요약

- 원형질막은 진핵세포의 가장 외부에 위치한 선택적 투과성을 가진 막이다.
- 생체막은 원형질막, 세포소기관 막, 세포 내 소포를 포함하여 모두 동일한 기본 구조를 가지고 있다.
- 지질은 일반적으로 세포막에서 가장 풍부한 거대분자이다.
- **인지질**(phospholipid)과 **콜레스테롤**(cholesterol)은 세포막의 기본 구조를 형성하는 양친매성 지질이다.
- 막단백질은 막을 관통하거나, 지질에 고정되거나, 막 주변부에 있을 수 있다.
- 막단백질은 이온 통로 및 수송 단백질, 리간드 수용체 및 세포골격의 구성요소로 작용할 수 있다.
- 기본 막 구조는 **인지질 2중층**(phospholipid bilayer) 구조이다.
- **인지질의 비대칭 분포**(asymmetric distribution of phospholipid)로 인해 막의 각 층은 독특한 특성을 갖게 된다.
- 막의 지질과 단백질은 고정적이지 않고, 막 내에서 이동할 수 있다.
- **유동 모자이크 모델**(fluid mosaic model)은 유동적인 인지질 "바다"를 묘사하는데, 단백질이 모자이크 패턴으로 분포되어 있고 지질의 바다에 떠 있는 것처럼 보인다.
- **지질뗏목**(lipid raft)으로 알려진 막의 미세 영역은 콜레스테롤 수송, 세포내섭취 및 신호전달 기능을 하는 특수 지질이 풍부한 동적 영역이다.
- 지질뗏목의 유형에는 평면형, **글라이코스핑고지질 풍부 막**(glycosphingolipid-enriched membrane, GEM)형 및 **카베올라**(caveolae)가 포함된다.
- 카베올라는 콜레스테롤이 풍부한 플라스크 모양의 원형질막의 내부 주름으로, 막의 형태에 국소적인 변화를 일으키는 내재 막단백질인 **카베올린-1**(caveolin-1)을 포함한다. **카빈**(cavin) 계열의 단백질, 특히 카빈-1/PTRF는 카베올라의 형성을 조절한다.
- 지질뗏목은 코로나바이러스를 포함하여 인체 세포를 감염시키는 여러 바이러스의 복제주기에 관여한다. SARS-CoV2는 지질뗏목에 국한된 안지오텐신 전환효소 2(ACE 2) 수용체에 결합하여 숙주세포를 감염시킨다.

학습 문제

가장 적절한 답을 하나만 고르시오.

3.1 스핑고마이엘린은 건강한 살아 있는 세포의 원형질막에서 확인된다. 다음 중 어느 위치에서 발견되는가?

A. 막의 외부층
B. 막관통 배열에서
C. 인지질 사이에 삽입
D. 세포질을 접하는 내부층에 고정됨
E. 외부 환경으로 돌출

정답 A

스핑고마이엘린은 외부층 지질에서 발견되는 인지질이다. 인지질은 2중층 구조를 형성하기 때문에 막관통 배열을 하거나 인지질 사이에 삽입될 수 없다. 스핑고마이엘린은 인지질이므로 지질에 고정되거나 외부 환경으로 돌출되지 않는 대신, 지질 2중층의 구조적 구성요소이다.

3.2 살아 있는 세포의 원형질막 내에서 특정 포스파티딜콜린 분자를 연구한다고 할 때, 이 분자의 특성으로 가능성이 큰 것은?

A. 구조적 구성요소의 견고하고 고정된 배열
B. 한 층에서 다른 층으로 연속적인 뒤집힘(flip-flop)
C. 구부러지는 지방산 꼬리
D. 세포골격 성분의 결합 부위
E. 2중층의 양쪽에 균등 분포

정답 C

포스파티딜콜린은 인지질이며, 원형질막 내의 인지질의 지방산 꼬리는 머리 부분의 회전과 함께, 구부러지거나 막의 평면 내에서 측면으로 이동할 수 있는 능력을 가지고 있다. 막 인지질은 제자리에 고정되어 있지 않다. 그러나 하나의 층에서 다른 층으로 뒤집히지 않는다. 포스파티딜콜린은 외부층에서만 발견되므로 2중층의 양쪽에 고르게 분포되어 있지 않다. 세포골격 구성요소는 내부층과 접해 있다.

3.3 원형질막 내의 리간드 수용체의 배열을 가장 잘 설명한 것은?

A. 주변 막단백질
B. 지질고정 단백질
C. 내재 막단백질
D. 지질뗏목
E. 당지질

정답 C

리간드 수용체는 막관통 단백질이므로 내재 막단백질이다. 막관통 단백질은 2중층에 걸쳐 있으며, 막의 구조를 파괴하지 않고서는 분리될 수 없다. 주변 막단백질과 지질고정 단백질은 세포질을 향하는 내부층에서만 연결된다. 리간드 수용체는 단백질이므로 당지질이 아니고 지질뗏목도 아니다.

3.4 원형질막의 당단백질은 다음 중 어느 특성을 가지고 있는가?

A. 세포골격 단백질에 부착
B. 외부 환경에 돌출
C. 막의 주변부 부착
D. 양쪽 막 층에서 발견
E. 구부러지는 능력

정답 B

당단백질(및 당지질)의 탄수화물 부분은 외부 환경을 향해 돌출되어 있다. 이들은 막의 외부층에서만 발견되므로 세포골격 단백질과 연결되지 않는다. 주변 막단백질은 막의 내부층에 부착된다. 막단백질은 옆으로 움직일 수 있고 회전할 수도 있지만, 서로에 대해 구부러질 수 있는 지방산 꼬리와 같은 구조를 가지고 있지 않다.

3.5 건강한 세포의 원형질막에는 카베올라가 관찰된다. 이러한 구조에 대한 설명으로 옳은 것은?

A. 인지질의 성분
B. 콜레스테롤 분자 사이에 삽입됨
C. 무질서한 인지질로 구성
D. 탄수화물 함량이 높은 영역
E. 콜레스테롤이 풍부한 막의 함입

정답 E

카베올라는 규칙적으로 배열된 콜레스테롤 및 스핑고지질이 풍부한 막의 미세 영역으로, 지질뗏목의 한 유형이다. 카베올라는 카베올린에 의해 막 함입이나 접힘으로 나타난다. 인지질의 구성요소가 아닐 뿐만 아니라 무질서한 인지질로 구성되어 있지도 않다. 카베올라는 콜레스테롤 분자 사이에 삽입되어 있지 않지만, 콜레스테롤 함량이 높은 막 영역이다.

3.6 다음 중 원형질막의 유동 모자이크 모델에 대한 설명으로 옳은 것은?

A. 내부층에 당단백질이 있는 당지질 단일층
B. 단백질이 없는 콜레스테롤이 풍부한 미세 영역
C. 유동적이며 단백질이 묻혀 있는 인지질 2중층
D. 각 층 사이에서 자유롭게 뒤집히는(flip-flop) 구성요소를 포함하는 지질 2중층
E. 외부에 단백질이 있는, 정적으로 배열된 인지질 및 콜레스테롤층

정답 C
유동 모자이크 모델은 빙산이 바다에 떠 있는 것처럼, 단백질이 인지질 2중층의 바다를 묻혀 있다. 원형질막은 부수적인 요소로서 당단백질을 가지며, 단일층을 형성하지 않는다. 지질뗏목은 콜레스테롤이 풍부한 미세 영역이지만 단백질이 없는 것은 아니며 실제로 구조 내에 특정 단백질을 축적한다. 인지질 2중층은 내부층과 외부층에 서로 다른 인지질이 있는 비대칭성을 나타낸다. 건강한 살아있는 세포막에서는 지질층 간에 뒤집힘은 일어나지 않는다. 세포막의 구성요소는 변하지 않는 정적 배열이 아니라 유동적 특성을 가지고 있다. 단백질은 원형질막 전체에서 발견되며 한 부분에 국한되지 않는다.

3.7 주변 막단백질을 가장 잘 설명한 것은?

A. 인지질 2중층에 묻혀 있다.
B. 본질적으로 막관통 단백질이다.
C. 살아있는 세포의 세포질을 가로지른다.
D. 막의 함입으로 형성된 카베올라에 둘러싸여 있다.
E. 막의 내부층에 느슨하게 붙어 있다.

정답 E
주변 막단백질은 막의 내부층에 느슨하게 부착되어 있으며 막에 내재되어 있지 않다. 반대로 인지질 2중층에 내재된 단백질과 막관통 단백질은 본질적으로 내재 막단백질이다. 세포의 세포질을 가로지르는 단백질은 세포골격을 구성하며 주변 막단백질은 아니다. 카베올라 내의 단백질은 주변 막단백질이거나 내재 막단백질일 수 있으나 반드시 주변 막단백질일 필요는 없다.

3.8 어떤 단백질은 원형질막 내부층의 인지질 지방산 사슬에 공유결합되어 있지만, 그 구조가 인지질 2중층의 소수성 중심부까지 확장되지 않는다. 이 단백질에 대한 설명으로 옳은 것은?

A. 세포질 쪽을 향하는 당화된 부분을 갖는다.
B. 리간드 수용체로 작용한다.
C. 1회 통과하는 막관통 단백질이다.
D. 세포질 쪽을 향해 위치하고 있다.
E. 세포막에서 어떤 유형의 이동도 일어나지 않는다.

정답 D
막의 내부층에 부착된 단백질은 세포질쪽을 향할 것이다. 당단백질은 외부층에서 발견되며, 탄수화물은 외부 환경을 향한다. 리간드 수용체는 막관통형이기에, 리간드와 만나지 않는 내부층에 부착되지 않는다. 1회 통과 막관통 수용체는 한쪽에서 다른 쪽으로 1회만 막을 가로지르기에 막의 내부층에 있는 지방산 사슬과 결합하지 않는다. 문제에서 언급한 단백질은 소수성 중심부에 들어가지 않기 때문에 막관통이 아니다. 막에 있는 단백질은 이동할 수 있는데, 이 특정 단백질이 회전, 굽힘 또는 측면으로의 이동이 불가능하다는 어떤 설명도 없다.

3.9 적혈구의 조기 파괴가 원인인 빈혈 환자의 적혈구 막에서 콜레스테롤 함량이 증가한 것으로 밝혀졌다. 이 적혈구 막에 대한 설명으로 옳은 것은?

A. 막의 유동성이 감소된다.
B. 막의 외부층에 포스파티딜세린이 나타난다.
C. 과도한 농도의 콜라젠을 가진다.
D. 표면에 당단백질이 부족하다.
E. 인지질이 단일층 구조를 나타낸다.

정답 A
콜레스테롤 함량은 막의 유동성에 큰 영향을 미치며, 콜레스테롤이 많을수록 인지질 사이에 더 많은 콜레스테롤이 삽입되어 인지질이 더 치밀하게 채워지기 때문에 유동성이 감소한다. 포스파티딜세린은 건강한 살아 있는 세포막의 내부층에서 발견되며, 그 위치는 막의 콜레스테롤 함량에 영향을 받지 않는다. 당단백질은 막의 콜레스테롤 함량과 관계없이 막의 외부층에서 발견된다. 원형질막은 단일층이 아닌 인지질 2중층이다. 콜레스테롤은 인지질 사이에 삽입되지만, 콜레스테롤 함량이 막의 2중층 구조를 변화시키지 않는다.

3.10 적혈구 막단백질에 부착된 큰 탄수화물에서 말단 *N*-아세틸갈락토사민을 제거하면, 세포 표면의 혈액형 항원이 A 대신 O로 분류된다. 이 결과로 볼 때, 적혈구 단백질에 부착된 *N*-아세틸갈락토사민과 같은 탄수화물 잔기의 특징으로 가장 적절한 설명은? ?

A. 수용성의 외부 환경으로부터 세포를 격리한다.
B. 세포의 외부 환경과 상호작용한다.
C. 막의 외부층에서 내부층으로 뒤집힌다(flip-flop).
D. 막에서 지질의 소수성을 증가시킨다.
E. 인지질 사이에 삽입되어 막을 더 치밀하게 한다.

정답 B

탄수화물 잔기는 세포의 외부를 향하며 외부 환경과 상호작용한다. 이는 탄수화물을 제거하면 다른 혈액형으로 분류된다는 사실로 입증된다. 세포 표면의 당단백질은 항체에 의해 인식되어 혈액형을 결정한다. 탄수화물은 세포를 외부 환경에서 격리시키거나 막의 내부층으로 뒤집히지 않는다. 당단백질은 본질적으로 완전히 소수성이지 않다. 소수성 아미노산 잔기를 포함하더라도 탄수화물 부분은 친수성이다. 당단백질은 막 구조보다는 세포의 기능에 더 많은 영향을 미친다. 인지질 사이에 삽입되어 막을 치밀하게 만드는 것은 콜레스테롤이다.

세포골격

Cytoskeleton

4

I. 개요

세포골격(cytoskeleton)은 세포 내 지지대를 형성하는 단백질 섬유의 복잡한 네트워크이다(그림 4.1). 세포골격 단백질은 원형질막에 고정되어 있고 **세포질**(cytoplasm; 세포소기관을 포함한 세포 내부) 전체에 분포하며, 세포소기관이 상주할 수 있는 기본 토대를 제공한다.

세포골격은 단순히 수동적인 내부 골격이 아니라, 역동적인 조절 기능을 갖는다. **미세소관**(microtubule)은 세포골격 단백질의 한 유형으로, 세포질을 구조화하고 세포소기관과 상호작용함으로써 세포소기관의 이동을 유도한다. 미세소관 외에도 **액틴섬유**(actin filament)와 **중간섬유**(intermediate filament)가 세포골격을 구성한다. 세포골격의 구성요소들은 모두 세포질 내에서 통합된, 지지 네트워크로서 함께 작용한다.

각 유형의 세포골격 필라멘트는 단백질 단량체 소단위의 특정 결합으로 형성된다. 액틴섬유와 미세소관은 밀집된 구형 단백질 소단위체로 형성되는 반면, 중간섬유는 기다란 섬유상 단백질 소단위체들로 이루어진다. 부속 단백질은 섬유의 길이, 위치, 세포소기관 및 원형질막과의 연결을 조절한다.

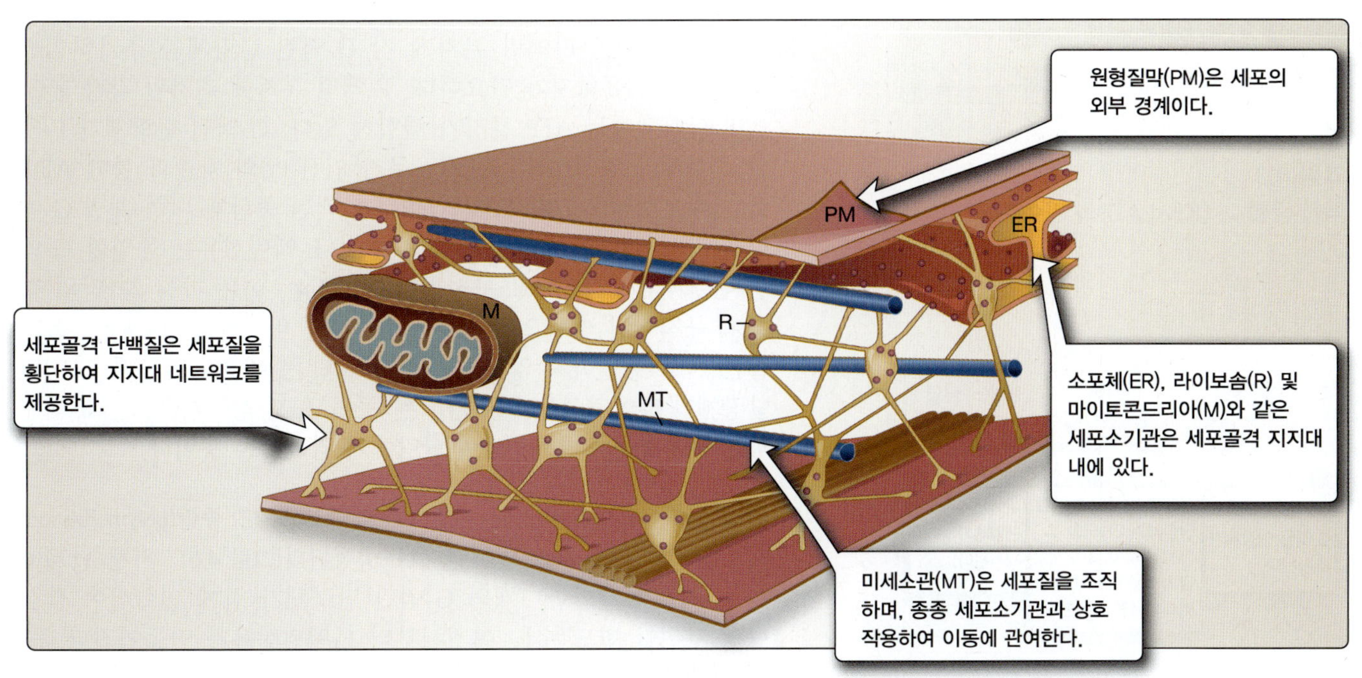

그림 4.1
세포 내 구조적 지지대 기능을 하는 세포골격

II. 액틴

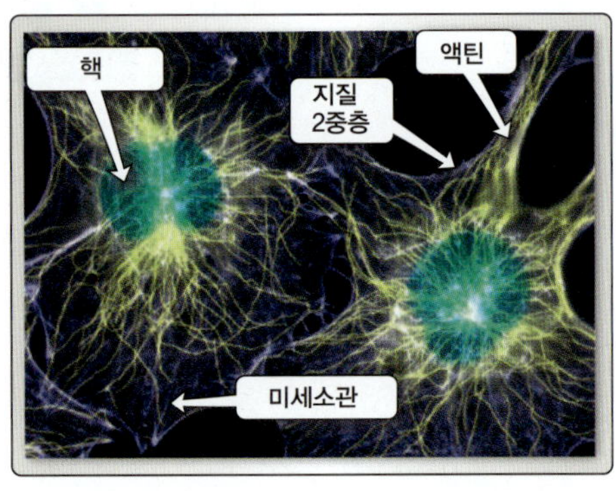

그림 4.2
세포골격 구성요소의 위치

액틴(actin)은 원래 근육조직에서만 발견되는 단백질로 생각했지만, 현재는 대부분 세포 유형의 세포질 내에 존재하는 것으로 알려졌다. 6종류의 액틴 중 4종류는 근육세포에서만 발견되지만, 다른 형태의 액틴은 대부분 세포의 세포질에서 발견된다. 액틴은 직경이 약 8nm이고 미세섬유(microfilament)로 알려진 구조를 형성한다. 미세소관과 함께 액틴은 세포질의 단백질 골격형성에 도움을 주는데, 세포핵에서 인지질 2중층의 원형질막으로 방사되는 형태로 나타난다(그림 4.2). 액틴은 종종 **세포 피질**(cell cortex)이라고 하는 원형질막 근처에 국한되어 위치하기도 한다.

액틴은 근육세포의 수축을 유도하는 데 중요하다. 비근육세포의 세포질에서 액틴은 **세포기질**(cytosol; 세포질에서 세포소기관을 제외한 액체 부분)의 물리적 상태, 세포 이동 및 세포분열에서 수축 고리(contractile ring)의 형성을 조절하는 기능을 한다. 세포 내에서 이러한 기능은 액틴의 작은 구형의 소단위체로부터 길고 중합된 미세섬유 구조로의 복잡한 구조 변화를 통해 조절된다. 액틴은 핵에서 염색질과 핵 구조를 안정시키는 데 중요하며, 유전자 전사 조절에 관여한다.

A. 중합

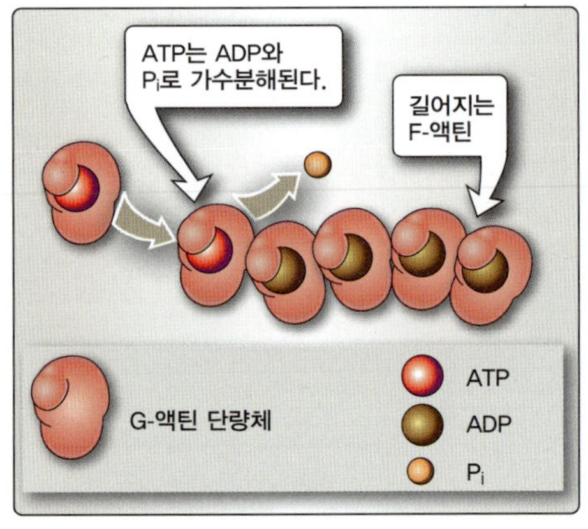

그림 4.3
액틴 중합 과정에서 ATP의 가수분해

세포질의 액틴 미세섬유는 섬유상(filamentous)인 F-액틴 구조인데, 이는 구형(globular)인 G-액틴의 개별 단량체가 중합되어 만들어진다. G-액틴 단량체가 F-액틴 분자로 중합되는 과정에는 에너지가 필요하다.

1. **개요:** 성장하는 F-액틴 분자에 각 G-액틴 단량체를 추가하려면 ATP 형태의 에너지가 필요하다. F-액틴 분자에 추가된 각각의 G-액틴 단량체에는 ATP 분자가 결합해 있다. G-액틴 단량체가 F-액틴 중합체에 결합하면, ATP는 무기 인산(Pi)의 방출과 함께 ADP로 가수분해된다(그림 4.3). ADP는 F-액틴 중합체 내의 개별 G-액틴 단량체에 결합한 상태로 유지된다. F-액틴섬유는 동일한 G-액틴 단량체의 2가닥으로 구성된다(그림 4.4). 이는 마치 2가닥의 구슬이 규칙적인 패턴으로 서로 감긴 것과 비슷하다. F-액틴섬유의 끝은 서로 동일하지 않다. 양성(+) 말단은 ATP와 결합한 G-액틴 단량체가 F-액틴섬유에 추가되는 곳이고, 음성(−) 말단은 F-액틴섬유에서 ADP 결합 G-액틴 단량체가 감소하는 곳이다.

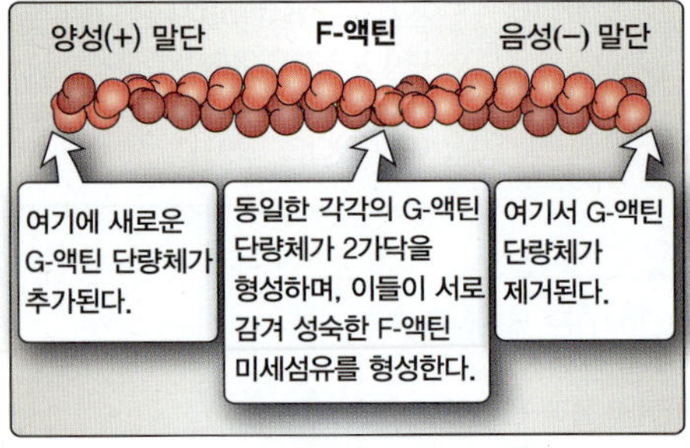

그림 4.4
F-액틴의 구조

2. **합성 단계:** F-액틴 미세섬유는 (1) 지체(lag), (2) 중합(polymerization) 및 (3) 안정(steady state)의 3단계로 생성된다(그림 4.5). 지체 단계에서는 ATP와 결합한 3개의 G-액틴 단량체가 함께 연합하여 핵심 형성 부위를 만드는데, 여기서부터 F-액틴섬유가 만들어진다. 중합 단계에서는 새로운 G-액틴 단량체가 양성(+) 말단에 추가적으로 결합함에 따라 미세섬유의 길이는 점점 길어진다. 각 G-액틴에 결합한 ATP는 ADP와 P_i로 가수분해된다. 양성(+) 말단에 G-액틴

단량체를 첨가하는 속도와 음성(−) 말단에서 G-액틴 단량체를 제거하는 속도가 같을 때 안정 상태에 도달한다.

안정 상태에서 F-액틴 중합체의 길이는 유지된다. 새로운 G-액틴 단량체는 음성(−) 말단에서 제거되는 것과 동일한 비율로 양성(+) 말단에 추가된다. F-액틴 중합체를 떠나는 G-액틴 단량체는 중합되지 않은 G-액틴의 세포질 풀(pool)에 다시 합류한다. G-액틴 단량체가 F-액틴 중합체에서 동등하게 첨가/제거되는 과정을 "**트레드밀링**(treadmilling)"이라고 한다. 중합과정 동안 특정 G-액틴 단량체를 관찰하면, 중합체에 초기 첨가 후 F-액틴 중합체의 길이를 따라 이동하는 것처럼 보이기 때문이다(그림 4.6). 이때, 두 번째 G-액틴 단량체가 중합체에 추가되면 중합체를 따라 처음의 G-액틴을 밀어내는 것처럼 보인다. 시간이 지남에 따라 처음 추가된 G-액틴 단량체는 F-액틴 중합체를 따라 점점 더 멀어지면서 반대쪽 말단에서 떨어져 나가게 된다.

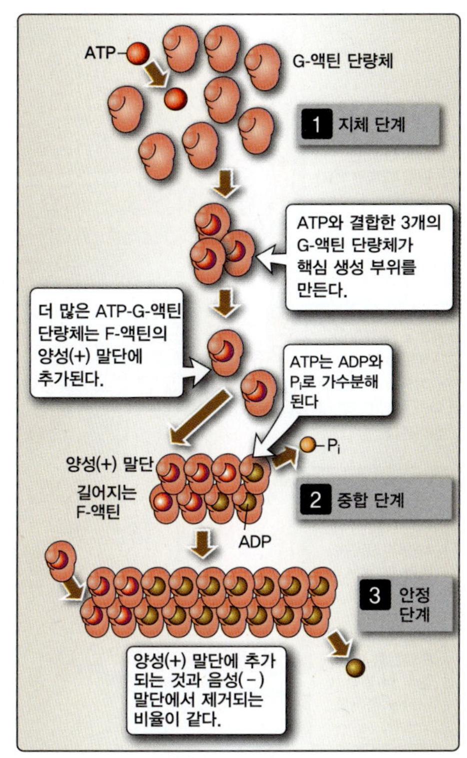

그림 4.5
F-액틴의 중합과정

임상 적용 4.1 진균 생성물 및 액틴 중합과정

진균(fungi)에 의해 생성된 일부 산물은 액틴 중합에 영향을 미치는 것으로 알려져 있다. **팔로이딘**(phalloidin)은 독버섯인 **알광대버섯**(*Amanita phalloides*)의 독소이다. 이 버섯은 그것을 먹는 사람들이 경험하는 독성 효과 때문에 종종 "죽음의 모자" 또는 "죽음의 천사"라고 불린다. 초기 증상은 본질적으로 위장관에서 나타나고, 그 뒤 증세가 좀 호전되는 잠복기가 이어진다. 그러나 이 버섯을 먹은 지 4일에서 8일 사이에 간과 콩팥에서 이상이 생겨 사망에 이르게 된다. 조기 치료 및 해독이 때때로 도움이 되지만, 간 이식이 필요할 수도 있다.

팔로이딘은 F-액틴 중합체와 결합하여 액틴의 정상적인 기능을 방해한다. 이 결합은 미세섬유의 탈중합을 방지하면서 과도한 액틴 중합을 촉진한다. 팔로이딘은 또한 F-액틴 상에서 G-액틴 단량체와 결합한 ATP의 가수분해를 억제하는데, 이로 인해 세포의 이동이 억제되는 것으로 알려져 있다. 팔로이딘은 실험실에서 액틴을 식별하기 위한 영상 도구로 사용될 수 있다(그림 4.2 참조).

사이토칼라신(cytochalasin)은 유용한 실험실 도구인 또 다른 진균의 산물이다. 이들은 액틴의 중합을 막고 세포 형태의 변화를 일으키는 것으로 알려져 있기에, 세포의 이동과 세포분열을 억제하고 세포예정사를 유도하는 데 사용될 수 있다.

B. 액틴 결합 단백질

액틴 결합 단백질(actin-binding protein)은 세포 내의 액틴 구조를 조절하여 G-액틴 단량체의 중합, 미세섬유의 다발화, 구조화된 액틴을 세포가 필요로 하는 더 작은 조각으로 분해하는 것을 조절한다. 일

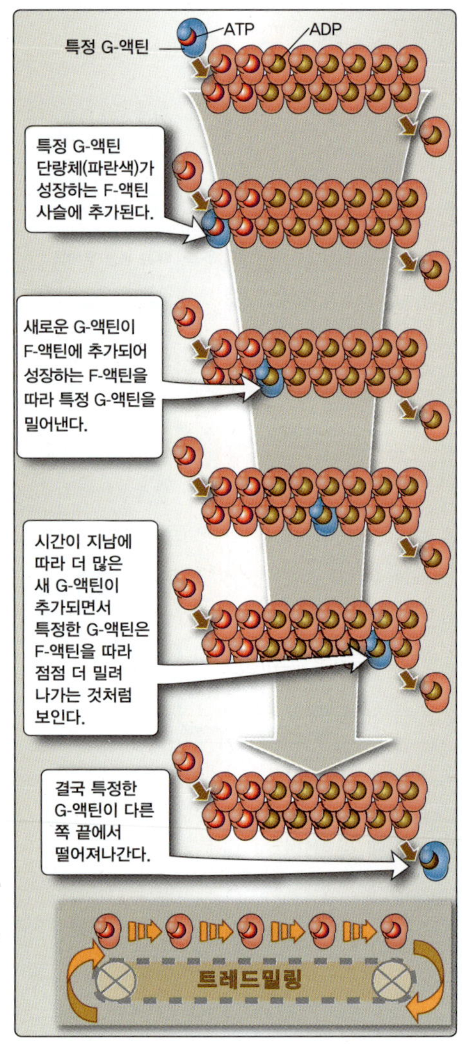

그림 4.6
F-액틴의 트레드밀링

부 액틴 결합 단백질은 개별 G-액틴 단량체와 상호작용하여 F-액틴 중합체로 중합되는 것을 방해한다. 다른 액틴 결합 단백질은 조립된 미세섬유에 결합하여 다른 미세섬유 사슬과 묶거나 교차 연결하거나 혹은 조각내서 분해되도록 한다. 세포질 내의 액틴 기반 구조의 복잡성은 특정 세포의 특성을 조절한다.

1. **세포기질의 젤-졸 조절자:** 세포의 특징 중 하나는 세포기질의 물리적 특성인데, 더 단단한 상태인 **젤**(gel) 또는 더 용해된 상태인 **졸**(sol)로 설명할 수 있다. 액틴이 구조화될수록 세포기질은 더 단단해지고(젤), 액틴이 덜 구조화(더 단편화)될수록 세포기질은 더 잘 용해된다(졸). 액틴은 젤 상태와 졸 상태 모두에서 지속적으로 트레드밀링하며, 세포기질의 특성에 기여한다. 또한 액틴 결합 단백질은 액틴의 구조를 조절하여 결과적으로 세포기질의 상태를 조절한다(**그림 4.7**).

   G-액틴 단량체 풀(pool)은 F-액틴 중합체와 평형을 이룰 뿐 아니라 G-액틴 단량체의 중합을 억제하는 격리 단백질과 결합한 G-액틴 단량체와도 평형을 이룬다. F-액틴이 더 길어지는 것을 방해하는 단백질인 **코필린**(cofilin)의 비틀림 작용으로 인해 F-액틴은 더 작은 조각으로 분해될 수 있다. 또한 다발화 및 교차결합 단백질에 의해 F-액틴 중합체는 더 복잡한 구조로 만들어질 수 있다. 이러한 복잡한 구조는 필요에 따라 **젤솔린**(gelsolin)과 같은 액틴절단 단백질에 의해 조각날 수 있으며, 그 결과 세포기질이 더 졸 상태가 된다. 칼슘은 액틴 중합체를 단편화하는 액틴 결합 단백질의 기능에 필요하다. 졸 상태가 심한 세포기질에서 더 높은 농도의 칼슘이 발견된다. 예를 들어, 대식세포와 같은 식세포의 세포기질은 침입하는 생물체를 삼키기 쉽게 피질 액틴(cortical actin)이 덜 구조화(더 용해됨)되어야 할 경우가 있다. 그리고 기질을 따라 이동하는 섬유모세포와 같은 이동 세포는 선도 말단의 액틴을 중합하여 세포를 앞으로 끌어당겨야 한다. 동시에, 피질 액틴을 용해하여 선도 말단 뒤에 있는 세포 구성물이 앞으로 흐르게 해야 한다(**그림 4.8**).

2. **스펙트린:** 스펙트린(spectrin) 집단의 액틴 결합 단백질은 세포에 안정성, 강도 및 지지력을 제공한다. 적혈구에서 특히 중요한 스펙트린은 길고 유연한 막대 모양이며 2량체로 존재한다. 원형질막의 세포기질 면에서, 스펙트린 2량체는 인지질의 내부층에 연결된 F-액틴 미세섬유와 ATP 의존적으로 결합하여 적혈구 막을 강화하고 지지하는 역할을 한다. 액틴과 스펙트린의 격자형 배열은 안키린(ankyrin)과 단백질 4.1(protein 4.1)을 포함한 다른 단백질과의 상호작용을 촉진한다.

   스펙트린-액틴 결합은 적혈구의 모양을 특징적인 오목한 원반 형태로 유지하는데, 이는 적혈구가 운반하는 헤모글로빈과 산소량을 극대화하는 데 중요하다(**그림 4.9**) (리핀코트의 그림으로 보는 생화학, 3장 참조). 또한 혈액의 층류(laminar flow)를 최대화하는 것으로

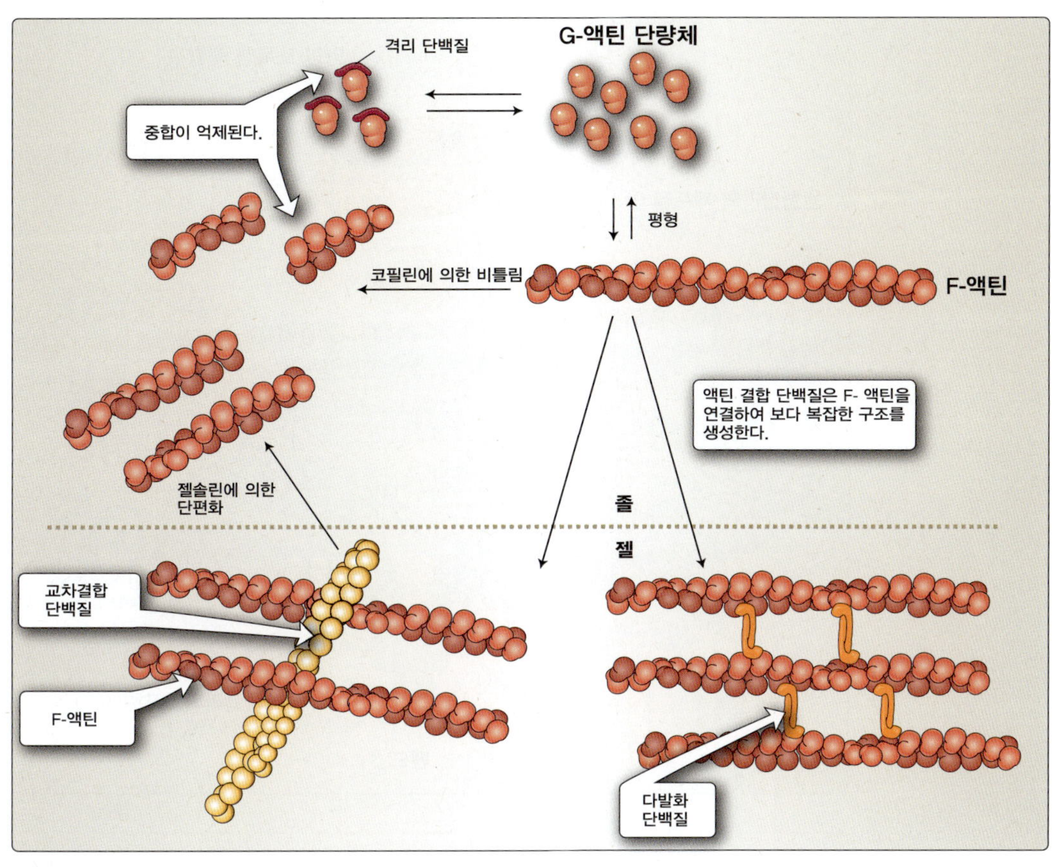

그림 4.7
액틴과 젤-졸 전이

보인다. 적혈구가 모세혈관을 이동할 때 형태를 변형할 수 있도록 유연한 원형질막을 가져야 하는데, 스펙트린-액틴 결합의 변형은 건강한 적혈구에서 이러한 형태 변화를 촉진한다.

스펙트린이 없거나 비정상적인 형태로 존재하는 유전적 결함은 **유전성 공모양적혈구증**(hereditary spherocytosis)을 초래한다(**그림 4.10**). 일반적인 오목한 원반형의 적혈구와는 달리, 유전성 공모양적혈구증 환자는 손상되기 쉬운 구형 적혈구를 가지고 있다. 이런 적혈구는 막의 유연성이 적고 파열되기 쉽기에 용혈성 빈혈을 일으킨다. 정상적인 적혈구는 양면이 오목하므로 광학 현미경 상에서 가운데 부위가 옅은 색으로 나타난다. 그러나 유전성 공모양적혈구는 이 옅은 색 부분이 사라지므로 광학 현미경으로 쉽게 구별할 수 있다.

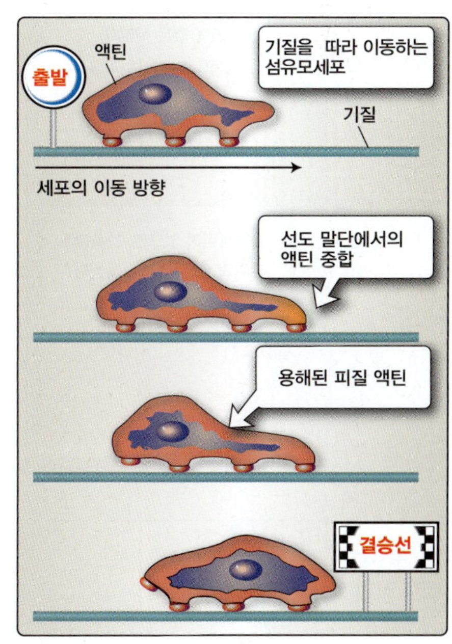

그림 4.8
액틴 중합과 세포 이동

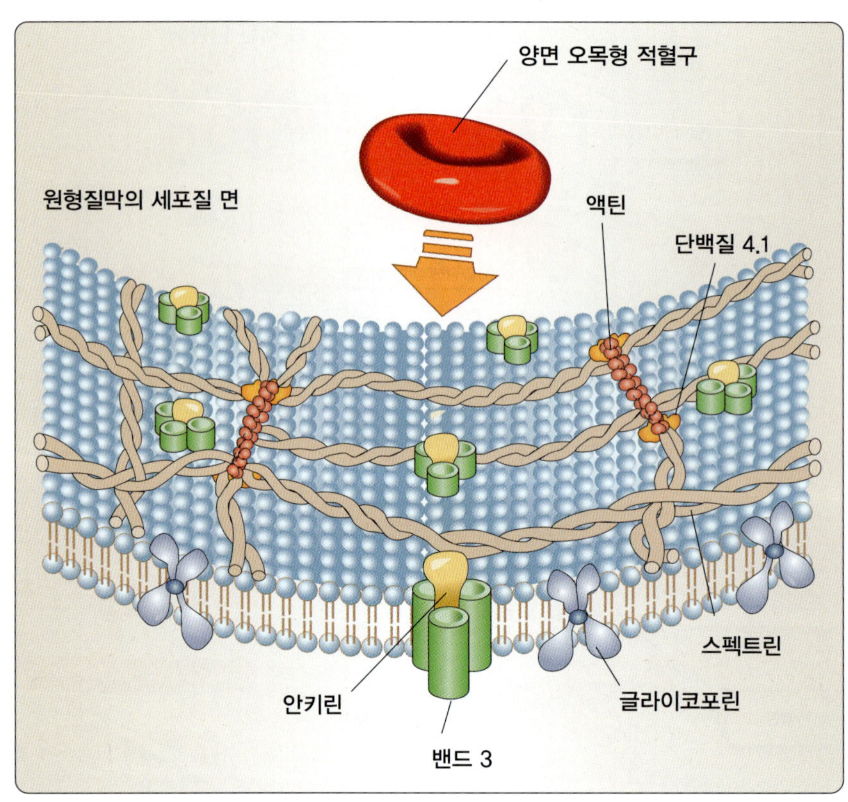

그림 4.9
적혈구의 스펙트린 막 골격

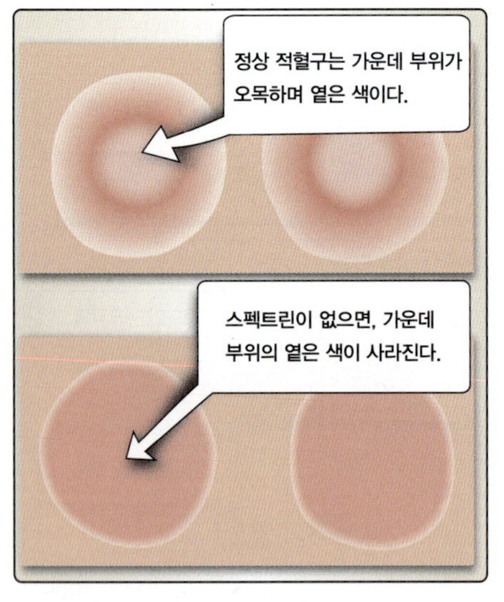

그림 4.10
스펙트린과 적혈구 모양

임상 적용 4.2 유전성 공모양적혈구증

유전성 공모양적혈구증의 유병률은 북유럽 혈통에서 5,000명 중 1명에서 2,000명 중 1명으로 추정된다. 대부분 상황에서 상염색체 우성 패턴을 따르지만, 상염색체 열성 유전의 일부 사례도 나타났다. 환자들은 일반적으로 황달(jaundice) 및 비장(spleen, 지라) 비대와 함께 빈혈을 겪는다. 빈혈은 적혈구가 조기에 용해될 때 발생한다. 황달은 용해된 적혈구에서 평소보다 높은 수준의 헤모글로빈이 분해되어 나타나는 것이다. 유전성 공모양적혈구증의 징후와 증상에 따라 경증, 중등도, 중등도-중증 및 중증의 4가지 형태로 구분된다. 환자의 대다수는 중등도의 질병을 가지고 있다. 경증의 환자들은 증상이 전혀 없는 경우도 있지만, 보통 중등도 정도의 환자에서는 일반적으로 어린 시절의 빈혈, 황달 및 변형된 적혈구가 축적되어 비장의 크기가 커진다. 중증 환자에게는 이러한 증상 외에 생명을 위협할 정도의 빈혈이 나타나기 때문에 잦은 수혈이 필요하다. 이들에게서는 골격계 이상도 종종 관찰된다.

최소 5개 유전자의 돌연변이가 유전성 공모양적혈구증 및 관련 증상을 일으킨다. 이들은 안키린-1을 암호화하는 *ANK1*, 밴드 4.2를 암호화하는 *EPB42*, 음이온 교환인자를 암호화하는 *SLC4A1*, 그리

임상 적용 4.2 유전성 공모양적혈구증(이어짐)

고 스펙트린을 암호화하는 *SPTA1* 및 *SPTB*이다. 가장 흔한 유전성 공모양적혈구증의 원인은 *ANK1*의 돌연변이로, 절반 이상을 차지한다. *SPTB* 및 *SPTA1* 돌연변이 역시 공모양적혈구를 만들며, *EPB42* 및 *SLC4A1*의 돌연변이는 타원형 적혈구 상태를 유발한다.

ANK1 유전자는 8번 염색체의 짧은 팔(p)에서 발견된다. *ANK1* 유전자에서 일부 과오(missense) 돌연변이 및 기타 결실(deletion) 돌연변이를 포함한 적어도 55개의 돌연변이는 유전성 공모양적혈구증과 관련이 있다. 돌연변이의 결과, 적혈구 막에 결합하지 않는 안키린-1 단백질이 만들어져 스펙트린과 결합할 수 없게 된다. 따라서 스펙트린이 막에서 완전히 사라져서 적혈구 막 모양 및 유연성이 저해된다.

적혈구의 *SPTB*, 즉 스펙트린 베타 유전자는 스펙트린 유전자 집단의 한 구성원이며 14번 염색체의 긴 팔(q)에 위치한다. 이 유전자의 다양한 돌연변이는 상염색체 우성 공모양적혈구증 또는 상염색체 우성 타원형적혈구증과 관련이 있다. 돌연변이 유전자에서 만들어진 변형된 스펙트린은 적혈구 막의 밴드 4.1 및 액틴과 적절하게 결합할 수 없기에, 유연하고 양면이 오목한 원반형 적혈구의 형태를 만들고 유지할 수 없다.

3. **디스트로핀:** 디스트로핀(dystrophin)처럼 또 다른 액틴 결합 단백질의 변형도 질병을 유발할 수 있다. 골격근세포에서 디스트로핀 및 관련 단백질은 액틴을 기저판(basal lamina)에 연결하는 디스트로핀-당단백질 복합체(dystrophin-glycoprotein complex)를 형성한다(2장 참조). 디스트로핀과 액틴 사이의 이러한 연관성은 근육 섬유에 인장 강도를 제공하고, 또한 신호전달 분자의 기본 골격 역할을 한다. 디스트로핀의 결함은 근이영양증(근육퇴행위축증, muscular dystrophy, MD), 즉 근육 소실이 주요 증상인 유전 질환을 일으킨다.

임상 적용 4.3 근이영양증의 형태

디스트로핀 단백질이 없거나 작용하지 않는 형태로 존재하면 근육 조직이 퇴화된다. 근육을 재생하는 능력이 소진되면 근육이 소실된다. **뒤센근이영양증**(Duchenne muscular dystropy, DMD)와 **베커근이영양증**(Becker muscular dystropy, BMD)는 모두 디스트로핀 단백질을 암호화하는 디스트로핀(*DMD*) 유전자의 돌연변이로 인해 발생한다. *DMD* 유전자는 97개의 엑손(exon)을 가진 대형 유전자(2.6Mbp)이다. DMD와 BMD는 모두 X-연관 열성 형질로 유전되며, 하나의 X 염색체(예: XY)를 가진 사람은 X 염색체에만 돌연변이 *DMD*가 있

임상 적용 4.3 근이영양증의 형태(이어짐)

을 때 질병 징후와 증상을 나타낸다. 이러한 형태의 MD는 발병 연령과 중증도가 다르다. DMD의 증상은 어린 나이에서부터 눈에 띄게 빠르게 쇠약해진다. BMD는 골반과 다리에서 서서히 진행되는 근육 약화가 특징인데, DMD보다 발병 연령이 늦고 증상이 덜 심각하다.

DMD 유전자의 몇몇 큰 결실은 BMD를 가진 개인에게서 발견된다. 그러나 이러한 결실은 유전자의 틀이동(frameshift)을 유발하지는 않는다(9장 참조). 대신 유전자의 내부 일부분이 결실되지만, 유전자의 나머지 부분에 대한 전사 및 번역이 발생한다. 따라서 BMD 환자에서는 부분적으로 작용하는 디스트로핀 단백질이 만들어져 근육 소실이 덜 심각하다. 대조적으로 DMD에서는 *DMD* 유전자에서 여러 개의 작은 결실이 발견되는데, 이때 유전자의 틀이동으로 디스트로핀 단백질의 번역이 조기에 종료된다(9장 참조). 결국, 디스트로핀 단백질이 생성되지 않으므로 DMD에서 더 심각한 근육 소실이 발생한다.

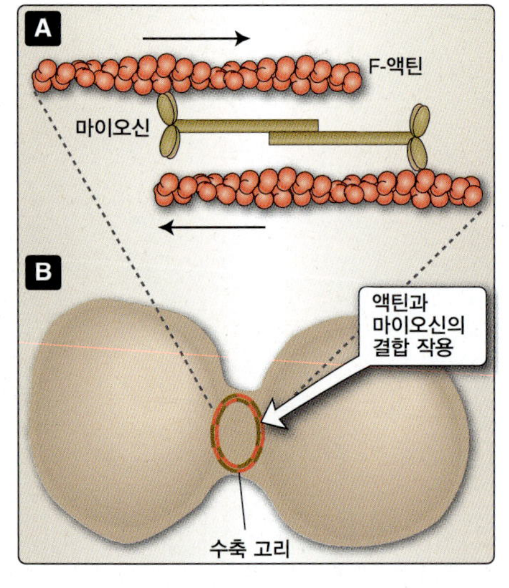

그림 4.11
비근육세포에서 액틴의 수축 기능 **A.** 마이오신 II는 액틴섬유를 끌어당겨 국소적인 수축을 일으킨다. **B.** 수축 고리는 분열하는 세포를 잘록하게 하여 2개의 딸세포로 나눈다.

C. 비근육세포의 수축 기능

액틴 중합이 세포를 앞으로 이동시키는 데 도움이 되는 반면(그림 4.8 참조), 세포가 앞으로 진행할 수 있도록 뒤쪽 부분(지연 말단)의 원형질막을 기질로부터 끌어당기기 위해서는 수축 작용이 필요하다. 실제로, 세포 구조를 유지하고 정상적인 세포 기능을 수행하려면 끌어당기는 힘을 생성하기 위한 수축 또는 조임 및 당김이 필요하다. 액틴은 **마이오신**(myosin) 집단의 ATP-가수분해 운동 단백질의 작용으로 이러한 수축 작용에 관여한다.

1. **마이오신:** 액틴과 마찬가지로 마이오신은 근육에서 처음 발견되었지만, 모든 세포 유형에서도 발견된다. 근육에서 액틴-마이오신 상호작용은 잘 연구되어 있다. 유사한 메커니즘이 비근육세포에서 수축 작용을 일으키는 것으로 여겨진다. 마이오신 분자는 F-액틴과 상호작용하는 머리 부분과 ATP 결합 부위를 포함한 꼬리 부분으로 구성되어 있다. 마이오신은 액틴에 결합할 때 ATP를 가수분해한다. 마이오신과 액틴의 상호작용은 주기적으로 일어난다. 마이오신은 액틴과 결합하고 분리되었다가 다시 결합한다. 마이오신 꼬리는 또한 세포 구조에 부착하여 액틴섬유를 끌어당길 수 있다. 세포에는 여러 형태의 마이오신이 존재한다. 비근육세포에서, 마이오신 II는 액틴섬유를 서로 끌어당겨 국소적인 수축을 매개하기 때문에 많은 수축 작용 사례에서 중요한 단백질이다(**그림 4.11A**). 마이오신 I과 V는 F-액틴이 제공하는 길을 따라 세포 내 화물(cargo)을 이동시키는 데 관여한다.

2. **수축의 구조적 및 기능적 필요성:** 액틴-마이오신 기반의 수축이 일어나는 중요한 이유 중 하나는 세포 구조에 안정성을 부여하는 것이다. 마이오신 II는 세포 피질에서 F-액틴과 상호작용하여 이를 강화하고 원형질막의 변형을 방지한다. 또한 상피세포의 내부를 둘러싸는 액틴 다발은 세포 모양을 조절할 수 있는 원주 벨트(circumferential belt)로 알려진 장력 케이블을 형성한다. 이러한 유형의 수축은 상처의 틈새가 기존 세포의 수축을 통해 봉합될 수 있기에 상처 치유에 중요하다. 모든 세포 유형의 세포분열도 수축에 의존적이다. 액틴-마이오신 구조는 세포분열 또는 유사분열의 핵분열 후 세포질분열 동안 중요하다(20장 참조). 여기서 액틴-마이오신 기반 구조인 **수축 고리**(contractile ring)가 형성된다. 수축 고리의 직경은 점차적으로 줄어들어 세포를 2개의 딸세포로 분리하기 위해 세포질만입구(cleavage furrow)를 잘록하게 한다. 액틴에 부착된 마이오신에 의한 ATP 가수분해로 인해 액틴은 당겨지고 막은 분리된다(그림 4.11B).

III. 중간섬유

직경 10 nm인 중간섬유는 액틴 미세섬유보다는 크지만, 미세소관보다는 작다. 대부분 중간섬유는 핵막과 원형질막 사이의 세포질에 위치한다. 그들은 철근이 콘크리트를 강화하듯이 세포질에 구조적 안정성을 제공한다. 일부 다른 중간섬유인 핵 라민(nuclear lamin)은 핵의 강도와 지지력을 제공한다. 중간섬유는 위치에 따라 6가지 유형으로 구분한다. 그들은 모두 공통된 구조적 특성을 가지고 있다(표 4.1).

표 4.1 중간섬유의 유형

유형	이름	기능
I 과 II	산성(I) 및 염기성(II) 케라틴	상피세포의 핵에서 세포막까지 복잡한 네트워크 형성
III	데스민, 비멘틴	지지 및 구조
IV	신경 필라멘트, 시네민, 신코일린	다양한 세포 유형에서 기계적 스트레스로부터 보호하고 구조적 통합성 유지
V	핵 라민	모든 세포의 핵에서 구조적 역할
VI	네스틴	주로 신경세포에서 발현되며 신경세포의 성장과 관련됨

A. 구조

중간섬유는 아미노 말단과 카복시 말단에 구형 도메인을 갖는 α-나선 막대형 단백질 소단위체로 구성된다. 두 개의 막대 모양 소단위체가 결합하여 **꼬인 코일**(coiled coil)로 알려진 2량체를 형성한다(그림 4.12). 하나의 꼬인 코일 2량체는 다른 꼬인 코일 2량체와 엇갈린 패턴으로 자가결합하여 4량체를 형성한다. 한 꼬인 코일의 카복시 말단이 다른 꼬인 코일의 아미노 말단에 근접해 있기에 4량체는 역평행 방향을 갖

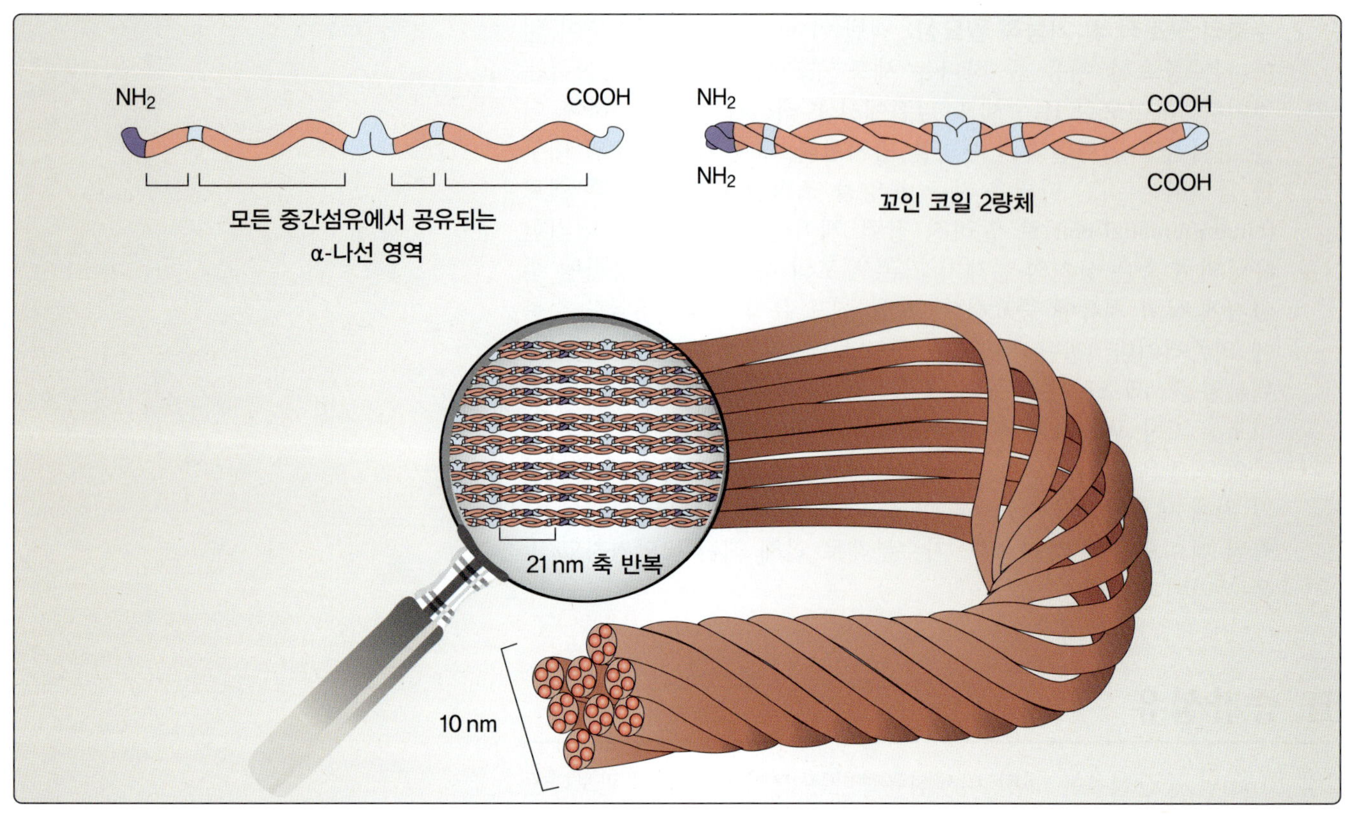

그림 4.12
중간섬유의 구조

는다. 4량체는 측면끼리 서로 달라붙어 8개의 4량체가 좌우로 엇갈리게 배열되면서 꼬여 밧줄 같은 구조를 형성한다. 중간섬유의 형성에는 에너지가 필요하지 않다. 중간섬유의 소단위체는 항상 안정된 구조에 통합된 채로 발견되며, 극성이 없으므로 양성(+) 말단 또는 음성(−) 말단이 없다. 아미노 및 카복시 말단 영역은 중간섬유의 유형에 따라 다르다.

B. 중간섬유의 종류

구조의 유사성과 작용하는 위치에 따라 중간섬유의 6가지 유형이 정의된다. 유형 I 및 II는 **케라틴**(keratin)이며, 첫 번째는 산성 케라틴이고 두 번째는 염기성 케라틴이다. 산성 및 염기성 케라틴은 서로 결합하여 상피세포에서 발견되는 기능성 케라틴을 형성한다. III형은 가장 널리 분포된 중간섬유 단백질인 **비멘틴**(vimentin)을 포함하여 4 종류가 있다. IV형은 뉴런에서 발견되며, V형은 핵막하층(nuclear lamina)의 단백질인 핵 라민(nuclear lamin)으로, 핵에 구조적 지지를 제공하며 핵을 가진 모든 세포에서 발견된다.

IV. 미세소관

미세소관은 세포골격에서 관찰되는 주요 구조 중 마지막 유형이다. 이들은 핵분열(체세포분열 및 감수분열) 동안 염색체 이동과 특정 세포 유형에서 섬모 및 편모 형성 그리고 세포 내 수송에 관여한다. 조립에 에너지가 필요하고 세포의 필요에 따라 구조적 변화가 일어난다는 점에서 액틴과 미세소관의 유사점이 있다.

세포에는 **중심체**(centrosome)라는 구조가 있어 세포의 필요에 따라 미세소관을 조절한다. 세포가 분열 상태가 아닐 때, 중심체는 핵의 한쪽 면에서 발견되며, 개수, 위치 및 세포질 내에서 방향을 조절함으로써 미세소관을 조직한다. 미세소관은 중심체에서 바깥쪽으로 뻗어 나가면서 일부는 길이가 길어지지만, 다른 일부는 동시에 줄어들거나 사라진다. 미세소관은 다른 미세소관과 독립적으로 작용하지만, 각각의 기본 구조는 동일하다.

A. 구조

미세소관의 구조는 속이 빈 원통형 관과 유사하다. 기본 구성요소는 α 및 β **튜불린**(tubulin) 2량체로 구성된 단백질이다. αβ 튜불린 이형2량체(heterodimer)의 선형 사슬은 **원섬유**(protofilament)라는 구조로 자체 조립된다. 직경이 24 nm이고 중심체에 내포되어 있는 13개의 튜불린 분자의 원형 고리가 미세소관이 만들어지는 핵심 형성 부위가 된다. αβ 튜불린 이형2량체의 β 튜불린 말단은 중심체로부터 멀어지는 방향으로 배열된다. 그런 다음 13개의 원섬유가 원통형 미세소관 구조의 외벽을 형성하며, 이는 중합 상태와 미세소관의 기능에 따라 길이가 크게 달라진다(그림 4.13).

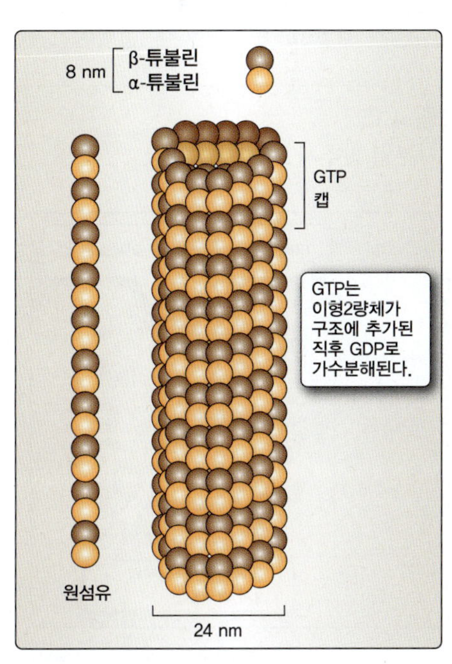

그림 4.13
미세소관의 구조

B. 조립

미세소관은 성장 단계와 수축 단계 사이를 계속해서 반복하기 때문에, 개별 미세소관의 중합 또는 조립은 복잡한 과정이다. 끊임없이 변화하는 성장 상태로 인해 미세소관은 "**동적 불안정성**(dynamic instability)"을 갖는다. 조립 과정에서 구아노신 3인산(guanosine triphosphate, **GTP**)과 결합한 튜불린 이형2량체는 다른 GTP-결합 튜불린 이형2량체와 상호작용하여 원섬유를 형성할 수 있다. 성장하는 미세소관으로의 중합 직후, 튜불린의 GTP는 액틴 원섬유에서 볼 수 있는 ATP에서 ADP로의 가수분해와 유사한 방식으로 구아노신 2인산(GDP)으로 가수분해된다. **GTP 캡**(GTP cap)은 미세소관의 양성(+) 또는 선단(중심체에 고정된 끝의 반대쪽 말단)에 있으며, 이는 이 GTP가 GDP로 아직 가수분해되지 않은, 새로 추가된 튜불린 이형2량체임을 나타낸다. 미세소관은 세포소기관이나 염색체와 같은 세포 구조에 결합할 때까지 계속해서 길이를 확장한다. 미세소관의 성장은 이러한 구조에 결합할 때까지, 또는 선단에서 마지막 GTP-결합 튜불린이 소진될 때까지 계속된다.

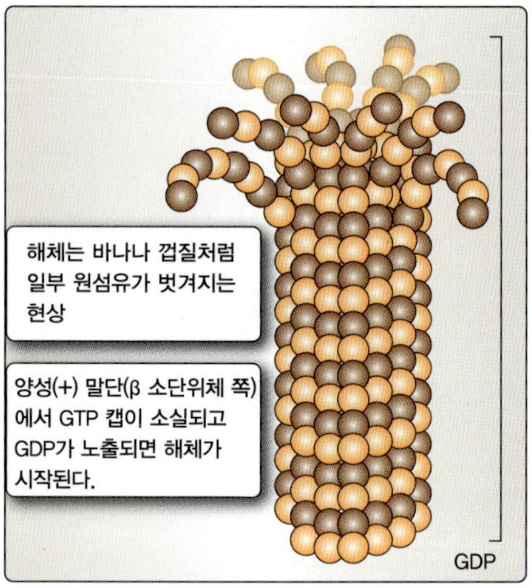

해체는 바나나 껍질처럼 일부 원섬유가 벗겨지는 현상

양성(+) 말단(β 소단위체 쪽)에서 GTP 캡이 소실되고 GDP가 노출되면 해체가 시작된다.

GDP

그림 4.14
미세소관의 해체

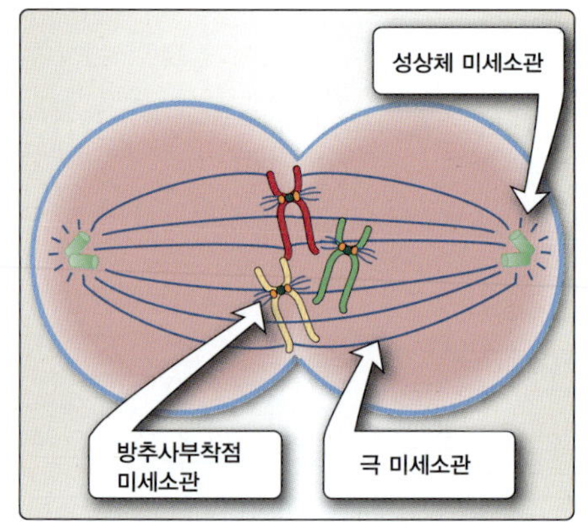

그림 4.15
유사분열 방추사

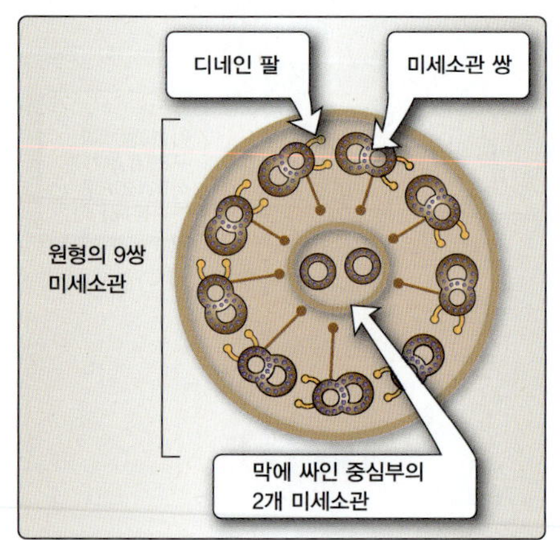

그림 4.16
섬모와 편모를 구성하는 미세소관의 9 + 2 배열

C. 해체

원섬유에 GTP-결합 튜불린이 첨가되는 것이 느려지면 GTP에서 GDP로의 가수분해가 빠르게 이뤄지면서 GTP 캡이 소실된다. 새로운 튜불린 이형2량체는 GDP 함유 튜불린 이형2량체에 결합할 수 없다. 미세소관 성장이 중지된 것 외에도 GTP 캡이 없으면 구조가 불안정해진다. 각각의 원섬유는 원통형 관의 중심에서 뒤로 벗겨지고 휘어진다(**그림 4.14**). 따라서 GDP 함유 튜불린 이형2량체는 원섬유에서 해리되고 미세소관은 매우 빠르게 분해된다. 미세소관은 완전히 제거되거나, 튜불린 이형2량체에 결합된 GDP가 GTP로 대체되면 다시 성장하기 시작한다. 새로운 미세소관은 해체된 미세소관을 대체하기 위해 빠르게 형성된다.

D. 기능

새롭게 형성된 미세소관이 중심체에서 뻗어 나가는 동안 다른 미세소관은 분해되거나 탈중합된다. 그러나 성장하는 미세소관이 세포 구조에 안정적으로 결합할 수 있다면 탈중합이 방지된다. 단백질들은 미세소관에 결합하고 안정화하여 미세소관의 분해를 억제할 수 있다. 안정화된 미세소관은 세포질을 조직하고 미세소관 네트워크를 따라 염색체 이동 및 수송을 촉진한다.

1. **염색체 이동:** 미세소관은 분열하는 세포에서 염색체를 당기고 밀어서 유전 물질을 새로 형성된 딸세포로 분리할 수 있다(20장 참조). 하나의 모세포가 복제되어 2개의 동일한 딸세포를 생성하는 유사분열에서는 핵을 둘러싸는 핵막이 분해되어야 한다. 세포질 미세소관이 분해된 후, 미세소관은 **유사분열 방추사**(mitotic spindle)라고 불리는 조직화된 구조로 재조립된다(**그림 4.15**). 이 구조는 중합되지 않은 튜불린 이형2량체와 미세소관에 중합된 튜불린 분자 사이에 지속적인 교환이 있기 때문에 안정적이면서도 역동적이다. 핵막이라는 장벽이 사라지기 때문에 미세소관이 염색체에 접근할 수 있다. 이러한 결합으로 인해 미세소관은 안정화되고, 조립 및 해체가 중단된다.

   미세소관은 중기에서 염색체를 정렬하고 후기에서 분리하며 말기에서 세포의 반대편 극을 향해 이동한다. 유사분열 방추사 내의 미세소관은 특정 역할을 한다. 극 미세소관(polar microtubule)은 방추사를 밀어내고, 방추사부착점 미세소관(kinetochore microtubule)은 복제된 염색체의 방추사부착점(kinetochore structure)에 부착된다(20장 참조). 중심체로부터 방사상으로 뻗어 나온 성상체 미세소관(astral microtubule)은 방추사를 배열하는 것으로 여겨진다.

2. **섬모와 편모의 형성:** 세포의 특수한 유형에 따라 일부 미세소관은 **섬모**(cilia, 단수형 "cilium")와 **편모**(flagella, 단수형 "flagellum")의 안정적인 구조를 형성한다. 섬모는 점액과 같은 액체를 호흡기의 상피세포를 가로질러 이동시키는 데 중요하다. 섬모는 액체를 관통

하여 주기적으로 노젓기(stroke)를 하는 방식으로 움직인다. 편모는 일반적으로 섬모보다 길며 체액을 관통해 정자와 같은 세포 전체를 이동시키는 데 중요하다. 섬모와 편모 모두 미세소관에 의존하는 구조를 가지고 있다. 2개의 미세소관이 중심에 존재하고 9개의 특화된 미세소관 쌍이 원형을 이루며 이를 둘러싼다(그림 4.16). 이러한 구조 내의 미세소관은 서로 구부러지고 미끄러져 움직임을 만들어낸다. **디네인**(dynein)은 미세소관 결합 단백질로서, 미세소관 사이에 미끄러지는 힘을 생성하여 움직임을 촉진한다.

유사분열 방추사 독소(Mitotic spindle poison)

특정 화합물은 미세소관을 방해하여 세포분열을 억제하거나 정지시킬 수 있다. 예를 들어, **콜히친**(colchicine)은 중합되지 않은 튜불린 분자에 결합하여 성장하는 미세소관으로 중합되는 것을 방지한다. 분열 중인 세포에 콜히친을 투여하면 유사분열 방추사(mitotic spindle)가 분해된 결과, 비정상적으로 분열하는 세포는 생존할 수 없다. 따라서 빈카 알칼로이드(vinca alkaloid)인 빈블라스틴(vinblastine) 및 빈크리스틴(vincristine) 등의 콜히친과 관련된 화합물은 종종 조절되지 않는 세포의 생장으로 인한 암을 치료하는 데 사용된다(23장 참조). 또 다른 항암제인 **택솔**(taxol) 역시 튜불린에 결합한다. 그러나 조립된 미세소관 내의 튜불린에 우선적으로 결합하여 해체를 방해함으로써 미세소관이 유사분열 방추사 내에서 구조적 변화를 겪을 수 없게 되어 유사분열 중 세포분열이 정지한다.

E. 미세소관 운동 단백질

세포 내에서 일부 다른 유형의 움직임도 미세소관에 의존한다. 예를 들어, 소포뿐만 아니라 세포소기관도 세포 내에서 미세소관을 따라 이동하는 것을 관찰할 수 있다. **디네인**(dynein)과 또 다른 미세소관 결합 단백질인 **키네신**(kinesin)은 막-결합 세포소기관 및 수송 소포를 포함한 세포 내 화물의 이동을 촉진한다. 디네인과 키네신은 미세소관 운동 단백질로서, 실제로 세포 내 화물과 안정적으로 결합하는 ATP-결합 머리와 꼬리를 가지고 있다. 디네인은 미세소관을 따라 중심체 쪽[미세소관의 음성(−) 말단 쪽]으로 이동하는 반면, 키네신은 중심체에서 멀어지는 쪽[미세소관의 양성(+) 말단 쪽]으로 이동한다. 두 종류의 단백질 모두 ATP를 가수분해하여 미세소관을 따라 자신의 이동을 촉진하는 동시에 미세소관이 제공하는 길을 따라 화물을 끌어당긴다(그림 4.17).

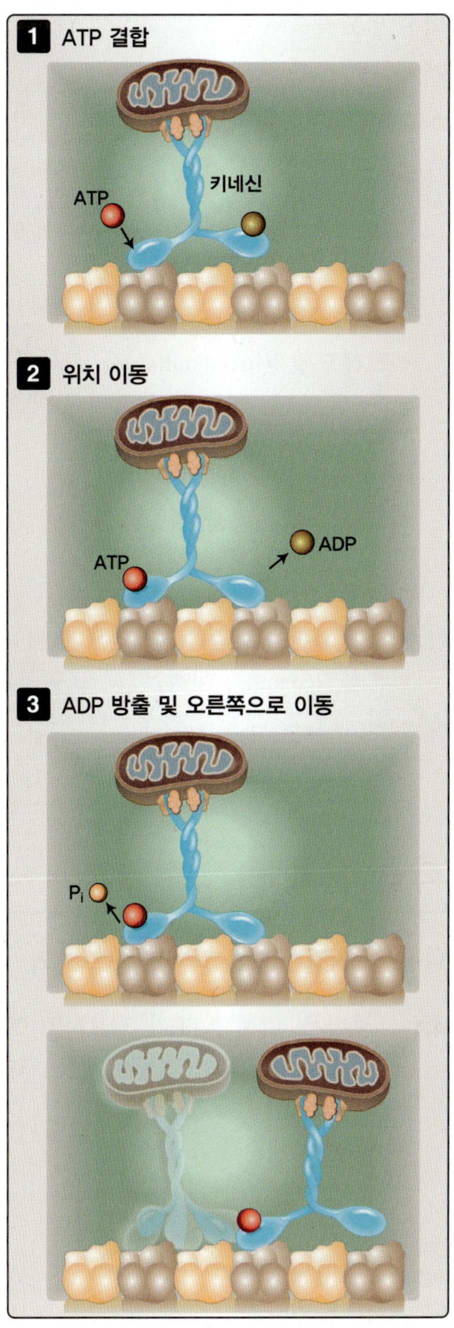

그림 4.17
미세소관 운동 단백질과 세포소기관 수송

요약

- **세포골격**(cytoskeleton)은 세포 내부 전체에서 발견되는 단백질 섬유의 복잡한 네트워크이다.
- 세포골격의 단백질 섬유의 세 가지 주요 유형은 **액틴섬유**(actin filament), **미세소관**(microtubule) 및 **중간섬유**(intermediate filament)이다.
- 보조 단백질은 세포골격 단백질과 결합하여 그 기능을 조절한다.

액틴:

- 비근육세포의 액틴 기능에는 **세포기질**(cytosol)의 물리적 상태 조절, 세포 이동, 세포분열 시 수축 고리 형성 등이 포함된다.
- 액틴 중합은 ATP 의존적 방식으로 F-액틴 중합체에 G-액틴 단량체를 추가함으로써 일어난다.
- **트레드밀링**(treadmilling)은 성장하는 사슬에 새로운 G-액틴 단량체가 추가되어 F-액틴 중합체를 따라 이동한 후, 또 다른 새로운 G-액틴 단량체가 사슬에 결합함에 따라 사슬에서 제거되는 역동적인 과정이다.

중간섬유(intermediate filament)**:**

- 강도와 지지력을 제공하는 밧줄 모양의 안정적인 세포골격 구조이다.

미세소관:

- 미세소관은 핵분열 중 염색체 이동, 섬모와 편모의 형성, 세포 내 수송에 관여한다.
- **튜불린**(tubulin) 이형2량체로 구성된 미세소관은 **동적 불안정성**(dynamic instability)을 가지며, 세포의 필요에 따라 조립과 해체를 반복한다.

학습 문제

다음 중 적절한 답을 하나만 고르시오.

4.1 중합을 위해 ATP가 필요하고 트레드밀링을 거치는 것으로 관찰되는 소단위체를 포함하는 세포골격 성분은?

A. 액틴섬유
B. 중간섬유
C. 케라틴
D. 미세소관
E. 튜불린

정답 A

액틴섬유는 중합을 위해 ATP가 필요하며 소단위는 F-액틴 중합체를 통과하면서 트레드밀링을 거친다. 케라틴을 포함한 중간섬유는 안정적인 구조를 가지며 동적 조립 또는 분해과정을 거치지 않고 ATP가 필요하지 않다. 미세소관은 튜불린 이형2량체로 구성되어 있으며 중합을 위해 ATP 대신 GTP가 필요하다. 미세소관에서 튜불린의 추가 및 제거는 동일한 말단에서 발생한다.

4.2 4세 남아가 근이영양증의 징후와 증상을 가지고 병원에 왔다. 테스트 결과 *DMD* 유전자에 작은 결실이 있었고 기능성 디스트로핀 단백질은 없는 것으로 나타났다. 이 결함으로 인해 다음 세포골격 구성요소 중 골격근세포의 기저판에 안정적으로 결합할 수 없는 것은 무엇인가?

A. 액틴섬유
B. 중간섬유
C. 미세소관
D. 마이오신
E. 비멘틴

정답 A

DMD 유전자는 골격근세포의 기저판에 액틴의 결합을 촉진하는 디스트로핀 단백질을 암호화한다. 디스트로핀은 액틴 결합 단백질이다. 중간섬유나 미세소관 모두 이런 방식으로 디스트로핀에 결합하지 않는다. 마이오신은 근육 수축을 촉진하는 또 다른 액틴 결합 단백질이다. 비멘틴은 일종의 중간섬유이며 액틴 결합 단백질이 아니다.

4.3 미세소관은 급속한 성장 후에 빠르게 해체되는 것으로 관찰된다. 다음 중 이 특정 미세소관에서 해체를 자극할 가능성이 가장 큰 것은 무엇인가?

A. 디네인에 의한 결합
B. ATP의 가수분해
C. GTP 캡의 상실
D. 젤솔린에 의한 절단
E. 코필린에 의한 꼬임

정답 C

GTP 캡이 소실되면 미세소관은 급속히 해체된다. ATP의 가수분해는 미세소관의 형성과 해체에 필요하지 않다. 대신 미세소관은 GTP의 에너지가 필요하다. 젤솔린과 코필린은 액틴 결합 단백질로, 복잡한 액틴 구조의 분해를 촉진한다.

4.4 빠르게 분열하는 종양세포에 택솔(taxol)을 넣어 배양했을 때, 약물에 반응하여 세포분열이 억제된 것은 약물이 종양세포의 세포골격에 어떠한 영향을 미쳤기 때문인가?

A. 세포질의 젤 상태에서 졸 상태로의 전환
B. 미세소관에 의한 유사분열 방추사 형성 방해
C. G-액틴으로부터 F-액틴 조립에 의한 트레드밀링 억제
D. ATP의 미세소관 운동 단백질 가수분해 방지
E. 중간섬유 분해 촉진

정답 B

택솔은 세포주기의 한 단계인 유사분열 중에 염색체를 분리하기 위해 유사분열 방추사를 형성하는 미세소관을 표적으로 한다. 택솔은 튜불린 소단위에 결합하여 미세소관 해체를 방지함으로써 작용한다. 택솔이 있으면 미세소관의 길이가 계속해서 늘어난다. 택솔은 미세소관 운동 단백질에 직접적으로 영향을 미치거나 ATP의 가수분해를 억제하지 않는다. 또한, 택솔은 액틴이나 중간섬유에 영향을 미치지 않는다. 미세소관이 아닌 피질 액틴의 상태는 세포의 젤-졸 전환을 조절하며 택솔은 F-액틴의 트레드밀링을 억제하지 않는다.

4.5 세포 내의 소포는 세포골격 미세소관의 네트워크를 따라 세포의 다른 영역으로 운반되어야 한다. 다음 중 이 수송을 촉매하는 데 관여할 수 있는 단백질은 무엇인가?

A. 디스트로핀
B. 키네신
C. 마이오신
D. 스펙트린
E. 비멘틴

정답 B

키네신과 디네인은 미세소관을 따라 세포 내 수송을 촉진하는 미세소관 운동 단백질 집단이다. 디스트로핀, 마이오신, 스펙트린은 액틴 결합 단백질이며 미세소관 운동 단백질과 관련이 없다. 비멘틴은 중간섬유의 일종이다.

4.6 액틴 중합으로 제어 및 조절되는 기능은?

A. 세포기질의 물리적 상태 변화
B. 세포분열 중 염색체 이동
C. 세포질에 견고한 구조적 안정성 제공
D. 연골과 같은 조직의 탄력성
E. 결합조직 내의 강도

정답 A

액틴 중합은 세포기질의 물리적 상태와 젤에서 졸로의 전환을 조절한다. 튜불린으로 구성된 미세소관은 세포분열에서 염색체 움직임을 조절한다. 중간섬유는 세포질에 구조적 안정성을 제공한다. 구조가 역동적으로 변화하는 액틴 및 미세소관과 달리 중간섬유는 수명이 더 길고 영구적인 구조이며 견고한 지지대에 비유될 수 있다. 탄력성은 액틴과 같은 세포골격 성분이 아닌 세포외기질의 프로테오글라이칸에 기인하는 특성이다. 콜라젠과 엘라스틴은 결합조직의 ECM을 단단하게 한다.

4.7 8개월 된 여아가 황달과 비장 비대증으로 인해 내원하였다. 환자의 헤모글로빈은 빈혈 기준 수치보다 낮고 혈장 젖산탈수소효소(LDH) 수치가 현저하게 상승하여 세포 용해를 나타냈다. 말초 혈액 도말 검사에서 중앙의 옅은 부위가 결여된 작은 공모양적혈구가 나타났다. 이는 적혈구에서 무엇의 결핍으로 볼 수 있는가?

A. 액틴
B. 콜라젠
C. 엘라스틴
D. 글라이코스아미노글라이칸
E. 스펙트린

정답 E

적혈구 막 내 스펙트린의 결손은 막의 변화 및 쉽게 용해되는 공모양적혈구를 유발한다. 스펙트린은 액틴 결합 단백질이지만, 유전성 공모양적혈구증이 있는 환자의 세포에서는 액틴이 결핍되지 않는다. 콜라젠, 엘라스틴, 글라이코스아미노글라이칸은 모두 ECM의 구성요소이지, 개별 세포의 구성요소는 아니다. 이러한 ECM 구성요소의 결핍은 이 환자에서 볼 수 있는 것과 같은 증상을 보이지 않는다.

4.8 17세 남성이 골반과 다리에서 천천히 진행되는 근육 약화증을 가진 것으로 판명되었다. 액틴 결합 단백질을 암호화하는 유전자에서 여러 개의 큰 결실이 발견되어 부분적으로 작용하는 단백질이 생성되었다면 이 환자는 다음 중 어떤 질환에 걸려있을 가능성이 큰가?

A. 베커 근이영양증(BMD)
B. 엘러스-단로스 증후군
C. 유전성 공모양적혈구증
D. 마르팡 증후군
E. 심상성 천포창

정답 A

설명된 액틴 결합 단백질은 디스트로핀이다. 베커 근이영양증은 디스트로핀을 암호화하는 *DMD* 유전자 내 결실로 인해 발생한다. 대부분 엘러스-단로스 증후군은 과도하게 늘어난 피부와 과신장 가능한 관절을 갖는데, 원섬유 콜라젠의 유전적 결함으로 인해 발생한다. 유전성 공모양적혈구증은 적혈구 스펙트린의 결실로 인해 발생하며, 일반적인 적혈구의 형태인 양면이 오목한 원반형을 만들지 못한다. 마르팡 증후군은 탄력 섬유 유지에 필수적인 단백질인 피브릴린-1을 암호화하는 유전자의 돌연변이와 관련이 있으며 눈, 골격계 및 대동맥에서 이상 증후가 관찰된다. 구강 궤양을 특징으로 하는 심상성 천포창은 캐드헤린 매개 세포 부착의 파괴로 인해 발생한다.

4.9 독성이 있는 알광대버섯(*Amanita phalloides*)을 안전한 버섯으로 착각하여 섭취하였다. 이 버섯의 팔로이딘 독소는 세포골격의 ATP 의존적 성분에 단단히 결합하여 정상적인 세포 기능을 방해한다. 이 독소가 결합하는 것은?

A. 산성 케라틴
B. 캐드헤린
C. 데스모솜
D. F-액틴 중합체
E. 튜불린 이형2량체

정답 D

팔로이딘(phalloidin)은 ATP 의존적 세포골격 성분인 액틴에 결합해 그 기능을 방해하는 균류 독소이다. 케라틴은 조립 과정에 ATP가 필요하지 않은 중간섬유이다. 캐드헤린은 세포 부착 분자이다. 데스모솜은 세포연접의 한 유형으로, 세포골격 성분도 아니며 ATP도 필요하지 않다. 튜불린 이형2량체는 세포골격의 GTP 의존적 구성요소인 미세소관의 소단위체이다.

4.10 호지킨 림프종(Hodgkin lymphoma) 진단을 받은 24세 여성 환자가 화학요법으로 치료를 받았다. 그녀의 약물 요법에는 미세소관 형성을 억제하는 것으로 알려진 벨반(velban)이 포함되어 있다. 다음 과정 중 벨반으로 인해 변경/손상되는 과정은 무엇인가?

A. 유사분열 중인 악성 세포의 분열 정지와 함께 유사분열 방추사의 형성 억제
B. 악성 세포 내 G-액틴 단량체로부터 섬유상 액틴 생성
C. 악성 세포막의 안정화 및 신장력으로부터의 보호
D. 악성 세포의 세포질이 젤 상태에서 졸 상태로의 전환
E. ATP 의존적 과정에서 섬유상 튜불린 단량체의 트레드밀링

정답 A

벨반과 같은 미세소관 형성 억제제는 유사분열 방추사 형성을 억제하여 악성 세포의 유사분열을 정지시킨다. 액틴은 영향을 받지 않으므로 약물 존재하에서도 F-액틴의 형성은 계속되며, 마찬가지로 액틴에 의해 조절되는 젤 상태에서 졸 상태로의 전환도 계속된다. 튜불린 단량체는 필라멘트가 아닌 구형 이형2량체이다. 그리고 미세소관 형성에는 ATP가 아닌 GTP가 사용된다.

5 세포소기관

Organelles

I. 개요

세포소기관은 진핵생물의 세포 생존에 필요한 과정이 일어나는 복잡한 세포 내 구조이다. 대부분 세포소기관은 구획으로 되어 있으며 세포의 외부 경계를 형성하는 원형질막과 동일한 구성성분으로 이루어진 막으로 둘러싸여 있어 주변의 세포 내부 공간과 분리되어 있다(3장 참조). 세포소기관은 **세포기질**(cytosol; 젤과 같은 세포 내 내용물)과 함께 **세포질**(cytoplasm)을 형성하는데, 세포질은 원형질막(plasma membrane)의 경계 안쪽에 포함된 모든 물질로 구성된다. 세포소기관은 세포기질 내에서 자유롭게 떠다니지 않으며, 세포골격의 단백질에 의해 만들어진 구조에 의해 상호 연결되고 연합한다(4장 참조).

각 세포소기관은 특정 기능을 수행하지만, 세포소기관의 활동은 때때로 통합될 수도 있다. 다양한 세포 내외의 위치에서 작용하는 단백질이 핵 DNA에 의해 암호화된 유전자로부터 발현되기 위해서는 세포소기관 간의 협력이 필요하다. 이 그룹의 세포소기관에는 **핵**(nucleus), **라이보솜**(ribosome), **소포체**(endoplasmic reticulum, ER) 및 **골지체**(Golgi complex)가 포함된다. 이 세포소기관 구성원들은 세포 내에서 특징적인 배열을 가지고 있으며, 서로 가까이 있어서 단백질을 가공하는 기능을 수행할 수 있다(그림 5.1). 단백질 가공은 핵에서 시작하여 원형질막을 향해 바깥쪽으로 작동하는데, 라이보솜이 부착된 소포체 다음으로 원형질막에 매우 근접한 골지체가 작동한다.

다른 세포소기관은 세포질 내의 다양한 위치에서 발견되며, 단백질 가공에 관여하는 세포소기관과는 다르지만 동등하게 중요한 기능을 가지고 있다. **마이토콘드리아**(mitochondria)의 주요 기능은 세포의 대사과정에 에너지를 공급하는 것이다. 몇몇 다른 세포소기관은 소화 및 해독에 관여한다. 가령, **라이소솜**(lysosome)은 수명이 다한 거대분자를 분해하는 강력한 효소를 갖는 반면, **퍼옥시솜**(peroxisome)은 세포를 손상시킬 수 있는 과산화물을 해독하는 기능을 갖는다.

II. 단백질 가공에 관여하는 세포소기관

DNA가 기능을 갖는 단백질로 발현되는 과정에는 핵, 라이보솜, 소포체 및 골지체를 포함한 세포소기관의 협력 활동이 필요하다. 단백질 가공과 세포소기관 간의 수송 또는 이동에 대한 자세한 내용은 11장에서 논의할 것이다. 여기에서는 이러한 각 세포소기관의 구조와 기능에 중점을 둔다.

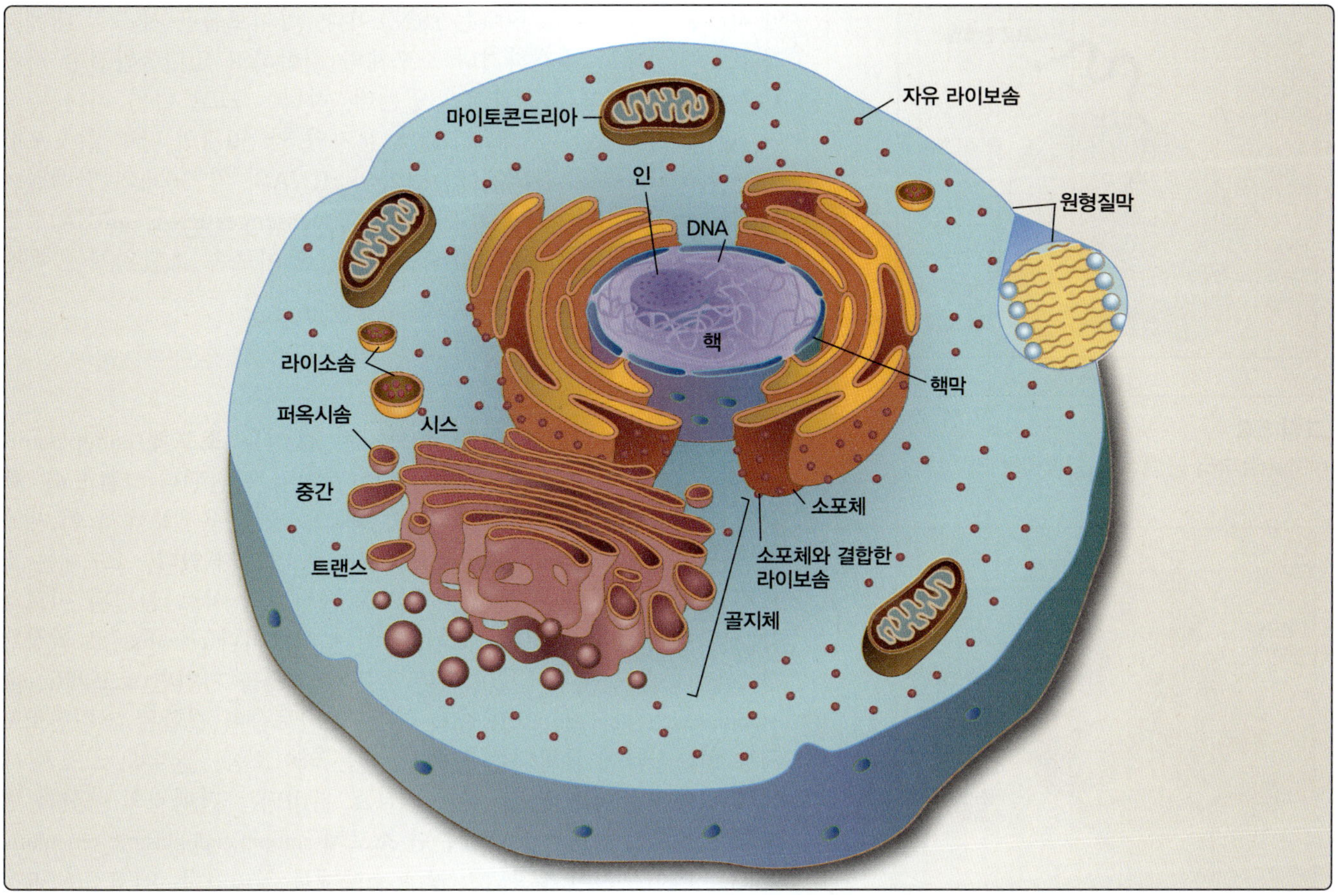

그림 5.1
세포소기관의 특징과 배열을 보여주는 진핵세포의 모식도

A. 핵

성숙한 적혈구를 제외한 진핵세포는 세포의 유전체 DNA가 있는 핵(nucleus, 복수는 nuclei)을 가지고 있다. 활발하게 분열하지 않는 세포에서 DNA는 염색체 내에 포함되어 있다(22장 참조). 생식세포를 제외하고 정상적인 인간 세포는 모든 세포의 핵에 23쌍의 염색체를 갖는다. 핵의 가장 바깥쪽 구조는 **핵막**(nuclear envelope, 그림 5.2)으로, 핵과 세포질 사이에 물질의 이동을 담당하는 **핵공**(nuclear pore)이 있는 인지질의 2중막이다. 핵의 내부에는 염색체가 들어 있는 액체 상태인 **핵질**(nucleoplasm)이 있다. 핵질은 주로 중간섬유로 구성된 단백질 골격인 **핵막하층**(nuclear lamina)으로 구성된다(4장 참조). 핵막하층은 DNA와 핵 내막 사이를 연결한다. 핵 안에는 **라이보솜**(ribosome) 생산 부위인 **인**(nucleolus)이라고 하는 작은 세포소기관이 존재한다.

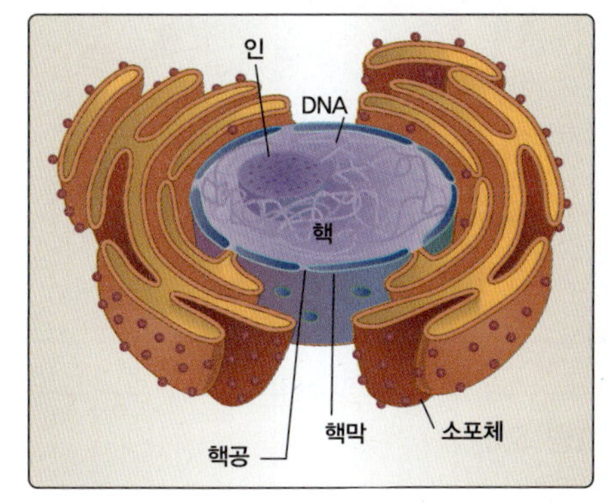

그림 5.2
세포 핵의 구조

B. 라이보솜

라이보솜(ribosome)은 단백질 합성을 위한 세포소기관이며(9장 참조) 단백질과 라이보솜 RNA(ribosomal RNA, rRNA)로 구성되는데(그림 5.3),

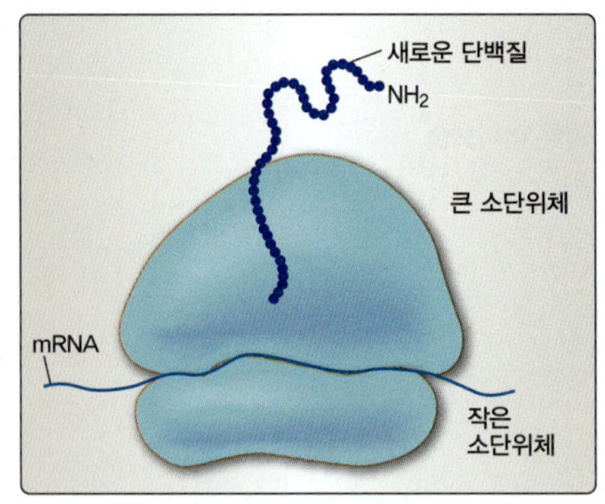

그림 5.3
mRNA로부터 단백질을 합성하는 라이보솜

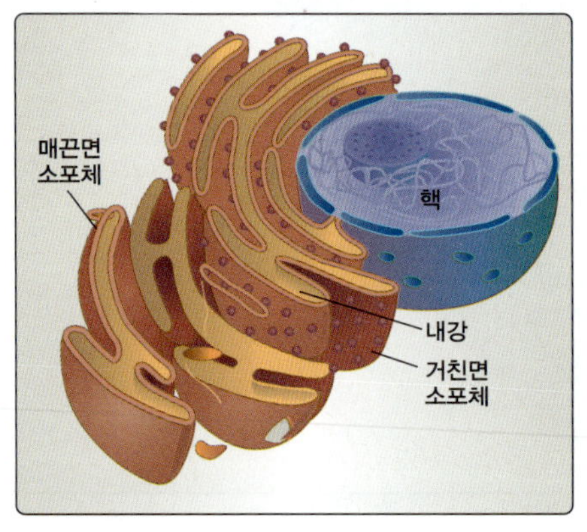

그림 5.4
핵과 인접한 막 구조를 형성하는 소포체

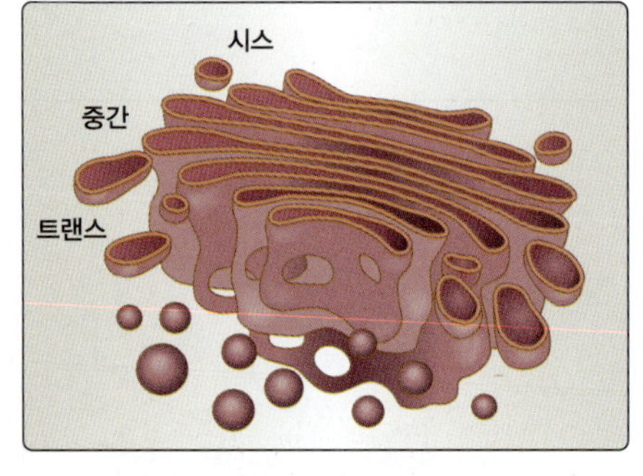

그림 5.5
골지체

약 40%는 단백질이고 60%는 rRNA이다. 라이보솜은 세포질 내에서 자유로운 상태로 존재하거나 소포체와 결합하고 있다. 완전한 라이보솜에는 두 개의 소단위체가 있는데, 하나는 크고 다른 하나는 작다. 큰 소단위체에는 3개의 rRNA 분자와 약 50개의 단백질이 포함되어 있고, 작은 소단위체에는 1개의 rRNA와 약 30개의 단백질이 포함되어 있다. 라이보솜은 전령 RNA(messenger RNA, mRNA)로부터 단백질을 번역(합성)할 때 조립된다. 라이보솜 소단위체는 특정 mRNA의 번역이 완료된 후 서로 분리된다.

C. 소포체

일련의 상호 연결된 평평한 튜브처럼 보이는 **소포체**(endoplasmic reticulum, ER)는 종종 핵을 둘러싸는 것처럼 관찰된다(**그림 5.4**). 핵막의 바깥층은 실제로 소포체와 인접해 있다. 근육세포에서 이 세포소기관은 근소포체(sarcoplasmic reticulum)로 알려져 있다. 소포체는 소포체 **내강**(lumen)을 구성하는 막으로 둘러싸인 서로 연결된 미로의 공간을 형성하며, 때로는 소낭(sac)이나 **시스터나**(cisternae)로 확장된다. 라이보솜이 외부에 결합되어 있는 소포체를 **거친면 소포체**(rough endoplasmic reticulum, RER)라고 한다. 라이보솜이 결합된 거친면소포체는 원형질막에 삽입되는 단백질, 혹은 라이소솜, 골지체, 소포체 내에서 작용하는 단백질 및 세포 외부로 분비되는 단백질의 생산과 변형에 관여한다(11장 참조). **매끈면 소포체**(smooth endoplasmic reticulum, SER)는 라이보솜이 부착되지 않은 소포체를 의미한다. RER과 SER은 모두 단백질의 글라이코실화(탄수화물 첨가)와 지질 합성에 작용한다.

D. 골지체

핵과 소포체 다음으로 바깥쪽으로 작용하고 있는 세포소기관은 골지체(Golgi complex)이다. 이 세포소기관은 평평하고 켜켜이 쌓인 막 주머니처럼 보인다(**그림 5.5**). 골지체의 3개 영역은 소포체에 가장 가까운 **시스**(cis), 중앙의 **중간**(medial) 및 원형질막에 가장 가까운 **트랜스**(trans)로 구분된다. 각 영역은 글라이코실화(탄수화물 첨가), 인산화(인산 첨가) 또는 단백질 분해(단백질의 효소 매개 분해)와 같은 각각의 변형 과정을 수행하여 새로 합성된 폴리펩타이드를 성숙한 기능성 단백질로 전환되도록 한다. 트랜스 골지망(Golgi network)은 새로 합성되고 변형된 단백질을 트랜스 골지 내의 별개의 영역에서 분류하고 포장한다. 이러한 영역은 골지체의 본체에서 떨어져 나와 수송 소포(transport vesicle)를 만든다. 이러한 방식으로 새로운 단백질은 세포 내부 또는 세포 외부로의 최종 목적지까지 이동한다.

III. 마이토콘드리아

마이토콘드리아(mitochondria, 단수 mitochondrion)는 진핵세포에서 몇 가지 중요한 기능을 하는 복잡한 세포소기관이다. 그들의 독특한 막은 ATP를 생성하는 데 사용되어, 탄수화물과 지질 분해로부터 나오는 에너지 생산량을 크게 증가시킨다. 마이토콘드리아는 자가복제(자율적으로 스스로 재생산)할 수 있으며, 자체 DNA를 가지고 있다. 이러한 특성으로 인해 마이토콘드리아는 단세포 원핵생물에서 기원한 것으로 여겨진다. 개별 진핵세포의 생존 자체는 마이토콘드리아의 완전성에 달려 있다. 프로그램된 세포의 죽음(세포예정사) 또는 세포자멸(apoptosis)은 마이토콘드리아 막에 구멍을 형성함으로써 세포자멸 과정을 촉진하는 단백질이 방출되어 일어난다(23장 참조). 마이토콘드리아의 독특한 구조는 이러한 필수적인 세포 기능을 수행하는 데 중요하다.

A. 에너지 생산 기능

마이토콘드리아의 특징 중 하나는 외부 경계를 형성하는 인지질 2중층의 2중막이다(그림 5.6). 마이토콘드리아의 내막은 **크리스타**(cristae)라고 불리는 접힌 구조를 형성하는데, 이 구조는 마이토콘드리아 **기질**(matrix)로 알려진 내강(공간)으로 돌출되어 있다. 양성자(H^+)는 마이토콘드리아 기질에서 막간 공간(intermembrane space)으로 펌핑되어 양성자의 전기화학적 기울기를 생성한다. 기질로 되돌아가려는 양성자의 흐름은 탄수화물과 지질로부터 ATP를 형성하는 원동력이 되는데, 이를 **산화적 인산화**(oxidative phosphorylation) 과정이라고 한다(리핀코트의 그림으로 보는 생화학, 제8판, 6장 참조). 세포 내 마이토콘드리아의 존재는 마이토콘드리아가 결핍된 인간 적혈구에서 입증된 바와 같이, 각 포도당 분자의 분해과정에서 생산되는 ATP의 양을 증가시킨다. 적혈구에서는 포도당 분자당 2개의 ATP 분자만 생성되는 반면, 마이토콘드리아가 있는 인간 세포에서 ATP의 수율은 포도당 분자당 32분자로 훨씬 많다.

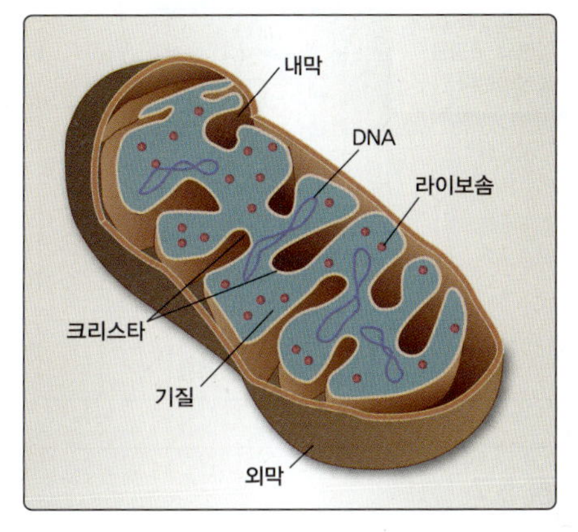

그림 5.6
마이토콘드리아

B. 진핵세포 내에서 독립적인 단위로서의 역할

마이토콘드리아는 또한 일부 마이토콘드리아 단백질 생산을 위한 DNA(mtDNA)와 RNA 및 라이보솜을 가지고 있다. mtDNA는 전체 세포 DNA의 약 1%를 차지하며, 마이토콘드리아 기질 내에 원형으로 존재한다. 일부 마이토콘드리아 유전자의 돌연변이나 오류로 인해 질병이 발생할 수 있다. 그러나 대부분의 마이토콘드리아 단백질은 세포핵의 유전체 DNA에 의해 암호화된다. 마이토콘드리아는 박테리아와 마찬가지로 2분법으로 분열하며, 실제로 진핵세포 조상에 의해 삼켜진 박테리아로부터 기원한 것으로 추정된다.

C. 세포 생존 기능

진핵세포의 생존은 손상되지 않은 마이토콘드리아에 달려 있다. 때로는 개별 세포의 죽음이 생명체의 이익을 위해 중요하다. 발생과정에서 일부 세포는 적절한 조직과 기관 형성을 위해 제거되어야 한다. 바이러스에 감염된 세포나 암세포와 같은 비정상 세포의 죽음도 생명체의 이익을 위한 것이다. 이 모든 경우에 있어 마이토콘드리아의 관여는 중요한데, 적절할 때 세포 생존을 보장하고 필요할 때 계획된

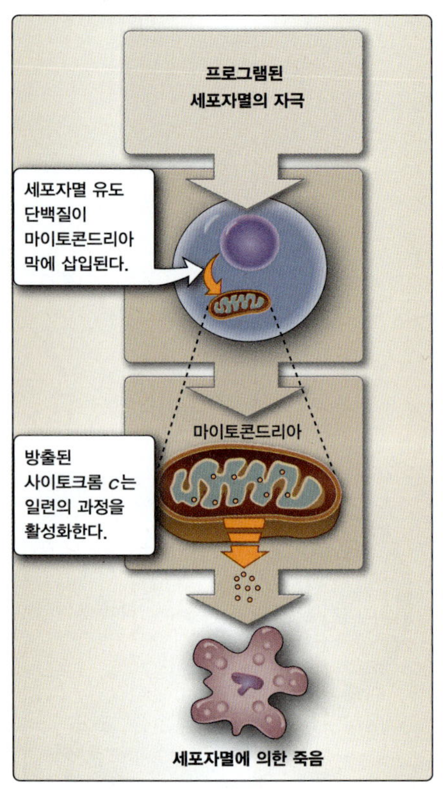

그림 5.7
마이토콘드리아의 세포자멸 반응

세포예정사를 촉진한다. 세포예정사 또는 세포자멸 과정이 자극되면 세포자멸을 촉진하는 단백질이 마이토콘드리아 막에 삽입되어 구멍을 형성한다. **사이토크롬** *c*(cytochrome *c*)로 알려진 단백질은 구멍을 통해 마이토콘드리아의 막간 공간을 떠나 세포질로 들어갈 수 있다(그림 5.7). 세포질에 있는 사이토크롬 *c*는 일련의 생화학적 반응을 자극하여 세포자멸을 초래한다(23장 참조).

임상 적용 5.1 마이토콘드리아 관련 질병

마이토콘드리아 세포병변증(mitochondrial cytopathy)은 마이토콘드리아가 ATP를 적절하게 생산할 수 없게 되어 발병하는 질환이다. 이러한 질환은 mtDNA의 돌연변이 또는 마이토콘드리아 단백질과 효소를 암호화하는 유전체 유전자의 돌연변이로 인해 발생할 수 있다. 정자의 마이토콘드리아는 수정란에 들어가지 않기 때문에 마이토콘드리아는 어머니로부터만 유전된다. 따라서 mtDNA 장애도 모계로만 유전된다. 어머니와 자식(형제자매)은 마이토콘드리아를 공유하므로 mtDNA 돌연변이로 인해 발생하는 마이토콘드리아 장애가 가족 내에서 발생할 수 있다. 가족 내에서도 질병의 정도는 더하기도, 덜하기도 한다. 미국 내 어린이 4,000명 중 1명이 10세 전에 마이토콘드리아 이상이 발병하는 것으로 추정된다. 일부 노인성 질환(제2형 당뇨병, 파킨슨병, 알츠하이머병, 죽상동맥경화증 등)도 부분적으로 마이토콘드리아 기능 저하로 인해 발생할 수 있다.

40종류 이상의 다양한 마이토콘드리아 이상이 알려져 있다. 이들은 탄수화물과 같은 연료공급원을 완전히 산화하거나 분해하는 마이토콘드리아의 능력이 감소한다는 공통적 특징을 갖는다. 중간대사물의 축적은 효율적인 복구 메커니즘이 없는 마이토콘드리아와 mtDNA를 더욱 손상시킬 수 있다. 마이토콘드리아 질환은 영향을 받는 기관에 따라 분류되며, 산화적 인산화의 결함은 ATP가 가장 많이 필요한 조직에 영향을 미친다. 뇌, 심장, 간, 골격근 및 눈은 일부 마이토콘드리아 세포병변증에서 영향을 받는 기관의 예이다. 발달 지연, 생장 저하, 근육의 협응 상실, 시력 상실 등은 이러한 질환의 다양한 징후이다.

컨스-세이어 증후군(Kearns-Sayre syndrome)은 mtDNA 결함으로 인해 발생하는 마이토콘드리아 질환의 한 예이다. 이 증후군은 드물게 발생하는데, 안구 근육의 마비와 망막의 변성을 초래한다. 이 병은 mtDNA에서 하나의 커다란 결실(deletion)이 일어나 발생한다. 레버 유전성 시신경병증(Leber hereditary optic neuropathy)은 주로 젊은 남성의 실명을 초래한다. 하나의 점돌연변이로 인한 mtDNA의 변화가 이 장애를 유발한다. mtDNA의 결실은 골수 및 이자(pancreas)의 기능 장애가 있는 피어슨 증후군(Pearson syndrome)을 초래할 수 있다. 현재 마이토콘드리아 세포병변증에 대한 치료법은 없으며, 증상을 줄이거나 질병의 진행을 막는 치료법이 고안되었다.

IV. 라이소솜

라이소솜(lysosome)은 내부가 산성(pH 5)인, 다양한 크기의 막으로 둘러싸인 세포소기관이다(그림 5.8). 이는 라이소솜으로 가는 단백질이 트랜스 골지에 모인 후, 이 영역이 조여져 골지체로부터 분리됨으로써 형성된다(11장 참조). 라이소솜에는 **산성 가수분해효소**(acid hydrolase)로 불리는 강력한 소화 효소가 포함되어 있다. 이 효소는 소포체에 결합된 라이보솜에서 합성된다. 이들은 라이소솜의 산성 환경 내에서 거대분자(단백질, 핵산, 탄수화물 및 지질)를 가수분해하거나 잘게 부수는 기능을 한다. 라이소솜은 기능적 수명이 다한 거대분자의 정상적인 교체에 중요한 역할을 한다. 라이소솜의 효소는 또한 세포내섭취(endocytosis) 또는 식작용(phagocytosis)을 통해 세포에 흡수된 물질을 분해한다.

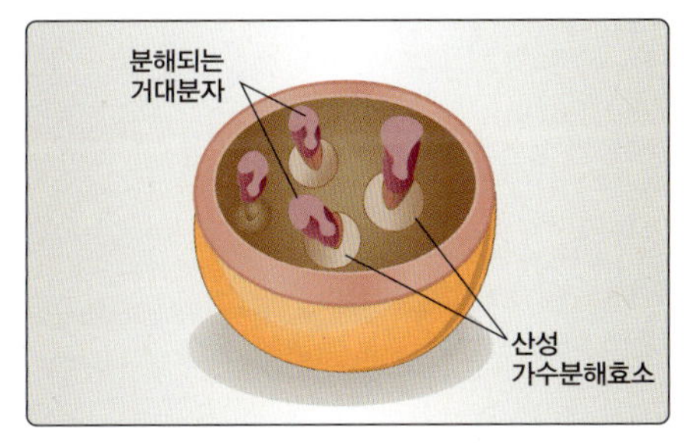

그림 5.8
라이소솜의 구조와 기능

만약 기능을 잃은 거대분자가 라이소솜 내에서 분해되지 않아서 적절하게 재활용되지 못하면, 그 거대분자는 세포 내에서 독성 수준으로 축적된다. 이는 라이소솜 축적병(lysosomal storage disease)을 유발하는 원인이 된다. 이러한 질병은 산성 가수분해효소에 결함이 생겨 발생하며, 그 결과 가수분해효소의 기질이 분해되지 못하고 축적되게 한다.

임상 적용 5.2 라이소솜 축적병

70종류 이상의 유전성 대사 장애가 라이소솜 축적병으로 간주되며, 가장 일반적인 사례는 산성 가수분해효소를 암호화하는 유전자의 돌연변이로 인해 발생한다[산성 가수분해효소가 라이소솜으로 제대로 이동하지 못하는 I-세포 질환(inclusion cell disease)은 예외]. 60종류가 넘는 다양한 산성 가수분해효소가 정상적이고 건강한 라이소솜 내에 존재하며, 산성 환경 내에서 단백질, 지질, 탄수화물 및 핵산을 분해하는 작용을 한다. 라이소솜에서 특정 산성 가수분해효소가 없으면 일반적으로 이에 의해 분해되어야 하는 거대분자 기질이 축적된다. 기질 축적은 라이소솜 축적병의 병리를 나타내며, 대부분은 정신 지체, 발작 및 운동 약화를 포함한 신경학적 징후 및 증상으로 나타난다. 후기에 나타나는 질병은 신경학적 증상의 진행이 더 느린 것이 특징이다.

라이소솜 축적병은 라이소솜 내에 독성 수준까지 축적되는 화합물의 유형에 따라 분류된다. 예를 들어, 갱글리오사이드(ganglioside)는 축적되어 테이-삭스병(Tay-Sachs disease)을 유발하고, 글라이코스아미노글라이칸(glycosaminoglycan, 점액다당류)의 축적은 헐러 증후군(Hurler syndrome) 및 헌터 증후군(Hunter syndrome)과 같은 "뮤코다당증(mucopolysaccharidose)"을 일으킨다. 헌터 증후군과 헐러 증후군은 모두 청력 상실과 중추신경계 손상을 동반하는 중증질환이다. 헐러 증후군이 있는 소아는 일반적으로 2~4세 사이에 발달이 멈춘다. 조기에 발병하는 헌터 증후군 환자의 수명은 일반적으로 10~20년이다. 파버병(Farber disease)에서는 산성 세라미데이스

임상 적용 5.2 라이소솜 축적병(이어짐)

(acid ceramidase)의 결핍으로 인해 세라마이드가 축적되어 생후 1년 안에 사망한다. 일부 다른 라이소솜 축적병은 노년까지 뚜렷이 나타나지 않는다. 성인에서 발병하는 제1형 고셔 증후군[Gaucher syndrome (type I)]은 가장 흔한 라이소솜 축적병이다. 이 질병은 글루코실세라미데이스(glucosylceramidase) 결핍으로 인해 발생하며, 글루코실세라마이드 지질증(glucosylceramide lipidosis; 특정 유형의 지질 과잉)을 초래한다. 비장의 비대와 뼈의 통증이 특징이다. 유아기 형태의 제2형 고셔 증후군은 훨씬 더 심각하여 신경학적 손상이 나타나며 3세 이전에 사망한다.

전통적으로 대부분의 치료 접근법은 결핍된 라이소솜 효소를 효소 또는 유전자로 대체하는 것이었다. 하나의 약물로 한 가지 형태의 라이소솜 축적병만을 치료하는 이 접근법은 자가소화(라이소솜을 통한 세포 구성요소의 제거) 및 염증 등의 일반적인 질환을 치료하는 접근법을 추가함으로써 보완되고 있다. 이러한 새로운 접근법은 결함이 있는 산성 가수분해효소를 대체하는 데 사용되는 효소 및 유전자 치료법을 보충할 수 있다.

임상 적용 5.3 테이-삭스병

테이-삭스병(Tay-Sachs disease)은 유아형, 청소년형, 성인/후기 발병의 세 가지 형태로 알려져 있다. 이 질병은 β-헥소사미니데이스 A(β-hexosaminidase A)라는 라이소솜 산성 가수분해효소의 활성이 낮거나 완전히 결핍되어 뇌에 갱글리오사이드가 축적되는 것이 특징이다. 갱글리오사이드의 축적은 환자의 효소 활성도에 따라 조금 빠르거나 느리게 축적된다. 유아형 질환의 경우 일반적으로 2~4세 사이에 사망하는 반면, 청소년형의 경우 점진적인 운동 능력 저하로 5~15년까지 생존한다. 성인/후기 발병 형태의 환자는 말하거나 삼키는 것에 장애가 있으며, 인지능력 저하 및 점진적 신경계 약화, 정신 질환 및 보행 장애를 나타내지만, 일반적으로 테이-삭스병의 직접적인 결과로 사망하지는 않는다.

유아형 테이-삭스병은 가장 흔하며 상염색체 열성 질환으로 유전된다. 이는 사람의 15번 염색체에 있는 *HEXA* 유전자의 심각한 돌연변이가 양쪽 부모 모두로부터 유전되어 β-헥소사미니데이스 A 효소의 활성이 결여될 때 발생한다(테이-삭스병의 다른 형태에서는 돌연변이로 인해 β-헥소사미니데이스 A의 활성이 감소할 수 있지만, 완전히 없어지지는 않음). 이 유전자에는 100종류 이상의 돌연변이가 알려져 있으며, 다양한 집단에서 다양한 돌연변이가 나타난다. 각 개인은 또한 각 부모로부터 서로 다른 돌연변이를 물려받을 수 있으며, *HEXA* 돌연변이에 대한 복합 이형접합자가 될 수 있다. 이 질환이 있는 소아는 출생 시에는 정상이지만, 약 6개월 후부터

임상 적용 5.3 테이-삭스병(이어짐)

질병의 징후가 나타난다. 환아들은 갑작스러운 소음에 특히 강한 반응("놀라움 반응")을 보이며 과다한 긴장을 나타낸다. 이는 비정상적으로 축적된 갱글리오사이드로 인해 팽창하게 된 뉴런에 대한 반응 때문에 일어난다. 정신적, 육체적 능력의 저하가 빠르게 발생하는데, 연하(삼킴) 장애, 실명, 청각 장애, 마비 증상을 포함한다. 환아는 종종 2세 전, 일반적으로 4세 전에 사망한다.

일반적인 미국 인구의 약 1/250이 *HEXA* 돌연변이의 보인자로 추정되는데, 매년 20명 미만의 어린이가 영아 테이-삭스병을 가지고 태어난다. 테이-삭스병에 걸린 유아는 모든 민족과 인종 집단에서 확인되었지만, *HEXA*의 돌연변이는 아슈케나지(Ashkenazi) 유대인, 루이지애나 케이준(Cajun), 특정 프랑스계 캐나다인, 펜실베니아 아미쉬(Amish) 및 아일랜드계 사람들에게서 가장 흔하다. 아슈케나지 유대인 혈통을 가진 사람 중 1/25에서 1/30 사이의 사람이 *HEXA* 돌연변이 보인자이다. 그러나 보인자 검사와 유전 상담이 보편화 됨에 따라 아슈케나지 지역 사회에서 테이-삭스병을 갖고 태어난 영아의 수가 크게 감소했다. 루이지애나 남부의 케이준과 퀘벡 남동부 지역의 프랑스계 캐나다인은 아슈케나지 인구와 비슷하게 높은 보인자 집단의 위험을 가지고 있는 반면, 프랑스계 캐나다인은 아슈케나지 및 케이준 인구에서 흔히 볼 수 있는 것과는 다른 *HEXA* 돌연변이를 가지고 있다. 새로운 추정에 따르면 아일랜드계 미국인의 1/50이 *HEXA* 돌연변이의 보인자일 수도 있다. 현재 미국에서 테이-삭스병을 갖고 태어난 대부분 어린이는 아슈케나지 유대인이 아닌 다른 인구 집단 출신이다.

V. 퍼옥시솜

퍼옥시솜(peroxisome)은 크기와 구조가 라이소솜과 유사하다. 퍼옥시솜은 단일막에 둘러싸여 있고 가수분해효소를 가지고 있다. 그러나 퍼옥시솜은 골지체로부터 형성되는 라이소솜과는 달리, 소포체에서 형성된다. 퍼옥시솜에서 작용하는 효소는 자유 라이보솜에서 합성되며, 소포체 또는 골지체에서 변형되지 않는다. 퍼옥시솜 내에서 지방산과 퓨린(AMP 및 GMP)이 분해된다(7장 및 리핀코트의 그림으로 보는 생화학, 제8판, 16장 참조). 많은 대사 반응의 독성 부산물인 과산화수소(hydrogen peroxide)는 퍼옥시솜에서 해독된다. 간세포 내에서 퍼옥시솜은 콜레스테롤과 담즙산 합성에 관여한다(리핀코트의 그림으로 보는 생화학, 제8판, 18장 참조). 퍼옥시솜은 또한 많은 뉴런 주위에 말이집(myelin sheath, 수초)을 형성하는 보호 물질인 **미엘린**(myelin)의 합성에 관여한다.

일부 희귀 유전 질환들은 퍼옥시솜 기능 장애에 의해서 발생한다. 이 질병은 출생 직후부터 영향을 미치며 기대 수명은 짧다. 예를 들어, X-연관

부신백질형성장애증(X-linked adrenoleukodystrophy; 1992년 영화 '로렌조 오일'에서 어린 소년이 겪은 질병)은 적절한 지방산 대사 실패로 인해 뉴런의 말이집이 손상되는 것이 특징이다. 젤위거 증후군(Zellweger syndrome)은 간, 콩팥 및 뇌에서 퍼옥시솜 내로 효소를 수송하는데 결함이 있어 발생한다. 이 환자는 일반적으로 6개월 이상 생존하지 못한다.

요약

- **세포기질**(cytosol; 젤 상의 세포 내 유체)과 함께 세포소기관은 원형질막 경계 내에 포함된 모든 물질로 구성된 **세포질**(cytoplasm)을 형성한다.
- 세포소기관은 정상적인 세포 생존에 필요한 특정 기능을 수행하는 진핵세포의 세포 내 구조이다.
- **핵**(nucleus), **라이보솜**(ribosome), **소포체**(endoplasmic reticulum) 및 **골지체**(Golgi complex)는 세포 외부 또는 라이소솜 내에서 작용하는 단백질의 가공과정에 관여한다.
- 핵은 2중막으로 둘러싸여 있으며, 염색체 내에 세포의 유전체 DNA가 들어 있다.
- 핵 내의 **인**(nucleolus)은 라이보솜의 소단위체가 생산되는 곳이다.
- 라이보솜은 단백질 번역 기능을 하며, 자유 상태이거나 소포체에 결합한다.
- 소포체는 핵막과 연결된 연속적인 막으로 둘러싸인 공간으로, 단백질을 가공한다.
- 거친면 소포체에는 라이보솜이 부착되어 있지만, 매끈면 소포체에는 라이보솜이 부착되어 있지 않다.
- 골지체는 3개의 뚜렷한 영역(시스, 중간, 트랜스)이 있는 일련의 편평한 막으로 둘러싸인 주머니처럼 보이며, 새로운 단백질의 변형 및 포장에 관여한다.
- **마이토콘드리아**(mitochondria)는 2중막 구조이며, 내막이 접혀진 크리스타를 형성하고 내부에는 기질이 있다.
- ATP는 기질과 막간 공간 사이의 전기화학적 기울기를 이용하여 생성된다.
- 마이토콘드리아는 자가복제가 가능하며, 자신의 DNA와 라이보솜을 포함하고 있다. 이는 선조 진핵세포에 의해 삼켜진 박테리아에서 기원한 것으로 추정된다.
- 세포의 생존은 마이토콘드리아 막의 완전성에 달려 있다. 막에 구멍이 생기면 사이토크롬 *c*가 세포질로 방출되면서 일련의 반응이 시작되어 예정된 세포자멸로 이어진다.
- **라이소솜**(lysosome)에는 산성 환경에서 작용하는 산성 가수분해효소로 알려진 강력한 소화 효소가 있다.
- 라이소솜의 산성 가수분해효소의 결함은 비기능성 거대분자의 축적으로 인해 세포 손상 및 조기 사망을 초래하는 **라이소솜 축적병**(lysosomal storage disease)을 유발한다.
- **퍼옥시솜**(peroxisome)에는 가수분해효소가 포함되어 있으며, 과산화수소를 해독하고 지방산을 분해한다. 또한 간에서 콜레스테롤의 합성과 뉴런을 보호하는 말이집 형성에 관여한다.

학습 문제

다음 중 적절한 답을 하나만 고르시오.

5.1 세포질 내 세포 구조로서 두 개의 소단위체가 조립되거나 분리된 상태로 관찰되며, mRNA나 때로는 소포체와 결합되어 있는 상태로 관찰된다. 이 구조물은 무엇인가?

A. 골지체
B. 라이소솜
C. 핵
D. 퍼옥시솜
E. 라이보솜

정답 E
라이보솜은 두 개의 소단위체로 구성되어 있으며, 세포질 내에 존재하고 종종 소포체에 결합되어 있다. 그들은 단백질 번역에 관여하는데, 그 과정에서 mRNA에 결합한다. 골지체, 라이소솜, 핵, 퍼옥시솜은 조립과 분해를 하는 소단위체가 아니며, 이러한 세포소기관 중 어느 것도 mRNA나 소포체에 결합하지 않는다.

5.2 단일막으로 둘러싸인 이 세포소기관은 원형질막에 매우 근접해 있는 것으로 관찰된다. 이는 새로 변형된 단백질을 둘러싸는 막 구조로 보인다. 이 세포소기관은 무엇인가?

A. 골지체
B. 라이소솜
C. 마이토콘드리아
D. 핵
E. 퍼옥시솜

정답 A
골지체는 단백질 가공에 관여하는 일련의 연속된 막으로 둘러싸인 관모양 구조이다. 이는 원형질막 근처에 위치하며, 골지체에서 나오는 소낭 안에 새로 변형된 단백질을 가지고 있다. 마이토콘드리아와 핵은 2중막을 가지고 있다. 라이소솜과 퍼옥시솜은 단일막을 가지고 있지만, 단백질 가공에 관여하지 않으며 세포 내에서 새로 생성된 단백질을 둘러싸지 않는다. 라이소솜은 골지체에서 생성되고, 퍼옥시솜은 소포체에서 생성된다.

5.3 막으로 둘러싸인 세포소기관이 구멍을 통해 단백질을 세포질로 방출한다. 이 방출 이후에 일련의 생화학적 반응이 일어나 세포자멸이 일어난다. 이 세포소기관은 무엇인가?

A. 골지체
B. 라이소솜
C. 마이토콘드리아
D. 핵
E. 퍼옥시솜

정답 C
마이토콘드리아는 사이토크롬 *c*를 세포질로 방출하여 일련의 생화학적 사건을 유발함으로써 세포자멸을 초래한다. 핵에는 세포의 DNA가 들어있다. 골지체는 새로 생성된 단백질을 변형하고 분류한다. 라이소솜과 퍼옥시솜은 서로 다르지만, 둘 다 소화에 관여한다. 이들 중 마이토콘드리아만이 세포자멸을 겪게 할 수 있는 단백질(사이토크롬 *c*)을 방출한다. (이것은 내부 자멸과정 혹은 아팝토솜 형성을 통한 세포자멸이라는 점에 유의하라. 23장 참조.)

5.4 염색체 DNA 및 세포질 라이보솜과 구별되는 DNA와 라이보솜을 가진 세포소기관이며, 원래는 조상 진핵세포가 삼킨 독립생물체에서 유래한 것으로 추정된다. 이 세포소기관은 무엇인가?

A. 마이토콘드리아
B. 시스 골지
C. 거친면 소포체
D. 핵
E. 퍼옥시솜

정답 A
마이토콘드리아는 핵의 유전체 DNA와 분리된 자체 DNA를 가진 세포소기관이다. 마이토콘드리아는 선조 진핵세포에 의해 삼켜진 것으로 추정된다. 시스 골지는 거친면 소포체와 중간 골지 사이에 있는 편평한 주머니의 일부이며, DNA를 포함하지 않는다. 거친면 소포체에는 라이보솜이 부착되어 있으며, 라이보솜은 mRNA에서 단백질을 번역하는 작용을 한다. 핵은 염색체에 있는 유전체 DNA를 가지고 있다. 퍼옥시솜은 단일막 구조로, 지방산과 퓨린 및 과산화수소를 분해한다.

5.5 핵막하층의 주요 구성성분은 무엇인가?

A. 콜라젠
B. 미세소관
C. 인지질
D. 콜레스테롤
E. 중간섬유

정답 E

핵막하층은 주로 중간섬유로 구성된다. 핵질을 포함하는 핵의 내부는 주로 핵막하층에 의해 조직되는데, 이는 세포골격의 구성요소인 중간섬유로 구성된 핵질의 단백질 골격이다. 미세소관은 세포골격의 구성요소이기도 하지만, 핵막하층에서 발견되는 주된 요소는 아니다. 콜라젠은 세포에 의해 세포외기질로 분비되며, 핵 내에서는 발견되지 않는다. 인지질과 콜레스테롤은 생체막의 주요 구성요소이다.

5.6 단일막으로 둘러싸인 세포소기관으로 자유 라이보솜에서 합성된, 활성산소종을 해독하는 효소를 가지고 있다. 소포체에서 만들어지는 이 세포소기관은 무엇인가?

A. 마이토콘드리아
B. 핵
C. 퍼옥시솜
D. 골지체
E. 라이소솜

정답 C

이 세포소기관은 퍼옥시솜이다. 라이소솜은 골지체에서, 퍼옥시솜은 소포체에서 유래한다. 퍼옥시솜의 단백질은 자유 라이보솜에서, 라이소솜의 효소는 소포체에 부착된 라이보솜에서 만들어진다. 퍼옥시솜은 대사과정의 산물인 반응성 산소종(reactive oxygen species)을 해독하는 기능을 갖는다. 핵과 마이토콘드리아는 다른 세포소기관에서 유래되지 않는다.

5.7 두 가지 세포 유형에서 포도당의 ATP 생산 능력을 비교할 때, 한 세포 유형은 1개의 포도당으로부터 2개의 ATP만 생산하는 반면, 다른 세포 유형은 32개의 ATP를 생산한다. 이 두 세포 유형의 차이점은 무엇인가?

A. 한 세포 유형은 라이소솜 내 산성 가수분해효소의 돌연변이가 있다.
B. 한 세포 유형에는 마이토콘드리아가 존재하지만, 다른 세포 유형에는 존재하지 않는다.
C. 한 가지 세포 유형에만 특정 퍼옥시솜 가수분해효소가 없다.
D. 한 세포 유형은 에너지를 추출하기 위해 지방산과 퓨린을 분해하지 못한다.
E. 한 세포 유형에는 글라이코스아미노글라이칸이 축적되어 ATP 생산을 억제한다.

정답 B

세포 내에 마이토콘드리아가 존재하면 포도당에서 생산되는 ATP의 양을 증가시킨다. 마이토콘드리아를 가진 세포는 포도당으로부터 32 ATP를 생산하는 데 비해, 마이토콘드리아가 없는 세포인 적혈구는 포도당에서 2 ATP만 생산한다. 마이토콘드리아 의존적 ATP 생산은 산화적 인산화 과정이다. 이는 라이소솜(또는 이들의 산성 가수분해효소)이나 퍼옥시솜(지방산과 퓨린의 분해)에 의존적이지 않다. 글라이코스아미노글라이칸은 특히 라이소솜 축적병과 관련이 있는데, 마이토콘드리아의 ATP 생산과는 관련이 없다.

5.8 이전에 정상적인 발달을 보였던 7개월 된 여아가 이제 테이-삭스병의 징후와 증상을 보인다. 다음 중, 이 질환에 영향을 미치는 세포소기관은 무엇인가?

A. 소포체
B. 골지체
C. 라이소솜
D. 마이토콘드리아
E. 퍼옥시솜

정답 C

테이-삭스병은 라이소솜 축적병으로 상염색체 열성 유전을 통해 획득되며, 각 부모는 염색체 15에 하나의 돌연변이 *HEXA* 대립유전자가 있다. 갱글리오사이드는 돌연변이 *HEXA*로 인해 헥소사미니데이스 A가 없는 라이소솜에 축적된다. 보기에 나열된 다른 세포소기관은 어느 것도 테이-삭스병에 영향을 미치지 않는다.

5.9 질문 5.8에 설명된 테이-삭스병 환아는 대개 어떤 경로로 이 질병을 앓게 되는가?

A. 아버지로부터 물려받은 X 염색체 돌연변이 유전
B. 부모 중 한 사람으로부터 돌연변이 *HEXA* 유전자의 상염색체 우성 유전
C. 어머니로부터 *HEXA* 돌연변이의 마이토콘드리아 유전
D. 부모로부터 동일하거나 다른 *HEXA* 돌연변이 유전
E. 식작용으로 결함 있는 퍼옥시솜의 획득

정답 D
테이-삭스병은 우성이나 X연관 형질이 아닌 상염색체 열성 형질로 유전되는 라이소솜 축적병이다. *HEXA* 유전자는 15번 염색체에서 발견되며, 이 질환을 가진 사람은 각 부모로부터 하나의 돌연변이 대립유전자를 물려받는다. 돌연변이 대립유전자는 서로 동일할 수도 있고 다를 수도 있다. *HEXA* 대립유전자는 X 염색체나 마이토콘드리아 DNA에 의해 암호화되지 않고 상염색체(15번 염색체)에 있다. 퍼옥시솜은 이와 관련이 없다.

5.10 이전에 건강했던 24세 남성이 시신경병증을 앓고 실명하게 되었다. 그의 어머니의 형제도 같은 상태이다. 환자는 자신의 상태는 유전되었지만, 자신의 돌연변이 유전자를 미래의 자녀에게 물려줄 가능성은 없다는 말을 들었다. 이 환자에게 영향을 미칠 가능성이 가장 큰 장애 유형은 무엇인가?

A. 상염색체 열성 장애
B. 노화로 인한 질병
C. 라이소솜 축적병
D. 마이토콘드리아 질환
E. 퍼옥시솜 장애

정답 D
이 환자는 마이토콘드리아 질환을 앓고 있을 가능성이 가장 높다. (그는 여성보다 남성에게 더 심각한 징후와 증상을 나타내는 레버 유전성 시신경병증을 앓고 있을 수 있다.) 마이토콘드리아 질환은 전적으로 어머니로부터 유전된다. 정자의 마이토콘드리아는 수정 과정에서 전달되지 못하기 때문에 남성은 결함이 있는 마이토콘드리아 유전자를 자녀에게 물려줄 수 없다. 이는 남성이 자녀에게 물려줄 가능성이 없는 유일한 유형의 질환이다. 상염색체 열성 유전은 자녀가 영향을 받으려면 부모 모두가 돌연변이 유전자를 물려주어야 한다. 하지만 상염색체 조건에서는 보인자인 부모의 돌연변이 유전자가 자녀에게 전달될 확률이 50%이다. 24세 남성은 노화로 인한 질병의 징후와 증상을 보일 만큼 나이가 많지 않다. 라이소솜 축적병은 종종 마이토콘드리아가 아닌 상염색체 열성이다. 퍼옥시솜 질환은 일반적으로 출생 시 나타나며, 영향을 받은 개인의 기대수명은 매우 짧다.

제 2 단원
진핵세포의 유전체 구성 및 유전자 발현
Organization of the Eukaryotic Genome and Gene Expression

그들은 당신과 나 안에 있다. 그들은 우리 몸과 마음을 만들었다. 그들을 보전하는 것은 우리 존재에 대한 궁극적인 근거가 된다. 그들은 유전자라는 이름으로 불리며, 우리는 그들의 생존 기계인 셈이다.

– 리처드 도킨스(Richard Dawkins, **영국 생물학자**, 1941~)
저서: *The Selfish Gene*(1976)에서

유전체(genome)로 불리는 인간의 전체 유전 정보는 핵을 가진 모든 체세포 내에 디옥시라이보핵산(deoxyribonucleic acid), 즉 DNA로 존재한다. 각 세포의 DNA에는 세포의 생장과 개체의 발생을 지시하거나 세포 기능을 유지하는 데 필요한 모든 지침이 포함되어 있다. DNA의 복제는 발생과 생장 및 복구 과정에서 DNA 내의 지침을 다음 세대의 세포로 충실하게 전달한다. 이는 개체와 더 나아가 종의 보전에 필요하다. 인간의 DNA와 세포는 따로 존재할 수 없고 공생 관계에 있다고 볼 수 있다. 세포는 DNA의 유전적 지시가 재생산되고 정확히 전달되도록 보장하는 틀과 기구를 제공한다.

DNA 내 특정 서열로 배열되어 있는 뉴클레오타이드 염기가 유전자를 형성한다. 유전자는 세포, 더 나아가 개체의 기능을 수행하는 단백질을 암호화한다. 그러나 이 기본적인 유전체 청사진은 개체의 모든 체세포에서 동일하지만, 세포 내 단백질은 세포 유형에 따라 다르다. 예를 들어, 간세포는 대사 기능을 위한 일련의 단백질 효소가 필요한 반면, 뼈세포는 구조적 지지를 위한 단백질을 더 많이 필요로 한다. DNA의 지시사항은 전사 과정을 통해 mRNA로 전환되고, 핵산의 언어는 단백질로 번역된다. 특정 유형의 세포는 전사되는 DNA 영역을 조절함으로써 특정 단백질이 만들어지도록 한다. 이후 이 단백질은 원래 자리에 있거나, 세포 내의 특정 위치로 이동하거나 옮겨져서 기능을 수행한다. 세포의 기능과 생존을 위해 단백질 합성과 분해 사이에 정교한 균형이 필요하며, 따라서 이 단백질 생산을 지시하는 DNA 역시 계속 존재해야 한다.

6 진핵세포 유전체

The Eukaryotic Genome

I. 개요

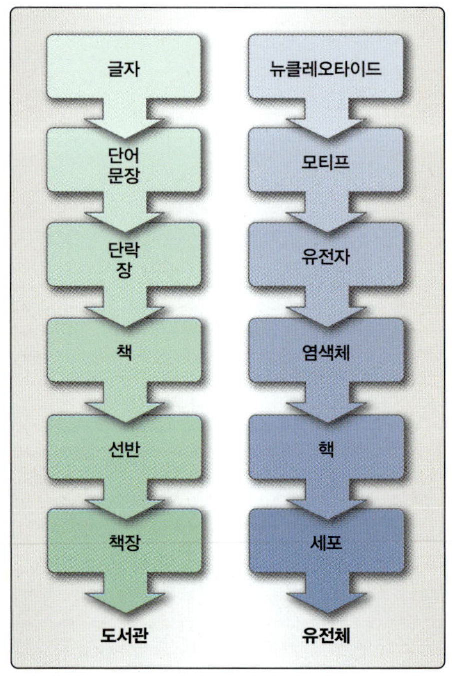

그림 6.1
정보 저장의 유사성

핵을 가진 모든 진핵 체세포에는 본질적으로 동일한 청사진, 즉 **유전체**(genome)라고 통칭되는 일련의 유전 정보가 포함되어 있다. 인체의 발생과 질병의 유전적 기초를 이해하기 위해 전 세계적으로 노력한 결과, 인간 전체 유전체의 서열이 성공적으로 밝혀지게 되었다. 우리는 여전히 인간 유전체가 어떻게 조직되어 있고, 대부분의 인간 DNA 서열이 갖는 의미를 어떻게 풀어야 하는지에 대해 이해할 필요가 있다.

유전체의 일부에는 세포가 매일 사용하는 지침이 포함되어 있다. 그러나 다른 부분은 스트레스를 받는 특정 유형의 세포에게만 유용한 지침을 담고 있다. 또 어떤 유전적 지침은 세포에서 전혀 사용되지 않는다. 유전 정보는 그 양이 방대하기 때문에, 세포가 이들 정보를 적시에 추출하여 사용하는 것이 중요하다. 유전 정보가 어떻게 저장되고 사용되는지에 대한 지식은 진핵세포의 유전체 기능을 이해하는 데 필수적이다. 먼저 유전체의 물리적 구성을 살펴본 후, 유전체를 유지하고 관리하는 데 필요한 생화학적 과정들을 고찰해 볼 것이다. 지금 여러분이 읽고 있는 이 페이지가 특정 정보를 갖도록 배열된 글자로 이루어진 단어, 그리고 이 단어들이 결합해서 문장, 문단, 장을 형성하는 것처럼 DNA에는 유전자, 염색체 등으로 배열되는 뉴클레오타이드가 포함되어 있다(그림 6.1). 이 장에서는 유전체의 물리적 측면뿐 아니라 정보 측면에서 어떻게 조직화되는지를 설명하고자 한다.

II. 물리적 조직화

인간의 유전체는 핵과 마이토콘드리아, 2개의 구획 내에 포함되어 있다. DNA에 의해 암호화된 약 20,000~25,000개의 유전자를 포함하는 유전체 대부분은 세포 핵의 선형 염색체(chromosome) 세트 안에 있으며, 모계 및 부계 기원의 유전 물질을 포함하고 있다. 대조적으로, 마이토콘드리아 DNA에는 정상적인 마이토콘드리아 기능에 필수적인 37개의 유전자가 있으며, 전적으로 모계에서 유래한다. 이 장에서는 핵 DNA의 조직화를 다룬다. 진핵생물의 핵 DNA는 다양한 단백질들과 결합하여 **염색질**(chromatin)이라고 불리는 복잡한 구조로 되어있다. 염색질은 DNA 분자가 다양한 형태를 취할 수 있게 하여 진핵생물체에서만 나타나는 독특한 조절이 가능하도록 한다.

A. DNA 구성요소

DNA에는 모든 유전적 지시사항에 대한 구조적 청사진이 있다. DNA

내에 포함된 유전부호는 4종류의 “글자” 즉 염기로 구성된다. 염기 중 2개는 이종원자고리 화합물(heterocyclic compound)인 퓨린(purine)의 아데닌(adenine, A)과 구아닌(guanine, G)이고, 나머지 2개는 6원자 고리화합물인 피리미딘(pyrimidine)의 사이토신(cytosine, C)과 타이민(thymine, T)이다. DNA의 유명한 2중나선 구조는 인산-디옥시라이보스 골격(phosphate-deoxyribose backbone)에서 유래한다(**그림 6.2**). 뉴클레오사이드(nucleoside)는 염기(A, G, C 또는 T) 각각에 결합된 5탄당(pentose) 분자로 구성되는데, 이들 5탄당 분자는 또한 인산다이에스터 결합(phosphodiester bond)에 의해 인산기에 비대칭적으로 연결된다. 상보적인(G:C 또는 A:T) 뉴클레오타이드(nucleotide; 뉴클레오사이드의 5탄당과 1개 이상의 인산기가 결합) 사이의 수소결합이 상호작용하여 2중나선 구조를 안정화시킨다.

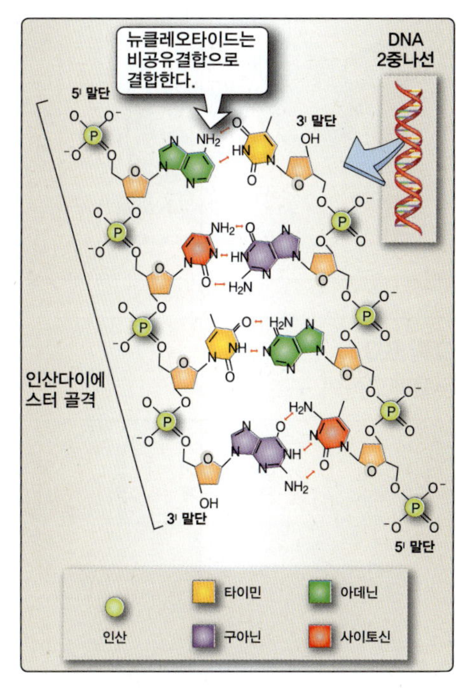

그림 6.2
진핵세포의 DNA 구조

B. 히스톤

염색질은 매우 긴 2중가닥 DNA 분자, 이와 거의 동일한 양의 작은 염기성 단백질인 **히스톤**(histone), 소량의 비히스톤 단백질(nonhistone protein), 소량의 RNA(ribonucleic acid)로 구성된다. 히스톤은 아르지닌(arginine)과 라이신(lysine)이 풍부한 단백질들로 구성되었는데, 이 염기성 아미노산은 전체 잔기의 약 1/4을 차지할 정도로 많다. 이렇게 히스톤의 양(+)전하를 띤 아미노산은 음(−)전하를 띤 DNA의 인산-당 골격에 단단히 결합하는 데 도움이 된다. 기능적으로 히스톤은 염색질이 응축되도록 한다. 그러나 염색질은 정적인 상태와는 거리가 멀고 세포의 분화 상태가 변화함에 따라 역동적인 방식으로 변화될 수 있다.

인간 세포에는 얼마나 많은 DNA가 존재하는가?

인간의 반수체(haploid) 유전체는 대략 30억(3×10^9) 개의 염기쌍이 23개의 염색체에 포장되어 있다. 1개의 인간 세포에 들어 있는 DNA를 모두 풀어보면 그 길이가 1미터 이상으로 늘어난다. 펼쳐 놓은 개별 염색체의 길이는 1.7~8.5 cm 정도이다.

C. DNA 포장

인간 세포의 핵은 일반적으로 직경이 6 μm이지만, 이 안에 길이가 꽤 긴 DNA를 가지고 있다. 이 DNA가 최대로 응축되면 펼쳐 놓은 길이의 약 1/50,000로 줄어든다. 세포주기의 분열기 중 DNA가 가장 응축되는 중기에서 보이는 길이 1.4 μm의 염색체가 되기 위해서는 최소한 4단계로 DNA를 포장해야 한다.

뉴클레오솜(nucleosome)은 고도로 응축된 염색질을 만들기 위한 기본 조직이다. 각 뉴클레오솜의 핵심 부위는 8개의 히스톤 단백질(각각 2개의 히스톤 H2A, H2B, H3, H4 분자)과 이를 둘러싸고 있는 2중가닥

히스톤 꼬리
H2B
H4
DNA
H3
H2A
H1 히스톤
뉴클레오솜
핵심 히스톤

그림 6.3
뉴클레오솜의 구조

DNA로 구성된다. 146 염기쌍(base pair, bp)의 DNA가 뉴클레오솜 입자와 연결되어 있으며, 각 뉴클레오솜은 연결 히스톤(linker histone) H1에 의해 결합된 50~70 bp 길이의 연결 DNA(linker DNA)에 의해 분리되어 있다(**그림 6.3**). 진핵생물 유전체에는 소수의 히스톤 변이체가 존재한다. H2AX는 때때로 H2A 대신 존재하며 염색체 복구 과정에 참여하는 것으로 알려져 있다(7장).

뉴클레오솜은 DNA를 포장하는 역할 외에도 DNA 염기서열에 전사

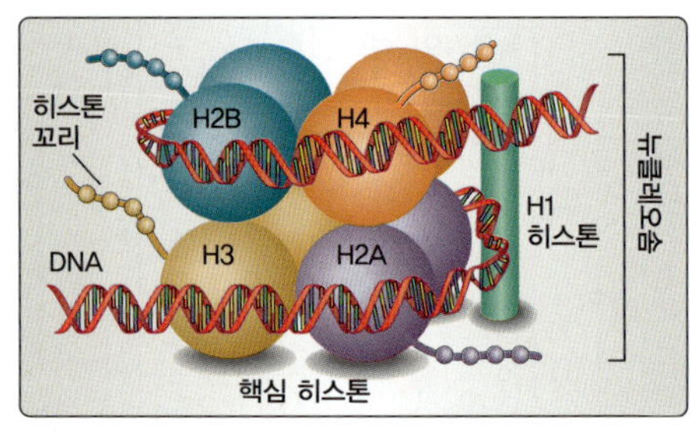

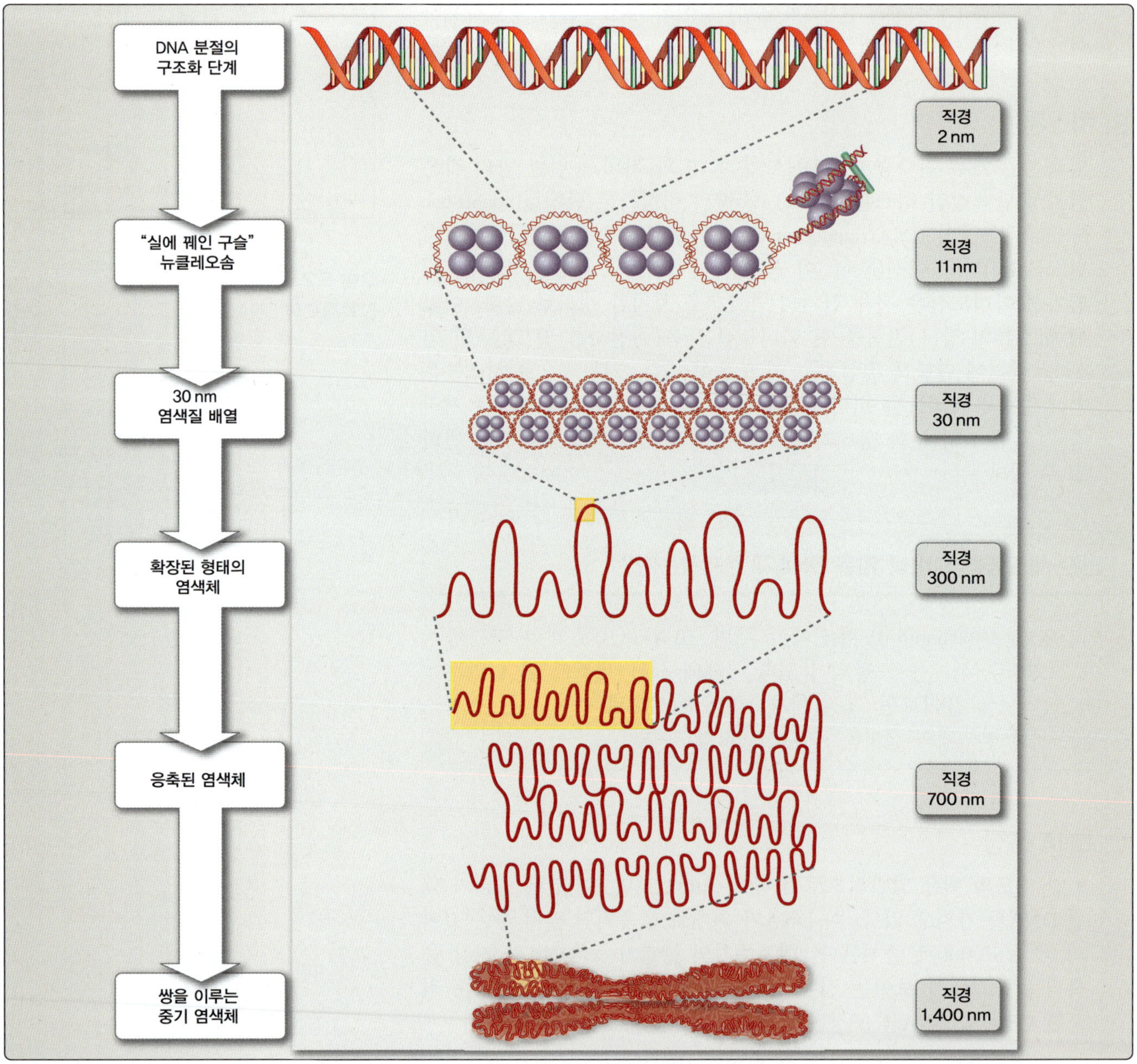

DNA 분절의 구조화 단계
"실에 꿰인 구슬" 뉴클레오솜
30 nm 염색질 배열
확장된 형태의 염색체
응축된 염색체
쌍을 이루는 중기 염색체
직경 2 nm
직경 11 nm
직경 30 nm
직경 300 nm
직경 700 nm
직경 1,400 nm

그림 6.4
염색질의 단계적 응축 과정으로 형성되는 염색체의 고차 구조

인자가 접근할 수 있는지 여부를 결정하여 유전자 발현 또는 활성을 조절한다(10장).

뉴클레오솜은 코일형성(coiling)과 고리형성(looping)을 통해 연속적으로 고차 구조를 형성한다(그림 6.4). 각 핵심 히스톤은 구조화된 도메인과 구조화되지 않은 아미노 말단 "꼬리(25~40개 아미노산 잔기)"를 가지고 있다(그림 6.3 참조). 히스톤 꼬리는 30 nm 염색질 배열과 같은 고차 구조의 형성을 돕는다.

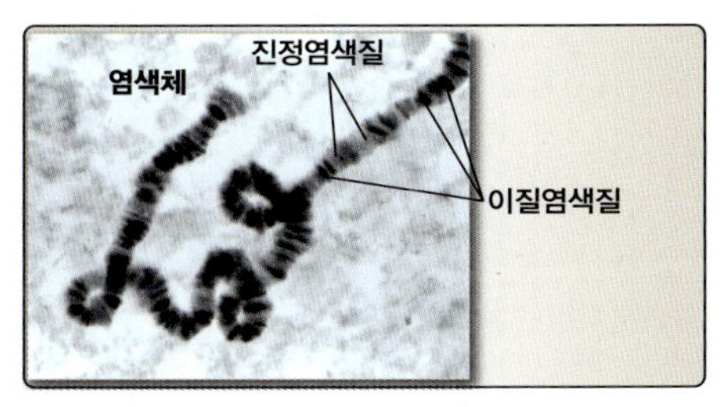

그림 6.5
진정염색질과 이질염색질

D. 히스톤 변형

효소에 의한 아미노 말단 꼬리의 변형(예: 아세틸화, 메틸화 또는 인산화)은 히스톤의 순 전하와 형태를 변형한다. 이러한 변형은 생리적으로 가역적이며, DNA 복제 및 전사를 위해 염색질을 준비시키는 것으로 생각된다[자세한 내용은 "후성유전학(epigenetics)" 항목을 참조].

1. **진정염색질과 이질염색질:** 이 용어는 염색체 내 DNA의 응축을 설명하고 염색질을 추가로 구분하는 데 사용된다. 염색질이 조밀하게 밀집되어 있는 영역을 **이질염색질**(heterochromatin)이라고 하며, 이 영역은 유전적으로 불활성 상태이다(그림 6.5). 이질염색질에서는 DNA가 너무 빽빽하게 포장되어 있어, RNA 전사를 담당하는 단백질이 접근할 수 없기 때문에 전사가 억제되는데, 진정염색질(euchromatin)은 이와 반대 상태이다.

2. **전사가 활발히 일어나는 핵:** 전사가 활성화된 핵에서 덜 응축된 염색질 영역을 **진정염색질**(euchromatin)이라고 하는데(그림 6.5), 이는 일반적으로 전사가 진행 중이거나 전사를 준비 중이거나 이제 막 종료한 상태이다. 한 유전자가 전사되려면 그 유전자 서열에 RNA 중합효소 및 전사되는 속도에 영향을 미치는 조절 단백질들이 접근할 수 있어야 한다. 진정염색질은 RNA 중합효소와 조절 단백질들이 DNA에 접근할 수 있도록 풀어진 염색질 구조를 나타낸다.

   세포분열 중에 염색질은 매우 단단하게 꼬이고 감기어져, 분열기 염색체 형태의 익숙한 구조로 응축된다.

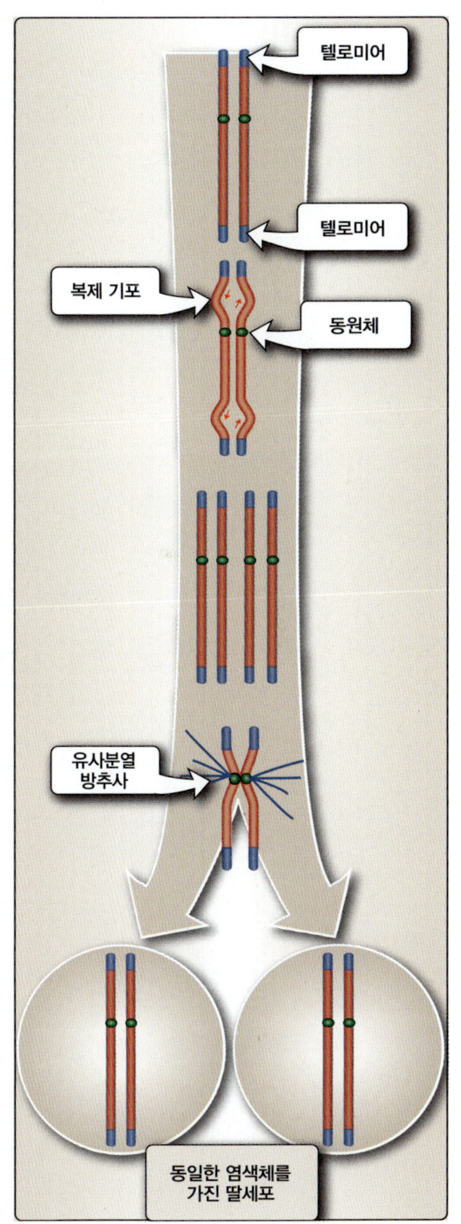

그림 6.6
염색체의 구조

E. 염색체 구조

개별 염색체는 하나의 매우 긴 선형 2중나선 구조의 DNA와 히스톤 단백질들의 비공유 복합체로 구성되어 있다. 염색체 구조는 G_1기의 풀어진 실 모양부터 M기 동안 관찰되는 단단하게 응축된 상태까지 세포주기에 따라 다양하다(20장 참조). 염색체는 개별 단위로서 이동하고 유지하기 위해 3가지 서열 요소가 필요하다. **텔로미어**(telomere)는 염색체 말단에서 발견되는 6개 염기서열이 반복[$(TTAGGG)_n$]된 부분으로, 염색체가 분해되지 않도록 보호하는 역할을 한다(그림 6.6). **동원체**(centromere)로 알려진 서열 요소는 세포분열 중에 유사분열 방추사가 염색체에 부착되도록 하는 "손잡이" 역할을 한다. 세포가 세포주기의 분열기 또는 M기로 진행됨에 따라 핵막이 분해되고 염색체가 세포의 반대극으로 분리되는데(딸세포를 형성함), 이때 동원체와 유사분열 방추사로 구성된 **방추사부착점**(kinetochore)이 만들어진다. 동원체는 또한 염색체의 2개의 팔(프랑스어 "짧은"을 나타내는 petite에서 p, 알파벳에서 "q"가 "p" 뒤에 오기 때문에 길다는 의미로 q)을 분리하는 경계 역할을 하는데, 그 위치는 염색체마다 다르다(자세한 세포주기에 대해서는 20장 참조).

염색체의 DNA가 복제되기 위해서는 특정 뉴클레오타이드 서열이 DNA의 복제원점 역할을 해야 한다. 각 염색체는 전체 길이에 걸쳐 분산된 **다수의 복제원점**(multiple origins of replication)을 가지고 있다. 복제원점에는 일련의 직접 반복 DNA 서열(direct repeat DNA sequences)과 서열 특이적으로 2중가닥 DNA에 결합하는 단백질이 있다.

임상 적용 6.1 핵형 분석(karyotype analysis)

중기의 염색체는 현미경으로 볼 수 있어 유전학자들이 염색체 이상을 식별하는 데 사용된다. 핵형 분석은 다운증후군(trisomy 21, 3개의 21번 염색체)과 같은 염색체 이상에 대한 산전 진단, 종양 진행 단계(종양세포는 염색체 수가 비정상적인 경우가 많음), 불임 판정 검사 등에 유용하게 쓰이는 진단 도구이다. 심지어 여성 스포츠 경기에서 남성이 선수로 활동하는 것을 금지하는 경우에도 활용된다.

III. 정보의 조직화

총체적으로 염색체의 **배수성**(ploidy)은 한 세포 내의 염색체 수를 나타낸다. 체내의 대부분 체세포는 **2배체**(diploid)이다. 즉, 각각의 핵에는 개별 염색체의 두 사본이 있으며, 하나는 어머니로부터, 다른 하나는 아버지로부터 유래된다. 생식세포는 이 규칙의 예외인데, 각 염색체의 단일 사본을 가지며 반수체(haploid)로 알려져 있다.

각 인간 세포의 반수체 유전체는 3.0×10^9 bp의 DNA로 구성되며, 23개(상염색체 22개, 성염색체 1개)의 염색체로 나뉜다. 전체 반수체 유전체에는 150만 쌍의 유전자를 암호화하는 데 충분한 DNA가 포함되어 있다. 놀랍게도 인간 유전체 프로젝트(Human Genome Project)를 통해 인간은 약 20,000~25,000개의 유전자만을 가지고 있는 것으로 밝혀졌다. 인간의 유전체는 초파리와 유사한 개수의 유전자를 가지고 있지만, 초파리보다 더 복잡하다. 인간의 단백질 암호화 유전자는 선택적 스플라이싱(alternative splicing)을 통해 하나 이상의 단백질 산물을 생산한다(10장). 인간 **단백질체**(proteome), 즉 단백질 종류의 총수는 초파리보다 5~10배 더 많다.

몇몇 유전자는 비단백질 암호화 RNA로 전사된다. 현재는 이들 기능의 많은 부분을 완전히 이해하지 못하고 있다. 이들 사례로는 긴 비암호화 RNA(long noncoding RNA, lncRNA)와 마이크로 RNA(microRNA, miRNA), 소형 간섭 RNA(small interfering RNA, siRNA), 소형 인 RNA(small nucleolar RNA, snoRNA) 등과 같은 소형 비암호화 RNA(small noncoding RNA)가 있다.

이들 유전자 중에서 마이크로 RNA는 특정 mRNA의 번역과 안정성을 조절한다(8장과 10장 참조). 이 유전자는 당뇨병, 비만, 바이러스성 질병부터 다양한 유형의 암에 이르기까지 다양한 인간 질병과 관련이 있다.

유전체, 즉 진핵생물 DNA는 고유한 단일 사본과 반복서열 DNA로, 추가적으로 분류될 수 있다(**그림 6.7**).

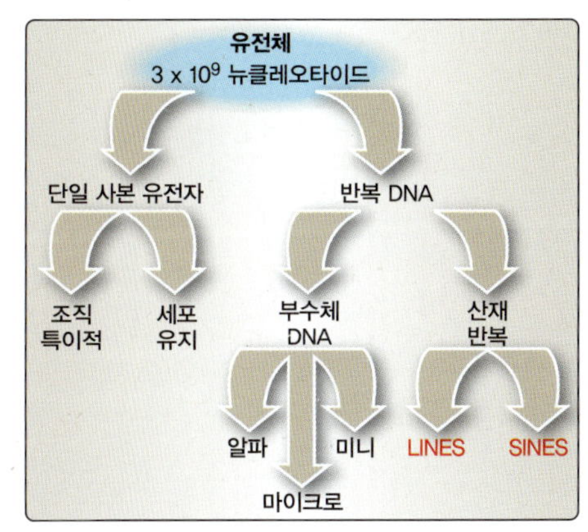

그림 6.7
유전체의 구성

A. 고유한 DNA 서열

단일 복사본 DNA 또는 유전자는 일반적으로 특정 단백질 산물을 만드는 정보를 암호화한다. 인간 유전체 내에 있는 20,000~25,000개의 유전자는 크게 4가지 범주로 나눌 수 있다. 약 5,000개의 유전자가 유전체 유지에 관여하고, 거의 5,000개는 신호전달에, 4,000개는 일반적인 생화학 작용에 관여한다. 가장 많은 부분을 차지하는 9,000개의 유전자는 또 다른 활동에 관여한다(**그림 6.8**).

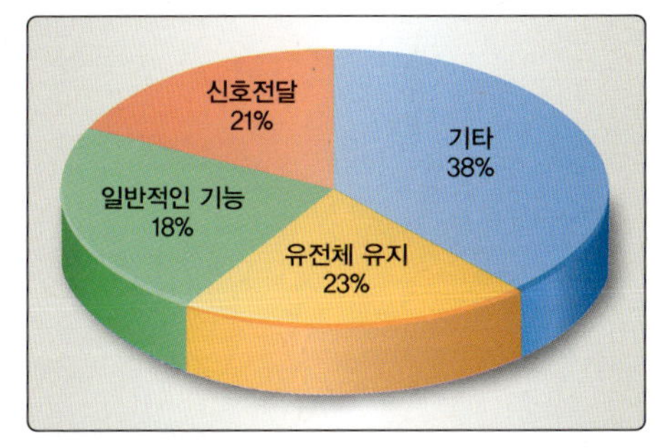

그림 6.8
유전체에서 고유한(비반복적) 유전자 분포

B. 반복서열

반복서열(repeat sequence)은 단백질을 암호화하지 않지만, 인간 유전체의 최소 50%를 구성한다. 이들 서열은 직접적인 기능은 없는 것으로 보이지만, 염색체 구조와 동역학에 중요하다. 이러한 서열은 부수체 DNA(satellite DNA) 그리고 LINES 및 SINES의 두 가지 주요 범주로 분류된다.

1. **부수체 DNA:** 이러한 고도로 반복적인 서열은 일렬로 여러 번 반복되어 모여 있는 경향이 있다. 이들은 일반적으로 전사되지 않으며, 반수체 유전체당 100만~1000만 개의 복사본으로 존재한다. 이 서열은 염색체의 동원체 및 텔로미어와도 관련되어 있다.

   부수체 DNA 서열은 반복되는 서열에 존재하는 염기쌍 수에 따라 구분된다.
   - 알파부수체(alpha satellite): 171 bp 길이의 서열이 반복되어 수백만 염기쌍까지 확장됨
   - 미니부수체(minisatellite): 20~70 bp 길이의 반복서열로 총 길이는 수천 염기쌍임
   - 마이크로부수체(microsatellite): 2, 3, 4 bp의 길이 단위로 반복되며, 총 길이는 수백 염기쌍임

임상 적용 6.2 미니부수체와 마이크로부수체, 그리고 유전자 지도법

반복 DNA 서열은 인간 유전체 전체에 널리 퍼져 있으며, 다형성(polymorphic; 일반적인 뉴클레오타이드 서열의 유전적 변이)이다. 결과적으로, 그들은 신원 검증 및 질병 진단을 위한 유전자 마커로서 응용될 수 있다. 짧은 직렬반복(short tandem repeats, STR) 서열은 길이가 2~6 bp인 마이크로부수체이며, 이는 극소량의 오염된 DNA로도 중합효소연쇄반응(polymerase chain reaction, PCR)을 통해 쉽게 증폭될 수 있기에, 범죄수사 과정에서 법의학 실험에 중요하다. 이전에는 미니 부수체 서열이 제한단편길이 다형성(restriction fragment length polymorphism, RFLP) 분석을 통해 식별되었는데, 이 분석은 DNA를 성공적으로 증폭하기 위해 더 많은 양질의 DNA가 필요한, 보다 번거로운 기술이다.

미국에서는 현재 20개의 STR 마커로 구성된 핵심 세트가 FBI 통합 DNA 색인 시스템(Combined DNA Index System, CODIS)이라는 전국적인 DNA 데이터베이스를 구축하는 데 사용된다. CODIS 및 유사한 DNA 데이터베이스는 범죄현장의 DNA 증거 분석과 전과자를 성공적으로 연결하여 범죄자를 찾을 수 있게 하였다. STR 유형 검사는 친자 관계 분쟁의 해결에도 적용된다. Y 염색체 STR 및 마이토콘드리아 DNA 데이터는 실종 관련 검색에 활용된다.

트라이뉴클레오타이드 반복서열(trinucleotide repeats)은 보통 특정 유전자에 존재하고 확장될 수 있는 마이크로부수체 서열이다. 몇몇 인간 질병은 이 반복 횟수가 정상 횟수 이상으로 확장됨으로써 불안정하고 결함이 있는 유전자가 형성되어 발생하는 것으로 알려졌다(표 6.1).

2. LINES 및 SINES: 이러한 반복서열은 보통 모여 있지 않고 고유 서열과 함께 산재되어 있다. 이들은 또한 반수체 유전체당 10^6개 미만의 복사본으로 존재한다. 이들은 RNA로 전사되며, 길이에 따라 2개의 그룹으로 나눌 수 있다.

- LINES(long interspersed elements, 긴 산재요소): 7,000 bp로 구성, 20~50,000개 복사본
- SINES(short interspersed elements, 짧은 산재요소) 90~500 bp로 구성, 약 100,000개 복사본

표 6.1 트라이뉴클레오타이드 반복서열과 질병

질병	반복서열	정상 반복 횟수	질병상태의 반복 횟수	위치
케네디 증후군	CAG	11–33	40–62	단백질 암호화 부위
헌팅턴 증후군	CAG	11–34	42–100	단백질 암호화 부위
취약 X 증후군	CGG	6–54	250–4,000	5′ 비번역 부위
근육긴장퇴행위축증	CTG	5–30	>50	5′ 비번역 부위

IV. 기능적 조직화

세포 내의 기능은 대개 유전자에 의해 암호화되어 있다. 유전자는 염색체와 마이토콘드리아에 존재한다. 모든 유전자가 모든 조직에서 활성화되는 것은 아니며, 이러한 유전자에 대한 특정 변형이 조직 특이적 유전자 발현을 결정하는 데 필수적이다.

A. 유전자

유전자(gene)는 기능성 산물을 만들기 위해 필요한 DNA 서열 전체를 말한다. 여기에는 프로모터(promoter) 부위와 함께 유전자의 전사(transcription), 가공(processing) 및 필요에 따라서는 번역(translation)에 필요한 모든 조절 부위를 포함한다. 유전체의 약 2%는 단백질 합성에 필요한 지침을 암호화한다. 유전자는 유전체의 모든 부위를 따라 임의의 영역에 집중되어 있는 것으로 보이며, 유전자 사이에는 광범위한 비암호화 DNA가 있다(그림 6.9).

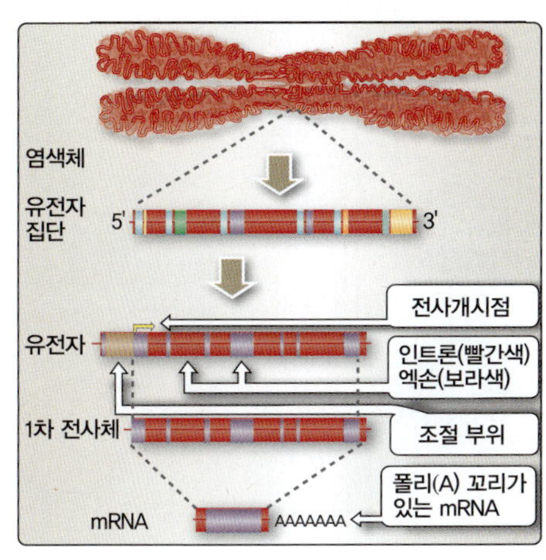

그림 6.9
유전자 구성

B. 후성유전학

돌연변이를 제외하면 개인의 모든 세포는 동일한 DNA의 양과 서열을 가지고 있다. 그러나 다양한 조직과 세포에서 특징적인 고유 기능을 수행하기 위해 특정 유전자 세트가 발현되어야 한다. 세포의 유형에 따라 다르게 나타나는 유전체의 구조적 변형은 발생과 분화과정에서 유전자의 발현을 조절하는 중요한 역할을 담당한다. 이러한 변형은 유전체의 DNA 서열 자체에는 영향을 미치지 않기 때문에 **후성유전**(epigenetic)이라고 불린다. 이러한 후성유전적 변형들은 흔히 한꺼번에 일어나며, 이를 통해 안정적으로 유전되는 유전자 발현의 변화를 설명할 수 있게 된다. 다음은 진핵세포에서 작동하는 후성유전 메커니즘들이다.

1. **사이토신의 메틸화:** 특정 사이토신 메틸화(cytosine methylation)는 유전자 발현과 상관관계가 있으며, DNA의 뉴클레오타이드에서 메틸기를 추가하거나 제거하는 과정을 통해 나타난다. DNA 메틸화는 세포의 다양한 기본 활동에 관여한다. 포유동물에서 DNA 메틸화의 주요 부위는 DNA의 사이토신(C) 염기에서 나타나는데, 특히 구아닌(G) 염기에 인접한 5' 사이토신(C)에서 일어난다(역자 주: 5'-CG-3', C와 G가 인산으로 연결되어 있어서 CpG라고도 함, 그림 6.10).

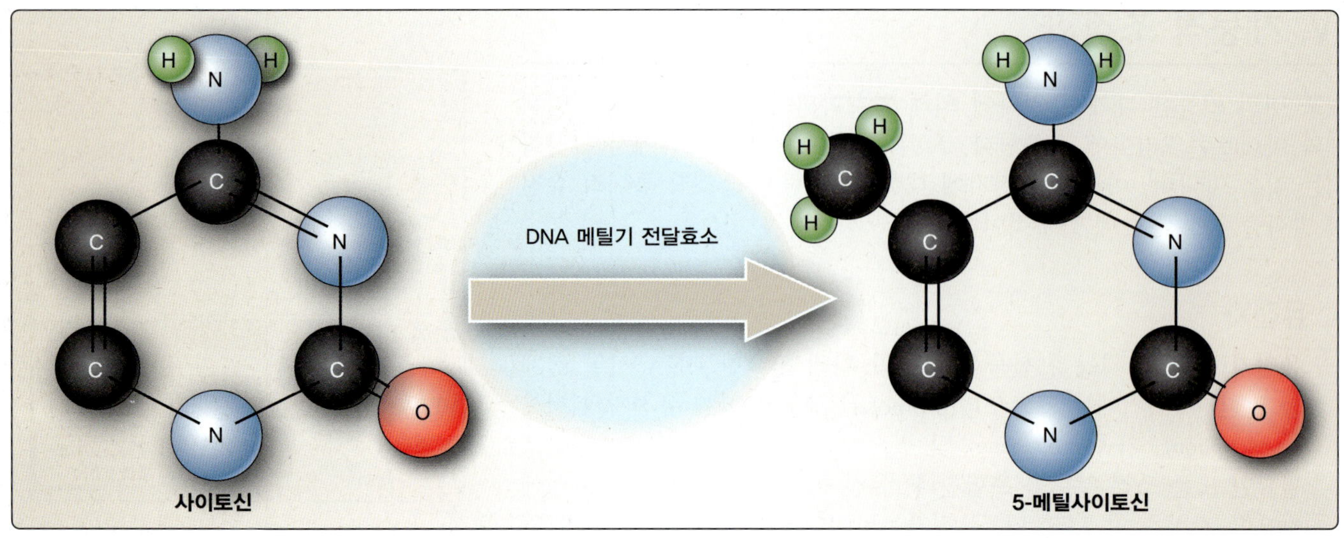

그림 6.10
DNA에서 특정 사이토신의 메틸화

유전자 메틸화

5'-CG-3' 잔기는 유전자의 프로모터 영역에 모여있는 경향이 있다. 때때로 어떤 부위는 메틸화가 적게 되어 있어 모든 세포 유형에서 활발히 발현되는데, 이를 세포유지 유전자(housekeeping gene)라고 부른다. 조직 특이적 유전자는 이를 필요로 하지 않는 세포나 조직에서 우선적으로 메틸화되는 경향이 있다. 한 가지 예는 글로빈(globin) 유전자이다. 글로빈 유전자는 새로운 적혈구를 만드는 조혈모세포(hematopoietic cell; 다양한 혈액 세포를 생성함)에서 활발하게 발현되는 반면, 글로빈 합성이 필요하지 않은 조직에서는 동일한 유전자가 메틸화되어 발현이 억제된다. DNA 서열의 5'-CG-3' 메틸화는 유전자 발현에 영향을 미치는 단백질의 DNA 결합에 입체 장애(steric hindrance)를 일으키는 것으로 생각된다.

임상 적용 6.3 유전체 각인

대부분 유전자는 양쪽 부모로부터 동등하게 발현되지만, 일부 유전자는 모계나 부계로부터 유래된 염색체에서만 독점적으로 발현된다. 이런 염색체의 유전자 침묵(gene silencing)은 유전자 메틸화의 결과이다. 이러한 유전자는 "각인(imprint)"되었다고 하며, 그 유전자가 있는 염색체의 유래가 부계인지 모계인지에 따라 발현되거나 억제된다. 15번 염색체의 특정 부위 결실은 부모 중 누구에게서 그 염색체가 유래되었는지에 따라 다른 결과를 낳는다. 프레더-윌리 증후군(Prader-Willi syndrome)은 부계 염색체에서 결실될 때 나타나지

임상 적용 6.3 유전체 각인(이어짐)

만, 엔젤만 증후군(Angelmann syndrome)에서는 모계 염색체의 동일 부분이 결실되었을 때 발생한다. 이러한 상태는 염색체의 동일한 영역이 부계와 모계 모두에서 결실을 겪음에도 불구하고 병리학적 측면에서 공통점이 거의 없다. 프레더-윌리 증후군의 경우 부계 염색체에서 여러 유전자가 발현되지 않아 질병이 발생하고, 엔젤만 증후군에서는 모계 염색체에서 다른 유전자의 발현이 실패할 경우에 발생한다.

2. **조직 특이적 염색질 변화:** 조직 특이적 염색질 변화는 조직 내 염색질 구조(진정염색질 및 이질염색질)의 차이를 나타낸다. 이는 염색질 구조에서 안정적으로 유전되는 변화이며, 조직에 따라 특이적으로 나타난다. 따라서 서로 다른 조직들은 각자 수행하는 기능에 따라 서로 다른 염색질 구조를 갖는다. 조직 특이적 염색질 변화는 세포가 분열할 때도 유지된다(그림 6.11). 다양한 종류의 단백질들이 조직 특이적 염색질 구조를 유지하는 역할을 담당한다. 예를 들어, **히스톤 변형 효소**(histone modifying enzyme)와 **염색질 재구성 복합체**(chromatin remodeling complex)가 있다. 히스톤 변형은 유전될 수 있으며, 안정적인 조직 구조를 유지하고 증식할 수 있게 한다. 히스톤 변형이 히스톤 단백질 서열 전반에 걸쳐 일어날 수 있지만, 구조화되지 않은 히스톤의 N 말단(히스톤 꼬리) 부위에서 특히 더 많이 나타난다. 다양한 히스톤 변형(아세틸화, 메틸화, 유비퀴틴화, 인산화 등) 중에서 히스톤 아세틸화와 탈아세틸화가 가장 잘 알려져 있다.

   a. **라이신 잔기의 아세틸화 및 탈아세틸화에 의한 히스톤 변형:** 이들 변형 과정은 전사인자(DNA에 직접 결합하여 유전자 발현을 조절하는 단백질)가 DNA에 접근할 수 있도록 하는 데 중요하다. 라이신(lysine, K) 잔기의 아세틸화는 DNA-히스톤 상호작용을 약화시켜, 전사에 필요한 인자가 DNA에 더 쉽게 접근할 수 있도록 한다(그림 6.12). 따라서 **히스톤 아세틸전달효소**(histone acetyltransferase, HAT)에 의해 촉매되는 **히스톤 아세틸화**(histone acetylation)는 일반적으로 **전사 활성화**(transcriptional activation)와 관련이 있다. 반면, **히스톤 탈아세틸화효소**(histone deacetylase, HDAC)에 의해 촉매되는 **히스톤 탈아세틸화**(histone deacetylation)는 유전자 **침묵**(silencing)과 관련이 있다. 아세틸화효소와 탈아세틸화효소 활성의 상호작용이 특정 염색질 부위의 전사 활성을 결정하게 된다.

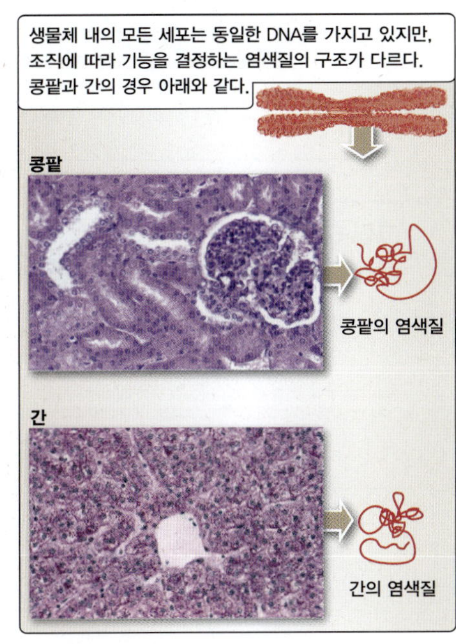

그림 6.11
염색질의 구조는 조직에 따라 다르다.

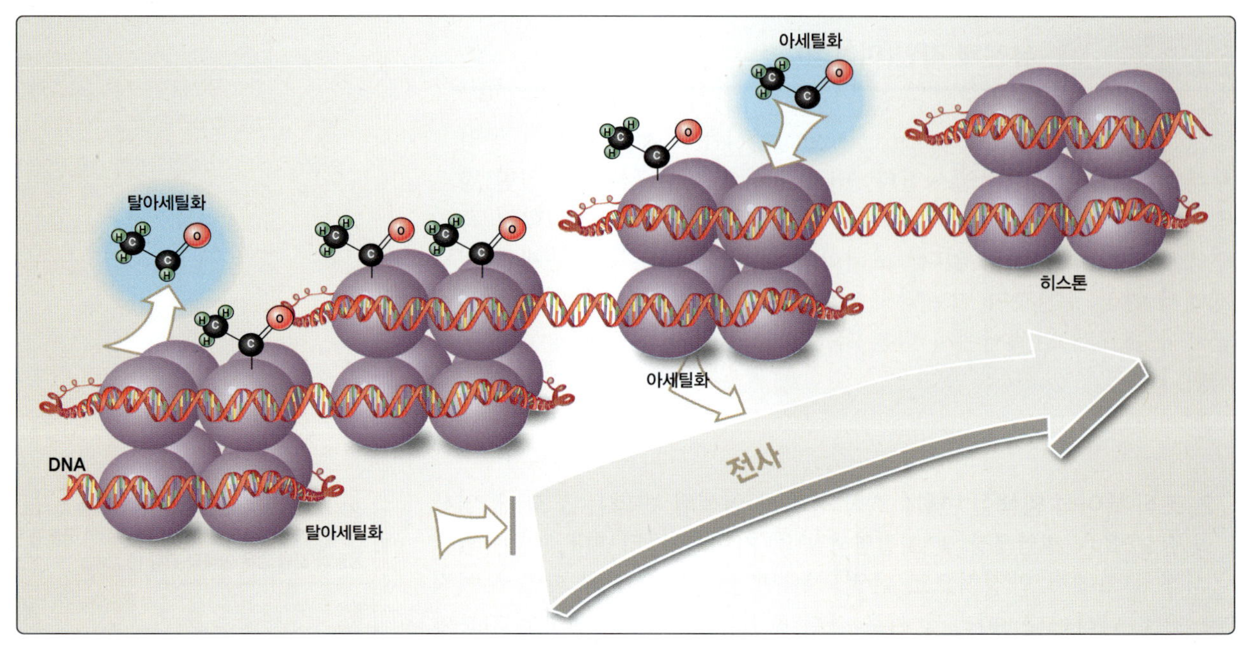

그림 6.12
히스톤 (탈)아세틸화는 염색질의 응축 및 탈응축을 조절한다.

히스톤 암호, 후성유전학 정보를 읽고 쓰고 지우기

다양한 히스톤 변형에 관한 연구에서 누적된 증거는 DNA 유전 정보의 전사는 특정한 유형의 변형으로 인해 부분적으로 조절된다는 것을 시사한다. 히스톤 메틸화와 같은 히스톤 암호(histone code)는 전사 활성 또는 억제와 연관될 수 있다. 예를 들어, 히스톤 H3 단백질의 4번째 라이신 잔기의 트리메틸화(H3K4me3)는 전사 활성에 대한 표지인 반면, 히스톤 H3의 27번째 라이신 잔기에서 트리메틸화(H3K27me3)는 전사 억제에 대한 표지이다. 히스톤 아세틸화효소 및 히스톤 메틸화효소는 암호를 "쓸" 수 있는 효소인 반면, 히스톤 탈아세틸효소 및 히스톤 탈메틸화효소는 암호를 "삭제"할 수 있다. 히스톤 변형 언어를 "읽고" 해석하기 위해 변형된 히스톤을 인식하는 특정 보전 도메인을 가진 또 다른 종류의 단백질이 발견되었다.

b. **염색질 재구성 복합체:** 염색질 재구성 복합체는 히스톤 변형과 함께 작용하는데, 뉴클레오솜의 이동, 재배치 또는 방출을 도와 유전자 발현을 조절함으로써 전사인자의 결합을 촉진하도록 뉴클레오솜이 없는 영역을 생성하는 것으로 알려졌다. 현재 진핵생물에서 여러 계열의 염색질 재구성 복합체가 있지만, 그중 SWI/SNF(switch-sniff; 스위치-스니프, 최초로 발견된 재구성 복합체)가 가장 잘 알려졌다. 이 복합체는 ATP를 사용하여 DNA와 뉴클레오솜 사이의 많은 결합을 분해함으로써 유전자를 활성화시킨다.

요약

- 염색질은 DNA와 작은 히스톤 단백질로 구성된다.
- DNA 포장에는 DNA와 상호작용하는 히스톤의 아미노산 잔기가 필요하다.
- 히스톤 변형은 가역적이므로 염색질 응축 및 탈응축이 가능하다.
- 텔로미어, 동원체, 다중 복제원점은 염색체 유지 및 복제에 중요하다.
- 유전체 DNA에는 반복서열과 고유 서열이 모두 포함되어 있다.
- 서로 다른 세포는 서로 다른 염색질 영역에서 유전자를 발현한다.
- 메틸화 및 조직 특이적 염색질 구조는 유전체에서 안정적으로 유전되는 후성유전적 변형을 나타낸다.
- DNA의 특정 사이토신의 메틸화는 전사 침묵과 관련이 있다.

학습 문제

다음 중 가장 적절한 답을 하나만 고르시오.

6.1 다음 중 텔로미어에 대한 설명으로 옳은 것은?

A. 염색체 말단에서 발견되는 반복적인 DNA 서열로 구성된다.
B. DNA가 염색체의 뉴클레오솜 단위로 구성되는 것을 억제한다.
C. 세포분열 중에 염색체가 동원체에 부착되는 것을 촉진한다.
D. 유전자 집단이 위치한 염색체 DNA 영역이다.
E. 독특한 DNA 서열이 염색체 전체에 산재해 있다.

정답 A
텔로미어는 염색체의 말단 부분에서 발견되는 반복서열로, 염색체를 손상으로부터 보호한다. 텔로미어는 DNA를 고차원 구조로 구성하는 데 영향을 미치지 않는다. 방추사부착점은 동원체 영역 주위에 형성된다. DNA의 말단에는 유전자가 포함되어 있지 않다. LINES 및 SINES는 중간 정도의 반복서열로 고유한 DNA 서열과 함께 산재되어 있다.

6.2 다음 중 히스톤 단백질에 대한 설명으로 옳은 것은?

A. 다량의 산성 아미노산 잔기를 함유하고 있다.
B. 단일가닥 DNA를 안정화하는 데 중요하다.
C. 핵 내 DNA 질량의 3배이다.
D. 핵 DNA와 결합하여 염색질을 형성한다.
E. 서로 다른 염색체는 뉴클레오솜이 다르다.

정답 D
염색질이라는 용어는 핵 안에서 발견되며 히스톤과 복합체를 이루고 있는 유전 물질을 의미한다. 히스톤은 다량의 염기성 아미노산을 포함하는 염기성 단백질이다. 2중가닥 DNA는 구형의 히스톤을 감싸고 있다. 히스톤은 DNA와 같은 질량으로 존재한다. 뉴클레오솜은 동일한 히스톤 단백질로 구성되는 가장 기본적인 조직화 단계이다.

6.3 직렬반복 DNA 서열의 일부를 형성하는 것은?

A. 단일 복사본 핵 DNA
B. 마이토콘드리아 DNA
C. 긴 산재요소(LINES)
D. 미니부수체 DNA
E. 짧은 산재요소(SINES)

정답 D
직렬반복 DNA 서열은 핵에 존재하는 미니부수체 DNA 서열의 일부를 형성한다. 단일 복사본 유전자에는 독특한 DNA 서열이 포함되어 있다. 마이토콘드리아 DNA는 자신의 기능에 필수적인 특정 유전자를 암호화한다. LINES 및 SINES는 핵 유전체 전체에 산재되어 있는 중간 정도의 반복 DNA 서열이다.

6.4 다음 중 β-글로빈 유전자가 메틸화되어 있지 않을 것으로 예상되는 세포는 어느 것인가?

A. 적혈구
B. 신장
C. 간
D. 피부
E. 백혈구

정답 A

적혈구에서 글로빈 유전자는 메틸화되어 있지 않으며, 헤모글로빈을 합성하도록 활성화된다. 다른 모든 세포 유형은 글로빈 단백질 합성을 필요로 하지 않으므로 메틸화되고 침묵된다.

6.5 다음 중 아세틸화에 의한 히스톤 단백질의 변형에 대한 설명으로 옳은 것은?

A. 표적 유전자의 조절 영역에 메틸기를 추가한다.
B. 염색질의 응축을 증가시킨다.
C. DNA에 대한 히스톤의 친화력을 증가시킨다.
D. 표적 유전자의 전사를 증가시킨다.
E. RNA 중합효소의 활성을 억제한다.

정답 D

아세틸화에 의한 히스톤의 변형은 DNA에 대한 친화력을 감소시키고 염색질의 탈응축을 유발하여 유전자 전사가 일어나도록 한다. 히스톤은 DNA에 메틸기가 추가되는 것을 조절하지 않는다. 히스톤의 탈아세틸화는 DNA에 대한 친화력을 증가시킨다. 아세틸화에 의한 히스톤의 변형은 일반적으로 RNA 중합효소를 활성화시켜 DNA에 결합하고 전사를 시작하게 한다.

DNA 복제

DNA Replication

7

I. 개요

디옥시리보핵산(deoxyribonucleic acid, DNA)은 생명체의 발생과 기능에 필요한 모든 정보를 담고 있다. 세포 DNA의 복제는 세포주기의 S기, 즉 합성기에서 발생한다(20장 참조). 이는 DNA의 모든 유전 정보와 지시사항이 새롭게 생성되는 세포에 충실하게 전달되도록 하기 위해 필요한 과정이다. 세포핵에서는 **염색질**(chromatin)로 알려진 DNA와 단백질 복합체가 **염색체**(chromosome)를 구성한다(6장 참조). 복제는 단일가닥 DNA 주형에서만 발생할 수 있으므로 염색질의 2중가닥 DNA가 먼저 풀려야 한다. 일단, 2중가닥이 풀리면 DNA의 두 가닥이 동시에 복제된다. 이 과정에서는 2중가닥 DNA를 열기 위해 단백질이 필요하며, 또한 **복제분기점**(replication fork)을 형성해야 한다. 새로운 DNA 가닥의 형성을 촉매하는 주요 효소는 **DNA 중합효소**(DNA polymerase)이다. DNA를 충실하게 복제하려면 DNA 중합효소가 DNA 반대편 가닥의 뉴클레오타이드를 인식해야 하고, 복제 중 발생한 실수를 수정하는 교정 기능이 있어야 한다. 복제되는 DNA는 DNA가 풀리는 동안 **비틀림**(torsion) 혹은 뒤틀림을 생성하게 된다. **위상이성질체화효소**(topoisomerase)는 이러한 비틀림 힘을 감소시키는 역할을 한다(위상이성질체화효소는 DNA 복제를 억제하기 위해 설계된 약물의 중요한 약리적 표적임). 복제가 완료된 후 DNA의 부모가닥과 딸가닥은 2중가닥 구조를 재형성하고 염색질 구조를 재설정해야 한다. 진핵생물의 분자생물학은 아직 이 과정을 완전히 설명하지 못하고 있다. 원핵생물(박테리아) DNA의 복제에서 일어나는 것으로 알려진 단계와 과정은 일반적으로 진핵생물의 DNA 복제에도 적용된다.

II. DNA 구조

DNA의 구조는 1953년 제임스 왓슨(James Watson)과 프랜시스 크릭(Francis Crick)에 의해 처음으로 규명되었다. DNA는 나선의 1회전당 약 10개의 뉴클레오타이드 쌍으로 구성된 **2중나선**(double helix)으로 존재한다. 두 가닥 사이의 공간적 관계는 DNA에 **큰 홈**과 **작은 홈**(major and minor grooves)을 만든다. 2개의 나선형 가닥 각각은 염기가 부착된 당-인산 골격으로 구성되며, 수소결합으로 인해 서로 상보적인 가닥과 연결된다. DNA의 당은 **디옥시리보스**(deoxyribose)이다. 뉴클레오타이드의 염기쌍은 아데닌(A)이 타이민(T)과 결합하고, 구아닌(G)이 사이토신(C)과 결합하는 방식으로 이뤄진다.

A. 기본 구조

뉴클레오타이드 염기의 순서에 따라 DNA의 1차 구조, 즉 염기서열이 결정된다. 전반적으로 DNA는 공유결합인 인산다이에스터 결합으로 연결된 디옥시라이보뉴클레오타이드의 고분자량 2중가닥 중합체(>10^8)이다. **인산다이에스터 결합**(phosphodiester bond)은 하나의 뉴클레오타이드에 있는 디옥시라이보스 5탄당의 3'-OH 그룹과 인접한 뉴클레오타이드에 있는 5' 인산 그룹 사이에 형성되는 결합이다(그림 7.1). 개별 디옥시뉴클레오타이드 사이의 인산다이에스터 결합은 그 특성상 방향성이 있다. 한 뉴클레오타이드의 3' 하이드록실 그룹은 다음 뉴클레오타이드의 5' 인산 그룹에 결합된다. DNA 2중나선의 두 상보적인 가닥은 **역평행**(antiparallel) 방향이다. 따라서 한 가닥의 5' 말단은 다른 가닥의 3' 말단과 염기쌍을 이루고 있다. 이 1차 구조는 2가지 유형의 비공유 상호작용으로 인해 안정화된다(그림 7.2).

B. 비공유 상호작용

DNA 내 비공유 상호작용의 한 유형에는 2중나선 구조 내에서 DNA의 두 가닥을 연결하는 **수소결합**(hydrogen bond)이 있다. 한 가닥의

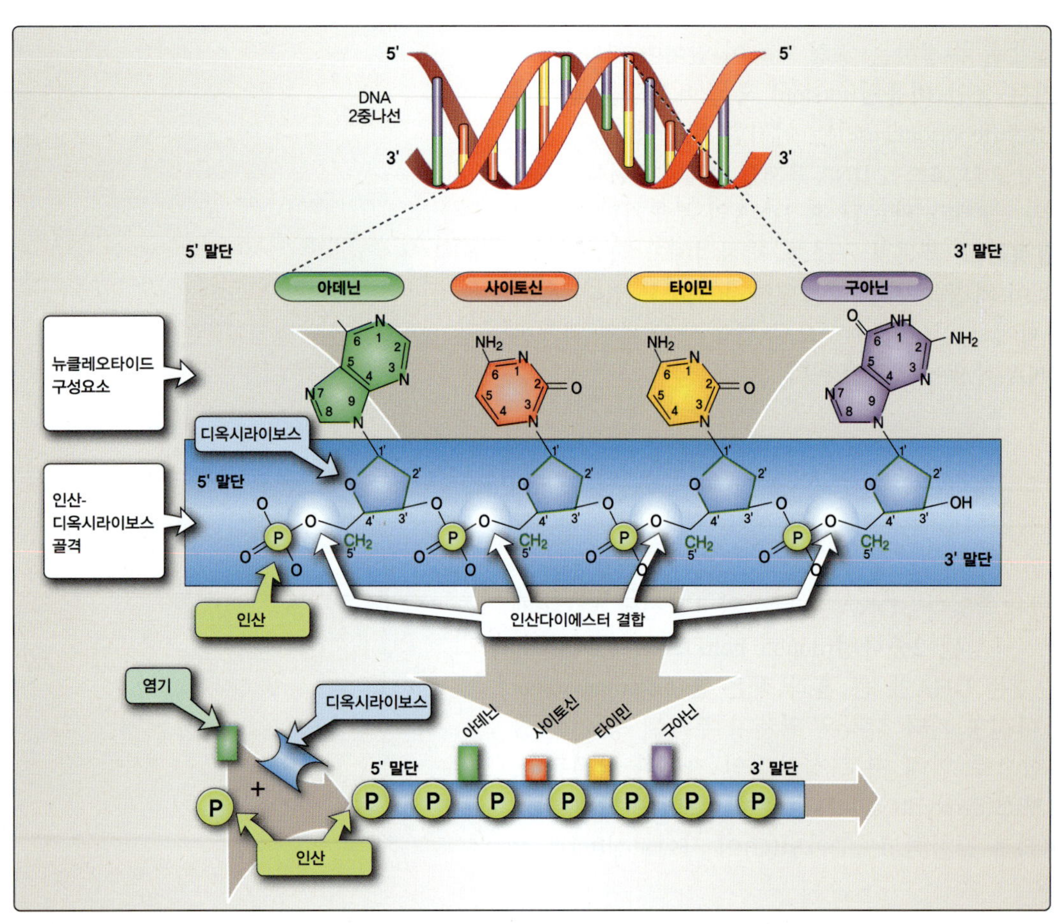

그림 7.1
DNA의 공유결합

뉴클레오타이드 염기는 반대쪽 가닥의 뉴클레오타이드 염기와 이러한 결합을 형성한다. 아데닌은 타이민과 2개의 수소결합을 형성하고, 구아닌과 사이토신은 3개의 수소결합으로 연결된다. 2중나선 내부에서 이러한 결합으로 쌓인 염기쌍은 염기의 **소수성**(hydrophobic)으로 인해 서로 반발하기 때문에 2중가닥 DNA의 내부를 안정화시킨다. 염기 사이의 수소결합은 쉽게 만들어지고 끊어질 수 있어 DNA가 정확하게 복제되고 복구(repair)될 수 있다(그림 7.2).

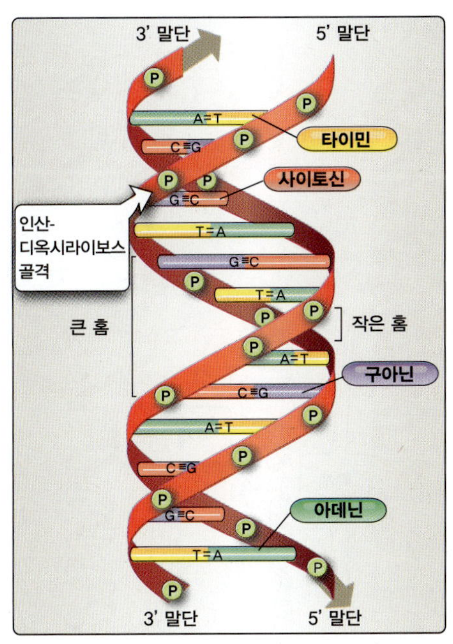

그림 7.2
DNA 2중나선

III. 진핵세포에서 DNA 합성의 특성

진핵세포의 DNA 복제과정에서 DNA 중합효소는 성장하는 사슬의 3'-OH 말단에 추가될 뉴클레오타이드를 선택하고 인산다이에스터 결합 형성을 촉매한다. DNA 중합효소의 기질은 4개의 디옥시뉴클레오사이드 3인산(dATP, dCTP, dGTP 및 dTTP)과 단일가닥인 주형 DNA이다. 원핵세포와 진핵세포의 DNA 복제 메커니즘에는 뚜렷한 차이가 있다. 여기서 초점은 진핵세포에 있으며, 다음은 진핵세포 DNA 복제의 특징 중 일부이다.

A. 부모가닥에 대한 반보전적 복제

진핵생물 DNA 복제의 한 가지 특징은 반보전적(semiconservative) 과정이라는 것이다. 세포분열 과정에서 DNA가 복제될 때, DNA의 부모가닥 중 각 가닥, 즉 원래 가닥은 새로 합성된 가닥과 역평행 방향으로 결합하여 각각의 딸 2중가닥에 하나씩 남아 있게 된다. 양쪽 가닥의 유전 정보는 유사하기 때문에 딸가닥 2개는 각각 새로운 DNA 가닥과 원래의 DNA 가닥을 갖게 된다. 따라서 이 과정은 반보전적이다(그림 7.3).

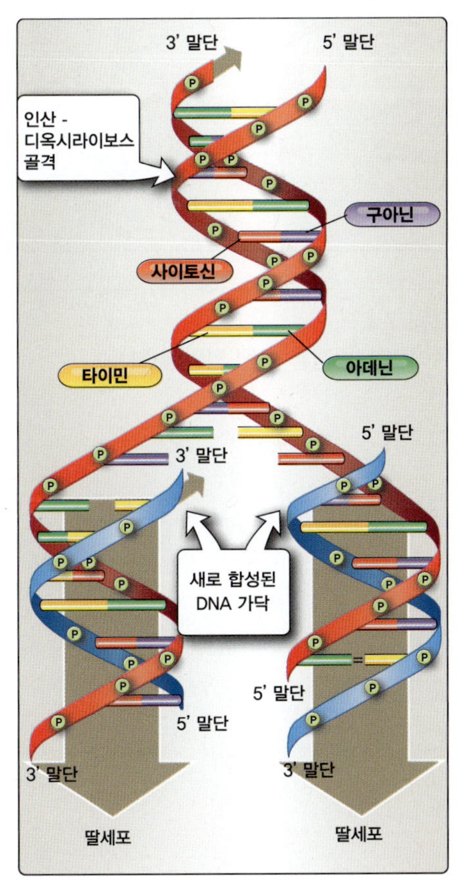

그림 7.3
DNA 합성은 부모가닥에 대해 반보전적이다.

B. 다중 복제원점에서 양방향으로 복제

진핵세포 DNA 복제의 또 다른 특징은 양방향 진행이며, 한 번에 여러 개의 위치에서 시작된다는 것이다. DNA는 초당 약 50 bp의 속도로 복제된다. 진핵세포 DNA는 약 30억(3×10^9) 개의 뉴클레오타이드를 가지고 있으므로, 이 속도로 복제한다면 몇 시간이 아니라 엄청나게 오랜 시간이 걸릴 것이다. 그러나 실제로는 몇 시간 안에 복제를 완료할 수 있는데, 이는 복제가 선형 DNA상의 여러 자리에서 개시되어 세포주기의 S기가 끝날 때는 완료되기 때문이다(20장). 복제가 거의 완료될 즈음에는 새롭게 복제된 DNA의 "기포(bubble)"끼리 만나서 2개의 새로운 분자를 형성한다(그림 7.4).

C. 짧은 RNA 가닥으로 복제 개시

진핵세포 DNA 복제의 세 번째 특징은 복제를 시작하기 위해 짧은 길이의 RNA가 필요하다는 것이다. DNA 중합효소는 온전히 단일가닥인 주형만 가지고는 상보적인 가닥의 복제를 개시할 수 없다. **DNA 프라이메이스**(DNA primase)라고 불리는, 특별한 DNA 중합효

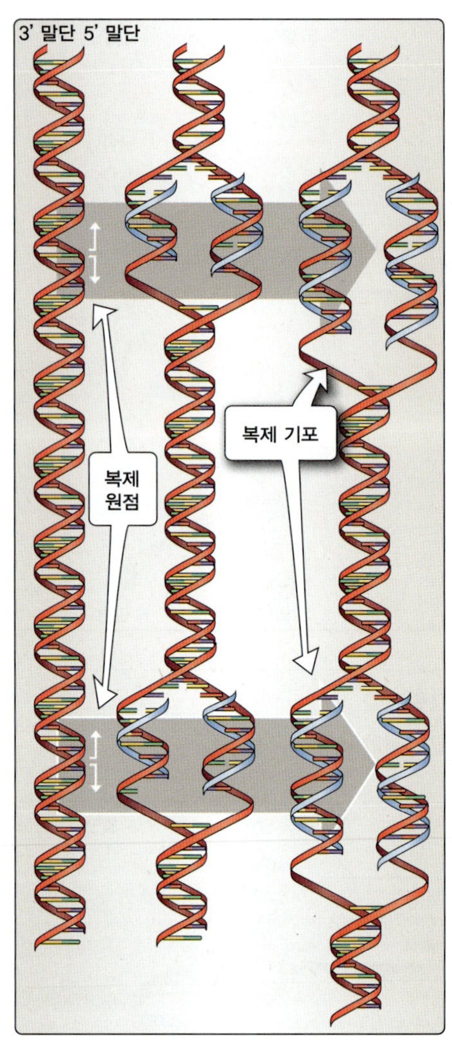

그림 7.4
여러 복제원점을 가진 양방향 복제

소-관련 효소는 DNA 주형에 대해 상보적이고 역평행 방향인 짧은 길이의 RNA 가닥을 합성한다. 이 RNA 프라이머(primer)는 나중에 제거된다. 그다음, DNA 중합효소가 연장되는 가닥의 3' 말단에 디옥시라이보뉴클레오타이드를 첨가함으로써 가닥이 길어진다. 추가되는 뉴클레오타이드의 서열은 주형가닥의 염기서열에 의해 상보적으로 결정된다(그림 7.5).

D. 새로운 DNA 합성에 있어서 반불연속적 복제

진핵생물의 DNA 복제에 추가되는 특징은 반불연속적 과정(semidiscontinuous process)이라는 점이다. 새로운 DNA 가닥은 항상 5'에서 3' 방향으로 합성된다. DNA의 두 가닥이 역평행이기 때문에 복제되는 가닥은 주형(부모)가닥을 3' 말단에서 5' 말단 방향으로 읽어야 한다.

모든 DNA 중합효소는 동일한 방식으로 작동한다. 즉, DNA 중합효소가 부모가닥 3'에서 5' 방향으로 "읽고" 상보적인 역평행 방향의 새로운 가닥은 5'에서 3' 방향으로 합성된다.

부모 DNA는 2개의 역평행 가닥을 가지고 있기에 DNA 중합효소는 5'에서 3'으로 연속적으로 한 가닥을 합성한다. 이 가닥을 **선도가닥**(leading strand)이라고 한다. 연속가닥 또는 선도가닥은 복제분기점 이동 방향과 동일하게, 5'에서 3' 방향으로 합성이 진행되는 가닥이다. 다른 새로운 가닥은 5'에서 3' 방향으로 합성되지만, 불연속적으로 나중에 함께 연결되는 조각을 생성한다. 이 가닥을 불연속가닥 또는 **지**

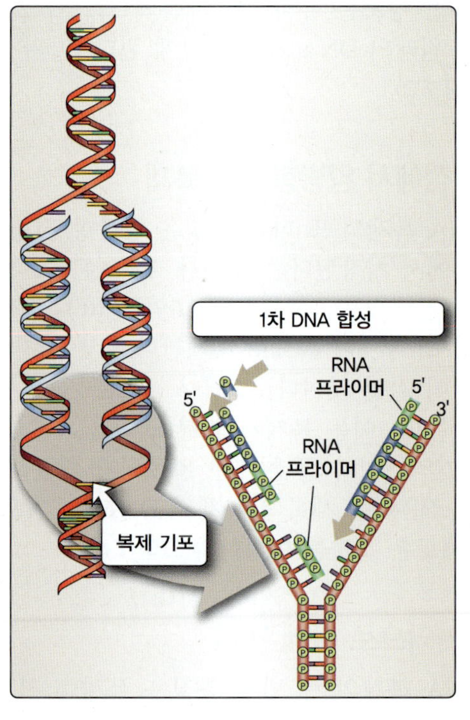

그림 7.5
짧은 길이의 RNA 프라이머

연가닥(lagging strand)이라고 하며, 5'에서 3' 방향으로의 합성이 복제 분기점의 이동 방향과 반대로 진행되는 가닥이다. 지연가닥에서 합성된 짧은 단편(100~200개 뉴클레오타이드)의 DNA를 **오카자키 단편**(Okazaki fragment)이라고 한다. 전체 사슬의 성장은 복제분기점을 기준으로 일어나지만, 지연가닥의 합성은 선도가닥과는 반대 방향으로, 그러나 5'에서 3' 방향으로만 길어지면서 불연속적으로 일어난다(그림 7.6).

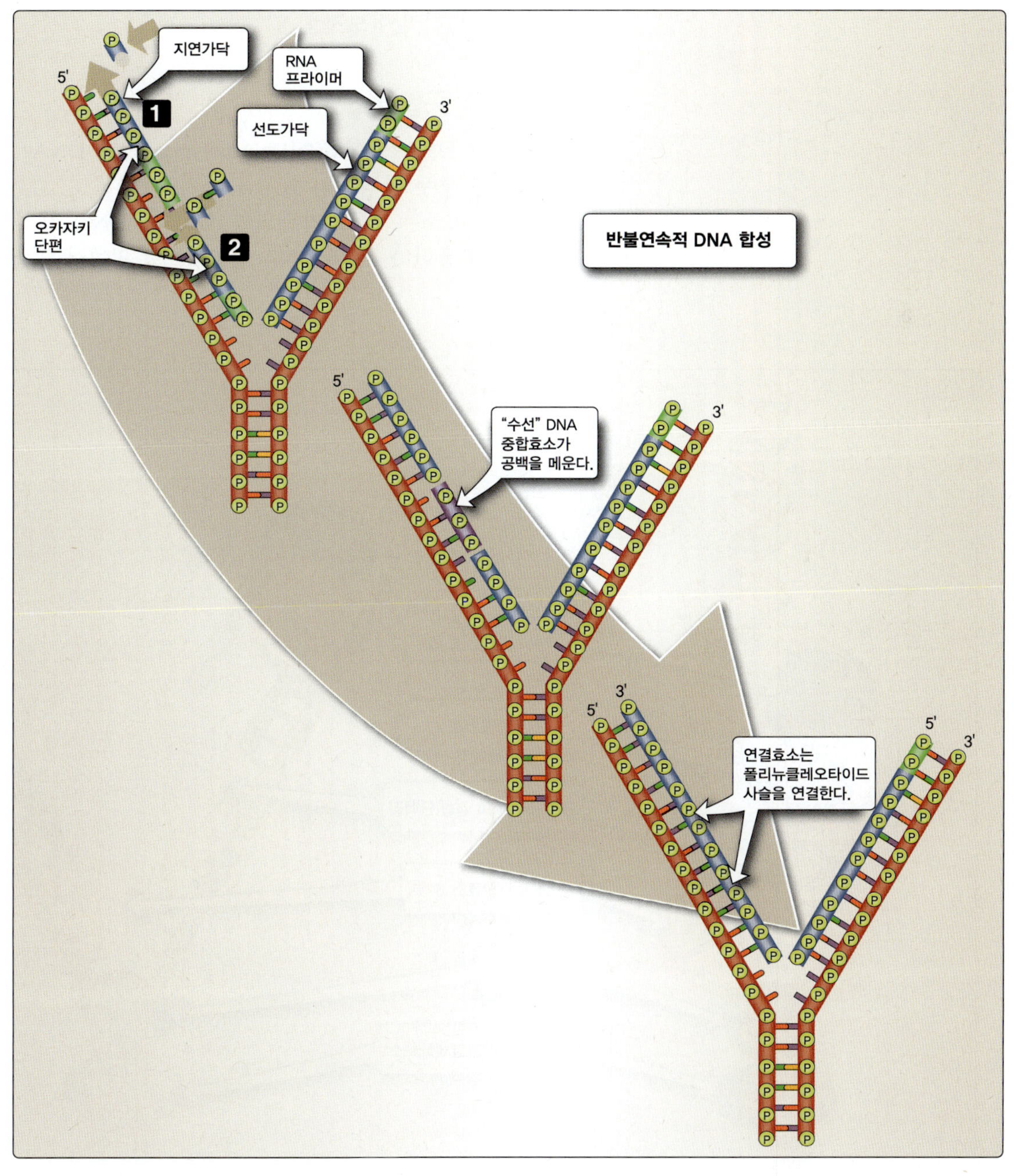

그림 7.6
새로운 DNA 합성은 반불연속적이다.

IV. DNA 합성에 관여하는 단백질

진핵세포 DNA 복제의 각 단계에는 단백질의 작용이 필요하다(그림 7.7). 예를 들어, 2중가닥 DNA가 다수의 복제원점에서 풀린 후, 단백질이 DNA를 인식하고 이에 결합하여 복제를 개시하도록 준비하는 것이 중요하다. 이 과정에는 단백질이 2중가닥 DNA를 풀고, 이를 풀린 상태로 유지하며, 새로운 가닥을 합성하고, 최종적으로 하나의 긴 선형 DNA로 연결해주는 과정이 필요하다. 또한 2중나선을 풀 때 발생할 수 있는 비틀림을 제거하려면 다른 단백질이 필요하다. 이러한 단백질 중 일부에 대해 좀 더 자세히 알아보자.

A. DNA 중합효소

여러 DNA 중합효소(DNA polymerase)가 DNA 복제에 관여하며, 각각은 모두 특징적인 활성을 가지고 있다(표 7.1). 진핵세포의 각 DNA 중합효소는 서로 연관되어 있으며, DNA 합성을 시작하는 복합체로 작용한다. 일부 DNA 중합효소는 3'에서 5' 핵산말단가수분해효소

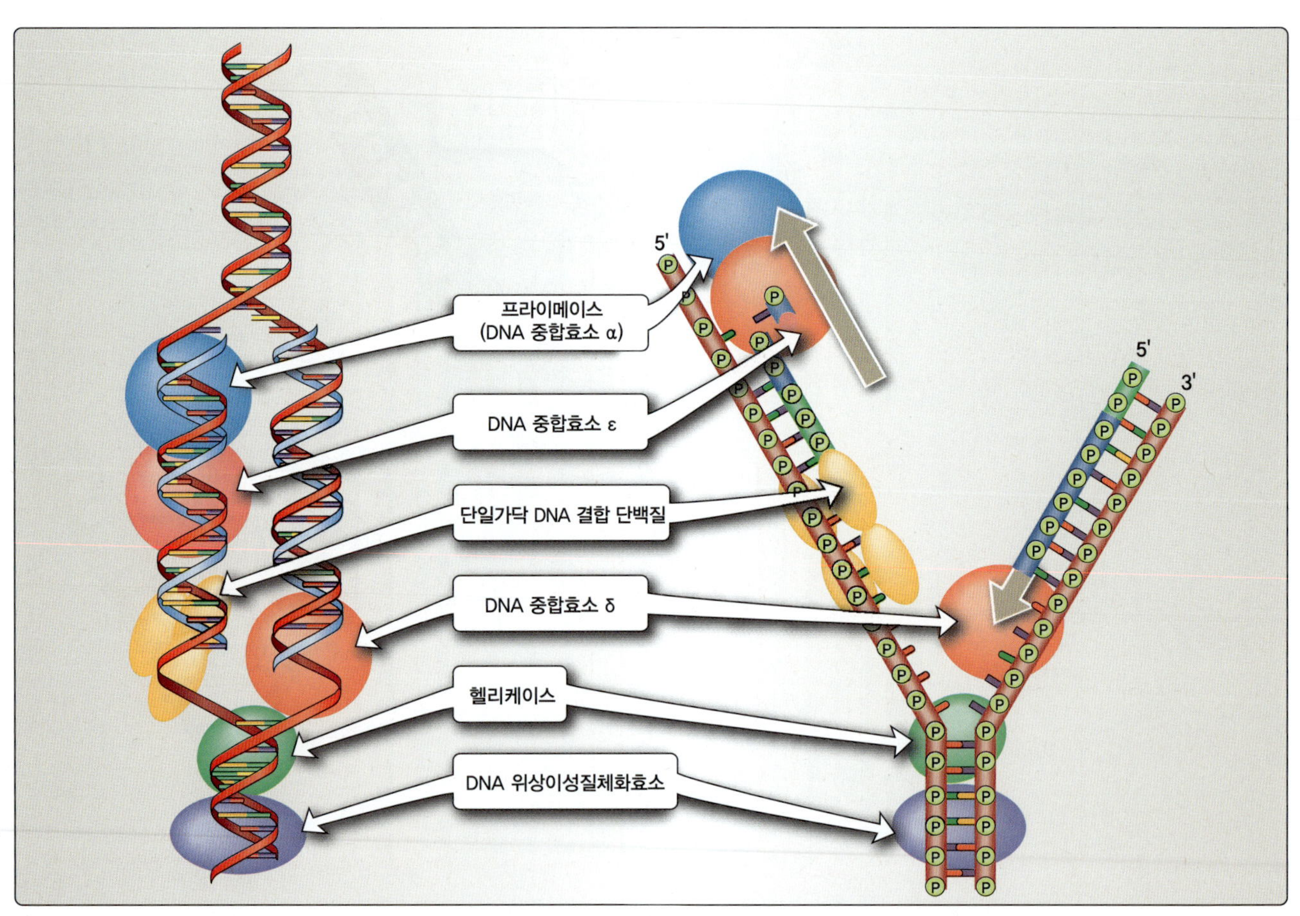

그림 7.7
DNA 합성에 관여하는 단백질

표 7.1 진핵세포 DNA 중합효소의 특성

중합효소	α(알파)	β(베타)	γ(감마)	δ(델타)	ε(엡실론)
위치	핵	핵	마이토콘드리아	핵	핵
복제	함	안 함	함	안 함	함
수선	안 함	함	안 함	안 함	함
관련 기능: 5′-3′ 중합효소	있음	있음	있음	있음	있음
3′-5′ 핵산말단가수분해효소	없음	없음	있음	있음	있음
5′-3′ 핵산말단가수분해효소	없음	없음	없음	없음	없음

(exonuclease) 활성, 즉 **교정**(proofreading) 기능을 가지고 있어, 2중나선의 일부로 삽입되기 전의 뉴클레오타이드를 제거할 수 있다. 이 효소는 잘못 짝지워진 염기를 제거함으로써 오류에 대한 편집 기능을 수행한다. 이런 활성은 중합이 진행되기 전에 염기쌍이 올바른지 다시 확인함으로써 DNA 복제의 정확도를 높인다(그림 7.8). 진핵세포의 중합효소들은 원핵세포와 달리, 프라이머를 제거하는 데 중요한 5'에서 3' 핵산말단가수분해효소 활성을 갖지 않는다. 진핵세포의 프라이머 제거는 다른 효소에 의해 수행된다.

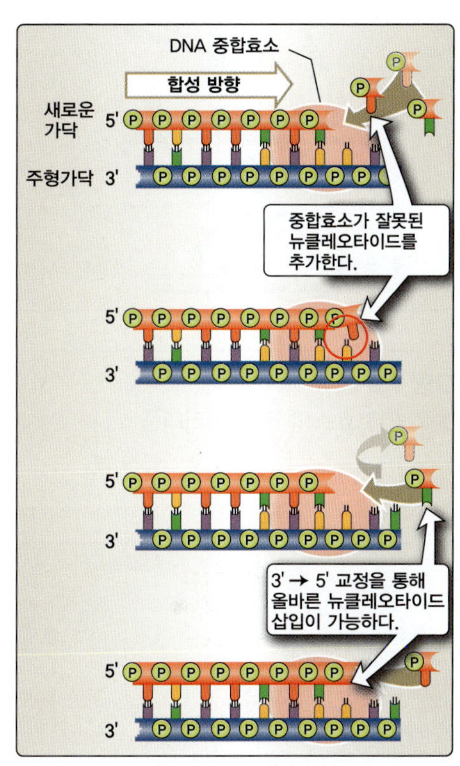

그림 7.8
몇몇 DNA 중합효소의 교정 기능

B. DNA 헬리케이스

DNA 헬리케이스(DNA helicase)는 부모 2중가닥 DNA에서 짧은 영역을 풀기 위해 필요한 운동 단백질(motor protein)의 한 종류이다. 이들 효소는 뉴클레오타이드[아데노신 3인산(ATP)]의 가수분해에서 얻은 에너지를 사용하여 DNA 합성 중 2중가닥을 풀고 복제분기점 형성을 촉매한다.

C. DNA 프라이메이스

DNA 프라이메이스(DNA primase)는 선도가닥과 지연가닥 모두에서 DNA 합성에 필수적인 RNA 분자의 합성을 시작한다. 처음 몇 개의 뉴클레오타이드는 라이보뉴클레오타이드이지만, 이후는 라이보뉴클레오타이드 또는 디옥시라이보뉴클레오타이드일 수 있다.

D. 단일가닥 DNA 결합 단백질

단일가닥 DNA 결합 단백질(single-stranded DNA-binding protein)은 단일가닥 DNA가 2중가닥 DNA로 다시 합쳐지는 것을 조기에 방지한다. DNA 복제과정에서 단일가닥 DNA 단백질의 중요한 기능은 DNA 복제 동안 풀어진 두 가닥을 상보적인 새로운 가닥이 형성될 때까지 핵산가수분해효소(nuclease)로부터 보호하는 것이다(그림 7.7 참조). 단일가닥 결합 단백질 분자의 DNA 결합은 또 다른 단일가닥 결합 단백질 분자가 DNA 가닥에 단단히 결합하기 쉽게 한다. 이들 단백질은 효소가 아니며, 오히려 2중가닥 DNA와 단일가닥 DNA 사이의 평형을 단일가닥 쪽으로 이동시키는 역할을 한다.

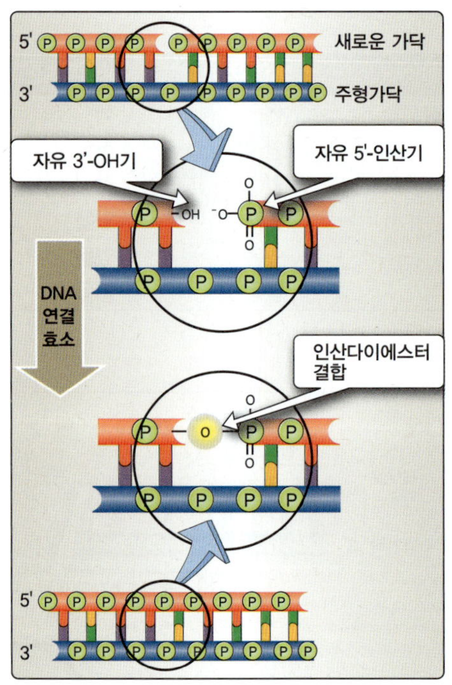

그림 7.9
DNA 연결효소의 작용 메커니즘

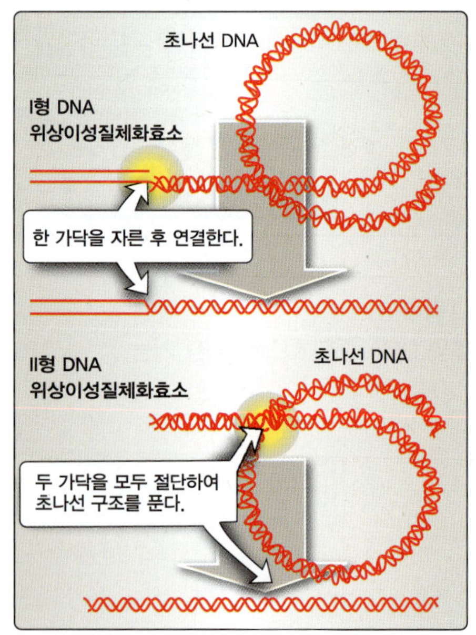

그림 7.10
위상이성질체화효소의 작용 메커니즘

E. DNA 연결효소

DNA 연결효소(DNA ligase)는 DNA 중합효소가 RNA 프라이머를 제거하고 남겨진 빈자리를 채운 후 DNA에 남아 있는 틈(nick)을 연결하여 봉합하는 것을 촉매하는 효소이다. DNA 가닥에서 인접한 뉴클레오타이드 사이에 최종 인산다이에스터 결합을 생성하려면 DNA 연결효소가 필요하다(그림 7.9).

F. 위상이성질체화효소

대부분의 세포 DNA는 염기쌍의 숫자로 예상되는 회전수보다 더 적은 오른손 방향의 회전수를 갖는다. 이렇게 더 적게 감기는 상태, 즉 **음성 초나선**(negative supercoil) 상태는 복제와 전사 과정에서 2중나선이 쉽게 풀리도록 도와준다. 그러나 복제분기점이 2중나선을 따라 움직일 때 두 가닥이 풀리면서 서로에 대해 회전을 하게 되어 DNA가 과도하게 꼬이게 된다. 이러한 과도한 꼬임(super twisting)은 위상이성질체화효소(topoisomerase)로 알려진 일군의 효소에 의해 제거될 수 있다. 이들 효소는 가역적으로 DNA 가닥의 절단을 유도하여 DNA의 비틀림 장력을 완화한다. 이 효소는 처음에 한 가닥 또는 두 가닥 모두의 인산다이에스터 결합을 절단하여 축을 중심으로 DNA를 회전시킨 후, 절단 틈을 연결한다.

1. **I형 위상이성질체화효소:** 이 유형의 위상이성질체화효소는 2중가닥 DNA의 한 가닥만 절단하여, 끊어진 가닥을 풀고 새로운 인산다이에스터 결합의 형성을 촉매하여 끊어진 끝 부분을 다시 결합하게 한다(그림 7.10).

2. **II형 위상이성질체화효소:** 이 유형의 위상이성질체화효소는 2중가닥 DNA의 두 가닥 모두를 절단하여 각 가닥이 풀릴 수 있도록 한 후,

임상 적용 7.1 항생제의 표적이 되는 위상이성질체화효소 활성

항생제의 표적이 되는 DNA 자이레이스(gyrase)는 복제분기점보다 앞서 작용하는 박테리아의 II형 위상이성질체화효소이다. 이는 ATP를 사용하여 DNA 분자를 이완시킨다. 날리딕스산(nalidixic acid)과 노르플록사신(norfloxacin)은 오래된 약물로서, 항균 활성이 있는 **시프로플록사신**(ciprofloxacin), **레보플록사신**(levofloxacin) 등의 약물로 대체되었다. 이 화합물은 가닥 절단 반응을 억제하여 박테리아의 DNA 자이레이스를 억제한다. 사람의 II형 위상이성질체화효소는 이 두 약물의 작용에 훨씬 덜 민감하다. **독소루비신**(doxorubicin), **에토포사이드**(etoposide) 및 **테니포사이드**(teniposide)는 사람의 위상이성질체화효소 II(역자주: 사람의 II형 위상이성질체화효소에 속함)를 억제하여 여러 종양성 질환(암)의 치료에 사용된다. 이들 약물은 표적이 되는 위상이성질체화효소 II가 DNA를 절단하는 비율을 촉진시키지만, 절단된 DNA가 다시 봉합되는 비율을 감소시킴으로써 그 효과를 나타낸다.

새로운 인산다이에스터 결합의 형성을 촉매한다(그림 7.10).

G. 텔로머레이스

텔로머레이스(telomerase)는 텔로미어를 유지하는 데 도움을 주는 효소이다. 텔로미어는 염색체 말단에 단백질과 복합체를 이루고 있는 DNA의 반복서열 부위로, 세포가 분열할 때마다 짧아진다. 텔로미어가 짧아지는 현상은 정상적인 노화 과정의 일부로 인식되고 있다. 텔로미어는 염색체 말단의 중요한 구조로서, 이를 통해 세포가 손상되지 않은 염색체와 손상된 염색체를 구별할 수 있고 염색체가 분해되지 않도록 보호할 수 있다. 텔로미어는 또한 정상적인 복제 메커니즘에서도 기질로 사용될 수 있다. 대부분 생명체에서 텔로미어 DNA는 매우 간단한 서열(사람의 경우 TTAGGG)이 직렬반복되는 구조이다.

텔로미어를 유지하는 효소인 텔로머레이스는 염색체 말단에 TTAGGG 반복서열을 추가하는 RNA 의존성 DNA 중합효소이다. 텔로머레이스의 라이보핵단백질 복합체(ribonucleoprotein complex)는 효소의 필수 구성요소인 RNA 주형을 포함하고 있다. RNA 주형의 도움으로 선도가닥에 일련의 DNA 반복서열이 더해진다. 이렇게 길어진 선도가닥을 주형으로 DNA 중합효소가 지연가닥의 합성을 진행한다(그림 7.11). 정상적인 일부 세포(주로 재생이 가능한 조직들, 줄기세포 및 전구세포)들은 텔로머레이스를 발현하기도 한다. 온전한 텔로미어 기능은 조직의 항상성에 필수적이다. 암세포는 이 효소를 재활성화하여 말단 복제 문제를 극복하고, 그 자신을 불멸화시키는 것으로 보인다.

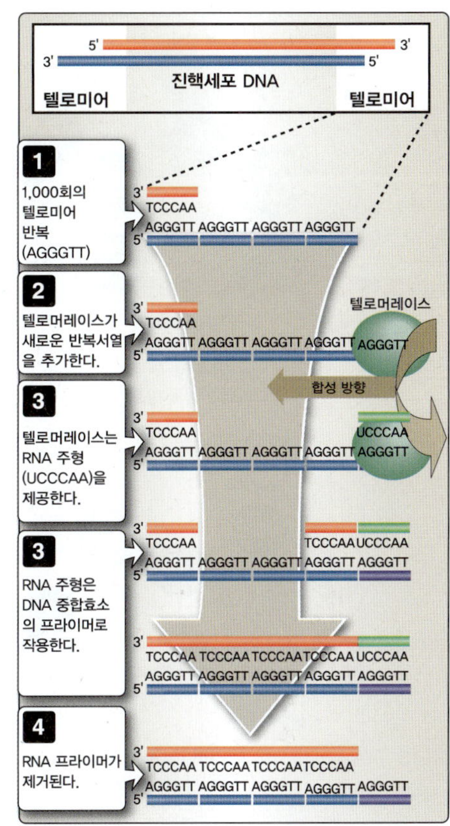

그림 7.11
텔로머레이스의 작용 메커니즘

임상 적용 7.2 복제된 양 돌리가 자신의 나이를 보여주다

돌리(Dolly)는 1997년 체세포를 대상으로 한, 핵치환(nuclear transfer) 과정을 이용해 복제된 최초의 동물이다. 체세포는 공여자 양의 젖샘으로부터 얻어졌다. 돌리는 핵을 공여한 양의 유전적 클론인 셈이다. 돌리는 처음 태어나 3세까지 정상적인 발달을 보였지만, 염색체 검사를 통해 돌리의 텔로미어가 실제 그 연령대의 양에서 예상되는 것보다 훨씬 짧은 것으로 나타났다. 실제로, 돌리의 텔로미어는 돌리가 복제된 암양의 나이인 6세 양의 평균 길이인 것으로 밝혀졌다. 돌리는 6세에 이르러 폐질환으로 죽었는데, 이로써 일부 과학자들은 돌리의 생물학적 나이가 실제 나이보다 훨씬 더 많았을 것이라고 믿게 되었다.

V. DNA 손상

DNA 손상은 내인성 요인과 외인성 요인 모두에 의해 일어날 수 있다. 대부분의 DNA 손상은 DNA가 복제되기 전에 복구된다. 따라서 돌연변이 유발물질(mutagenic agent)은 새로운 DNA가 합성되는 세포주기의 S기에서 가장 효과적으로 손상을 일으킨다.

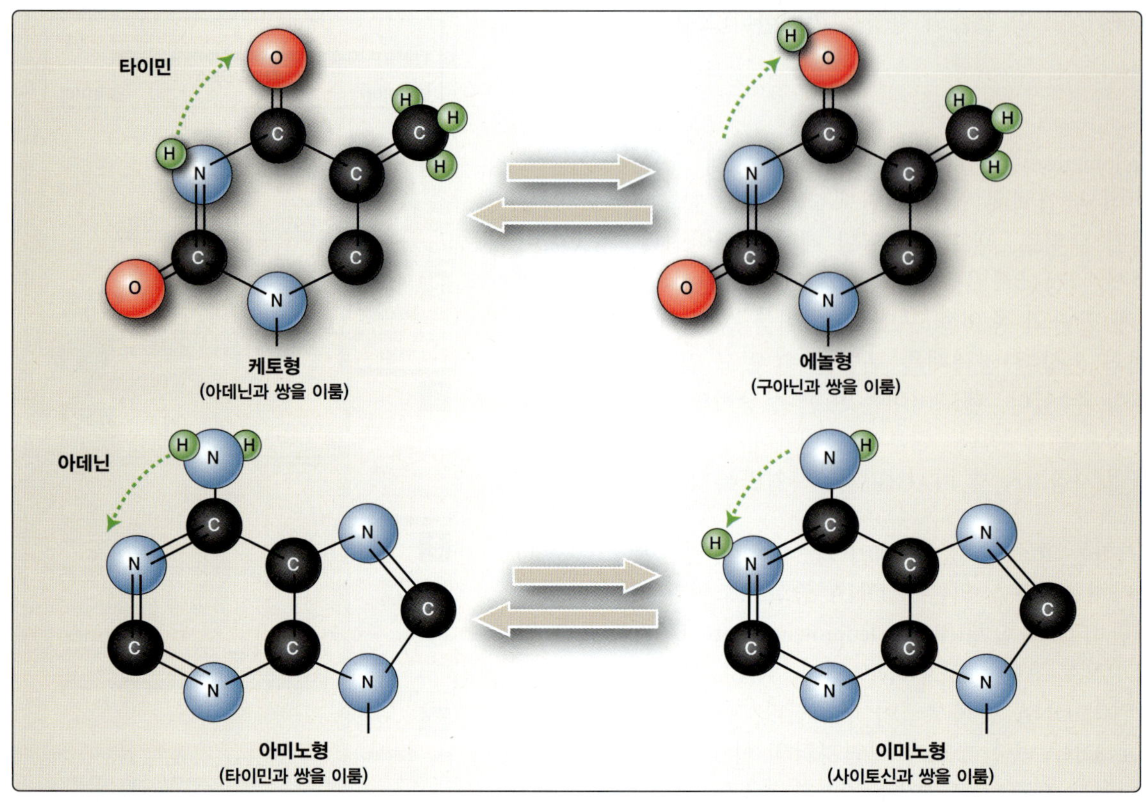

그림 7.12
DNA의 염기의 호변성

A. 기본 돌연변이율

세포의 내인성 요인으로 인해 발생하는 돌연변이의 비율을 기본 돌연변이율(basal mutation rate)이라고 한다. 이는 환경적 돌연변이원이 없을 때 관찰되는 돌연변이율로, DNA 복제 중 오류로 인해 발생한다. 염기의 자발적인 호변성(tautomeric shift; 하나의 구조에서 다른 구조로의 변화)이 이러한 오류의 원인이 된다. 다행히 이러한 염기들은 불안정한 상태로 오래 머물지 않기 때문에 호변성으로 인한 돌연변이는 거의 나타나지 않는다(그림 7.12).

B. 외인성 요인

외부 영향 역시 DNA의 돌연변이율에 영향을 미칠 수 있다. 예를 들어, X-선과 방사선을 포함한 **이온화 방사선**(ionizing radiation)은 DNA와 반응할 만큼 에너지가 풍부하다. 이온화 방사선은 전신을 투과할 수 있고 체세포와 생식세포(난자 또는 정자)에 모두 돌연변이를 일으킬 수 있다. 자외선은 비이온화 방사선으로 바깥 피부층을 넘어 투과할 수 없다. 그럼에도 불구하고, 햇빛의 자외선은 돌연변이를 일으킬 수 있다(아래의 뉴클레오타이드절제수선 참조). **탄화수소**(hydrocarbon)를 포함한 환경 내 일부 화학물질은 돌연변이를 유발하는 것으로 알려져 있다. 담배 연기에서 발견되는 탄화수소는 잘 알려진 돌연변이 유발물질이다. 내인성 또는 외인성 유래 **산화성 자유 라디칼**(oxidative free radical)도 DNA 손상을 유발할 수 있다. 특히 항암 치료와 같은 **화학요법**(chemotherapy)에서 사용되는 화학물질도 돌연변이를 유발할 수 있다.

VI. DNA 수선 시스템

DNA 수선(repair, 복구)은 세포가 환경적 돌연변이 유발물질에 지속적으로 노출될 뿐만 아니라 DNA 복제 중에 매일 모든 세포에서 수천 개의 돌연변이가 자발적으로 발생하기 때문에 필요하다. DNA 손상을 복구하기 위한 다양한 전략이 존재한다. 대부분 세포는 DNA의 오류를 수정하기 위해 손상되지 않은 DNA 가닥을 주형으로 사용한다. 두 가닥이 모두 손상되면 세포는 자매염색분체(2배체 세포에 존재하는 DNA의 두 번째 복사본)를 사용하거나 오류가 발생하기 쉬운(error-prone) 복구 메커니즘을 사용한다. DNA 수선 메커니즘에 결함이 발생하면 세포의 DNA에 돌연변이가 축적되어 암이 발생한다. 모든 유형의 수선 메커니즘은 인식, 제거, 수선 및 재연결의 일반적인 체계를 따르는 효소로 구성된다. 그러나 손상 유형에 따라 다양한 효소가 사용된다(**그림 7.13**).

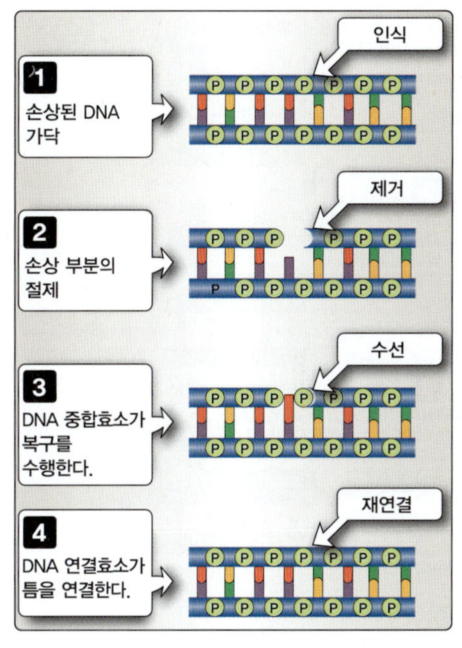

그림 7.13
DNA 수선 시스템의 일반적인 과정

A. 부정합수선

부정합수선(mismatch repair)은 정상적인 왓슨-크릭 염기쌍(A와 T, C와 G)을 유지하지 못하는 염기의 부정합을 수정하고, DNA 복제 동안 DNA에 들어오는 1개 또는 여러 개의 뉴클레오타이드의 삽입(insertion) 및 결실(deletion)을 수정한다. 이러한 오류는 일반적으로 복제 중에 DNA 중합효소가 저지른 실수로 인해 발생한다. 진핵생물에서 부정합의 인식은 *MSH2*, *MLH1*, *MSH6*, *PMS1* 및 *PMS2* 유전자에 의해 암호화된 단백질을 포함하여 여러 가지 다른 단백질에 의해 수행된다(**그림 7.14**). 이들 유전자 중 하나에 돌연변이가 있으면 젊은 나이에 유전성 결장암, 즉 **유전성 비용종증 결장암**(hereditary nonpolyposis colon cancer, **HNPCC**)에 걸리기 쉽다. 다른 종류의 암(자궁내막암, 난소암, 위암 등)도 유전적으로 영향을 받은 가족들에게 발병하는 것으로 알려져 있다.

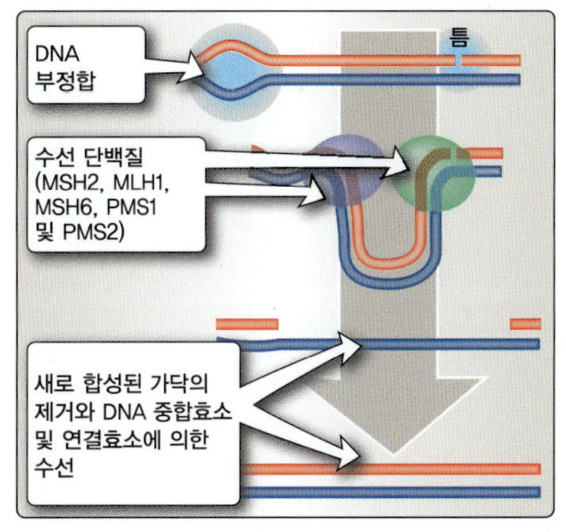

그림 7.14
부정합수선

B. 염기절제수선

DNA에 존재하는 염기에 발생하는 자발적인 탈퓨린화(depurination)와 자발적인 탈아민화(deamination; 아민기 제거)를 교정하기 위해서는 염기절제수선(base excision repair)이 필요하다. 하루에 세포당 약 10,000개의 퓨린(아데닌 및 구아닌) 염기가 소실된다. 사이토신의 자발적인 탈아미노화는 일반적으로 DNA가 아닌 RNA에서 발견되는 유라실로 전환되도록 한다. DNA의 메틸 사이토신(6장 참조)은 자발적인 탈아미노화 과정에서 타이민으로 전환되어 사람에게 가장 흔히 나타나는 돌연변이인 C에서 T로의 전이를 일으킨다. 염기절제수선

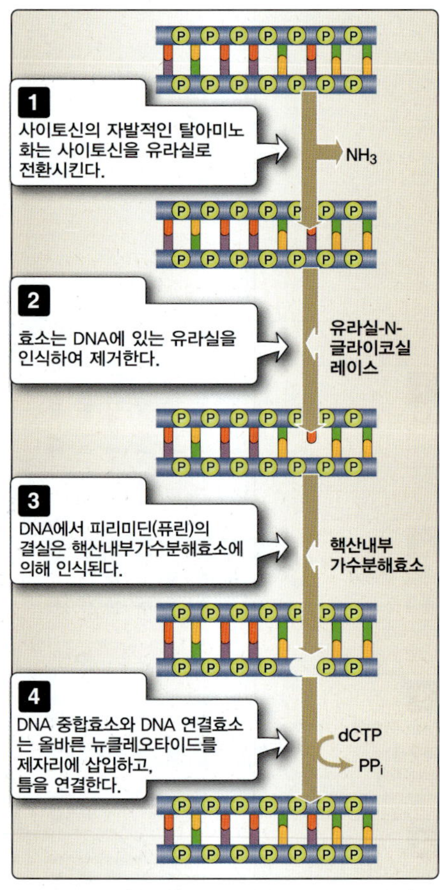

그림 7.15
염기절제수선

에는 염기가 소실되었거나 변형된 뉴클레오타이드를 인식하고 제거하는 작업이 포함된다(그림 7.15).

C. 뉴클레오타이드절제수선

이러한 유형의 복구는 환경의 화학물질로 인한 DNA 손상뿐 아니라 자외선으로 인한 DNA 손상을 제거하는 데 필요하다. 자외선(ultraviolet, UV)은 비이온화되어 바깥 피부층을 넘어 투과할 수 없지만, 그럼에도 불구하고 DNA 내의 인접한 피리미딘 염기(사이토신 및 타이민)로부터 **피리미딘-피리미딘 2량체**(pyrimidine-pyrimidine dimer, 일반적으로 타이민-타이민 2량체)를 형성하게 한다. 그러므로 햇빛도 돌연변이를 유발하며, 화상과 피부암을 일으킬 수 있다(그림 7.16).

이러한 복구 메커니즘은 타이민-타이민 2량체와 같이 DNA 2중나선의 형태를 변형시켜 돌연변이를 일으킬 수 있는, DNA에 화학적으로 결합한 부피가 큰 첨가물을 인식하는 데 필요하다. 담배 연기 속 벤조피렌(benzopyrene)과 같은 발암물질은 DNA와 반응해 돌연변이를 일으킨다. 이 수선 경로에 관여하는 효소는 뉴클레오타이드절제수선(nucle-otide excision repair)과정에 필요한 여러 단백질(약 30개)로 구성된다.

임상 적용 7.3 색소건피증

색소건피증(xeroderma pigmentosum)은 뉴클레오타이드 수선 효소에 돌연변이를 가지고 있는 환자에서 나타나는 DNA 수선 메커니즘의 유전적 장애이다. 색소건피증이 있는 사람을 분석한 결과, 한 종류의 수선 시스템으로 DNA의 손상된 염기를 제거하려면 여러 단백질이 필요하다는 것을 알 수 있었다. 색소건피증은 상염색체 열성 방식으로 유전되며, 타이민 2량체의 수선 결함이 특징이다. 이러한 결함을 가진 사람들은 다양한 피부암에 걸릴 확률이 높다. DNA 수선 능력이 감소하면 체세포 돌연변이가 발생하고, 그중 일부는 악성 종양으로 발전하게 된다(그림 7.17).

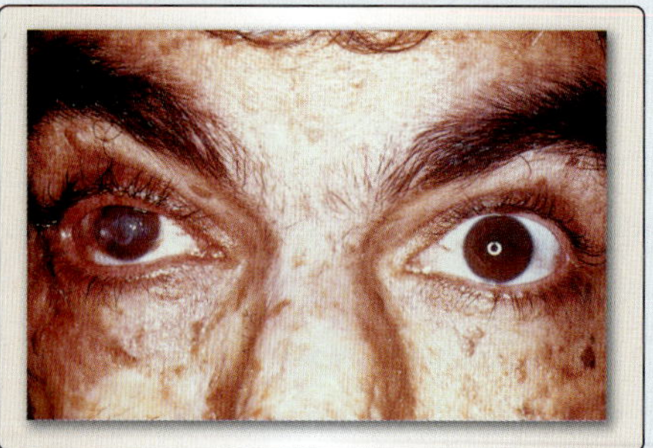

그림 7.17
색소건피증 환자

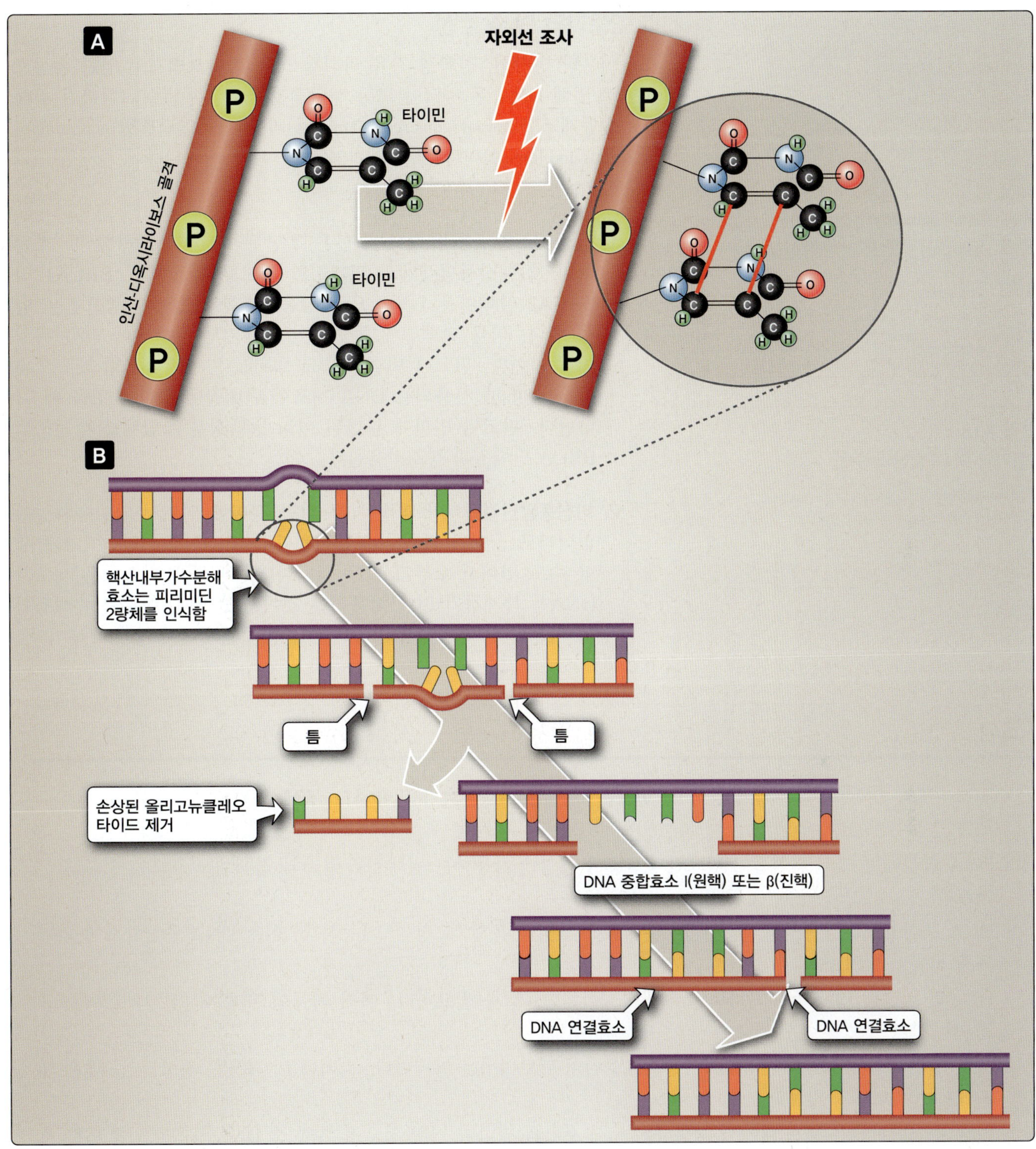

그림 7.16

A. DNA에서 피리미딘-피리미딘 2량체 형성 **B.** 뉴클레오타이드절제수선

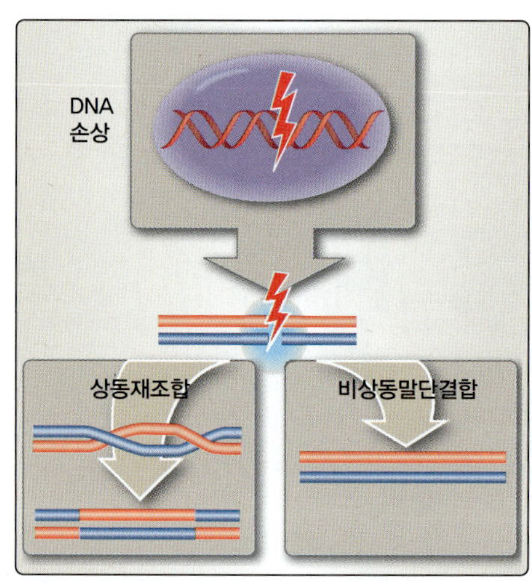

그림 7.18
2중가닥 DNA 절단의 수선

D. 2중가닥 DNA 수선

이온화 방사선, 산화성 자유 라디칼 또는 화학요법제로 인한 손상으로 인해 DNA 두 가닥이 모두 절단되는 경우, 손상을 교정하기 위해 상동재조합(homologous recombination)과 비상동말단결합(nonhomologous end joining)이라는 두 가지 유형의 복구 메커니즘이 존재한다(그림 7.18).

1. **상동재조합:** 이 유형의 수선은 절단된 DNA를 복구할 때 절단되지 않은 상동염색체의 염기서열 정보를 활용한다. **BRCA1** 및 **BRCA2** 단백질은 일반적으로 상동재조합 과정에서 중요한 역할을 한다. 이들 단백질에 돌연변이가 생기면 유방암에 걸릴 위험이 증가한다. 판코니 빈혈(Fanconi anemia)은 상동재조합으로 오류를 교정할 때 사용되는 DNA 재조합 단백질에 결함이 있을 때 나타난다. 판코니 빈혈에 관련된 여러 단백질은 복합체를 형성하고 BRCA 단백질과 상호작용한다.

2. **비상동말단결합:** 이 과정은 두 말단 사이에 염기서열의 유사성이 없더라도 끊어진 말단을 연결시킨다. 수선 중에 돌연변이가 발생할 수도 있어서 오류가 많은 방식이다. 비상동말단결합은 세포가 DNA를 복제하기 전에 작동하는 것이 중요한데, 이는 상동재조합에 의한 수선 과정에서 사용되는 주형이 존재하지 않기 때문이다.

요약

- 진핵세포의 DNA 복제는 양방향이고, 반보전적이며, 프라이머가 필요하고, 5'에서 3' 방향으로만 일어날 수 있다.
- DNA 합성에는 여러 단백질이 필요하다. DNA 합성에 작용하는 원핵세포 효소와 진핵세포 효소는 서로 차이가 있다.
- DNA 중합효소는 3'→5' 핵산말단가수분해효소 활성을 통해 "교정"이 가능하다. 이는 DNA 중합효소에 의한 복제 오류를 줄여 준다.
- DNA의 비틀림 장력을 제거하려면 위상이성질체화효소가 필요하다. 여러 약물이 위상이성질체화효소를 표적으로 한다.
- 텔로머레이스는 RNA 의존적 DNA 중합효소이며 텔로미어를 복제한다. 그러나 이 작용은 정상적인 2배체 세포에서는 일어나지 않는다.
- 기본 돌연변이율은 세포 내에서 발생하는 복제 오류를 말하며, 일반적으로 복제 중 DNA 중합효소에 의한 오류의 결과이다.
- 자외선과 기타 이온화 방사선, 화학물질, 화학요법제 등 다양한 환경 물질이 DNA 돌연변이를 일으킬 수 있다.
- DNA 복제 오류를 수정하기 위해 여러 유형의 수선 메커니즘이 존재한다.
- 대부분의 수선 메커니즘은 온전한 상보적 DNA 서열의 존재에 의존적이다.
- 2중가닥 DNA 손상은 두 가지 다른 과정에 의해 복구된다. 하나는 상동염색체가 필요한 상동재조합이고, 또 다른 하나는 오류가 발생하기 쉬운 비상동말단결합이다.

학습 문제

다음 중 가장 적절한 답을 하나만 고르시오.

7.1 다음 중 진핵생물의 DNA 복제 동안 위상이성질체화효소의 역할을 가장 잘 설명한 것은?

A. 지연가닥에서 RNA 프라이머의 합성을 촉매한다.
B. 3'→5' 핵산말단가수분해효소 활성을 통해 잘못된 염기쌍을 이룬 뉴클레오타이드를 제거한다.
C. 복제분기점 영역에서 단일가닥 DNA를 안정화한다.
D. 초나선구조를 제거하기 위해 복제분기점에 앞서 DNA를 자르고 다시 봉합한다.
E. 5'→3' 방향으로 성장하는 가닥에 뉴클레오타이드를 추가한다.

정답 D
위상이성질체화효소는 2중가닥 DNA를 절단하고 초나선 구조를 이완시켜 끊어진 가닥을 다시 이어줌으로써 DNA에서 비틀림을 제거한다. DNA 프라이메이스는 DNA 합성 중에 RNA 프라이머 합성을 촉매한다. 교정 기능은 일부 DNA 중합효소의 특성이다. 단일가닥 DNA 결합 단백질은 풀린 주형가닥에 결합하여 복제 중에 DNA를 보호한다. DNA 중합효소는 성장하는 사슬에 뉴클레오타이드를 추가하여 5'에서 3' 방향으로 DNA를 합성한다.

7.2 다음 중 DNA 복제과정에서 진핵세포의 DNA 중합효소와 관련된 기능은 무엇인가?

A. 지연가닥에서 연속적인 5'에서 3' 방향의 DNA 합성
B. 에너지 비의존적 복제분기점의 형성
C. 새로 합성된 DNA의 교정
D. 선도가닥의 불연속적인 5'에서 3' 방향의 DNA 합성
E. 5'→3' 핵산말단가수분해효소 활성을 이용한 프라이머 제거

정답 C
DNA 중합효소 중 일부는 3'→5' 핵산말단가수분해효소 활성인 교정 능력을 가지고 있다. 연속적인 DNA 합성은 선도가닥에서 일어나고, 불연속적인 합성은 지연가닥에서 일어난다. 헬리케이스는 ATP 가수분해를 통해 DNA 가닥 사이의 수소결합을 끊는다. 진핵세포의 어떤 DNA 중합효소도 5'→3' 핵산말단가수분해효소 활성을 갖지 않는다.

7.3 다음 중 DNA 부정합수선의 결함으로 인해 발생하는 것은?

A. 유전성 비용종증 대장암
B. 피부암
C. 햇빛 화상
D. 자외선으로 인한 손상
E. 색소건피증

정답 A
부정합수선의 결함으로 인해 유전성 비용종증 대장암이라는 일종의 대장암에 걸리기 쉽다. 뉴클레오타이드절제수선 기능의 손실은 햇빛 화상과 피부암에 대한 감수성을 높이고 자외선(UV)으로 유발된 피리미딘-피리미딘 2량체 형성을 복구할 수 없게 만든다. 뉴클레오타이드절제수선에 관여하는 효소의 기능상실로 인해 색소건피증이 발생하기 쉽다.

7.4 6세 남자아이가 광과민성(photosensitivity)과 다발성 피부종양을 보였다면, 다음 중 그의 상태를 가장 잘 설명하는 DNA 손상 유형은 무엇인가?

A. 2중가닥 DNA 손상
B. 탈아미노화된 사이토신
C. 부정합 염기쌍
D. 타이민-타이민 2량체
E. 퓨린이 제거된 DNA

정답 D
타이민-타이민 2량체는 햇빛에 의해 유발된 DNA 손상의 가장 일반적인 유형으로, 뉴클레오타이드절제수선 과정에 의해 복구된다. 2중가닥 DNA 손상은 상동염색체를 활용하거나 비상동말단 연결을 통해 복구된다. 탈아미노화된 사이토신과 탈퓨린화된 DNA는 염기절제수선 기작에 의해 복구된다. 복제 중에 DNA 중합효소에 의해 발생한 오류로 인해 DNA에 부정합이 발생한다.

7.5 분열 중인 세포에 독소루비신(doxorubicin)과 같은 위상이성질체화효소 II 억제제를 처리하였을 때 직접적으로 나타날 수 있는 결과는?

A. DNA 복제에 필요한 시간 감소
B. DNA 복제 중 오류 감소
C. 염색체 말단의 연장
D. 복제 DNA에서 비틀림 제거
E. 복제 DNA가 더 작은 조각으로 절단

정답 E

독소루비신은 위상이성질체화효소 II의 연결효소 작용을 억제한다. 따라서 DNA는 처음에는 절단되고 이완되지만, 다시 연결되지 않아 DNA가 단편화된다. 이 약물의 작용은 DNA 복제 속도를 늦추고 복제 DNA의 오류를 증가시킨다. 텔로머레이스는 염색체 말단을 늘리는 반면, 위상이성질체화효소를 억제하면 DNA 비틀림이 더 많이 발생한다.

전사

Transcription

8

I. 개요

전사(transcription)는 유전자 발현의 첫 번째 단계, 즉 디옥시라이보핵산(DNA)의 특정 서열을 전령 라이보핵산(mRNA)으로 복사하는 것을 의미한다. DNA에 포함된 정보가 세포 특성과 활동에 영향을 미치는 단백질로 바뀌면 유전자가 **발현**(expression)되는 것으로 간주한다. DNA로부터 합성된 mRNA는 단백질을 생산하는 데 필요한 중간체이다.

mRNA가 만들어지기 위해서는 정확한 시작 부위에 대한 정보와 더불어 DNA의 해당 유전자 서열을 알아야 한다. 유전자는 엑손(exon)과 인트론(intron)으로 나뉘는데, 처음에는 전체 부위가 모두 전사된다. 이 1차 전사체 RNA는 핵을 빠져나가기 전에 가공된다. 일단 만들어진 mRNA는 RNA 스플라이싱, 5' 말단 캡형성 및 폴리(A) 꼬리의 추가를 통해 변형된 후, 성숙한 mRNA로서 핵에서 세포질로 들어간다.

모든 유전자에는 두 가지 종류의 정보가 포함되어 있는데, 하나는 최종 산물의 기본 구조를 지정하는 정보이고 다른 하나는 유전자 발현을 조절하는 정보이다. RNA 생산 시기와 양은 모두 전사 중에 조절된다. mRNA는 단백질의 아미노산 서열을 암호화하며, 라이보솜 RNA 및 운반 RNA는 모두 단백질 합성에 직접 참여한다.

II. RNA의 종류

라이보솜 RNA(ribosomal RNA, **rRNA**), 운반 RNA(transfer RNA, **tRNA**), 전령 RNA(messengerRNA, **mRNA**), 및 기타 작은 비암호화 RNA 등 여러 가지 유형의 RNA가 알려져 있으며, 각각 고유한 구조와 기능을 가지고 있다. tRNA 및 rRNA는 전사되지만 번역되지 않기에, 비암호화 RNA(noncoding RNA, **ncRNA**)로 간주한다. 특수한 기능을 수행하는 소형인 RNA(small nucleolus RNA, **snoRNA**), 소형 핵 RNA(small nucleus RNA, **snRNA**) 및 세포질에 있는 마이크로 RNA(microRNA, **miRNA**)와 같이 작은 비암호화 RNA도 있다.

A. 라이보솜 RNA

rRNA는 세포 내 전체 RNA의 80%를 차지하며, 단백질과 결합하여 라이보솜(ribosome)을 형성한다. 진핵세포에는 5S, 5.8S, 18S, 28S 등 여러 종류의 rRNA 분자가 있다[역자주: S는 Svedberg unit를 의미하며 침강계수를 나타냄]. 라이보솜은 라이보자임(ribozyme)의 특성을 갖는 펩타이드기 전달효소(peptidyl transferase) "활성"을 가지고 있기에 단백질

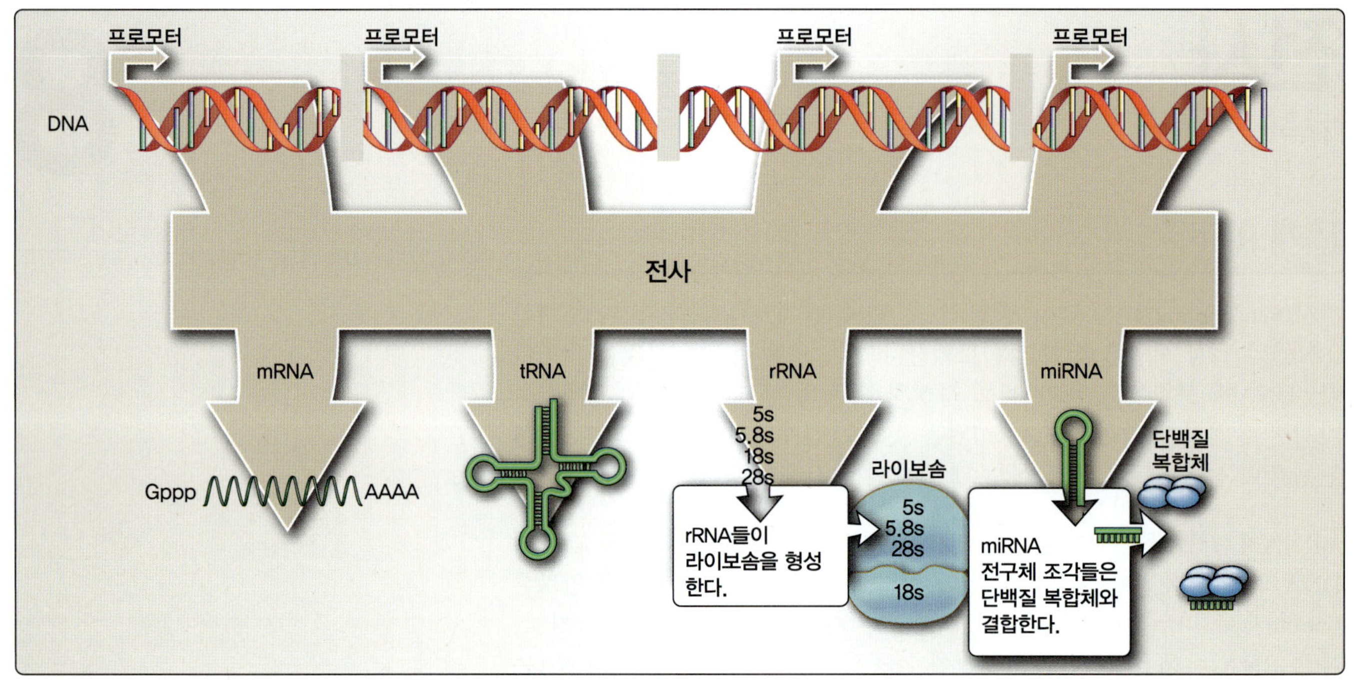

그림 8.1
다양한 유형의 진핵세포 RNA

합성과정에 중요하다(**그림 8.1**).

B. 운반 RNA

tRNA는 세 종류의 RNA 중 가장 작다. 단백질 합성과정에서 적절한 아미노산을 운반하고 안티코돈(anticodon)을 통해 뉴클레오타이드 정보가 아미노산 정보로 번역될 수 있는 메커니즘을 제공한다.

C. 전령 RNA

mRNA는 번역을 위해 DNA에서 세포질로 유전 정보를 전달한다. 세포 내 전체 RNA의 약 5%가 mRNA이다. 크기가 매우 다양하며, 다양한 단백질의 합성에 필요한 특정 정보를 전달한다.

D. 마이크로 RNA

miRNA 역시 다른 RNA 분자와 마찬가지로 유전자에 의해 암호화되는데, 약 21~23개의 뉴클레오타이드로 구성된 단일가닥 RNA 분자이다. 새롭게 발견된 이 RNA 분자는 전사는 되지만 번역은 되지 않는다. 이들은 mRNA에 결합하여 유전자 발현을 감소시킴으로써 유전자를 조절하는 작용을 한다.

표 8.1에 표시된 것처럼 여러 중합효소가 다양한 RNA의 합성을 촉매한다.

표 8.1 진핵세포 RNA 중합효소

중합효소	RNA 산물	RNA 기능
RNA 중합효소 I	라이보솜 RNA(28S, 18S, 5.8S rRNA)	단백질 합성을 위한 라이보솜 구성요소
RNA 중합효소 II	mRNA 마이크로 RNA snRNA 기타 비암호화 RNA	단백질 암호화 번역 조절 RNA 스플라이싱 번역 조절
RNA 중합효소 III	운반 RNA 5S rRNA 기타 RNA	단백질 합성 스플라이싱에 관여하는 일부 알려지지 않은 RNA

III. 진핵생물에서 단백질 암호화 유전자의 구조와 조절 요소

단백질과 구조적 RNA를 암호화하는 유전체 핵산의 최소 선형 서열을 **유전자**(gene)라고 한다(그림 8.2). 유전자 서열은 5' 말단부터 3' 말단까지 포함한다. 진핵생물의 유전자는 암호화 엑손, 비암호화 인트론, 비암호화 공통서열로 구성된다. 인트론과 엑손의 수, 크기, 위치 및 서열은 유전자마다 다르다. 5' 말단에서 첫 번째 엑손까지의 비암호화 영역은 상부(upstream) 서열이라 하고, 3' 말단의 비암호화 영역은 하부(downstream) 서열이라고 한다.

A. 공통서열

공통서열(consensus sequence)은 진화적으로 보전되어 있고 결합 부위로 작용하며, 잠재적인 DNA 인식 부위(recognition site)로 불린다. 대체로 이들은 특정 서열을 인식하는 단백질인 **전사인자**(transcription factor, TF) 및 기타 조절 단백질과 결합한다.

1. **프로모터:** 프로모터(promoter)는 RNA 합성의 시작 부위를 선택하거나 결정하는 DNA 서열이다. 프로모터에 있는 공통서열은

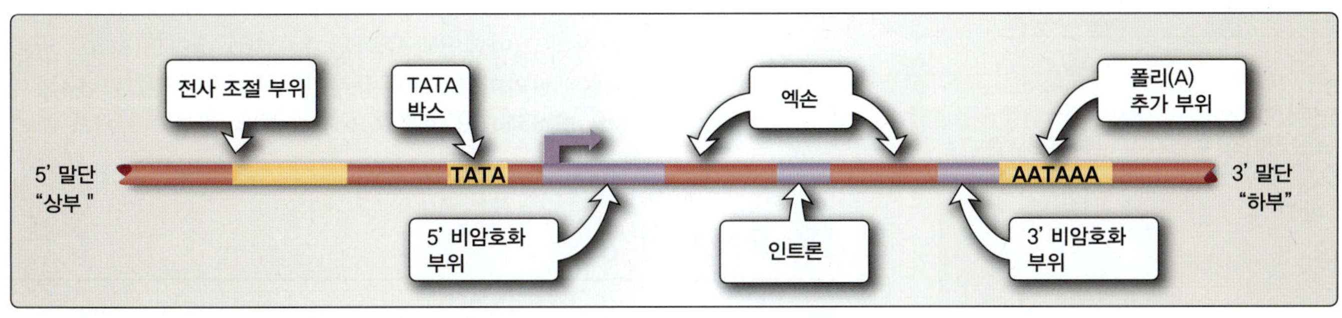

그림 8.2
전형적인 진핵세포 유전자의 구조

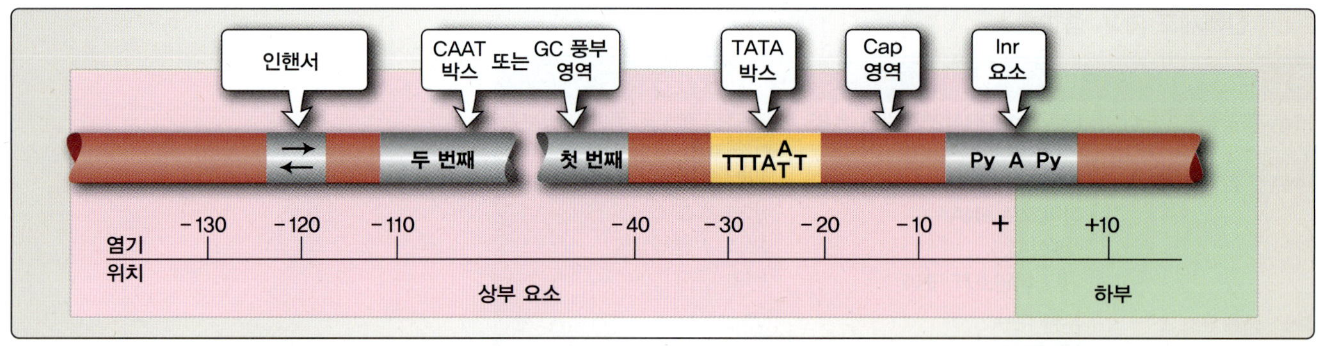

요소	공통 서열	결합 단백질
TATA 박스	T A T A (A/T) A (A/T) (A/G)	TATA 결합 단백질(TBP)
GC 박스	G G C G G	SP1 트랜스활성인자 Sp1
CAAT 박스	G G (T/C) C A A T C T	CAAT-인핸서 결합 단백질(C/EBP)
Inr	(C/T) (C/T) A N (T/A) (C/T) (C/T)	전사인자 IID(TFIID)

그림 8.3
유전자의 암호화 서열 상부에서 발견되는 프로모터 요소

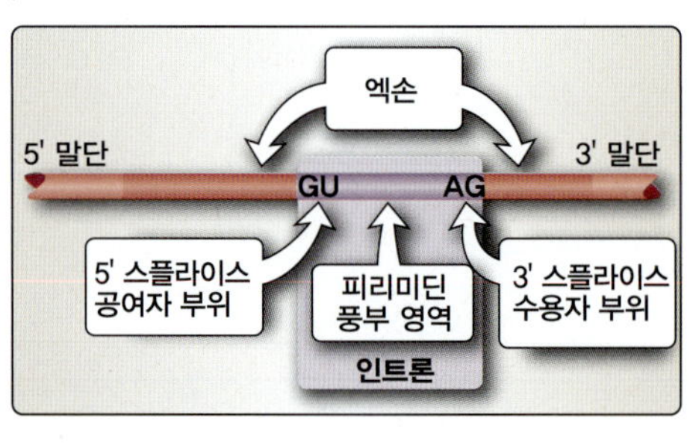

그림 8.4
스플라이스 수용자 및 공여자 서열

"TATA" 서열(TATA 박스)을 갖는다. 공통서열은 종종 TATA 박스(TATA box)를 포함하고 있는데, 이는 전사개시점(transcription start site)으로부터 15~30 염기쌍(bp) 상부에 위치한다. TATA 박스를 포함하는 유전자는 대개 높은 수준으로 전사된다. 일부 진핵세포 유전자에는 RNA 시작 부위인 (+1) 근처에 있는 개시자 서열(initiator sequence, Inr)이라는 대체 프로모터 요소가 포함되어 있다(그림 8.3). 대개 개시자 요소는 (−1) 위치에 사이토신(C)이 있고 전사개시점(+1)에 아데닌(A)이 있다. 일부 진핵세포 프로모터에는 TATA와 Inr이 모두 포함되기도 한다. 프로모터 기능에 필요한 추가적인 서열에는 CAAT 박스와 GC 박스가 포함된다. 진핵세포에서는 전사 또는 기본 인자(basal factor)로 알려진 단백질이 TATA 박스에 결합하여 RNA 중합효소(RNA polymerase) II의 결합을 촉진한다.

2. **스플라이스 공여자 및 수용자 서열:** 스플라이스 공여자(donor) 및 수용자(acceptor) 서열은 인트론의 5' 및 3' 말단에서 발견되는 공통서열의 한 유형이다. 인트론은 거의 항상 구아닌과 유라실 뉴클레오타이드로(GU) 시작하고 아데닌과 구아닌 뉴클레오타이드(AG)로 끝나며, AG 상부에는 피리미딘(Py)이 풍부한 부위가 있다(그림 8.4). 이 공통서열은 1차 전사체에서 인트론을 잘라내는 데 필수적이다.

IV. RNA 합성

DNA로부터 RNA 합성은 핵에서 일어나며, RNA 중합효소에 의해 촉매된다. RNA는 단일가닥이며, DNA에 있는 타이민(T) 대신 유라실(U)을 포함한다는 점에서 DNA와 다르다. 단백질을 암호화하는 유전자는 중간체인 mRNA를 만들어 단백질 합성을 위해 세포질로 내보낸다. mRNA에 있는 조절 서열은 안정성 및 번역의 효율성에 중요하다. 이들은 비번역부위(untranslated region, UTR)라고 불리는 mRNA의 5' 및 3' 말단에 위치하며, 최종 단백질 산물에는 포함되지 않는다.

A. RNA 중합효소

표 8.1에 표시된 것처럼 진핵세포에는 여러 가지 독특한 RNA 중합효소가 있다. 아래에 설명한, 단백질 암호화 유전자로부터 mRNA의 합성을 촉매하는 메커니즘은 RNA 중합효소 II를 의미한다.

B. 여러 단백질이 전사되는 유전자에 결합한다

RNA 중합효소 II에 의해 촉매되는 반응은 유전자의 전사개시점에 커다란 단백질 복합체가 형성되어 일어난다. 이 개시전복합체(preinitiation complex)는 전사 개시를 위해 RNA 중합효소 II를 DNA의 정확한 자리로 위치시키는 데 중요하다. 이 복합체는 일반전사인자와 보조인자로 구성된다.

C. 조절 부위

mRNA를 만드는 진핵세포 유전자는 전사개시점을 경계로 암호화 부위(coding region)와 조절 부위(regulatory region)로 나눌 수 있다. 암호화 부위에는 mRNA로 전사되어 단백질로 번역되는 DNA 서열이 포함되어 있다. 조절 부위는 두 가지 종류의 서열로 구성되는데(그림 8.5) 하나는 기본 발현(basal expression)을, 나머지는 조절 발현(regulated expression)을 담당한다.

1. **기본 프로모터:** 기본 프로모터(basal promoter) 서열에는 두 가지 구성요소가 있다. 근접요소(proximal component)에 해당하는 TATA 박스는 RNA 중합효소 II를 정확한 위치로 오게 하고, 원위요소(distal component)는 개시 빈도를 지정한다(CAAT 및 GC 박스).

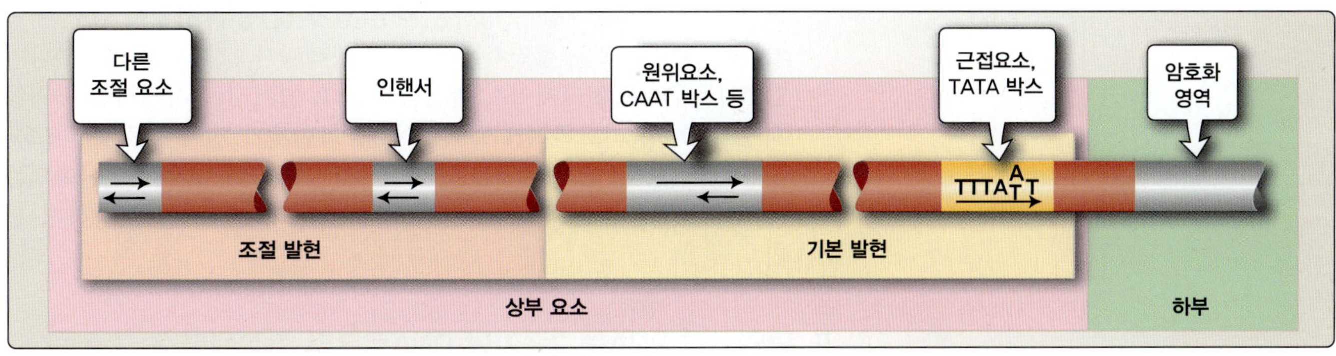

그림 8.5
두 가지 유형의 조절 부위

이들 중 가장 잘 연구된 것은 CAAT 박스이지만, 유전자에 따라 다른 서열이 사용되기도 한다. 이러한 서열로 인해 전사가 일어나는 빈도가 결정된다. 이 영역에 돌연변이가 일어나면 전사 개시 빈도가 10~20배까지 줄어든다. 이러한 DNA 서열의 전형적인 예로 GC 및 CAAT 박스가 있다. 이런 박스에 특정 단백질이 결합한 후, 단백질-DNA 상호작용의 결과로 전사 개시 빈도가 결정된다. 반면, TATA 박스에서의 단백질-DNA 상호작용은 개시의 정확도(fidelity)를 보장한다.

2. **인핸서 및 반응요소:** 인핸서(enhancer) 및 반응요소(response element)는 유전자 발현을 조절한다. 이들은 발현을 증가시키거나 억제하는 서열과 호르몬, 화학물질 등 다양한 신호에 대한 반응을 매개하는 서열로 구성되어 있다. 전사 개시 속도를 증가시키거나 감소시키는지에 따라 이들은 인핸서 또는 억제요소(repressor)라고 불리는데, 전사 개시 부위를 경계로 상부와 하부 모두에서 발견된다. 근접요소 및 상부 프로모터 서열과 달리, 인핸서 및 억제요소는 동일한 염색체에 위치한 전사 단위로부터 수백 또는 수천 염기 떨어진 곳에 위치하더라도 효과를 나타낼 수 있고, 또 방향과 무관하게 작동한다. 이 부위는 유전자 발현을 조절하는 단백질(특수 전사인자)과 결합되어 있으며, 이에 대해서는 10장에서 논의한다.

D. 기본 전사복합체 형성

기본 전사에는 RNA 중합효소 II 외에도 A, B, D, E, F, H라고 불리는 여러 전사인자가 필요하며, 이들 중 일부는 여러 다른 소단위체로 구성된다(**그림 8.6**). 일반전사인자의 모든 이름은 앞에 공통적으로 'TF'(transcription factor; 전사인자의 약자)가 들어가고, 어떤 중합효소와 결합하는지에 따라 로마숫자로 표기한 뒤, 전사인자별로 다르게 대문자로 적는다(예: TFIIA, TFIIB 등). TATA 박스에 결합하는 TFIID [TATA 결합 단백질(TATA binding protein, **TBP**) 및 8~10개의 TBP 관련 인자로 구성됨]는 이러한 인자 중 DNA의 특정 서열에 결합할 수 있는 유일한 인자이다. DNA의 작은 홈에 있는 TATA 박스에 TBP가 결합하면 DNA 나선이 구부러진다. 이러한 구부러짐은 TBP 관련 단백질과 전사 개시복합체를 구성하는 다른 인자 및 상부 서열에 결합된 인자와의 상호작용을 촉진하는 것으로 생각된다. 전사인자 중 하나인 TFIIH는 DNA 헬리케이스 활성을 가지고 있어서 전사개시점 근처에서 DNA가 풀리도록 한다. 이를 통해 복합체가 전사 개시를 하도록 허용한다. RNA 중합효소 II는 또한 C-말단 도메인에서 인산화되는데, 이는 중합효소가 프로모터에서 빠져나와 전사체를 신장하게 한다.

E. 단일가닥 RNA는 2중가닥 DNA로부터 합성된다

진핵세포의 RNA 중합효소는 DNA의 정보를 사용하여 상보적인 서열을 합성하는 DNA 의존성 RNA 중합효소이다. 유전자의 한 가닥만이 전사를 위한 주형으로 사용되는데, 이를 주형가닥(template strand)이라고 한다. 이의 산물은 상보적인 단일가닥 RNA이다. RNA 중합효소는 주형 DNA를 3'에서 5' 방향으로 DNA를 읽고, 이에 상보적인 RNA 분자를 합성한다(그림 8.6 참조).

임상 적용 8.1 박테리아 DNA에 의한 RNA 합성은 항생제 리팜핀에 의해 억제된다

리팜핀(rifampin 또는 rifampicin)은 박테리아의 RNA 중합효소 작용을 방해하여 RNA 합성을 특이적으로 억제한다. 억제된 효소는 프로모터에 결합한 채로 남아 있어, 억제되지 않은 중합효소에 의한 개시를 막는다. 리팜핀은 특히 결핵(tuberculosis) 치료에 유용하다. 이 약은 이소니아지드(isoniazid; 항대사제)와 함께 결핵으로 인한 발병률(morbidity)을 크게 감소시켰다.

임상 적용 8.2 인간면역결핍바이러스(HIV)와 같은 레트로바이러스는 RNA 유전체를 갖는다

HIV 및 인간T세포림프친화바이러스(human T-cell lymphotropic virus, HTLV)와 같은 레트로바이러스(retrovirus)의 RNA 유전체에는 cDNA(complementary DNA)로 복사하는 효소인 역전사효소가 암호화되어 있다. "역전사"란 생물학적 정보가 일반적인 전달 방향과 반대되는, RNA에서 DNA로 전달되는 것을 의미한다. 역전사효소는 복잡한 과정을 통해 단일가닥 RNA를 주형으로 2중가닥 DNA를 만든다. 전사된 DNA는 숙주세포의 유전체에 통합되고 숙주세포와 함께 복제된다.

임상 적용 8.3 AZT 및 DDI는 HIV의 역전사효소를 억제한다

많은 유용한 항바이러스 약물은 구조적으로 피리미딘이나 퓨린 염기와 유사하기에 항대사물질로 작용한다. 지도부딘(zidovudine, 혹은 azidothymidine, AZT) 및 디디옥시이노신(dideoxyinosine, DDI)과 같은 약물은 숙주세포의 인산화효소에 의해 인산화되어 뉴클레오타이드 유사체를 만들며, 바이러스의 핵산에 끼어 들어가 뉴클레오타이드 사슬의 종결을 유발한다. 바이러스 효소는 포유동물의 중합효소보다 이러한 항대사물질에 의한 억제에 더 민감하기에, 선택적 독성이 생겨 바이러스를 차단할 수 있다.

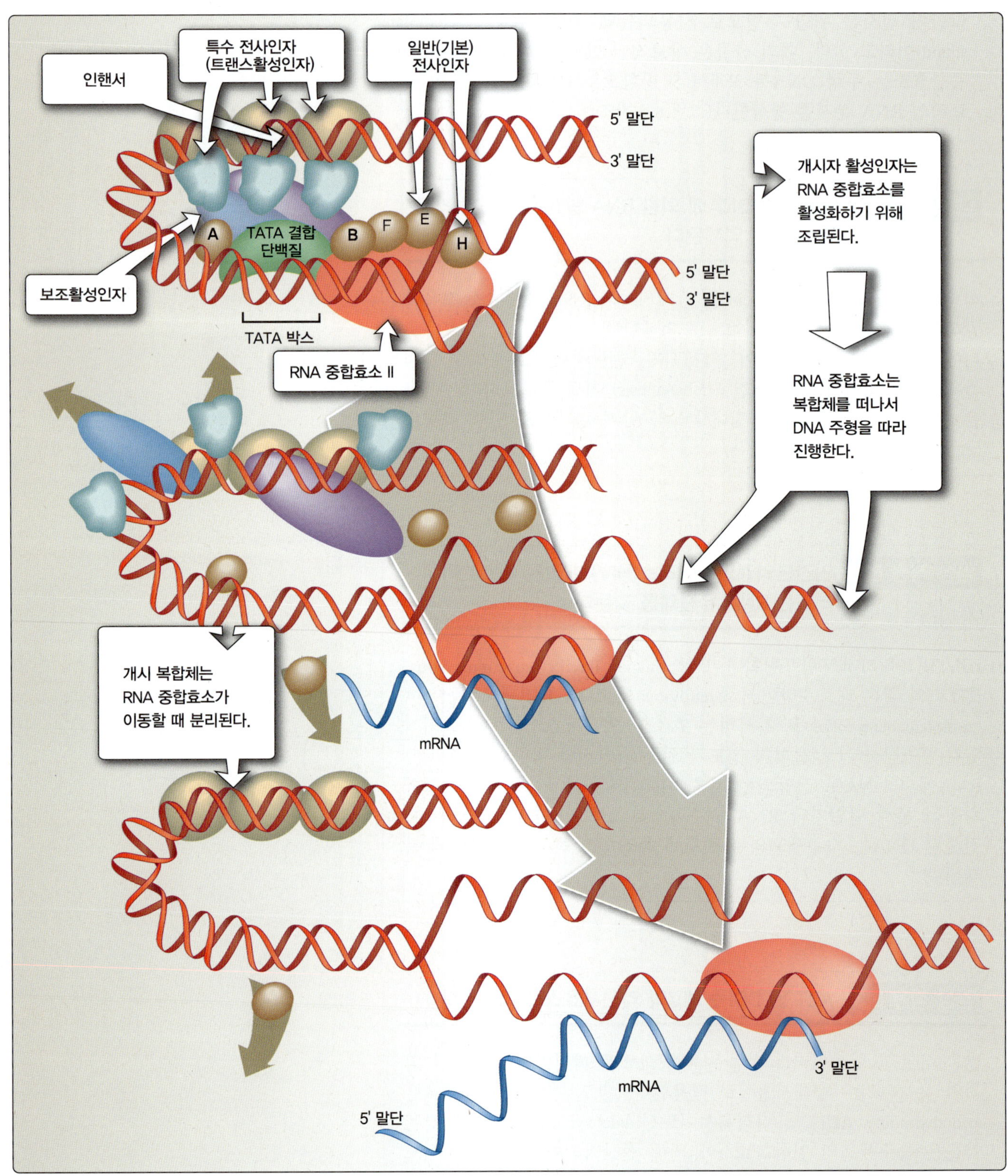

그림 8.6
전사복합체를 형성하려면 RNA 중합효소 II 외에 여러 단백질이 필요하다.

V. RNA 가공

유전자 전사를 통해 합성된 RNA는 세포질에서 번역되는 mRNA보다 더 크다. 1차 전사체 또는 이질 핵 RNA(heterogeneous nuclear RNA, hnRNA)라고 불리는 이 큰 RNA에는 인트론 부분도 전사되어 포함되어 있다. 성숙한 mRNA는 RNA 가공(RNA processing)과정에 의해 형성되는데, 이 과정에서 인트론은 제거되고 엑손은 공여자 및 수용자 서열이라고 불리는 특정 부위에서 결합된다(**그림 8.7**).

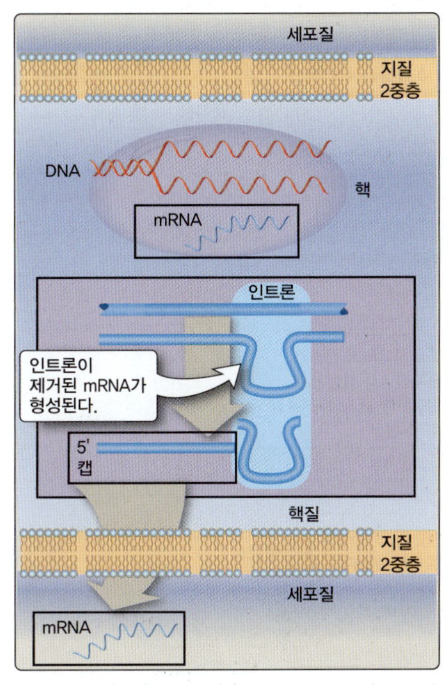

그림 8.7
mRNA는 핵에서 전사되고 가공된다.

A. 5′ 캡 형성

RNA 합성이 시작된 직후, RNA의 5' 말단에서 7- 메틸 구아노신 잔기를 가진 캡(cap)이 형성되는데, 이는 RNA가 신장하는 동안 5' 핵산 말단가수분해효소에 의한 분해 작용으로부터 RNA를 보호한다. 또한 5' 캡(5' cap)은 단백질 합성 중에 전사체가 라이보솜에 결합하는 데 도움을 준다.

B. 폴리(A) 꼬리 첨가

1차 전사체에는 3' 말단 근처에 폴리아데닐화 신호(polyadenylation signal)로 알려진 고도로 보전된 AAUAAA 공통서열이 포함되어 있다. RNA의 폴리아데닐화 부위는 그로부터 하부 20개 뉴클레오타이드 부위를 절단하는 특정 핵산내부가수분해효소(endonuclease)에 의해 인식된다. 전사 과정은 폴리아데닐화 부위를 넘어 수백 개의 뉴클레오타이드 이상 진행될 수 있지만, 전사체의 3' 말단은 폐기된다. 그러나 절단으로 새로 생성된 3' 말단은 여기에 최대 250개의 아데닌(A) 뉴클레오타이드를 첨가하는 폴리(A) 중합효소의 프라이머 역할을 한다(**그림 8.8**). 폴리(A) 꼬리[poly (A) tail]는 5′ 캡처럼 mRNA가 분해되는 것을 막는 역할을 한다(10장). 또한 폴리(A) 길이는 mRNA의 안정성에 영향을 준다[폴리(A) 꼬리가 길수록 세포질 내 mRNA 수명이 연장됨]. 게다가 특수 단백질이 폴리(A) 꼬리를 인식하여 mRNA가 핵을 빠져나와 세포질로 이동할 수 있게 하고, 번역될 mRNA를 라이보솜이 인식할 수 있게 해준다.

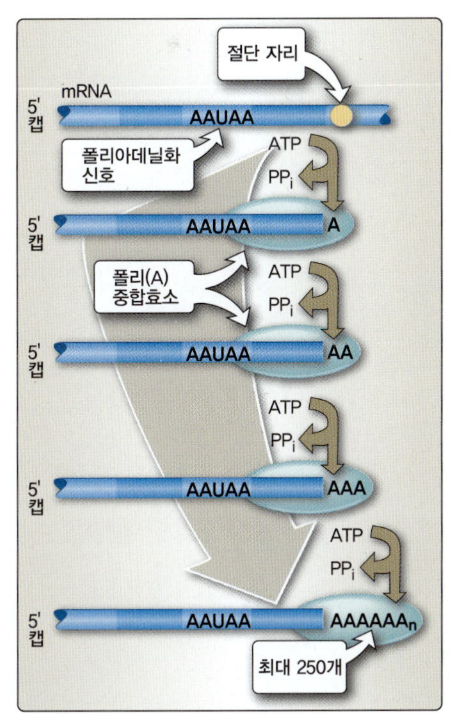

그림 8.8
RNA 가공과정

C. 인트론의 제거

스플라이스 자리(splice site)는 유전자 내에 있는 인트론의 근처에 존재한다. 각 인트론의 시작(GU)과 끝(AG)을 나타내는 스플라이스 자리 서열은 1차 RNA 전사체 내에서 발견된다. 인트론은 제거되고 엑손은 함께 연결되어 성숙한 mRNA를 형성한다(**그림 8.9**). **스플라이싱복합체**(spliceosome)라는 특수 구조가 1차 전사물을 성숙한 mRNA로 변환한다. 스플라이싱복합체는 1차 전사체, 5개의 소형 핵 RNA(U1, U2, U5 및 U4/6) 및 50개 이상의 단백질로 구성된다. 총칭하여 **snRNPs**(small nuclear ribonucleoproteins; "스너프"로 발음)라고 불리는 이 복합체는 RNA를 적절히 배치하여 필요한 스플라이싱 반응

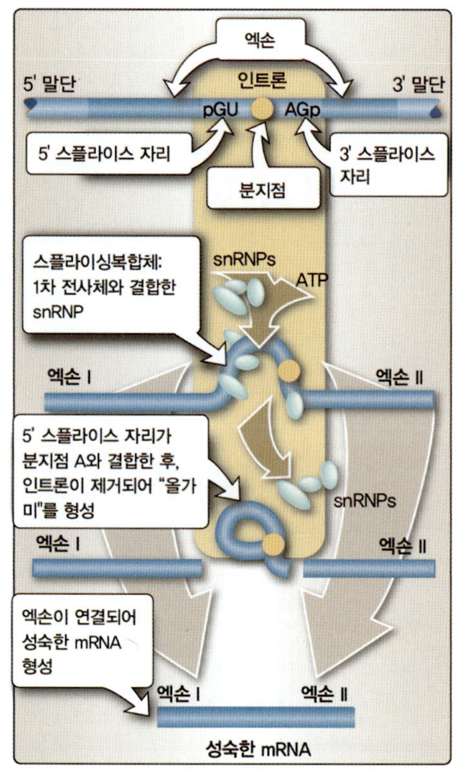

그림 8.9
mRNA 스플라이싱

을 촉진하고, 인트론을 제거하기 위한 구조 및 중간체 형성에 도움을 준다. 성숙한 mRNA 분자는 이제 핵공을 통해 핵을 떠나 세포질로 전달된다.

임상 적용 8.4 스플라이싱 신호의 돌연변이로 인해 인간의 질병이 발생한다

지중해빈혈(thalassemia)은 세계에서 가장 흔한 단일 유전자 장애로 생기는 유전성 빈혈이다. 지중해빈혈을 유발하는 돌연변이는 글로빈의 α 또는 β 사슬의 합성에 영향을 미쳐 헤모글로빈 생산의 감소를 유발하고 결과적으로 빈혈을 유발한다. 점돌연변이(point mutation)가 TATA 박스 내에서 일어났거나 인트론-엑손 경계의 스플라이스 접합 서열에서 돌연변이가 발생한 것일 수도 있다.

일부 스플라이싱 이상 중 하나는 인트론 시작 부분의 GT 서열이나 끝부분의 AG 서열이 변경된 것이다. 이러한 서열은 정상적인 스플라이싱에 절대적으로 필요하기에, 이 돌연변이로 인해 β-글로빈 생산이 감소한다. 스플라이스 공여자 또는 수용자 부위의 공통서열에 영향을 미치는 다른 돌연변이의 경우, RNA가 제대로 스플라이싱되지 못하여 β-글로빈의 양이 줄어들긴 하지만, 검출이 가능한 정도는 된다.

임상 적용 8.5 전사 연계 수선

모든 유전자의 전사에 관여하는 일반전사인자인 TFIIH는 진핵세포의 뉴클레오타이드절제수선에서도 역할을 한다. 일부 소단위체는 헬리케이스와 상동성을 갖고 있어 전사개시점에서 DNA가 풀리는 데 도움을 준다. 전사와 수선 과정 사이의 이러한 소단위체 공유는 전사되지 않은 영역보다 적극적으로 전사되는 영역에서 효율적인 수선(transcription-coupled repair, 전사 연계 수선)이 더 많이 일어나는 이유를 설명할 수 있다. 이런 시스템에서 DNA에 뒤틀림 장애가 발생하면, RNA 중합효소가 전사하지 못하고, CSA와 CSB로 알려진 단백질 복합체가 해당 위치로 몰려오게 된다. 이들 단백질은 2중가닥 DNA를 열고 일반전사인자 TFIIH가 오도록 하며, 이상이 생긴 부위를 제거한다. CSA와 CSB라는 명칭은 **코케인 증후군**(Cockayne syndrome)에서 유래되었으며, 이 증후군은 돌연변이로 인해 이러한 단백질에 결함이 있는 희귀 유전 질환이다.

임상 적용 8.6 전령 RNA(mRNA) 백신

mRNA 백신(mRNA vaccine)의 개념은 1990년대 초에 도입되었다. 그러나 mRNA의 본질적인 불안정성과 체내 전달의 어려움으로 이 분야는 크게 발전하지 못했다. COVID-19 팬데믹 이전에는 HIV-1, 광견병, 인플루엔자를 표적으로 하는 mRNA 백신의 임상시험이 이미 진행되었다. COVID-19 바이러스용 mRNA 백신은 바이러스 표면에서 발견되는 스파이크 단백질의 변이형에 대한 mRNA를 활용해서 만든다. 백신 접종 후 mRNA는 면역 반응을 유발하는 스파이크 단백질의 합성을 지시하고, 체내에는 이 스파이크 단백질에 대한 항체가 생성된다. 이는 후에 COVID-19 바이러스에 감염될 경우 면역력을 제공한다. 화이자-바이오엔테크(Pfizer-BioNTech)와 모더나(Moderna)의 COVID-19 백신은 모두 mRNA 백신이며, 증상이 있는 COVID-19 감염을 예방하는 데 효과적이다.

요약

- RNA 중합효소 II는 단백질 암호화 유전자를 전사한다.
- 전사가 일어나려면 유전자의 조절 영역에 결합하는 여러 인자가 필요하다.
- 근접 및 원위(상부) 프로모터와 기타 조절 서열이 유전자 발현을 조절한다.
- RNA는 핵에서 전사된 후 세포질로 들어가기 전에 가공과정을 거친다.
- RNA 가공 반응에는 5' 메틸 구아노신 캡, 폴리(A) 꼬리 첨가 및 1차 전사체의 인트론 스플라이싱이 포함된다.

학습 문제

다음 중 가장 적절한 답을 하나만 고르시오.

8.1 다음 2중가닥 DNA에서 전사되는 단일가닥 RNA의 서열은 무엇인가?

5'-TTGCACCTA-3'
3'-AACGTGGAT-5'

A. 5'-UAGGUGCUU-3'
B. 5'-UUGCACCUA-3'
C. 5'-AACGUGGUA-3'
D. 5'-AUCCACGUU-3'
E. 5'-UUCGUGGAU-3'

정답 B

RNA 중합효소는 주형가닥(3'에서 5'까지)에서 2중가닥 DNA를 읽고 상보적인 단일가닥 RNA 분자를 합성한다. RNA에는 타이민 대신 유라실이 포함되어 있다. 따라서 새로 합성된 RNA의 서열은 타이민이 생기는 위치를 제외하고는 암호화 가닥의 서열과 동일하다.

8.2 1차 전사체 RNA가 핵에서 가공되는 동안 5' 말단에 7-메틸 구아노신 캡이 첨가되는 것에 대한 설명으로 옳은 것은?

A. 스플라이스싱복합체의 조립을 촉진한다.
B. 전사체를 mRNA 분자로 식별한다.
C. 세포 내 핵산말단가수분해효소에 의한 분해로부터 RNA를 보호한다.
D. RNA 분자가 단백질로 번역되는 것을 억제한다.
E. RNA 분자가 2중가닥 복합체를 형성하는 것을 방지한다.

정답 C
새로 합성된 RNA의 5' 말단에 7-메틸 구아노신 잔기가 첨가되는데, 이는 세포 내 효소에 의해 RNA가 분해되는 것을 방지하는 데 도움을 준다. 스플라이싱복합체는 스플라이싱 중에 인트론-엑손 경계 주위에 조립된다. mRNA와 달리 tRNA 분자는 5' 캡이 없다. mRNA에 있는 캡은 번역 중에 라이보솜이 mRNA에 결합하는 데에도 중요하다.

8.3 새로 합성된 RNA 분자에서 인트론을 제거하고 엑손을 연결하는 스플라이싱에 대한 설명으로 옳은 것은?

A. 세포질의 거친면소포체에서 일어난다.
B. 소형 핵 RNA(snRNA)와 단백질 분자의 복합체가 관여한다.
C. 번역과 동시에 진행된다.
D. 리팜핀이라는 약물에 의해 박테리아 내에서 억제된다.
E. 전사인자가 RNA에 결합함으로써 촉진된다.

정답 B
스플라이싱복합체(spliceosome)는 인트론 제거 및 엑손 접합 과정에 관여하는 소형 핵 RNA(snRNA)와 단백질로 구성된 복합체이다. 가공 반응은 세포의 핵에서 일어나고, 번역은 세포질에서 발생한다. 리팜핀은 전사 개시를 억제하는데, 박테리아 RNA는 진핵생물 RNA처럼 가공되지 않는다. 전사 속도는 전사인자에 의해 촉진된다.

8.4 다음 중 mRNA 가공 반응에 해당하는 것은 무엇인가?

A. TATA 박스에 대한 RNA 중합효소의 결합
B. RNA 중합효소 I을 이용한 RNA 가닥의 합성
C. mRNA의 3' 말단에 7-메틸 구아노신 잔기의 첨가
D. 1차 전사체 RNA에서 인트론의 제거
E. 위의 보기 중 해당사항 없음

정답 D
RNA 가공은 새로 생성된 1차 전사체 RNA에서 인트론 서열을 제거하는 것을 포함한다. 전사는 개시전복합체(preinitiation complex)의 형성으로 인해 개시된다. 7-메틸 구아노신의 첨가는 mRNA의 5' 말단에 생긴다.

8.5 다음 중 인트론 서열의 시작과 끝을 인식하는 데 중요한 유전자 부위는 무엇인가?

A. TATA 박스
B. GC 박스
C. 스플라이스 자리 GT 및 AG
D. 폴리(A) 꼬리
E. CAAT 박스

정답 C
GT와 AG는 인트론의 시작과 끝에서 인식되는 서열로, 엑손의 스플라이싱에 중요하다. TATA, GC 및 CAAT 박스는 프로모터 서열이며, 가공 반응의 일부로서 폴리(A) 꼬리가 mRNA의 3' 말단에 첨가된다.

번역

Translation

9

I. 개요

염색체에 저장된 정보는 DNA 복제를 통해 딸세포로 전달되고, 유전 정보는 전사를 통해 전령 RNA(mRNA)로 전사된 후 단백질로 번역된다(그림 9.1). mRNA에 있는 뉴클레오타이드 서열의 "언어"가 아미노산 서열의 언어로 번역되기 때문에 단백질 합성을 번역이라고 한다. 번역 과정에는 최종 단백질 산물을 생산하기 위해 염기서열에 포함된 정보를 특정 아미노산 서열로 전환시키는 **유전부호**(genetic code)가 필요하다. 염기서열이 변화되면 부적절한 아미노산이 단백질 사슬에 삽입되어 잠재적으로 개체의 질병 또는 죽음을 초래할 수 있다. 많은 단백질은 합성 후에 인산 또는 다른 그룹의 공유결합으로 인해 변형되어 활성에 변화를 일으키기도 한다.

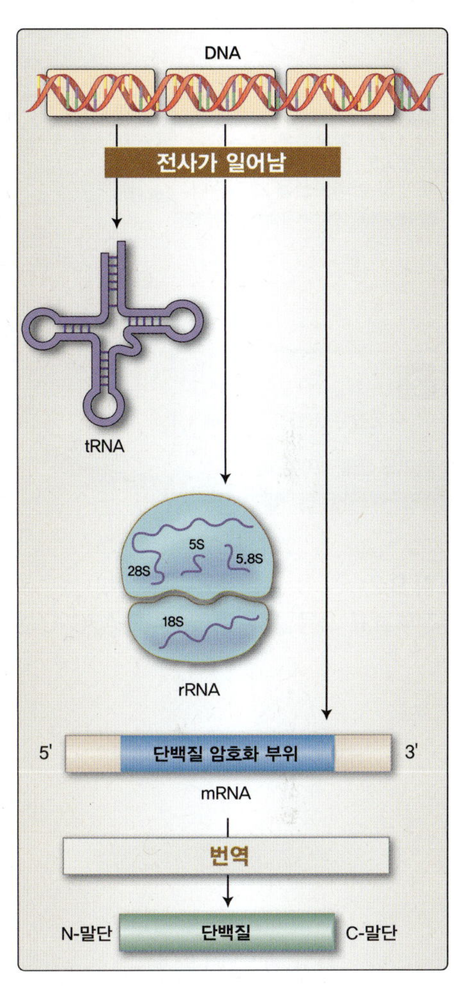

그림 9.1
단백질 합성 또는 번역

II. 유전부호

유전부호는 3개의 뉴클레오타이드 염기 또는 **코돈**(codon)과 특정 아미노산 사이의 대응 관계를 알려주는 사전이다.

A. 코돈

코돈(codon)은 아데닌(A), 구아닌(G), 사이토신(C) 및 유라실(U)의 mRNA 언어로 표시된다. 이들의 뉴클레오타이드 서열은 항상 5' 말단에서 3' 말단 방향으로 쓴다. 4종류의 뉴클레오타이드 염기가 3개의 염기로 구성된 코돈을 만드는 데 사용되므로, 그림 9.2와 같이 한 번에 3개씩, 4^3개 또는 64개의 서로 다른 염기 조합이 가능하다.

1. **코돈 사용법:** 이 표(또는 "사전")는 모든 코돈을 번역하는 데 사용할 수 있으며, 따라서 mRNA 서열에 의해 암호화되는 아미노산을 지정하는 데 사용할 수 있다. 예를 들어, 코돈 5'-AUG-3'은 메싸이오닌을 지정한다(그림 9.2 참조). 64개의 코돈 중 61개는 20개의 일반적인 아미노산을 지정한다.

2. **종결("정지" 또는 "넌센스") 코돈:** UAG, UGA 또는 UAA의 3개 코돈은 아미노산을 지정하지 않는 종결코돈(stop codon)이다. 이러한 코돈 중 하나가 mRNA 서열에 나타나면 해당 mRNA에 의해 번역되는 단백질의 합성이 완료되었음을 나타낸다.

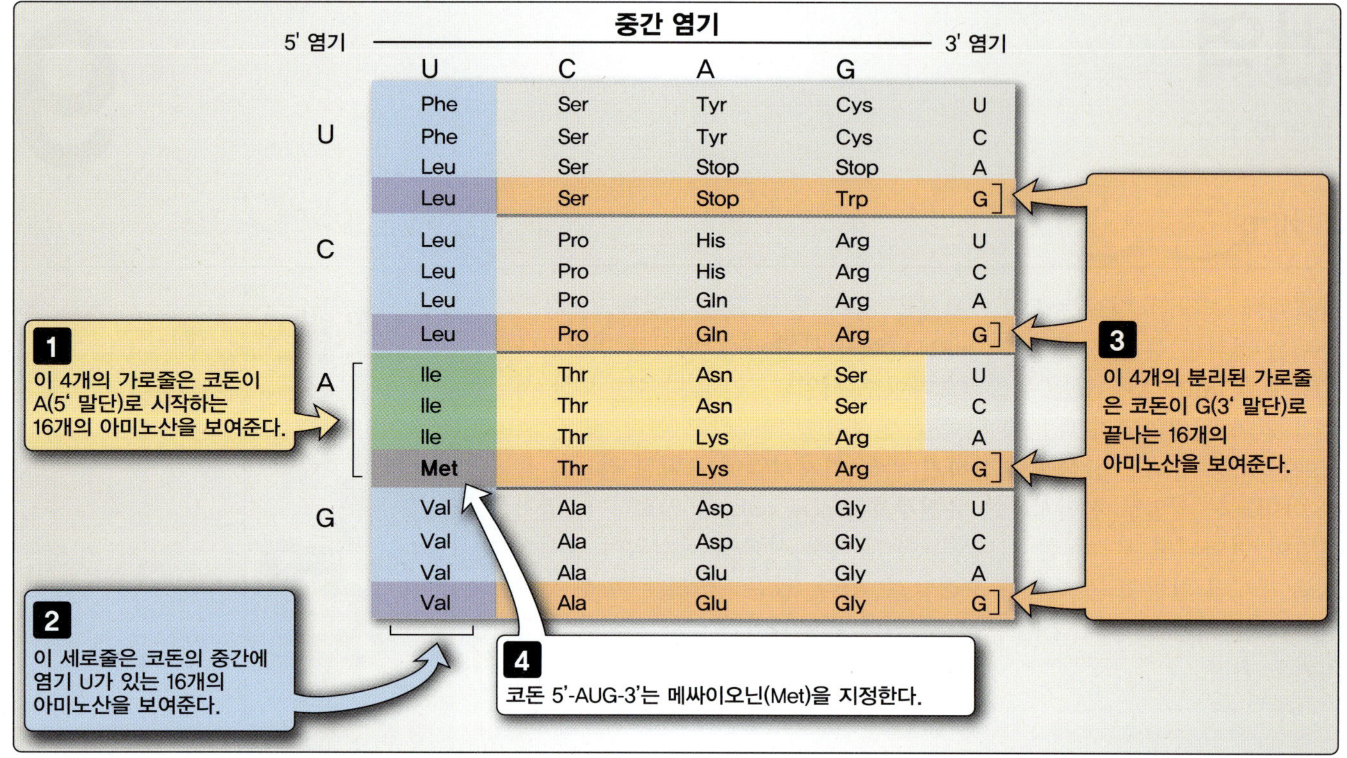

그림 9.2
유전부호표 사용법 (가령 코돈 5'–AUG–3'는 메싸이오닌을 지정함)

B. 유전부호의 특징

유전부호의 사용은 놀랍게도 모든 살아있는 생명체에 걸쳐 일관된다. 유전부호의 특징은 다음과 같다.

1. **특이성:** 유전부호는 모호하지 않고 특이성(specific, unambiguous)이 있다. 즉, 특정 코돈은 항상 동일한 아미노산을 암호화한다.

2. **보편성:** 유전부호는 보편성(universality)을 가지고 있는데, 이러한 유전부호의 특성은 진화의 초기 단계부터 보전되어 왔으며, 부호가 번역되는 방식에만 약간의 차이가 있다. (참고: 마이토콘드리아의 일부 코돈은 예외적으로 그림 9.2에 제시된 것과 다른 의미를 갖는다. 예: UGA는 종결 대신 trp을 지정한다.)

3. **중첩성:** 유전부호는 중첩성(degeneracy)이 있다. 각 코돈은 단일 아미노산을 지정하지만, 주어진 아미노산은 하나 또는 둘 이상의 코돈을 가질 수 있다. 예를 들어, 아르지닌은 6개의 다른 코돈으로 지정된다(그림 9.2 참조).

4. **겹치지 않고 쉼표 없음:** 유전부호는 겹치지 않으며, 일시 중지되거나 쉼표가 없다(nonoverlapping and commaless). 즉, 유전부호는 고정된 시작점에서 한 번에 세 개씩 연속적인 염기서열로 읽혀진

다. 예를 들어, ABCDEFGHIJKL은 코돈 사이에 쉬는 일이 없이 ABC/DEF/GHI/JKL로 읽어야 한다.

C. 염기서열 변경의 결과

mRNA 사슬의 단일 염기를 변경("점돌연변이")하면 다음 3가지 결과 중 하나가 발생할 수 있다(그림 9.3).

1. **침묵돌연변이:** 코돈에 염기가 변경되어도 동일한 아미노산을 지정할 수 있다. 예를 들어, 세린 코돈인 UCA의 세 번째 염기가 "U"가 되어 UCU가 되어도 여전히 세린을 지정한다. 이를 침묵돌연변이(silent mutation)라고 한다.

2. **과오돌연변이:** 변경된 염기를 포함하는 코돈은 다른 아미노산을 암호화할 수 있다. 예를 들어, 세린 코돈 UCA의 첫 번째 염기가 "C"로 바뀌면 다른 아미노산(이 경우 프롤린)을 지정한다. 잘못된 아미노산으로의 치환을 과오돌연변이(missense mutation)라고 한다.

3. **종결돌연변이:** 변경된 염기를 포함하는 코돈이 종결코돈이 될 수 있다. 예를 들어, 세린 코돈 UCA의 두 번째 염기가 "A"로 바뀌면 UAA가 되고, 새로운 코돈은 해당 지점에서 번역을 종료하고 단축된(절단된) 단백질을 생성한다. 부적절한 위치에 종결코돈이 생성되는 것을 종결돌연변이(nonsense mutation)라고 한다.

4. **기타 돌연변이:** 번역에 의해 생성된 단백질의 양이나 구조를 변경할 수 있다.

   a. **트라이뉴클레오타이드 반복:** 때때로, 나란히 반복되는 3개의 뉴클레오타이드 서열이 증폭되어 너무 많은 복사본이 생길 수 있다. 이것이 유전자의 암호화 영역 내에서 발생하면 단백질에는 하나의 아미노산에 대한 많은 여분의 사본이 포함된다. 예를 들어, CAG 코돈의 증폭은 헌팅턴 단백질에 많은 글루타민 잔기를 삽입하여 신경퇴행성 질환인 헌팅턴병(Huntington disease)을 유발한다(그림 9.4). 추가적인 글루타민은 단백질 응집체의 축적을 유발하여 불안정한 단백질을 생성한다. 유전자의 비번역 부위에서 트라이뉴클레오타이드 반복확장(trinucleotide repeat expansion)이 발생하면, 그 결과 취약 X 증후군(fragile X syndrome) 및 근긴장성 이영양증(myotonic dystrophy)에서 볼 수 있는 것처럼 생산되는 단백질의 양이 감소할 수 있다.

   b. **스플라이스 자리 돌연변이:** 스플라이스 자리의 돌연변이(splice site mutation)는 mRNA 전구체에서 인트론이 제거되는 방식을 변경하여 비정상적인 단백질을 생성할 수 있다.

   c. **틀이동돌연변이:** 하나 또는 두 개의 뉴클레오타이드가 정보 서열의 암호화 영역에서 삭제되거나 추가되면 틀이동돌연변이

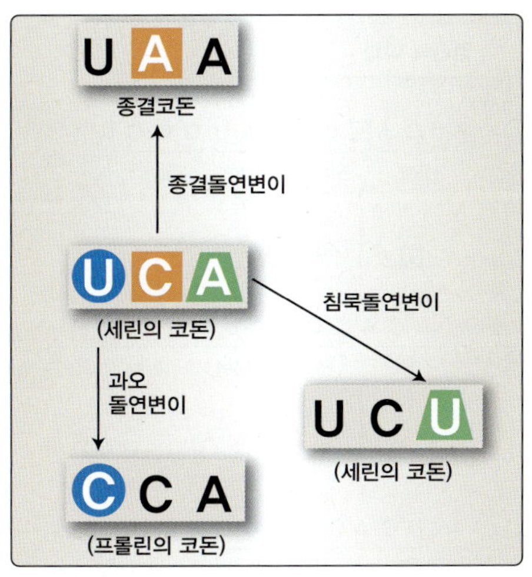

그림 9.3
mRNA 사슬의 암호화 영역에서 단일 뉴클레오타이드 염기가 변경된 결과

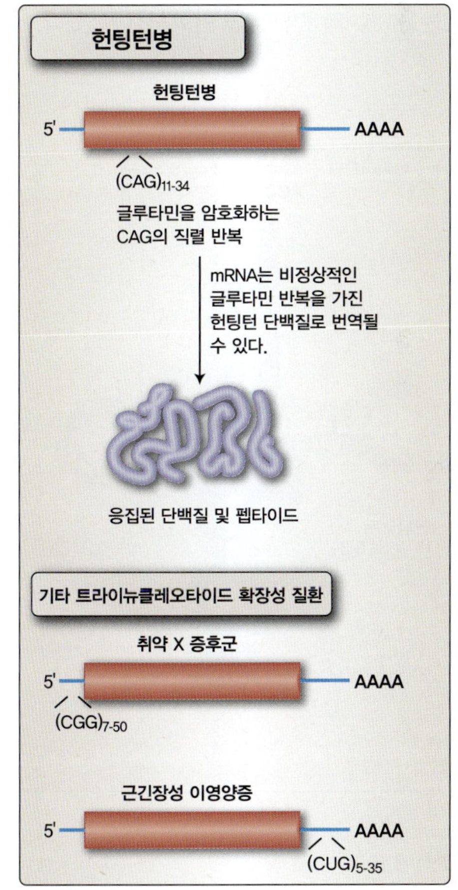

그림 9.4
헌팅턴병 및 기타 트라이뉴클레오타이드 반복확장 질환을 유발하는 mRNA에서 트라이뉴클레오타이드 직렬반복의 역할

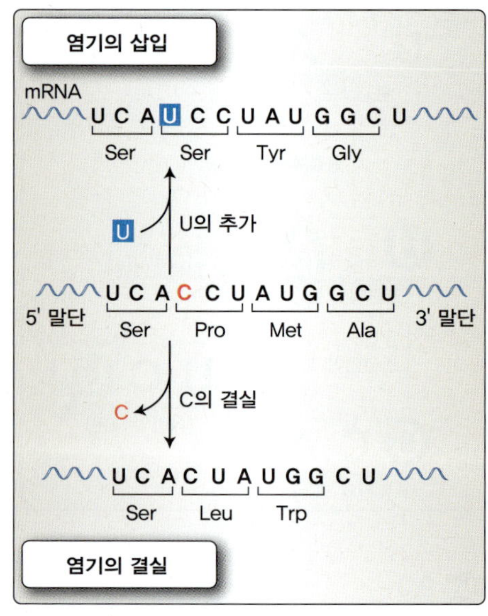

그림 9.5
염기의 삽입 또는 결실로 인한 틀이동돌연변이는 mRNA의 번역틀을 변화시킬 수 있다.

(frame-shift mutation)가 발생하고 번역틀이 변경된다. 이로 인해 근본적으로 다른 아미노산 서열(그림 9.5)을 가지거나 종결코돈의 생성으로 인해 중간이 잘린 단백질이 생성될 수 있다. 3개의 염기가 추가되면 새로운 아미노산이 펩타이드에 추가될 수도 있고 3개의 염기가 삭제되면 한 개의 아미노산이 소실될 수 있다. 이런 경우, 번역틀은 영향을 받지 않지만, 3개의 뉴클레오타이드 손실은 심각한 질병을 초래할 수 있다. 예를 들어, 주로 폐와 소화기에 영향을 미치는 유전병인 낭포성섬유증(cystic fibrosis, CF)은 유전자의 암호화 부위에서 3개의 뉴클레오타이드가 결실(deletion)되어 해당 유전자에 의해 암호화된 단백질에서 508번째 위치의 페닐알라닌(phenylalanine, "F")이 손실되어 발생한다(ΔF508). 이 ΔF508 돌연변이는 CF 막관통 전도 조절인자(CF transmembrane conductance regulator, **CFTR**) 단백질의 정상적인 접힘을 방해하여 프로테오솜(proteosome)에 의한 파괴로 이어진다(12장 참조). CFTR은 일반적으로 상피세포에서 염화이온(Cl^-)의 통로로 작용하며, 그 손실로 인해 폐와 이자에서 걸쭉하고 끈적한 분비물을 만들어, 폐 손상 및 소화 장애를 유발한다. CF 환자의 70% 이상에서 ΔF508 돌연변이가 질병의 원인이다.

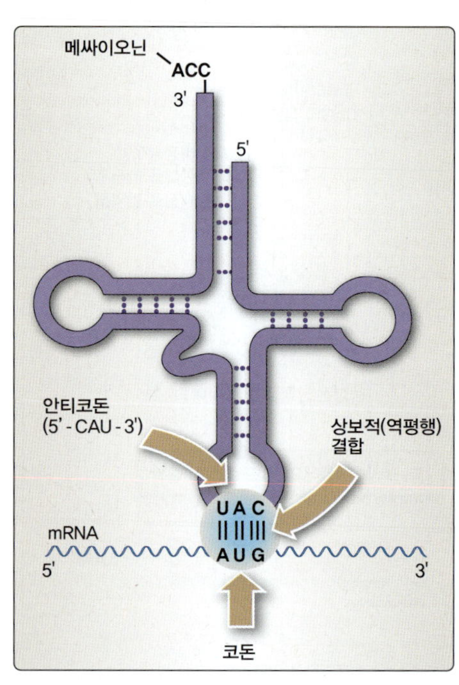

그림 9.6
mRNA의 메싸이오닌(AUG) 코돈에 대한 메싸이오닐-tRNA 안티코돈(CAU)의 상보적 역평행 결합

III. 번역에 필요한 구성요소

단백질 합성에는 많은 구성성분이 필요하다. 여기에는 최종 산물에서 발견되는 모든 아미노산, 번역될 mRNA, 운반 RNA(tRNA), 기능적 라이보솜, 에너지원 및 효소뿐만 아니라 폴리펩타이드 사슬의 개시, 신장 및 종결에 필요한 단백질 인자들도 포함된다.

A. 아미노산

완성된 단백질에 최종적으로 나타나는 모든 아미노산은 단백질 합성 과정 중에 존재해야 한다. [참고: 하나의 아미노산이 없는 경우(예: 식단에 필수 아미노산이 없는 경우), 해당 아미노산을 지정하는 코돈에서 번역이 중지된다. 이것은 지속적인 단백질 합성을 보장하기 위해 식단에서 충분한 양의 모든 필수 아미노산을 섭취하는 것이 중요함을 보여준다.]

B. 운반 RNA

tRNA(transfer RNA)는 특정 아미노산을 운반할 수 있고 해당 아미노산의 코돈을 인식할 수 있다. 따라서 tRNA는 연결자 분자로 작용한다.

아미노산당 적어도 하나의 특정 유형의 tRNA가 필요하다. 사람은 적어도 50종류의 tRNA가 있는 반면, 박테리아는 30~40종류를 가지고 있다. 일반적으로 tRNA에 의해 운반되는 아미노산은 20종류뿐이기 때문에 일부 아미노산에는 하나 이상의 특정 tRNA 분자가 있는데, 특히 여러 코돈에 의해 지정되는 아미노산일 경우 이에 해당한다.

1. **아미노산 부착 부위:** 각 tRNA 분자는 3' 말단에 특정 아미노산에 대한 부착 부위(amino acid attachment site)를 가지고 있다(**그림 9.6**). 아미노산의 카복실기는 tRNA의 3' 말단에 있는 -CCA 서열에서 아데노신 뉴클레오타이드의 5탄당인 라이보스 부분의 3'-하이드록실기와 에스터 결합을 이룬다. tRNA에 공유결합된 아미노산이 있는 경우 충전(charge)되었다고 한다. tRNA가 아미노산에 결합되어 있지 않으면 충전되지 않은 것이다. tRNA 분자에 부착된 아미노산은 활성화되었다고 한다.

2. **안티코돈:** 각 tRNA 분자에는 mRNA의 특정 코돈을 인식하는 안티코돈(anticodon)이라는 3개의 염기서열이 존재한다(그림 9.6 참조). 안티코돈은 해당 tRNA에 의해 운반되는 아미노산이 성장하는 펩타이드 사슬로 삽입되도록 지정한다.

C. 아미노아실-tRNA 합성효소

이 효소 집단은 아미노산을 해당 tRNA에 부착하는 데 필요하다. 각각의 효소는 특정 아미노산과 그 아미노산에 해당하는 여러 tRNA(isoaccepting tRNA)를 인식한다. 따라서 이러한 효소는 핵산의 3-염기 코드와 20개의 아미노산을 모두 읽을 수 있는 분자 사전 역할을 하기 때문에 유전부호를 실제로 구현할 수 있다. 각 **아미노아실-tRNA 합성효소**(aminoacyl-tRNA synthetase)는 아미노산의 카복실기를 해당 tRNA의 3' 말단에 공유결합시키는 2단계 반응을 촉매한다. 전체 반응에는 아데노신 3인산(ATP)이 필요하며, 이는 아데노신 1인산(AMP)과 무기 파이로인산(PPi)으로 분해된다(**그림 9.7**). 아미노산과 그 특정 tRNA를 모두 인식하는 **합성효소**(synthetase)의 극단적인 특이성은 유전자 번역을 정확하게 하는데 기여한다. 또한, 합성효소는 효소 또는 tRNA 분자에서 잘못 충전된 아미노산을 제거할 수 있는 "교정(proofreading)" 또는 "편집(editing)" 활성을 가지고 있다.

D. 전령 RNA

원하는 폴리펩타이드 사슬을 합성하기 위해 주형으로 쓰이는 특정 mRNA가 존재해야 한다.

E. 기능적으로 적합한 라이보솜

라이보솜(ribosome)은 단백질과 라이보솜 RNA(ribosomal RNA, rRNA 그림 9.8)의 커다란 복합체이다. 이들은 상대적인 크기가 일반적으로 침강계수 또는 S(Svedberg)값으로 주어지는 2개의 소단위체(하나는 크고 다른 하나는 작음)로 구성된다. (참고: S값은 모양과 분자량 모두에 의해 결정되기 때문에 이 값은 엄격하게 가산규칙이 적용되지 않는다. 진핵세포의 60S 및 40S 소단위체는 합쳐져서 80S 라이보솜을 형성한다.) 원핵세

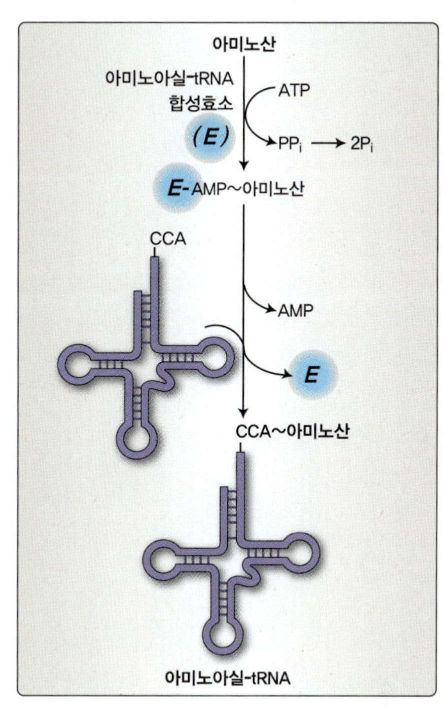

그림 9.7
아미노아실-tRNA 합성효소(E)에 의해 특정 아미노산이 해당 tRNA에 부착된다.

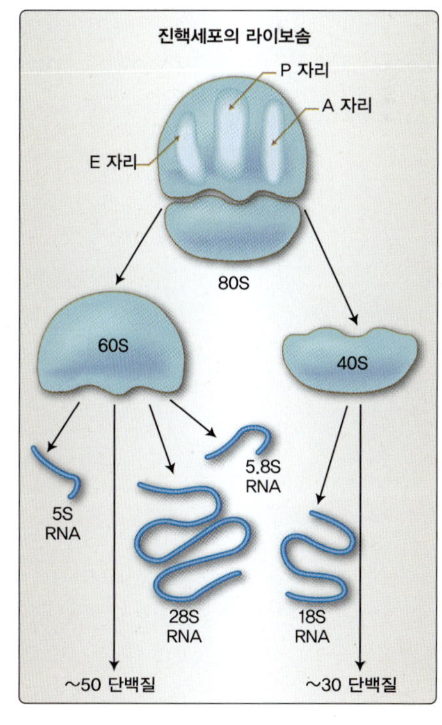

그림 9.8
진핵세포의 라이보솜 구성

포와 진핵세포의 라이보솜은 구조가 유사한데, 단백질 합성이 일어나는 "공장"과 같은 작용을 한다.

라이보솜의 큰 소단위체는 단백질의 아미노산 잔기를 연결하는 펩타이드 결합 형성을 촉매한다. 작은 소단위체는 mRNA에 결합하고 mRNA의 코돈과 tRNA의 안티코돈 사이의 정확한 염기쌍 결합을 보장함으로써 번역의 정확성을 담당한다.

1. **라이보솜 RNA:** 진핵생물의 라이보솜에는 4개의 rRNA 분자가 들어 있다(그림 9.8 참조). rRNA는 분자의 서로 다른 부분에 있는 뉴클레오타이드의 상보적인 염기쌍으로 인해 2차 구조가 폭넓게 형성되어 있다.

2. **라이보솜 단백질:** 라이보솜 단백질(ribosomal protein)은 라이보솜의 구조와 기능 및 번역 시스템의 다른 구성요소와의 상호작용에서 여러 역할을 한다.

3. **라이보솜의 A, P 및 E 자리:** 라이보솜에는 tRNA 분자에 대한 3개의 결합 자리(A, P 및 E)가 있으며, 각 자리는 두 소단위체에 걸쳐 있다(그림 9.8 참조). 이들은 함께 3개의 이웃한 코돈을 덮고 있다. 번역 동안, A 자리(aminoacyl site)는 현재 이 자리에 있는 코돈의 지시에 따라 들어오는 아미노아실-tRNA와 결합한다. 이 코돈은 성장하는 펩타이드 사슬에 추가될 다음 아미노산을 지정한다. P 자리(peptidyl site)의 코돈은 펩티딜(peptidyl)-tRNA에 의해 점유된다. 이 tRNA는 이미 합성된 아미노산 사슬을 가지고 있다. E 자리(exit site)에는 라이보솜을 막 빠져나가려는 빈 tRNA가 자리잡고 있다.

4. **라이보솜의 세포 내 위치:** 진핵세포에서 라이보솜은 세포기질에서 "자유" 상태이거나 소포체("거친면" 소포체, RER)와 결합하고 있다. RER과 결합한 라이보솜은 세포막, 소포체 또는 골지체막에 통합되거나 라이소솜으로 보내도록 예정된 단백질뿐만 아니라 세포 밖으로 내보낼 단백질을 합성하는 역할을 한다. 세포질의 라이보솜은 세포기질 자체에 필요하거나 핵, 마이토콘드리아 및 퍼옥시솜으로 향하는 단백질을 합성한다. (참고: 마이토콘드리아는 자체 라이보솜과 고유한 원형 DNA를 가지고 있다.)

F. 단백질 인자

펩타이드 합성에는 개시, 신장 및 종결(또는 방출) 인자가 필요하다. 이러한 단백질 인자 중 일부는 촉매 기능을 수행하는 반면, 다른 인자는 단백질 합성 체계를 안정시키는 것으로 보인다.

G. 에너지원으로 사용되는 ATP와 GTP

성장하는 폴리펩타이드 사슬에 하나의 아미노산을 추가하려면 4개의 고에너지 결합이 절단되어야 한다. 2개는 아미노아실-tRNA 합성효소 반응에서 ATP로부터[1개는 PP_i 제거 시 사용되고, 나머지 1개는 파이로포스파테이스(pyrophosphatase)에 의해 PP_i의 후속 가수분해 시 사용됨], 그리고 나머지 2개는 구아노신 3인산(GTP)[하나는 아미노아실-tRNA를 A 자리에 결합하기 위한 것이고, 다른 하나는 자리이동(translocation) 단계에서 사용됨]으로부터 사용된다(그림 9.10 참조). (참고: 진핵세포에서 개시 과정에 추가적으로 ATP 및 GTP 분자가 필요하며, 종결에도 추가적인 GTP 분자가 필요하다.)

IV. tRNA에 의한 코돈 인식

mRNA의 코돈과 tRNA의 안티코돈의 정확한 짝짓기는 정확한 번역을 위해 필수적이다(그림 9.6 참조). 일부 tRNA는 주어진 아미노산에 대해 하나 이상의 코돈을 인식한다.

A. 코돈과 안티코돈 사이의 역평행 결합

mRNA 코돈에 대한 tRNA 안티코돈의 결합은 상보적 및 역평행 결합의 규칙을 따른다. 즉, mRNA 코돈은 5' → 3' 방향으로 읽고, 안티코돈은 그와 반대로 3' → 5' 말단으로 결합한다(**그림 9.9**). (참고: 코돈과 안티코돈의 순서를 모두 쓸 때 뉴클레오타이드 서열은 항상 5' → 3' 말단으로 나열한다.)

B. 워블 가설

tRNA가 특정 아미노산에 대한 하나 이상의 코돈을 인식할 수 있는 메커니즘은 안티코돈의 5' 말단의 염기(안티코돈의 "첫 번째" 염기)가 다른 두 염기에서처럼 공간적으로 정의되지 않는다는 워블 가설(wobble hypothesis)로 설명된다. 따라서 첫 번째 염기는 코돈의 3' 말단 염기(코돈의 "마지막" 염기)와 "정상적이지 않은" 염기쌍 형성을 가능하게 한다. 이 움직임을 "워블"이라고 하며, 이로 인해 하나의 tRNA가 하나 이상의 코돈을 인식할 수 있다. 이러한 유연한 염기 짝짓기의 예는 그림 9.9에 나와 있다. 워블의 결과는 아미노산을 암호화하는 61개의 코돈을 읽기 위해 61종류의 tRNA가 있을 필요가 없다는 것이다.

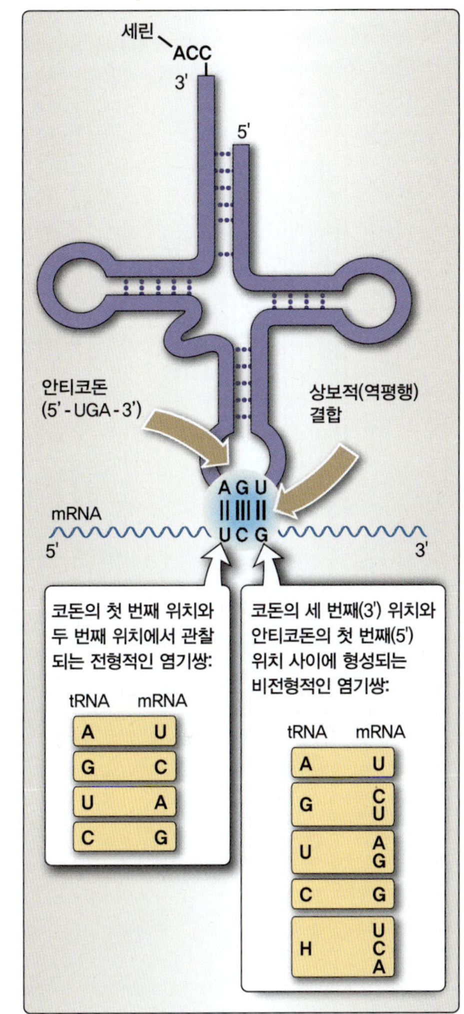

그림 9.9
워블: 안티코돈의 5'-뉴클레오타이드(첫 번째 뉴클레오타이드)와 코돈의 3'-뉴클레오타이드(마지막 뉴클레오타이드) 사이의 비전형적인 염기쌍. H: 하이포크산틴(이노신의 염기)

V. 단백질 번역 단계

단백질 합성 경로에서 mRNA의 뉴클레오타이드 서열의 3문자는 단백질을 구성하는 20개 아미노산의 문자로 번역된다. mRNA는 5' 말단에서 3' 말단으로 번역되어, 아미노 말단에서 카복실 말단으로 합성된 단백질을 생성한다. 번역 과정은 개시(initiation), 신장(elongation) 및 종결(termination)의 3단계로 나뉜다. 합성된 폴리펩타이드 사슬은 번역 후 변형에 의해 변할 수 있다.

A. 개시

단백질 합성의 시작은 펩타이드 결합이 일어나기 전에 번역 시스템의 구성성분을 조립하는 것과 관련된다. 이러한 구성성분에는 2개의 라이보솜 소단위체, 번역될 mRNA, 첫 번째 코돈에 의해 지정된 아미노아실-tRNA, 이 과정에 에너지를 제공하는 GTP 및 이 개시복합체의 조립을 촉진하는 개시인자(initiation factor, IF)가 포함된다(그림 9.10 참조). [참고: 원핵세포에서는 3가지 개시인자(IF-1, IF-2 및 IF-3)가 있는 반면, 진핵세포에는 10개 이상의 개시인자가 있다. 진핵세포(eukaryotes)의 개시인자는 그 기원을 나타내기 위해 **eIF**로 쓴다. 진핵세포도 개시를 위해 GTP가 필요하다.] 라이보솜이 번역을 개시하는 뉴클레오타이드 서열을 인식하는 메커니즘은 진핵세포와 원핵세포에서 서로 다르다.

진핵세포에서 개시 AUG는 특별한 개시자 tRNA(initiator tRNA)에 의해 인식된다. 이 인식은 eIF(eIF2 및 추가적인 eIF)에 의해 촉진된다. 아미노산으로 충전된 개시자 tRNA는 라이보솜의 P 자리로 들어가고 GTP는 GDP로 가수분해된다. (참고: 개시자 tRNA는 eIF-2가 인식하는 유일한 tRNA이며, P 자리로 직접 이동하는 유일한 tRNA이다.)

B. 신장

폴리펩타이드 사슬의 신장은 성장하는 사슬의 카복실 말단에 아미노산을 추가하는 것을 포함한다. 신장하는 동안 라이보솜은 번역되는 mRNA의 5' 말단에서 3' 말단으로 이동한다(그림 9.10 참조). mRNA 주형에서 다음 코돈이 라이보솜 A 자리에 들어오면, 신장인자(elongation factor, 진핵세포에서는 eEF-1α 및 eEF-1βγ)에 의해 아미노아실-tRNA가 A 자리로 전달된다. 이러한 인자는 GTP가 가수분해로 인해 GDP로 분해되는 과정에서 뉴클레오타이드 교환인자로 작용한다. 펩타이드 결합의 형성은 60S 라이보솜 소단위체의 28S rRNA에 있는 내재적 활성형인 **펩타이드기 전달효소**(peptidyl transferase)에 의해 촉매된다. 이 rRNA가 반응을 촉매하기 때문에 라이보자임(ribozyme)이라고 한다. 펩타이드 결합이 형성된 후, 라이보솜은 mRNA의 3' 말단을 향해 3개의 뉴클레오타이드를 이동시킨다. 이 과정은 자리이동(translocation)으로 알려져 있으며, eEF-2 및 GTP 가수분해가 필요하다. 이 자리이동으로 인해 아미노산을 넘겨준 tRNA는 라이보솜의 E 자리로 이동하고, 펩티딜 tRNA는 P 자리로 이동한다.

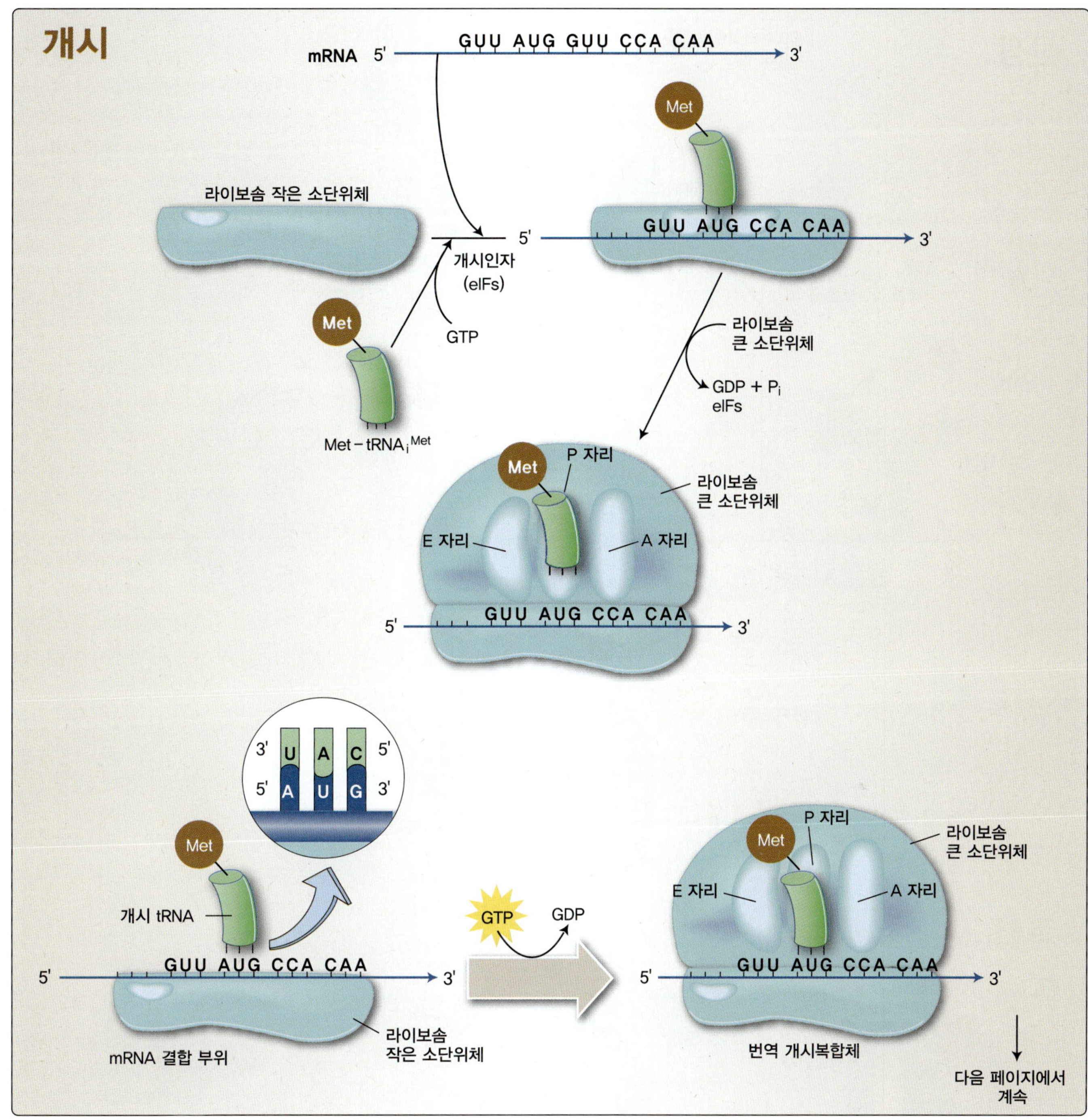

다음 페이지에서
계속

그림 9.10
단백질 합성 단계

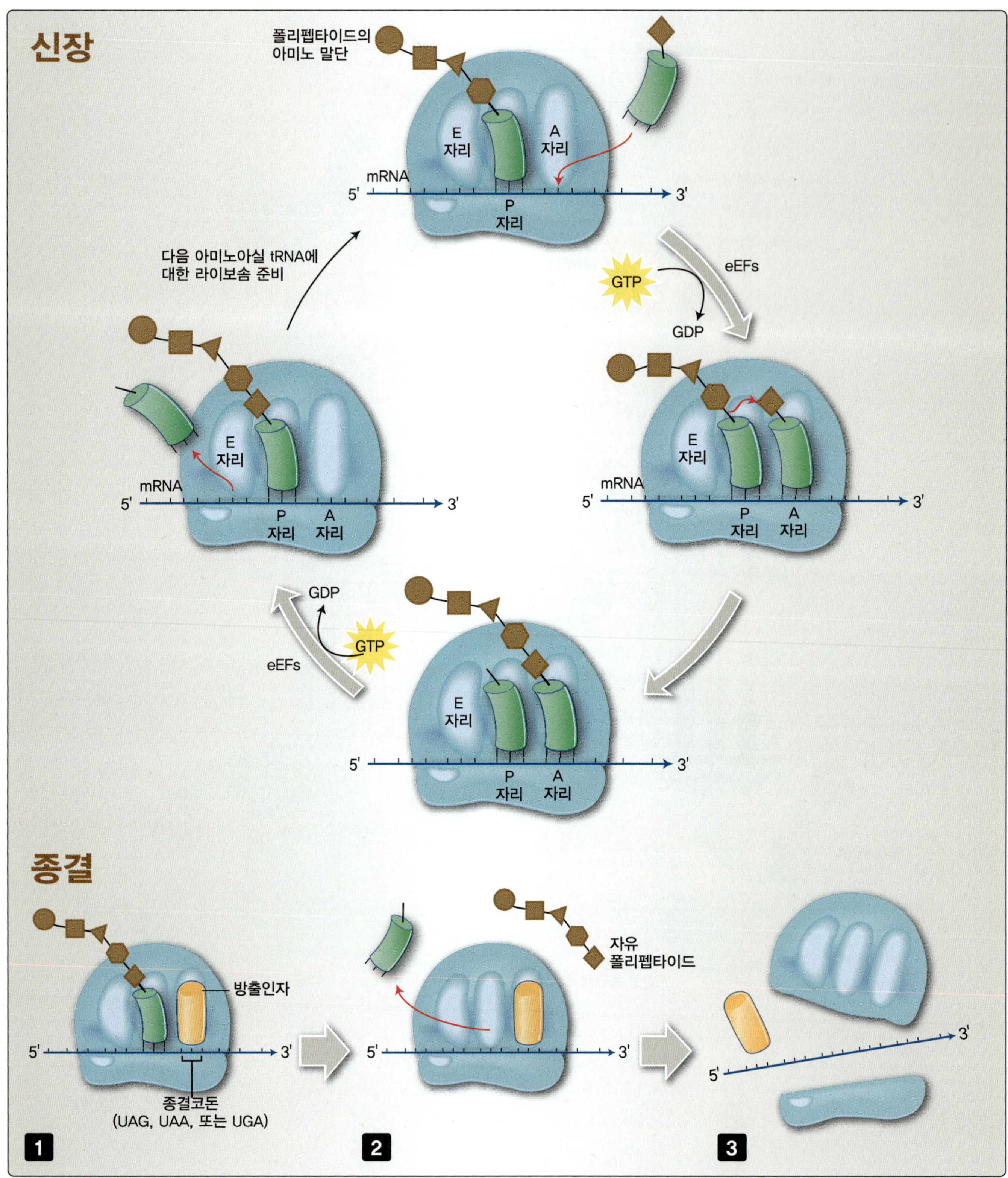

그림 9.10
단백질 합성 단계(이어짐)

C. 종결

종결(termination)은 3개의 종결코돈 중 하나가 A 자리로 이동할 때 발생한다(그림 9.10 참조). 진핵세포는 3개의 종결코돈 모두를 인식하는 단일 방출인자(release factor, **eRF**)를 가지고 있다. 새롭게 합성된 폴리펩타이드는 아래에 설명된 바와 같이 추가적인 변형을 거칠 수 있으며, 라이보솜 소단위체, mRNA, tRNA 및 단백질 인자는 재활용되어 또 다른 폴리펩타이드를 합성하는 데 사용된다.

D. 폴리솜

번역은 라이보솜이 mRNA의 5' 말단에서 시작하여 mRNA 분자를 따라 진행한다. 대부분 mRNA의 길이 때문에 한 번에 하나 이상의 라이보솜이 유전 정보를 번역할 수 있다(**그림 9.11**). 이러한 하나의 mRNA와 여러 라이보솜의 복합체를 폴리솜(polysome) 또는 폴리라이보솜(polyribosome)이라고 한다.

E. 번역의 조절

유전자 발현은 전사 수준에서 가장 많이 조절되지만, 단백질 합성 속도를 변화시키는 것으로도 조절된다. 진핵세포에서 일어나는 중요한 메커니즘은 eIF-2의 공유결합 변형이다(인산화된 eIF-2는 활성을 상실함).

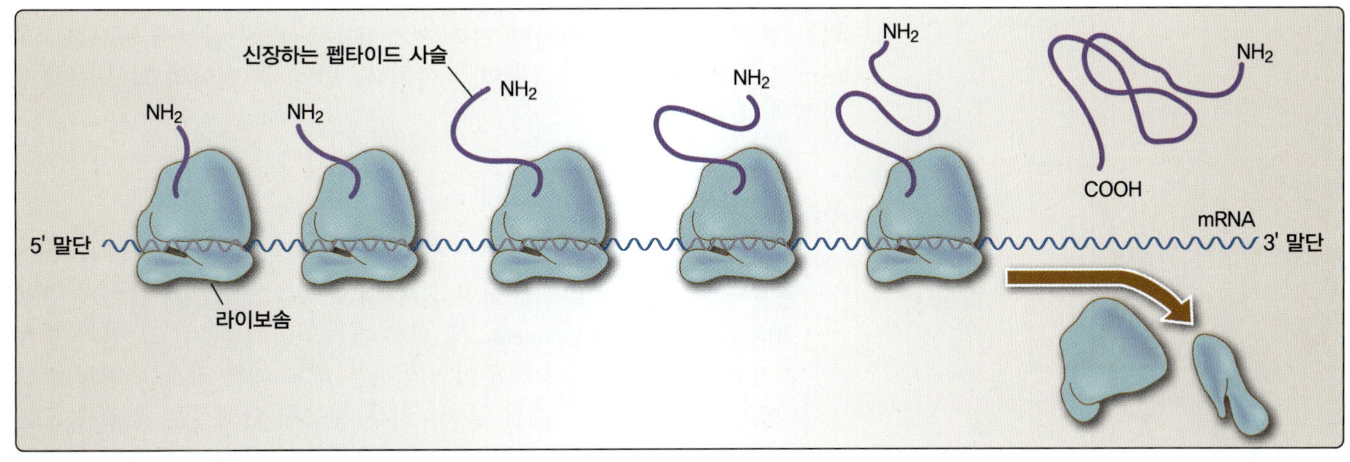

그림 9.11
폴리솜은 하나의 mRNA를 동시에 번역하는 여러 라이보솜으로 구성된다.

VI. 세균의 번역 과정을 표적으로 하는 여러 항미생물 항생제

단백질 합성의 개시 과정은 표 9.1에 나타난 바와 같이 원핵세포와 진핵세포에서 다르다. 사람의 세균 감염을 퇴치하는 데 사용되는 많은 항생제(antibiotics)는 원핵세포와 진핵세포의 단백질 합성 메커니즘 간의 차이를 이용한 것이다(표 9.2).

표 9.1 단백질 합성 개시에서 원핵세포와 진핵세포의 차이점

	진핵세포	원핵세포
라이보솜 작은 소단위체에 대한 mRNA의 결합	mRNA의 5′ 말단의 캡은 eIF 및 40S 라이보솜 소단위체에 결합한다. mRNA는 첫 번째 AUG부터 번역된다.	개시 AUG의 특정 상부 서열은 16S RNA의 상보적 서열에 결합한다.
첫 번째 아미노산	메싸이오닌	포밀메싸이오닌
개시인자	eIF (12종류 혹은 그 이상)	IF (3종류)
라이보솜	80S (40S와 60S 소단위체)	70S (30S와 50S 소단위체)

표 9.2 원핵세포의 단백질 합성에 대한 항생제의 효과

스트렙토마이신	개시를 억제하고 오독을 유발한다.
테트라사이클린	30S 소단위체에 결합하여 아미노아실-tRNA의 결합을 억제한다.
에리스로마이신	50S 소단위체에 결합하여 자리이동을 억제한다.

VII. 폴리펩타이드 사슬의 번역 후 변형

많은 폴리펩타이드 사슬은 라이보솜에 아직 부착되어 있거나 합성이 완료된 후에 공유결합으로 인해 변형된다. 이런 변형은 번역이 시작된 후에 발생하므로 번역 후 변형(posttranslational modification)이라고 한다. 이러한 변형에는 번역된 서열의 일부 제거 또는 단백질 활성에 필요한 1개 이상의 화학 그룹의 공유결합이 포함된다. 번역 후 변형의 일부 유형이 아래에 나열되어 있다.

A. 절단으로 다듬기

세포에서 분비되는 많은 단백질은 처음에는 기능적으로 활성이 없는 큰 전구체 분자로 만들어진다. 단백질 사슬의 일부는 특화된 단백질내부분해효소(endoprotease)에 의해 제거되어야 하며, 그 결과 활성 분자가 방출된다. 절단 반응이 일어나는 세포 내부 장소는 변형될 단백질에 따라 다르다. 예를 들어, 일부 전구체 단백질은 소포체 또는 골지체에서 절단되고, 다른 것들은 발달 중인 분비 소포에서 절단되며, 콜라겐과 같은 다른 것들은 분비 후에 절단된다. 자이모젠(zymogen)은 분비효소(소화에 필요한 단백질분해효소 포함)의 비활성 전구체인데, 적절한 작용 부위에 도달하면 분해를 통해 활성화된다. 예를 들어, 이자의 자이모젠인 트립시노젠(trypsinogen)은 소장에서 **트립신**(trypsin)으로 활성화된다.

효소가 자이모젠으로 합성되는 것은 자체 생산물에 의해 세포가 소화(분해)되지 않도록 보호하는 것이다.

B. 공유결합성 변형

효소 또는 구조 단백질은 다양한 화학 그룹의 공유결합으로 인해 활성화되거나 비활성화될 수 있다. 이러한 변형의 예는 다음과 같다(그림 9.12).

1. **인산화:** 인산화(phosphorylation)는 단백질의 세린, 트레오닌 또는 드물게는 타이로신 잔기의 하이드록실기(-OH)에서 발생한다. 이 인산화는 단백질 인산화효소(kinase) 집단 중 하나에 의해 촉매되며, 세포의 단백질 인산가수분해효소(protein phosphatase)의 작용으로 인해 탈인산화될 수 있다. 인산화는 단백질의 기능적 활성을 증가시키거나 감소시킬 수 있다.

2. **글라이코실화(당화):** 원형질막 또는 라이소솜의 일부가 되거나 세포에서 분비될 예정인 많은 단백질은 세린 또는 트레오닌 수산기(O-연결), 또는 아스파라진의 아마이드 질소(N-연결)에 부착된 탄수화물 사슬을 가지고 있다. 당의 첨가는 소포체와 골지체에서 발생한다. 때때로 글라이코실화(glycosylation)는 단백질을 특정 세포 소기관으로 표적화하는 데 사용된다. 예를 들어, 라이소솜에 통합되도록 예정된 효소는 마노스 잔기(mannose residue)의 인산화에 의해 변형된다(11장 참조).

3. **하이드록실화(수산화):** 콜라젠 α 사슬의 프롤린 및 라이신 잔기는 소포체에서 광범위하게 하이드록실화(hydroxylation)된다.

4. **기타 공유결합성 변형:** 이는 단백질의 기능적 활성에 필요할 수 있는데 예를 들어, 카복실기가 바이타민 K 의존적 카복실화에 의해 글루탐산 잔기에 추가될 수 있다. 이 결과로 생성된 γ-카복시글루탐산 잔기는 여러 혈액 응고 단백질의 활성에 필수적이다. 바이오틴(biotin)은 **피루브산 카복실화효소**(pyruvate carboxylase)와 같은, 카복실화 반응을 촉매하는 바이오틴 의존 효소에서 라이신 잔기의 ε-아미노기에 공유결합된다. 파네실 그룹(farnesyl group)과 같은 지질의 부착은 단백질을 막에 고정시키는 데 도움이 될 수 있다. 또한, 많은 단백질이 번역 후 아세틸화된다.

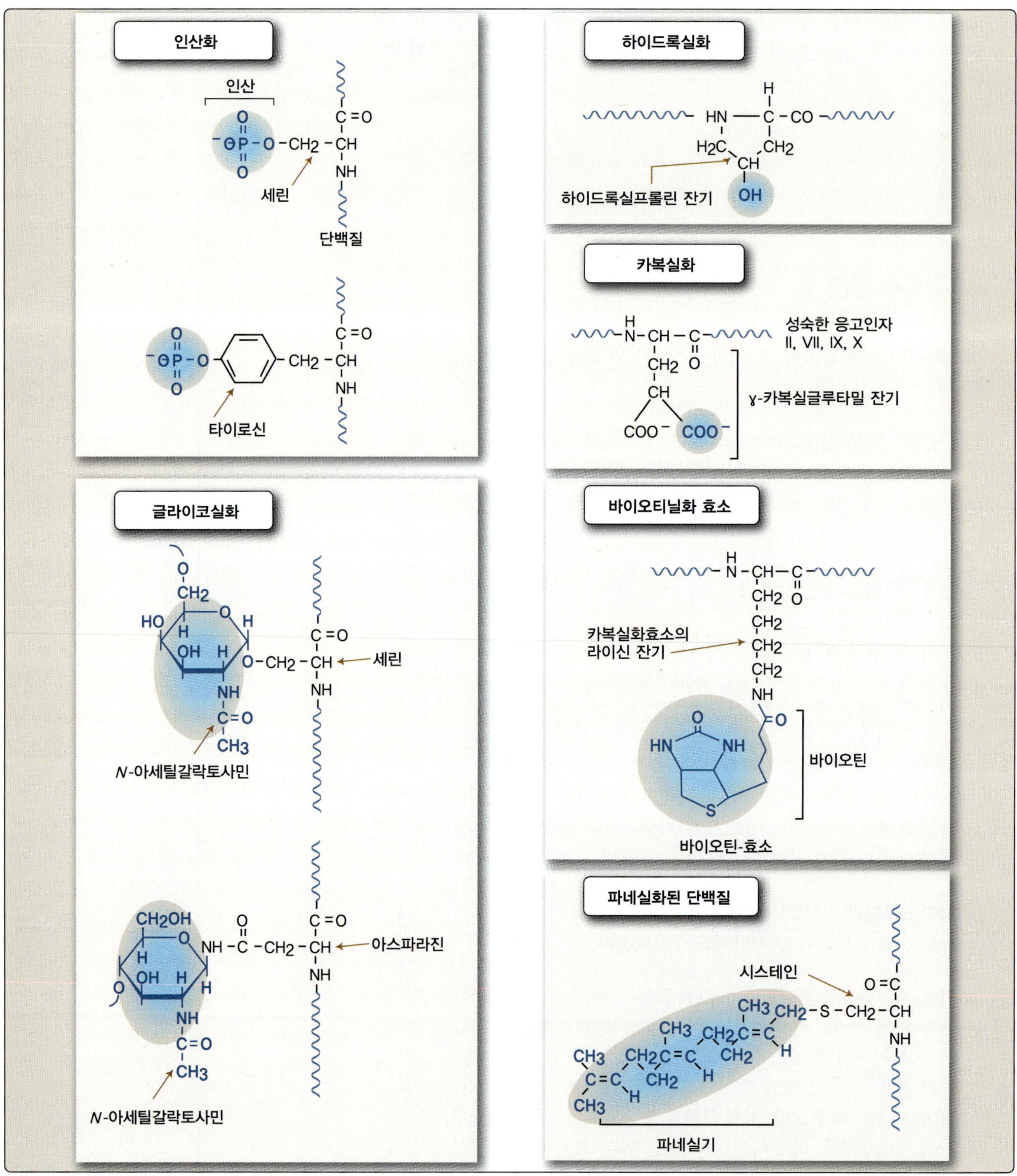

그림 9.12
일부 아미노산 잔기의 번역 후 변형

요약

- 코돈은 A, G, C, U의 mRNA 언어로 표현되는 3개의 뉴클레오타이드 염기로 구성된다. 20개의 일반적인 아미노산을 위한 61개의 코돈과 3개의 종결코돈을 포함하여 64개의 가능한 조합이 있다.
- 유전부호는 특이적이고, 보편적이며, 중첩되지만, 겹치지 않으며, 끊김이 없다.
- 돌연변이는 염기서열이 변경된 결과이다.
- 단백질 합성을 위한 필수 조건에는 완성된 단백질에 최종적으로 나타나는 모든 아미노산, 각 아미노산에 대한 최소 하나의 특정 유형의 tRNA, 각 아미노산에 대한 아미노아실-tRNA 합성효소, 합성할 단백질을 암호화하는 mRNA, 라이보솜, 단백질 인자, ATP 및 GTP 등의 에너지원이 있다.
- 펩타이드 결합의 형성은 라이보솜의 큰 소단위체에 내재된 활성형인 펩타이드기 전달효소에 의해 촉매된다.
- 한 번에 1개 이상의 라이보솜이 폴리솜을 형성하여 유전 정보를 번역할 수 있다.
- 수많은 항생제가 원핵세포와 진핵세포에서 선택적으로 단백질 합성과정을 방해한다.
- 많은 폴리펩타이드가 합성된 후, 공유결합으로 변형된다.

학습 문제

다음 중 가장 적절한 답을 하나만 고르시오.

9.1 빈혈로 진단된 20세 남성의 β-글로빈이 정상적인 단백질에서 발견되는 141개의 아미노산이 아닌 172개의 아미노산을 가진 비정상적인 형태로 밝혀졌다. 다음 중 이런 현상과 일치하는 점돌연변이는 무엇인가?

A. UAA → CAA
B. UAA → UAG
C. CGA → UGA
D. GAU → GAC
E. GCA → GAA

정답 A

β-글로빈에 대한 정상적인 종결코돈인 UAA를 CAA로 돌연변이시키면 라이보솜이 그 지점에 글루타민을 더 삽입하게 된다. 따라서 mRNA에서 다음 종결코돈에 도달할 때까지 단백질 사슬은 계속 확장하여 비정상적으로 긴 단백질을 생성한다. UAA에서 UAG로 변경하면 종결코돈이 다른 것으로 변경될 뿐 단백질에는 영향을 미치지 않는다. CGA(아르지닌)를 UGA(종결)로 대체하면 단백질이 너무 짧아진다. GAU와 GAC는 둘 다 아스파트산을 암호화하며 단백질에 변화를 일으키지 않는다. GCA(알라닌)를 GAA(글루탐산)로 변경해도 단백질 산물의 길이는 변경되지 않는다.

9.2 시스테인($tRNA^{cys}$)을 운반하는 것으로 추정되는 tRNA 분자가 잘못 충전되어 알라닌($ala\text{-}tRNA^{cys}$)을 운반한다. 단백질 합성 동안 이 알라닌 잔기의 운명은 어떻게 되는가?

A. 알라닌 코돈에 대응하여 단백질에 통합된다.
B. 시스테인 코돈에 대응하여 단백질에 통합된다.
C. 단백질 합성에 사용할 수 없기 때문에 tRNA에 부착된 상태로 유지된다.
D. 임의의 코돈에서 무작위로 통합될 것이다.
E. 세포 효소에 의해 화학적으로 시스테인으로 전환된다.

정답 B

아미노산이 tRNA 분자에 부착된 후에는 해당 tRNA의 안티코돈만이 코돈 결합의 특이성을 결정한다. 따라서 잘못 충전된 알라닌은 시스테인 코돈 자리에서 단백질에 통합될 것이다.

9.3 ΔF508 돌연변이로 인한 낭포성섬유증 환자에서는 돌연변이 낭포성섬유증 막관통 전도 조절인자(CFTR) 단백질이 잘못 접힌다. 환자의 세포는 유비퀴틴 분자를 부착하여 이 비정상적인 단백질을 변형시킨다. 이 변형된 CFTR 단백질의 운명은 무엇인가?

A. 유비퀴틴이 돌연변이의 영향을 교정하므로 정상적인 기능을 수행한다.
B. 세포에서 분비된다.
C. 저장 소포에 위치한다.
D. 프로테오솜에 의해 분해된다.
E. 세포 효소에 의해 복구된다.

정답 D

유비퀴틴화는 일반적으로 프로테오솜에 의해 파괴되기 위해 오래되었거나 손상되었거나 혹은 잘못 접힌 단백질을 표지한다. 손상된 단백질을 복구하는 것으로 알려진 세포 메커니즘은 없다.

9.4 무세포(cell-free) 단백질 합성 시스템에서 반복서열 CAA를 포함하는 합성 폴리라이보뉴클레오타이드의 번역은 폴리글루타민, 폴리아스파라진 및 폴리트레오닌의 3가지 단일폴리펩타이드를 생성한다. 글루타민과 아스파라진의 코돈이 각각 CAA와 AAC라면, 다음 중 트레오닌의 코돈은 무엇인가?

A. AAC
B. CAA
C. CAC
D. CCA
E. ACA

정답 E

CAACAACAACAA의 합성 폴리뉴클레오타이드 서열은 첫 번째 C, 첫 번째 A 또는 두 번째 A에서 시작하는 시험관 내 단백질 합성 시스템에 의해 번역될 수 있다. 첫 번째 경우 첫 번째 코돈은 CAA이며, 글루타민을 암호화한다. 두 번째 경우, 첫 번째 코돈은 아스파라진을 암호화하는 AAC일 것이다. 마지막 경우 첫 번째 코돈은 트레오닌을 암호화하는 ACA가 될 것이다.

유전자 발현의 조절

Regulation of Gene Expression

10

I. 개요

각 체세포 내의 DNA 염기서열에는 수천 개의 서로 다른 RNA 분자와 단백질을 합성하는 데 필요한 모든 정보가 포함되어 있다. 일반적으로 세포는 유전자의 일부만을 단백질로 발현한다. 다세포 생물체에서 서로 다른 세포 유형은 각 유형이 별개의 유전자 세트를 발현하기 때문에 발생한다. 더욱이 세포는 다른 세포로부터의 신호를 포함하여 환경 변화에 반응하여 자신이 발현하는 유전자의 패턴을 변경할 수 있다. 유전자 발현에 관련된 모든 단계는 원칙적으로 조절될 수 있지만, 대부분 유전자에서는 RNA 전사의 개시 조절이 가장 중요한 지점이다.

II. 유전자 발현의 단계적 조절

유전자 발현 조절을 위한 몇 가지 중요한 지점이 있는데, DNA에서 mRNA로의 전사로부터 새로 합성된 단백질의 번역 후 변형까지를 포함한다(그림 10.1). 유전체에 대한 후성유전학적 변화는 염색질과 DNA에 대한 화학적 및 구조적 변형을 수반하며, 새로 합성된 mRNA의 가공 및 세포질로의 운반 또한 조절한다. 세포질에서는 mRNA의 안정성과 번역 여부가 조절될 수 있다. 대부분 단백질은 번역 이후에 활성, 구획화 및 반감기 조절을 위해 변형된다.

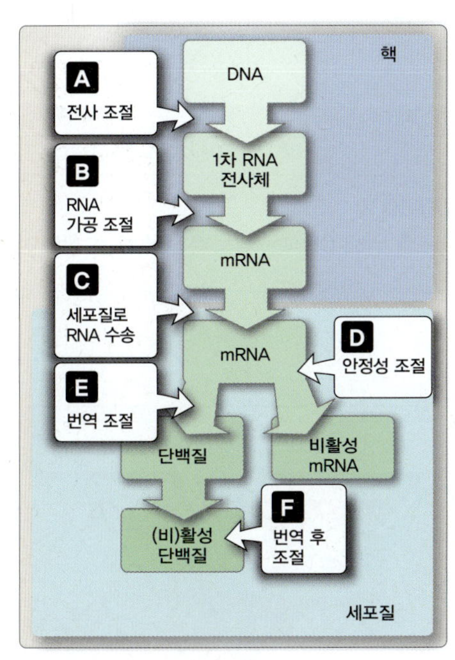

그림 10.1
유전자 발현의 조절은 다양한 수준에서 일어날 수 있다.

A. 전사 조절

유전자 서열이 RNA로 전사되는 시기와 빈도를 전사 조절(transcriptional control)이라고 하며, 이는 두 가지 수준에서 일어난다.

- 응축된 염색질의 구조적, 화학적 변형(예: 히스톤의 아세틸화 및 CpG 뉴클레오타이드의 탈메틸화, 6장 참조)이 일어나면 덜 단단하게 감긴 DNA 구조(그림 10.2)로 바뀌게 되어 유전자 발현에 필요한 전사인자가 접근할 수 있게 된다.
- 전사인자로 알려진 DNA 결합 단백질은 유전자 발현을 조절하여 전사 스위치를 켜거나 끈다. 전사인자에는 일반전사인자와 특수전사인자의 두 가지 범주가 있다.

1. **일반(기본)전사인자:** 일반전사인자(general transcription factor)는 RNA 중합효소 II에 의해 전사되는 모든 유전자에 결합하는 단백질로서 세포에 풍부하게 존재한다(8장 참조). 이러한 전사인자는 프로모터의 기본 활동과 단백질 암호화 서열의 시작 부분에 RNA 중합효소 II를 배치하고 활성화하는 데 중요하다(그림 10.3).

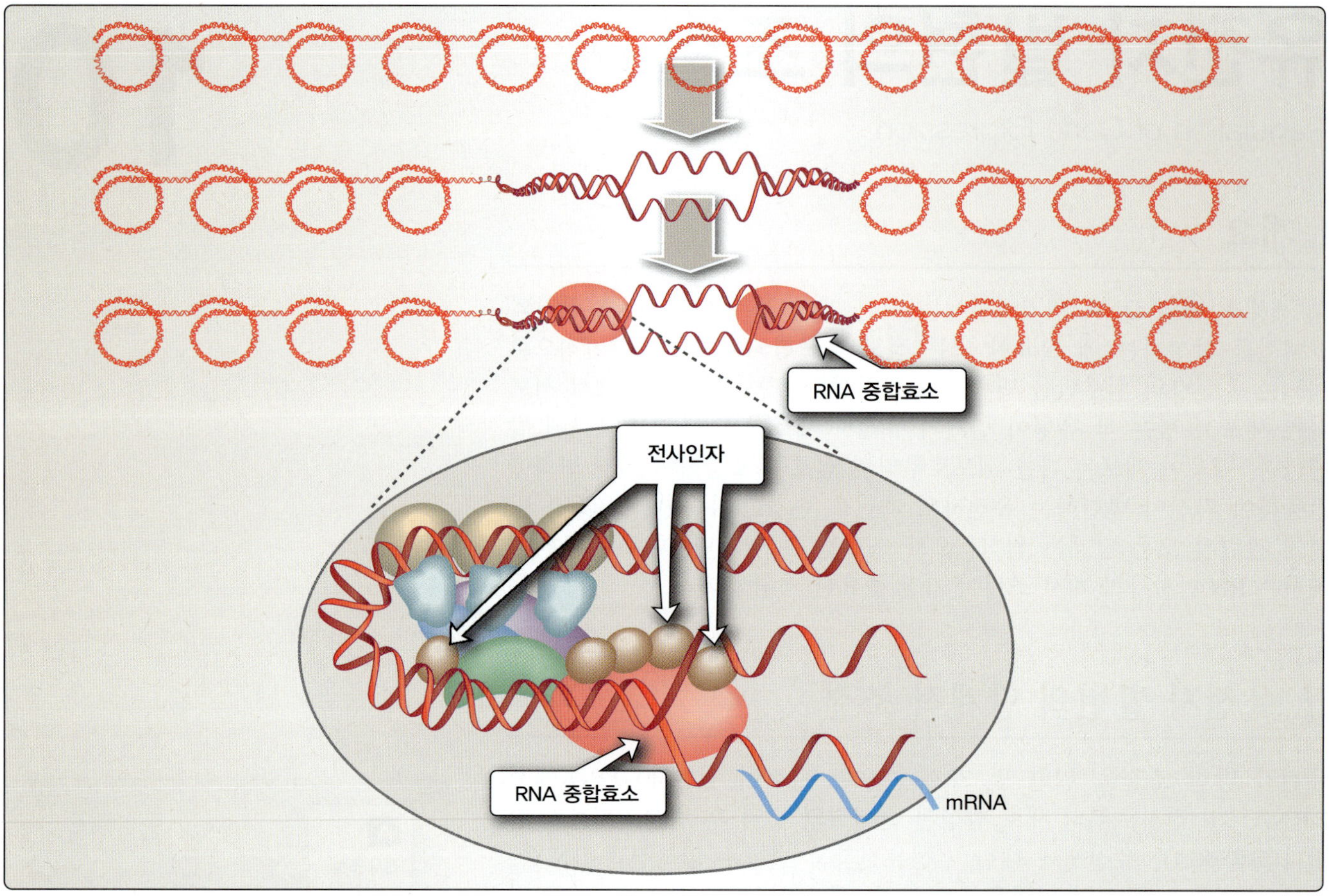

RNA 중합효소
전사인자
RNA 중합효소
mRNA

그림 10.2
전사를 위해 DNA는 탈응축되어 풀린 상태여야 한다.

특수전사인자
일반(기본)전사인자
RNA 중합효소

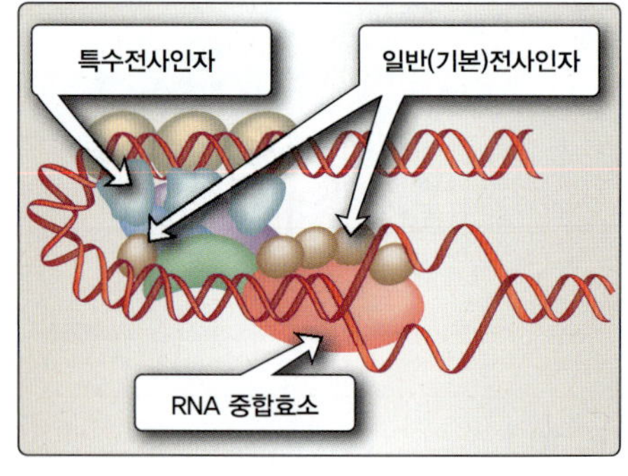

그림 10.3
일반전사인자는 전사 개시(준비)에 필요하다.

2. **특수전사인자:** 특수전사인자(specific transcription factor) 또는 유전자 조절 단백질은 각 세포에 매우 적은 양으로 존재하며, 특정 DNA 뉴클레오타이드 서열에 결합하여 유전자가 활성화될지 또는 억제될지 조절하는 기능을 수행한다. 이 단백질은 2중가닥 DNA의 짧은 서열을 인식하여 세포에 있는 수천 개의 유전자 중 어떤 것이 전사될 것인지를 결정한다. 많은 고유한 조절 단백질이 확인되었는데, 각각 독특한 구조적 모티프(motif)를 가지고 있으며 대부분 동형2량체 또는 이형2량체로서 DNA에 결합한다(그림 10.4). 모티프에 있는 아미노산 서열이 DNA 서열을 정확하게 인식하게 한다. 특수전사인자는 조직 특이적 유전자 발현과 세포 생장 및 분화에 중요하며, 일부 지용성 호르몬은 표적세포에서 전사인자를 조절한다.

전사인자의 몇 가지 예와 이러한 단백질이 인식하는 DNA 서열은 표 10.1에 나와 있다.

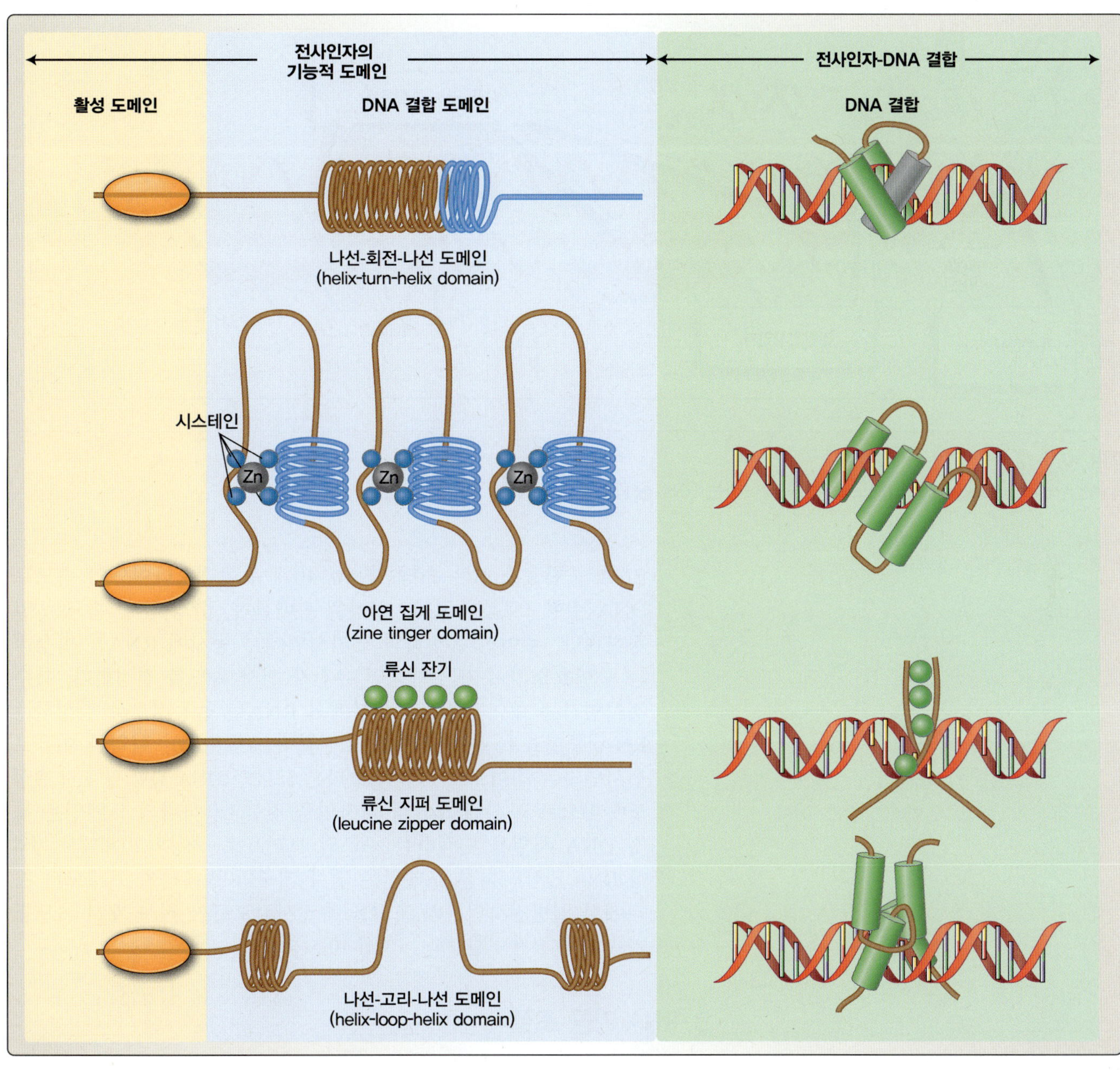

그림 10.4
특수전사인자는 모듈식 구조를 갖는다.

표 10.1 특수전사인자는 특정 DNA 서열에 결합하여 전사를 조절한다.

전사인자	인식 서열
Myc와 Max	CACGTG
Fos와 Jun	TGACTCA
TR(갑상샘 호르몬 수용체)	GTGTCAAAGGTCA
MyoD	CAACTGAC
RAR(레티노산 수용체)	ACGTCATGACCT

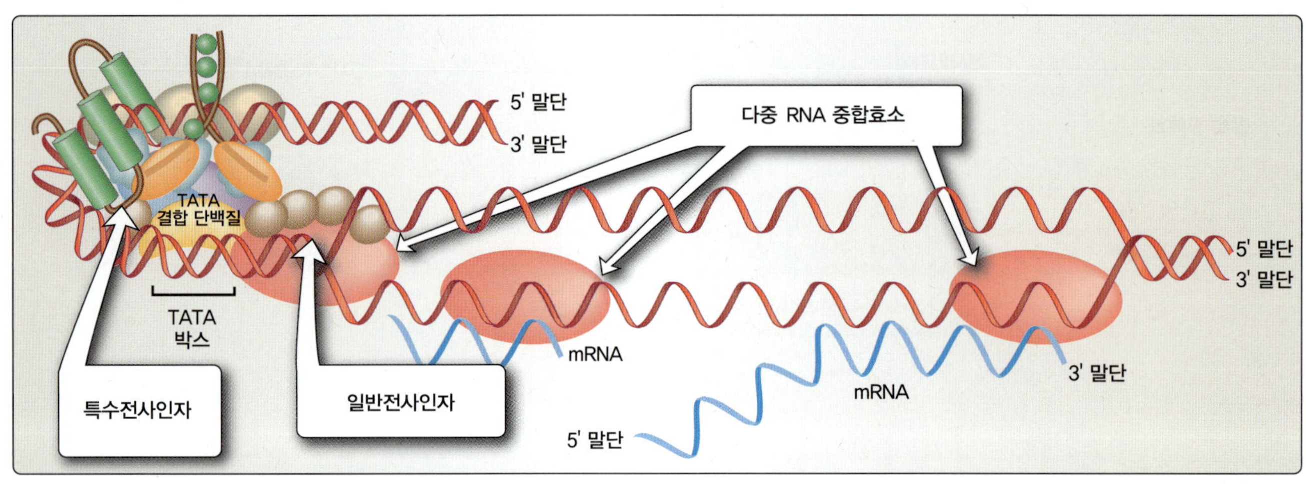

그림 10.5
특수전사인자는 DNA에 결합하고 전사를 시작하는 RNA 중합효소의 개수에 영향을 미친다.

RNA 중합효소 II는 초당 약 30~40개 뉴클레오타이드의 속도로 DNA 주형으로부터 RNA 합성을 촉매한다. 합성(전사) 속도는 일정하지만, 주어진 유전자의 염기서열에서 동시에 RNA를 합성하는 중합효소의 수가 절대적인 유전자 전사 속도를 결정한다. 특수전사인자는 주어진 DNA 부분에서 RNA를 능동적으로 합성하는 RNA 중합효소 분자의 수를 조절한다(**그림 10.5**). 이러한 이유로 전사인자는 적어도 2개의 서로 다른 도메인(DNA 결합 및 전사 활성 도메인)으로 구성된 모듈식 디자인을 갖는다. 하나의 도메인은 특정 DNA 서열을 인식하는 구조적 모티프로 구성되고(위에서 논의한 DNA 결합), 다른 도메인은 전사 기구와 접촉하여 프로모터 자리에서 일반전사인자의 조립을 촉진시킴으로써 전사 개시 속도를 가속화한다(전사 활성화). (그림 10.5 참조)

B. RNA 가공 조절

1차 전사체는 인트론을 포함하는 이질적인 핵 RNA로 생성되며, 인트론은 결국 성숙한 mRNA를 생성하기 위해 제거된다(8장 참조). 이 과정은 핵에서 일어나며, 그 후 연속적인 가공과정을 통해 최종적으로 번역되는 mRNA 분자의 수를 조절한다.

1. **mRNA 캡핑:** 5' 캡 구조의 추가(mRNA capping, 8장 참조)는 mRNA가 세포질에서 번역되는 데 중요하며, 성장하는 RNA 사슬이 5' 핵산말단가수분해효소에 의해 핵 내에서 분해되는 것으로부터 보호하는 데에도 필요하다.

2. **폴리(A) 꼬리:** mRNA 전사물의 두 번째 변형은 폴리(A) 꼬리(~200개의 아데닌 뉴클레오타이드 잔기)가 3' 말단에 추가되면서 일어난다. 폴리(A) 꼬리의 길이가 mRNA 안정성과 번역 효율을 모두 조절하기 때문에 폴리아데닐화 반응은 중요한 조절 단계이다. 폴리(A)

꼬리는 3' 핵산말단가수분해효소에 의한 조기 분해로부터 mRNA를 보호한다.

3. **인트론 제거:** 1차 전사체의 5' 및 3' 말단을 변형한 후, RNA 스플라이싱에 의해 비암호화 부위인 인트론 분절을 제거하고 암호화된 엑손 서열을 서로 연결한다(**그림 10.6**). 엑손 연결의 특이성은 인트론 분절의 시작[5' 공여자(5' donor) 부위]과 끝[3' 수용자(3' acceptor) 부위]을 표시하는 신호서열의 존재로 인해 결정된다. 이러한 신호서열은 고도로 보전되어 있기에, 이러한 서열의 변경은 비정상적인 mRNA 분자로 이어질 수 있다.

4. **선택적 스플라이싱:** 1차 전사체에서 서로 다른 엑손 분절을 연결하여 여러 종류의 단백질을 형성하는 유전자의 능력을 선택적 스플라이싱(alternative splicing)이라고 한다. 이는 RNA 결합 단백질이 스플라이싱 기구를 서로 다른 스플라이스 자리로 접근하도록 변경함으로써 가능하다. 이러한 단백질은 선호하는 스플라이스 자리를 가리거나, 이 자리를 대체하는 선택적 자리에서 스플라이싱을 촉진하기 위해 관련 RNA 구조를 변경할 수 있다. 또한 세포 특이적 조절은 선택적 스플라이싱에 의해 만들어진 전사체의 유형과 최종적으로 생산되는 단백질 산물을 결정할 수 있다. RNA 스플라이싱은 또한 기능이 없는 단백질과 기능이 있는 단백질, 막-결합 단백질과 분비 단백질 등을 생산할 때 상호 전환이 가능하게 한다. 하나의 유전자에서 하나 이상의 단백질 산물을 만드는 능력은 왜 사람의 유전체가 예상보다 적은 수의 유전자를 갖는지에 대한 설명이 된다(**그림 10.7**).

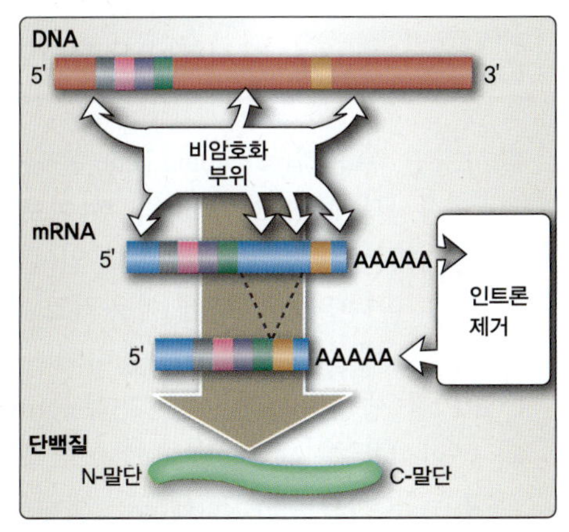

그림 10.6
RNA 가공과정

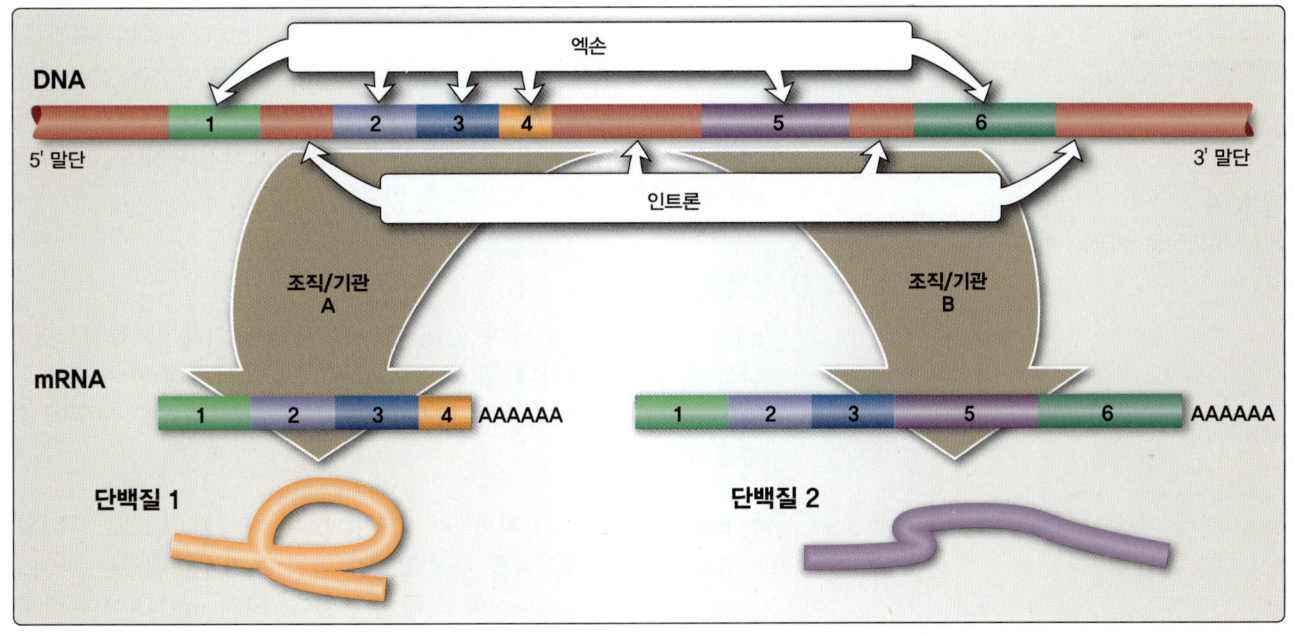

그림 10.7
여러 종류의 단백질을 생산하기 위한 유전자의 선택적 스플라이싱

임상 적용 10.1 칼시토닌 유전자의 선택적 스플라이싱

칼시토닌 유전자(calcitonin gene)는 선택적 스플라이싱에 의해 두 가지 다른 단백질을 생성한다. 칼시토닌 유전자는 갑상샘(thyroid gland)의 부-여포성 세포(parafollicular cell)에서 부갑상샘 호르몬(parathyroid hormone)의 작용을 방해하는, 칼슘 조절 호르몬인 칼시토닌을 생성한다. 칼시토닌은 에스트로젠을 사용할 수 없는 여성의 폐경기 이후 골다공증 치료에 사용되고 있다. 신경조직에서는 동일한 칼시토닌 유전자가 다르게 스플라이싱되고 다른 폴리아데닐화 부위를 사용하여 신경펩타이드인 칼시토닌 유전자 관련 펩타이드(calcitonin gene–related peptide, CGRP)를 생산하는데, 이는 편두통(migraine)의 병리학에서 중요한 역할을 한다. 이 CGRP의 혈청 수치는 편두통과 군집성 두통(cluster headache)을 포함한 모든 형태의 혈관성 두통이 있는 환자에게서 상승한다. CGRP 길항제는 편두통 치료를 위한 새로운 계열의 약물이다.

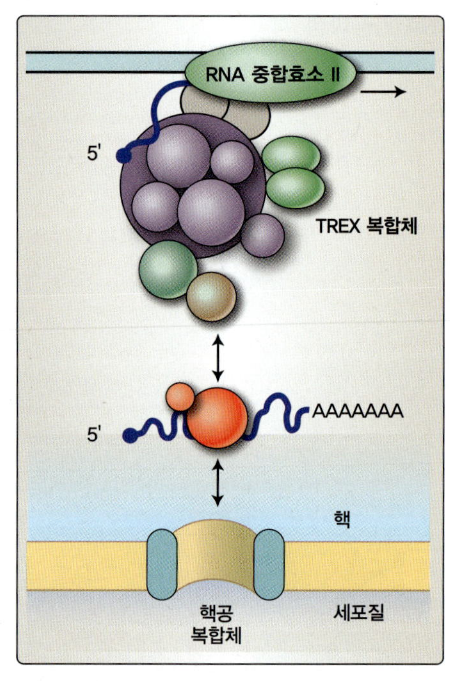

그림 10.8
핵에서 세포질로 mRNA 수출

C. 세포질로의 RNA 수송

핵에서 발견되는 RNA 중 단지 일부만이 완전히 가공된 mRNA로 만들어진다. 손상되고 잘못 가공된 RNA는 핵 내에 남아 분해된다. 전형적인 성숙 mRNA는 이를 식별하는 여러 단백질의 도움으로 세포질로 운반된다. 수출(export)은 핵공 복합체를 통해 이루어지지만, mRNA와 관련 단백질들은 크기가 커서 능동수송이 필요하다. RNA의 종류에 따라 서로 다른 핵 수출 경로를 사용한다. 단백질을 암호화하지 않는 RNA의 경우, 카리오페린(karyopherin)으로 알려진 단백질 수송 수용체의 한 부류가 이러한 RNA의 움직임을 매개하고 Ran이라는 작은 GTP 가수분해 단백질의 도움을 받아 이의 수송을 중개한다. 스플라이싱된 mRNA는 별개의 수출 인자 세트를 필요로 하며, Ran과 무관한 독립적 경로를 통해 핵공을 통과한다. 이 단백질들은 서로 결합하여 TREX(transcription-export)라는 큰 복합체를 형성한다. TREX 복합체는 RNA 중합효소 II와 상호작용하며, 포장(packaging) 및 핵 수출을 위한 관련 인자를 RNA에 적재하는 것을 촉진함으로써 mRNA 생성의 모든 단계를 통합한다. TREX 복합체의 일부 단백질은 mRNA의 5' 캡 관련 단백질과 상호작용하여 5'-3' 방향으로 mRNA를 핵 밖으로 운반할 수 있다(그림 10.8).

D. 안정성 조절

mRNA가 세포질에 남아 있는 시간은 번역에 의해 생산되는 단백질 산물의 양을 결정한다. 모든 전사물은 세포에서 유한한 수명을 가진다. 세포 내 개별 RNA의 양은 전사 속도와 분해 속도 모두에 의해 결정된다.

1. **mRNA 반감기:** 진핵세포에서 mRNA는 다양한 속도로 분해된다. RNA 분해는 RNA를 구성요소인 염기로 가수분해하는 라이보뉴클레이스(ribonuclease)에 의해 수행된다. 특정 mRNA에 대한 분해율의 척도를 반감기(mRNA half-life, RNA의 양을 초기 농도의 절반으로 분해하는 데 걸리는 시간)라고 한다. 불안정한 mRNA는 일반적으로 세포 내에서 생산 수준이 빠르게 변화하는 조절 단백질(예:

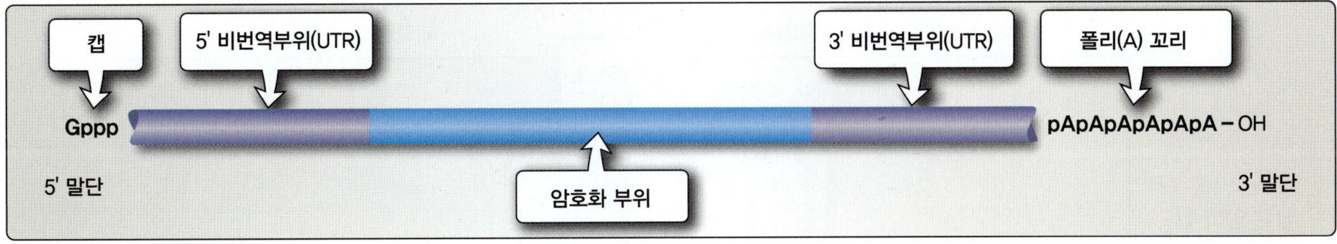

그림 10.9
mRNA의 비번역부위

생장인자 및 유전자 조절 단백질)을 암호화한다. 이들의 반감기는 몇 분에서 몇 시간이다. 안정한 mRNA는 일반적으로 세포유지 단백질(housekeeping protein)을 암호화하며, 반감기는 며칠 정도이다.

2. **mRNA 3' UTR:** mRNA는 번역되지 않은 부위를 포함하며 여기에는 5' 비번역부위(5′ untranslated region, **5' UTR**)와 3' 비번역부위(3′ untranslated region, **3' UTR**)가 포함된다. mRNA의 안정성은 RNA 분자에 내재된 신호에 의해 영향을 받을 수 있다. 3' UTR에서 발견되는 염기서열 AUUUA는 조기 분해(따라서 짧은 수명)에 대한 신호이다. 이와 같은 서열이 많을수록 mRNA의 수명은 더 짧아진다. 이 신호는 뉴클레오타이드 서열에 암호화되어 있기 때문에, 각 mRNA의 서로 다른 특성이 된다. 3' UTR의 서열은 줄기-고리(stem-loop) 구조를 형성하고 단백질 결합을 통해 mRNA의 분해를 막기도 한다(그림 10.9).

임상 적용 10.2 철(iron) 수준의 조절

철 결핍(iron deficiency)은 전 세계적으로 가장 널리 퍼진 영양 결핍 중 하나이다. 철 결핍의 진단은 주로 실험실 검사를 기반으로 한다. 자유(free) 상태의 철은 반응성 때문에 신체에 독성이 있기에, 대부분 철은 단백질에 결합한 상태로 체내에 존재한다. 유리된 상태의 철은 저장 단백질인 페리틴(ferritin)에 결합하거나 트랜스페린(transferrin)과 결합하여 운반된다. 페리틴은 대부분 세포 내 구획에 국한되지만, 미량은 혈액으로 분비된다. 혈장 페리틴은 세포 내 철의 저장량에 비례하기 때문에 결과적으로 혈장 페리틴은 철 결핍성 빈혈에서 세포 내 철의 양을 알아내는 중요한 지표가 된다. 세포 표면에서 트랜스페린 수용체 발현 수준에 따라 세포 내부에 존재하는 철의 축적 속도가 결정되기 때문에, 트랜스페린의 양 또한 임상적 측정이 가능하다. 페리틴 및 트랜스페린 수용체의 생합성은 세포 내 철의 수준에 따라 서로 반대로 조절된다. 트랜스페린 수용체 생합성은 세포 내 이용 가능한 철의 수치가 낮을 때 증가하고, 반대로 철의 수치가 높을 때 감소한다. 그림 10.10에서 볼 수 있듯이, 이 조절은 트랜스페린 수용체와 페리틴 mRNA의 양을 변화시킴으로써 이루어진다. 트랜스페린 수용체와 페리틴 mRNA에 있는 철 반응요소(iron response element, **IRE**)는 세포 내 철의 상태에 따라 활성이 조절되는 철 반응 단백질(iron response protein, **IRP**)과 결합한다.

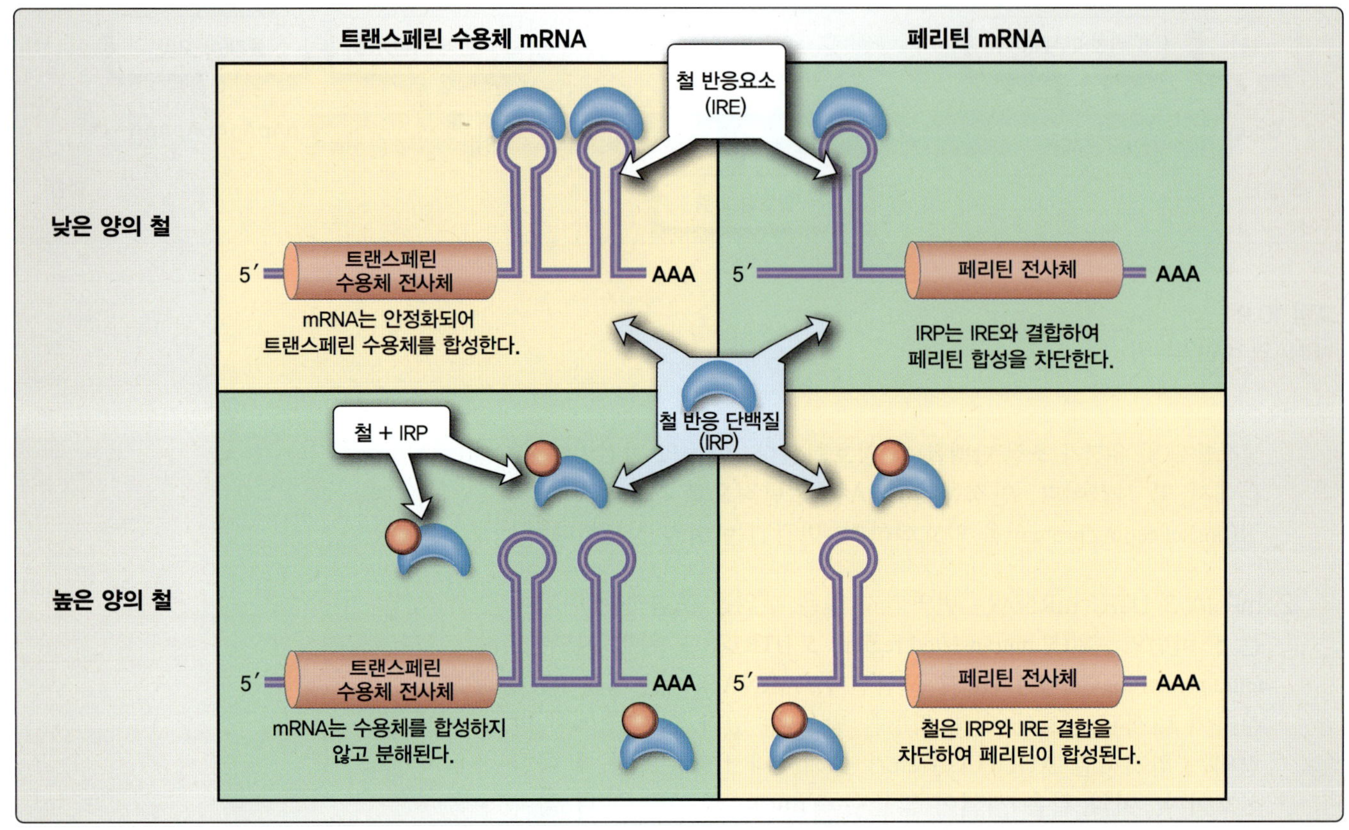

그림 10.10
트랜스페린 수용체와 페리틴 mRNA의 조절

E. 번역 조절

유전자 발현의 두 번째 기본 단계는 mRNA를 단백질로 번역하는 것이다. 번역은 세포질에서 일어난다. 그러나 세포질에 도착한 모든 mRNA가 번역되는 것은 아니다. 세포질의 RNA 분자는 단백질과 상시적으로 연결되어 있으며, 그중 일부는 번역을 조절하는 기능을 할 수 있다. 번역 억제 메커니즘이 가장 광범위하게 작동한다. 페리틴의 경우 mRNA는 세포질 내에 유지되지만, 세포 내 철 농도가 상승할 때까지 번역이 억제된다. 이 경우 번역의 차단은 억제 단백질(트랜스페린 수용체 mRNA의 3' UTR에 결합하는 동일한 철 반응 단백질)이 페리틴 mRNA의 5' UTR 말단에 결합함으로써 일어난다(그림 10.10 참조).

F. 번역 후 조절

세포질의 라이보솜 복합체에 의해 단백질이 합성된 후에, 많은 경우 이들 단백질은 변형되어야 기능을 가지게 된다. 비록 번역 후 변형(posttranslational modification)으로 통칭되는 이러한 메커니즘은 유전자 발현 조절로 생각되지는 않지만, 단백질이 세포 내에서 기능을 수행하기 전까지는 유전자 발현이 마무리되지 않은 것으로 간주한다.

III. RNA 간섭

진핵세포에서 2중가닥 RNA의 존재는 RNA 간섭[RNA interference, RNAi, RNA 침묵(RNA silencing) 또는 RNA 불활성화(RNA inactivation)라고도 함]으로 알려진 과정을 유발할 수 있다. RNAi는 두 가지 주요 단계로 구성된다. 첫째, 2중가닥 RNA(dsRNA)는 핵산내부가수분해효소(다이서, dicer)에 의해 인식되어 짧은 간섭 RNA(short interfering RNA, siRNA)라고 하는 21~24개 뉴클레오타이드의 더 작은 분자로 절단된다. 두 번째 단계에서는 siRNA의 단일가닥[가이드(guide) 또는 안티센스 가닥(antisense strand)]이 단백질과 결합하여 RNA 유도침묵복합체(RNA-induced silencing complex, RISC)를 형성한다. 그런 다음 RISC의 가이드 가닥은 표적 mRNA의 상보적 서열과 결합하여 혼성화된다. RISC의 핵산내부가수분해효소(slicer)는 표적 mRNA를 분해한다(그림 10.11). RNAi는 유전 정보를 dsRNA에 저장하는 인간면역결핍바이러스(HIV)와 같은 레트로바이러스(retrovirus)를 방어하기 위해 진화된 신체의 자연 면역 체계의 일부로 생각된다.

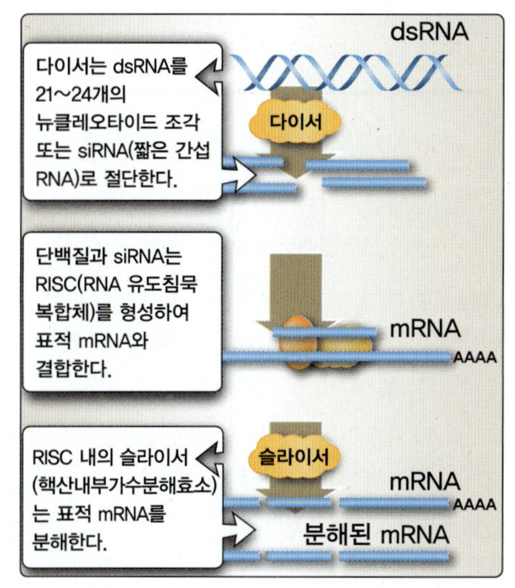

그림 10.11
RNA 간섭(RNAi)

임상 적용 10.3 잠재적인 화학치료제로서의 안티센스 RNA 올리고뉴클레오타이드 및 억제 RNA(inhibitory RNA)

안티센스 RNA는 mRNA와 염기쌍을 이루는 능력으로 인해 특정 mRNA 번역을 억제하고 번역 기구가 mRNA에 접근하는 것을 물리적으로 차단하도록 설계된 mRNA에 상보적인 단일가닥 RNA이다. 안티센스 방법은 1990년대에 정상 세포와 암세포를 구별하지 않는 DNA 삽입(intercalating) 약물 및 항대사물질을 사용하는 세포독성 화학요법의 한계를 극복하기 위해 개발되었다. 역사적으로 이 접근법은 최근에 밝혀진 RNA 간섭의 영향으로 많은 결과를 얻지는 못했지만, 이 기술은 면역이 결핍된 AIDS 환자에서 거대세포바이러스유발망막염(cytomegalovirus-induced retinitis) 치료에 사용된 최초의 안티센스 RNA 약물인 비트라벤(Vitravene, 화학명 fomivirsen)을 만드는 데 기여하였다. 이 약물의 사용은 HIV 환자의 기회감염 발생률을 감소시키는 고활성 항레트로바이러스 요법의 성공으로 인해 중단되었다. 그러나 동형접합 가족성 고콜레스테롤혈증의 치료를 위한 **미포메르센**(Mipomersen; 아포 지질단백질 B의 안티센스 올리고뉴클레오타이드 억제제)과 같은 다른 약물의 개발을 이끌었다. 외부에서 공급된 RNA에 의한 RNA 간섭 효과는 상당한 치료 가능성을 제공한다. **페갑타닙**(Pegaptanib)은 혈관내피 생장인자(vascular endothelial growth factor, VEGF)에 결합하여 이를 억제하는 단일가닥 핵산으로, 노인성 황반 변성(age-related macular degeneration, AMD)의 치료에 사용된다.

요약

- 진핵세포 유전자의 발현은 전사, 가공, mRNA 안정성 및 번역 등의 다양한 수준에서 조절할 수 있다.
- 전사는 여러 전사인자에 의해 조절될 수 있는데, 이 단계는 조절에 있어 매우 중요하다. 기본 수준의 발현에는 일반전사인자가 필요하지만, 특수전사인자는 인핸서 및 기타 반응인자와 결합될 때 기본 수준 이상으로 유전자의 전사를 증가시킨다. 그들은 또한 조직 특이적 유전자 발현에 중요하다.
- 일부 RNA 분자는 선택적 스플라이싱을 통해 약간씩 다른 폴리펩타이드를 암호화하는 서로 다른 mRNA 분자를 생성할 수 있다.
- 전사인자는 DNA 결합을 위한 기능적 도메인과 전사 활성화를 위한 또 다른 기능적 도메인을 갖는다. 전사인자는 DNA 결합 도메인의 구조에 따라 분류할 수 있다. 여기에는 아연 집게 단백질, 나선-회전-나선 단백질, 류신 지퍼 단백질, 나선-고리-나선 단백질 및 스테로이드 수용체가 포함된다. 전사인자는 DNA에 결합하는 RNA 중합효소의 개수에 영향을 준다.
  - 세포질에서 번역은 mRNA에 결합하는 라이보솜의 능력과 mRNA의 안정성에 의해 조절될 수 있다.
  - 3' UTR의 염기서열은 안정성을 조절하고, 5' UTR의 염기서열는 번역 효율을 조절한다.
- 단백질은 또한 인산화, γ-카복실화 등을 포함하는 번역 후 변형으로 인해 활성화된다.

학습 문제

다음 중 가장 적절한 답을 하나만 고르시오.

10.1 새로 발견된 단백질이 류신 지퍼(leucine zipper) 도메인을 가지고 있다면 이 단백질의 기능으로 추정할 수 있는 것은?

A. 특정 DNA 염기서열에 결합
B. 핵에서 mRNA 절단
C. 새롭게 합성된 단백질의 번역 후 변형
D. mRNA의 폴리(A) 꼬리 조절
E. mRNA의 반감기 조절

정답 A

류신 지퍼 도메인은 DNA에 결합하는 전사인자 단백질에 있는 특정 아미노산 배열을 나타내는데, 전사인자의 DNA 결합 영역에 존재하는 모티프이다. 전사인자는 핵산을 절단하는 핵산가수분해효소로 작용하지 않는다. 그들은 새로 합성된 단백질의 번역 후 변형에 직접적으로 영향을 미치지 않으며, 폴리(A) 꼬리 또는 반감기와 같은 mRNA 구조의 변화를 조절하지 않는다.

10.2 반감기가 20분인 mRNA의 3' UTR 염기서열을 반감기가 10시간인 mRNA의 3' UTR로 대체하면, 이때 생성되는 mRNA의 반감기는 얼마인가?

A. 10분
B. 20분
C. 5시간 10분
D. 10시간
E. 10시간 20분

정답 D

mRNA 반감기에 대한 신호는 mRNA의 3' UTR에 내재하므로 반감기가 다른 mRNA와 이 영역을 바꾸면 바뀐 반감기를 가진 mRNA가 생성된다. 3' UTR에 특정화된 서열을 제외하고 어떤 것도 mRNA의 수명을 바꾸지 못한다.

10.3 유방암 치료에 사용되는 약물인 타목시펜(tamoxifen)은 아연 집게(zinc finger) 단백질인 에스트로젠 수용체의 경쟁적 억제제이다. 타목시펜이 세포에서 유전자 발현에 영향을 미치는 경로는?

A. 에스트로젠 반응 유전자의 TATA 박스에 결합
B. 에스트로젠 반응 유전자 내의 스플라이스 자리에 변화 유발
C. 에스트로젠 반응 유전자의 mRNA를 세포질로 내보냄
D. 에스트로젠 반응 유전자의 전사 방지
E. 에스트로젠 조절 단백질을 빠르게 분해

정답 D
타목시펜은 아연 집게 단백질이면서, 특수전사인자인 에스트로젠 수용체의 억제제이기 때문에 전사 수준에서 유전자에 영향을 미친다. 일반전사인자는 유전자의 TATA 박스 근처에 결합하여 전사를 개시한다. 전사 억제제는 표적 단백질의 수송이나 수명에 영향을 미치지 않는다.

10.4 철 결핍성 빈혈에서 페리틴 수치가 낮은 이유는 페리틴 mRNA가 다음 중 어떤 상태이기 때문인가?

A. 세포질에서 빠르게 분해되었기 때문이다.
B. 페리틴 유전자에서 전사되지 않았기 때문이다.
C. 번역이 억제되었기 때문이다.
D. 핵 속에 남아 있기 때문이다.
E. 소량만 전사되기 때문이다.

정답 C
철의 양 변화에 빠르게 반응해야 하기에 페리틴 mRNA는 항상 만들어지지만 5' UTR에 단백질이 결합해 번역이 차단된다. 페리틴 mRNA는 항상 세포질에 존재하지만, 분해되지는 않는다. 위에서 언급한 이유로 mRNA는 페리틴 유전자에서 전사된다. 조절 단계가 운반 또는 RNA 가공 단계일 경우 mRNA는 핵에 머무를 수 있다. 전사 수준에서의 조절은 이 페리틴 mRNA와 무관하다.

10.5 치료용 안티센스 RNA 올리고뉴클레오타이드는 일반적으로 누구의 상보적인 서열과 결합하여 작용하는가?

A. 유전체 DNA에 결합하여 RNA로의 전사를 방지한다.
B. mRNA에 결합하여 단백질로의 번역을 방지한다.
C. 소형 핵 RNA에 결합하여 스플라이싱복합체(spliceosome)의 조립을 방지한다.
D. 라이보솜 RNA에 결합하여 라이보솜의 조립을 방지한다.
E. 이질 핵 RNA에 결합하여 폴리아데닐화를 방지한다.

정답 B
안티센스 RNA 올리고뉴클레오타이드는 표적인 단일가닥 mRNA에 결합하여 번역을 차단하도록 설계되었다. 그들은 2중가닥 유전체 DNA에 결합할 수 없다. mRNA의 스플라이싱이나 가공, 라이보솜 조립에 직접적인 영향을 미치지 않는다.

11

단백질 수송

Protein Trafficking

I. 개요

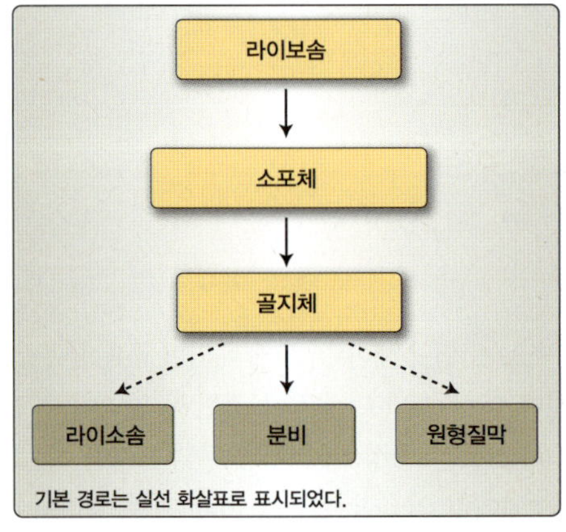

그림 11.1
소포체와 결합한 라이보솜에서 합성된 단백질의 수송

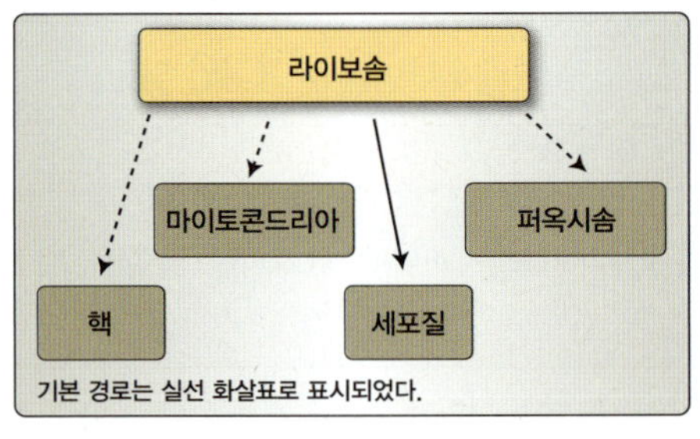

그림 11.2
자유 라이보솜에서 합성된 단백질의 수송

단백질은 **자유 라이보솜**(free ribosome) 또는 **소포체**(endoplasmic reticulum, ER)**에 결합된 라이보솜**에서 합성된다(세포소기관에 대한 논의는 5장 참조). 라이보솜은 세포막에 삽입되거나 라이소솜(lysosome) 내에서 작용하는 단백질 및 세포 외부로 분비되는 단백질을 합성할 때는 소포체에 결합한다(그림 11.1). 소포체에 결합된 라이보솜에서 새로 합성된 단백질은 소포체 내부에서 변형된 후 막으로 둘러싸인 수송 소포를 통해 골지체로 이동하여 추가적으로 변형된다. **신호서열**(signal sequence)이라고 하는 단백질 내의 서열은 "주소" 역할을 함으로써 새로운 단백질을 적절한 세포 내 위치 또는 세포 외 목적지로 보내게 한다(리핀코트의 그림으로 보는 생화학, 제8판, 14장 참조).

핵, 마이토콘드리아 또는 퍼옥시솜에서 작용할 단백질은 자유 상태의 라이보솜에서 합성되며(그림 11.2), 그들이 작용할 세포소기관으로 이동할 수 있는 구조적 특징도 가지고 있다. 이 단백질은 소포체 또는 골지체의 내강으로 들어가지 않는다.

라이보솜이 결합된 또는 자유로운 상태인지 여부와 관계없이, 모든 경우에 새로운 단백질 내에 적절한 신호가 들어 있지 않으면 **단백질은 작용하도록 정해진 세포소기관으로 들어가지 않고 기본 경로를 따른다.** 소포체에 결합된 라이보솜에서 합성된 단백질의 기본 경로(default pathway)는 이 단백질이 세포 내 위치로 지정되는 적절한 신호를 포함하지 않는 한, 세포 외부로 분비된다. 자유 라이보솜에서 합성된 단백질의 경우 기본적으로 핵, 마이토콘드리아 또는 퍼옥시솜으로 지정되는 신호가 포함되지 않는 한, 세포질에 남아 있게 된다.

II. 소포체와 결합한 라이보솜에서 합성된 단백질의 수송

합성되는 단백질의 유형에 따라 이를 번역하는 라이보솜이 소포체에 결합할 것인지 또는 세포질에 자유롭게 남아 있을 것인지가 결정된다. 새로 합성될 단백질이 소포체와 결합한 라이보솜이 필요한 경우, 이 단백질의 특정 아미노산 서열이 라이보솜을 소포체에 결합하게 한다. 이 서열은 **N-말단**(N-terminal; 단백질의 아미노 말단 영역)의 **소수성**(hydrophobic; 물과 상호작용하지 않는 아미노산 함유) **신호서열**(signal sequence)이며, 때로는 **선도서열**(leader sequence)이라고도 한다. 이 선도서열이 여전히 라이보솜에 부착되어 있는 새로 합성된 단백질(신생 폴리펩타이드) 내에 존재할 때, 단백질과 RNA로 구성된 **신호인식입자**(signal recognition particle, SRP)는 소포체에 대한 라이보솜의 부착을 촉진한다(**그림 11.3**). SRP와 신호서열은 함께 소포체막의 SRP 수용체에 결합한다(5장 참조). 그런 다음 라이보솜이 소포체막과 접촉하게 되고 새로운 단백질이 소포체 막 안쪽의 공간인 내강(lumen)으로 들어간다.

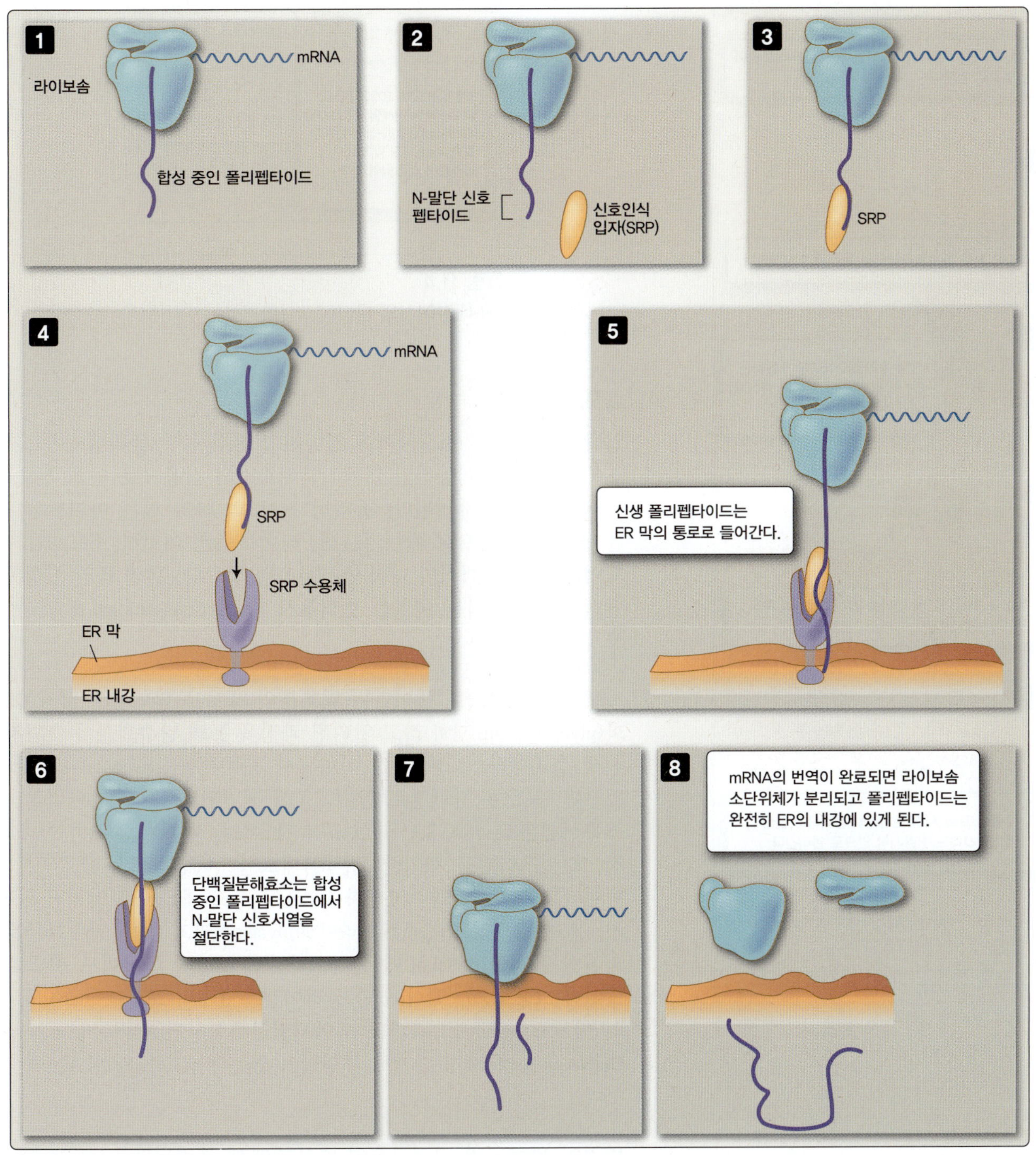

그림 11.3
라이보솜의 소포체 부착

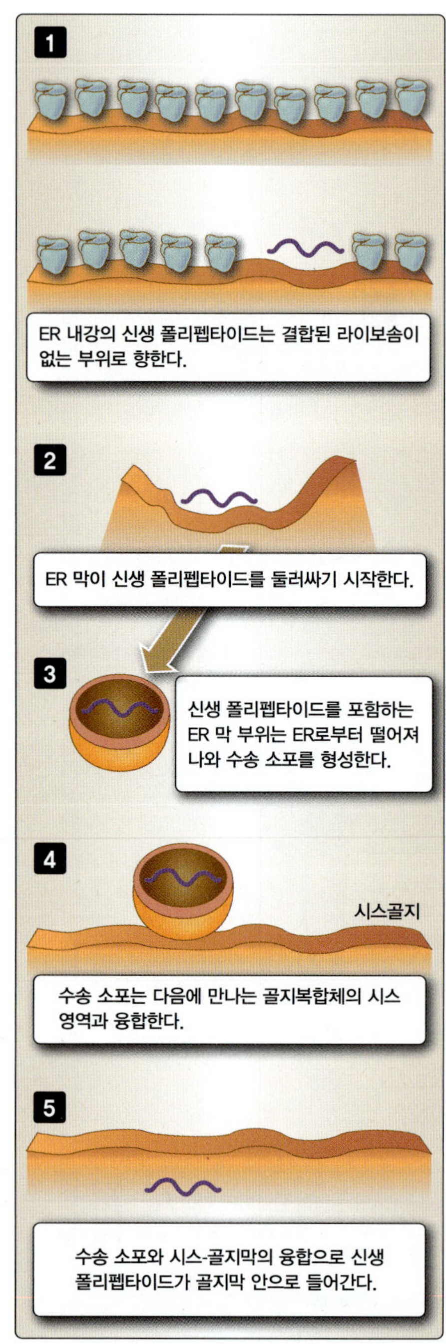

그림 11.5
수송 소포를 통해 ER에서 골지복합체로 이동

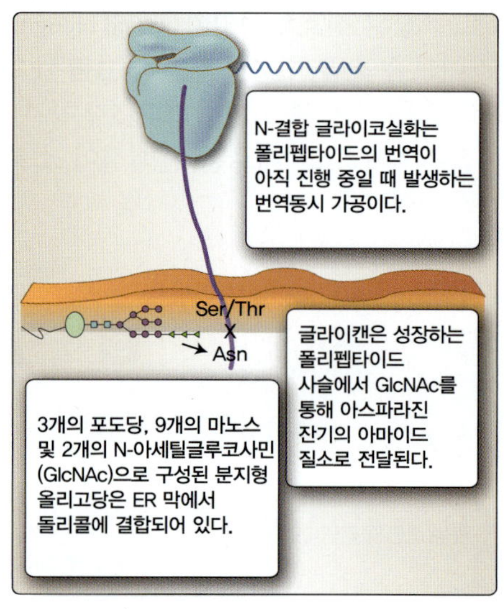

그림 11.4
ER 내강에서의 글라이코실화

A. 소포체

일단 라이보솜이 소포체막에 결합하고 합성 중인 폴리펩타이드가 소포체 내강으로 이동하면 단백질분해효소의 작용으로 인해 신호서열이 단백질에서 제거된다. 폴리펩타이드의 남아 있는 아미노산 서열은 소포체 내강으로 들어가는데, 라이보솜은 여전히 소포체와 결합되어 있어서 단백질의 나머지 부분을 합성한다. 번역 동안 합성 중인 단백질에 가해지는 변형을 **번역동시 가공**(cotranslational process)이라고 한다.

소포체의 내강으로 들어가는 대부분의 새로운 단백질은 **글라이코실화**(glycosylation, 당화)라고 알려진 과정을 통해 탄수화물이 추가된다. 신생 폴리펩타이드에 특정 아미노산 공통서열(consensus sequence)이 있으면, 새로운 단백질로 탄수화물이 전달된다. 새로운 단백질 내의 공통서열은 Asn-X-Ser 및 Asn-X-Thr이며, 여기서 Asn은 아스파라진, X는 프롤린을 제외한 모든 아미노산, Ser은 세린, Thr은 트레오닌이다. **N-결합 글라이코실화**(N-linked glycosylation)로 알려진 과정에서, 분지형 올리고당[종종 글라이캔(glycan)이라고 함]인 탄수화물은 막 지질인 **돌리콜**(dolichol)에서 아스파라진(Asn)의 아마이드 질소로 전달된다(**그림 11.4**). 핵심(core) 글라이캔은 3개의 포도당(glucose), 9개의 마노스(mannose), 2개의 ***N*-아세틸글루코사민**(*N*-acetylglucosamine, GlcNAc) 등의 14개 잔기로 구성되어 있는데, GlcNAc는 Asn에 붙어 있다.

번역이 완료되면 라이보솜이 소포체에서 분리된다. 소포체 내강의 일부 새로운 단백질은 남아서 소포체에서 작용하지만, 대부분은 계속해서 골지체로 이동한다. 이러한 단백질은 소포체 내의 일련의 막 공간을 통과해서 **이행구역 요소**(transitional element)로 알려진 라이보솜이 부착되어 있지 않은 영역으로 이동한다. 이 영역은 신생 폴리펩타이드를 그 경로에 있는 다음 세포소기관인 골지체로 전달하는 것을 촉진한다. 이행구역 요소의 막은 소포체에서 싹 형태로 나와 **수송 소포**(transport vesicle)가 될 때까지 신생 폴리펩타이드를 둘러싼다(그림 11.5). 소포는 다음으로 시스 골지(cis Golgi)와 융합하여 골지복합체의 첫 번째 영역 내로 신생 폴리펩타이드를 들어가게 한다.

B. 골지복합체

골지복합체는 **시스, 중간** 및 **트랜스**(cis, medial, trans) **골지**의 세 가지 주요 영역이 있는 일련의 편평하게 쌓인 막성 주머니이다. 시스 골지로 들어간 신생 폴리펩타이드는 수송 소포를 통해 중간 골지로 전달되고, 나중에 트랜스 골지로 전달된다. 각 영역은 글라이코실화, 인산화, 황산화 및 단백질 분해(단백질분해효소에 의함)를 포함하여 단백질에 대해 뚜렷한 변형을 수행하는 역할을 한다(그림 11.6). 예를 들어, 탄수화물이 신생 폴리펩타이드의 Asn-X-Ser/Thr 서열 내의 세린 또는 트레오닌 아미노산의 하이드록실기에 부착될 때 골지체에서 **O-결합 글라이코실화**(O-linked glycosylation)가 일어난다.

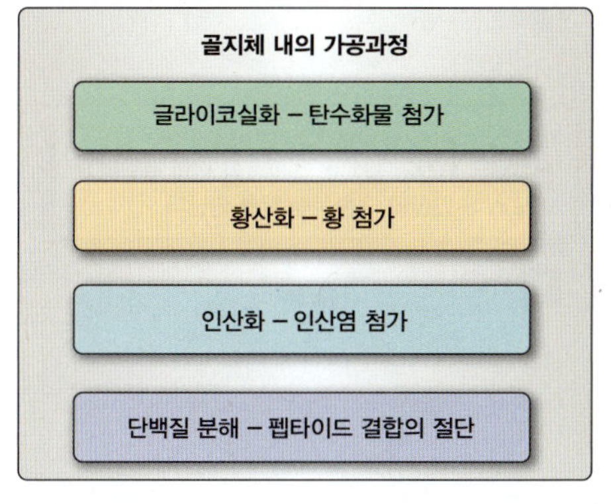

그림 11.6
골지복합체 내의 단백질 변형

소포체에서 N-결합 글라이코실화가 일어난 단백질에 부착된 14개의 당을 가진 글라이캔은 골지체에서 가공되고 변형된다. 시스, 중간 및 트랜스 골지(그림 11.7)에서 글라이캔은 먼저 모든 포도당과 여러 마노스 잔기를 가공하고 새로운 GlcNAc 잔기, 갈락토스 잔기, 마지막으로 시알산 잔기를 추가한다. 트랜스 골지망에 도달한 단백질에 부착된 최종 글라이캔은 4개의 GlcNAc, 3개의 마노스, 2개의 갈락토스 및 2개의 시알산 잔기를 가지고 있다.

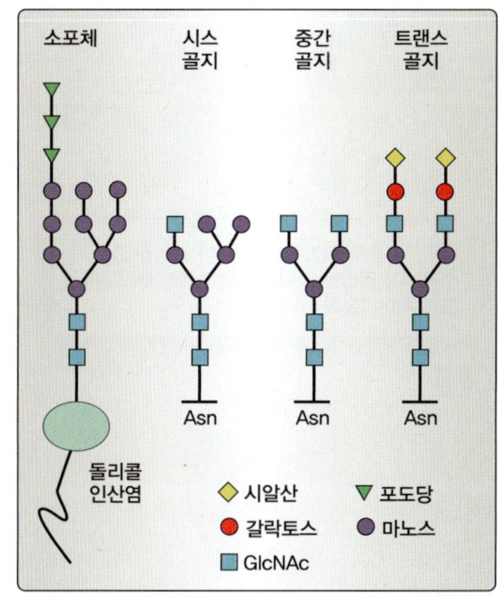

그림 11.7
골지복합체에서의 가공

일부 단백질은 골지체에 남아 골지체를 통과하는 다른 새로운 단백질을 가공하는 작용을 한다. 그러나 대부분 단백질은 변형되어 다음 단계로 보내진다. 라이소솜 내에서 작용하는 많은 단백질은 *N*-아세틸글루코사민-1-인산기전달효소(*N*-acetylglucosamine-1-phosphotransferase, GlcNAc-1PT)의 작용으로 부착된 마노스에서 인산화되어, 라이소솜 내에서 분해효소 역할을 하도록 단백질에 마노스-6-인산(mannose-6-phosphate, M6P)을 표지한다(그림 11.8A). 일부 다른 라이소솜 효소는 라이소솜 내재 막단백질(lysosomal integral membrane protein, LIMP-2)을 통해 M6P와 독립적으로 라이소솜으로 운반되며, 이는 특정 산성 가수분해효소(acid hydrolase)가 라이소솜을 표적화할 때 수용체 역할을 한다.

C. 트랜스 골지망 이후

트랜스 골지망(trans Golgi network, TGN)은 골지체의 최종 분류 및 포장 영역이다. 여기에서 신생 폴리펩타이드는 라이소솜이나 세포 외부로 보내진다.

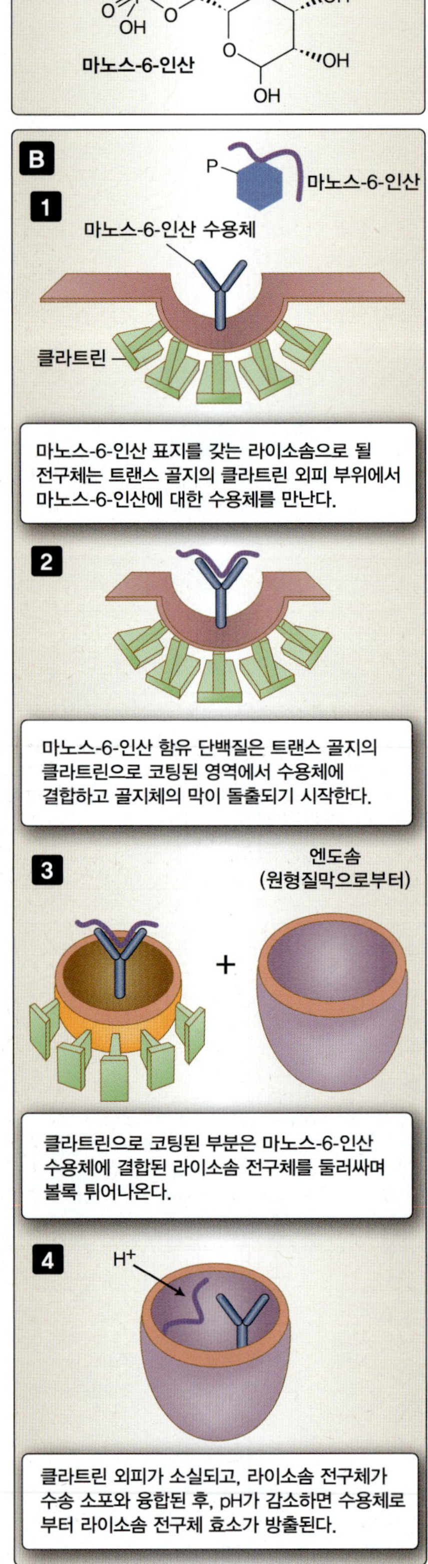

그림 11.8
새로운 단백질의 라이소솜으로의 수송

1. **라이소솜:** 라이소솜(lysosome)은 막으로 둘러싸인 세포소기관으로 내부 pH가 산성인데, 집합적으로 **산성 가수분해효소**(acid hydrolase, 5장 참조)로 알려진 강력한 분해효소를 가지고 있다. 또한, 다른 유형의 가수분해효소 중에서 60종류 이상의 프로테이스(protease), 라이페이스(lipase), 글라이코시데이스(glycosidase), 뉴클레이스(nuclease, 핵산가수분해효소) 및 인산가수분해효소(phosphatase)를 포함하고 있다. 이러한 소화 효소는 라이소솜의 산성 환경 내에서 작용하며, 기능을 상실했거나 식작용에 의해 흡수된 거대분자(단백질, 지질, 탄수화물 및 핵산 포함)를 가수분해한다.

   대부분의 산성 가수분해효소 전구체는 골지체에서 M6P로 표지된다. M6P에 대한 수용체는 외피 단백질인 **클라트린**(clathrin)이 결합된 트랜스 골지망(TGN)의 특정 영역에 위치하는데, 이는 산성 가수분해효소 전구체를 골지체의 다른 세포 단백질로부터 분리하고 라이소솜 내에 통합되도록 하기 위한 것이다(그림 11.8B). M6P 함유 단백질은 M6P 수용체에 결합하고, M6P 수용체에 결합된 새로운 산성 가수분해효소를 포함하는 TGN 부분은 싹처럼 돋아나면서 새로운 라이소솜 단백질이 수송 소포로 둘러싸이게 된다.

   라이소솜이 될 소포는 세포내이입(endocytosis)으로 생성된, 원형질막으로부터의 수송 소포인 **엔도솜**(endosome)과 융합된다. 라이소솜 전구체 내의 pH는 양성자(H^+)가 들어오면서 감소한다. 이후, 클라트린 외피가 사라지고 새로운 단백질은 M6P 수용체에서 분리된다. M6P 수용체는 TGN으로 다시 돌아가서 사용된다. 산성 가수분해효소 전구체에 결합된 M6P의 마노스에서 인산이 제거되어, 산성 가수분해효소는 라이소솜 내에서 기능적 효소가 된다.

   소포체와 결합한 라이보솜에서 합성된 단백질의 기본 경로는 세포에서 분비되는 것이기 때문에 산성 가수분해효소 전구체의 표지에 결함이 있으면 세포에서 기능이 없는 단백질로 분비되도록 한다. 예를 들어, N-아세틸글루코사민-1-인산기전달효소(GlcNAc-1PT)의 활성이 없으면, M6P가 결여된 산성 가수분해효소가 라이소솜으로 들어가는 대신 세포 밖으로 분비된다.

임상 적용 11.1 글루코세레브로시데이스의 마노스-6-인산(M6P) 비의존적 라이소솜 수송

GlcNAc-1PT 활성이 없으면, 산성 가수분해효소 전구체가 라이소솜에 도달하는 대신 항시적으로 분비될 것으로 예상된다. 그러나 라이소솜 산성가수분해효소 β-글루코시데이스(β-glucosidase)는 여전히 라이소솜에 도달할 수 있으며, 이는 라이소솜 수송에 대한 표지로서 M6P 이외의 신호를 암시한다. M6P 표지 체계를 사용하는 대신, β-글루코시데이스 전구체는 pH 의존적 방식으로 **라이소솜 내재 막단백질 유형 2**(lysosomal integral membrane protein type 2, LIMP-2)에 결

임상 적용 11.1 글루코세레브로시데이스의 마노스-6-인산(M6P) 비의존적 라이소솜 수송(이어짐)

합한다. 최근 연구에서는 LIMP-2가 GlcNAc-1PT의 기질이 아니며 LIMP-2 내에 M6P가 포함되어 있지 않음을 확인했다. 따라서 고셔병(Gaucher disease) 환자에서 결핍된 효소인 β-글루코시데이스는 M6P 및 M6P 수용체와 완전히 독립적으로 라이소솜으로 이동한다.

상염색체 열성 장애로 유전되는 고셔병은 일반적으로 β-글루코세레브로시데이스(β-glucocerebrosidase)를 암호화하는 β-글루코시데이스 유전자(*GBA*)의 돌연변이로 인해 발생한다. 이 장애는 그 유형에 따라 대식세포(macrophage)에 글루코세레브로사이드(glucocerebroside)가 축적되고 비장, 간, 골수, 콩팥, 폐 및/또는 뇌에 축적되는 것을 특징으로 한다. 라이소솜 축적병 중 가장 흔한 것으로 간주하는 고셔병은 유전된 돌연변이의 특성에 따라 유형 I, II 및 III형의 3가지 다른 형태로 발견된다. 유형 I이 가장 흔한데, 골격 약화를 보이고 스핑고지질이 축적된 골수 세포를 가지고 있어서 적혈구와 백혈구 모두 이상이 유발된다. II형과 III형은 신경계와 관련이 있다. II형은 보통 2세 전에 사망하며, I형과 III형은 성인이 될 때까지 생존한다.

2. **세포로부터 분비:** TGN을 떠나 라이소솜에서 작용하지 않거나 원형질막에도 삽입되지 않는 단백질은 세포에서 분비된다. 많은 분비 단백질은 수송 소포가 원형질막과 융합하는 즉시 세포에서 방출된다. 다른 단백질은 방출에 적절한 시기가 될 때까지 수송 소포(때때로 과립이라고도 함) 내에 저장된다.

   a. **항시 분비:** 대부분의 분비 단백질을 운반하는 소포는 연속적 과정으로 TGN을 떠나 근처의 원형질막과 융합하고 소포의 내용물을 세포 외부로 방출한다(그림 11.9). 이 과정은 항시 분비(constitutive secretion)로 알려져 있으며, 단백질을 생성하는 세포에서 일상적으로 방출되는 단백질에 대해 작용한다. 콜라젠, 엘라스틴 및 파이브로넥틴을 포함한 세포외기질 단백질은 결합조직의 세포에서 항시적으로 분비되는 단백질의 예이다(2장 참조).

   b. **조절 분비:** 다른 단백질은 조절 분비(regulated secretion) 또는 **세포외배출**(exocytosis)로 알려진 불연속적인 과정에서 특정 시간에만 세포에서 방출된다. 이러한 방식으로 방출된 단백질은 일반적으로 중요한 조절 작용을 한다. 그들은 수송 소포로 방출되기 전에 TGN 내에 축적되어 있다(그러나 클라트린은 조절 분비 과정에서는 외피 단백질로서 더 이상 관여하지 않음). 이러한 단백질은 적절한 자극으로 인해 분비가 촉진될 때까지 소포 또는 저장 과립 안에 머물러 있다. 예를 들어, 인슐린은 혈당 수치 상승에 대한 반응으로만 이자의 랑게르한스섬에 있는 β 세포에서 방출되는 단백질이다.

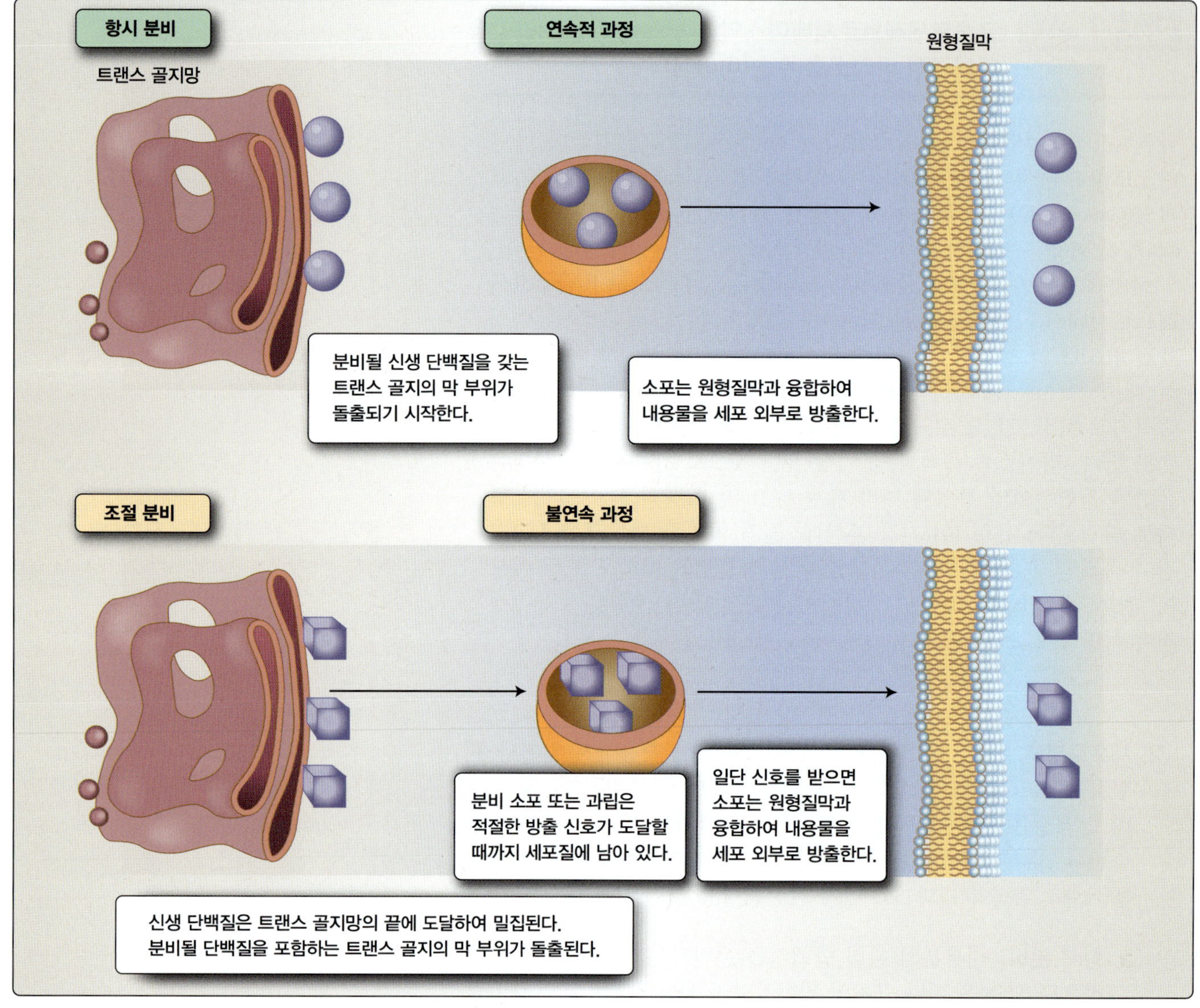

그림 11.9
항시 분비와 조절 분비

III. 자유 라이보솜에서 합성된 단백질의 수송

세포기질에 남아 있거나 핵, 마이토콘드리아 또는 퍼옥시솜에서 작용하도록 예정된 단백질은 자유 라이보솜에서 합성된다(그림 11.2 참조). 이러한 유형의 단백질을 합성하는 라이보솜은 라이보솜을 소포체에 결합시키는 N-말단 신호서열이 없기에 자유 상태로 세포기질에 존재한다. 그러나 이 단백질 내의 다른 구조적 특징은 세포소기관으로 향하는 표지 역할을 할 수 있다. 자유 라이보솜에서 생성된 단백질의 기본 경로는 세포질에 남아 있는 것이다. 올바른 신호가 핵, 마이토콘드리아 또는 퍼옥시솜 전구체 단백질에 존재하지 않으면, 세포질에서 기능하지 못한 상태로 유지된다.

A. 세포기질 단백질

세포기질 단백질은 세포소기관의 경계 밖에서 작용하는 세포 내 단백질이다. 액틴(actin)과 튜불린(tubulin)과 같은 세포골격(cytoskeleton)의 구조 단백질을 예로 들 수 있다(4장 참조). 또한 당분해(포도당 분해로 ATP 생성) 및 글라이코젠(glycogen, 포도당 저장 형태) 대사를 포함하여 탄수화물 대사에서 작용하는 효소는 모두 세포기질 단백질이다. 이러한 단백질에는 N-말단 신호 펩타이드가 없기에, 이를 합성하는 라이보솜은 자유 상태로 있다. 이런 단백질은 다른 구조적 특징을 가지고 있지 않아서 다른 세포소기관으로 이동하지 않는다.

B. 핵 단백질

핵(nucleus)은 세포의 유전체 DNA를 포함하고 있다. 또한 DNA 복제 및 전사에 필요한 효소를 비롯한 각종 단백질을 가지고 있다(8장 및 9장 참조). 핵 단백질을 암호화하는 mRNA는 핵을 떠나 세포기질의 라이보솜에서 번역된다. 핵 내부로 접근할 수 있는 대부분 단백질은 핵공을 통과할 수 있게 하는 **핵 위치 신호**(nuclear localization signal, **NLS**)를 가지고 있다. 다양한 유형의 아미노산 서열로 구성된 여러 유형의 NLS가 있다. 모든 NLS는 공통적으로 핵으로의 진입을 촉진하는 단백질인 **임포틴**(importin)과 강력하게 결합한다. NLS를 가진 새로 합성된 단백질과 임포틴은 함께 핵막의 수용체에 결합하고 핵공을 통해 이동한다(그림 11.10). 일단 핵막의 경계 안쪽에서 임포틴이 단백질 화물에서 분리(GTP 의존 과정)되면, 새로 합성된 핵 단백질은 목적지에 도달한 것이다.

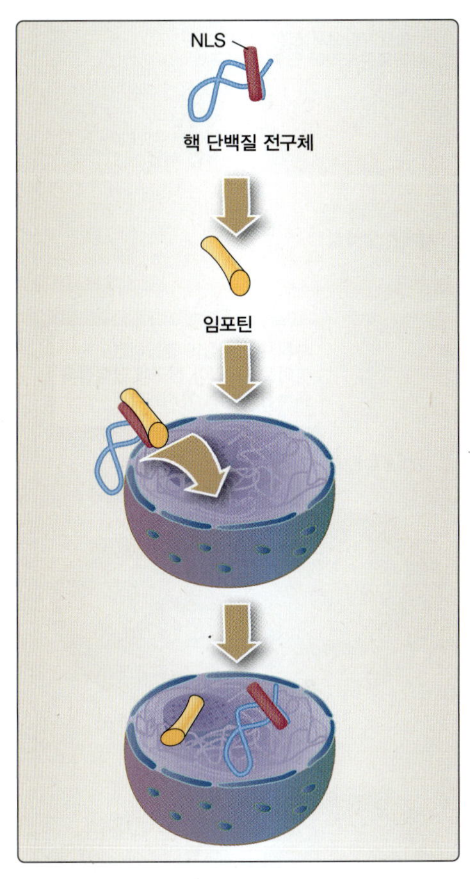

그림 11.10
핵 수송

C. 마이토콘드리아 단백질

마이토콘드리아(mitochondria)는 자체 DNA뿐만 아니라 단백질 합성을 위한 라이보솜도 가지고 있다. 그러나 마이토콘드리아에 있는 단백질의 약 1%만이 마이토콘드리아 DNA에 의해 암호화된다. 나머지 마이토콘드리아 단백질은 핵 DNA에 의해 암호화되고 세포기질의 라이보솜에서 합성된다. 이러한 단백질에는 산화적 인산화 과정에서 작용하여 포도당 분해로부터 ATP 수율을 증가시키는 단백질이 포함된다(5장 및 리핀코트의 그림으로 보는 생화학, 제8판, 6장 참조). 그들은 N-말단 마이토콘드리아 표적 서열을 포함하고 있으며(그림 11.11), 세포기질에서 마이토콘드리아로 유입되어야 한다. 이 단백질은 ATP가 필요한 **샤페론 단백질**(chaperone protein)의 결합에 의해 마이토콘드리아에 진입할 때까지 펼쳐진 형태를 유지한다. 마이토콘드리아 외막의 TOM(translocase of outer mitochondrial membrane) 복합체는 새로운 마이토콘드리아 단백질이 첫 번째 장벽을 넘게 한다. 다음으로, 마이토콘드리아 기질로 진입할 수 있게 해주는 마이토콘드리아 내막의 TIM(translocase of inner mitochondrial membrane) 복합체와 결합한다. 단백질을 마이토콘드리아 내부의 기질로 유입시키는데, ATP와 막전위도 이용된다.

D. 퍼옥시솜 단백질

퍼옥시솜(peroxisome)은 세포질에서 유입되는 가수분해효소를 포함하고 있다(5장 참조). 퍼옥시솜에서 작용하도록 예정된 단백질은 퍼옥시솜 표적 신호로 작용하는 C-말단 또는 카복실 말단(합성할 단백질의 마지막 말단)의 트라이펩타이드(3개의 아미노산)를 가지고 있다(그림 11.12). 퍼옥시솜으로 수송하는 것의 중요성은 간, 콩팥 및 뇌에서 퍼옥시솜으로의 수송 결함으로 인해 발생하는 젤위거 증후군(Zellweger syndrome)으로 설명된다. 이 환자는 일반적으로 출생 후 6개월 이상 생존하지 못한다.

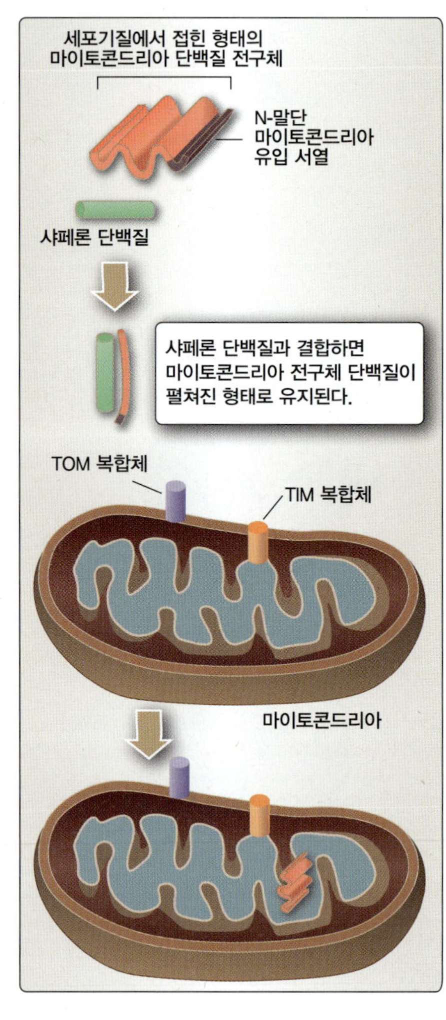

그림 11.11
마이토콘드리아 수송

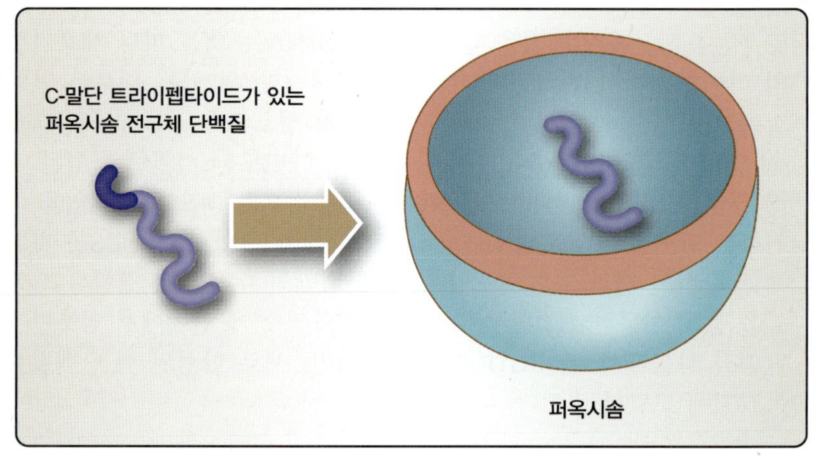

그림 11.12
퍼옥시솜 수송

요약

- 단백질은 **자유 라이보솜** 또는 **소포체에 결합된 라이보솜**에서 합성된다.
- 라이보솜은 그들이 합성하는 단백질이 **N-말단 신호서열**(N-terminal signal sequence) 또는 **선도서열**(leader sequence)을 가질 때 소포체에 결합한다.
- 라이보솜은 합성하는 단백질에 선도서열이 없을 때 자유 상태로 세포기질에 있게 된다.
- **소포체와 결합한 라이보솜에서 합성되는 단백질의 기본 경로**는 소포체의 내강으로 들어간 다음, 골지체로 이동한 후 세포에서 분비되는 것이다.
- **산성 가수분해효소**(acid hydrolase)로 알려진 소화 효소는 라이소솜에서 작용하며, 골지체에서 **마노스-6-인산 표지**(mannose-6-phosphate tag)를 통해 라이소솜으로 이동된다.
- 세포에서 분비된 단백질은 항시적으로 또는 조절된 방식으로 방출된다.
- **자유 라이보솜에서 합성된 단백질의 기본 경로**는 단백질을 핵, 마이토콘드리아 또는 퍼옥시솜으로 안내하는 표지를 갖고 있지 않는 한, 세포기질에 남는 것이다.

요약(이어짐)

- 핵 내부에서 작용하는 단백질에는 핵공을 통과할 수 있게 해주는 **핵 위치 신호**(nuclear localization signal, NLS)가 포함되어 있다. NLS는 핵으로의 진입을 촉진하는 단백질인 **임포틴**(importin)에 강하게 결합한다.
- 마이토콘드리아 단백질은 N-말단에 마이토콘드리아 유입 서열을 가지고 있으며, ATP가 필요한 **샤페론 단백질**(chaperone protein)의 결합으로 인해 펼쳐진 형태로 유지되다가 마이토콘드리아로 진입한다. TOM 복합체는 외막이라는 첫 번째 장벽을 통과해 새로운 마이토콘드리아 단백질을 가져오고, TIM 복합체는 이 단백질이 마이토콘드리아 기질에 진입할 수 있도록 한다.
- 퍼옥시솜에서 작용하도록 예정된 단백질에는 C-말단 또는 카복실 말단에 트라이펩타이드가 있다.

학습 문제

다음 중 가장 적절한 답을 하나만 고르시오.

11.1 소포체와 결합한 라이보솜은 새로운 단백질 번역에 관여한다. 이 새로운 단백질의 최종 목적지는 어디인가?

A. 세포질
B. 라이소솜
C. 마이토콘드리아
D. 핵
E. 퍼옥시솜

정답 B
라이소솜 단백질은 소포체와 결합한 라이보솜에서 합성된다. 세포질, 마이토콘드리아, 핵 및 퍼옥시솜 단백질은 모두 자유 라이보솜에서 합성된다.

11.2 새로운 단백질의 최종 목적지는 퍼옥시솜이다. 그러나 퍼옥시솜 표적 신호가 전구체 단백질에 제대로 존재하지 않는다면 이 단백질의 최종 목적지는 어디인가?

A. 세포질
B. 라이소솜
C. 마이토콘드리아
D. 핵
E. 세포 외부

정답 A
퍼옥시솜 단백질은 자유 라이보솜에서 합성되며, 기본 경로는 세포질에 남아 있는 것이다. 라이소솜 단백질은 소포체에 결합된 라이보솜에서 합성된 후, 소포체와 골지체를 통해 이동한다. 마이토콘드리아 단백질과 핵 단백질은 자유 라이보솜에서 합성된다. 둘 다 목적지인 세포소기관에 들어가기 위해 퍼옥시솜 표적 신호와는 다른 표지가 필요하다. 세포 외부로의 분비는 소포체에 결합된 라이보솜에서 분비되는 단백질의 기본 경로이다.

11.3 라이소솜 내에서 작용하도록 정해진 단백질 전구체가 가공되는 동안 적절한 라이소솜 M6P 표지를 받지 못했다면 이 단백질은 어디로 보내지는가?

A. 퍼옥시솜
B. 마이토콘드리아
C. 세포질
D. 핵
E. 세포 외부

정답 E
라이소솜 단백질은 소포체와 결합한 라이보솜에서 합성되며, 기본 경로는 세포에서 분비되는 것이다. 마노스-6-인산 라이소솜 표지가 라이소솜 전구체에 없으면 세포 외부로 보내질 것이다. 세포질, 마이토콘드리아, 핵 및 퍼옥시솜 단백질은 모두 기본적으로 세포질에 남아 있는 자유 라이보솜에서 합성된다.

11.4 정상적인 단백질의 수송과정에서 소포체로부터 나오는 단백질의 다음 목적지는 어느 세포소기관인가?

A. 골지체
B. 라이소솜
C. 마이토콘드리아
D. 핵
E. 퍼옥시솜

정답 A

골지체는 소포체를 빠져나가는 단백질 수송의 다음 목적지이다. 소포체 내의 단백질은 결합된 라이보솜에서 합성된다. 자유 라이보솜은 마이토콘드리아, 핵 및 퍼옥시솜에서 작용할 단백질을 합성한다. 그들 중 어느 것도 소포체로 들어가지 않는다. 라이소솜은 소포체에 결합된 라이보솜에서 합성된 일부 단백질의 최종 목적지이다. 라이소솜 단백질은 골지체를 떠난 후에 라이소솜으로 보내진다. 그러나 라이소솜은 소포체에 결합된 라이보솜에서 합성된 단백질의 주요 수송 경로가 아니다.

11.5 3개월 된 남아는 골지체 내의 특정 단백질에 마노스-6-인산을 추가하지 못하는 결함을 가지고 있다. 이 결함으로 인해 비정상적인 단백질을 생성하는 곳은 어디인가?

A. 골지체
B. 라이소솜
C. 마이토콘드리아
D. 핵
E. 세포막

정답 B

마노스-6-인산은 라이소솜 단백질에 추가되는 표지이다. 이 결함은 산성 가수분해효소 전구체가 그들이 작용하는 라이소솜으로 이동하기 위해 M6P가 필요하기 때문에 라이소솜에 영향을 미친다. 골지체에서 작용하는 단백질은 마노스-6-인산의 첨가에 의해 변형되지 않는다. 마이토콘드리아 및 핵 단백질은 자유 라이보솜에서 합성되며 골지체로 들어가지 않는다. 세포막의 단백질은 골지체를 통과하지만, 단백질을 라이소솜으로 보내는데 사용되는 마노스-6-인산 표지를 갖지 않는다.

11.6 새로 합성된 단백질이 세포에서 항시 분비되기 위해 단백질 생성 및 가공과정 동안 포함되어야 할 것은?

A. C-말단 트라이펩타이드
B. 클라트린
C. 마노스-6-인산
D. N-말단 신호 펩타이드
E. TOM 복합체

정답 D

N-말단 신호 펩타이드는 세포에서 분비될 예정인 단백질에 있다. 이 신호서열로 인해 단백질을 번역하는 라이보솜은 소포체에 결합한다. 거기에서 신생 폴리펩타이드는 골지체를 통과한 다음, 세포 외부로 이동할 것이다. C-말단 트라이펩타이드는 단백질을 퍼옥시솜으로 보내는 서열이다. 클라트린은 특정 유형의 단백질을 축적시키는 것과 관련된 골지막 영역에서 일시적으로 발견되는 외피 단백질이다. 마노스-6-인산은 대부분의 산성 가수분해효소 전구체에 추가된 표지로, 라이소솜으로의 수송을 담당한다. 그리고 TOM 복합체는 마이토콘드리아 외막을 가로질러 새로운 마이토콘드리아 단백질을 운반하는 마이토콘드리아 외막 복합체의 전위효소(translocase)이다.

11.7 소포체와 결합한 라이보솜에서 번역되는 신생 폴리펩타이드는 Asn-X-Thr 서열을 포함한다. 이 서열은 가진 단백질에서 일어나는 현상은?

A. 라이소솜 내에서 분해됨
B. 글라이코실화(당화)
C. 소포체에 유지됨
D. 핵을 표적으로 함
E. 마이토콘드리아 내막을 가로질러 위치함

정답 B
공통서열 Asn-X-Thr을 가진 신생 폴리펩타이드는 소포체의 내강으로 들어갈 때 N-결합 방식으로 글라이코실화 된다. 기능을 상실한 거대분자는 라이소솜 분해의 주요 표적인데, 이 선도서열은 단백질을 비기능성으로 만들지 않으며 소화를 위해 라이소솜으로 이동하지 않는다. Asn-X-Thr 신호는 핵 위치 신호가 필요한, 핵을 표적으로 하여 소포체에 유지되는 신생 폴리펩타이드를 만들지 않는다. N-말단 마이토콘드리아의 신호와 샤페론 단백질에 의한 결합은 마이토콘드리아의 외막 및 내막을 가로지르는 이동에 필요하다.

11.8 4개월 된 남아가 근육 무력과 약한 근긴장도가 있다고 판정받았다. 신체검사에서 간의 비대를 보이고 추가 검사에서는 심장에 결함이 있음이 밝혀졌다. 과도한 글라이코젠이 아이의 근육, 심장 및 간의 세포 내에서 발견되어 산성 말테이스의 결핍이 의심되었다. 이런 정보에 근거하였을 때, 세포에서 글라이코젠 축적이 일어난 곳은 어디인가?

A. 세포질
B. 골지체
C. 라이소솜
D. 마이토콘드리아
E. 핵

정답 C
예상되는 결과는 라이소솜 축적 질병으로 설명된다. 산성 말테이스(acid maltase, acid α-glucosidase라고도 함)는 산성 가수분해효소로서 특정 유형의 과도한 거대분자를 분해하기 위해 정상적으로 라이소솜 내에서 작용한다. 이 경우에는 글라이코젠이 분해되지 않기 때문에 축적된다. 이 결과는 상염색체 유전으로, 저장 장애(storage disorder)인 폼페질환(Pompe disease)에 대해 설명한다. 분해효소는 정상적으로 골지체, 마이토콘드리아 또는 핵에 존재하지 않기 때문에 글라이코젠과 같은 특정 거대분자의 과잉은 나열된 세포 내 다른 위치에서 발견되지 않는다. 글라이코젠은 분해되기 위해 라이소솜으로 옮겨졌기 때문에 세포질에는 축적되지 않는다. 산성 말테이스가 없으면 글라이코젠은 라이소솜 내에 축적된다.

11.9 라이소솜 β-글루코세레브로시데이스 전구체는 라이소솜으로 이동하는 동안 단백질 LIMP-2과 결합한다. LIMP-2와 β-글루코세레브로시데이스 모두 GlcNAc-1PT의 기질이 아님이 밝혀졌다. 이 정보를 바탕으로 β-글루코세레브로시데이스가 작용하는 위치로의 수송에 대한 설명으로 옳은 것은?

A. 기본 수송 경로를 따른다.
B. 마노스-6-인산과 독립적으로 일어난다.
C. Asn-X-Ser 공통서열이 필요하다.
D. 소포체에 결합되지 않은 자유 라이보솜을 포함한다.
E. ATP가 필요한 샤페론 단백질을 이용한다.

정답 B
설명한 대로 이 과정은 라이소솜 전구체 단백질의 일반적인 표지인 마노스-6-인산과 독립적이다. 효소나 LIMP-2 결합 단백질 모두 GlcNAc-1PT에 의해 작용하지 않기 때문에 마노스-6-인산을 포함하지 않는다. 기본 경로는 단백질이 세포에서 항시적으로 분비되고 라이소솜에 도달하지 못하게 한다. N-결합 글라이코실화는 소포체에 들어갈 때 공통서열 Asn-X-Ser을 갖는 단백질에서 발생한다. 라이소솜 단백질은 소포체에 결합한 라이보솜에서 번역된다. GlcNAc-1PT의 기질로 작용할 수 없다고 해서 단백질이 자유 라이보솜에서 합성되었다는 의미는 아니다. ATP가 필요한 샤페론 단백질은 새로운 단백질이 마이토콘드리아로 들어가는 데 사용된다.

11.10 핵 내에 위치할 단백질이 핵으로의 진입을 촉진하기 위해 핵 위치 신호에 결합하는 단백질은 무엇인가?

A. 샤페론 단백질
B. 클라트린
C. 돌리콜
D. GlcNAc
E. 임포틴

정답 E

핵으로 이동하는 단백질은 핵으로의 진입을 촉진하기 위해 임포틴에 결합하는 핵 위치 신호를 가지고 있다. 클라트린은 골지체의 특정 부위에 단백질을 축적시키고 위치하도록 도움을 주는 외피 단백질이다. 샤페론 단백질은 새로운 단백질의 마이토콘드리아 진입을 촉진한다. 돌리콜은 14개의 당을 가진 분지형 올리고당의 소포체 내 운반체로, 소포체 내강에 들어갈 때 단백질의 N-결합 글라이코실화에 사용되는 GlcNAc를 가지고 있다.

단백질 분해

Protein Degradation

12

I. 개요

모든 단백질은 변화하는 생리적 및 환경적 요구에 따라 그 농도가 지속적으로 조정되면서 환경과 역동적인 평형 상태로 존재한다. 세포 내 단백질의 수준은 단백질 합성과 단백질 분해 사이의 균형 잡힌 조절로 유지된다. 단백질 분해는 방출되는 유리 아미노산을 세포가 지속적으로 이용할 수 있도록 한다. 단백질 분해는 또한 비정상적인 단백질의 과도한 축적을 방지한다.

단백질은 다양하지만, 세포 내에서 유한한 수명을 가지며 결국 특수 단백질 분해 시스템을 사용하여 분해된다. 반감기가 짧은 단백질 및 결함이 있는 다른 단백질은 ATP가 필요한 에너지 의존적 시스템에 의해 분해된다. 강력한 가수분해효소를 사용하는 두 번째 분해 시스템은 라이소솜 내에서 작동한다. 라이소솜 분해는 막-결합 단백질과 세포 외 단백질 및 반감기가 더 긴 단백질의 아미노산을 재활용하는 데 중요하다.

II. 세포 내 단백질 분해 경로

각 단백질의 반감기는 큰 차이가 있다. 반감기는 세포 내 단백질의 역할을 직접 반영한다. 반감기가 몇 초에서 몇 분인 수명이 짧은 단백질은 세포질에서 작동하는 ATP 의존성 단백질 분해 경로를 사용하여 분해된다. 이 시스템은 결함이 있거나 손상된 단백질의 분해와 수명이 다한 대사 경로의 주요 조절 효소에도 중요하다. 이 에너지 의존적인 경로는 표적 단백질의 가수분해 절단을 수행하는 프로테아솜 복합체(proteasome complex)를 형성하는 단백질에 의해 매개된다.

단백질 분해를 위한 두 번째 시스템은 세포 내의 라이소솜을 활용한다. 집합적으로 산성 가수분해효소로 알려진 라이소솜 내의 강력한 가수분해효소는 단백질을 포함한 생체 분자를 분해하는 작용을 한다. 일반적으로 라이소솜은 세포막과 세포 외부에서 작용하는, 수명이 다한 단백질과 반감기가 긴 단백질을 분해한다(그림 12.1).

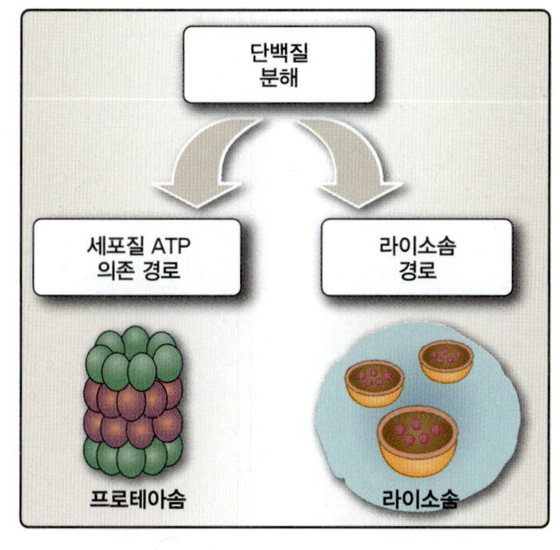

그림 12.1
단백질 분해 경로

A. 라이소솜 단백질 분해의 일반적인 메커니즘

라이소솜은 라이페이스(lipases, 지질분해효소), 뉴클레이스(nuclease, 핵산분해효소) 및 프로테이스(protease, 단백질분해효소) 등의 소화효소를 가진 막으로 둘러싸인 세포소기관이다. 라이소솜의 내부는 세포질보다 더 산성이다(pH 4.8 대 7.2). 라이소솜 효소의 구획화는 이러한 강력한 소화 효소의 작용으로 세포의 구성요소가 조절되지 않은 채로

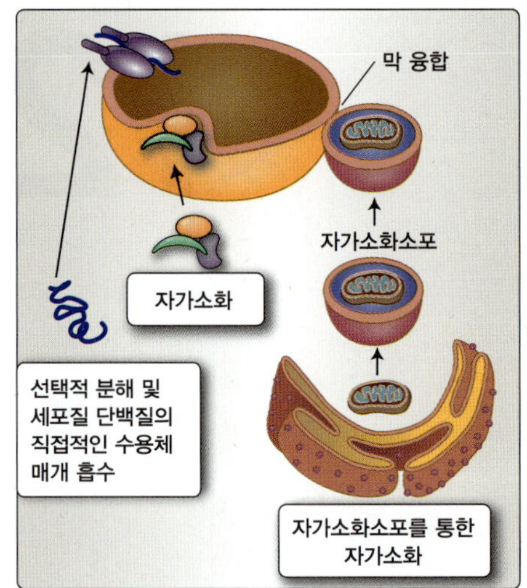

그림 12.2
라이소솜 단백질 분해의 일반적인 개요

분해되는 것을 방지하는 데 중요하다. 분해되어야 하는 분자를 흡수하는 한 가지 경로는 **자가소화**(autophagy), 즉 소포체의 일부분을 이용하여 자가소화소포(autophagosome)를 형성해서 소량의 세포질 또는 특정 세포소기관을 삼키는 과정이 있다(그림 12.2). 소포(vesicle)와 라이소솜의 융합은 거대분자를 분해하는 라이소솜 가수분해효소의 방출을 초래하여 거대분자를 분해하도록 한다. 서로 다른 자가소화 경로가 존재하여 선택적 및 비선택적으로 단백질 분해를 일으키지만, 이러한 경로를 특이하고 유연하게 만드는 몇 가지 공통 단계가 존재한다.

임상 적용 12.1 자가소화 및 신경퇴행성 질환

헌팅턴병(Huntington disease), 알츠하이머병(Alzheimer disease), 파킨슨병(Parkinson disease)과 같은 만성 퇴행성 질환에서는 신경조직 내에 결합 단백질이 비정상적으로 축적되어 있다. 이러한 질병을 지닌 환자의 뇌에서 자가소화소포가 축적된다는 것이 입증되었기 때문에 자가소화가 이러한 질병의 병인에 관여한다고 생각되어 왔다. 그러나 최근의 보다 강력한 증거는 자가소화가 실제로 다양한 신경퇴행성 질환을 예방하는 데 효과가 있을 수 있음을 시사한다. 그리고 자가소화소포의 축적은 주로 이러한 병리학적 조건에서의 유익한 생리적 반응으로서 자가소화의 활성화를 나타내는 것으로 생각된다.

선택적 라이소솜 분해

특정 조건에서 라이소솜은 세포질 단백질을 선택적으로 분해한다. 선택적 분해의 한 예는 기아 상태일 때 아미노산 서열 Lys-Phe-Glu-Arg-Gln을 포함하는 단백질이 라이소솜에 의해 분해되는 것이다. 이 과정은 해당 단백질의 폴리펩타이드 사슬을 풀기(unfolding) 위한 세포질 샤페론 및 라이소솜 막을 가로질러 단백질을 수송하기 위한 라이소솜 막 수용체를 필요로 한다. 일반적으로 표적 단백질은 반감기가 길뿐 아니라 스트레스와 기아 상태에서 분해되어 아미노산을 공급하고, 기본적인 대사 반응을 지원하는 에너지를 생산하기 위해 희생되는 불필요한 단백질인 경향이 있다(그림 12.2 참조).

B. 프로테아솜에 의한 분해

ATP 의존성 프로테아솜 경로(ATP-dependent proteasomal pathway)는 단백질 **유비퀴틴**(ubiquitin)을 포함한다. 이것은 76개의 아미노산을 가진 고도로 보전된 단백질로, 이름에서 알 수 있듯이 진핵세포계 어디에나 존재한다. 프로테아솜 경로에서 분해될 예정인 단백질은 유비퀴틴의 공유결합에 의해 표지가 된 다음 **프로테아솜**(proteasome)이라는 단백질분해효소 복합체에서 분해된다(그림 12.1 참조).

1. **단백질의 유비퀴틴화:** 유비퀴틴화는 단백질 분해에 매우 중요한 조절 과정이다. 유비퀴틴은 3개의 개별 효소 E1, E2 및 E3를 포함하는 ATP 의존적 경로를 통해 단백질에 공유결합으로 연결된다(**그림 12.3**). 이러한 반응은 분해될 단백질의 라이신 잔기에 유비퀴틴 카복실 말단의 글라이신 잔기를 연결시킨다. 이 과정은 3단계를 통해 이루어지는데, 먼저 유비퀴틴 활성화 효소(ubiquitin-activating enzyme, E1)가 유비퀴틴에 결합한 다음, 유비퀴틴 결합 효소(ubiquitin-conjugating enzyme, E2)로 전달된다. 유비퀴틴 연결효소(ubiquitin ligase, E3)는 분해 예정인 단백질을 인식하여 E2에 있는 유비퀴틴을 해당 단백질의 라이신 잔기로 전달한다. 일반적으로 단백질은 여러 유비퀴틴 분자가 추가되면서 폴리유비퀴틴화되어 하나의 유비퀴틴 분자의 라이신 잔기를 인접한 유비퀴틴의 카복실 말단에 연결하는 유비퀴틴 사슬을 형성한다. 표적 단백질에 최소 4개의 유비퀴틴 분자가 결합해야 해당 단백질의 효율적인 분해가 이루어지는 것으로 보인다.

2. **분해를 위한 기질 인식 방식:** 단백질의 반감기는 단백질의 아미노말단 잔기와 관련이 있다. 일반적으로 N-말단에 Met, Ser, Ala, Thr, Val 또는 Gly이 있는 단백질은 반감기가 20시간 이상이며, N-말단에 Phe, Leu, Asp, Lys 또는 Arg이 있는 단백질은 반감기가 3분 이내이다. Pro(P), Glu(E), Ser(S) 및 Thr(T)이 풍부한 단백질("PEST" 단백질)은 다른 단백질보다 더 빠르게 분해된다. 또 다른 인식 메커니즘에는 인산화된 기질의 인식, 기질과 결합한 보조 단백질의 인식 및 돌연변이된 비정상 단백질의 인식이 포함된다. **그림 12.4**와 같이 특정 기질을 분해하기 위한 각 경로에는 서로 다른 종류의 효소(E3 연결효소, 아래 참조)가 관여한다.

3. **프로테아솜:** 프로테아솜은 약 60개의 단백질 소단위체로 구성된 커다란 26S 단백질 복합체이며, 구조적으로 양쪽 끝이 덮여 있는 큰 원통(cylinder)과 유사하다(**그림 12.5**). 20S의 중심부와 19S 조절 입자를 양쪽 말단에 가지고 있다. 원통의 내부에 해당하는 중앙 부분은 4개의 고리(ring)로 구성된다. 외부 고리는 7개의 α 소단위체로 구성되고, 내부 고리는 7개의 β 소단위체로 구성된다. 일부 β 소단위체에 단백질분해효소(protease) 활성이 있다.

   19S 조절 입자는 폴리유비퀴틴화 단백질의 인식 및 결합, 유비퀴틴의 제거, 단백질 기질의 풀림, 중심부로의 위치 변경 등을 포함한 여러 활동에 중요하다. 이러한 다양한 기능은 여러 ATP 가수분해효소 및 기타 효소로 복잡하게 구성된 19S 입자에 의해 촉진된다. 풀린 단백질은 중심부 내에서 더 작은 펩타이드로 가수분해된다. 더 작은 펩타이드는 20S 입자의 반대쪽 끝에서 나오고 세포질의 펩티데이스에 의해 더 작게 분해된다(그림 12.5 참조).

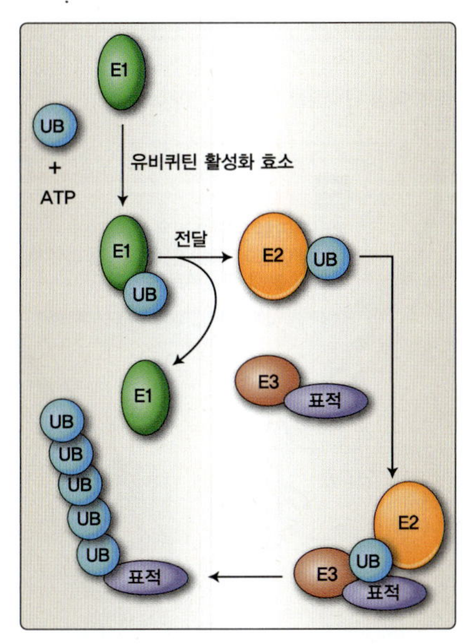

그림 12.3
단백질 유비퀴틴화의 단계 (uB; 유비퀴틴)

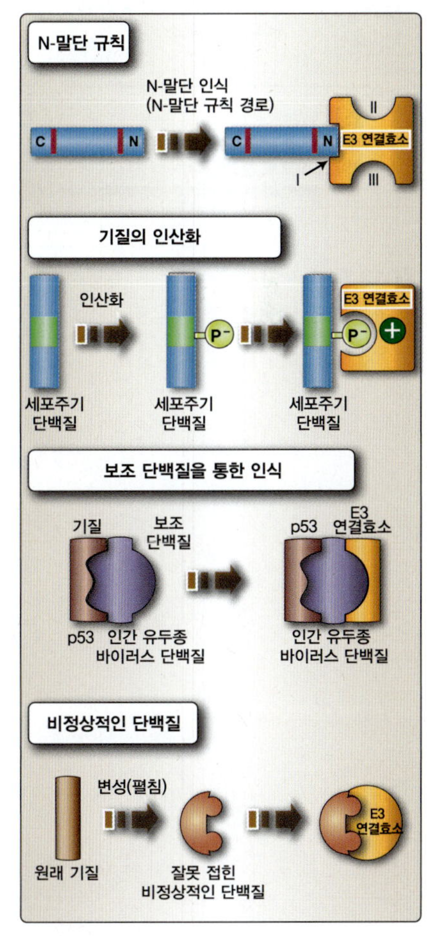

그림 12.4
기질의 분해를 위한 인식 방법

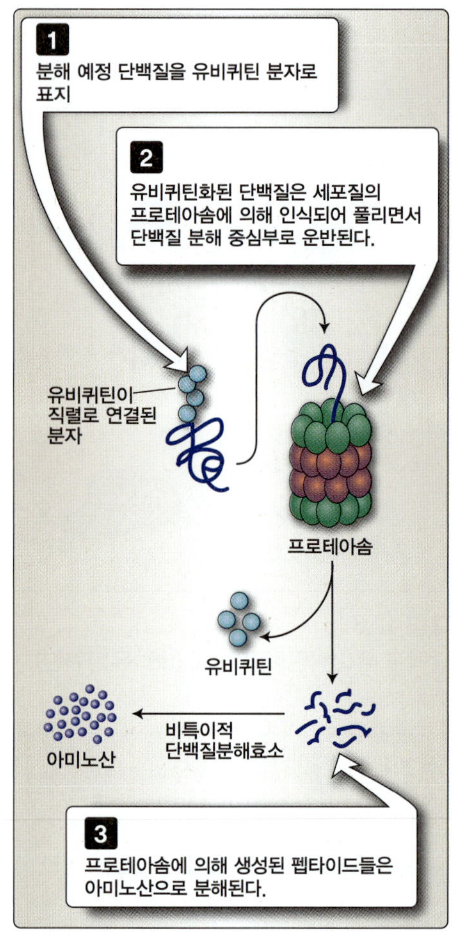

그림 12.5
프로테아솜의 단백질 분해

낭포성섬유증 및 잘못 접힌 단백질

낭포성섬유증(cystic fibrosis, CF)은 미국에서 약 30,000건의 사례가 있는 유전 질환이며 각 기관, 특히 폐 및 이자의 기능에 영향을 미치는 두꺼운 점액성 분비물을 특징으로 한다. 이 유전자는 낭포성섬유증 막관통 전도 조절인자(cystic fibrosis transmembrane conductance regulator, CFTR)로 알려진 염화이온(Cl^-)통로를 암호화하는데, 이 단백질은 여러 막관통 도메인을 가진 큰 단백질이다. 낭포성섬유증에서 가장 흔한 돌연변이는 508번 위치의 아미노산인 페닐알라닌의 결실(deletion)이다. 이 돌연변이는 미국에서 낭포성섬유증 사례의 약 90%에서 나타나는데, 생성된 CFTR 단백질의 양을 감소시킨다. 단백질 소실의 원인은 이들이 변이로 인해 잘못된 접힘이 이뤄지고, 이로 인해 프로테아솜에 의해 인식되어 분해되기 때문이다. 이 돌연변이 단백질이 잔류 활성을 통해 일부 기능을 유지한다는 사실을 알게 됨에 따라 단백질이 분해되지 않고 작용할 수 있는 방법이 시도되었다. 이 단백질의 염화이온 수송 기능을 강화하는 새로운 종류의 약물이 개발되었으며, 이를 교정 약물(corrector drug)이라고 한다. 이들은 단백질 접힘과 세포 표면으로의 이동을 돕는 활성을 가진 약물의 조합이다. 여기에서 돌연변이 단백질은 정상적인 야생형보다 염화이온의 이동 속도가 느리긴 하지만, 염화이온의 통로로서 작용하는 것으로 밝혀졌다.

임상 적용 12.2 암을 유발하는 HPV는 숙주세포 단백질을 분해한다

HPV 유형 16 및 18을 포함하여 특정 인간 유두종 바이러스(human papillomaviruse, HPV)가 자궁경부암 발병의 원인이라는 것은 널리 받아들여지고 있다. 이러한 HPV의 주요 종양 단백질은 HPV 양성 암세포에서 유지되고 발현되는 유일한 바이러스 유전자인 E6 및 E7 유전자에 의해 암호화된다. p53 종양 억제 단백질(21장 및 22장 참조)은 이러한 고위험 HPV 변종의 표적이다. 그러나 과오돌연변이(missense mutation)에 의해 p53이 불활성화되는 대부분의 인간 암과 달리 자궁경부암에서의 불활성화 메커니즘은 독특하다. p53은 HPV E6 종양 단백질에 의해 표적화된다. HPV E6 종양 단백질은 p53과 결합하고, 이의 분해를 위해 세포의 유비퀴틴-단백질 연결효소 E6-AP(associated protein)를 활용한다(그림 12.3 참조). 정상 세포에서 p53은 E6-AP가 아닌, Mdm2(E3 연결효소)라는 다른 유비퀴틴 연결효소에 의해 분해의 표적이 된다. E3 단백질의 일부는 E2 효소를 기질(Mdm2가 속한 단백질의 RING 부류)과 함께 복합체로 옮기는 연결자 역할을 하는 반면, E6-AP는 HECT(homologous to E6-AP C-terminus) E3 단백질이라는 유비퀴틴-단백질 연결효소의 부류에 속하는데, 유비퀴틴을 그들의 기질로 직접 옮긴다.

임상 적용 12.3 항암제로서의 프로테아솜 억제제

보르테조밉(bortezomib)은 사람에게 시험한 최초의 치료용 프로테아솜 억제제(proteasome inhibitor)이다. 다발성 골수종(multiple myeloma; 형질세포의 암) 및 외투세포 림프종(mantle cell lymphoma, 림프구의 드문 암)의 치료용으로 승인되었다. 이 약물은 펩타이드로서, 26S 프로테아솜의 촉매 부위에 결합해 단백질 분해를 억제한다. 보르테조밉은 세포자멸 유도인자(proapoptotic factor)의 분해를 억제하여 세포자멸을 통해 암세포의 사멸을 증가시키는 것으로 생각된다. 약물의 효과에 대한 다른 메커니즘이 존재할 수 있다. 보르테조밉의 개발 이후 다른 프로테아솜 억제제가 시장에 출시되었다.

요약

- 모든 단백질은 결국 세포의 단백질 분해 시스템을 사용하여 분해된다.
- 단백질 분해를 위한 두 가지 시스템은 라이소솜 단백질 분해 경로 및 ATP 의존 프로테아솜 분해 경로이다.
- 반감기가 짧은 단백질은 프로테아솜 경로를 통해 분해되는 반면, 반감기가 긴 단백질은 라이소솜 경로를 이용한다.
- 라이소솜 경로를 통한 자가소화는 세포가 스트레스를 받는 동안 에너지 및 아미노산 생성에 중요하다.
- 분해될 단백질은 유비퀴틴 잔기 사슬에 공유결합으로 연결된다.
- 프로테아솜을 통한 분해는 분해 대상 단백질에 유비퀴틴을 추가하는 효소가 필요한 다단계 과정에 의해 시작된다.
- 프로테아솜은 유비퀴틴을 재생하는 동안 단백질을 더 작은 펩타이드로 분해하는 커다란 단백질 복합체이다.
- 단백질의 반감기는 아미노 말단 잔기와 단백질의 아미노산 조성에 의해 결정된다.

학습 문제

다음 중 가장 적절한 답을 하나만 고르시오.

12.1 다음 중 중 자가소화(autophagy)에 대한 설명으로 옳은 것은?

A. 세포 내에서 막성 소포의 제거 및 분해
B. 라이소솜에서 세포질 단백질의 분해
C. 세포가 스트레스를 받을 때 에너지와 아미노산을 생성하는 과정
D. 자가소화소포 형성 후 라이소솜의 가수분해효소에 의한 소화
E. 위의 모든 것

정답 E
자가소화는 세포소기관 또는 세포질 단백질이 라이소솜 내에서 분해되는 과정이다. 이 과정은 일반적으로 자가소화소포의 형성을 통해 진행되는데, 이는 라이소솜 막과 융합되어 내용물의 방출 및 분해를 유발한다. 자가소화는 세포가 스트레스를 받아 아미노산 및 에너지가 필요할 때도 활성화된다.

12.2 다음 중 짧은 반감기를 가진 단백질에 대한 설명으로 옳은 것은?

A. 일반적으로 N-말단에 세린 아미노산을 가지고 있다.
B. 라이소솜 경로에 의해 우선적으로 분해된다.
C. C-말단에 페닐알라닌 아미노산을 갖는다.
D. 분해되기 전에 유비퀴틴으로 표지된다.
E. 자가소화소포에서 각 아미노산으로 분해된다.

정답 D
반감기가 짧은 단백질은 일반적으로 유비퀴틴으로 표지된 후, 프로테아솜 경로를 통해 분해된다. N-말단 세린이 있는 단백질은 반감기가 길고 라이소솜에 의해 우선적으로 분해된다. C-말단 아미노산 잔기는 단백질의 반감기에 영향을 미치지 않는다. 자가소화소포는 라이소솜 단백질 분해 경로의 중간체이다.

12.3 프로테아솜에 대한 설명으로 옳은 것은?

A. 모든 세포 내 단백질을 분해하는 단백질분해 복합체
B. 분해될 단백질에 유비퀴틴을 첨가하는 데 필요한 효소 복합체
C. ATP가수분해효소와 단백질을 분해하는 다양한 효소로 구성된 단백질분해 복합체
D. 중심부와 1개의 조절 입자로 구성된 복합체
E. 세포의 라이소솜에 존재하는 단백질 복합체

정답 C
프로테아솜은 세포 내 유비퀴틴화 단백질을 분해하는 능력을 지닌 여러 단백질 소단위체로 구성된 원통 모양의 구조물이다. 이 과정에는 ATP가 필요하다. 짧은 반감기의 세포 내 단백질을 선택적으로 분해하며, 이러한 단백질은 유비퀴틴화 되어야 한다. 프로테아솜은 중심부와 2개의 조절 영역으로 구성되는데, 표적 단백질에서 유비퀴틴을 제거한다. 프로테아솜은 세포질에 존재하며 라이소솜의 단백질 분해 경로와 구별된다.

12.4 PEST 아미노산 잔기가 풍부하고 N-말단에 Phe 잔기를 갖는 비기능적인 세포 내 단백질은 다음 중 어느 경로로 분해되는가?

A. 자가소화
B. 퍼옥시솜 분해
C. 산성 가수분해효소 작용
D. 식작용
E. ATP 의존 경로

정답 E
PEST 잔기가 풍부한 단백질을 분해하기 위해 ATP 의존적 프로테아솜을 사용한다. 또한 N-말단 Phe 잔기가 있는 단백질은 반감기가 짧고 프로테아솜에 의해 분해된다. 라이소솜은 자가소화와 관련된 과정에서 거대분자를 소화하기 위해 산성 가수분해효소를 사용한다. 라이소솜은 반감기가 긴 단백질을 분해하지만, 반감기가 짧은 PEST 함유 단백질은 분해하지 않는다. 퍼옥시솜은 단백질과 같은 큰 거대분자를 분해하지 않는다. 대신 과산화수소(H_2O_2)를 해독하고 지방산과 퓨린을 분해한다(5장 참조). 식작용은 소낭이 세포 내로 들어오는 과정이다. 소낭의 내용물이 분해되어야 하는 경우 라이소솜 분해가 사용된다.

12.5 이전에 건강했던 6개월 된 남아가 운동 능력을 잃기 시작하면서 테이-삭스병(Tay-Sachs disease) 진단을 받았다. 그 후 1년 동안 뇌에 갱글리오사이드(ganglioside)가 점점 축적되어 증상이 악화되었다. 다음 중 이러한 질병의 원인이 된 것은 무엇의 결함 때문인가?

A. 산성 가수분해효소
B. 퍼옥시솜 분해
C. 유비퀴틴화
D. ATP 의존적 경로
E. PEST 함유 단백질

정답 A

소아 테이-삭스병은 일반적으로 라이소솜 내에서 작용하는 산성 가수분해효소인 β-헥소사미니데이스 A(β-hexosaminidase A)를 암호화하는 *HEXA* 유전자의 돌연변이로 인해 발생한다. 테이-삭스병은 라이소솜 질환이다. 갱글리오사이드는 단백질이 아닌 글라이코스핑고지질이며, 따라서 PEST 함유 및 기타 많은 단백질을 분해하는 프로테아솜의 ATP 의존 유비퀴틴 표지 시스템을 통해 분해되지 않는다. 퍼옥시솜은 과산화수소를 해독하고 지방산과 퓨린을 분해하지만, 테이-삭스병 환자에게 축적되는 갱글리오사이드는 분해하지 않는다.

제 3 단원
막 수송
Membrane Transport

존재의 신비 속에서 모순들이 만나는 지점이 있지
움직임이 모든 움직임이 아니고 고요가 모든 고요가 아닌 곳
그 생각과 형식, 안과 밖이 하나가 되는 곳
아직은 아니지만 무한이 유한으로 되는 곳

– 라빈드라나트 타고르(Rabindranath Tagore, 인도 시인, 1861~1941)

살아 있는 세포에서 중요한 분자의 농도는 세포막을 경계로 내부보다 외부에서 더 높다. 이온이나 영양소는 종종 이런 세포막이라는 장벽을 넘어 세포에 영양과 필수적인 구성성분을 제공한다. 이러한 분자는 일반적으로 농도 기울기에 따라 수동적으로 이동한다.

이 단원의 첫 번째 장에서는 주로 수동적인 방식에 기반을 둔 수송의 기본 개념과 삼투(osmosis), 즉 물의 수송에 대해 생각해 볼 것이다. 세포는 수용성 환경에서 존재하기 때문에, 생명의 액체로서 물은 막의 단백질 통로를 통해 세포 안팎으로 끊임없이 이동한다. 많은 양의 물 수송이 끊임없이 이루어지지만, 등장액 조건(isotonic condition)일 때 물의 순이동(net movement)은 없다. 순이동이 없을 때 방대한 양의 물 이동은 나타나지 않는다! 어떤 경우에 세포는 이미 막의 외부보다 내부에 더 높은 농도로 존재하는 중요한 분자를 더 필요로 하기도 한다.

위와 같이 에너지의 사용에 신중한 것과는 반대로, 세포는 분자를 받아들이기 위해 ATP의 에너지를 사용하는 능동적인 수송과정을 이용하기도 한다. 이는 때때로 세포에서 더 많은 에너지를 생성하는 데 사용된다. 능동수송은 이 단원의 두 번째 장의 주제이다.

이 단원의 세 번째 장에서는 많은 양의 탄수화물이 필요한 세포에서 포도당이 세포 내로 이동하는 것에 대해 자세히 논의한다. 포도당 운반의 실패는 당뇨병(diabetes mellitus)에서 볼 수 있다. 이 단원의 마지막 장은 약물 수송에 관한 것이다. 이러한 합성 분자는 일반적인 세포의 요구를 충족하도록 진화한 수송 메커니즘을 이용할 수 있다. 이로써 우리는 많은 질병에 대한 치료법과 함께 우리의 세포와 더 나아가 종(species)의 한정된 삶을 확장할 수 있는 가능성을 가지게 될 것이다.

13

수송의 기본 개념

Basic Concepts of Transport

I. 개요

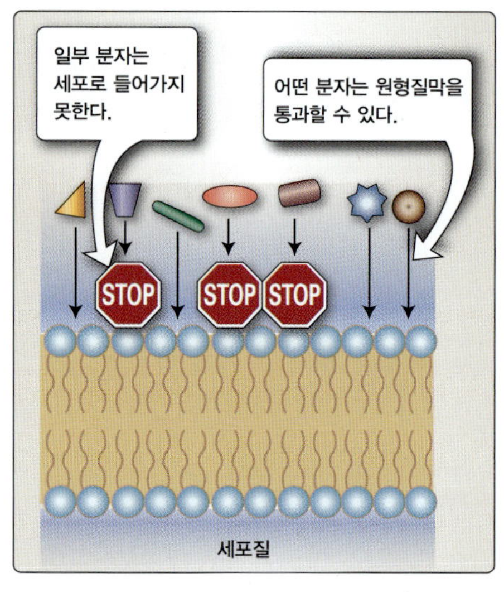

그림 13.1
원형질막의 선택적 투과성

세포막은 환경으로부터 세포질을 보호하고 격리함으로써 각 물질이 세포로 들어가는 것을 막는 장벽을 제공한다. 이 장벽은 **선택적 투과성**(selectively permeable)이 있어 생리학적으로 중요한 분자가 다른 분자를 제치고 세포로 들어가고 나올 수 있도록 한다(그림 13.1). 특정 이온과 분자는 세포 내외로 출입이 가능하며, 세포는 생명 활동을 위해 그 부피와 이온 농도의 균형을 유지해야 한다. 세포의 연료 역할을 하는 분자는 세포 내로 들어가 분해되어 에너지를 생성한다.

원형질막에 내재된 단백질은 이온과 양분을 세포로 운반하는 것을 촉진하며(그림 13.2), **이온 통로**(ion channel), **운반체**(transporter) 및 펌프 역할을 한다. 개별 막단백질은 특정 리간드(예: 염화물, 포도당 또는 소듐 및 포타슘)에 특이적으로 결합하여, 이들을 원형질막을 가로질러 이동시킬 수 있다.

대부분의 막 수송에서 **수동수송**(passive transport)이 이루어지며, 분자는 농도 기울기(그림 13.3)를 따라 원형질막을 가로질러 고농도에서 저농도로 이동한다. 이와 반대로 **능동수송**(active transport)은 에너지가 필요한 과정으로서, 농도 기울기에 역행하여 저농도에서 고농도로 이동한다(14장 참조).

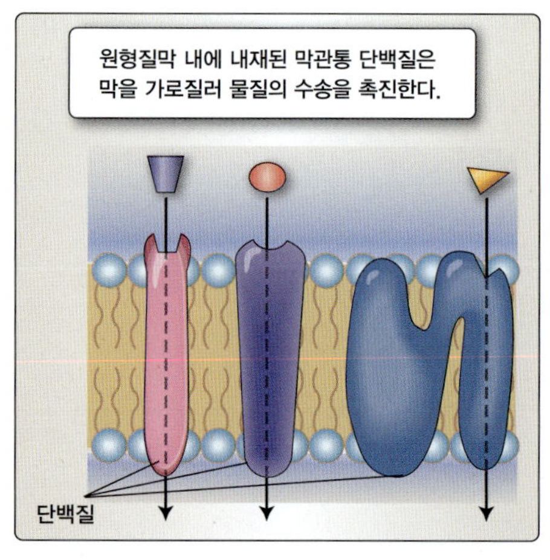

그림 13.2
막단백질은 물질의 수송을 촉진한다.

II. 확산

확산(diffusion) 개념에 대한 지식은 고농도에서 저농도로 용액 내 분자의 이동을 이해하는 데 유용하다. 확산은 용액 내 분자의 무작위적인 운동으로 인해 이들이 공간 내에 균등하게 분포할 때까지 이루어진다(그림 13.4). 농도 기울기가 존재하는 한, 이 과정은 동일한 속도로 계속 일어날 수 있다. 같은 용액 내에서 한 종류의 물질의 확산은 다른 물질의 확산을 방해하지 않는다. 장벽을 가로질러 확산하는 물질의 순이동은 다음의 몇 가지 고려 사항에 따라 달라지는데, 첫 번째는 농도 기울기이고, 다음은 분자의 크기, 그리고 장벽의 투과성이다.

A. 고려 사항

막의 투과성은 분자가 확산으로 인해 통과하는 경우 중요한 고려 사항이다. 원형질막을 구성하는 인지질은 본질적으로 친수성(hydrophilic; 물을 좋아하는) 및 소수성(hydrophobic; 물을 두려워하는) 성분을 모두 포함하는 **양친매성**(amphipathic)이다(3장 참조). 스테로이드 호르몬과 같은 작은 소수성 분자는 종종 원형질막의 내부 소수성 중심부(core)에 용해되어 통과하는 것으로 설명되지만, 커다란 지질의 경우 막 인지질의 친수성 머리 부분은 환경과 세포기질의 경계면에서 이들의 통과에 큰 장애가 된다(그림 13.5).

B. 확산 및 원형질막

일부 분자는 세포층 내부의 인접한 세포 사이의 밀착연접(tight junction) 부위를 통과하여 확산할 수 있지만, 개별 세포의 세포질로 확산하지 않는다. 단순확산으로 인해 세포에 들어갈 수 있는 O_2 및 CO_2를 포함한 기체를 제외하고 **원형질막은 단순확산에 대한 장벽**이며 이를 통한 물질의 흐름을 방해한다.

결과적으로 원형질막을 통과하는 대부분 분자의 확산은 일반적으로 발생하지 않는다. 농도 기울기에 따른 세포 내부로의 분자의 이동은 원형질막 내의 막단백질을 통해 이루어진다.

일부 이온과 작은 분자(보통 분자량 80달톤 미만)는 물을 운반하는 기능을 하는 원형질막의 단백질 통로인 **아쿠아포린**(aquaporin)을 이용하여 자체의 특정 운반 단백질 없이 세포질에 접근할 수 있다. 더 큰 분자는 원형질막을 통과하기 위해 막 수송 단백질이 필요하다.

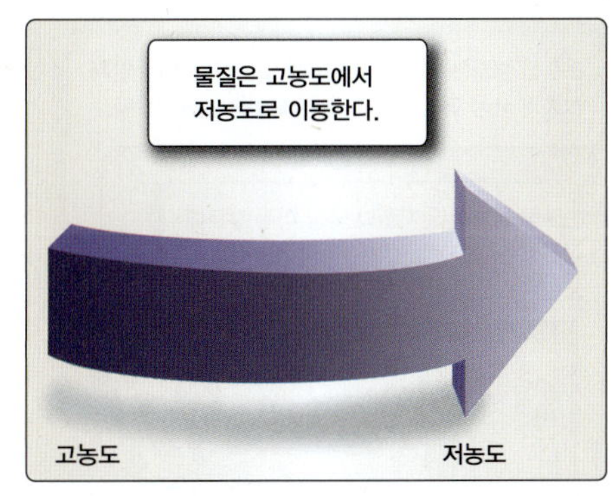

그림 13.3
수동수송에서 용질은 농도 기울기를 따라 이동한다.

III. 삼투

삼투(osmosis)는 특정한 용질의 통과를 허용하지 않는 반투과성 막을 통한 액체 용매의 이동을 말한다. 물은 가장 중요한 생리적 용매이다. 원형질막은 물은 투과할 수 있지만, 물에 용해된 일부 용질은 투과할 수 없다. 삼투에 의한 세포로의 물 유입은 확산으로 설명해 왔지만, 막 통로를 통해서도 발생한다. **아쿠아포린**은 물이 막 인지질의 소수성 중심부를 통과할 수 있도록 한다. 삼투로 인해 물은 물 농도가 높은 영역(용질 농도가 낮음)에서 물 농도가 낮은 영역(용질 농도가 높음)으로 원형질막을 통과한다(그림 13.6).

A. 물의 순이동

물은 삼투로 인해 지속적으로 세포에 들어오고 나간다. 그러나 물의 유입 속도와 유출 속도가 같기 때문에, 물의 순이동은 일반적으로 무시할 수 있다. 적혈구에서는 매초 세포 부피의 약 250배에 해당하는 물이 들어오고 나가지만, 물의 순이동은 없다! 그러나 소장에서는 물이 흡수되고 방출될 때 세포층을 가로질러 물의 순이동이 존재한다. 또한, 오줌의 농축 과정에 삼투를 통한 물의 순이동이 발생하며 이 경우, 물은 콩팥 세뇨관의 상피세포층을 가로질러 오줌의 여과액에서 혈액으로 이동한다.

용질의 농도는 자유수(free water)의 농도를 결정한다. 입자나 용질의 농도가 높은 용액은 낮은 용액보다 자유수의 농도가 낮다(그림 13.7). 더 많은 자유수가 있는 곳에서 물 분자는 더 큰 빈도로 막의 아쿠아

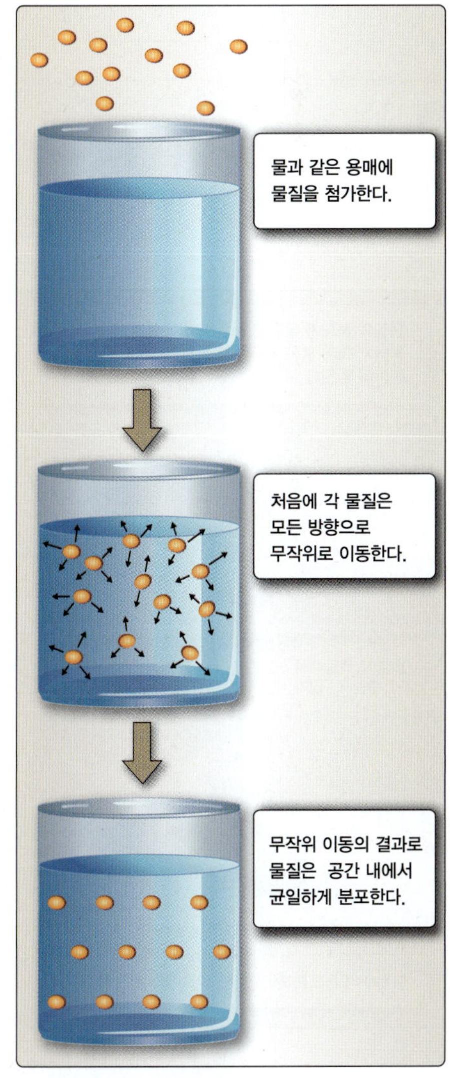

그림 13.4
확산을 통한 용액 내 물질 분포

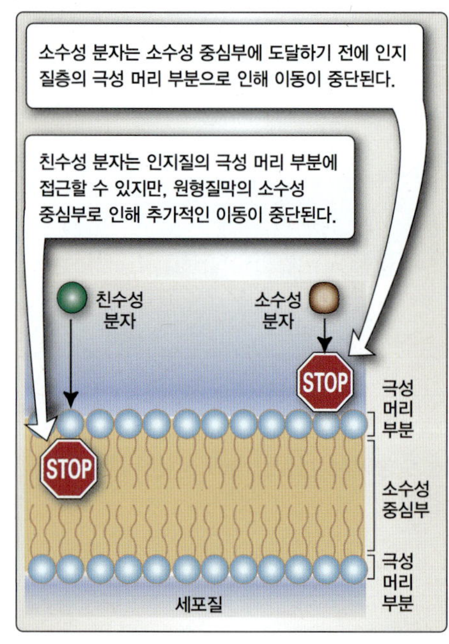

그림 13.5
확산에 대한 장벽으로서 막의 양친매성 인지질

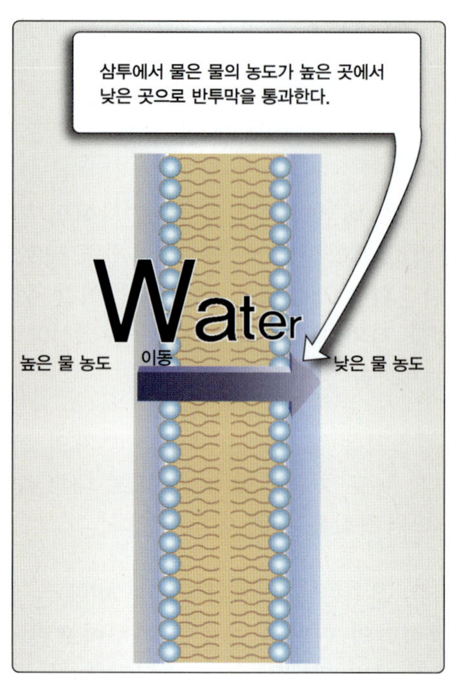

그림 13.6
삼투

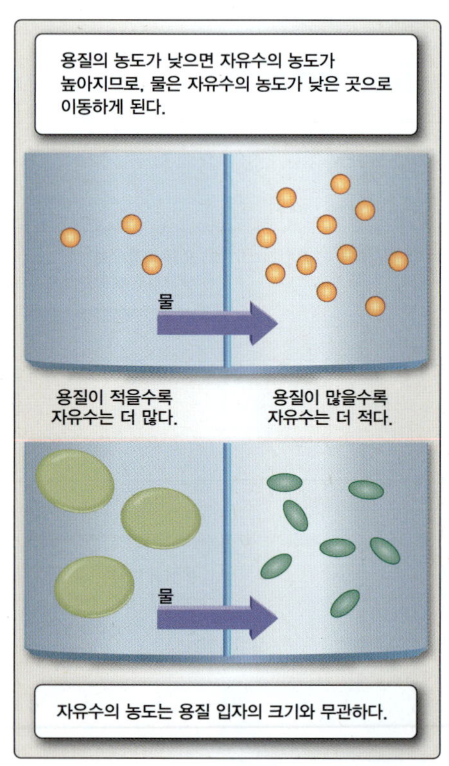

그림 13.7
자유수의 농도는 삼투에서 물의 이동 방향을 결정한다.

포린을 통과하기에, 더 많은 물이 자유수 농도가 높은 영역을 떠난다. 그 결과는 물의 순이동이다. 물에 있는 용질의 크기나 분자량은 물의 순이동에 영향을 미치지 않는다. 충분한 물이 막을 통과하여 양쪽의 용질 농도가 같아지면 물의 움직임이 멈춘다.

B. 삼투압

원형질막과 같은 장벽의 반대편에 있는 용질 농도의 차이는 삼투압을 발생시킨다. 물이 유입되는 장벽 쪽의 압력이 높아지면 물의 움직임이 멈춘다(그림 13.8). 이것을 **정수압**(hydrostatic pressure) 또는 지수압(water stopping pressure)이라고 한다.

C. 세포 부피

삼투압이 세포 내부와 외부에서 모두 같을 때, 세포를 둘러싼 외부 용액은 **등장액**(isotonic)으로 간주한다. 세포는 등장액에서 그 부피를 유지한다. 삼투는 세포 안팎에서 모두 발생하지만, 막의 양쪽에서 삼투압이 같을 때 물의 순이동은 없다(그림 13.9). 세포질보다 삼투압이 낮은 용액은 **저장액**(hypotonic)이다. 저장액에서는 세포 부피가 증가하는데, 이는 자유수의 농도가 세포 내부보다 외부에서 더 높기 때문에 발생한다. 물이 농도 기울기를 따라 이동하므로, 물은 세포 내부로 순이동한다. 세포가 세포기질보다 삼투압이 더 높은 **고장액**(hypertonic)에 존재하면 세포 내외의 삼투압을 같게 만들기 위해 세포에서 물이 빠져나가 부피가 감소한다.

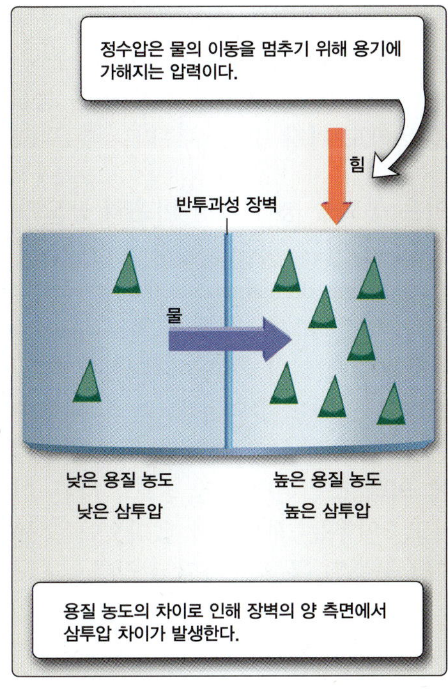

그림 13.8
삼투압은 막을 경계로 용질의 농도 차이에 의해 발생한다.

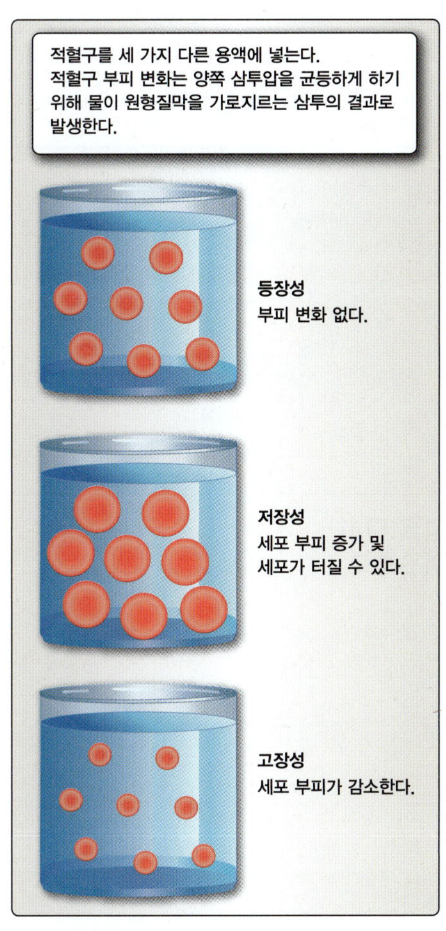

그림 13.9
삼투에 따른 적혈구의 부피 변화

IV. 수동수송

이온, 당 및 아미노산과 같은 많은 생물학적으로 중요한 분자는 인지질의 크기, 전하 및 낮은 용해도로 인해 매우 느리게 세포 내부로 들어갈 것으로 예측된다. 그러나 **이온 통로**(ion channel) 또는 **막 수송 단백질**(membrane transport protein)이 특정 분자의 세포 안팎으로의 이동을 촉진하기 때문에 세포 내부로의 흡수는 상당히 빠른 속도로 진행될 수 있다(그림 13.10). 이 과정은 종종 **촉진확산**(facilitated diffusion)이라고 불리며, 수송 동역학이 기질을 생성물로 전환시키는 효소-촉매 반응과 유사하기 때문에 **촉매수송**(catalyzed transport)이라고도 한다. 수동수송 과정에 동력을 공급하기 위한 직접적인 에너지원은 필요하지 않다.

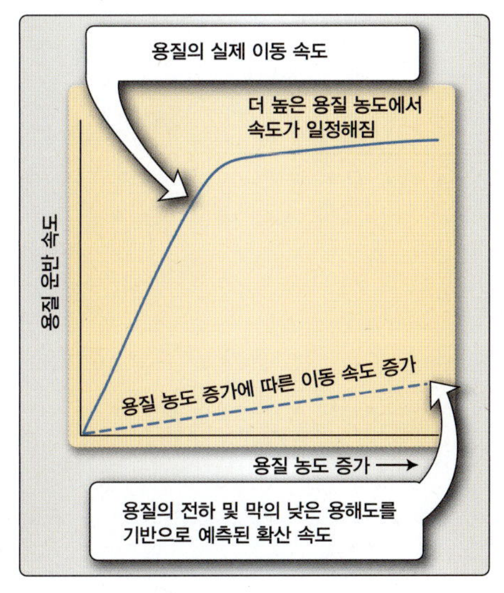

그림 13.10
세포 내부로의 용질 운반 속도

A. 이온 통로를 통한 수송

이온은 원형질막의 소수성 중심부를 통과할 수 있도록 친수성 경로를 제공하는 원형질막 내의 이온 통로를 통해 세포로 들어간다(그림 13.11). 이온 통로는 선택적이어서 특정 크기와 전하를 띤 이온만 이동한다. 예를 들어, Ca^{2+} 통로는 Ca^{2+}에 대해 특이적이고 Na^{+} 통로는 Na^{+} 에 대해 특이적이다. 많은 종류의 K^{+} 통로(4가지 주요 형태로 분류됨)가 원형질막에 존재하는데, 모두 K^{+} 흡수에 특이적이고 다른 유형의 이온이 들어가는 것을 허용하지 않는다. Cl^{-}은 생리적으로 체액에

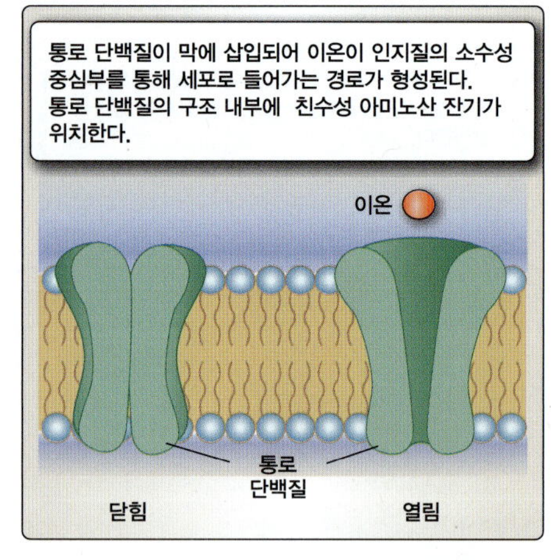

그림 13.11
이온 통로

서 가장 높은 농도로 발견되는 음이온이다. 많은 다른 Cl^- 통로는 조절방식에 따라 여러 집단으로 분류된다. Cl^- 통로는 종종 다른 음이온도 운반할 수 있다. 그러나 Cl^-이 가장 높은 농도로 존재하기 때문에, 어떤 Cl^- 통로라도 가장 많이 수송되는 것은 Cl^-이다.

모든 이온은 이온 통로를 통해 해당 이온의 농도가 높은 부위에서 낮은 부위로 이동한다. 이온 통로는 열려 있거나 닫혀 있을 수 있는데, 이러한 **개폐성 통로**(gated channel)의 개폐는 물리적 또는 화학적 자극으로 인해 조절된다. 리간드개폐성 통로(ligand-gated channel)는 신경전달물질에 의해 조절된다. 전압개폐성 통로(voltage-gated channel)는 전기장의 변화로 인해 조절되는데, 특히 신경계에서 중요하다. 일부 다른 통로는 G 단백질 신호 계열의 주변 막단백질(peripheral membrane protein)에 의해 조절된다(17장 참조). 다른 이온 통로는 삼투압 변화에 반응하고, 일부는 개폐성이 없다. 이온 통로는 또한 아래에 설명된 운반체와 공통된 특성을 가지고 있다.

B. 운반체를 통한 수송

운반체는 원형질막을 가로질러 리간드라고 하는 분자의 이동을 촉매하는 막관통 단백질이다. **단일수송**(uniport)은 단일수송체(uniporter)로 알려진 단백질에 의한 1개 분자의 촉진수송이다. 단일수송체는 원형질막을 가로질러 리간드의 이동을 촉매하는 효소와 같은 기능 때문에 때때로 **투과효소**(permease)라고도 한다. 또한 막 수송과 효소-촉매 반응 사이의 유사성 때문에, 운반되는 리간드는 종종 운반체의 기질이라고 불린다. 효소가 특정 기질에 대해 특이성을 보이는 것처럼, 개별 운반체는 특정 리간드에만 결합하고 상호작용할 수 있다(효소에 대해서는 리핀코트의 그림으로 보는 생화학, 제8판, 5장 참조). 포도당의 주요 생리적 형태인 D-포도당은 입체 이성질체인 L-포도당보다 운반체 단백질에 대해 훨씬 더 높은 친화력을 가지고 있다(15장 참조).

임상 적용 13.1 낭포성섬유증과 Cl^- 운반체의 결함

낭포성섬유증(cystic fibrosis, CF)은 백인에서 가장 흔한 치명적인 유전병으로, 출생아 2,500명당 1명꼴로 나타난다. CF는 아슈케나지(Ashkenazi) 유대인 집단에서는 흔하지만, 아프리카 및 아시아 인구에서는 드물다. 이 질병은 cAMP 조절 Cl^- 통로인 낭포성섬유증 막관통 전도 조절인자(cystic fibrosis transmembrane conductance regulator, **CFTR**)를 암호화하는 유전자의 두 돌연변이 사본(대립유전자)을 물려받을 때 발생한다. *CFTR*에서 1,700개 이상의 서로 다른 돌연변이가 확인되었다. *CFTR*의 하나의 대립유전자는 모계 유래 염색체에서, 또 다른 대립유전자는 부계 유래 염색체에서 유전된다. CF는 상염색체 열성으로 유전된다. 백인 혈통의 약 25명 중 1명이 보인자로, 돌연변이 *CFTR* 대립유전자를 가지고 있다. *CFTR*에서

임상 적용 13.1 낭포성섬유증과 Cl^- 운반체의 결함(이어짐)

알려진 돌연변이는 수천 개에 달하지만, 대부분은 질병을 일으키지 않는다. 돌연변이를 일으키는 일부는 다른 어떤 질병보다 더 심각한 형태의 질병을 초래한다.

야생형(정상) CFTR 단백질은 상피세포에서 cAMP 조절 Cl^- 통로로 작용하기 때문에 *CFTR*에서 질병을 유발하는 돌연변이의 두 복사본이 존재할 때 Cl^-의 운반에 결함이 발생한다. *CFTR*의 일반적이고 심각한 돌연변이인 ΔF508(3개 염기쌍의 결실로 인한 페닐알라닌의 소실)은 CFTR 단백질의 접힘에 영향을 미친다. 이 돌연변이 유전자가 2개 있는 사람(동형접합체)의 경우, 망가진 CFTR 단백질이 원형질막에 삽입되지 않는다. 부적절한 Cl^- 운반의 결과로 이 결함을 가진 사람의 땀에는 정상보다 더 많은 염분이 포함되어 있다. 따라서 "짭짤한 땀을 내는 이마"는 CF에 대한 초기 진단 테스트였고, 이런 땀 염분검사는 CF 진단에 사용되었다.

결함이 있는 CFTR은 일반인보다 더 짠 땀을 유발하는 것 이상으로 훨씬 더 심각한 결과를 초래한다. 상피세포를 가로질러 Cl^-을 운반할 수 없으면 Cl^-의 분비가 감소하고, Na^+과 물의 재흡수가 증가하여 폐에서 끈적끈적한 분비물이 생성되고, 감염에 대한 감수성이 증가한다. CF 환자의 주된 사망 원인은 종종 20대 또는 30대 시기의 호흡부전이다. 이자(pancreas)의 두꺼운 점액으로 인해 종종 음식물 속의 지질을 분해하는 이자의 소화 효소가 소장에 도달하지 못하게 된다. 또한, CF를 가진 대부분 남성은 불임을 겪는데, 이는 *CFTR*의 돌연변이로 인해 일반적으로 정자 방출에 필요한 수정관이 결여되기 때문이다.

CF의 치료에는 호흡기 점액을 풀어주는 타진 요법(percussion therapy), 감염에 대한 항생제 및 이자 효소 대체 요법이 포함된다. 개선된 치료법으로 환자들은 40대 또는 50대까지 생존할 수 있지만, 현재 완전한 치료법은 없다. 유전자 치료는 미래의 가능성으로 남아 있다.

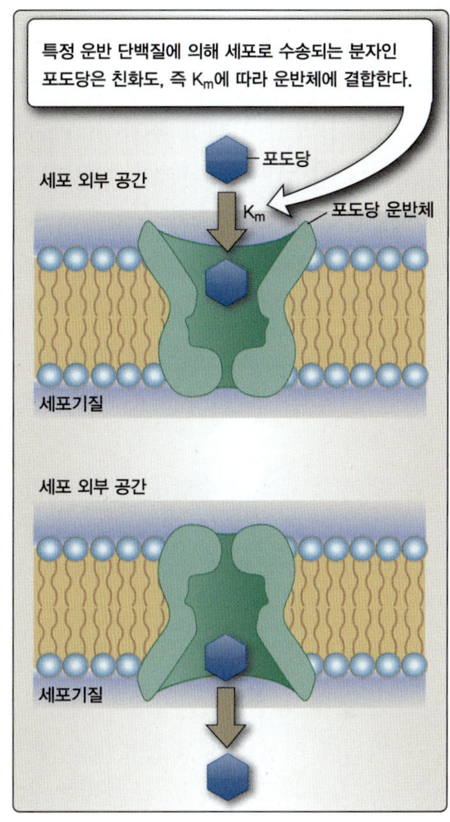

그림 13.12
운반 단백질

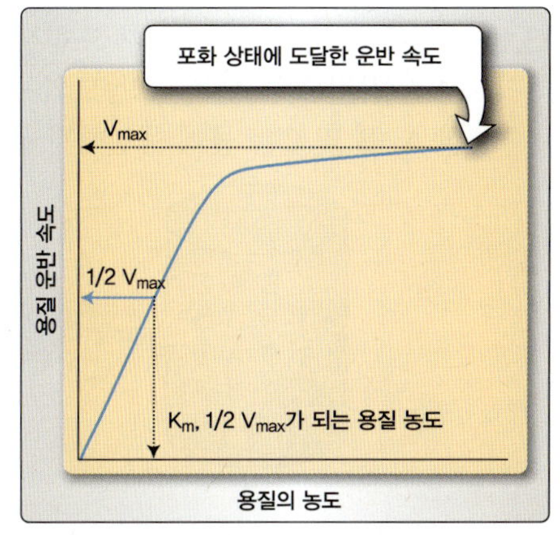

그림 13.13
운반체에 의한 촉진확산의 특성

운반체와 이온 통로를 통한 촉매수송에는 용질 또는 운반체 기질의 농도 기울기가 필요하다. 분자는 K_m(그림 13.12)으로 표시되는 **친화력**(affinity)을 가지고 특정 운반체에 결합한다. K_m은 최대 운반 속도의 1/2에 해당하는 용질의 농도와 같다. 이 **최대 운반 속도**(maximal velocity, V_{max})는 사용 가능한 모든 운반체 단백질이 특정 용질 또는 기질과 결합할 때 달성된다. 그 시점 이후로는 더 많은 용질/기질이 있더라도 세포로의 흡수율은 증가하지 않을 것이다. 따라서 운반체와 이온 통로를 통한 막 수송은 **포화**(saturation) 특성을 가진 과정이다(그림 13.13).

요약

- 원형질막의 **선택적 투과성**(selective permeability)은 특정 **이온 통로**(ion channel)를 사용하거나 원형질막에 내재된 **운반 단백질**(transport protein)을 사용하여 특정 물질만 세포에 들어가고 나올 수 있도록 한다.
- **수동수송**(passive transport)은 고농도에서 저농도로 물질이 이동하는 반면, **능동수송**(active transport)은 농도 기울기에 역행하여 분자를 이동시키므로 에너지가 필요하다.
- 물질의 **확산**(diffusion)은 용액 내에서 물질이 고농도인 곳에서 저농도인 곳으로 이동하도록 한다.
- 원형질막은 물질이 세포질에 접근할 때 항상 만나는 장벽이다. 세포에 들어가려면 막단백질이 필요하다.
- 물은 **삼투**(osmosis)를 통해 세포로 들어가고 나오는데, 이때 **아쿠아포린**(aquaporin)이라는 물 수송 단백질이 필요하다.
- 막의 양쪽에 **정수압**(hydrostatic pressure)을 유지하기 위해 물의 이동이 일어난다. 세포 외부의 용질 농도가 세포 내부의 농도와 일치하는 **등장액**(isotonic)에서는 물의 순이동이 없다. **저장액**(hypotonic)에서는 물이 세포에 들어가고 세포 부피가 팽창하는 반면, **고장액**(hypertonic)에서는 물이 세포를 빠져나가 부피가 감소한다.
- 이온 통로는 이온의 농도 기울기에 따라 특정 이온의 세포 내외 이동을 촉진한다.
- 운반 단백질은 **촉매수송**(catalyzed transport) 및 촉진확산이라고도 하는 수동수송에 의해 원형질막을 가로지르는 특정 용질 또는 기질의 이동을 촉매한다.
- 기질에 작용하는 효소와 매우 유사하게, 이온 통로와 운반 단백질은 K_m으로 나타낸 특정 **친화도**(affinity)로 용질/기질과 결합하고, 포화되는 방식으로 막을 가로지르는 용질의 이동을 촉매하여 최대 속도 V_{max}에 도달한다.

학습 문제

다음 중 가장 적절한 답을 하나만 고르시오.

13.1 그림과 같이 물질 A, B가 포함된 물이 들어 있는 용기에 물질 C가 포함된 고농도의 물을 소량 넣었다. 물질 A, B 및 C는 물에 동일하게 용해된다.

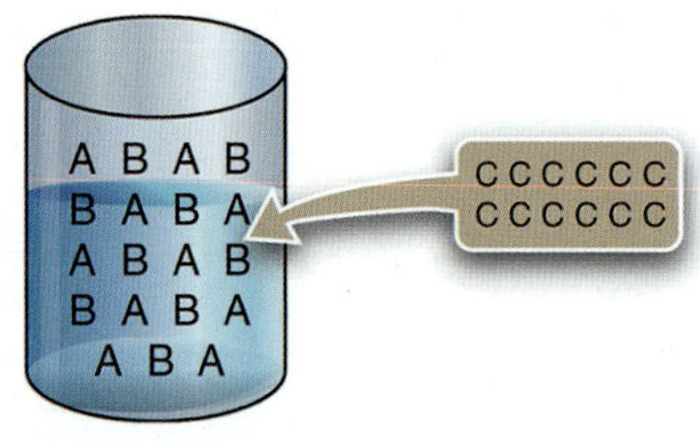

이때 일어나는 현상을 바르게 설명한 것은?

A. 용기 내의 공간을 덜 차지하도록 A와 B가 뭉친다.
B. 용기 내 공간에서 A와 B가 C와 경쟁한다.
C. A와 B에 상관없이 용기 전체에 걸쳐 C가 균등하게 분포한다.
D. A와 B가 존재하는 곳 하부 쪽의 물로 C가 이동한다.
E. 용기의 상부 쪽의 물로 C가 분리된다.

정답 C

C는 A 또는 B에 상관없이 용액 전체에 걸쳐 균일하게 확산으로 이동한다. 다른 물질과 경쟁하거나 물질끼리 뭉치지 않는다. A, B, C 모두 물에 동일하게 용해되기 때문에 무작위적 이동으로 인해 용기 내에서 균일하게 분포한다.

13.2 그림과 같이 반투과성 막을 경계로 동일한 크기의 용기에 2개의 다른 수용액을 넣는다. 이 막은 물은 투과하지만, 용질은 투과하지 못한다. 다음 중 이에 대한 설명으로 옳은 것은?

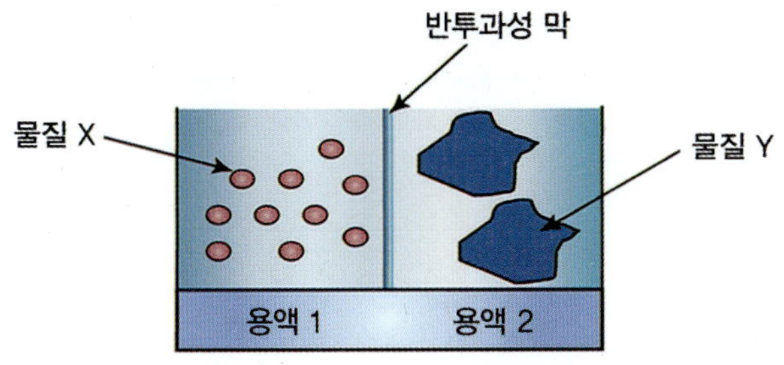

A. 물이나 용질의 순이동은 발생하지 않는다.
B. 물질 Y의 한 분자가 용액 1로 이동한다.
C. 삼투로 인해 물이 용액 1에서 빠져나간다.
D. 물질 X는 용액 1에서 용액 2로 이동한다.
E. 물은 용액 2에서 용액 1로 이동한다.

정답 E
물이 투과할 수 있는 반투과성 막을 경계로 양쪽의 삼투압을 같게 하기 위해 용액 2에서 물이 빠져나온다. 물질의 크기는 이에 영향을 미치지 않는다. 용액 1보다 용액 2에서 더 많은 자유수가 빠져나온다. 물질 X와 Y는 불투과성이므로 막을 통과할 수 없다. 물은 용질 농도가 낮은 영역에서 높은 영역으로 삼투로 인해 이동한다. 용액 1이 용액 2보다 자유수 양이 적기 때문에 용액 1에서 용액 2로 이동할 수 없다. 이 과정에서 물의 순이동이 생긴다.

13.3 다음 중 적혈구를 보다 높은 농도의 염화소듐(NaCl) 용액에 넣을 때 나타나는 현상으로 옳은 것은??

A. 적혈구가 터질 것이다.
B. 적혈구의 부피가 감소한다.
C. 적혈구 내로 염화소듐의 순이동이 발생할 것이다.
D. 적혈구 내부의 삼투압이 감소한다.
E. 물이 적혈구로 들어갈 것이다.

정답 B
세포를 고장액에 넣으면 그 부피가 줄어드는데, 이는 세포 외부보다 내부에 더 많은 자유수가 있기 때문이다. 물은 삼투 과정을 통해 세포 밖으로 이동하므로, 세포의 부피가 감소한다. 세포 내로 물이 순이동하는 저장액에서와 같은 세포 용혈 현상은 일어나지 않는다. 염화소듐은 삼투로 인해 이동하지 않는다. 적혈구 내부의 삼투압은 물의 손실로 인해 증가할 것이며, 이는 내부의 염화소듐의 농도를 효과적으로 증가시킨다

13.4 세포 외부 Na^+ 농도는 세포 내부 Na^+ 농도보다 높고, 세포 외부 Ca^{2+} 농도는 세포 내부 Ca^{2+} 농도보다 낮은 환경에 세포를 두었을 때 일어나는 현상으로 옳은 것은?

A. Na^+ 농도의 균형을 맞추기 위해 세포 밖으로 Ca^{2+}이 이동한다.
B. 세포 외부의 Na^+ 통로에 결합하는 Na^+과 Ca^{2+}이 경쟁한다.
C. 원형질막의 소수성 중심부를 통해 Na^+이 단순확산한다.
D. Na^+ 통로에 결합한 Na^+이 농도 기울기를 따라 이동한다.
E. 세포 외부에서 Ca^{2+}이 Ca^{2+}통로에 결합하는 것을 Na^+이 방해한다.

정답 D
세포 내부보다 세포 외부의 Na^+의 농도가 더 높다. Na^+ 통로는 농도 기울기를 따라 Na^+의 세포 내부 이동을 촉진한다. Ca^{2+}은 외부보다 세포 내부의 농도가 더 높기에 농도 기울기를 거슬러 이동하지 않는다. Na^+은 Ca^{2+}보다 Na^+ 통로에 대한 친화력이 훨씬 더 높을 것이며, Ca^{2+}은 특히 Ca^{2+}이 강한 농도 기울기를 가지지 않는다면 Na^+과 경쟁하지 않을 것이다. Na^+은 전하를 띠기 때문에 어떤 도움 없이는 원형질막의 소수성 중심부를 통해 단순확산될 수 없다. 세포 외부에서 내부로 이동하는 Ca^{2+} 농도 기울기는 존재하지 않는다. 따라서 Na^+의 존재는 Ca^{2+}을 세포 내로 운반하는 Ca^{2+} 통로의 작용을 방해하지 않는다.

13.5 글루타민 운반체를 이용한 글루타민의 세포 내 수송은 글루타민의 세포 외 농도가 150 μM(10^{-6} 몰/L)일 때 1초 동안 1백만 세포당 0.5 피코몰(picomole, 10^{-12} 몰)이며, 글루타민의 세포 외 농도가 3,000 μM일 때 같은 조건에서 1.0 피코몰이다. 글루타민의 농도가 3,500, 4,000 및 6,000 μM일 때 역시 해당 조건에서 1.0 피코몰이다. 이 데이터로부터 알 수 있는 것은?

A. 글루타민에 대한 농도 기울기가 부족하다.
B. 운반체에 대한 글루타민의 친화성이 낮다.
C. 글루타민 운반체는 비특이적이다.
D. 글루타민에 의해 글루타민 운반체가 포화되었다.
E. 이러한 조건하에서 V_{max}를 달성할 수 없다.

정답 D

글루타민 운반체는 V_{max}인 1 피코몰/1백만 세포/초에서 글루타민으로 포화되므로, 이보다 더 빠르게 글루타민을 운반할 수 없다. 글루타민이 운반체에 결합하기 위해서는 농도 기울기가 존재해야 한다. 운반체는 글루타민에 대한 특이성이 있어야 하며 충분히 높은 친화력을 가지고 있어야 한다. 최대 운반 속도 V_{max}는 이미 달성했으며, 그것은 1초당 1백만 세포당 1 피코몰이다.

13.6 단일수송을 통한 수동수송에서 기질 운반에 대해 바르게 설명한 것은?

A. 농도 기울기를 따라 운반한다.
B. 막관통 단백질과 무관하다.
C. 분배 계수(partition coefficient) 및 분자 크기에 의해 예측된 것보다 느리다.
D. 한 번에 2종류를 수송하는데, 하나는 세포 안으로, 다른 하나는 세포 밖으로 수송한다.
E. 수송을 위해 에너지가 필요하며, 이를 위해 ATP를 가수분해한다.

정답 A

단일수송을 통한 수동수송에서는 기질이 그 농도 기울기를 따라 이동한다. 이러한 형태의 수송에는 막관통 단백질이 필요하며, 이는 분배 계수 및 분자 크기에 의해 예측되는 것보다 더 빠르게 일어난다. 단일수송을 통해 한 번에 하나의 기질이 운반되며, ATP 가수분해 에너지는 필요하지 않다.

13.7 신생아 선별검사 결과에서 여아에게 낭포성섬유증(CF) 진단이 내려졌다. 이 질병의 증상에는 빈번한 호흡기 감염과 식이 지방의 소화 능력 감소 등이 있다. 이러한 증상을 나타내는 원인으로 옳은 것은?

A. 폐에서의 엘라스틴 합성
B. 면역세포 감시
C. 이자 효소의 생산
D. 땀 배출
E. Cl^-의 수송

정답 E

CF의 징후와 증상은 *CFTR* 유전자에서 모두 돌연변이가 일어나 Cl^-의 운반 장애 때문에 발생한다. 대부분의 CF 환자에서 폐 및 이자의 증상이 일반적이지만, 폐의 엘라스틴은 정상이며 이자의 효소도 적절히 생성된다. 그러나 부적절한 Cl^-의 수송으로 인해 점액이 두꺼워지고 폐에 축적되어 세균 감염을 촉진한다. 두꺼운 점액은 지방 소화에 필요한 이자 효소의 분비를 방해한다. CF 환자의 면역 감시반응은 변하지 않는다. 그러나 두꺼운 점액으로 인해 감염이 발생한다. CF를 가진 환자의 땀은 Cl^-의 수송 결함으로 인해 염분 함량이 더 높지만, 땀샘에서 땀은 방출된다. *CFTR*의 두 복사본에 모두 결함이 있는 경우 피부 표면에 도달한 염분은 재흡수되지 않는다.

능동수송

Active Transport

14

I. 개요

능동수송(active transport)은 분자나 이온이 농도 기울기를 역행하여 세포막을 가로질러 이동할 때 발생한다(그림 14.1). 이를 위해서는 에너지가 필요하다. 에너지는 **아데노신 3인산**(adenosine triphosphate, ATP)**의 가수분해**에서 비롯된다. 농도 기울기에 역행하여 기질을 운반하는 막단백질은 ATP를 직접 가수분해하여 아데노신 2인산(ADP)과 무기 인산염(P_i)을 생성함으로써 에너지를 활용하는 ATP가수분해효소 활성을 가지고 있다. 이러한 ATP 구동 펌프는 **1차 능동수송**(primary active transport)에서 작동한다.

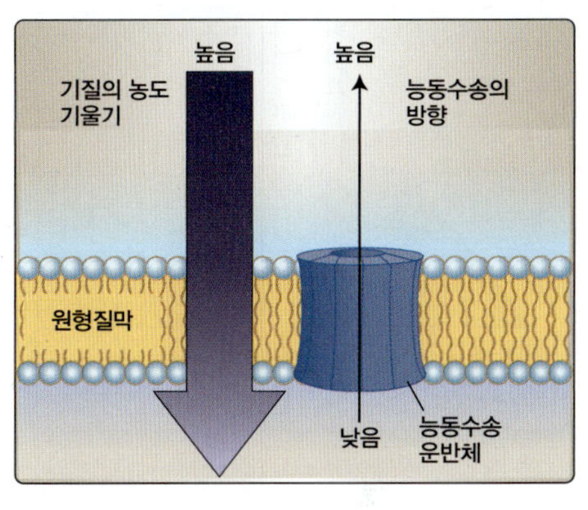

그림 14.1
능동수송은 농도 기울기에 역행하여 기질을 이동시킨다.

1차 능동수송의 결과 **이온 기울기**(ion gradient)가 만들어진다. Na^+과 같은 특정 이온은 세포 밖으로 퍼내는 반면, K^+과 같은 다른 이온은 세포 내로 이동시킨다. 따라서 Na^+은 세포 내부보다 세포 외부에서 훨씬 더 높은 농도로 발견되고, K^+은 외부보다 세포 내부에서 더 높은 농도로 발견된다. 이러한 이온은 농도 기울기에 따라 이동하는 경향이 있다. Na^+의 이러한 강한 농도 기울기는 다른 용질의 수송에 동력을 공급하는 데 사용될 수 있다. 이들 용질 분자는 이온과 결합하는 특정 막 수송 단백질에 결합함으로써(공동수송), 이온과 함께 이온의 농도 기울기를 따라 이동할 수 있으며, 심지어 이들 분자 자체의 농도 기울기 방향에 반하여 이동할 수도 있다. **2차 능동수송**(secondary active transport)은 ATP 구동 펌프에 의해 생성된 이온의 농도 기울기를 이용해 다른 분자나 이온들이 그들의 농도 기울기를 거슬러 수송되는 과정이다.

II. 1차 능동수송

운반 단백질의 4가지 유형은 모두 농도 기울기에 역행하여 이온과 분자를 수송하는 ATP 구동 펌프 역할을 한다(그림 14.2). 모두 막의 세포질 쪽에 ATP 결합 부위가 있다. ATP 가수분해는 ATP 구동 펌프의 기질 수송과 연계된다. ATP는 특정 이온이나 분자가 운반될 때만 ADP와 P_i로 가수분해된다. 각 형태는 수송되는 이온/분자의 유형과 ATP 구동 수송을 촉매하는데 사용되는 메커니즘이 다르다.

유형	수송되는 기질
P	이온(H^+, Na^+, K^+, Ca^{2+})
F	H^+ 전용
V	H^+ 전용
ABC	이온, 약물, 생체이물질

그림 14.2
4가지 유형의 1차 능동수송체

A. P형 펌프

P형 펌프(P-class pump)는 수송과정에서 작용하는 운반 단백질의 소단위체 중 하나의 인산화(P)로 인해 명명되었다. 수송되는 기질은 운반 단백질의 인산화된 소단위를 통해 이동한다. 이 유형의 구성원은 모든 동물세포의 원형질막에 존재하는 **Na^+-K^+ ATP가수분해효소**

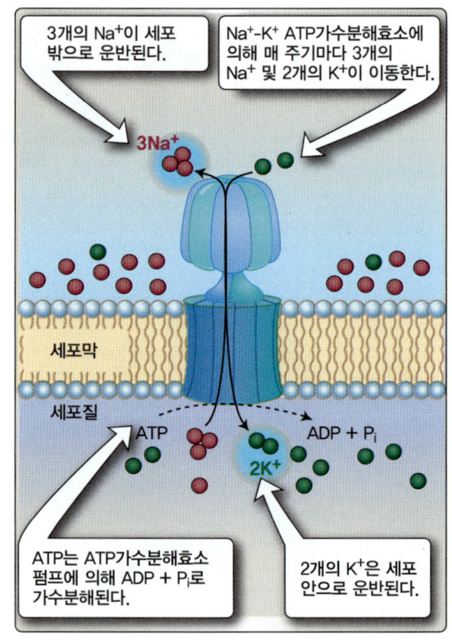

그림 14.3
Na^+-K^+ ATP가수분해효소 펌프

(sodium-potassium ATPase)이다(그림 14.3). 이것은 세포 외부 Na^+ 농도와 세포 내부 K^+ 농도를 유지하는 작용을 한다. ATP가수분해효소에 의해 가수분해된 각 ATP 1개당 3개의 Na^+이 세포 밖으로 나가고 2개의 K^+이 세포 안으로 들어온다.

또 다른 P형 펌프는 세포질에서 세포 외부 환경이나 세포 내부 저장 위치로 Ca^{2+}을 이동시키는 Ca^{2+} ATP가수분해효소이다. 세포질 내의 유리된 Ca^{2+} 농도가 아주 약간만 증가해도 세포 반응이 일어날 수 있다. 세포질에서 자유 Ca^{2+}의 농도를 낮은 수준으로 유지하는 것은 이러한 Ca^{2+} ATP가수분해효소의 중요한 기능이다.

임상 적용 14.1 심박수 감소를 위한 Na^+-K^+ ATP가수분해효소의 억제

강심제(cardiac glycoside)는 Na^+-K^+ ATP가수분해효소의 억제제이며, 와베인(ouabain)및 디곡신(digoxin) 등이 있다. 이 작용제는 세포가 정상적인 Na^+-K^+ 균형을 유지하지 못하게 한다. 심근세포가 강심제에 노출되면, Na^+-K^+ ATP가수분해효소가 Na^+을 세포 밖으로 퍼내지 못하기 때문에 세포 내 Na^+ 농도가 증가한다. 이로 인해 Na^+ 기울기는 정상인 경우보다 훨씬 작아지게 된다. 따라서 Na^+-Ca^{2+} 운반체를 통한 수송은 Ca^{2+}을 세포 밖으로 수송하기 위해 Na^+ 기울기에 의존하기 때문에 이 영향을 받는다. 세포 밖으로 운반되는 Ca^{2+}이 적어지게 되면, 세포 내 Ca^{2+} 농도가 높아진다. 그 결과 심근세포의 활동 전위(특정 이온에 대한 신경세포의 투과성 변화로 인해 신경에서 생성되는 전기 신호)가 증가하고 수축력이 증가하면서 심박수가 감소한다. 디곡신과 같은 약물은 현재 심장의 심방과 관련된 비정상적인 심장박동인 심방세동을 치료하는 데 가장 일반적으로 사용된다.

B. F형 및 V형 펌프

F형 및 V형 펌프(F-class and V-class pump) 모두 **양성자**(proton, H^+)를 수송한다. V형 펌프[액포(vacuole)에서 유래]는 ATP 의존 과정으로 전기화학적 기울기에 대해 양성자를 라이소솜(lysosome)으로 보내 라이소솜의 낮은 pH를 유지하게 한다. 박테리아의 F형 펌프[인자(factor)에서 유래]는 양성자를 운반한다. 마이토콘드리아에서 **ATP 합성효소**(ATP synthase)로 알려진 F형 펌프는 역으로 작동한다. 마이토콘드리아 내막에서 단백질 복합체 사이의 전자 이동은 양성자가 마이토콘드리아 기질에서 막간 공간으로 들어가도록 함으로써 마이토콘드리아 내막을 가로지르는 양성자 기울기(막간 공간에 더 많은 양전하를 가짐)와 pH 기울기를 생성한다. 따라서 내막의 외부는 기질보다 pH가 낮게 된다. 이 양성자 기울기는 농도 차에 의해 다시 기질로 양성자가 확산되게 함으로써 ATP 합성효소에 의해 ADP와 P_i가 결합하는 원동력으로 사용된다.

C. ABC형 펌프

1차 능동수송 단백질의 네 번째 유형은 **ATP 결합 카세트 대집단**[ATP-binding cassette(**ABC**) superfamily]이다. 이 이름은 단백질의 특징적인 ATP 결합 카세트(ABC)에서 비롯된다. 모든 ABC 단백질은 2개의 세포질 ATP 결합 도메인과 운반된 분자의 통로를 형성하는 2개의 막관통 도메인을 가지고 있다(그림 14.4). ABC 카세트는 ATP와 결합하고, 이를 가수분해하여 막관통 도메인에 구조적 변화를 일으킴으로서 막의 한쪽에서 다른 쪽으로 기질의 위치 이동(translocation)을 유도한다. ABC 운반체는 7종류가 규명되었다. 모든 ABC 운반체는 이온, 약물 또는 생체이물질 화합물(xenobiotic compound; 인체에 이질적인 천연 물질)의 수송에 관여한다. 낭포성섬유증 막관통 전도 조절인자인 CFTR은 낭포성섬유증에서 결함이 있는 Cl^- 통로로서, 이온 통로 역할을 하는 독특한 ABC 운반체이다. CFTR은 ATP를 사용하여 Cl^-의 이동을 조절한다. ATP가수분해효소로서의 CFTR 기능에 대한 분자적 연구는 계속 탐구되고 있다(CFTR에 대한 자세한 논의는 13장 참조).

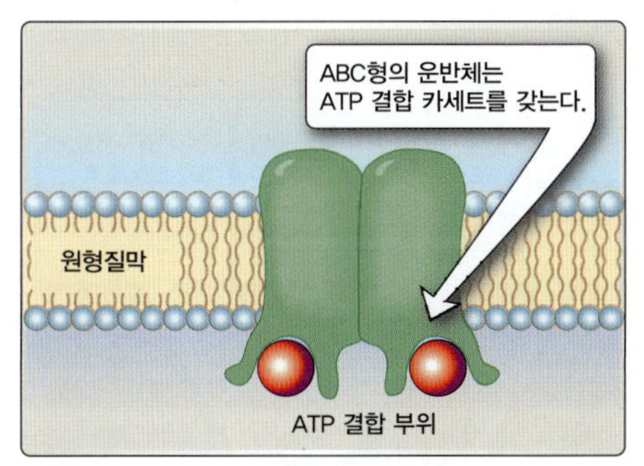

그림 14.4
ABC형의 운반체에는 ATP 결합 카세트가 있다.

임상 적용 14.2 ABC 운반체 및 다중약물내성

일부 약물을 포함하여 독성 화합물에 노출된 세포는 흡수 감소, 해독 증가, 독소의 표적 단백질 변형 및/또는 약물 배출 증가를 통해 독성 화합물에 대한 내성을 증가시킬 수 있다. 이러한 방식으로 세포는 초기 화합물 외에도 여러 약물에 내성을 갖게 되며, 이러한 세포는 더 이상 치료에 반응하지 않는다. 이 현상은 다중약물내성(multidrug resistance, **MDR**)으로 알려져 있으며, 암치료에서 화학요법이 잘 작용하지 않는 주요 제한 사항이다. 암세포는 종종 암세포를 죽이도록 고안된 여러 가지 약물의 효과에 저항성을 갖게 된다. ABC 운반체 ABCB1 또는 P-당단백질이 MDR과 관련이 있다. ABCB1의 억제제가 개발되어 약제내성 발생을 차단하기 위한 임상연구가 진행되고 있다. ABCB1을 억제하는 데 필요한 고농도의 억제제는 종종 환자에게 독성이 있어 MDR을 우회하기 위한 새로운 접근 방식에 관한 연구가 계속 진행되고 있다.

III. 2차 능동수송

세포에서는 전기화학 기울기로 저장된 에너지에 의해 구동되는 2차 능동수송이 일어날 수 있다. 1차 능동수송으로 인해 생성된 H^+와 Na^+의 농도 기울기는 이 기울기에 반대되는 기질의 수송에 동력을 공급할 수 있다(그림 14.5). 한 용질의 수송이 다른 용질의 수송에 의존하기 때문에 이 과정을 **공동수송**(cotransport)이라고 한다. 2차 수송에서 작용하는 수송 단백질은 ATP가수분해효소 활성을 갖지 않는다. 대신, ATP 가수분해에 간접적으로 의존하는데, 이는 2차 능동수송에 에너지를 공급하

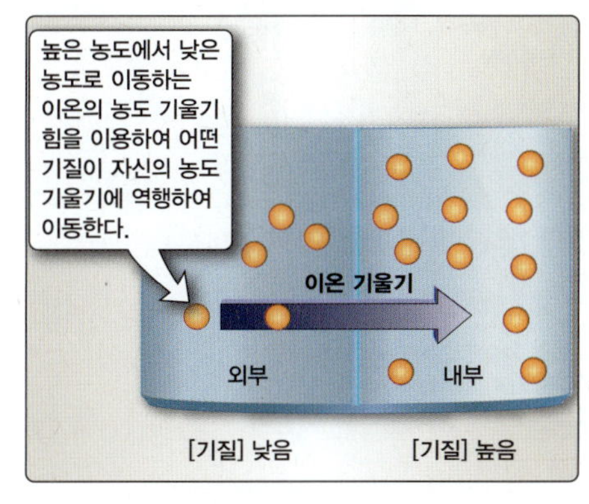

그림 14.5
2차 능동수송에서 기질의 공동수송

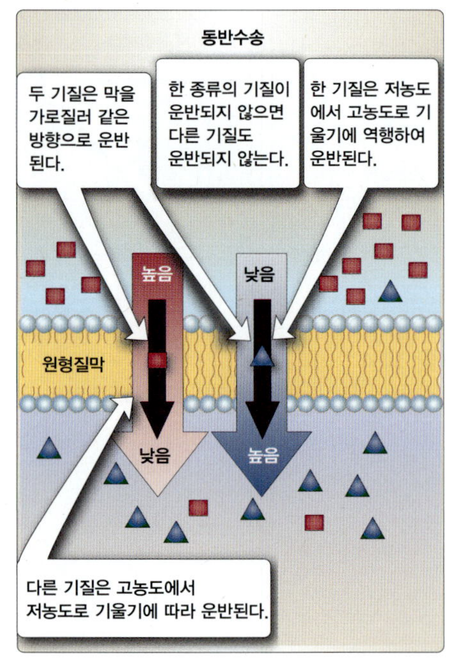

그림 14.6
동반수송은 막을 가로질러 같은 방향으로 기질을 공동수송한다.

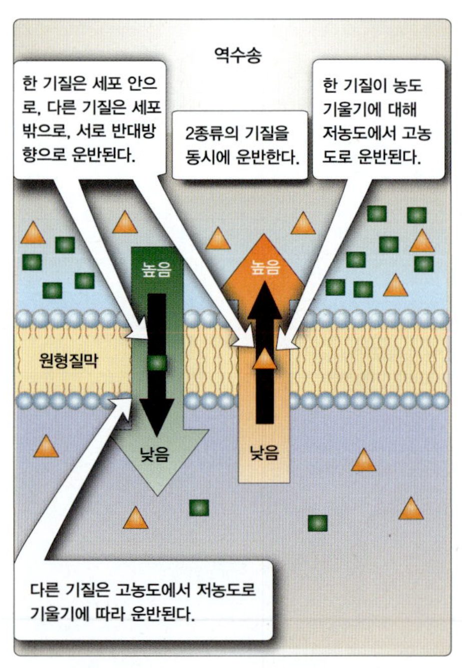

그림 14.7
역수송은 막을 가로질러 반대 방향으로 기질을 공동수송하는 것을 포함한다.

는 이온 기울기를 확립하기 위한 1차 능동수송에 ATP가 필요하기 때문이다. 공동수송은 기질이 서로 같은 방향으로 막을 가로지르도록 허용하거나, 한 기질의 유입과 다른 기질의 유출을 허용할 수 있다. **단일수송체**(uniporter)는 촉진확산을 통해 한 가지 유형의 분자를 수송하는 반면, **동반수송체**(symporter)와 **역수송체**(antiporter)는 2차 능동수송에서 작용하는 공동수송체이다.

A. 동반수송체

동반수송체(symporter)는 원형질막을 가로질러 *같은* 방향으로 기질을 이동시키는 2차 능동수송체이다(그림 14.6). 두 기질이 모두 세포 내로 유입되거나 세포에서 유출된다. 하나의 기질은 1차 능동수송에 의해 설정된 농도 기울기를 따라 에너지 측면에서 유리한 방향으로 수송된다. 두 번째 기질은 이 기울기에 대해 능동적으로 수송되는데, 다른 기질의 농도 기울기 에너지가 이 과정에 에너지를 공급한다. Na^+-포도당 운반체는 Na^+의 강력한 농도 기울기를 사용하여 포도당을 장 상피세포로 운반하는 동반수송의 좋은 예이다. 포도당과 Na^+은 모두 세포로 흡수된다(포도당 운반에 대한 자세한 내용은 15장 참조). Na^+ 의존성 아미노산 운반 단백질 역시 동반수송으로 아미노산을 운반한다.

B. 역수송체

역수송체(antiporter)는 원형질막을 가로질러 **반대** 방향으로 분자를 공동수송한다(그림 14.7). 하나의 기질은 세포 내부로 이동하고 다른 기질은 세포 외부로 이동하는 것이 서로 연계된다. 한 기질은 그의 농도 기울기를 따라 이동하고 다른 기질은 자신의 농도 기울기를 거슬러 이동한다. 심장 근육세포의 Na^+-Ca^{2+} 역수송체는 이러한 수송 방식의 한 예이다. 이 수송 체계는 Ca^{2+}의 증가가 근육 수축을 촉발할 수 있도록 세포기질의 Ca^{2+}을 낮은 농도로 유지한다. 1개의 Ca^{2+}은 그 기울기에 역행하여 세포 밖으로 이동하는 반면, 3개의 Na^+은 자신의 농도 기울기를 따라 세포 안으로 이동한다. 따라서 Na^+-Ca^{2+} 역수송체는 Ca^{2+}의 세포질 농도를 감소시켜 심장 근육수축의 강도를 감소시킨다(또한 이 장 앞부분의 Na^+-H^+ ATP가수분해효소 억제에 대한 정보 참조). 또 다른 역수송체는 Na^+과 H^+의 교환을 전기 중성적(같은 양이온끼리의 교환)으로 촉매하고 염의 농도와 pH를 조절하는 Na^+-H^+ 교환체이다. 또 다른 예는 위장의 HCO_3^--Cl^- 역수송체이다.

요약

- **능동수송**(active transport)은 농도 기울기에 역행하여 이온 또는 분자가 이동하는 에너지 의존적 과정이다.
- **1차 능동수송**(primary active transport)은 1차 능동수송 단백질에 의한 **ATP의 직접적인 가수분해**가 필요하다.
- 4종류의 ATP가수분해효소는 1차 능동수송에서 작용한다. **P형 운반체**(P-class transporter)는 기울기에 반하여 이온을 이동시키고, **F형 및 V형 운반체**(F-class and V-class transporter) 역시 농도 기울기에 반하여 양성자를 펴내며, **ABC형 운반체**(ABC-class transporter)는 기울기에 역행하여 약물, 이온 및 생체이물질을 이동시킨다.
- **이온의 농도 기울기**(ion gradient)는 1차 능동수송으로 인해 생성되고 유지된다.
- 1차 능동수송에 의해 형성된 이온 농도 기울기는 2차 능동수송에서 이온과 저분자를 운반할 수 있다.
- **동반수송체**(symporter)는 막을 가로질러 2종류의 기질을 같은 방향(내부 또는 외부)으로 이동시키는 2차 능동수송체이다.
- **역수송체**(antiporter)는 2차 능동수송에 의해 하나의 기질은 세포 내부로 이동시키고, 다른 기질은 세포 외부로 이동시킨다.

학습 문제

다음 중 가장 적절한 답을 하나만 고르시오.

14.1 농도 기울기에 반하여 세포막을 가로질러 기질을 운반할 때 막관통 단백질에 의해 직접 ATP가 가수분해된다. 이 막단백질은 어느 유형의 운반체에 속하는가?

A. ABC 운반체
B. HCO_3^--Cl^- 역수송체
C. 포도당 단일수송체
D. Na^+ 의존성 아미노산 수송체
E. Na^+-포도당 운반체

정답 A

이 단백질은 1차 능동수송에서 작용하는 ATP가수분해효소 펌프이다. ABC 운반체는 약물이나 포도당 운반 기능을 하는 ATP가수분해효소 펌프이다. 단일수송체인 GLUT5는 포도당이 아닌 과당을 운반한다. Na^+-포도당 운반체인 SGLT1과 SGLT2는 모두 농도 기울기를 거슬러 포도당을 운반하는 Na^+ 의존성 포도당 운반체이다(15장 참조). HCO_3^--Cl^- 역수송체는 2차 능동수송에서 작용하고, ATP를 직접 가수분해하지 않는다. 포도당 단일수송체는 ATP 가수분해 없이 포도당의 농도 기울기를 따라 촉진확산에 의해 포도당을 운반한다. Na^+-포도당 운반체나 Na^+ 의존성 아미노산 수송체는 둘 다 2차 능동수송체를 사용하고 ATP 자체를 가수분해하지 않는 동반수송체이다.

14.2 농도 기울기에 역행하여 3개의 Na^+이 세포 외부로 이동하고 2개의 K^+이 세포 내부로 이동하는 막 수송 체계 대한 설명으로 옳은 것은?

A. ATP는 운반체에 의해 가수분해되어 이온의 이동을 촉진한다.
B. 포도당도 동일한 운반 단백질에 의해 세포로 수송된다.
C. 인슐린 신호는 운반체가 세포 표면으로 이동하도록 한다.
D. 2차 능동수송으로 생성된 이온 기울기가 수송과정에 에너지를 공급한다.
E. 단순확산은 이온을 세포 안팎으로 운반하는 데 사용된다.

정답 A

이 Na^+ 및 K^+ 수송 체계는 ATP 구동 펌프를 사용하여 이온을 농도 기울기에 역행하여 운반한다. 포도당은 Na^+/K^+과 함께 공동수송되지 않으며, 인슐린도 관여하지 않는다. 이 과정은 ATP 가수분해가 필요한 1차 능동수송이다. 1차 능동수송에 의해 확립된 이온 기울기는 때때로 2차 능동수송을 유도하지만, 그 반대로는 발생하지 않는다. 각 세포로의 Na^+과 K^+의 막 수송은 단순확산을 통해 일어나지 않는다.

14.3 Na^+-K^+ ATP가수분해효소가 약물에 의해 억제되는 경우 다음 중 이로 인한 반응으로 예상되는 결과는 무엇인가?

A. 세포 내에 K^+이 축적된다.
B. 세포에서 과도한 Na^+ 손실된다.
C. 적절한 Na^+ 기울기가 형성되지 못한다.
D. H^+을 세포로 이동시키지 못한다.
E. Na^+-K^+ ATP가수분해효소에 의해 다중약물내성(MDR)이 증가한다.

정답 C

Na^+-K^+ ATP가수분해효소의 억제로 인해 이 주요 능동수송체에 의해 정상적으로 생성되어야 할 Na^+ 기울기가 유지되지 않을 것이다. Na^+은 Na^+-K^+ ATP가수분해효소에 의해 세포 외부로 이동하는 반면 K^+은 일반적으로 세포 내부로 이동한다. ATP가수분해효소의 억제로 인해 세포 밖으로 나가는 Na^+과 세포 내부로 들어오는 K^+이 적어진다. Na^+-K^+ ATP가수분해효소는 H^+을 이동시키지 않는다. MDR은 ATP가수분해효소의 ABC 유형 중 하나가 치료 목적으로 전달되는 약물을 능동수송으로 내보내서, 세포가 약물에 내성을 가질 때 발생할 수 있다. Na^+-K^+ ATP가수분해효소는 P형 ATP가수분해효소며, ABC형 운반체가 아니다. Na^+-K^+ ATP가수분해효소의 억제는 약물의 내성을 갖게 하지 않을 것이다.

14.4 폐암 환자에게 종양세포를 죽이도록 고안된 세포독성 화학요법 치료를 실시한다. 처음에는 치료가 효과적인 것처럼 보이지만 시간이 지남에 따라 다중약물내성(MDR)이 증가한다. 다음 중 어떤 결과가 예상되는가?

A. 암세포로의 약물 수송 증가
B. 암세포에 대한 ABC 운반체의 억제
C. ATP의 ADP 및 P_i로의 가수분해 감소
D. 세포 밖으로 약물의 2차 능동수송
E. 암세포의 생존

정답 E

암세포는 다중약물내성이 발생할 때 화학요법 약물에 의해 죽지 않고 생존한다. ABC형 운반체는 약물이 암세포에 해로운 영향을 미치지 않도록 암세포 밖으로 약물을 이동시킨다. ABC형 운반체는 억제되지 않으며, ATP를 가수분해하는 능력도 손상되지 않는다. 실제로 MDR이 발생하면 ABC형 운반체가 더 활동적이다. 2차 능동수송은 MDR에서 약물이 세포 밖으로 수송되는 메커니즘이 아니다. ABC형 운반체는 약물을 수송하는 데 사용되는 주요 능동수송체로서 ATP를 가수분해한다.

14.5 Na^+ 의존성 아미노산 수송체는 아미노산과 Na^+을 세포 내부로 함께 이동시키는데, 아미노산을 농도 기울기에 반하여 이동시키고 Na^+을 농도 기울기에 따라 이동시키는 동반수송체이다. 이 과정에 필요한 에너지는 어디에서 얻어지는가?

A. 아미노산의 농도 기울기
B. Na^+ 농도 기울기
C. Na^+와 아미노산의 역수송
D. Na^+ 의존성 아미노산 수송체에 의한 ATP의 가수분해
E. 1차 능동수송

정답 B
동반수송은 1차 능동수송에 의해 확립된 이온 기울기에 의해 일어난다. Na^+ 기울기(Na^+-K^+ ATP가수분해효소에 의해 생성되고 유지됨)는 Na^+ 의존성 아미노산 동반수송체에 의한 아미노산의 농도 기울기에 역행하여 아미노산의 운반을 유도한다. ATP는 2차 능동수송에서 작용하는 동반수송 단백질에 의해 가수분해되지 않는다. 아미노산은 역방향이 아닌 Na^+과 같은 방향으로 이동한다. 역수송은 한 물질은 세포 안으로, 또 다른 물질은 세포 밖으로 운반하기 때문에 이 과정에 에너지가 필요하지 않다. 이 예에서는 Na^+과 아미노산이 모두 세포 내로 이동한다. 동반수송은 1차 능동수송이 아닌 2차 능동수송의 한 형태이다.

14.6 Na^+-H^+ 교환체는 역수송체이다. 이에 대한 설명으로 옳은 것은?

A. 농도 기울기를 거슬러 Na^+과 H^+을 모두 수송한다.
B. ATP를 가수분해하여 두 기질의 이동을 촉진한다.
C. 막을 가로질러 각 기질을 한 번에 하나씩 이동시킨다.
D. 막을 가로질러 반대 방향으로 Na^+과 H^+을 이동시킨다.
E. 농도 기울기에 역행하여 세포 내로 Na^+을 유입시킨다.

정답 D
역수송체는 2차 능동수송에서 작용하여 막을 가로질러 기질을 서로 반대 방향으로 이동시킨다. 즉 하나의 기질은 농도 기울기를 따라 이동하고, 다른 하나는 농도 기울기에 역행해 이동한다. 역수송체는 두 기질을 함께 이동시키되 개별적으로는 이동시키지 않는 연계수송체이다. ATP는 역수송체에 의한 2차 능동수송 중에 직접 가수분해되지 않는다. Na^+의 기울기는 Na^+-K^+ ATP가수분해효소로 인해 세포 내부보다 세포 외부가 더 높다.

14.7 Na^+의 수송과 연계되어 농도 기울기에 역행하여 장 상피세포로 포도당을 운반하는 데 사용되는 에너지의 생성 과정에 대한 설명으로 옳은 것은?

A. Na^+-포도당 운반체에 의해 ATP가 직접 가수분해되어 형성된다.
B. 장 상피세포와 혈액 사이의 포도당의 농도 기울기로 인해 형성된다.
C. Na^+-K^+ ATP가수분해효소가 생성한 Na^+ 농도 기울기로 인해 형성된다.
D. ABC형 펌프를 사용하는 1차 능동수송으로 형성된다.
E. 세포막 양쪽의 삼투압 차이로 인해 발생한다.

정답 C
Na^+-K^+ ATP가수분해효소에 의해 만들어진 Na^+ 농도 기울기에 의해 포도당은 농도 기울기에 역행하여 장 상피세포로 운반된다. Na^+-포도당 운반체는 2차 능동수송으로 작용하며, 자체적으로 ATP가수분해효소 활성을 갖지 않는 동반수송 단백질로서, 1차 능동수송 단백질이 아니다. 장 내강보다 장 상피세포 내부에 포도당 농도가 높기에 고농도에서 저농도로 이동하는 단일수송 과정을 진행할 수 없다. 원형질막 양쪽의 삼투압 차이는 아쿠아포린을 통한 물의 수송을 자극한다.

15 포도당 수송

Glucose Transport

I. 개요

포도당은 포유류에서 세포의 주요 에너지원으로서 생명 활동에 필수적이다. 포도당을 세포로 수송하는 것은 세포와 개체의 생존에 매우 중요하다. 대부분 세포는 종종 세포외액과 세포질 사이에 포도당에 대한 농도 기울기가 존재하기 때문에 포도당 흡수를 위해 단일수송체에 의한 촉진확산을 사용한다. *SLC2* 유전자에 의해 암호화된 GLUT 계열의 포도당 수송 단백질 집단은 포도당의 촉진확산을 촉매한다. 이 집단의 단백질은 서열 유사성에 의해 3개의 그룹으로 나뉘고, 각각의 GLUT 단백질은 대부분의 세포 유형에서 발현된다. 그러나 장 상피세포와 같은 다른 유형의 세포에서 포도당은 농도 기울기에 역행하여 운반되어야 한다. 따라서 이 경우에는 포도당 수송을 위해 능동수송이 필요하며, 또 다른 수송 단백질 계열인 SGLT 단백질이 포도당의 2차 능동수송을 촉진한다(리핀코트의 그림으로 보는 생화학, 제8판, 8장 참조).

	위치	기능
GLUT1	대부분의 조직	포도당 흡수
GLUT2	간, 이자, 콩팥	혈액에서 과량의 포도당 제거
GLUT3	대부분의 조직	포도당 흡수
GLUT4	근육과 지방	혈액에서 과량의 포도당 제거
GLUT5	소장, 정소	과당 운반

그림 15.1
포도당 운반체의 조직 분포

II. 포도당의 촉진수송

포도당 운반을 촉진하는 기능을 하는 **포도당 운반체**(glucose transporter, GLUT) 집단에는 적어도 14종류가 있는데, 그중 11종류는 포도당 수송에 관여한다. 가장 일반적으로는 GLUT1~5가 발현된다. 특정 조직에 있는 GLUT는 그 조직 환경에서 작용하도록 고유한 포도당 친화성을 갖는다(그림 15.1). GLUT1, 3, 4는 주로 혈액에서 포도당 흡수에 관여한다. GLUT1과 GLUT3은 대부분 조직에서 발견되고, GLUT4는 골격근과 지방세포에서 발견된다. GLUT2는 혈당 수치가 높을 때 포도당을 간과 콩팥세포로 운반하고, 혈당 수치가 낮을 때 세포에서 혈액으로 포도당을 운반한다. GLUT2는 이자의 β 세포에서도 발견된다. GLUT5는 소장과 정소에서 과당(포도당 대신)의 주요 운반체이다.

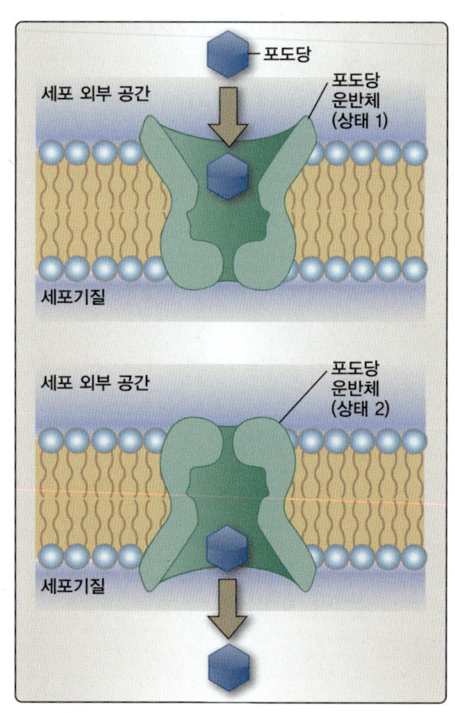

그림 15.2
원형질막에서 포도당의 촉진수송

A. 포도당 수송 메커니즘

GLUT 집단의 단백질은 포도당의 농도가 높은 곳에서 낮은 곳으로 포도당을 운반한다. 포도당 분자는 수송되기 위해 GLUT 단백질과 결합(상태 1)한 다음, 포도당-GLUT 복합체의 세포기질 쪽이 열리면서(상태 2) 포도당이 막의 반대쪽으로 방출된다(그림 15.2). 포도당이 분리된 후 GLUT는 방향을 뒤집고 다른 수송 주기를 준비한다.

B. 일반적 고려사항

포도당은 고농도(보통 세포 외부)에서 저농도 영역(보통 세포 내부)으로 이동한다. 따라서 포도당의 촉진확산은 **포도당의 농도**(concentration of glucose)와 원형질막에 존재하는 **GLUT 단백질의 수**(number of GLUT protein)에 따라 달라진다. GLUT 계열 구성원은 막을 가로질러 양방향으로 포도당을 운반할 수 있는 능력이 있다. 그러나 대부분 세포에서 세포질의 포도당 농도는 세포 외부의 농도보다 낮다. 따라서 포도당의 수송은 외부 환경에서 세포로의 농도 기울기를 따라서만 진행될 수 있다. 포도당을 합성하는 간 및 콩팥세포에서 세포 내부의 포도당 농도는 세포 외부보다 클 수 있다(포도당 신생합성은 리핀코트의 그림으로 보는 생화학, 10장 참조). 이 경우, 간과 콩팥세포 밖으로 포도당의 수송이 일어난다. GLUT2 단백질은 이런 유형의 세포에서 포도당을 세포 밖으로 내보낸다.

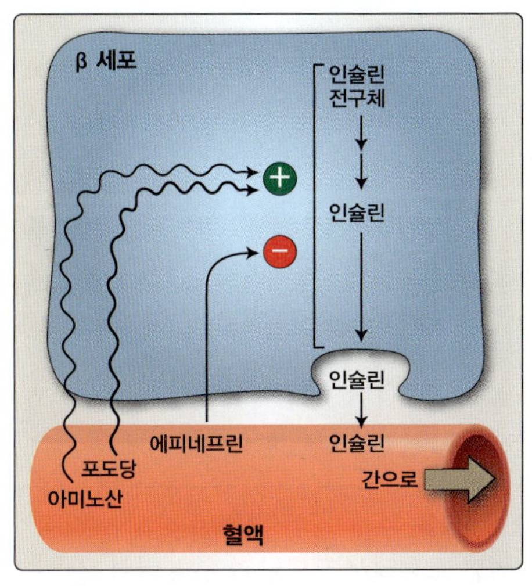

그림 15.3
이자 β 세포에서의 인슐린 분비 조절

C. 인슐린의 역할

인슐린(insulin)은 포도당(및 기타 탄수화물)과 아미노산에 대한 반응으로 이자의 랑게르한스섬 β 세포에서 분비되는 조절 호르몬이며(그림 15.3), 일부 세포 유형으로 포도당을 운반하는 데 필요하다. 스트레스에 반응하여 분비되는 호르몬인 에피네프린(epinephrine)은 인슐린 분비를 억제한다(리핀코트의 그림으로 보는 생화학, 23장 참조). 인슐린은 생체 조직의 연료인 포도당의 사용을 조절하며 정상적인 신진대사에 필요하다. 건강에 대한 인슐린의 중요성은 자가면역 반응으로 인해 자신의 β 세포가 파괴되어 내인성 인슐린 생산이 중단되는 **제1형 당뇨병**(type 1 diabetes mellitus)에 의해 설명된다(그림 15.4). 제1형 당뇨병 환자는 외인성 인슐린을 투여받아야 한다. 인슐린의 대사 효과는 **동화작용**(anabolic)에 의해 탄수화물, 지방 및 단백질 저장을 촉진한다. 인슐린 저항성으로 알려진 경우는 세포가 인슐린에 적절하게 반응하지 못하는 것으로서 **제2형 당뇨병**(type 2 diabetes mellitus)의 특징이다. 인슐린 요법은 제2형 당뇨병 환자에게 필요할 수도 있고 필요하지 않을 수도 있다. 제2형 당뇨병에 대한 치료법에는 식이요법 및 운동뿐만 아니라 혈당을 감소시키도록 고안된 제제(혈당강하제)가 포함된다(체중 감소는 종종 인슐린 저항성을 개선함). 인슐린에 대한 중요한 정상적인 반응 중 한 가지는 포도당을 특정 유형의 세포로 운반하는 것이다.

	결함	치료
제1형	β 세포 파괴, 인슐린 생산 없음	인슐린
제2형	인슐린 저항성	식이요법, 운동, 경구 혈당강하제 인슐린은 필요할 수도 있고 필요하지 않을 수도 있다.

그림 15.4
제1형 당뇨병과 제2형 당뇨병의 비교

임상 적용 15.1 포도당 수송 및 인슐린 분비

GLUT2 포도당 운반체는 더 높은 혈중 포도당 농도를 감지하고 이에 반응하여 인슐린을 분비하는 이자의 β 세포에서 발견된다. GLUT2 운반체는 친화력이 낮은 포도당 운반체(K_m이 높음)이며, 순환하는 포도당의 농도가 혈중 포도당의 정상 농도인 5 mM보다 클 때만 포도당을 수송한다. 탄수화물 섭취 후 혈액 내 포도당 수치가 기본 수준에서 증가할 때 포도당이 β 세포로 운반된다. 그다음, 세포 내 포도당 농도가 증가하여 β 세포 내의 저장 소포에서 인슐린 방출이 촉진된다.

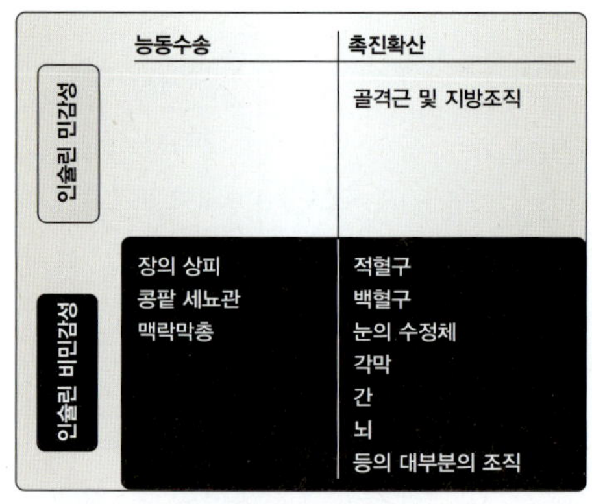

그림 15.5
다양한 조직에서 포도당 수송의 특성

1. **GLUT1, GLUT2 및 GLUT3을 통한 인슐린 비민감성 포도당 수송:** 대부분 유형의 세포는 포도당을 농도 기울기에 따라 세포로 운반하기 위해 인슐린의 신호가 필요하지 않은데(그림 15.5), 이를 **인슐린 비민감성**(insulin-insensitive, 혹은 인슐린 독립적) **포도당 수송**(glucose transport)이라고 한다. 이러한 세포 유형에는 적혈구, 백혈구, 간 및 뇌세포가 포함되며, 이들은 항상 세포 표면에 인슐린 비민감성 GLUT1, GLUT2 및/또는 GLUT3 수용체를 발현한다.

2. **GLUT4를 통한 인슐린 민감성 포도당 수송: 휴식 중인 골격근**(resting skeletal muscle)과 **지방세포**(fat cell)에서 포도당 수송을 위해서는 인슐린 신호가 필요하다. 이러한 유형의 세포는 **인슐린에 민감한**(insulin-sensitive) 것으로 설명된다. 이러한 유형의 세포에서 GLUT4 단백질은 일반적으로 세포질의 소포 내에 존재하며, 비활성 상태로 골지복합체에 결합된다(그림 15.6). 휴식 중인 골격근세포나 지방세포가 인슐린에 의해 자극을 받으면 GLUT4를 가진 소포가 세포 표면으로 이동하여 포도당을 수송한다. 운동 중인 골격근세포에서 근육 수축은 운동민감성 소포(exercise sensitive vesicle)에서 막으로 GLUT4 이동을 유도한다.

특정 시간 동안에만 막 표면에서 GLUT4가 발현되는 것은 일련의 사건으로 포도당 수송이 촉진되는 골격근 및 지방세포에서 포도당의 이용 속도를 제한하는 역할을 한다. 탄수화물 섭취는 이자의 β 세포에서 인슐린 분비를 자극한다. 인슐린은 혈액 전체를 순환하며 많은 유형의 세포에서 인슐린 수용체에 결합한다. 휴식 중인 골격근세포와 지방세포의 인슐린 수용체가 인슐린과 결합하면 세포 내 신호전달 경로가 시작되고, 세포질의 소포에서 막 표면으로의 GLUT4 이동을 촉진한다. GLUT4를 함유한 소포가 원형질막과 융합할 수 있도록 원형질막 아래에서 액틴 재구성을 비롯하여 일련의 고도로 조직된 수송 작업이 일어난다. GLUT4가 세포 표면에서 발현되면 포도당 농도 기울기가 존재하는 한, 포도당 수송이 일어난다. GLUT4 단백질은 세포내이입(endocytosis)에 의해 원형질막에서 제거되고 인슐린 자극이 사라지면 세포 내 저장소로 돌아온 후 재활용된다.

임상 적용 15.2 당뇨병에서 포도당 수송

제1형 당뇨병(type 1 diabetes mellitus) 환자는 인슐린을 생산하지 않는다. 미국에서 당뇨병 환자의 약 10%가 제1형을 가진다. 이들의 이자 β 세포는 자가면역 반응의 결과로 파괴되었으며, 더 이상 인슐린 생산이 불가능하다. 인슐린은 고혈당증(높은 혈중 포도당 수치)을 조절하고 당뇨성 케톤산증(diabetic ketoacidosis; 인슐린이 없을 때 지방 분해로 인해 혈액의 산성화를 유발하여 잠재적으로 생명을 위협하는 결과를 초래)을 예방하기 위해 외부에서 공급되어야 한다. 포도당이 인슐린 의존성 골격근과 지방세포로 전달되기 위해서는 외인성 인슐린이 투여되어야 한다. 그렇지 않으면 포도당이 이들 세포에 들어갈 수 없으며, 혈액의 포도당 농도가 높아진다.

임상 적용 15.2 당뇨병에서 포도당 수송(이어짐)

제2형 당뇨병(type 2 diabetes mellitus) 환자의 경우 말초 조직이 인슐린 작용에 대해 저항성을 갖는다. 인슐린 분비가 문제될 수도 있지만, 제2형 당뇨병 환자는 생명을 유지하기 위해 인슐린이 필요하지 않다. 제2형은 미국에서 당뇨병 환자의 약 90%를 차지하는데, 이들에서는 인슐린 수용체를 통한 인슐린 신호전달이 비효율적이다. 골격근과 지방에서는 인슐린에 민감한 포도당 수송 메커니즘이 손상된다. 간에서 세포는 포도당 신생합성(포도당의 내인성 생성)을 억제함으로써 인슐린에 반응하지 않는다. 인슐린이 종종 고농도로 존재하지만, 제2형 당뇨병 환자의 세포는 인슐린에 반응하지 않는다. 제2형 당뇨병에 대한 약물 요법에는 인슐린 신호를 개선하는 제제가 포함된다(당뇨병에 관한 논의는 리핀코트의 그림으로 보는 생화학 25장을, 인슐린 신호는 23장 참조). 이 두 가지 유형의 당뇨병 모두에서 장기간 지속되는 혈당 상승은 조기 죽상동맥경화증(atherosclerosis, 심혈관 질환 및 뇌졸중 포함), 망막질환(retinopathy), 콩팥질환(nephropathy) 및 신경질환(neuropathy)을 비롯한 만성 합병증을 유발한다.

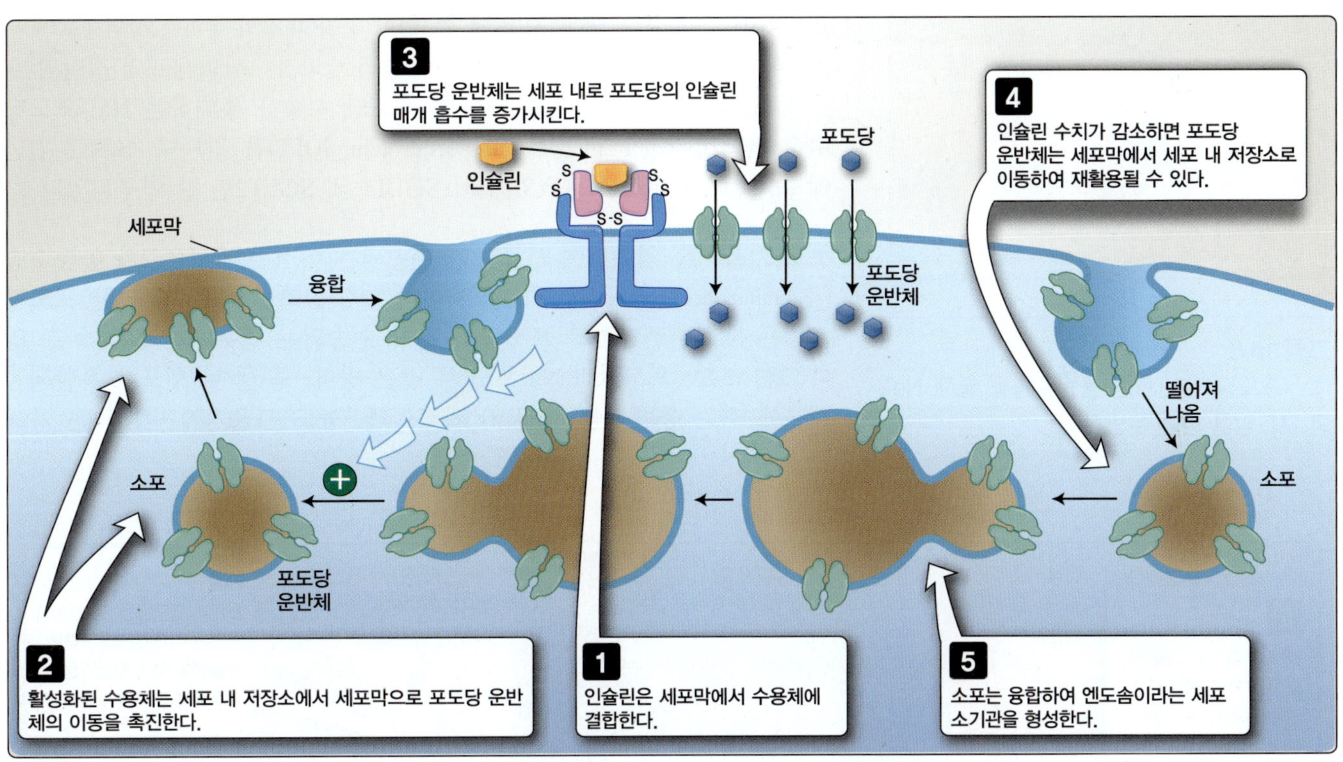

그림 15.6
인슐린은 포도당 운반체를 세포 내 저장소에서 세포막으로 이동시킨다.

III. 포도당의 능동수송

포도당이 세포 외부보다 세포 내부에서 더 높은 농도로 발견되는 세 가지 주요 장소가 있는데, 여기에서는 포도당이 세포에 들어가기 위해서는 농도 기울기에 역행하여 운반되어야 한다. **Na^+과의 공동수송**(cotransport with sodium)을 통한 **포도당의 2차 능동수송**(secondary active transport of glucose)이 이러한 장소에서 사용된다. 첫 번째는 **맥락막총**(choroid plexus; 뇌실막 세포망)이고, 두 번째는 **콩팥의 근위세뇨관**(proximal convoluted tubules of the kidney)이며, 세 번째는 **소장의 상피세포 융모**(epithelial cell brush border of the small intestine)이다.

소장을 감싸고 있는 상피세포는 소장의 내강과 혈류 사이의 장벽이다(그림 15.7). 포도당은 상피세포에 의해 흡수된 다음, 혈액에 들어갈 수 있도록 기저막의 결합조직으로 전달되어야 한다. GLUT 단백질은 포도당이 세포 외부보다 세포 내부에 더 높은 농도로 있기 때문에, 이러한 세포로 포도당을 운반하는 데는 사용할 수 없다(소장 내강의 부피는 상피세포의 부피보다 훨씬 크며, 포도당 농도는 부피에 따라 달라짐). 상피세포의 정단막(내강에 접함)은 농도 기울기를 거슬러 포도당 수송을 촉매하는 **Na^+-포도당 수송 단백질**(sodium-glucose transport protein, SGLT)을 갖는다. SGLT 집단에 속하는 6종류가 보고되었지만, SGLT1 및 SGLT2만 잘 연구되었다.

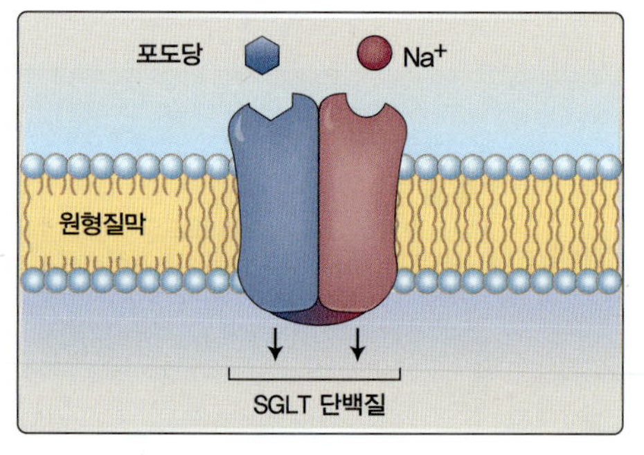

그림 15.8
Na^+-포도당 운반체는 동반수송을 통해 Na^+과 포도당을 함께 운반한다.

농도 기울기를 역행하여 포도당이 수송되는 이러한 과정은 **2차 능동수송**(secondary active transport)의 한 예이다(13장 참조). SGLT에 의한 포도당 수송은 Na^+이 존재하고 포도당과 같이 수송되는 경우에만 일어날 수 있다(그림 15.8). 포도당과 Na^+은 모두 같은 방향, 즉 둘 다 세포로 운반되기 때문에 이는 **동반수송**(symport) 과정이다. 농도 기울기에 반대되는 포도

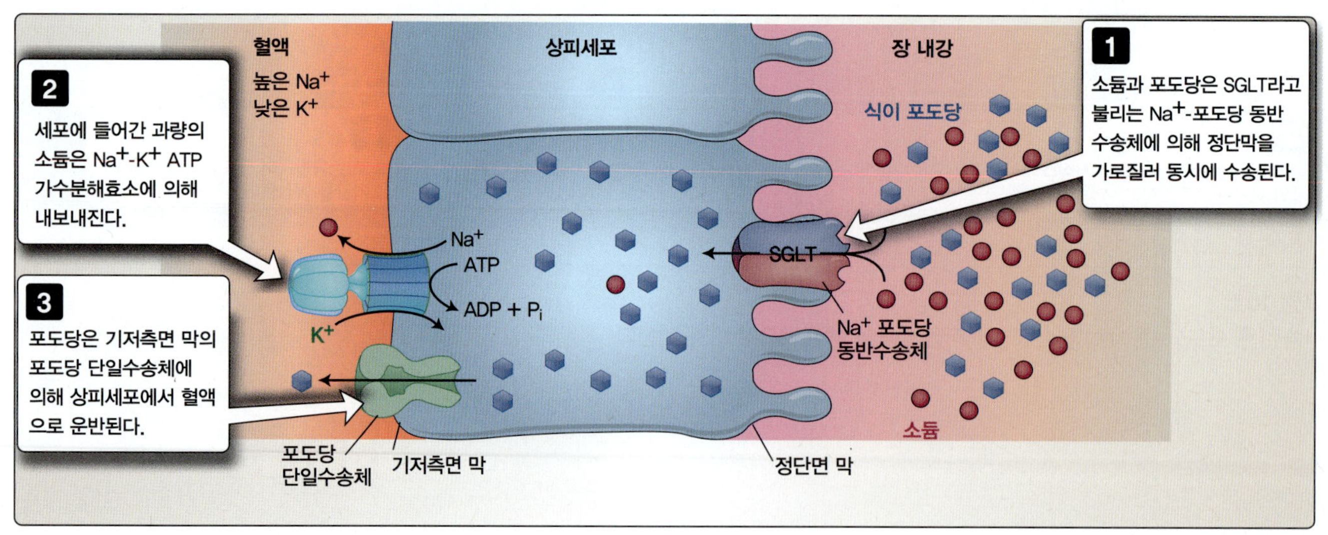

그림 15.7
장의 내강에서 혈액으로의 포도당 수송

당 수송에 동력을 공급하는 데 필요한 에너지는 Na^+의 전기화학적 기울기에서 파생되는데, 이 기울기는 1차 능동수송 시스템인 Na^+-K^+ ATP가수분해효소에 의해 생성되고 유지된다(14장 참조). Na^+은 세포 외부에서 내부로 매우 강한 농도 기울기를 가지고 있기에, 자신의 농도 기울기를 따라 이동하려는 경향이 크다. 소장 상피세포의 정단면 막에서 Na^+의 유일한 수송체는 Na^+-포도당 운반체이다. Na^+은 포도당이 함께 수송될 때만 운반된다. 포도당은 Na^+의 강한 농도 기울기로 인해 효과적으로 세포 내로 무임승차한다. 일단 세포 안으로 들어가면, 포도당은 기저측면(정단면의 반대쪽) 막에 있는 GLUT 단백질에 의해 세포 밖인 혈액으로 운반될 수 있다.

임상 적용 15.3 Na^+-포도당 공동수송에 기반한 경구 수액요법

1960년에 미국의 생화학자인 로버트 크레인(Robert Crane)은 포도당의 장내 흡수 메커니즘으로 Na^+-포도당 수송을 처음으로 설명했다. 이 발견은 경구 수액요법(oral rehydration therapy, ORT)으로 알려진 치료법 개발의 토대가 되었다. 콜레라의 영향으로 탈수된 환자에게는 포도당 함유 식염수를 투여하는 것이 효과적인 치료법이다. 이는 포도당이 용질과 물의 흡수를 가속화하여 콜레라 독소로 인한 물과 전해질의 손실을 만회한다. 경구 수액요법은 1980년대 이후 개발도상국에서 수백만 명의 콜레라 환자의 생명을 구한 것으로 알려져 있다.

임상 적용 15.4 콩팥에서의 Na^+-포도당 공동수송, 당뇨병 치료에 대한 시사점

정상적인 상황에서 콩팥은 사구체에서 보먼주머니와 세뇨관으로 포도당을 걸러낸다. 걸러진 양은 혈액 내 포도당 농도와 관련이 있다. 이 모든 포도당은 일반적으로 근위세뇨관에서 재흡수되며(근위세뇨관을 감싸고 있는 상피세포로 수송됨), 오줌에는 전혀 나타나지 않는다. 혈당 농도는 일반적으로 약 5 mM이고 근위세뇨관 내의 상피세포의 포도당 농도는 0.05 mM이다. 포도당은 이러한 상피세포를 통과하여 조직액(interstitial fluid, 5 mM 포도당)으로 들어가 다시 혈액으로 되돌아가야 한다. 포도당이 넘어야 하는 기울기는 0.05 mM에서 5 mM이다. 이 과정이 계속됨에 따라 점점 더 많은 포도당이 세뇨관액에서 제거되고 농도는 0.005 mM까지 낮아져 농도 기울기가 10배 증가한다. 2차 능동수송은 포도당을 이 기울기를 거슬러서 이동시키는 데 사용된다. 이때 Na^+-포도당 동반수송 단백질인 SGLT2가 사용된다. SGLT2는 근위세뇨관의 첫 번째 부분에서 운반(즉, 재흡수)되는 포도당의 90%를 담당하며, 포도당 분자당 운반되는 Na^+은 1개이다.

임상 적용 15.4 콩팥에서의 Na^+-포도당 공동수송, 당뇨병 치료에 대한 시사점(이어짐)

SGLT1은 근위세뇨관의 원위 분절에서 포도당의 나머지 10%를 운반하며, 각 포도당 분자와 함께 2개의 Na^+을 운반한다. Na^+ 기울기는 Na^+-K^+ ATP가수분해효소에 의해 생성된다. 세포 외부의 Na^+ 농도는 약 140 mM이고 내부의 농도는 약 10 mM이다.

당뇨병 환자의 경우 혈당 수치가 높아지면 더 많은 양의 포도당이 콩팥에서 여과된다. 종종 포도당을 재흡수하는 콩팥의 최대치를 넘어서는 여분의 포도당이 오줌으로 유출된다. 오줌에 나타나는 포도당의 양은 콩팥의 재흡수 능력을 초과하는 양이다. 제2형 당뇨병 환자에서 SGLT2의 억제는 포도당의 재흡수를 감소시키고 오줌으로 배설되는 포도당을 증가시킨다. 오줌에서 포도당 배출이 증가하면 혈장 포도당 수치가 감소하고 포도당의 열량이 오줌으로 배출되는 셈이므로 체중이 감소할 수 있다. 체중 감소는 종종 제2형 당뇨병에서 나타나는 인슐린 저항성을 개선한다. 몇몇 SGLT2 억제제는 현재 제2형 당뇨병 환자를 치료하는 데 사용할 수 있다. 미국 식품의약국(FDA)의 승인을 받은 이런 종류의 의약품은 제2형 당뇨병이 있는 성인의 혈당을 낮추기 위해 식이요법 및 운동과 함께 사용된다.

요약

- 대부분 세포에서 GLUT 단백질에 의해 매개되는 포도당의 촉진확산이 일어난다.
- 포도당의 촉진수송에서, 포도당은 고농도(보통 세포 외부)에서 저농도(보통 세포 내부)로 이동한다. 포도당의 촉진확산은 **포도당의 농도**와 원형질막에 존재하는 **GLUT 단백질의 양**에 따라 달라진다.
- **인슐린**(insulin)은 포도당과 아미노산에 대한 반응으로 이자의 랑게르한스섬의 β 세포에서 분비되는 조절 호르몬이며, 몇몇 유형의 세포로 포도당을 운반하는 데 필요하다.
- 대부분 세포에는 **인슐린에 민감하지 않은 포도당 수송**이 있다.
- **휴식 중인 골격근** 및 **지방세포**(adipocyte)에서 포도당 수송을 위해 인슐린 신호가 필요하며, 이때 수송은 포도당의 **인슐린 민감성** 촉진확산으로 일어난다.
- 골격근과 지방세포는 포도당을 흡수하는 기능을 가진 GLUT4 단백질이 세포 내 소포에서 원형질막으로 삽입되기 위해 인슐린이 필요하다.
- 인슐린이 없거나(제1형 당뇨병), 인슐린 신호에 제대로 반응하지 않으면(제2형 당뇨병) GLUT4에 의한 인슐린 의존성 포도당 수송이 중단되거나 제대로 일어나지 않는다.
- 포도당의 **2차 능동수송**(secondary active transport)은 맥락막총, 콩팥의 근위세뇨관 및 소장에서 SGLT 단백질을 사용하여 **Na^+과 함께 공동수송**(cotransport with sodium)을 통해 일어난다. Na^+과 포도당은 원형질막을 가로질러 같은 방향으로 이동하기 때문에 **동반수송**(symport) 과정이다.

학습 문제

다음 중 가장 적절한 답을 하나만 고르시오.

15.1 세포 내부의 포도당 농도가 2mM이고 세포 외부 농도가 5mM인 상황에서 세포 표면에 존재하는 GLUT 운반체는 즉시 외부에서 세포 내부로 포도당을 수송하기 시작한다. 이 수송에 관여하는 포도당 수송 단백질의 유형은 무엇인가?

A. GLUT1
B. GLUT4
C. GLUT5
D. SGLT1
E. SGLT2

정답 A

GLUT1 운반체는 세포 표면에 존재하며 고농도에서 저농도로 포도당을 수송한다. GLUT4 운반체는 골격근과 지방세포에 존재하는 인슐린 민감성 운반체로서 포도당 수송을 하기 전에는 세포 표면에 상주하지 않는다. GLUT5는 포도당이 아닌 과당을 운반한다. SGLT1과 SGLT2는 모두 포도당 농도가 낮은 곳에서 높은 곳으로 농도 기울기에 거슬러 포도당을 운반하는 Na^+ 의존성 포도당 운반체이다.

15.2 다음 중 혈액에서 간세포로 포도당을 수송하기 위해 필요한 것은?

A. Na^+ 기울기를 생성하는 동반수송체에 의한 ATP 가수분해
B. 포도당의 농도 기울기를 만드는 1차 능동수송체의 기능
C. 간세포의 포도당 농도보다 높은 혈중 포도당 농도
D. 간세포 원형질막으로의 GLUT 이동에 대한 인슐린의 자극
E. 혈액에서 간세포로의 농도 기울기에 역행하는 포도당의 단일수송체

정답 C

간세포로의 포도당 수송은 포도당 단일수송체를 통한 촉진확산을 통해 일어나므로 간세포의 포도당 농도보다 더 높은 혈중 포도당 농도가 필요하다. 이후 포도당은 높은 농도에서 낮은 농도의 포도당으로 기울기를 따라 운반된다. 포도당 수송은 1차 능동수송을 통해 일어나지 않으며 ATP 가수분해는 단일수송체를 통한 포도당 수송에 필요하지 않다. 간세포로의 포도당 수송에는 일부 다른 유형의 세포에서 쓰이는 Na^+-포도당 동반수송에 필요한 Na^+ 기울기가 필요하지 않다. 포도당 단일수송체는 농도 기울기에 역행하여 수송하지 않는다. GLUT는 간세포 표면에 상시적으로 존재하며, 세포 표면으로의 이동을 위해 인슐린 자극이 필요하지 않다.

15.3 혈당 수치가 20mM로 증가하면 간세포는 GLUT2 운반체를 통해 포도당 수송을 증가시킨다. 그러나 적혈구에서 GLUT1을 통한 포도당 수송은 이보다 낮은 혈당 농도에서도 같은 속도로 일어난다. 다음 중 이러한 결과를 가장 잘 설명하는 것은 무엇인가?

A. GLUT1은 GLUT2보다 K_m이 더 크다.
B. GLUT1 포도당 수송에는 Na^+과의 공동수송이 필요하다.
C. GLUT2는 20mM 미만의 포도당 농도에서 V_{max}를 달성한다.
D. GLUT2 포도당 수송에는 인슐린의 활성화가 필요하다.
E. GLUT2는 GLUT1보다 포도당 친화력이 낮다.

정답 E

이 정보를 바탕으로 GLUT2가 GLUT1보다 포도당 친화력이 낮다는 것을 확인할 수 있다. 친화도가 낮은 운반체는 K_m 값이 더 높다. GLUT1은 이미 20mM 미만의 포도당 농도에서 V_{max}에 도달한다. 이들은 GLUT2보다 더 높은 친화도, 즉 더 낮은 K_m 포도당 운반체이다. 포도당 농도가 증가할 때 GLUT2가 이동 속도를 증가시킬 수 있으려면 K_m이 일반적인 혈당 농도보다 커야 한다. GLUT1의 K_m은 1mM이고 GLUT2의 K_m은 15~20mM이다. 인슐린에 민감하지 않은 포도당 수송이기 때문에 간세포가 포도당을 수송하는 데 인슐린이 필요하지 않다. 포도당과 Na^+의 공동수송은 간세포에서 일어나지 않는다.

15.4 휴식 중인 골격근세포에서는 인슐린 민감성 포도당 수송이 일어난다. 이 과정에서 인슐린의 역할은 무엇인가?

A. 포도당 농도 기울기에 대한 소듐과 포도당의 공동수송
B. 농도 기울기에 역행하는 포도당 수송을 위한 ATP의 가수분해
C. 세포 내부에서 세포 외부 환경으로의 포도당 이동
D. 세포 내로 K^+과 함께 포도당의 1차 능동수송
E. 세포 내 소포에서 세포 표면으로의 GLUT4 단백질의 이동

정답 E

휴식 중인 골격근세포(및 지방세포)에서 인슐린은 세포 내부 소포에서 세포 표면으로의 GLUT4 운반체의 이동을 촉진하여 포도당이 고농도에서 저농도로 운반되도록 한다. 인슐린은 포도당과 Na^+의 공동수송에 관여하지 않는다. 인슐린은 ATP 가수분해나 세포 내부에서 외부로의 포도당 이동을 촉진하지 않는다. 포도당은 K^+과 함께 1차 능동수송으로 운반되지 않는다.

15.5 1년 동안 제2형 당뇨병을 앓았던 56세 남성 환자의 공복 혈당은 150 mg/dL(기준 범위 70~100 mg/dL)이다. 이 환자에서 다음 유형의 세포 중 어떤 세포의 포도당 수송이 손상되었는가?

A. 지방세포
B. 뇌세포
C. 안구세포
D. 간세포
E. 적혈구

정답 A

지방세포와 휴식 중인 골격근세포에서는 인슐린 민감성 포도당 수송이 일어난다. 제2형 당뇨병 환자의 세포에서와 같이 인슐린 신호가 적절하게 수신되지 않으면 인슐린 민감성 포도당이 지방세포와 휴식 중인 골격근세포로 이동하는 기능이 작동하지 않는다. 뇌세포, 안구 세포, 간세포 및 적혈구는 인슐린 비민감성(독립적) 포도당 수송 체계를 가지며, 당뇨병 환자의 이들 세포에서 포도당 수송은 달라지지 않는다.

15.6 농도 기울기에 역행하여 소장 상피세포로 포도당을 운반하는 에너지를 제공하는 것은?

A. SGLT에 의한 ATP 가수분해
B. Na^+의 농도 기울기
C. Na^+을 이용한 역수송
D. ATP의 GLUT 가수분해
E. 1차 능동수송

정답 B

Na^+ 기울기(Na^+-K^+ ATP가수분해효소에 의해 생성되고 유지)는 포도당의 농도 기울기에 역행하여 소장 상피세포로 포도당의 수송을 유도한다. SGLT와 GLUT 모두 ATP를 가수분해하지 않는다. 포도당은 Na^+과 함께 역수송이 아니라 공동수송으로 운반된다. Na^+-포도당 동반수송체는 ATP가 수송 단백질 자체에 의해 직접 가수분해되지 않기 때문에 1차 능동수송이 아닌 2차 능동수송의 한 형태이다.

15.7 다음 중 제2형 당뇨병 환자의 콩팥에서 SGLT2를 억제하도록 고안된 약물에 의해 증가되는 것은 무엇인가?

A. 포도당의 재흡수
B. 오줌으로의 포도당 배출
C. 상피세포로의 포도당 수송
D. 포도당의 1차 능동수송
E. 상피세포로의 Na^+ 수송

정답 B

콩팥에서 SGLT2 Na^+-포도당 동반수송체를 억제하면 포도당 재흡수가 감소되기 때문에 더 많은 포도당이 오줌으로 배출된다. 상피세포로의 포도당의 수송이 억제되면 포도당 흡수는 증가하지 않고 감소한다. Na^+ 수송 또한 억제되고 증가하지 않는다. 포도당은 1차 능동수송으로 결코 수송되지 않는다. SGLT2는 포도당의 2차 능동수송을 촉진한다.

약물 수송

Drug Transport

16

I. 개요

약물을 정맥으로 주사하면 곧바로 혈액에 주입되기 때문에 전체 용량이 순환계에 도달한다. 그러나 다른 방식으로 투여된 약물은 부분적으로만 혈류로 흡수될 수 있다. 경구 투여는 가장 일반적인 경로이며, 약물이 먼저 위액에 용해된 다음 소장 점막의 상피세포를 통과하여 혈류로 들어간다(그림 16.1).

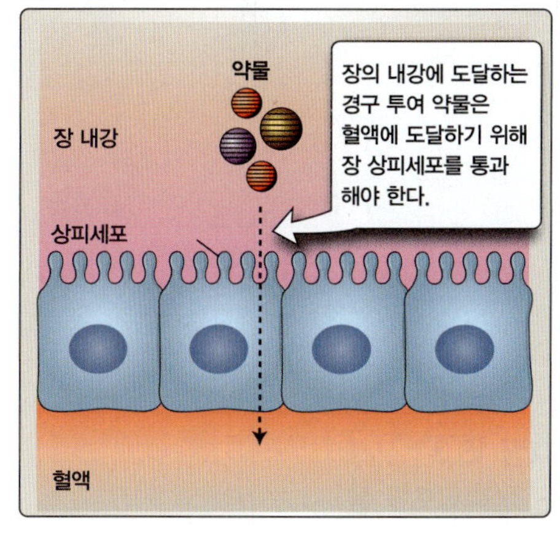

그림 16.1
경구 투여되는 약물은 장의 상피세포를 통과해야만 순환계로 들어갈 수 있다.

중추신경계에 도달하도록 고안된 약물은 중추신경계의 혈관을 형성하는 내피세포에 의해 형성된 **혈액-뇌 장벽**(blood-brain barrier)을 추가로 통과해야 한다. 이 세포는 밀착연접(tight junction)을 형성하여 크기가 400달톤보다 큰 분자의 진입을 제한한다. 이 장벽은 신경퇴행성 질환(예: 다발성 경화증, 알츠하이머병, 파킨슨병), 정신 질환(예: 불안, 우울증 및 조현병), 뇌졸중 및 뇌혈관 장애를 포함한 중추신경계 장애를 치료하기 위한 약물 개발에 주요 장애물이다(그림 16.2 및 **글 상자 16.1**).

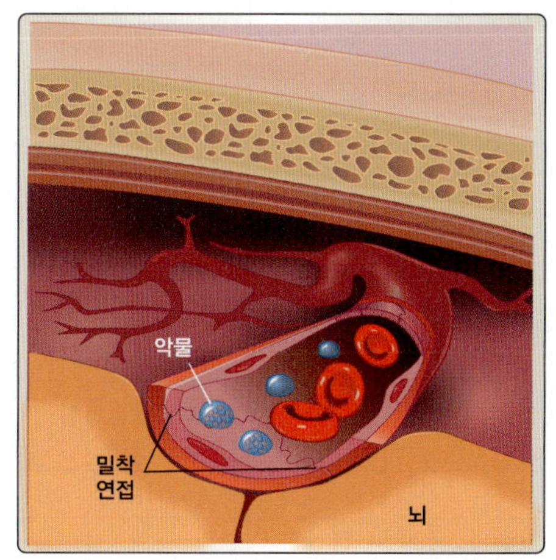

그림 16.2
혈액-뇌 장벽은 약물이 중추신경계로 들어가는 것을 제한한다.

대부분 약물은 약산 또는 약염기이다. 투과 약물 농도는 때때로 전하를 띤 것과 전하를 띠지 않은 것의 상대적인 농도에 의해 결정되는데, 이는 전하를 띠지 않은 분자가 하전된 분자보다 더 쉽게 막을 통과하는 것으로 생각되기 때문이다. 막의 양측에서 확인된 약물의 양을 결정하기 위해 pH에 대한 산 및 염기 농도의 관계에 관한 연구가 수행되었다. 오랫동안 지용성 약물이 세포막을 통해 직접 확산된다고 가정해 왔지만, 단순확산에 대한 장벽은 막 인지질의 친수성 머리 그룹에 항상 존재한다(13장 참조). 일부 작은 수용성 분자는 아쿠아포린(물 통로)을 통하여 막을 통과할 수 있다(그림 16.3). 수송 단백질이 생체막을 가로질러 약물의 이동을 촉진한다는 사실이 점차 인식되고 있다. **능동수송**(active transport)은 약물에

글 상자 16.1 혈액-뇌 장벽을 가로지르는 수송 문제 극복

중추신경계(central nervous system, CNS)에는 뇌와 척수가 포함된다. 혈액과 뇌 사이에는 해로운 물질이 혈액을 떠나 뇌로 들어가 잠재적으로 손상을 일으키는 것을 방지하는 장벽이 있다. 따라서 신경퇴행성 질환을 치료하기 위해 CNS로 약물을 전달하는 것은 어려운 일이었다. 혈액-뇌 장벽을 통과하기 위해 제안된 새로운 해결책에는 비조립 스마트 약물 시스템, 약물이 탑재된 이식 가능한 재료, 주사 가능한 젤(gel), 약물 전달을 평가하기 위해 질병 상태의 체외 모델을 만들기 위한 전분화능 줄기세포(pluripotent stem cell)의 사용 등이 있다.

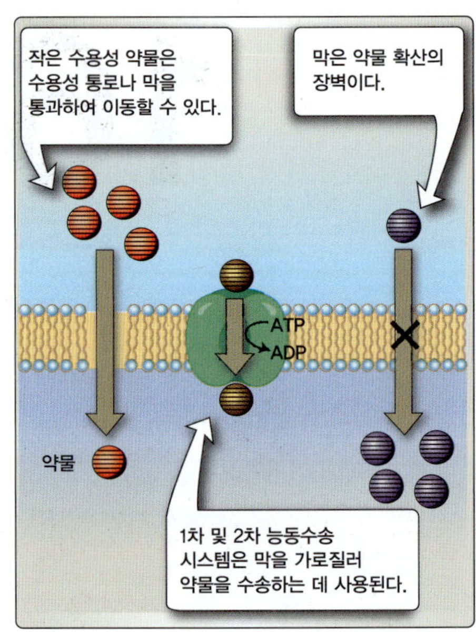

그림 16.3
장 상피세포를 통과하는 약물의 기전

약물 운반체	수송
용질 운반체 (SLC):	2차 능동수송
PEPT (펩타이드 운반체)	양성자(H^+), 다이- 및 트라이-펩타이드 공동수송
OATP (유기 음이온 수송 폴리펩타이드)	양친매성 유기 화합물
유기 이온 운반체	유기 이온
H^+/유기 양이온 역수송체	유기 양이온이 배출되고, H^+이 흡수됨
ABC 운반체	1차 능동 수송 이온, 약물, 생체이물질 배출

그림 16.4
약물 운반체는 SLC 및 ABC 운반체를 포함한다.

의해 가장 일반적으로 사용되는 과정으로 보인다.

II. 약물 운반체의 종류

많은 약물 운반체는 1차 및 2차 **능동수송체**(active transporter)로 작용한다(능동수송에 관한 논의는 15장 참조). 서열의 유사성에 기초하여 약물 운반체는 **용질 운반체**(solute carrier, SLC) 및 **ATP 결합 카세트**(ATP-binding cassette, ABC) **운반체**로 분류되었다(그림 16.4). 각 그룹 내에서 약물 운반체의 구조, 기능 및 조직 분포는 매우 다양할 수 있다.

A. 용질 운반체

용질 운반체(solute carrier, SLC)는 **펩타이드 운반체**(peptide transporter, PEPT), **유기 음이온 수송 폴리펩타이드**(organic anion-transporting polypeptide, OATP), **유기 이온 운반체**(organic ion transporter) 및 **H^+/유기 양이온 역수송체**(H^+/organic cation antiporter)의 4가지 주요 계열로 분류된다.

1. **펩타이드 운반체:** 양성자(H^+)와 펩타이드는 PEPT 단백질에 의해 막을 가로질러 공동수송된다. PEPT는 작은 펩타이드(2개 및 3개의 아미노산)를 수송하지만, 개별 아미노산이나 더 큰 펩타이드는 수송하지 않는다. PEPT 단백질은 β-락탐 항생제(β-lactam, 페니실린 포함) 및 ACE 억제제(angiotensin-converting enzyme inhibit; 고혈압 치료에 사용되는 안지오텐신 전환효소 억제제)와 같은 약물을 장 상피를 통해 운반한다. 특정 항암 및 항바이러스 약물의 흡수를 증가시키기 위해, 즉 약물이 PEPT와 더 잘 결합할 수 있도록, PEPT 단백질은 아미노산 서열을 이용하여 구조를 바꾸고 있다.

2. **유기 음이온 수송 폴리펩타이드:** 이 그룹의 운반체는 담즙염, 스테로이드, 갑상샘 호르몬과 같은 양친매성 유기 화합물의 이동을 촉매한다. 이 계열의 한 종류인 OATP1B1은 콜레스테롤 합성 억제제인 프라바스타틴(pravastatin)과 ACE 억제제인 에날라프릴(enalapril)의 간 흡수를 담당한다. 유전자 다형성(gene polymorphism)으로 알려진 OATP1B1의 개별 유전적 변이는 프라바스타틴 수송의 변화와 개별 환자의 약물에 대한 반응 차이를 유발한다.

3. **유기 이온 운반체:** 이 계열은 다수의 약물 운반체 집단으로 구성된다. 일부는 단일수송체이고 다른 일부는 동반수송체 또는 역수송체이다. 이 계열의 다양한 운반체들은 간, 콩팥, 골격근 및 소장 상피세포 융모에서 발현된다. 콩팥으로 분비되는 약물과 독소는 부분적으로 유기 이온 운반체에 의해 매개된다. 약물 메트포르민(metformin; 제2형 당뇨병에서 혈당 상승을 치료하는 데 사용되는 혈당 강하제)은 이 계열의 수송체에 의해 흡수된다.

4. **H⁺/유기 양이온 역수송체:** 유기 양이온은 소장의 상피세포 융모에서 H^+/유기 양이온 역수송체에 의해 배출된다. 반대 방향의 H^+ 양성자 기울기는 수송의 원동력이다.

B. ABC 운반체

ATP 결합 카세트(ABC) 운반체는 세포에서 이온과 생체이물질을 내보내는 데 1차 능동수송을 사용한다(15장 참조). 이들은 세포가 독소를 배출하는 주요 경로이다. 그러나 ABC 운반체는 세포에서 약물을 배출할 수도 있다. 항암제, 항바이러스제, Ca^{2+} 통로 차단제 및 면역억제제를 포함한 ABC 운반체의 기질 목록이 늘어나고 있다. **다중약물내성**(multidrug resistance, MDR)은 세포가 자신을 억제하거나 죽이도록 고안된 치료제를 방출할 때 발생한다(그림 16.5).

MDR이 발생하는 암세포는 화학 치료 약물에 반응하지 않는다. MDR을 예방하기 위해 ABC 운반체의 억제제를 찾고 있다. ABCB1 또는 **P-당단백질**(P-glycoprotein, P-gp)은 종종 MDR에 관련되는 ABC 운반체이며, 암세포에서 치료제를 배출하는 역할을 한다. ABCB1은 정상 조직에서도 발현된다(글 상자 16.2).

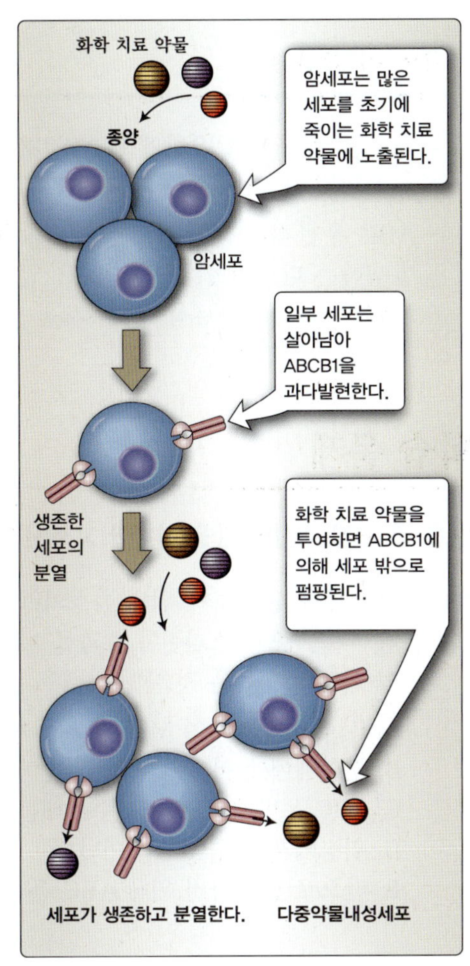

그림 16.5
다중약물내성(MDR)의 발생

글 상자 16.2 ABCB1과 생체이물질 배출

소장의 상피세포 융모에서 ABCB1은 생체이물질이 순환계에 도달하기 전에 배출을 담당한다. 물레나물과의 다년생초(St. John's wort)와 같은 약초 및 항결핵제인 리팜핀(rifampin)은 ABCB1의 장내 발현을 유도한다. ABCB1이 높은 수준으로 발현되면, 디곡신(digoxin; 심장 근육의 수축을 증가시키고 심박수를 감소시키는 데 사용됨)과 같은 ABCB1의 기질 흡수가 감소되는데, ABCB1 발현이 증가함으로써 이 약물들이 소장의 상피세포에 의해 배출되기 때문이다.

요약

- 정맥으로 투여된 약물은 즉시 혈류 내로 들어가지만, 경구로 투여된 약물은 혈류로 흡수되기 위해 소장 상피세포의 원형질막을 통과해야 한다.
- 중추신경계의 혈관 내피세포는 중추신경계를 겨냥한 약물에 대한 **혈액-뇌 장벽**을 형성한다.
- 수동적인 확산은 오랫동안 약물이 세포로 전달되는 메커니즘으로 설명되었지만, 세포의 원형질막은 자유로운 확산에 대한 장벽으로 작용한다.
- 많은 약물 운반체는 1차 또는 2차 **능동수송**을 사용한다. 약물 수송단백질은 신체의 많은 유형의 세포에서 확인되고 있는데, **SLC**(용질 운반체) 및 **ABC 운반체**(ATP 결합 카세트) 등이 있다. SLC는 약물을 세포로 운반하고, ABC 운반체는 세포에서 약물과 생체이물질을 내보낸다.

요약(이어짐)

- SLC는 **펩타이드 운반체**(PEPT), **유기 음이온 수송 폴리펩타이드**(OATP), **유기 이온 운반체**(organic ion transporter) 및 H^+/**유기 양이온 역수송체**(H^+/organic cation antiporter)의 4가지 주요 계열로 분류된다.
- ABC 운반체는 화학치료제를 배출하는 암세포처럼, 세포를 억제하거나 죽이도록 고안된 약물을 배출할 때 발생하는 **다중약물내성**(MDR)을 일으킨다. ABCB1 또는 **P-당단백질**(P-gp)은 종종 MDR과 관련된 ABC 운반체이며, 암세포에서 화학치료제를 배출하는 역할을 한다.

학습 문제

다음 중 가장 적절한 답을 하나만 고르시오.

16.1 근육통을 완화하기 위해 아스피린 알약을 복용하였다. 다음 중 아스피린이 효과를 나타내기 위한 과정의 설명으로 옳은 것은?

A. P-gp에 결합하여 MDR을 자극한다.
B. 순환계에 들어가기 위해 장 상피세포를 통과한다.
C. ABC 운반체의 ATP 가수분해를 촉진한다.
D. 위장에서 역수송이 일어난다.
E. 간으로 들어가기 위해 ABC 운반체를 사용한다.

정답 B

경구 투여 약물은 소장의 상피세포막을 통과해야만 혈액으로 들어가 순환계를 통해 목표 지점에 도달한다. P-gp는 MDR과 관련된 ABC 운반체이다. 이는 세포 밖으로 약물을 운반하기에, 아스피린의 흡수를 돕지 않는다. ABC 운반체는 약물을 세포 안으로가 아니라 세포 밖으로 운반한다. 역수송체는 두 물질의 공동수송으로, 하나는 세포로 들어가고 다른 하나는 세포에서 나간다. 약이 혈액으로 들어가기 위해서는 장의 상피세포막을 통과해야 하는데, 위장의 역수송체는 약이 혈류로 들어가게 하지 않는다.

16.2 중추신경계에 영향을 미치는 신경퇴행성 질환인 헌팅턴병 치료를 목표로 새로운 단백질 약물이 개발되고 있다. 표적 부위에 이 약물을 전달하는 데 있어 주요 장애물은 무엇인가?

A. 위장관에 의한 흡수
B. 중추신경계 내의 혈관을 감싸고 있는 내피세포
C. 적절한 세포에 약물을 전달하는 ABC 운반체의 부족
D. 빠르게 발생하는 MDR
E. 체내의 수용액에 대한 낮은 용해도

정답 B

중추신경계로 전달되는 약물의 주요 장벽은 혈액-뇌 장벽이다. 중추신경계 내의 혈관을 감싸고 있는 내피세포는 대부분 큰 분자(>400 달톤)가 들어가는 것을 차단하는 장벽을 형성한다. 위장관을 통한 흡수가 일어날 수 있으나, 혈액-뇌 장벽으로 인해 중추신경계에 접근할 수 없는 경우에 효과가 나타나지 않는다. ABC 운반체는 약물을 세포 밖으로 운반한다. ABC 운반체가 발현되지 않으면, 혈액-뇌 장벽을 통한 약물 전달이 향상될 수 있다. MDR은 ABC 운반체, 특히 P-gp의 작용으로 발생한다. 수용액에서 약물의 용해도는 매우 높을 수는 있지만, 약물이 혈액-뇌 장벽을 통과할 수 없는 경우에는 중추신경계에 접근할 수 없다.

16.3 다음 중 대부분 약물이 사람의 세포 안으로 들어가기 위해 사용하는 수송체의 유형은 무엇인가?

A. 능동수송체
B. G 단백질
C. GLUT
D. 인슐린 의존성
E. 이온 통로

정답 A

약물은 능동수송체를 사용하여 사람의 세포에 진입한다. G 단백질은 세포 신호전달 작용을 하며, GLUT는 포도당 운반체이다. 약물이 세포에 들어가는 데 인슐린이 필요하지 않으며, 이온 통로를 사용하지 않는 경향이 있다.

16.4 24세 여성이 박테리아 감염을 치료하기 위해 β-락탐 항생제(β-lactam antibiotics)를 처방받았다. 다음 중, 이 약물이 장의 상피세포를 통과하여 혈류로 들어가는 방법은 무엇인가?

A. ABC 운반체 매개 수송
B. 상피세포 표면의 P-gp에 결합
C. ABC 운반체의 ATP 가수분해 억제
D. 소장 상피세포를 통한 수동적 확산
E. PEPT 수송체 매개 전달

정답 E

β-락탐 항생제는 PEPT 수송체에 의해 수송된다. ABC 운반체는 세포 안으로가 아니라 세포 밖으로 약물을 운반한다. ABC 운반체의 ATP 가수분해 억제는 β-락탐 항생제가 소장 상피세포로 들어가는 데 영향을 미치지 않는다. P-gp는 ABC 운반체이다. 능동수송체가 약물 운반체의 주요 유형으로 확인되었기 때문에 수동적 확산은 더 이상 약물이 세포로 들어가는 중요한 경로로 여겨지지 않는다.

16.5 38세 남성이 2년 동안 물레나물과의 다년생초(St. John's wort)를 복용하고 있다. 그는 인터넷을 통해 이 생약 제제를 구했으며, 의사에게 이 약초의 사용에 대해 언급한 적이 없다. 그는 심방세동(비정상 심장박동)이 발생하여 디곡신을 처방받았다. 그의 경우 디곡신 치료는 비정상적인 심장박동을 치료하는 데 효과가 없었다. 이에 대한 설명으로 가장 옳은 것은?

A. 동일한 SLC 운반체에 대한 이 약초와 디곡신의 경쟁
B. 이 약초와 디곡신에서 발생하는 MDR
C. 소장 상피세포의 원형질막에서 디곡신의 낮은 용해도
D. 디곡신보다 운반체에 대해 더 큰 친화성을 갖는 약초
E. 이 약초에 의한 P-gp의 발현 증가로 디곡신 흡수 저해

정답 E

이 약초는 ABC 운반체인 P-gp의 세포막 상의 발현을 증가시킨다. P-gp의 과다발현은 P-gp가 약물을 세포 밖으로 내보내기 때문에 디곡신을 비롯한 일부 다른 약물의 흡수를 저해한다. 이 약초와 디곡신은 동일한 수용체에 결합하기 위해 경쟁하지 않으며, 수용체 친화성은 중요한 요소가 아니다. 디곡신은 일반적으로 소장 상피세포(P-gp가 과다발현되지 않은 경우)를 통해 수송되며, 일반적으로 운반체가 사용되기 때문에 막에서의 용해도는 고려되지 않는다.

16.6 환자의 암세포가 치료에 사용된 화학요법제에 대해 MDR을 유발한다. 다음 중 암세포에서 가장 많이 발견되는 단백질은 무엇인가?

A. OATP
B. OATP1B1
C. ABCB1
D. PEPT
E. SLC

정답 C

ABCB1은 MDR과 관련된 ABC 운반체이다. 세포에서 약물을 내보내 세포가 약물의 영향에 저항하도록 한다. SLC는 많은 약물을 세포로 운반하는 용질 운반체이다. OAT, OATB1P 및 PEPT는 SLC의 예이다.

제 4 단원
세포 신호전달
Cell Signaling

좋은 의사소통은 진한 커피만큼 자극적이고 각성효과도 뛰어나다.

– 앤 모로우 린드버그(Anne Morrow Lindbergh, **미국 작가이자 비행사,** 1960~2001)

저서: *Gift from the Sea*(1955)에서

한 세포에서 다른 세포로 전달되는 호르몬, 생장인자, 신경전달물질 등을 포함한 용해성 화학 신호는 세포가 서로 소통하는 기본적인 수단이다. 신호를 받는 표적세포는 세포 표면이나 세포질 또는 핵 내에 있는 단백질 수용체를 통해 신호 분자와 결합한다. 수용체에 대한 신호 물질의 결합은 신호를 증폭하고 세포 내에서 원하는 효과를 생성하는 일련의 반응을 일으킨다. 이와 관련된 수용체의 유형은 많은 중복이 존재하지만, 그들의 독특한 세포 신호전달 메커니즘에 의해 몇 가지로 분류된다.

표적세포 내의 생화학적 과정은 신호 분자에 반응하여 조절된다. 세포 신호전달의 첫 번째 장에서는 G 단백질 신호전달에 중점을 둔다. G 단백질과 결합한 수용체는 2차 전달자를 포함한 세포 내 신호전달 분자의 생성을 조절함으로써 신호 분자가 보낸 메시지를 증폭한다. 이 단원의 두 번째 장은 타이로신 인산화효소 형태의 효소 활성을 갖는 수용체의 신호전달에 관한 것이다. 단원의 세 번째 장은 스테로이드 호르몬 신호전달에 대하여 살펴본다. 이것은 스테로이드 호르몬 수용체가 막 표면이 아닌 세포 내부에 위치한다는 점에서 다른 두 가지 형태의 신호전달과 쉽게 구분된다.

G 단백질 및 효소 수용체 신호, 그리고 스테로이드 호르몬 신호는 모두 단백질 인산화효소에 의한 세포질 단백질의 아미노산 인산화를 어느 정도 포함한다. 세린 또는 트레오닌 아미노산 잔기가 인산화되면 세포의 프로그램이 몇 시간 이상 켜진다. 반면에 타이로신 인산화의 자극 효과는 더 순간적이며 빠른 세포 반응이 뒤따른다. 중요한 신호 경로의 과도한 자극은 세포 내에서 활성화를 고조시켜 나쁜 결과를 초래할 수 있다. 부적절한 자극이 중단되지 않으면, 세포는 휴식할 수 없다.

17 G 단백질 신호전달

G-Protein Signaling

I. 개요

G 단백질: GTP와 결합하여 GTP를 GDP로 가수분해함	
이형3량체 G 단백질	Ras 대집단 G 단백질
3개의 소단위체, α, β, γ	단량체는 이형3량체 G 단백질의 α 소단위체와 유사하다.
G 단백질-연결수용체 사용	촉매 수용체 사용
2차 전달자 조절	

그림 17.1
이형3량체 및 Ras 대집단 G 단백질

G 단백질(G protein)은 구아노신 3인산(guanosine triphosphate, GTP)과 결합하는 능력 때문에 명명된 세포 내 신호 단백질이다. 그들은 또한 GTP를 GDP로 가수분해할 수 있는 **GTP가수분해효소**(GTPase) 활성을 가지고 있다. G 단백질은 **이형3량체 G 단백질**(heterotrimeric G protein)과 G 단백질의 **Ras 대집단**(Ras superfamily)의 2가지 유형으로 구분할 수 있다(그림 17.1).

Ras 대집단의 구성원은 종종 "소형 G 단백질" 또는 "소형 GTP가수분해효소"라고 하는데, 이는 그들이 이형3량체 G 단백질의 하나의 소단위체(α)와 유사한 단량체이기 때문이다. Ras 단백질은 리간드에 의해 활성화된 효소 수용체로부터 신호를 받는다(18장 참조). Ras 신호전달의 전반적인 효과에는 종종 세포 증식, 세포 분화의 유도, 또는 소포(vesicle)의 수송 등이 있다.

이형3량체 G 단백질은 α, β 및 γ의 3개 소단위체로 구성된다. 신호전달은 내부 막에 고정된 G 단백질과 연결된 수용체가 리간드 또는 호르몬과 결합하면 시작된다. 이후 G 단백질의 활성화는 막과 결합한 특정 효소를 조절할 수 있게 한다. 활성화된 효소가 촉매하는 반응의 산물에는 **2차 전달자**(second messenger)가 포함된다. 2차 전달자는 1차 전달자로 작용하는 호르몬이나 신경전달물질이 수용체와 결합하여 세포로 전달하는 신호를 증폭시킨다(그림 17.2). 많은 2차 전달자는 세린 및 트레오닌 아미노산 잔기를 가진 기질을 인산화하는 **세린/트레오닌 단백질 인산화효소**(serine/threonine protein kinases)를 활성화한다. 다수가 효소인 표적 단백질의 인산화 여부는 그들의 활성을 변화시킬 수 있다. 이런 전반적인 결과는 호르몬이나 신경전달물질에 대한 세포의 생물학적 반응으로 나타난다. 생물학적 반응은 종종 생화학적 경로의 조절 또는 유전자의 발현을 포함하고 있다.

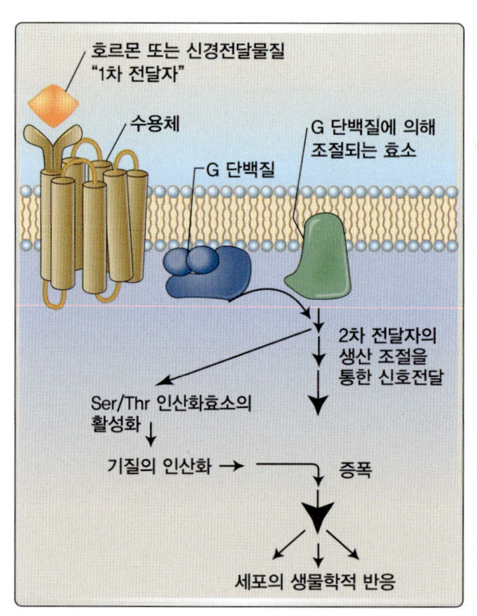

그림 17.2
G 단백질 신호의 개요

II. 수용체 및 이형3량체 G 단백질 신호

많은 호르몬과 신경전달물질에 대한 수용체는 G 단백질과 연계되어 있다. G 단백질-연결수용체는 세포 표면 수용체의 가장 일반적인 형태이다. 이 수용체는 세포 외부의 호르몬 결합 영역 및 G 단백질과 상호작용하여 호르몬에서 세포로 신호를 보내는 세포 내부 영역을 가지고 있다.

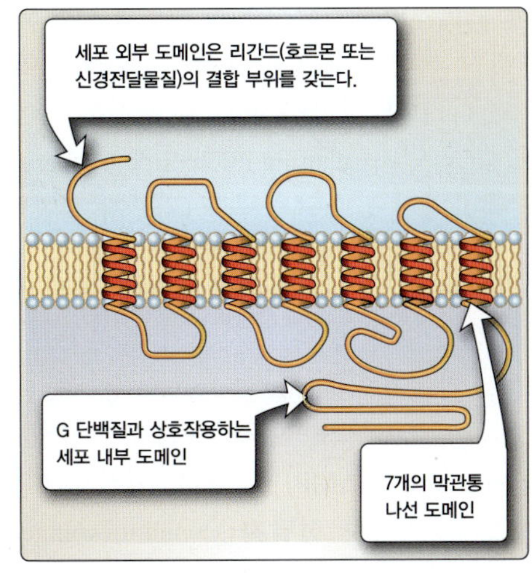

그림 17.3
G 단백질-연결수용체의 구조

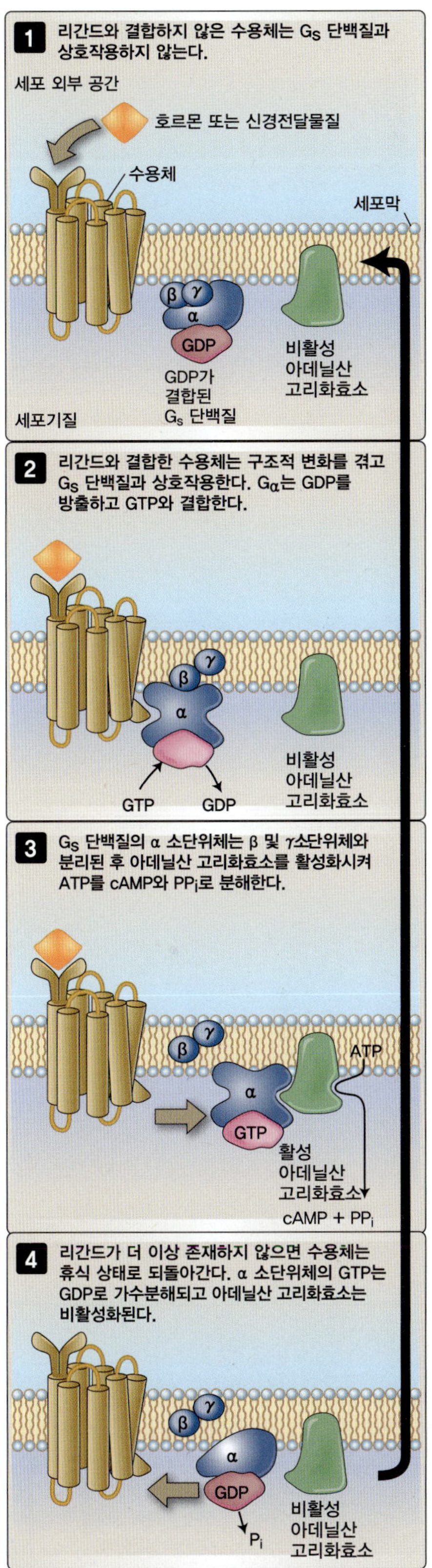

그림 17.4
G 단백질의 활성화

A. G 단백질-연결수용체

G 단백질-연결수용체(G-protein–linked receptor)는 7개의 막관통 도메인을 가진 막관통 단백질이다(그림 17.3). 2021년 중반에 인간 유전자에 의해 암호화된 826개의 G 단백질-연결수용체가 보고되었다. 이 수용체는 대부분 여러 조직에서 발현되는데, 그중 약 90%가 뇌에서 발현된다. 미국식품의약국(FDA)에서 승인한 500개 이상의 약물이 G 단백질-연결수용체를 표적으로 하는 것으로 보고되었다.

B. G 단백질-연결수용체의 유형

G 단백질-연결수용체의 전체 계열은 전통적으로 각 그룹 구성원 간의 뚜렷한 서열 상동성을 기반으로 A, B 및 C의 세 가지 주요 유형으로 분류되었다. 로돕신(rhodopsin)과 유사한 유형 A는 가장 크며 후각 수용체를 포함한다. 더 새로운 분류 체계는 구조와 기능을 기반으로 A에서 F까지 6종류의 유형을 포함하며, GRAFS(glutamate, rhodopsin, adhesion, frizzled 및 secretin)로 알려져 있다. 그들을 구분하는 범주와 상관없이 이형3량체 G 단백질에 연결된 모든 수용체는 동일한 기본 메커니즘을 사용하여 G 단백질을 자극, 2차 전달자의 생산을 조절한다.

C. 신호전달 메커니즘

G 단백질-연결 신호전달의 기본 메커니즘은 G 단백질 유형 중 활성을 자극하는 G_s 단백질로 제시하였다(그림 17.4). 이 과정은 여기에 표시된 G_s와 같이 세포 내 도메인에 근접한 G 단백질과 상호작용하지 않는 비어 있는 G 단백질-연결수용체에서 시작된다. 리간드가 수용체에 결합하면 구조적 변화를 일으켜 G 단백질과 상호작용할 수 있는 수용체로 변화한다(리간드는 특정 수용체에 특이적으로 결합하

는 분자이다. 호르몬과 신경전달물질은 G 단백질-연결수용체의 리간드임). 수용체가 G 단백질 복합체에 결합하면, G 단백질의 Gα 소단위체는 GDP를 방출하고 GTP와 결합하여 G 단백질을 활성화한다. 구아닌 뉴클레오타이드 교환인자(guanine nucleotide exchange factor, GEF)는 GDP의 방출을 촉진하여 α 소단위체가 GTP에 결합하도록 한다.

그다음 α 소단위체는 β 및 γ 소단위체로부터 분리된다. 활성 α 소단위체는 계속해서 G 단백질에 의해 기능이 조절되는 효소와 상호작용한다. 아데닐산 고리화효소(adenylyl cyclase)는 G_S 유형의 G 단백질에 의해 활성화되는 효소이다. 활성 아데닐산 고리화효소는 ATP를 **고리형** AMP(cyclic AMP, cAMP) 및 무기 인산염(PP_i)으로 전환한다. cAMP는 G_S 신호전달의 **2차 전달자**(second messenger)이다. 활성화되는 G 단백질의 유형과 이것이 조절하는 2차 전달자는 리간드, 수용체 유형 및 표적세포 유형에 따라 다르다.

수용체가 더 이상 리간드와 결합하지 않으면 수용체는 휴식 상태로 되돌아간다. GTP가수분해효소 활성화 단백질(GTPase activating protein, GAP)은 활성화된 G 단백질에 결합하여 α 소단위체의 GTP가수분해효소 활성을 자극하여 불활성화시킨다[GAP에 사용되는 또 다른 용어는 RGS(regulate G protein signaling) 단백질로, G 단백질 신호를 조절하는 능력을 따서 명명되었음]. GAP는 G 단백질 활성화를 촉진하는 GEF와 정반대의 활동을 한다.

GTP가 GDP로 가수분해되면(G 단백질의 GTP가수분해효소에 의해) 아데닐산 고리화효소와 같은 효소가 비활성화되고, α 소단위체가 β 및 γ 소단위체와 재결합하여 신호전달 과정을 중지한다.

III. 이형3량체 G 단백질과 이들이 조절하는 2차 전달자

이형3량체 G 단백질의 구성원은 다양한 형태의 α, β 및 γ의 3종류 소단위체 결합을 통해 여러 유형으로 나눌 수 있다(그림 17.5). 포유류에 15종류 이상의 서로 다른 α 소단위체가 알려져 있으며 4가지 주요 범주로 분류된다. 모든 유형의 α 소단위체에서 GDP는 3개의 소단위가 모두 모여 비활성 상태일 때 이에 결합한다. 특정 Gα 소단위체는 특정 효소와 상호작용한다. 예를 들어, G_s는 위에서 설명한 것처럼 아데닐산 고리화효소와 상호작용한다. Gα 소단위체의 4가지 범주에는 S, I, Q 및 12/13 등이 있는데, 아래 첨자를 사용하여 $G\alpha_s$, $G\alpha_i$, $G\alpha_q$ 및 $G\alpha_{12}$, $G\alpha_{13}$으로 서로 구별한다. 효소의 종류는 어떤 2차 전달자가 생성(또는 억제)될 것인지를 결정한다. **아데닐산 고리화효소**(adenylyl cyclase)와 **인지질분해효소 C**(phospholipase C)는 G 단백질에 의해 조절되는 두 가지 효소인데, 중요한 신호전달 역할을 하는 전달자를 조절한다.

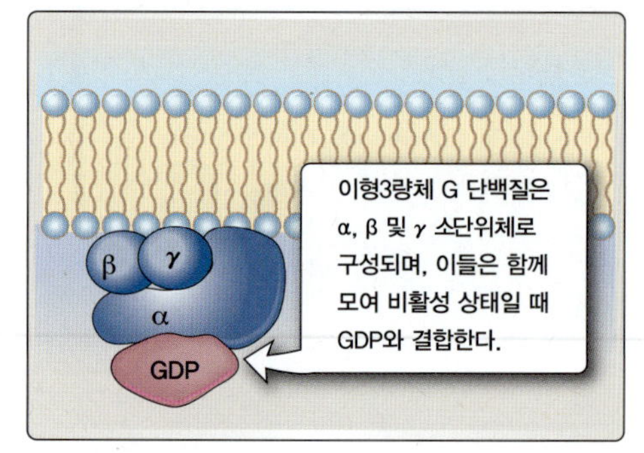

그림 17.5
이형3량체 G 단백질

A. 아데닐산 고리화효소

2가지 다른 Gα 단백질이 아데닐산 고리화효소의 활성을 조절한다. $G\alpha_s$ 시스템은 활성을 자극하고 $G\alpha_i$는 억제한다. 에피네프린(아드레날린)은 2차 전달자로 cAMP를 사용하는 호르몬이다(리핀코트의 그림으로 보는 생화학, 제8판, 11장 참조). 간, 근육 및 지방세포에서 발생하는 생물학적 반응은 에너지로 사용하기 위해 저장된 탄수화물(글라이코젠)과 지방을 분해하는 것이다. 글루카곤은 또한 간에서 글라이코젠 분해를 자극하는 호르몬으로, cAMP를 2차 전달자로 사용한다. 심장에서는 이 신호 과정에 의해 분당 박동수(심박수)가 증가한다.

1. $G\alpha_s$: 활성 Gα는 아데닐산 고리화효소를 자극한다(그림 17.4 참조). 이 효소는 ATP를 기질로 사용하여 2차 전달자인 **cAMP**를 생성한다. **포스포다이에스터레이스**(phosphodiesterase)는 cAMP를 5'-AMP로 전환하여 세포 내 cAMP의 양을 감소시킨다. cAMP는 **단백질 인산화효소 A**(protein kinase A, PKA)로 알려진 cAMP 의존성 단백질 인산화효소 A를 활성화한다(**그림 17.6**). 활성화 과정은 PKA의 조절(R) 소단위체에 cAMP가 결합하여 촉매(C) 소단위체가 방출됨으로써 시작된다. PKA에서 방출된 C 소단위체는 활성화되어 기질 단백질인 다양한 효소의 세린 및 트레오닌 잔기를 인산화한다. PKA에 의한 인산화는 단백질 및 효소의 활성을 조절하고 세포 내 효과를 유발할 수 있다. 인산가수분해효소(phosphatase)는 인산화된 단백질을 탈인산화하여 단백질 활성을 조절할 수 있다. **GAP**는 $G\alpha_s$의 GTP가수분해효소 활성을 자극하여 GTP를 GDP로 가수분해함으로써 아데닐산 고리화효소의 활성화와 cAMP 생성을 모두 종료시킨다.

2. $G\alpha_i$: $G\alpha_i$가 활성화되면 활성 아데닐산 고리화효소와 상호작용하여 cAMP 생성 능력을 억제한다. 이에 대한 반응으로 PKA는 활성화되지 않고 그 기질은 인산화되지 않는다.

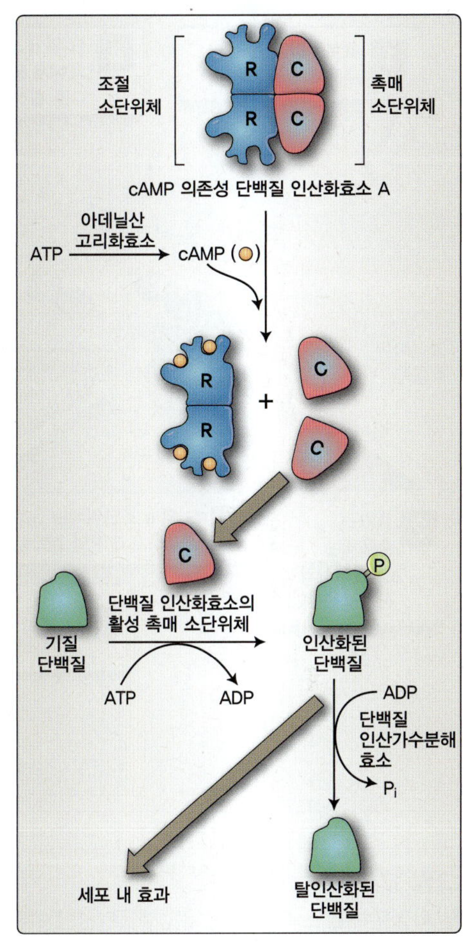

그림 17.6
cAMP에 의한 PKA의 활성화

B. 인지질분해효소 C

인지질분해효소 C(phospholipase C)는 막 인지질을 절단하는 계열의 효소이다. 이 그룹은 구조에 따라 베타(β), 카이(χ), 델타(δ), 엡실론(ε), 에타(η) 및 자이(ζ)의 6가지 동형체(isoform)로 나뉜다. 각 유형의 인지질분해효소 C는 막 인지질인 포스파티딜이노시톨 4,5-2인산(phosphatidylinositol 4,5-bisphosphate, PIP_2)을 가수분해하여 2차 전달자로 작용하는 이노시톨 1,4,5-3인산(inositol 1,4,5-trisphosphate, IP_3) 및 다이아실글리세롤(diacylglycerol, DAG)을 형성하는데, 이에 대해 아래에 더 자세히 설명하였다.

1. $G\alpha_q$: 다양한 신경전달물질, 호르몬 및 생장인자가 $G\alpha_q$를 통한 신호전달로 인해 인지질분해효소 C 활성화를 시작한다(**그림 17.7**). 호르몬이 G_q 연결수용체에 결합한 후, 이 수용체의 세포 내 도메인은 G_q와 상호작용한다. GEF는 G_q의 α 소단위체에 작용하고

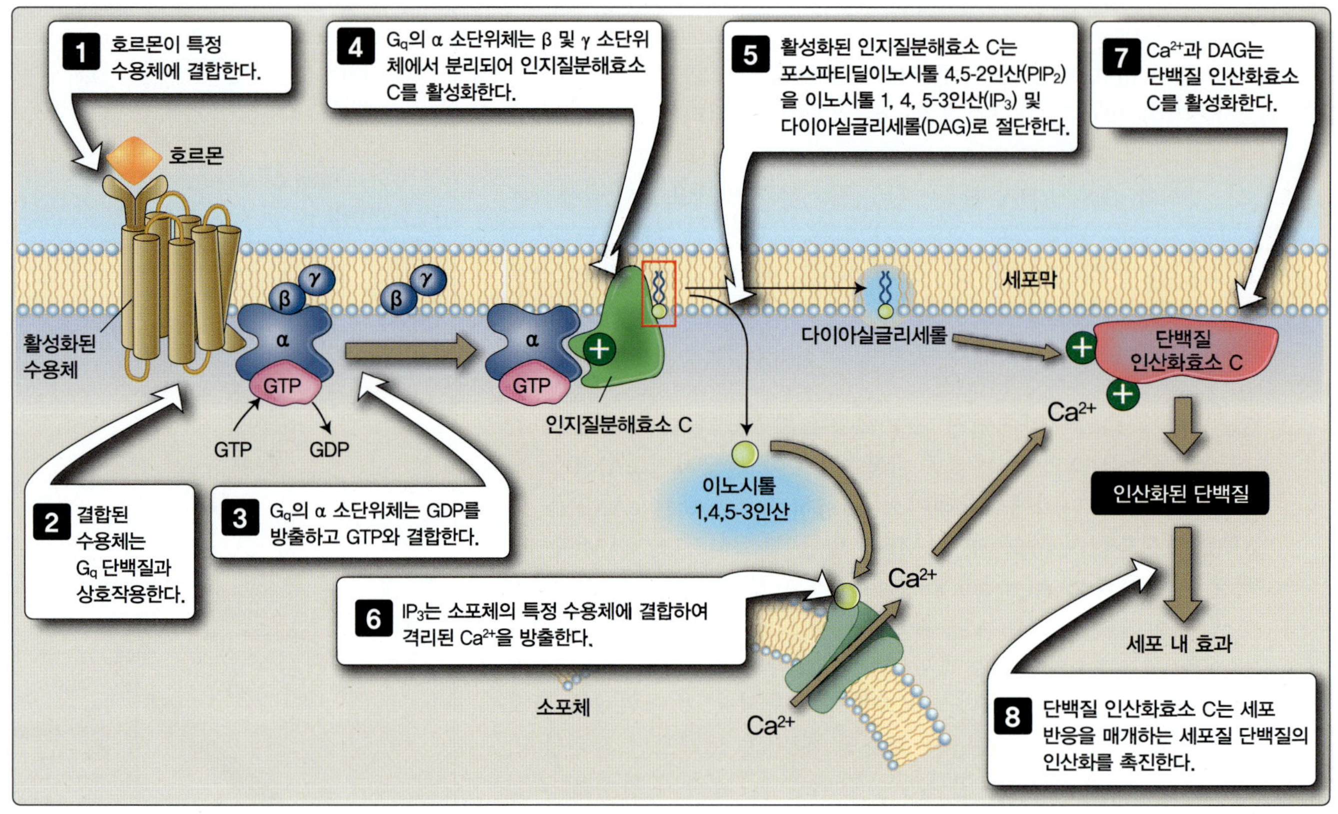

그림 17.7

인지질분해효소 C의 $G\alpha_q$ 활성화로 인한 2차 전달자 생성 반응

$G\alpha_q$는 GDP를 방출하고 GTP와 결합한다. 그런 다음 α 소단위체는 β 및 γ 소단위체에서 분리된다. 이제 유리된 $G\alpha_q$는 인지질분해효소 C를 활성화하여 막 지질인 **포스파티딜이노시톨 4,5-2인산**(PIP_2)을 절단한다. 이 절단의 산물은 세포질로 방출되는 **이노시톨 1,4,5-3인산**(IP_3)과 원형질막 내에 남아 있는 **다이아실글리세롤**(DAG)이다. IP_3는 소포체의 특정 수용체에 결합하여 Ca^{2+}을 방출한다. 유리된 Ca^{2+}과 DAG는 함께 **단백질 인산화효소 C**(protein kinase C, **PKC**)라는 Ca^{2+} 의존성 단백질 인산화효소를 활성화한다. **IP_3**, **DAG** 및 **Ca^{2+}**은 이 시스템의 **2차 전달자**이다.

PKC는 세포 반응을 매개하는 세포 단백질의 인산화를 촉매한다. 세포 내 Ca^{2+}의 효과는 Ca^{2+} 결합 단백질인 **칼모듈린**(calmodulin)에 의해 매개된다(그림 17.8). Ca^{2+}이 호르몬이나 신경전달물질의 신호에 반응하여 소포체에서 방출된 후, 세포 내 Ca^{2+} 농도의 일시적인 증가는 칼모듈린-Ca^{2+} 복합체의 형성을 촉진한다. 칼모듈린-Ca^{2+} 복합체는 많은 Ca^{2+} 의존 효소의 필수 구성요소이다. 이 복합체와의 결합으로, 비활성 효소는 활성 효소로 전환된다.

2. $G\alpha_{12/13}$: $G\alpha_{12/13}$ 계열의 구성원은 대부분 유형의 세포에서 발현되며, 인지질분해효소 C-ε을 활성화할 수 있다. $G\alpha_q$와 $G\alpha_{12/13}$ 사이의 유사성이 알려졌으며, $G\alpha_{12/13}$는 인지질분해효소 D와 소형 GTP 가수분해효소의 Ras 계열 일부를 활성화할 수 있다. $G\alpha_{12/13}$ 신호는 세포 생장과 세포자멸(apoptosis)에 중요하다. 백혈병 세포에서는 이 경로가 파괴되었고, 이 경로의 비정상적인 조절은 악성 종양세포의 변형 및 전이와 관련될 수 있다.

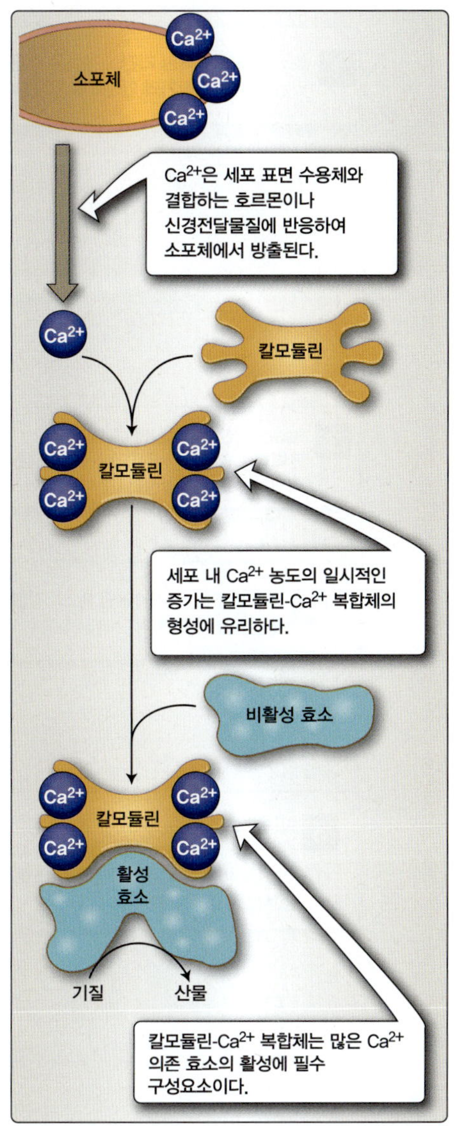

그림 17.8
칼모듈린은 세포 내 칼슘의 다양한 작용을 매개한다.

임상 적용 17.1 아데닐산 고리화효소를 조절하는 독소 및 Gα 단백질

콜레라와 백일해 독소는 Gα 소단위체를 변형하고 감염된 세포에서 정상 농도보다 높은 cAMP를 생성한다. *Vibrio cholera* 박테리아가 장 상피세포를 감염시켜 콜레라 독소를 생성한다. 이 독소는 $G\alpha_s$ 소단위체를 변형시켜 GTP를 가수분해할 수 없도록 하여, 아데닐산 고리화효소는 지속적으로 활성 상태를 유지한다. 설사와 탈수는 과도한 cAMP에 대한 반응으로, 장으로 물이 과하게 유출되어 발생한다. 콜레라는 적절한 수액치료(hydration theraphy) 없이는 치명적일 수 있다. *Bordetella pertussis*는 호흡기를 감염시켜 백일해(pertussis 혹은 whooping cough)를 일으키는 박테리아이다. 예방접종을 통해 이제 많은 어린아이가 백일해로 인해 사망하지 않지만, 여전히 건강에는 위협적이다. 세계보건기구(WHO)는 2000년에 3,900만 건의 백일해 발병 사례가 있었고, 297,000명이 사망했다고 보고했다. 모든 사례의 90%가 개발도상국에서 보고되었지만, 미국에서도 사례 수가 매년 증가하고 있다. 이 치명적인 질병은 감염 박테리아에 의해 생성되는 백일해 독소로 인해 발생한다. 이 독소는 활성을 억제하는 $G\alpha_i$가 아데닐산 고리화효소를 억제할 수 없도록 $G\alpha_i$를 억제한다. 따라서 아데닐산 고리화효소는 무한정 활성 상태를 유지하여 과도한 cAMP를 생성한다. 기침은 구토와 탈수로 이어질 수 있다. 이 질병에는 항생제와 수액치료법이 사용된다.

IV. RAS G 단백질

Ras G 단백질은 이형3량체 G 단백질의 α 소단위체와 상동이다. 이들은 막과 결합한 효소를 조절하거나 2차 전달자의 생성을 유도하지 않는다. 대신, GTP에 의한 Ras 활성화는 세포질에서 인산화 연쇄반응를 시작하여 유전자의 전사 활성화를 유발한다. 이 신호 체계에서 Ras 단백질은 세포 표면 수용체와 핵 전사인자를 조절하는 일련의 세린/트레오닌 인산화효소 사이의 중계 스위치로 간주된다. 이러한 신호전달은 세포 증식의 조절에 중요하다. Ras 단백질의 비정상적인 기능은 암세포의 악성 종양 특성을 나타나게 할 수 있다.

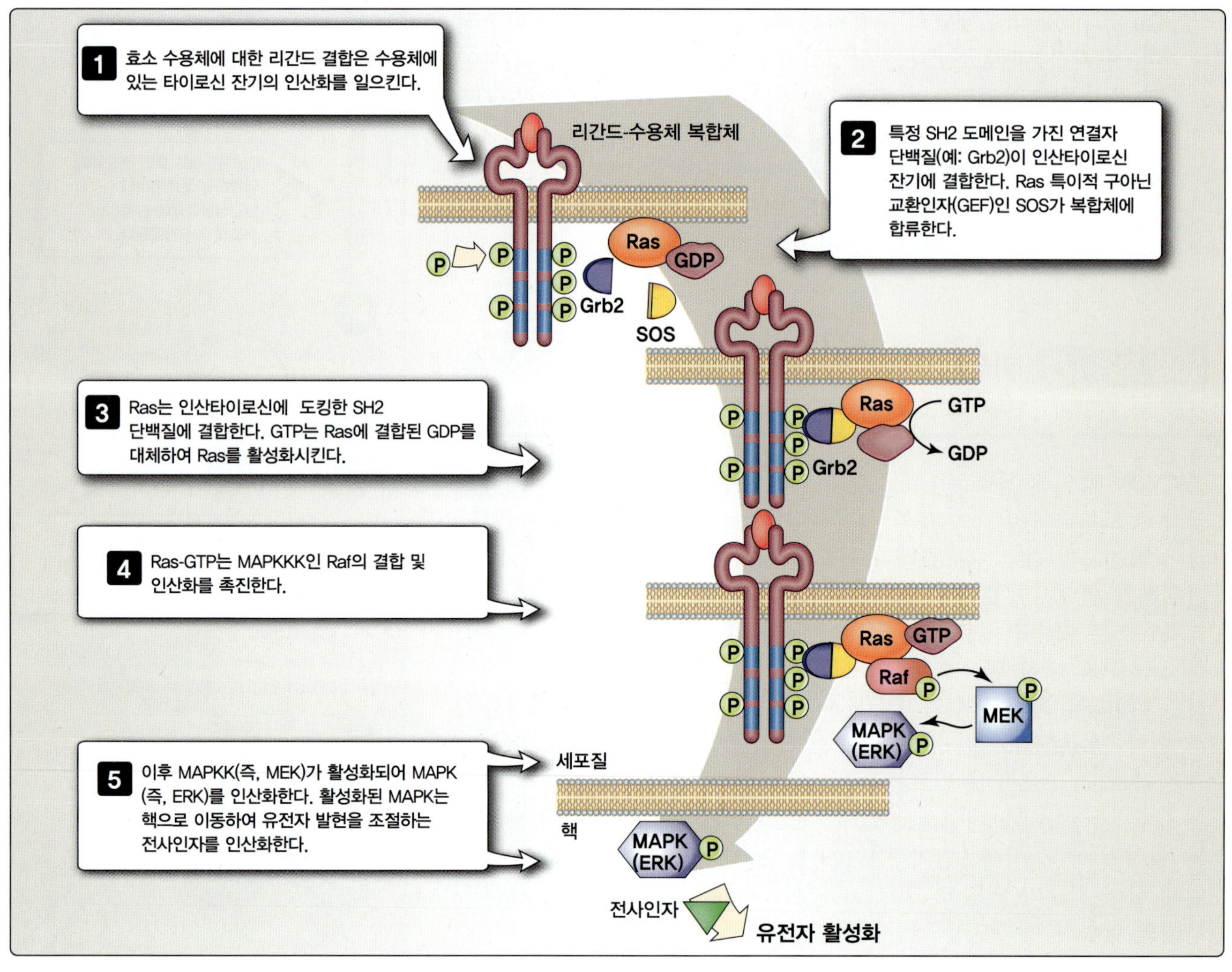

그림 17.9
세포질의 세린/트레오닌 연쇄반응의 활성화를 통한 Ras 신호전달

A. 신호전달 메커니즘

Ras 단백질은 효소 수용체의 리간드인 특정 호르몬 및 생장인자에 의한 신호전달에 관여한다(18장 참조). 세포 표면에서 핵까지의 선형 경로가 연구되었는데, Ras는 이들의 매개체 역할을 한다(**그림 17.9**). 효소 수용체에 대한 리간드 결합은 수용체 내의 타이로신 잔기를 인산화할 수 있다. 수용체의 인산타이로신은 SH2 도메인으로 알려진 영역을 포함하는 SHC 및 Grb2와 같은 세포 내 연결자 단백질에 대한 "도킹(docking)" 또는 결합 자리를 제공한다.

Ras 특이적 구아닌 교환인자(GEF)인 SOS(역자주: 원래 son of sevenless라는 초파리의 유전적 돌연변이 연구에서 유래함)가 복합체에 합류한 후, Ras가 결합하여 SHC-SOS-Ras 복합체를 형성한다. 그 후, Ras에서 GTP를 GDP로 교환하여 Ras를 활성화한다. Ras-GTP는 Raf의 결합 및 인산화를 촉진한다. Raf는 세린 단백질 인산화효소(serine protein kinase 혹은 mitogen-activated protein kinase kinase kinase, **MAPKKK** 라고도 함)이다. 이후 Raf는 MEK(MAPKK)의 세린/트레오닌 잔기를 활성화하고 MEK는 MAP 인산화효소[mitogen-activated protein kinase, **MAPK** 혹은 세포 외 신호조절 인산화효소(extracellular signal-regulated kinases, **ERK**)라고도 함]를 인산화한다. MAP 인산화효소는 핵으로 이동할 수 있으며, 거기서 ELK와 같은 전사인자를 인산화한다. 인산화 연쇄반응은 세포분열에 관여하는 초기 유전자에 대한 전사가 일어나면 종료된다. Ras에 의한 GTP의 GDP로의 가수분해는 신호전달 과정을 종료한다.

이 선형 경로는 Ras 단백질이 관여하는 매우 복잡한 신호 회로의 일부일 뿐이다. Ras 신호전달에는 여러 경로의 상호교류, 피드백, 경로의 분기점 및 다양한 신호전달 복합체가 보이는 복잡한 경로가 포함된다.

B. Ras 돌연변이 및 세포 증식

Ras 유전자의 돌연변이는 GTP를 GDP로 가수분해할 수 없는 Ras 단백질을 만드는데, 이는 신호전달 과정을 항상 활성화시킨다. 따라서 Ras 단백질은 수용체의 자극 없이도 활성 상태를 유지하고 계속 신호를 보내 세포주기의 진행을 유도한다. 그 결과 악성 종양으로 이어질 수 있는 과도한 세포 증식이 발생한다.

요약

- **G 단백질**(G proteein)은 **GTP**에 결합하는 능력 때문에 명명된 세포 내 신호전달 단백질이며, GTP를 가수분해하여 신호를 종료하는 **GTP가수분해효소** 활성을 가지고 있다.
- 2가지 범주의 G 단백질이 있는데, **2차 전달자**의 생성을 조절하는 **이형3량체 G 단백질** 및 **Ras 대집단의 소형 G 단백질**이다.
- 이형3량체 G 단백질은 **α, β** 및 **γ 소단위체**로 구성되며, G 단백질-연결수용체에 리간드가 결합하면 활성화된다.
- 활성화된 G 단백질-연결수용체는 막과 결합한 효소와 상호작용하고, 그 효소의 기능을 조절한다.
- G 단백질-연결 효소가 촉매하는 반응 산물은 리간드에 의해 세포로 보내진 신호를 증폭시키는 2차 전달자이다. **2차 전달자**는 종종 특정 **세린/트레오닌 단백질 인산화효소**의 활성을 조절한다.
- **아데닐산 고리화효소**(adenylyl cyclase)와 **인지질분해효소 C**(phospholipase C)는 모두 G 단백질에 의해 조절되는 효소이다.
- 아데닐산 고리화효소는 활성을 자극하는 **G_s** 단백질과 활성을 억제하는 **G_i** 단백질에 의해 조절된다.
  - **cAMP**는 아데닐산 고리화효소에 의해 생성이 조절되는 2차 전달자이다.
  - cAMP는 **단백질 인산화효소 A**(PKA)로 알려진 세린/트레오닌 인산화효소를 활성화한다.
  - **포스포다이에스터레이스**(phosphodiesterase)는 cAMP를 5'-AMP로 전환하여 cAMP의 세포 농도가 낮게 유지되도록 한다.

요약(이어짐)

- 인지질분해효소 C는 G_q 및 $G_{12/13}$ 단백질에 의해 활성화되어 막 지질인 **PIP_2**를 절단할 수 있다.
  - **IP_3** 및 **DAG**는 이 절단으로 인한 산물이며 2차 전달자이다.
  - IP_3는 소포체에서 **Ca^{2+}**의 방출을 유도한다.
  - Ca^{2+}과 DAG는 **PKC**를 활성화한다.
  - Ca^{2+}은 **칼모듈린**(calmodulin)에 결합하여 다른 단백질의 활동을 조절한다.
- GTP 결합 단백질 **Ras**는 일부 효소 수용체를 통한 신호전달의 중개자이다.
- 활성화된 Ras는 유전자 전사를 자극할 수 있는 세린/트레오닌 인산화를 유발하는 **MAP 인산화효소 연쇄반응**(MAP kinase cascade)을 자극할 수 있다.
- Ras 신호는 세포 증식을 자극하는 데 관여한다. ***Ras* 돌연변이**는 조절되지 않는 세포분열과 악성 종양을 유발할 수 있다.

학습 문제

다음 중 가장 적절한 답을 하나만 고르시오.

17.1 아데닐산 고리화효소가 G 단백질에 의해 활성화될 때 다음 중 어떤 2차 전달자가 생성되는가?

A. ATP
B. cAMP
C. Ca^{2+}
D. DAG
E. IP_3

정답 B

cAMP는 ATP를 기질로 사용하여 cAMP를 생성하는, 활성화된 아데닐산 고리화효소에 의해 생성된 2차 전달자이다. Ca^{2+}, DAG 및 IP_3는 인지질분해효소 C의 활성화로 인해 생성된다. PIP_2는 인지질분해효소 C에 의해 절단되어 DAG와 IP_3를 생성한다.

17.2 조울증은 IP_3와 DAG의 과잉 생산과 특정 CNS 세포에서 수반되는 신호 과정의 과잉 활동으로 인해 발생할 수 있다. 리튬(lithium)은 종종 이런 질병을 치료하는 용도로 사용한다. 이 정보를 바탕으로 할 때 리튬이 주로 억제하는 기능으로 옳은 것은 무엇인가?

A. 아데닐산 고리화효소 활성
B. $G\alpha_s$ 단백질 기능
C. 인지질분해효소 C 활성
D. PKA 활성
E. 타이로신 인산화효소 활성

정답 C

인지질분해효소 C는 IP_3 및 DAG의 생산을 촉매하는 G_q에 의해 조절되는 효소이다. 리튬은 인지질분해효소 C를 억제하여 IP_3 및 DAG 생성을 억제한다. 아데닐산 고리화효소는 활성화된 $G\alpha_s$에 의해 자극될 때 2차 전달자인 cAMP의 생산을 촉매한다. PKA는 cAMP에 의해 조절된다. 타이로신 인산화효소 활성은 DAG 및 IP_3 생산에 관여하지 않는다.

17.3 6개월 된 남자아이가 미열, 비염, 재채기 및 피리 소리가 나는 큰 흡기(whooping cough) 소견을 보였다. 백일해균(*Bordetella pertussis*)이 코와 기도에서 발견되었는데, 이 미생물의 독소는 호흡기 세포에서 $G\alpha_i$ 단백질의 정상적인 기능을 방해한다. 다음 중, 이 감염에 대한 호흡기 반응을 초래하는 세포 신호전달 장애는 무엇인가?

A. 칼모듈린에 결합할 수 없는 Ca^{2+}
B. 소포체로부터 잘못된 IP_3 자극으로 인한 Ca^{2+}의 방출
C. 증가된 인지질분해효소 C 활성 및 PIP_2 절단
D. PKC 활성의 자극 증가
E. 억제되지 않은 아데닐산 고리화효소로부터 cAMP의 과잉 생산

정답 E
억제되지 않은 아데닐산 고리화효소로부터 cAMP의 과잉 생산은 G_i가 백일해 독소에 의해 억제될 때 발생한다. G_i는 일반적으로 아데닐산 고리화효소를 억제한다. Ca^{2+}은 인지질분해효소 C의 활성화에 반응하여 방출된다. PKC는 또한 인지질분해효소 C 활성화의 결과로 활성화된다.

17.4 단백질 인산화효소 A의 기능으로 옳은 것은?

A. Ras를 활성화하여 유전자 전사를 자극한다.
B. 소포체에서 Ca^{2+}의 방출을 유도한다.
C. 인지질분해효소 C의 G_q 자극을 통해 활성화된다.
D. 세린/트레오닌 잔기의 기질 단백질을 인산화한다.
E. PIP_2의 절단을 촉진한다.

정답 D
단백질 인산화효소 A(PKA)는 세린/트레오닌 잔기에서 기질을 인산화하는 세린/트레오닌 인산화효소이다. PKA는 아데닐산 고리화효소의 활성화에 반응하여 생성된 cAMP에 의해 활성화되는 인산화효소이다. 인지질분해효소 C는 이 과정에 관여하지 않기에, PIP_2는 절단되지 않으며, Ca^{2+}은 소포체에서 방출되지 않는다. Ras는 이형3량체 G 단백질의 α 소단위체와 유사한 소형 G 단백질이다. 그 기능은 PKA를 포함하지 않는다. Ras 신호는 유전자 전사를 조절하는 MAP 인산화효소 연쇄반응을 촉진한다.

17.5 지속적으로 과도하게 활성화된 돌연변이 형태의 Ras가 유방에서 얻은 생체 시료의 세포에 존재한다. 이 세포들에 들어 있는 Ras에 대한 설명으로 적절한 것은?

A. 세린/트레오닌 인산화효소로 작용하여 세포 증식을 종료한다.
B. 아데닐산 고리화효소에 결합하여 cAMP 생산을 과도하게 자극한다.
C. PIP_2의 분해를 촉매한다.
D. 전사인자에 결합되어 핵에서 발견된다.
E. 비정상적인 생장을 유발하는 MAP 인산화효소 연쇄반응을 과도하게 자극한다.

정답 E
Ras가 과다활성되면 MAP 인산화효소 연쇄반응을 과도하게 자극하여 비정상적인 세포 생장을 유발한다. Ras는 단백질 인산화효소가 아니며, 아데닐산 고리화효소에 결합하지 않는다. Ras는 PIP_2 신호 시스템에 참여하지 않는다. Ras는 세포질 인자이기에 핵으로 들어가지 않는다.

18

효소 수용체 신호전달

Catalytic Receptor Signaling

I. 개요

생장인자, 사이토카인(cytokine; 면역 체계의 생장인자) 및 일부 호르몬은 효소 수용체를 사용하여 표적세포를 자극하는 신호 분자이다(리핀코트의 그림으로 보는 면역학, 제3판, 6장 참조). 대부분의 효소 수용체는 리간드 결합 시 또 다른 단일 사슬 막관통 단백질과 결합하고 타이로신(Tyrosine, Tyr) 잔기의 인산화를 통해 신호를 보내는 단일 사슬 막관통 단백질이다. 타이로신을 인산화시키는 **타이로신 인산화효소**(Tyr kinase) 활성은 수용체 자체에 있거나 수용체와 결합하는 Tyr 인산화효소에 있다. 리간드가 수용체에 결합한 후, 수용체 단백질의 세포질 도메인이 Tyr 잔기에서 인산화되고, 그런 다음 타이로신 **인산가수분해효소**(phosphatase)가 인산화된 타이로신을 빠르게 탈인산화함으로써 이 경로를 조절한다. 짧은 반감기의 인산타이로신은 세포에게 강력한 on/off 신호를 보낸다. 수용체 내의 인산화된 Tyr 잔기는 연결자 역할을 하는 다른 단백질의 결합을 유도하여 세포 깊숙이 신호를 중계한다. 리간드에 의한 원래 신호는 세포 내부에서 몇 가지 경로로 갈라져 전달될 수 있는데, 이를 통해 리간드에 대한 생체 내 반응을 유발한다.

II. 타이로신 인산화효소 활성을 갖는 수용체

많은 **생장인자**(growth factor)는 고유한 Tyr 인산화효소 활성을 가진 수용체를 통해 신호를 보낸다. 예를 들면, 형질전환 생장인자(transforming growth factor, TGF), 표피 생장인자(epidermal growth factor, EGF) 및 혈소판 유래 생장인자(platelet-derived growth factor, PDGF) 등이 있다. 호르몬인 **인슐린**(insulin)도 고유한 효소 수용체를 통해 신호를 보낸다. Tyr 인산화효소 활성을 가진 수용체는 리간드 결합 시 활성화되는 잠재적인 효소 도메인을 포함한다. 많은 별개의 효소 수용체가 존재하지만, 일부 공통된 구조적 특성을 모두 공유한다.

A. 수용체 구조

대부분의 효소 수용체는 2개 이상의 단일 막관통 단백질 사슬이 모여서 형성된다. 각각의 단일 막관통 사슬은 단백질의 아미노(NH_2) 말단을 포함하는 리간드 결합 부분, 지질 2중층에 걸쳐 있는 α-나선 도메인, Tyr 인산화효소 활성을 가진 세포질 쪽의 효소 도메인을 가지고 있다(그림 18.1).

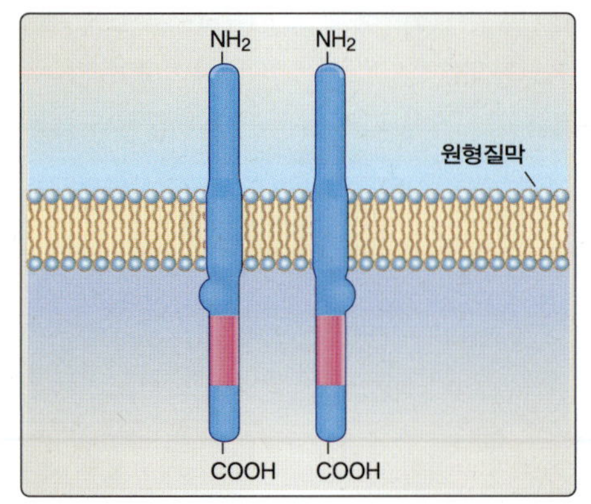

그림 18.1
효소 수용체의 구조

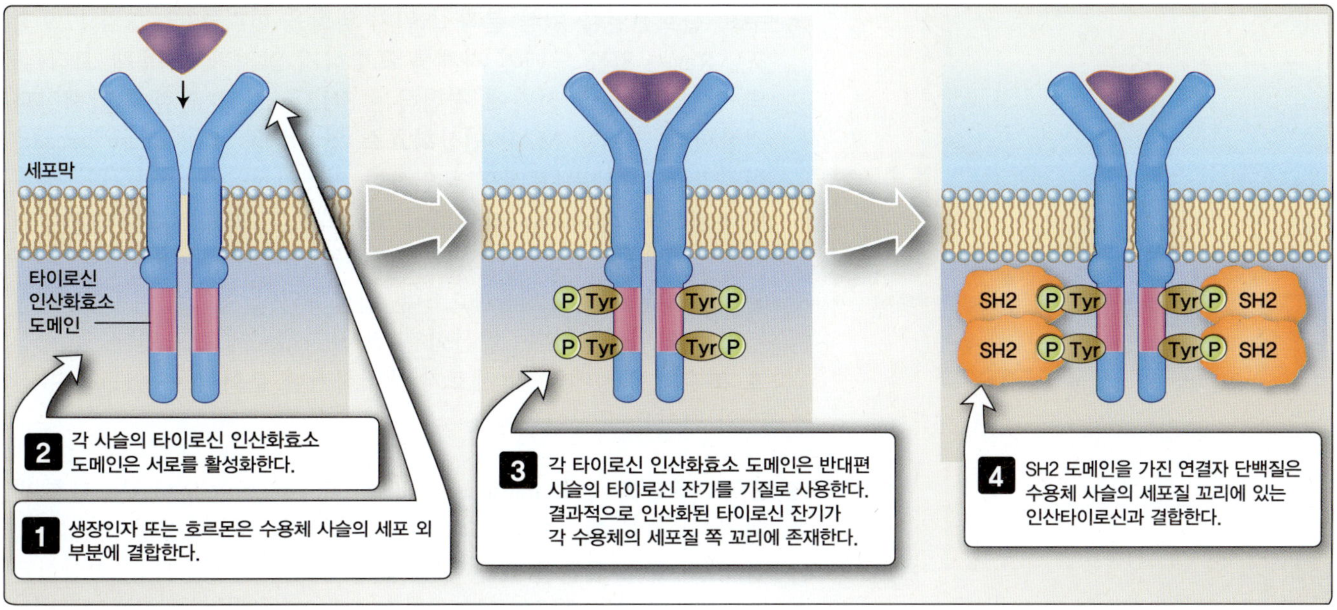

그림 18.2
내인성 타이로신 인산화효소 활성을 가진 효소 수용체에 의한 신호전달의 초기 단계

B. 신호전달 메커니즘

리간드 결합에 대한 반응으로 각각의 막관통 단백질 사슬은 물리적으로 서로 더 가까워지며 종종 2량체를 형성한다(**그림 18.2**). 각 수용체 사슬의 Tyr 인산화효소 도메인은 다른 사슬을 활성화하는데, 각 수용체 꼬리 내의 Tyr 인산화효소는 다른 수용체 사슬의 세포질 도메인에 있는 Tyr 잔기를 인산화한다. 수용체 자체 내의 Tyr 잔기는 수용체의 Tyr 인산화효소에 대한 기질 역할을 한다. 이 과정은 수용체 단백질 내의 Tyr 잔기가 수용체 자체 내의 효소 활성에 의해 인산화되기 때문에 **자가인산화**(autophosphorylation)로 알려져 있다. 결과적으로 인산화된 타이로신 잔기는 각각의 수용체 세포질 꼬리에 존재한다. Tyr 인산화는 수용체 꼬리(세포질 도메인)에서 정교한 세포 내 신호전달 복합체를 조립한다. 고도로 보전된 SH2 및 SH3[최초로 분리된 Src와 상동성(Src homology)을 갖기에 명명됨] 도메인을 포함하는 **연결자 단백질**(adaptor protein)인 세포 내 단백질은 수용체 사슬의 세포질 꼬리 쪽의 인산타이로신과 결합한다(**그림 18.3**). 각각의 수용체는 서로 다른 SH2 함유 연결자 단백질을 불러온다.

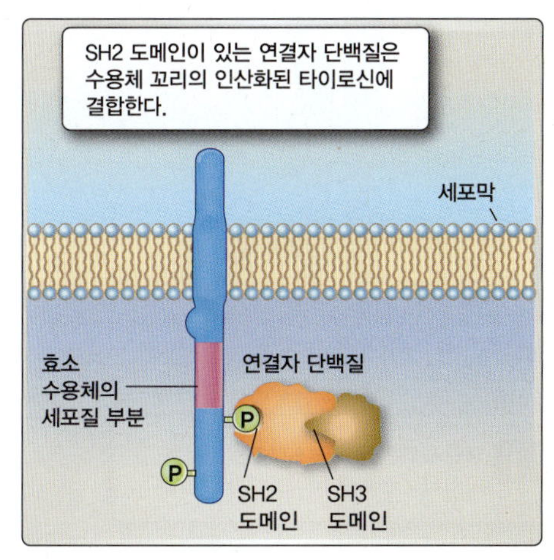

그림 18.3
연결자 단백질의 결합

C. 중요한 연결자 분자

연결자 분자는 다양한 생장인자 또는 호르몬에 의해 시작된 신호를 전달하는 기능을 수행한다. 특정 연결자 분자는 여러 신호전달 과정에서 매우 중요한 것으로 알려져 있다.

1. **Ras**: Ras는 소형 GTP 결합 단백질이며, 생장 및 분화 조절에서

주요 신호전달을 위한 분자 스위치 역할을 한다(17장, 그림 17.9 참조). Ras는 SH2 도메인 자체를 포함하지 않지만, 수용체 꼬리 내의 인산화된 Tyr 잔기에 결합하는 SH2를 가진 연결자 단백질과 결합한다. Ras는 **MAP 인산화효소 연쇄반응**(MAP kinase cascade)이라고 하는 세린/트레오닌 인산화 연쇄과정을 활성화한다. 세린 및 트레오닌 인산화는 타이로신 인산화보다 오래 지속된다. 이 연쇄과정의 최종 효소인 MAPK(mitogen-activated protein kinase; 유사분열촉진 활성단백질 인산화효소)는 인산화되어 핵으로 이동한 후 전사인자를 인산화한다. 인산화된 전사인자는 세포 표면에 있는 신호 분자의 특성에 따라 세포가 증식하거나 분화할 수 있도록 유전자의 전사를 유도한다.

2. STAT: STAT(signal transducer and activator of transcription)는 신호 변환기 및 전사 활성자로서의 기능으로 인해 정해진 명칭이다. 이들은 자체 효소 활성을 갖는 수용체의 세포질 도메인 내의 인산화된 Tyr 잔기에 결합할 수 있고, 비수용체 Tyr 인산화효소에 의한 신호전달에도 관여하는 SH2를 가진 잠재적 세포질 단백질이다. 리간드 결합으로 수용체의 2량체화 및 수용체 꼬리의 Tyr 인산화가 유도된 후, STAT는 수용체 꼬리의 인산타이로신과 결합한다(그림 18.4). STAT가 인산화된 Tyr 잔기에 결합하면 Tyr 인산화효소는 STAT를 기질로 보고 STAT 단백질 내의 Tyr 잔기를 인산화한다. Tyr이 인산화된 STAT는 2량체를 형성한 후, 핵으로 이동하여 DNA에 결합하고 특정 반응 유전자의 전사를 유도한다.

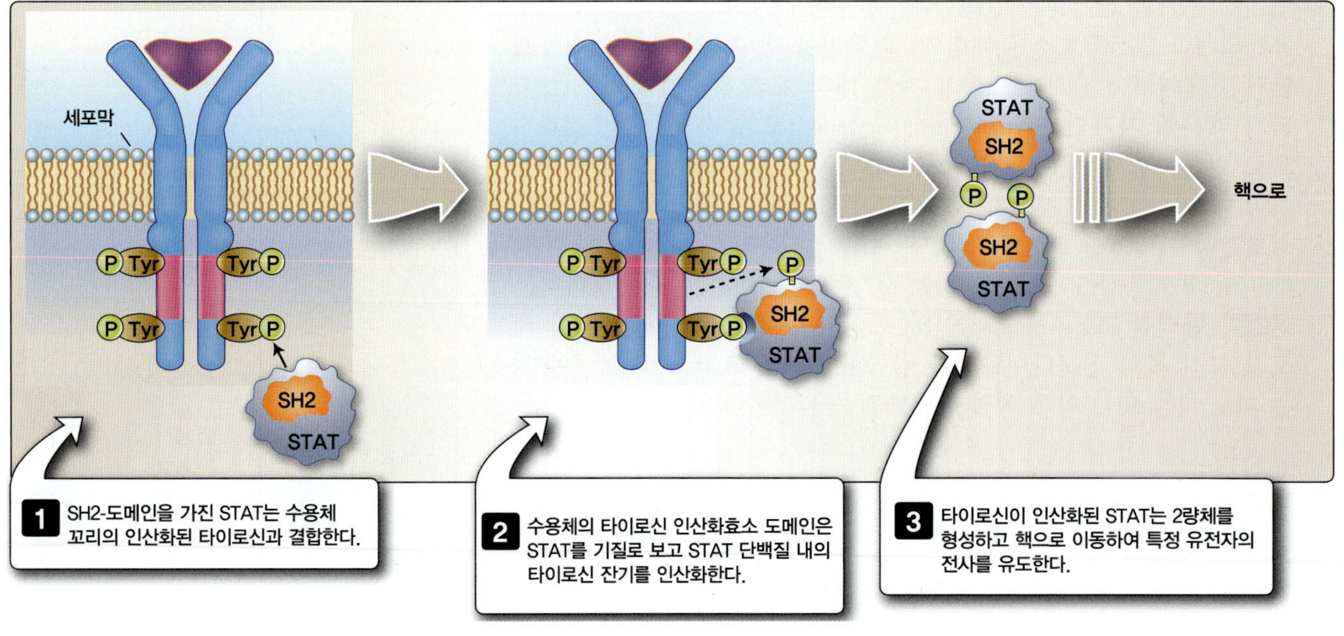

그림 18.4
STAT의 신호전달 과정

D. PI3 인산화효소 경로

효소 수용체에 의해 촉진되는 또 다른 주요 신호 경로는 세포 생존 및 세포 생장 촉진에 중요한 포스파티딜이노시톨 3-인산화효소(phosphatidylinositol 3-kinase, PI3K) 혹은 PI3 인산화효소 경로이다. 효소 수용체에 대한 리간드 결합, 수용체의 2량체화, 수용체의 세포질 꼬리 내 Tyr 잔기의 인산화에 이어 PI3 인산화효소는 인산화된 Tyr 잔기에 결합한다(그림 18.5). 활성화된 PI3 인산화효소는 포스파티딜이노시톨 4,5-2인산(PIP_2)과 같은 막 이노시톨 인지질을 인산화한다. 즉 PIP_2는 PI3 인산화효소 작용에 반응하여 PIP_3으로 전환된다. 인산화된 이노시톨 지질은 세포 내 신호 단백질의 결합 부위이다. 단백질 인산화효소 B라고도 하는 **Akt**는 PIP_3에 의해 모집되고 인산화에 의해 활성화된다. 그런 다음 **Bad**는 Akt에 의해 인산화되어 비활성화됨으로써 예정된 세포의 죽음(세포자멸, apoptosis)을 유도하지 못하게 된다(23장 참조). 따라서 세포의 생존이 촉진된다. PIP_3는 신호 메커니즘을 정지시키는 **PTEN**(phosphatase and tensin homolog) 등의 이노시톨 인지질 인산가수분해효소에 의해 탈인산화될 때까지 막에 남아 있다. PTEN에 돌연변이가 발생하면 PI3 인산화효소를 통한 신호전달이 장기간 지속되어, 암 발생을 촉진할 수 있다.

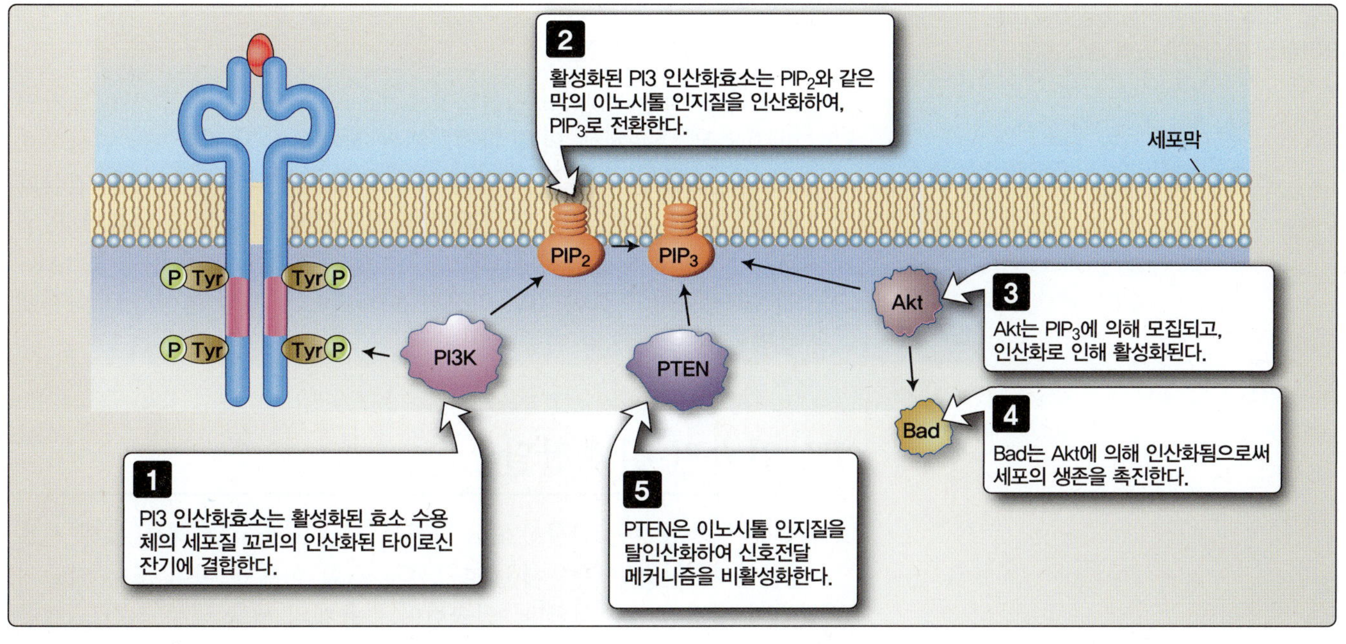

그림 18.5
PI3 인산화효소 경로

III. 비수용체 타이로신 인산화효소를 통한 신호 전달

사이토카인[인터루킨(interleukin) 및 인터페론(interferon)]과 일부 호르몬(예: 프로락틴 및 생장 호르몬)에 대한 수용체는 자체 Tyr 인산화효소 활성을 갖지 않지만, 비수용체 Tyr 인산화효소를 활성화하여 신호전달을 수행한다(리핀코트의 그림으로 보는 면역학, 제3판, 6장 참조). 이들 수용체의 세포질 도메인은 세포질 Tyr 인산화효소 단백질과 비공유적으로 결합하여 수용체 꼬리의 Tyr 잔기를 인산화한다. 여러 비수용체 Tyr 인산화효소가 확인되었지만, 가장 특징적인 두 가지는 Src 및 야누스 인산화효소 계열이다.

A. Src 계열 타이로신 인산화효소

Src(Sarcoma)는 최초로 발견된 비수용체 Tyr 인산화효소이다. 이 비수용체 단백질 Tyr 인산화효소 계열에는 Blk, Fgr, Fyn, Hck, Lck, Lyn, Src 및 Yes를 포함하여 적어도 8종류의 구성원이 있다. 이들 모두는 SH1 촉매 도메인뿐만 아니라 단백질과 단백질의 상호작용을 매개하는 SH2 및 SH3 도메인을 가지고 있다(그림 18.6). 각각의 구성원은 서로 다른 유형의 세포에서 발견된다. 예를 들어, Fyn, Lck 및 Lyn은 림프구 신호전달에서 작용한다. Src 계열의 다양한 구성원은 많은 동일한 표적 단백질의 Tyr 잔기를 인산화할 수 있다. Src 계열 구성원은 Tyr 잔기의 인산화와 단백질 간 상호작용에 의해 조절된다. Src 단백질은 일반적으로 비활성 상태이며, 결정적인 시간에만 켜진다. Src가 활성 상태를 유지하면 조절되지 않은 생장과 악성 종양이 발생할 수 있다. Src의 돌연변이는 많은 암에서 발견된다.

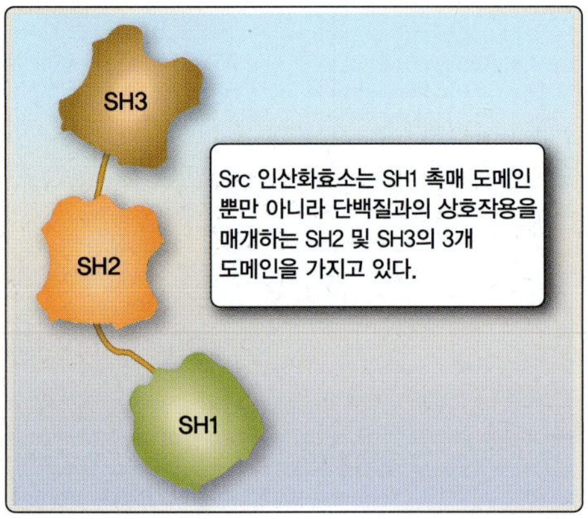

그림 18.6
타이로신 인산화효소의 Src 계열

B. 야누스 인산화효소

JAK라고 하는 야누스 인산화효소(Janus kinase)는 특정 사이토카인 및 호르몬 수용체에 의해 활성화되는 잠재적인 세포질 Tyr 인산화효소이다. JAK는 수용체 사슬의 세포질 도메인의 Tyr 잔기를 인산화한다. STAT는 이러한 인산화된 타이로신에 결합하고 JAK에 의해 Tyr 잔기에서 인산화된다(그림 18.7). 이 신호전달 과정은 종종 JAK-STAT 경로라고 한다. Tyr-인산화 STAT는 2량체를 형성하고 이전에 설명한 대로 핵으로 이동한다.

IV. 인슐린 신호전달

인슐린은 내인성 Tyr 인산화효소 활성을 갖는 효소 수용체를 통해 신호를 전달한다. 인슐린 수용체는 호르몬과 결합 이전에 이미 모든 사슬이 결합되어 세포막에 존재한다. 인슐린이 수용체의 세포 외부 리간드 결합 도메인에 결합한 후, 인슐린 수용체의 Tyr 인산화효소가 활성화되어 다양한 인슐린 수용체 기질(insulin receptor substrate, IRS)에서 Tyr 인산화를

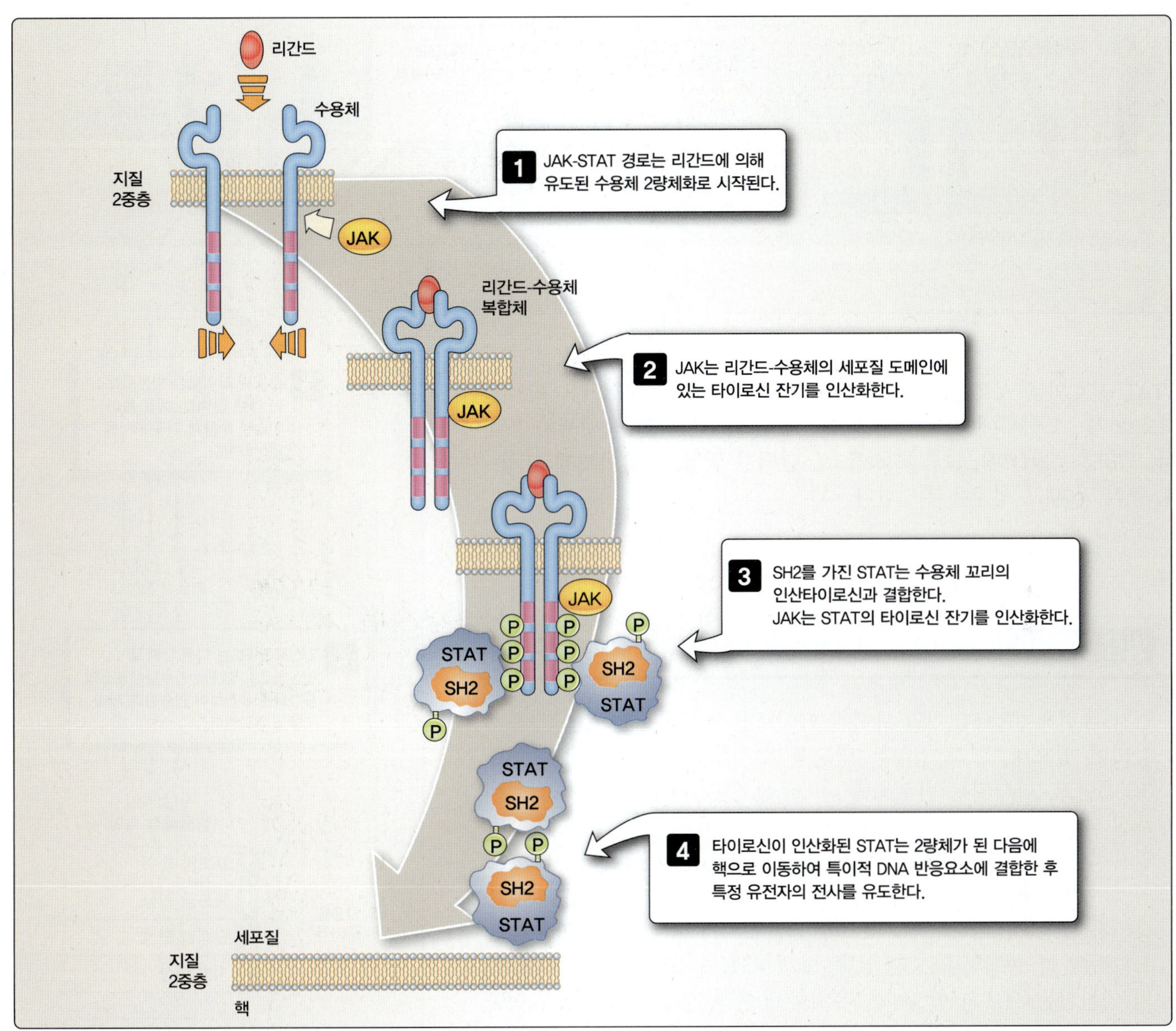

그림 18.7
야누스 인산화효소 신호전달

유도한다(**그림 18.8**). 적어도 4종류의 서로 다른 IRS 단백질이 알려져 있다. IRS-1 및 IRS-2는 광범위하게 발현된다. IRS-3는 지방 조직, 이자의 β 세포 및 간에서 발견되는 반면, IRS-4는 가슴샘(thymus), 뇌 및 콩팥에서 발견된다. 조직 유형 및 발현된 IRS 단백질에 따라 인슐린은 다른 생체 반응을 유도한다.

최근 연구에 따르면 Tyr-인산화 IRS 단백질은 Ras, STAT 및 PI3 인산화효소를 비롯한 여러 가지 세포 내 신호전달 단백질을 활성화한다. 이 **신호 분할**(signal splitting)은 인슐린에 의해 세포로 보내진 메시지가 각 세포의 생체 반응을 일으키기 위해 여러 경로로 전환될 때 발생한다. Ras 및

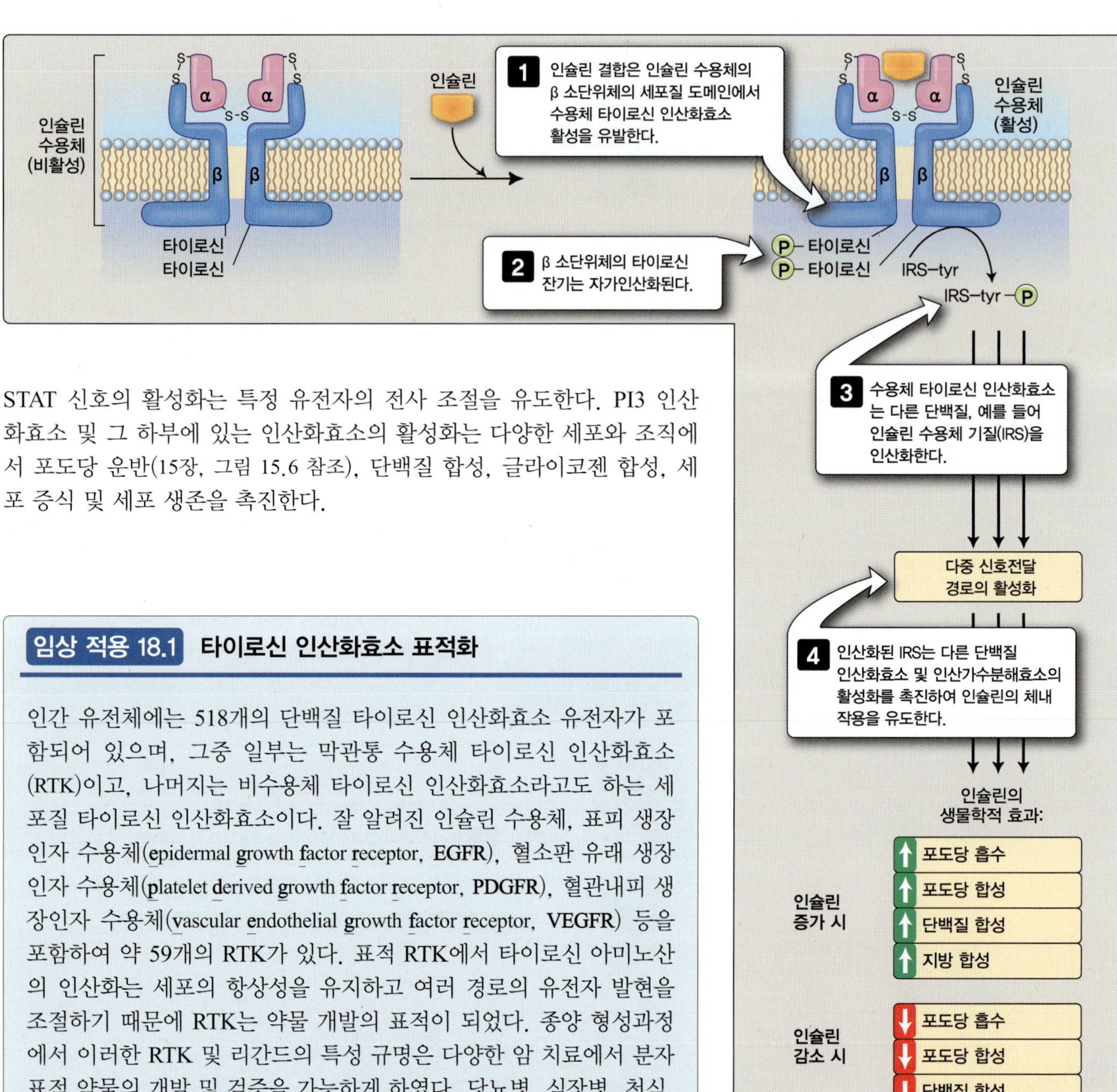

STAT 신호의 활성화는 특정 유전자의 전사 조절을 유도한다. PI3 인산화효소 및 그 하부에 있는 인산화효소의 활성화는 다양한 세포와 조직에서 포도당 운반(15장, 그림 15.6 참조), 단백질 합성, 글라이코젠 합성, 세포 증식 및 세포 생존을 촉진한다.

임상 적용 18.1 타이로신 인산화효소 표적화

인간 유전체에는 518개의 단백질 타이로신 인산화효소 유전자가 포함되어 있으며, 그중 일부는 막관통 수용체 타이로신 인산화효소(RTK)이고, 나머지는 비수용체 타이로신 인산화효소라고도 하는 세포질 타이로신 인산화효소이다. 잘 알려진 인슐린 수용체, 표피 생장인자 수용체(epidermal growth factor receptor, EGFR), 혈소판 유래 생장인자 수용체(platelet derived growth factor receptor, PDGFR), 혈관내피 생장인자 수용체(vascular endothelial growth factor receptor, VEGFR) 등을 포함하여 약 59개의 RTK가 있다. 표적 RTK에서 타이로신 아미노산의 인산화는 세포의 항상성을 유지하고 여러 경로의 유전자 발현을 조절하기 때문에 RTK는 약물 개발의 표적이 되었다. 종양 형성과정에서 이러한 RTK 및 리간드의 특성 규명은 다양한 암 치료에서 분자 표적 약물의 개발 및 검증을 가능하게 하였다. 당뇨병, 심장병, 천식, 위염 등과 같이 신호전달 체계가 잘못된 것으로 알려진 기타 질환들은 성공적인 연구를 통해 이제 임상으로의 전환과 높은 성공 가능성을 나타내는 데 이르렀다. 2021년 기준으로 FDA 승인을 받은 타이로신 인산화효소 억제제가 50개 이상 있으며, 그중 다수는 인간의 다양한 암을 대상으로 하고 있다.

그림 18.8
인슐린 수용체의 자가인산화 및 IRS 기능

임상 적용 18.2 인슐린 수용체 돌연변이, 인슐린 저항성 및 흑색가시세포증

인슐린 저항성과 관련된 몇 가지 인슐린 수용체 돌연변이가 알려져 있다. 인슐린 수용체 구조에서 돌연변이 위치에 따라 수용체가 작용하는 결과가 다르게 나타난다. 수용체 합성, 원형질막으로의 수송, 인슐린 결합, 막관통 신호전달 및 수용체 분해 등이 모두 손상될 수 있다.

흑색가시세포증(acanthosis nigricans)은 인슐린 수용체의 결함 또는 인슐린 저항성에 기여하는 여러 다른 결함으로 인한 질환이다. 이는 피부, 목 및 겨드랑이에 과하게 색소가 침착된 플라크를 특징으로 한다. 비만과 당뇨병이 일반적으로 인슐린과 관련된 장애이다.

요약

- 대부분의 효소 수용체는 리간드가 결합할 때 2량체를 형성하는 단일 사슬 막관통 단백질이다.
- Tyr 잔기의 인산화 촉진은 효소 수용체에 의한 신호전달의 주요 특징이다.
- 일부 수용체는 고유한 Tyr 인산화효소 활성을 가지고 있는 반면, 다른 수용체는 비수용체 Tyr 인산화효소와 관련되어 있다.
- 생장인자 및 호르몬 인슐린에 대한 수용체는 리간드 결합으로 인해 유발되는 내인성 Tyr 인산화효소 활성을 가지고 있다.
- SH2 도메인을 가진 연결자 분자는 효소 수용체가 리간드에 의해 활성화될 때 수용체 세포질 꼬리의 인산화된 Tyr 잔기에 결합한다. STAT는 유전자의 전사를 촉진하기 위해 활성화되는 연결자 단백질이다.
- PI3 인산화효소 경로는 세포의 생장과 생존을 촉진하고 많은 효소 수용체에 의해 유발된다. 이노시톨 인지질의 인산화는 추가적인 신호전달 반응을 촉발한다.
- Src 및 야누스 인산화효소(JAK)는 세포 내 비수용체 Tyr 인산화효소이다.
- 인슐린은 효소 수용체에 신호를 보내 Tyr 잔기에서 자가인산화를 진행한다. 수용체의 활성화된 Tyr 인산화효소 도메인은 다양한 IRS를 인산화하여 신호를 세포 안으로 전달한다.

학습 문제

다음 중 가장 적절한 답을 하나만 고르시오.

18.1 프로락틴으로 인한 표적세포의 활성화를 시작하는 효소 수용체의 작용은 무엇인가?

A. G 단백질 활성화
B. 2차 전달자의 생산을 촉진
C. 세린/트레오닌 잔기의 탈인산화
D. 세포막에서 2량체 형성
E. Ras의 Tyr 인산화 자극

정답 D

세포막 내의 수용체 사슬의 2량체화는 리간드 결합 후 효소 수용체 신호전달의 초기 단계이다. 효소 수용체는 G 단백질을 직접 활성화하거나 2차 전달자의 생성을 촉매하지 않는다. 세린/트레오닌 잔기의 탈인산화는 효소 수용체 신호전달의 결과가 아니다. Ras는 GTP 결합 단백질로 작용하며 Tyr 잔기에서 인산화되지 않는다.

18.2 인터루킨-2는 T 림프구의 효소 수용체에 결합한다. 다음 중 이에 대한 반응으로 세포 내에서 변화되는 것은 무엇인가?

A. 아데닐산 고리화효소의 활성
B. Ca^{2+} 농도
C. 인산화된 타이로신의 농도
D. 핵으로의 Ras 이동
E. 2차 전달자

정답 C

세포 내의 인산화된 타이로신 농도는 효소 수용체 신호전달에 반응하여 변할 것이다. Ca^{2+}을 포함한 2차 전달자는 효소 수용체 신호에 의해 변화되지 않는다. 아데닐산 고리화효소는 일부 G 단백질에 연결된 효소이다. 이의 활성은 효소 수용체 신호로 인해 영향을 받지 않을 것이다.

18.3 신호전달에서 STAT(signal transducer and activator of transcription)의 기능은 무엇인가?

A. G 단백질의 α 소단위체에 결합한 GTP 활성화
B. 수용체의 인산화된 세린/트레오닌 잔기에 결합
C. G 단백질-연결 막관통 수용체에 연결
D. Tyr 잔기의 인산화
E. 반응 유전자의 전사 촉진

정답 E

STAT는 반응 유전자의 전사를 촉진함으로써 신호전달 작용을 한다. STAT는 수용체 Tyr 인산화효소 또는 JAK에 의한 Tyr 잔기의 인산화에 의해 먼저 활성화된다. Tyr-인산화 STAT는 2량체화한 후, 핵으로 이동, DNA에 결합하여 전사를 촉진한다. STAT는 G 단백질과 독립적으로 작용하며, G 단백질을 활성화시키지 않는다. STAT는 수용체의 인산화된 세린/트레오닌 잔기에 결합하지 않는다. STAT는 인산화효소 활성을 가지고 있지 않으므로 기질을 인산화하지 않는다.

18.4 인슐린은 지방세포의 인슐린 수용체에 결합한다. 다음 중 그 반응으로 발생할 신호전달 과정은 무엇인가?

A. 기질을 인산화하기 위한 단백질 인산화효소 C의 활성화
B. cAMP 생산의 아데닐산 고리화효소 자극
C. G 단백질 활성화로 2차 전달자 생성
D. 인슐린 수용체의 세포핵으로의 이동
E. IRS(인슐린 수용체 기질)의 Tyr 인산화

정답 E

인슐린 신호는 IRS의 Tyr 잔기에서 인산화를 유발한다. 인슐린 신호는 세린/트레오닌 인산화효소, 단백질 인산화효소 C를 활성화하지 않는데, 이는 2차 전달자 활성화의 결과이다. cAMP와 같은 2차 전달자는 인슐린 신호전달에 사용되지 않는다. 인슐린 수용체는 원형질막에 내재된 채로 있으며 세포의 핵으로 이동하지 않는다.

18.5 세포가 돌연변이 형태의 PTEN을 가지고 있다면 결과적으로 다음 신호 분자 중 어느 것이 평소보다 더 오래 활성 상태를 유지하는가?

A. G 단백질
B. JAK
C. PI3 인산화효소(PI3K)
D. 단백질 인산화효소 C
E. STAT

정답 C

돌연변이 PTEN이 이노시톨 인지질을 탈인산화할 수 없을 때 PI3 인산화효소는 활성 상태를 유지한다. G 단백질 신호는 PTEN을 포함하지 않는다. 단백질 인산화효소 C 활성은 G 단백질로 자극된 2차 전달자에 의해 유발되며 PTEN에 의존하지 않는다. JAK와 STAT는 모두 PTEN과 독립적으로 작용한다.

스테로이드 수용체 신호전달

Steroid Receptor Signaling

19

I. 개요

전형적인 스테로이드 호르몬 신호전달은 세포 내에 존재하는 수용체를 사용한다는 점에서 펩타이드 호르몬 및 생장인자와 같이 세포 외부의 막-결합 수용체를 사용하는 친수성 신호전달 인자와 구별된다. 스테로이드에 대한 세포 내 수용체는 표적세포의 세포질 또는 핵 내에 위치한다. 리간드(호르몬)의 결합으로 인해 활성화된 스테로이드 호르몬 수용체는 DNA에 결합하여 특정 유전자의 전사(mRNA 생성)와 단백질로 번역되는 것을 조절하는 **리간드 활성화 전사인자**(ligand activated transcription factor)로 작용한다. 이러한 전형적인 형태의 스테로이드 신호전달은 **핵 개시 스테로이드 신호전달**(nuclear-initiated steroid signaling, **NISS**)로 알려져 있다(그림 19.1). 이런 방식으로 스테로이드는 세포의 유전체에 영향을 미친다. 전형적인 스테로이드 호르몬이 표적세포에서 새로운 단백질을 생산하는 생물학적 반응을 유도하는 데는 수 분, 수 시간 또는 며칠이 걸릴 수 있다.

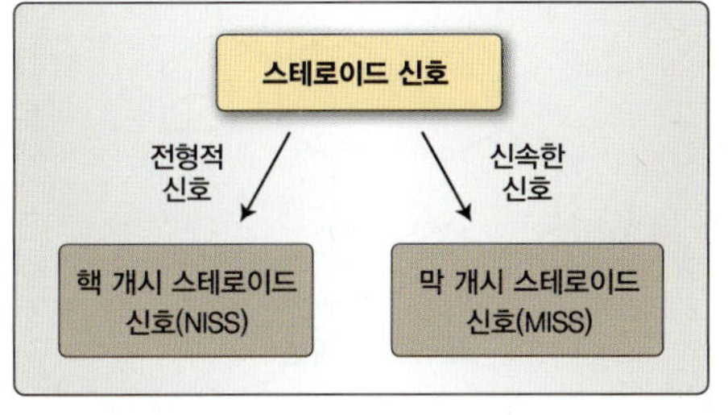

그림 19.1
스테로이드 신호전달 메커니즘

일부 스테로이드 호르몬은 추가한 지 수 초 또는 수 분 이내에 표적세포에서 다른 신호전달 효과를 일으킬 수 있다. 여기에는 세포 내 Ca^{2+} 농도의 변화, G 단백질의 활성화 및 단백질 인산화효소 활성화와 같은 반응이 있는데, 이는 전형적인 세포 내 스테로이드 수용체보다는 세포막의 스테로이드 수용체를 통해 매개된다. **막 개시 스테로이드 신호전달**(membrane-initiated steroid signaling, **MISS**)은 이제 전형적인 스테로이드 신호 이외에 추가적으로 설명되고 있다. 이처럼, 보다 빠른 막 개시 형태의 스테로이드 신호를 **스테로이드 호르몬의 비유전체적 작용**(nongenomic actions of steroid hormone)이라고도 한다. 현재 MISS는 NISS비해 잘 알려져 있지 않다. 두 종류의 신호전달 유형 모두 스테로이드 호르몬의 정상적인 기능에 중요하다.

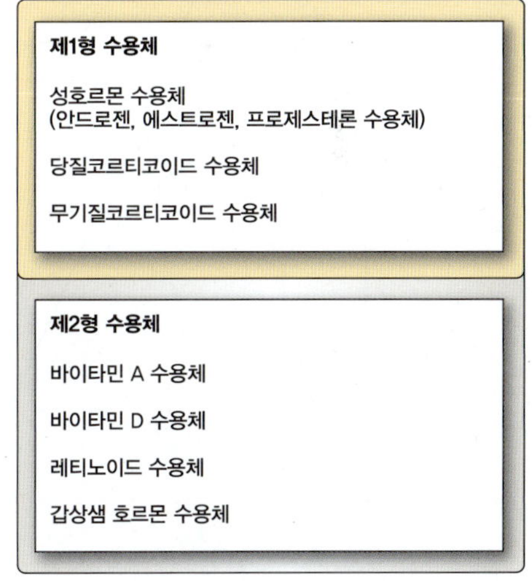

그림 19.2
스테로이드 수용체의 종류

NISS 및 MISS를 사용하여 표적세포에 신호를 보내는 분자에는 성 스테로이드 호르몬, 당질코르티코이드(glucocorticoid) 및 무기질코르티코이드(mineralocorticoid)뿐만 아니라 바이타민 A 및 D, 레티노이드(retinoid) 및 갑상샘 호르몬(thyroid hormone) 등이 있다. 전형적인 세포 내 수용체는 신호전달 메커니즘의 세부 사항에 따라 제1형 수용체와 제2형 수용체의 두 가지로 분류된다(그림 19.2). 성호르몬, 당질코르티코이드 및 무기질코르티코이드 수용체는 제1형 수용체인 반면, 바이타민 A, 바이타민 D, 레티노이드 및 갑상샘 호르몬 수용체는 제2형 수용체이다. 세포 내 수용체와

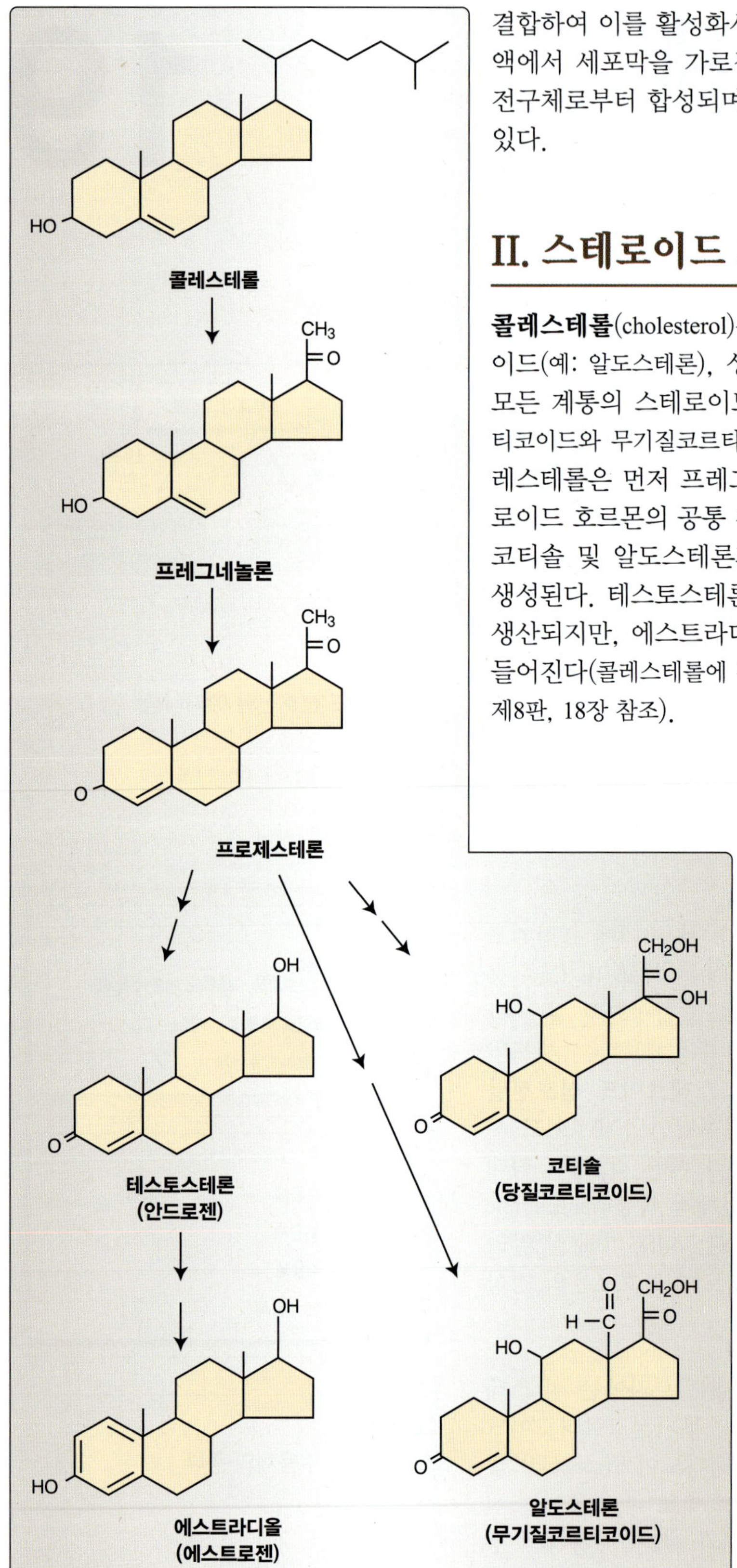

그림 19.3
콜레스테롤에서 생성되는 주요 스테로이드 호르몬

결합하여 이를 활성화시키려면 스테로이드 호르몬과 바이타민이 먼저 혈액에서 세포막을 가로질러 이동해야 한다. 스테로이드 호르몬은 공통의 전구체로부터 합성되며, 표적세포 안으로 들어갈 수 있는 구조를 가지고 있다.

II. 스테로이드 호르몬

콜레스테롤(cholesterol)은 당질코르티코이드(예: 코티솔), 무기질코르티코이드(예: 알도스테론), 성호르몬(안드로젠, 에스트로젠, 프로제스테론)과 같은 모든 계통의 스테로이드 호르몬의 전구체이다(그림 19.3). (참고: 당질코르티코이드와 무기질코르티코이드는 총칭하여 코르티코스테로이드라고 한다.) 콜레스테롤은 먼저 프레그네놀론(pregnenolone)으로 전환된 다음, 모든 스테로이드 호르몬의 공통 전구체인 프로제스테론(progesterone)으로 전환된다. 코티솔 및 알도스테론과 같은 코르티코스테로이드는 프로제스테론에서 생성된다. 테스토스테론(testosterone; 안드로젠의 일종)도 프로제스테론에서 생산되지만, 에스트라디올(에스트로젠의 일종)은 테스토스테론으로부터 만들어진다(콜레스테롤에 관한 자세한 설명은 리핀코트의 그림으로 보는 생화학, 제8판, 18장 참조).

스테로이드 호르몬의 합성과 분비는 부신겉질(코티솔, 알도스테론, 안드로젠), 난소와 태반(에스트로젠과 프로제스테론), 정소(테스토스테론)에서 발생한다(그림 19.4). Na^{+}의 콩팥 재흡수 및 K^{+} 배설이 알도스테론의 자극으로 일어나는 것처럼, 호르몬은 세포 수준에서 효과를 발휘한다. 스테로이드 호르몬의 다른 생물학적 효과로는 코티솔의 포도당 신생합성 자극, 에스트로젠의 월경 주기 조절, 테스토스테론의 동화작용 촉진 등이 있다.

이러한 생물학적 반응을 위해 스테로이드 호르몬은 합성 부위에서 표적 기관으로 혈액을 통해 운반된다. 지질 특성과 소수성으로 인해 혈장의 수용성 환경에서 혈장 단백질과 복합체를 형성해야 한다. 혈장 알부민은 비특이적으로 단백질을 운반하는 역할을 하는데, 알도스테론을 운반한다. 그러나 특정 스테로이드 호르몬을 운반하는 혈장 단백질은 알부민과 결합하는 것보다 더 단단하게 스테로이드 호르몬과 결합한다. 예를 들어, 코르티코스테로이드 결합 글로불린인 트랜스코르틴(transcortin)은 코티솔 운반을, 성호르몬 결합 단백질은 성 스테로이드 호르몬 운반을 담당한다.

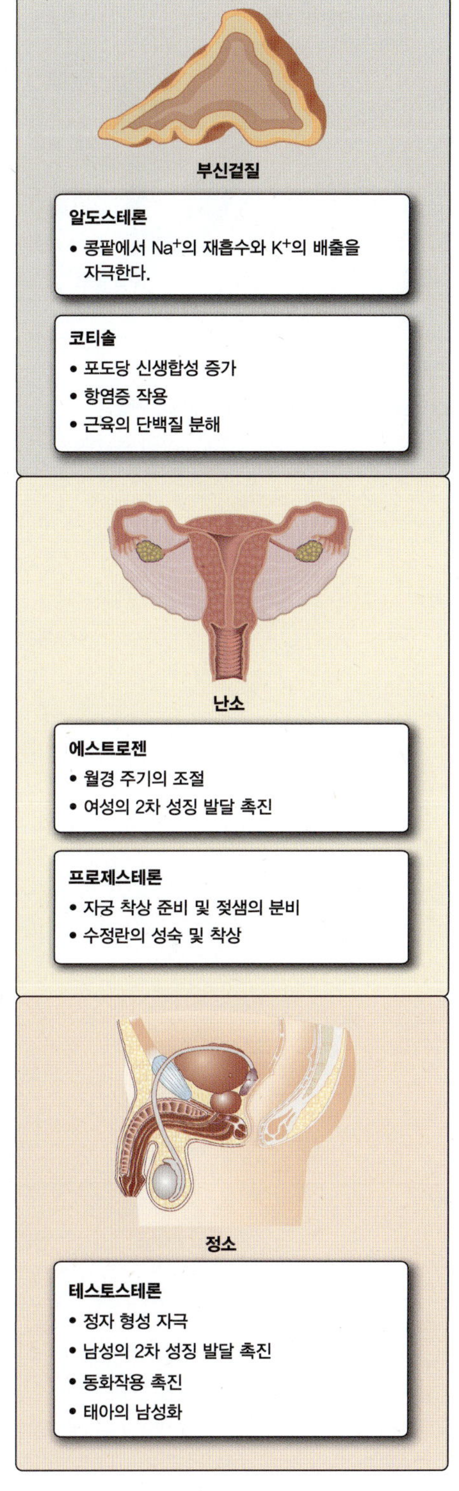

그림 19.4
스테로이드 호르몬의 작용

임상 적용 19.1 암 치료제로서의 스테로이드 호르몬 합성 억제제

에스트로젠은 아로마테이스(aromatase) 효소의 작용으로 테스토스테론으로부터 만들어진다. 아로마테이스의 억제제는 폐경 후 여성의 에스트로젠 반응성 유방암의 치료에 사용된다. 폐경 후 에스트로젠의 주요 공급원은 부신에서 생성된 안드로젠의 방향족 화합물이다. 아로마테이스의 억제제는 에스트로젠 수준을 현저히 낮추고 에스트로젠 반응성 종양의 주요 생장 원인을 제거할 수 있다. 에스트로젠 반응성 유방암의 종양 생장 억제 및 세포자멸(프로그램된 세포사멸)은 아로마테이스 억제제 치료의 결과이다.

III. 핵 개시 스테로이드 신호전달(NISS)

전형적인 스테로이드 신호전달인 NISS에서 스테로이드 호르몬은 혈액 순환을 거쳐 표적세포의 세포막을 통과해야 한다. 일단 세포 안으로 들어가면 세포질이나 핵에서 특이적 수용체와 결합하게 된다. 이런 호르몬 결합은 수용체를 변형시켜 특정 유전자의 전사를 조절할 수 있게 한다.

A. 세포 내 수용체의 구조

스테로이드 호르몬에 대한 세포 내 수용체는 세 가지 주요 기능적 도메인을 가진 고도로 잘 보전된 단백질 그룹이다(그림 19.5). **호르몬**(또는 리간드) **결합 도메인**[hormone(or ligand)-binding domain]은 수용체 단백질의 C-말단 영역에 있는 반면, **유전자 조절 도메인**(gene

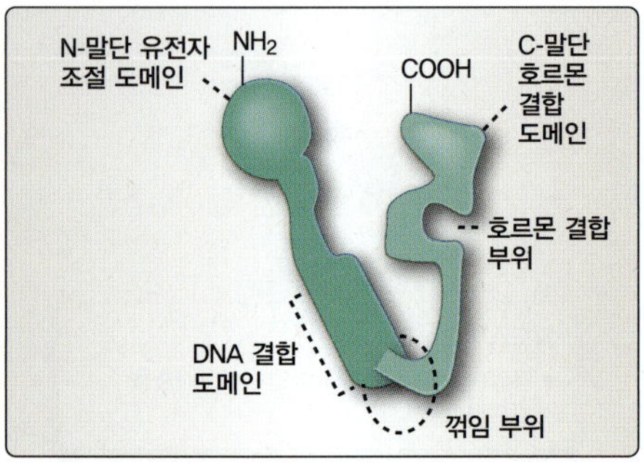

그림 19.5
스테로이드 호르몬 수용체의 구조

regulatory domain)은 N-말단 영역에 있다. 단백질의 **DNA 결합 도메인**(DNA-binding domain)은 추가적인 기능적 부위를 형성한다. 이 부위는 고도로 보전되어 있으며, 시스테인 아미노산 잔기를 가진 **아연 집게 모티프**(zinc finger motif)를 가지고 있어서 아연(Zn^{2+})과 결합한 수용체가 DNA 서열과 결합하도록 한다. 이러한 수용체 단백질은 전사를 조절하기 위해 핵 내로 들어가야 하기에, 핵으로의 이동을 허용하는 핵 위치 신호(nuclear localization signal, NLS)를 갖는다(단백질의 핵으로의 이동에 대한 자세한 내용은 11장, 그림 11.10 참조).

B. 핵 개시 스테로이드 신호전달의 메커니즘

호르몬이 없는 경우, 에스트로젠 및 프로제스테론 수용체는 주로 표적세포의 핵에 위치하고 당질코르티코이드 및 안드로젠 수용체는 세포질에 존재한다. 바이타민 A와 D의 수용체, 레티노이드, 갑상샘 호르몬(제2형 스테로이드 수용체)은 핵에서 발견된다(그림 19.2 참조). 수용체의 세포 내 위치에 상관없이 스테로이드 호르몬이 세포 내 수용체에 결합하면 수용체가 활성화되어 핵으로 이동할 수 있다(그림 19.6). 스테로이드 호르몬-수용체 복합체는 인핸서(enhancer) 영역의 호르몬 반응요소(hormone response element, HRE)에 결합하고 유전자 프로모터(promoter)를 활성화하여 전사를 유도한다.

1. **성 스테로이드 수용체, 당질코르티코이드 수용체 및 무기질코르티코이드 수용체:** 활성화된 수용체-리간드 복합체는 전사를 촉진하는 보조조절인자 또는 보조활성인자 단백질과 결합한다. 수용체-리간드-보조조절인자 복합체는 아연 집게 모티프를 통해 HRE(호르몬 반응요소)라고 하는 조절 DNA 서열에 결합한다. 리간드가 결합한 제1형 수용체 복합체는 동형2량체(2개의 동일한 리간드-수용체 복합체가 함께 결합) 형태로 DNA에 결합한다. 활성화된 호르몬-수용체 복합체와 HRE의 결합은 유전자 조절 도메인이 프로모터에 결합된 전사복합체의 단백질과 상호작용하도록 한다.

2. **바이타민 A 및 D, 레티노이드 및 갑상샘 호르몬 수용체:** 제2형 스테로이드 수용체의 경우, 리간드와 결합하지 않은 핵 내 수용체는 핵에서 보조억제인자 단백질과 복합체를 이루어 수용체에 의한 유전자의 전사를 억제한다. 리간드가 수용체에 결합하면, 보조억제인자 단백질이 방출되어 보조활성인자 단백질이 결합할 수 있게 된다. 다른 제2형 수용체는 바이타민 또는 호르몬 반응 유전자의 전사를 조절하기 위해 DNA에 결합할 때 레티노이드 X 수용체와 이형2량체를 형성한다.

C. 유전자 전사의 호르몬 특이성

HRE는 특정 스테로이드 호르몬에 반응하는 유전자의 프로모터(또는 인핸서 요소)에서 발견되며, 이러한 유전자의 발현을 조율한다. 예를 들어, 당질코르티코이드 반응요소(glucocorticoid response element, GRE)는 코티솔과 같은 당질코르티코이드에 반응하여 전사가 일어나게 한다. 코티솔에 반응하는 각 유전자는 자체 GRE의 통제를 받는다. 수용체-호르몬 복합체가 당질코르티코이드 수용체(GR)에 결합하면 수용체에 구조적 변화가 일어나 아연 집게 DNA 결합 영역이 드러난다(그림 19.7). 그런 다음 스테로이드-수용체 복합체는 특정 조절 DNA 서열과 상호작용하고 보조활성인자 단백질과 함께 표적 유전자의 전사를 조절한다. 종합하면, 이 과정은 표적 유전자 그룹이 서로 다른 염색체에 있는 경우에도 이들을 잘 조절하여 유전자를 발현하게 한다. GRE는 그들이 조절하는 유전자의 상부 또는 하부에 위치할 수 있으며, 멀리 떨어진 거리에서도 작용할 수 있어 진정한 인핸서 역할을 할 수 있다.

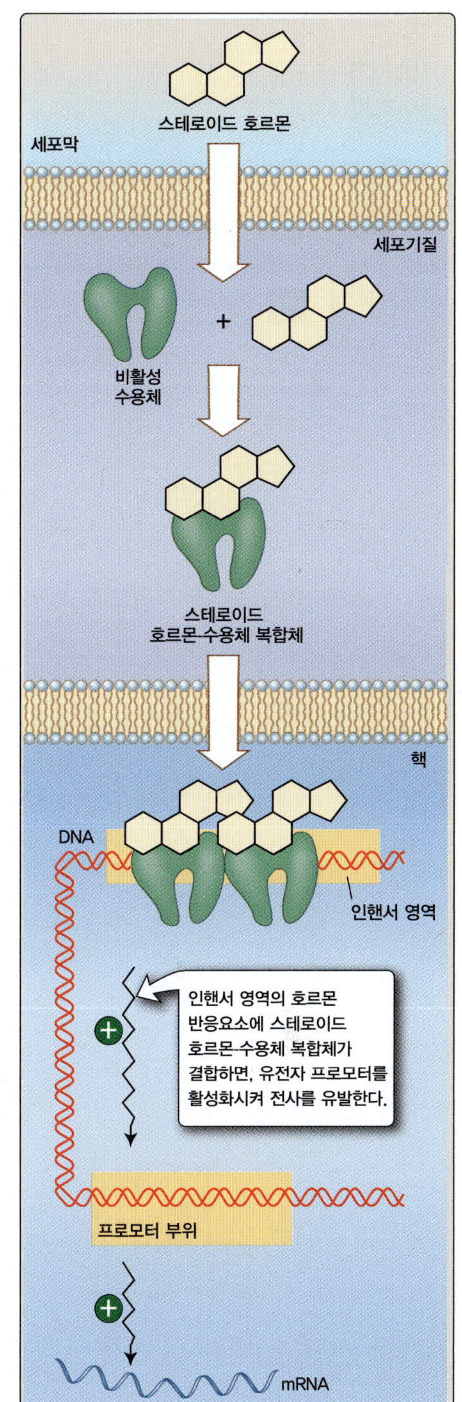

그림 19.6
핵 개시 스테로이드 신호(NISS) 메커니즘은 호르몬 반응요소(HRE)와 스테로이드 호르몬-수용체 복합체의 상호작용에 의한 전사의 활성화를 포함한다.

임상 적용 19.2 항암 요법으로서 호르몬 수용체 길항제

수용체 길항제는 호르몬 수용체에 먼저 결합하여 호르몬이 수용체에 결합하는 것을 방해한다. 선택적 에스트로겐 수용체 조절제(selective estrogen receptor modulator, SERM)는 유방암 치료 및 예방에 중요한 치료법이다. 선택성으로 인해 SERM은 여러 조직에서 서로 다른 효과를 나타낸다. 그중 하나인 타목시펜(tamoxifen)은 유방의 에스트로겐 수용체를 차단하여 에스트로겐 의존성 종양 생장을 억제한다. 타목시펜은 에스트로겐 수용체 양성 유방암이 있는 폐경전 여성에게 사용된다. 타목시펜은 다른 조직에서는 다른 효과를 나타낸다. 예를 들어 자궁내막에서는 에스트로겐 신호를 증가시켜 자궁내막암의 가능성을 높일 수 있다.

IV. 막 개시 스테로이드 신호전달(MISS)

표적세포가 스테로이드 호르몬에 노출된 후 수 초에서 수 분 이내에 발생하는 스테로이드 호르몬의 빠른 효과는 이제 세포막에 위치하는 스테로이드 수용체의 작용 때문으로 알려져 있다. MISS는 기존 단백질의 변형(예: 인산화)을 촉진하고 새로운 단백질의 합성을 필요하지 않기 때문에 기존의 NISS보다 더 빠르게 생체 효과를 나타낸다. MISS의 여러 측면에 대한 세부 사항은 아직 밝혀지지 않았지만, 막 에스트로겐 수용체에 대해서는 일부 알려져 있다.

안드로겐, 당질코르티코이드, 프로제스테론, 무기질코르티코이드 및 갑상샘 호르몬의 막 수용체가 확인되었으며, 이들은 막 에스트로겐 수용체에 대한 유사한 신호전달 과정을 가지고 있다. 막-결합 바이타민 D 수용체의 존재에 대한 증거 역시 존재한다. 세포 내 스테로이드 수용체와 세포막 수용체 사이에서 상호작용이 일어난다고 알려져 있으며, NISS 및 MISS 메커니즘은 모두 생체 반응을 일으키는데 사용될 수 있다. 막, 세포질 및 핵에서의 신호 모두는 스테로이드 호르몬의 전반적인 생물학적

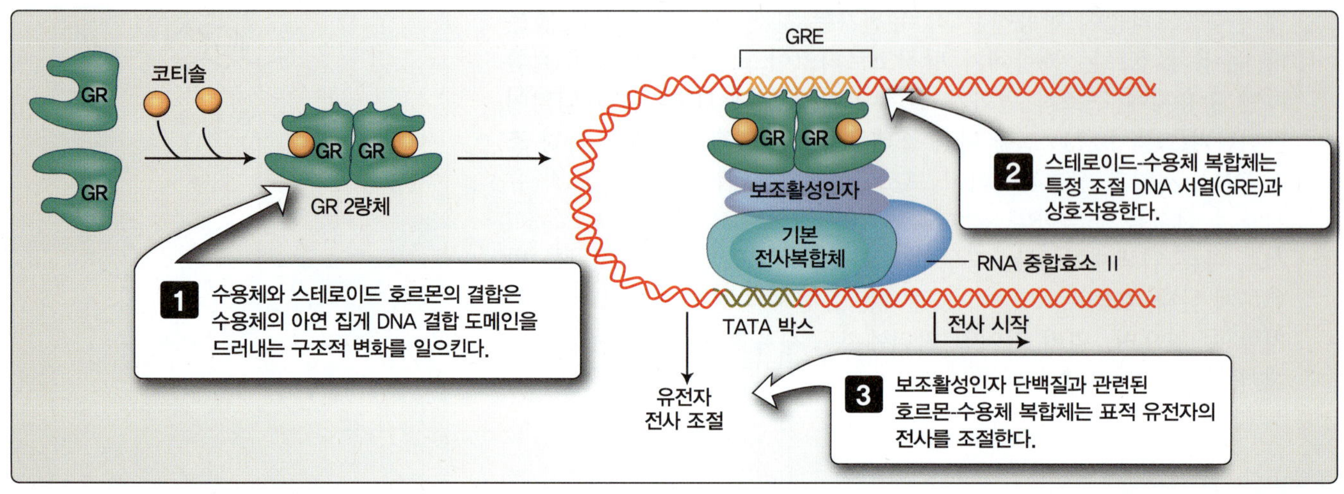

그림 19.7
세포 내 스테로이드 호르몬 수용체에 의한 전사 조절 (GRE, 당질코르티코이드 반응요소; GR, 당질코르티코이드 수용체)

영향을 일으킨다. 예를 들어, MISS에 의해 활성화된 인산화효소는 NISS를 통한 전사 활성화에 필요한 보조활성인자를 인산화할 수 있다. 또한, 막 스테로이드 수용체의 신호전달은 핵 스테로이드 수용체와 독립적으로 유전자 전사를 조절할 수 있다.

A. 막 수용체

막 스테로이드 수용체는 세포 내 스테로이드 수용체와 같은 단백질 구조를 가지고 있다고 알려졌지만, 플라스크 모양을 가진 막의 함입 부위인 카베올라(caveolae) 소포에 국한되어 있다(**그림 19.8**, 3장의 그림 3.13 참조). 막-결합 형태의 스테로이드 호르몬 수용체는 개별 카베올라의 세포막의 외부 표면에 결합되거나 지지대 단백질(scaffolding protein)에 의해 세포막에 연결될 수 있다. 수용체가 특정 스테로이드 호르몬과 결합한 후 활성화되어 다른 막 스테로이드 수용체와 동형2량체 또는 이형2량체를 형성할 수 있다.

B. 막-개시 스테로이드 신호전달의 메커니즘

특정 스테로이드 호르몬의 결합으로 활성화된 수용체는 G 단백질, 생장인자 수용체, 타이로신 인산화효소인 Src 및 GTP 결합 단백질인 Ras 등의 신호전달 단백질 복합체와 결합한다. 표피 생장인자 수용체(epidermal growth factor receptor, **EGFR**)는 종종 MISS와 관련되며, 그 활성화는 MISS를 통해 스테로이드에 반응하는 세포에서 지속적인 MAPK 신호전달을 일으킬 수 있다. 여기에 2차 전달자가 유도되고 이온 통로가 조절될 수 있다. 흔히 G 단백질 활성화에 반응하여 작용하는 세린/트레오닌 인산화효소인 PKA 및 PKC뿐만 아니라 효소 수용체 신호전달에서 기능하는 PI3 인산화효소도 활성화될 수 있다(17장 및 18장 참조). 활성화된 인산화효소에 의한 표적 단백질의 인산

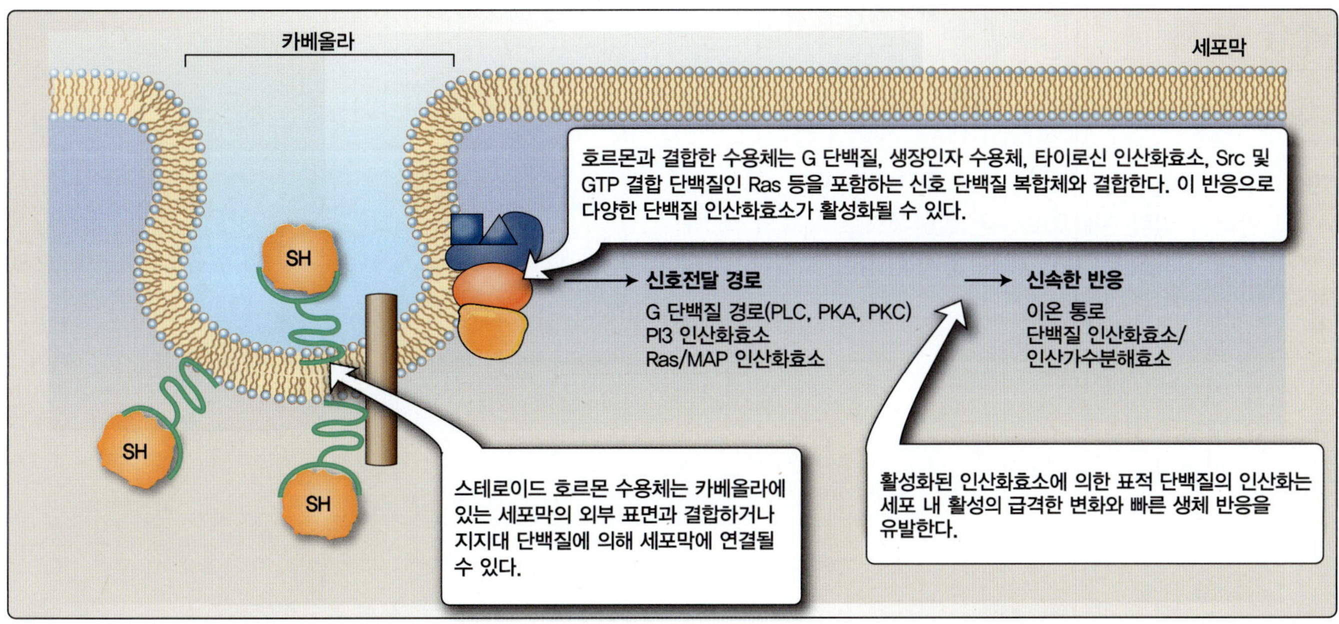

그림 19.8
막 개시 스테로이드 신호(MISS) (SH, 스테로이드 호르몬)

화는 그들의 세포 내 활성의 급격한 변화와 빠른 생체 반응을 유발한다. 여러 스테로이드 호르몬에 대해 고유한 막 수용체가 존재한다는 증거가 있지만, 그 구조와 기능에 관해 더 많은 것이 밝혀져야 한다.

요약

- 전형적인 스테로이드 신호전달은 리간드 활성화 전사인자로 작용하는 세포 내 수용체를 이용하여 단백질의 합성을 조절한다. 이러한 형태의 스테로이드 신호전달은 핵 개시 스테로이드 신호전달(NISS)이라고 한다.
- 스테로이드 호르몬은 콜레스테롤로부터 합성되어 부신겉질, 난소, 정소에 작용한다.
- 세포 내 스테로이드 수용체는 표적세포의 세포질 또는 핵에 존재한다. 그들은 리간드 결합도메인, 유전자 조절 도메인 및 DNA 결합 도메인을 가지고 있다.
- 세포 내 수용체에 호르몬이 결합하면 수용체는 2량체를 형성하면서 활성화된다. 세포질에서 형성된 호르몬-수용체 복합체는 핵으로 이동한다. 핵에 들어가면 특정 DNA에 결합하고 호르몬 반응 유전자의 전사를 활성화한다.
- 스테로이드 호르몬과 반응하는 세포막 수용체는 세포 내 수용체-호르몬 결합에 대한 반응보다 신속한 신호전달을 가능하게 한다. 이들은 세포 내 스테로이드 수용체와 동일한 단백질 구조를 갖지만, 대신 세포막의 카베올라에 주로 위치한다.
- 막 개시 스테로이드 신호전달(MISS)은 종종 인산화를 통해 기존 세포 단백질의 변형을 일으킨다.
- 막, 세포질 및 핵에서 스테로이드 신호전달 경로 모두는 스테로이드 호르몬에 대한 전반적인 생물학적 반응을 가능하게 한다.

학습 문제

다음 중 가장 적절한 답을 하나만 고르시오.

19.1 연구 중인 어떤 세포가 특정 호르몬 작용의 표적으로 알려져 있다. 이 호르몬은 일반적으로 세포의 핵 내부에 존재하는 세포 내 수용체를 가지고 있다. 가장 가능성이 큰 호르몬은?

A. 부신겉질 자극 호르몬
B. 에스트로젠
C. 생장 호르몬
D. 인슐린
E. 프로락틴

정답 B

에스트로젠은 스테로이드 호르몬으로 보통 세포핵 내부에 존재하는 세포 내 수용체를 가지고 있다. 부신겉질 자극 호르몬(ACTH), 생장 호르몬, 인슐린 및 프로락틴은 모두 친수성 펩타이드 호르몬으로, 표적세포를 자극하기 위해 막-결합 수용체만을 사용한다.

19.2 유방 종양에서 분리되어 실험실에서 세포 배양으로 생장한 세포는 세포 내 수용체와 막-결합 수용체 모두를 통해 에스트로젠에 반응하는 것으로 밝혀졌다. 다음 중 세포 내 수용체를 통한 신호전달의 결과로 가장 가능성이 큰 것은 무엇인가?

A. 세린/트레오닌 단백질 인산화효소의 활성화
B. 세포 내 Ca^{2+} 농도의 변화
C. Ras에 결합하는 GTP
D. 세포 효소의 인산화
E. 에스트로젠-반응 단백질의 합성

정답 E

세포 내 스테로이드 수용체에 반응하여 표적세포는 호르몬 반응 단백질을 합성한다. 이 상황에서 에스트로젠은 단백질로 번역될 에스트로젠 반응 유전자의 전사를 조절한다. 세포 내 Ca^{2+} 수준과 세린/트레오닌 인산화효소 활성의 변화는 G 단백질 매개 세포 신호전달의 결과이다. G 단백질-연결수용체는 막-결합 수용체이다. 기질의 인산화는 단백질 인산화효소에 의해 촉매된다. 세린/트레오닌 인산화효소는 2차 전달자와 G 단백질-연결수용체에 의해 조절된다. 타이로신 인산화효소는 효소 수용체 신호전달에서 활성화된다. 모두 막-결합 수용체를 사용한다. Ras는 일부 형태의 막 수용체 신호에 의해 활성화되는 GTP 결합 단백질이다.

19.3 에스트로젠 수용체 양성 유방 종양을 가지고 있는 43세 여성 환자의 치료제로 SERM(selective estrogen receptor modulator; 선택적 에스트로젠 수용체 조절제)이 사용된다. 해당 약물의 항암효과 메커니즘은 무엇인가?

A. 에스트로젠 반응 유전자의 전사를 활성화한다.
B. 남아 있는 종양세포에서 에스트로젠 신호전달을 증가시킨다.
C. 에스트로젠 수용체에 대한 에스트로젠의 결합을 차단한다.
D. 막 에스트로젠 수용체를 통한 신호전달을 유도한다.
E. 에스트로젠 조절 단백질의 번역을 자극한다.

정답 C

선택적 에스트로젠 수용체 조절제는 천연 호르몬이 수용체에 결합하는 것을 차단하는 호르몬 수용체 길항제이다. 결합을 차단하면 수용체를 통한 호르몬 신호전달이 차단된다. 에스트로젠 반응성 유방 종양의 경우 에스트로젠의 결합을 차단하면 암세포가 지속적인 생장과 생존에 필요한 자극을 받지 못하게 된다. 에스트로젠 반응 유전자의 전사 활성화, 에스트로젠 신호전달의 증가, 에스트로젠 조절 단백질의 번역 자극은 암세포의 생존에 도움이 되지만, 환자에게는 그렇지 않다. 스테로이드 호르몬에 의한 막 신호전달에 대해 아직 알아야 할 것이 많이 남아 있지만, SERM은 신호전달을 자극할 가능성이 없으므로 막 개시 스테로이드 신호전달(MISS)을 억제할 수 있다.

19.4 다음 중 안드로젠 수용체 단백질 내의 아연 집게 모티프를 포함하는 영역은 무엇인가?

A. 세포질 도메인
B. DNA 결합 도메인
C. 유전자 조절 도메인
D. 리간드결합 도메인
E. 막관통 도메인

정답 B
세포 내 스테로이드 수용체 단백질의 DNA 결합 도메인은 아연과 결합하고, 수용체가 결합할 DNA 서열을 지시하는 아연 집게 모티프를 갖는다. 리간드결합 도메인은 호르몬에 결합하고 C-말단에 있다. 유전자 조절 도메인은 전사 활성화에 중요하지만, DNA 결합을 촉진하는 아연 집게를 포함하지 않는다. 안드로젠을 포함하는 막-결합 스테로이드 수용체는 세포질(또는 세포 외) 및 막관통 도메인을 가질 수 있다. 그러나 어느 것도 DNA 결합을 촉진하는 아연 집게를 가지고 있지 않다.

19.5 스테로이드-반응성 종양세포는 스테로이드에 대한 반응으로 MAP 인산화효소 신호전달 활성이 비정상적으로 증가했다. 스테로이드 신호전달의 측면에서 이와 관련될 수 있는 것은 무엇인가?

A. 활성화된 호르몬-수용체 복합체에 의한 DNA 결합
B. 호르몬-수용체 복합체의 형성
C. 막 개시 스테로이드 신호전달(MISS)
D. 수용체의 유전자 조절 도메인의 활성화
E. 세포핵으로 수용체의 이동

정답 C
비정상적인 MISS는 MAP 인산화효소를 포함한 세포 인산화효소 체계의 지속적인 활성화를 초래할 수 있다. 표피 생장인자 수용체(EGFR)는 이 비정상적인 신호전달 경로와 관련이 있다. 다른 모든 보기는 핵 개시 스테로이드 신호전달(NISS)과 관련이 있다. MAP 인산화효소와 같은 인산화효소는 NISS 동안(직접적으로) 자극되지 않는다.

제 5 단원
세포 생장 및 세포사멸의 조절
Regulation of Cell Growth and Cell Death

삶은 즐겁다. 죽음은 평화롭다. 골칫거리는 바로 그 중간이다.

– **아이작 아시모프**(Isaac Asimov, **미국 공상과학 작가이자 생화학자**, 1920~1992)

틀림없이, 세포의 일생에서 가장 중요한 사건은 분화된 형질을 발현하지 않은 미분화된 세포(progenitor cell, 선조세포)로부터 분화된 세포가 만들어지고 수명이 끝나면 자연적 또는 병리학적 과정을 통해 소멸되는 것이다. 세포 생성과 세포 죽음의 조절은 적절한 수의 세포가 생명체 내에서 작용할 수 있도록 하는 데 중요하다. 생명체의 죽음을 초래할 수 있는 통제되지 않은 생장과 악성 종양으로부터 보호하기 위한 안전장치가 필요하다.

이 단원은 하나의 모세포에서 2개의 새로운 세포가 생성되는, 일련의 규칙적인 생화학적 사건인 세포주기에 대한 설명으로 시작한다. 종종 세포의 종류에 따라 다양한 시간 동안 간기에서 휴식을 취한 후, 세포주기의 활성 단계에 들어가는 주기를 시작한다. 일단 세포가 분열하여 자신의 유전 정보를 전달하면 세포는 매우 중요한 전환기에 들어가는데, 만약 이 과정이 성공적이지 못하면 세포는 스스로 복제하지 못하고 죽을 가능성이 크다. 흥미롭게도, 세포주기를 성공적으로 마치게 되면 모세포는 더 이상 존재하지 않고 2개의 정확한 복제본이 모세포를 대체한다.

이 단원의 두 번째 장은 세포주기의 조절에 관한 것이며, 세 번째 장은 세포의 비정상적인 생장에 초점을 맞춘다. 세포의 복제가 질서 있게 일어나려면 세포주기 내에서 확인 점검과 균형이 필요하다. 세포의 비정상적인 생장에 관해 이해할수록, 조절되지 않는 생장을 중단시키는 보다 나은 치료법이 개발될 수 있을 것이다. 네 번째 장은 세포의 죽음, 특히 부수적 손상이 최소화되는 세포자멸(apoptosis)의 생리적 과정에 초점을 맞춘다. 이 단원은 마지막 장에서 생명체의 노화(aging)와 세포 노쇠(senescence)에 대한 탐구로 마무리 짓는다.

20 세포주기

The Cell Cycle

I. 개요

다세포 생명체는 하나의 세포 공동체로 조직화된, 다양하고 특화된 세포들로 구성된다. 생명체의 생장을 위해 또는 손상되거나 노화된 세포를 대체하기 위해, 추가적으로 세포가 필요한 경우 **세포분열**(cell division) 또는 **증식**(proliferation)으로 새로운 세포가 생성되어야 한다. 체세포(somatic cell)는 일련의 과정을 거쳐 기존 세포의 분열에 의해 만들어진다. 세포 내용물을 복제한 다음, 분열하여 2개의 동일한 **딸세포**(daughter cell)를 형성한다. 이 일련의 복제과정을 **세포주기**(cell cycle)라고 하며 진핵생물의 생장에 필수적인 메커니즘이다.

세포분열은 생명체의 일생 동안 일어나지만, 어떤 세포는 다른 세포보다 자주 분열한다. 세포는 세포 유형과 개인의 나이에 따라 증식 능력에 현저한 변화를 보인다. 예를 들어, 신생아의 섬유모세포(fibroblast)는 50회 가량 분열할 수 있지만, 성인으로부터 분리된 섬유모세포는 단지 절반 정도의 세포주기 횟수만 가능하다.

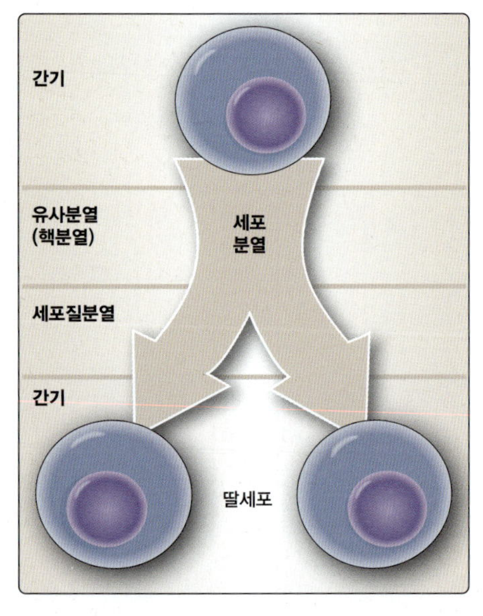

그림 20.1
세포분열 단계 및 세포주기

임상 적용 20.1 세포 재생

안정된 세포시스템 유지관리 기능인 세포의 항상성(homeostasis)에 의해 세포가 죽거나 없어지면(예: 제거 또는 탈락), 그 조직에 고유한 세포로 대체된다. 이러한 세포 교대는 일반적인 작용인데, 예를 들어 내분비 및 중추신경계에서 세포 교대는 매우 느리거나 일어나지 않는 반면, 다른 세포들에서는 세포 교대가 매우 빠르게 일어난다. 성인은 약 2×10^{13} 개의 적혈구를 가지고 있다. 적혈구의 반감기는 약 115일이므로 인체는 매일 약 10^{11}개의 새로운 적혈구를 대체해야만 한다! 가장 풍부한 백혈구인 호중구(neutrophil)는 약 10.5시간의 반감기를 가지고 있으므로 하루에 약 6×10^{10}개의 호중구가 대체되어야 함을 의미한다. 상피세포도 빠르게 교대되는데, 위의 상피세포 수명은 3~5일이고 소장 상피세포의 수명은 5~6일이다.

하나의 세포가 2개의 딸세포를 생성하려면 세포 구성요소 전체를 복제해야 한다. 특히 여러 염색체에 포함된 유전 정보는 반드시 모두 복제되어야 한다. 또한 세포소기관과 세포골격 섬유 모두 복제되어 새로 형성된 2개의 딸세포에 나누어져야 한다.

세포주기는 간기, 유사분열 및 세포질분열의 세 가지 단계로 크게 나눌 수 있다(그림 20.1). **간기**(interphase)는 핵분열을 마치고 다음 핵분열이 시작될 사이의 기간이며, 그 기간 동안 세포 생장과 DNA의 합성이 일어난다. 간기는 **G_1기**(G_1 phase), **S기**(S phase) 및

임상 적용 20.1 세포 재생(이어짐)

G_2**기**(G_2 phase)라는 세 단계로 더 세분화할 수 있다(그림 20.2). 유전 정보의 분할은 **유사분열**(mitosis) 단계에서 발생하며, 이는 **전기**(prophase), **전중기**(prometaphase), **중기**(metaphase), **후기**(anaphase) 및 **말기**(telophase)로 불리는 5개의 뚜렷한 단계로 구분된다. 유사분열은 각 딸세포가 모세포와 동일하고 완전한 유전 물질의 사본을 갖도록 한다. 세 번째 단계인 **세포질분열**(cytokinesis)은 2개의 딸세포가 각각 분리되어 간기에 들어가는 것으로 마무리된다.

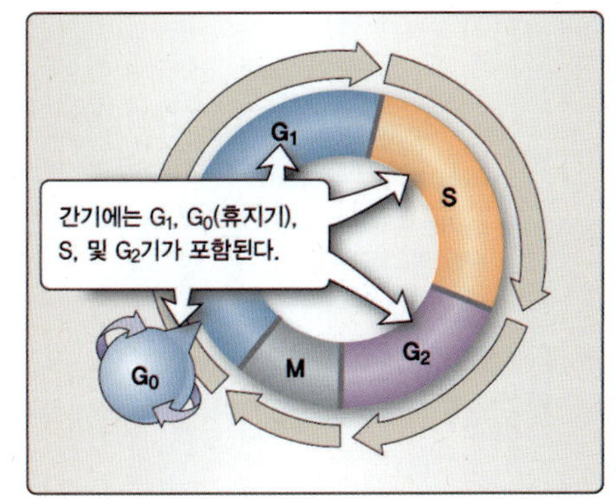

그림 20.2
간기

II. 간기

모든 세포는 세포주기가 활발하게 일어나는 정도와 상관없이 대부분 시간을 간기에서 보낸다. **간기**(interphase)는 세포주기 동안 많은 일이 일어나는 중요한 부분이며, G_1, S 및 G_2기로 구성된다(그림 20.2). 세포 성장과 DNA 합성은 간기 동안 일어나며, 그 결과 세포 내용물이 복제되어 2개의 완전한 새로운 딸세포를 위한 충분한 물질을 공급하게 된다.

A. G_1 및 G_0기

유사분열기과 DNA 합성기 사이의 간격(gap)이 있다는 의미로 명명된 G_1**기**(G_1 phase)는 S기에 일어나는 DNA 합성을 위한 성장 단계이자 준비 시간이다(그림 20.3). RNA 및 단백질 합성도 G_1기에 발생한다. 또한 세포소기관과 세포 내 구조물이 복제되고 세포의 성장이 일어난다. G_1기의 길이는 세포의 유형에 따라 매우 다양하다. 성장하는 배아세포와 같이 매우 빠르게 분열하는 세포는 G_1기가 매우 짧은 반면, 더 이상 활발하게 분열하지 않는 성숙한 세포는 영구적으로 G_1기에 존재한다. DNA를 합성할 계획이 없는 G_1기의 세포는 G_0**기**(G_0 phase)라는 특수한 휴지기 상태에 있다. G_0기의 일부 비활성 또는 휴지기 상태의 세포는 적절한 자극이 있으면 다시 세포주기를 시작하여 세포분열을 할 수 있다. **제한점**(restriction point)은 G_1기 내에 있으며, 이를 통과하면 세포는 계속해서 S기로 진입하여 DNA 합성을 하게 된다. 제한점은 세포주기의 조절에 중요하며 21장에 자세히 설명되어 있다.

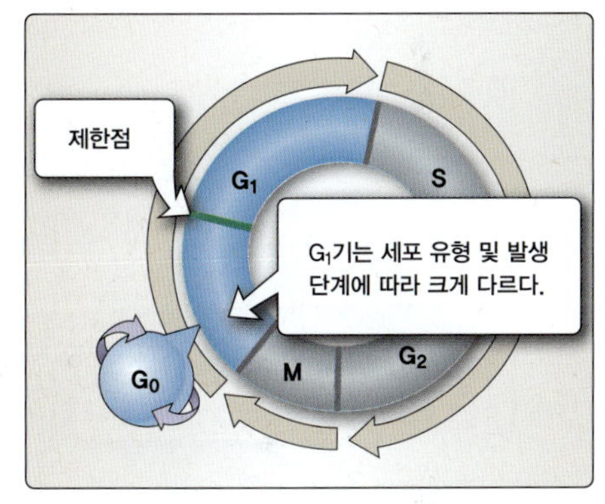

그림 20.3
G_1 및 G_0기

B. S기

DNA **복제**(replication)라고도 알려진 핵 DNA의 합성은 S(synthesis)기에 일어난다(그림 20.4). 인간의 세포에서 46개 염색체는 각각 복제되어 **자매염색분체**(sister chromatid)를 형성한다. **DNA 헬리케이스**(DNA helicase)는 ATP 의존적으로 염색질의 구조를 풀어서, 5'에서 3' 방향으로 새로운 DNA의 합성을 촉매하는 DNA 중합효소의 결합 부위를 노출시킨다. S기의 시간 범위 내에서 유전체의 복제가 모두 끝

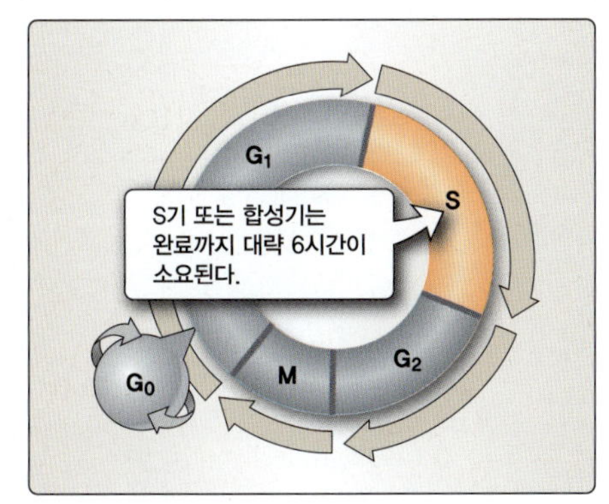

그림 20.4
S기

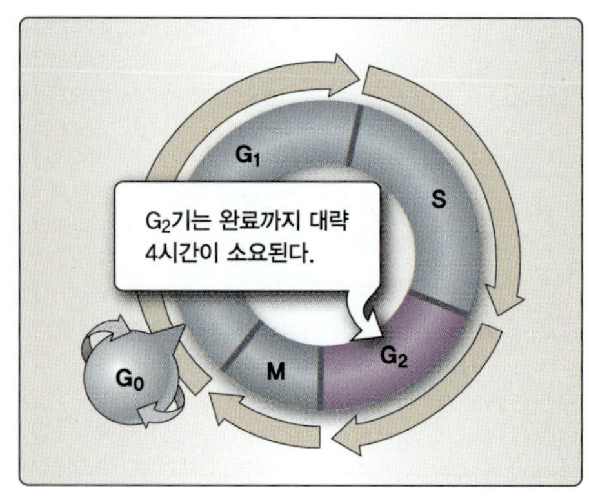

그림 20.5
G_2기

나야 하기에, 각 염색체는 여러 개의 복제분기점(replication fork)을 가지고 있다. DNA 합성이 완료되면 염색체 가닥은 단단하게 꼬인 이질염색질(heterochromatin)로 응축된다. 이 과정이 완료되는 시간은 세포 유형에 상관없이 비교적 일정하다. 활발하게 세포주기를 진행하는 세포는 S기에서 약 6시간을 소비한다. DNA 복제에 대해서는 7장에 자세히 설명되어 있다.

C. G_2기

S기의 완료와 유사분열기 개시 사이의 간격인 **G_2기**(G_2 phase)는 유사분열에서 일어날 핵분열을 위한 준비 기간이다(그림 20.5). 이 시기에 세포는 핵분열을 진행하기 전에 DNA가 완전하고 정확하게 합성되었는지 확인한다. 또한 G_2기에는 세포 내 조절 분자가 핵의 완전성(nuclear integrity)을 평가하는 확인점(checkpoint)이 존재한다(21장, III절 참조). 일반적으로 이 단계는 약 4시간이 소요된다.

III. 유사분열기

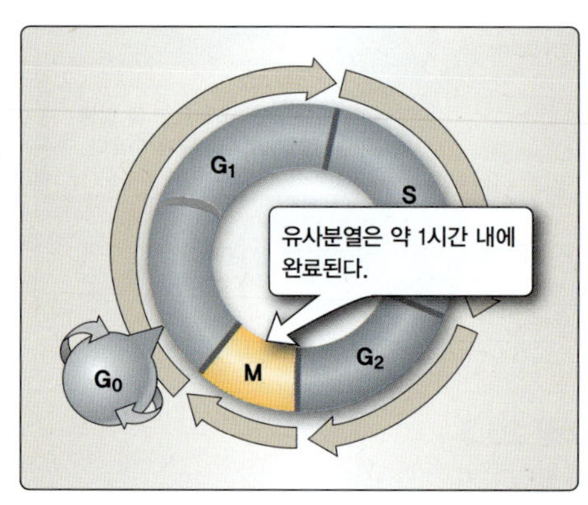

그림 20.6
유사분열(M)기

핵분열이 일어나는 유사분열은 전체적인 핵분열의 진행 상황에 따라 5개의 단계로 나눌 수 있는 연속적인 과정이다. 분열 중인 세포는 유사분열에서 약 1시간을 보낸다(그림 20.6). 핵분열이 완료된 후, 세포질이 나누어지는 세포질분열(cytokinesis)이 일어난다. 이 시기가 끝나면 2개의 분리된 딸세포가 형성된다.

A. 전기

전기(prophase)에서는 핵막은 그대로 유지된 상태에서 S기 동안 복제된 염색질이 **염색분체**(chromatid)라고 하는 염색체 구조로 응축된다(그림 20.7A). 유사분열 세포의 염색체는 2개의 염색분체가 **동원체**(centromere)에서 서로 연결되어 있다. **방추사부착점**(kinetochore)이라고 불리는 특화된 단백질 복합체가 형성되어 각 염색분체와 결합한다. 각 염색분체가 나중에 분리되어 이동할 때 유사분열 방추사 미세소관이 각 방추사부착점에 부착된다. 세포질의 미세소관은 분해된 후 핵 표면에서 재구성되어 **유사분열 방추사**(mitotic spindle)를 형성한다. 2개의 중심체 쌍은 유사분열 방추사를 형성하는 미세소관 다발을 성장시켜 서로 밀어내게 된다. 라이보솜(ribosome)을 만드는 핵 내의 소기관인 **인**(nucleolus)은 전기에 분해된다.

B. 전중기

핵막의 붕괴는 전중기(prometaphase)의 시작을 의미한다(그림 20.7B). 방추사 미세소관은 방추사부착점에 결합하고 염색체는 방추사의 미세소관에 의해 당겨진다.

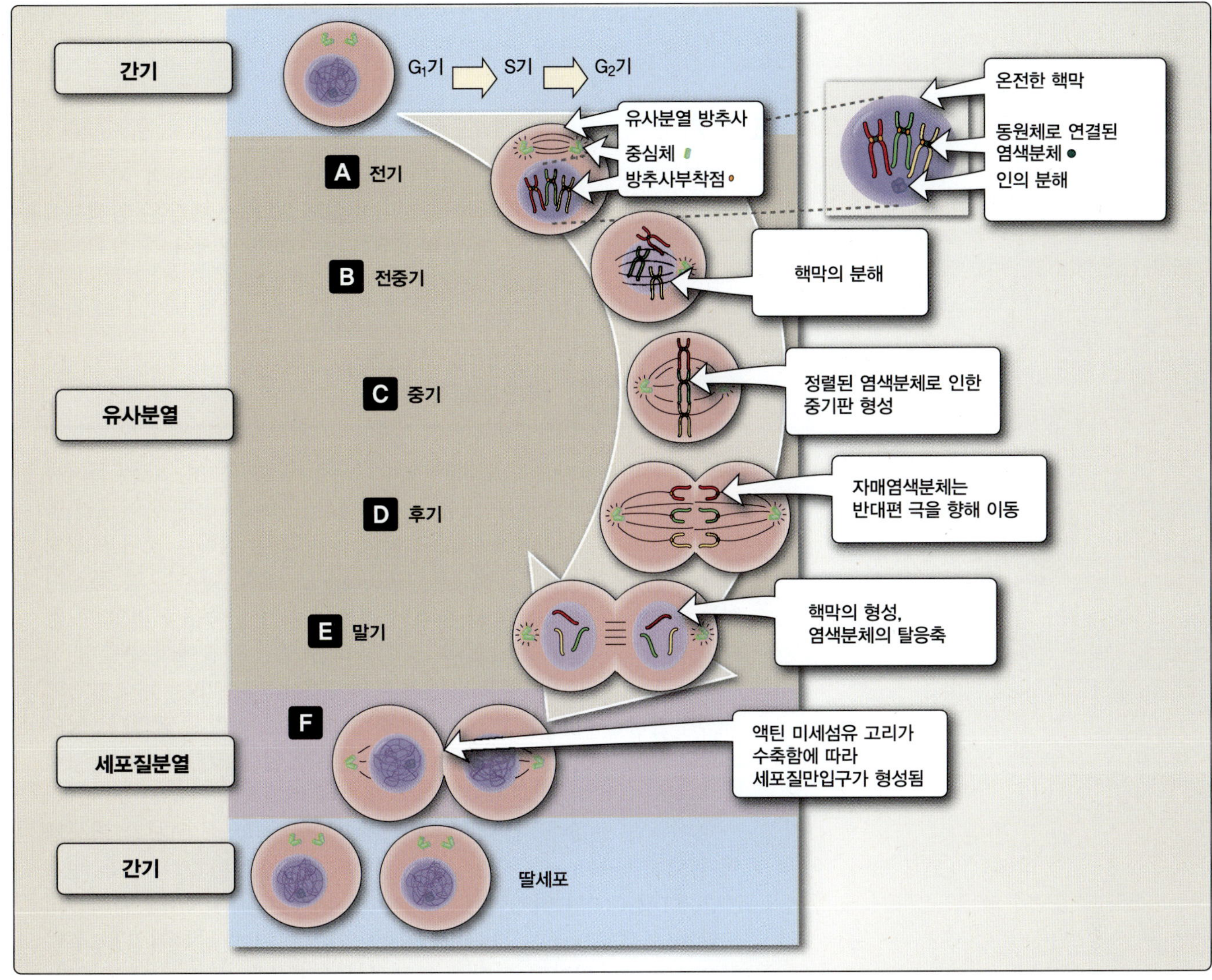

그림 20.7
유사분열 (설명을 위해 3개의 염색체만 나타냈다.)

C. 중기

중기(metaphase)는 방추의 적도면, 즉, 두 극 사이의 중간에 염색분체가 정렬하는 것을 특징으로 한다(**그림 20.7C**). 정렬된 염색분체는 중기판(metaphase plate)을 형성한다. 미세소관 억제제를 사용하면 세포를 중기에 멈추도록 할 수 있다(21장 참조). 전체 염색체의 구성과 구조를 확인하기 위한 핵형(karyotype) 분석은 대부분 중기에 있는 세포를 통해 이루어진다.

D. 후기

후기(anaphase)에는 극 미세소관(polar microtubule)이 늘어나기 때문에 유사분열 방추극이 서로 반대 방향으로 밀려난다(**그림 20.7D**). 각 동원체는 2개로 나뉘고 쌍을 이루던 방추사부착점도 분리된다. 자매염색분체는 방추극의 반대편으로 이동한다.

E. 말기

핵분열의 마지막 단계인 말기(telophase)는 방추사부착점 미세소관과 유사분열 방추사의 해체가 특징이다(그림 20.7E). 핵막은 염색분체를 가진 2개의 핵 주위에 각각 형성된다. 2개의 딸핵에서 각 염색분체는 염색질로 다시 풀어지고(탈응축) 인이 재형성된다.

임상 적용 20.2 헤이플릭 한계

20세기 초, 연구자들은 설치류에서 발생한 악성 종양을 다른 설치류에 연속적으로 이식할 수 있음을 관찰했다. 20세기 중반에 이르러 암세포가 조직 배양에서 죽지 않고 계속 생존할 수 있다는 것이 보고되었다. 1960년대 레너드 헤이플릭(Leonard Hayflick) 박사는 암 특성이 없는 정상적인 세포는 복제 능력이 제한되어 있어 죽음을 피할 수 없다는 놀라운 사실을 발견했다. 헤이플릭은 인간 탯줄에서 추출한 섬유모세포 배양 시 약 50회의 분열 후에 분열을 멈춘다는 것을 발견했다. 이 현상은 헤이플릭 한계(Hayflick limit)로 알려지게 되었다. 성인으로부터 배양된 섬유모세포는 분열 횟수가 훨씬 적었다. 복제 능력은 세포의 나이가 아닌 세포분열의 횟수에 따라 달라진다.

헤이플릭 한계에 기여하는 것은 세포가 분열할 때마다 각 염색체의 텔로미어(telomere; 사람의 경우 염색체 말단에 있는 6량체 DNA 반복서열, TTAGGG)가 비가역적으로 짧아지는 것이다. RNA와 단백질의 복합체인 텔로머레이스(telomerase)가 텔로미어에 반복서열을 추가함으로써 텔로미어의 길이를 복구하고 유지하는 데 도움이 되지만, 결국에는 텔로미어가 짧아짐으로써 세포 노화가 일어나게 된다. 텔로미어는 일반적으로 유사분열 말기 동안 염색체를 반대 극으로 이동시키는 것을 돕는다. 텔로미어가 너무 짧아지면 염색체는 더 이상 분리될 수 없으며 세포 역시 더 이상 분열할 수 없다.

피부, 장 상피세포 및 적혈구와 같은 일부 조직은 지속적인 세포 대체가 필요하다. 이러한 세포는 헤이플릭 한계를 나타내지 않는 선조(progenitor) 줄기세포에서 파생된다. 헤이플릭 한계의 영향을 받는 세포는 내분비계 세포와 같이 거의 분열하지 않거나, 뉴런과 같이 성인기 동안 절대 분열하지 않는다.

IV. 세포질분열기: 세포주기의 완성

2개의 분리된 딸세포를 생성하기 위해 핵분열 이후에 세포질분열(cytokinesis)이 일어난다. 액틴 미세섬유 고리(actin microfilament ring)가 형성되어 세포질분열에 필요한 장치들을 만든다. 이 액틴 기반 구조물의 수축은 후기 단계부터 관찰되는 **세포질만입구**(cleavage furrow) 형성을 유도한다(**그림 20.7F**). 이 만입구는 반대편 가장자리가 만날 때까지 잘록해진다. 세포막은 만입구의 안쪽 끝부분에서 융합되고, 그 결과 원래의 모세포와 동일한 2개의 분리된 딸세포가 형성된다.

임상 적용 20.3 오로라 인산화효소

아프리카 발톱 개구리 **제노푸스**(*Xenopus laevis*)의 알에서 처음 발견된 오로라 인산화효소(aurora kinase)는 특히 염색분체 분리과정을 조절함으로써 유사분열 동안 중요한 역할을 하는 세린/트레오닌 인산화효소 계열이다. 포유류 세포에서는 3종류의 오로라 인산화효소가 알려져 있다. 오로라 A는 유사분열의 전기에 작용하며, 유사분열 방추사의 적절한 형성과 중심체 미세소관을 안정화하기 위한 단백질을 모으는데 중요하다. 오로라 A가 없으면 중심체는 후기에 충분한 γ-튜불린(γ-tubulin)을 축적하지 못하여 완전히 형성되지 않는다. 오로라 A는 방추사가 형성된 후 중심체를 적절하게 분리하는 데에도 필요하다. 오로라 B는 유사분열 방추사를 중심체에 부착하고 세포질분열을 위한 세포질만입구 형성에 작용한다. 오로라 C는 염색체 승객 복합체(chromosomal passenger complex)라고 하는 유사분열의 주요 조절 복합체의 구성요소이다. 이 복합체는 염색체가 올바르게 정렬되고 분리되도록 하며 방추사 미세소관의 조립에 필요하다. 인간의 많은 종양에서 오로라 인산화효소 계열의 3가지 구성원 모두의 발현이 증가되는 것을 관찰하였다. 오로라 인산화효소의 억제제는 항암 요법으로 기대되었지만, 고형 종양(solid tumor)에 대한 임상 시험에서는 그 효과가 제한적이었다. 이러한 빈약한 종양 억제 효과에 대한 한 가지 가능한 설명은 고형 종양은 종종 세포의 증식 속도가 매우 느리기 때문이라는 것이다. 혈액 종양(hematopoietic malignancy)은 생장 속도가 고형 종양보다 훨씬 빠른 경향이 있기 때문에 이러한 잠재적 치료제에 의한 생장 억제에 더 민감한 것으로 보인다. 따라서 다른 항암제와 함께 오로라 인산화효소 억제제를 사용하면 효과적일 수 있다.

V. 세포주기의 분석

세포 증식과 세포주기의 분석은 모두 종양의 진행을 평가하는 데 임상적으로 중요하다. 세포 증식과 세포주기를 촉진하거나 억제하는 약물의 역할을 검토, 평가하는 방법은 세포생물학과 약물 개발 연구에 모두 중요하다. 세포 증식을 평가할 수 있는 여러 도구와 방법이 있지만, 기본적으로 세포 증식을 분석하는 방법과 세포주기를 확인하는 데 사용되는 방법으로 나눌 수 있다.

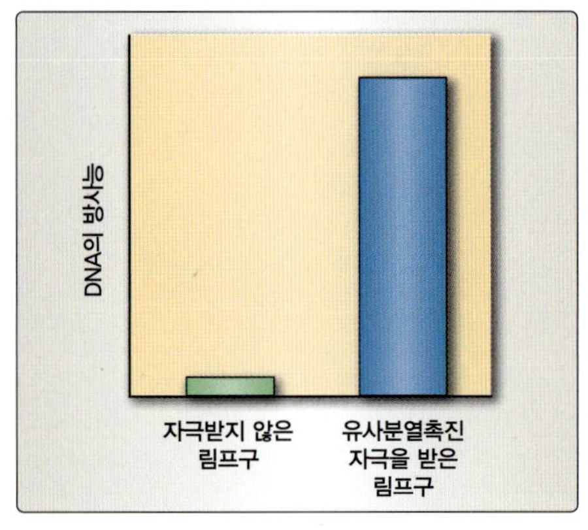

그림 20.8
^{3}H-타이미딘 배지에서 유사분열촉진 자극을 받은 림프구의 증식

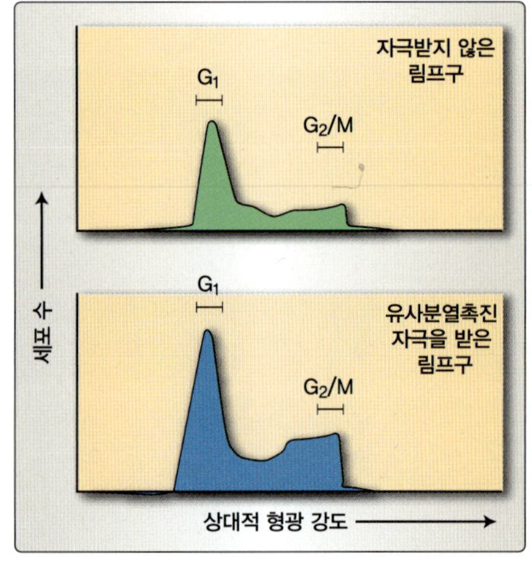

그림 20.9
CFSE에 의해 측정된 유사분열촉진 자극을 받은 림프구의 세포 증식

A. 세포 증식 분석

세포의 증식은 신생 DNA의 합성을 측정하거나 세포가 분열함에 따라 세포 내 표지된 세포질 단백질의 연속 희석법으로 평가할 수 있다.

1. **DNA 합성:** DNA의 복제는 DNA의 뉴클레오사이드 구성단위 중 하나인 타이미딘(thymidine)의 변형된 유사체를 사용하여 확인할 수 있다. 대표적인 실험 방법으로, 표지된 타이미딘 또는 타이미딘의 유사체(예: BrdU)를 세포가 분열하는 조직 배양 배지에 첨가한다. 타이미딘은 DNA 합성에만 사용되기 때문에, DNA를 활발하게 합성하는 세포는 표지된 타이미딘 또는 그 유사체를 포함할 것이기에 측정할 수 있다(그림 20.8).

2. **세포질 탐침 희석:** 세포질 탐침(probe)도 세포 증식을 분석하는 데 사용될 수 있다. 이 방법은 세포막을 쉽게 통과하여 세포질로 들어갈 수 있는 카복시플루오레세인 다이아세테이트의 석시니미딜 에스터(succinimidyl ester of carboxyfluorescein diacetate, **CFSE**)를 세포 배양 시 함께 넣어주는 것이다. CFSE가 세포 내로 들어가면 세포 내 에스터레이스가 CFSE의 아세테이트 그룹을 절단하여 형광을 띠게 하고, 이를 막 불투과성으로 만들어 세포 밖으로 나가지 못하게 한다. CFSE의 석시니미딜 에스터기는 해당 세포의 세포질 및 막단백질의 아민기(대개 라이신)에 비가역적으로 결합한다. 세포가 분열함에 따라 형광 표지된 세포질 단백질은 2개의 딸세포로 균등하게 나뉜다. 각 딸세포는 이전 세대보다 절반의 형광을 가지며, 이는 유동 세포계수법(flow cytometry)으로 측정할 수 있다(그림 20.9).

B. 세포주기의 분석

세포 내에 포함된 DNA의 양은 세포주기의 단계에 따라 다르며, G_1기의 $1n$과 G_2 및 M기의 $2n$ 사이의 범위이다. 서로 다른 세포주기에 있는 집단의 세포 분포는 림프종 및 백혈병의 치료법을 평가하기 위해 그리고 종양유전자 및 종양 억제 유전자 메커니즘을 평가하는 연구 도구로서 유동 세포계수법으로 확인할 수 있다. 다양한 핵산 결합 형광 염료 중 하나를 사용하여 DNA를 표지할 수 있는데, 형광의 양은 세포의 DNA 양에 비례한다. 유동 세포계수법의 히스토그램 분석은 모집단 내에서 세포주기의 G_1, S 및 G_2기의 각 단계별 세포의 비율을 보여준다(그림 20.9).

요약

- 생명체가 생장하거나 손상 또는 질병으로 손실된 세포를 대체하기 위한 새로운 세포는 기존 체세포의 세포분열로 생성된다.
- 복제와 분열의 일련의 과정을 세포주기라고 한다.
- 세포주기는 간기, 유사분열기 및 세포질분열기의 세 단계로 나뉜다.
- 모든 세포는 대부분 시간을 간기(G_1, S 및 G_2기로 구성)에서 보낸다.
- 간기는 G_1기의 세포 성장, 단백질 및 RNA 합성, S기의 DNA 합성 및 G_2기의 유사분열 준비를 포함하는 단계이다.
- 유사분열에서 핵분열은 간기에 이어 진행되며, 2개의 분리된 핵은 서로 동일하고 모세포의 핵과도 같다.
- 유사분열에서 핵분열은 전기, 전중기, 중기, 후기 및 말기로 구분된다.
- 세포질분열, 즉 세포질의 분할은 유사분열 후 발생하며, 모세포와 동일한 2개의 딸세포를 생성한다.

학습 문제

다음 중 가장 적절한 답을 하나만 고르시오.

20.1 세포주기의 간기에 있는 골수 줄기세포에서 관찰할 수 있는 것은?

A. 인의 분해
B. 핵막의 분해
C. 자매염색분체가 서로 반대 극으로 이동함
D. 쌍을 이룬 방추사부착점의 분리
E. 핵 DNA의 합성

정답 E

핵 DNA의 합성은 간기를 구성하는 3단계 중 하나인 S기에서 일어난다. G_1기와 G_2기는 간기의 다른 단계이다. 인의 분해는 유사분열의 전기에서 발생한다. 핵막의 분해는 유사분열의 전중기에서 일어난다. 반대쪽 극을 향한 자매염색분체의 이동 및 쌍을 이루는 방추사부착점의 분리는 모두 유사분열 후기에서 발생한다.

20.2 세포주기에 적극적으로 참여하는 간세포(hepatocyte)는 특정 단계에서 크기가 증가하고 세포소기관을 복제하는 것으로 관찰된다. 이 간세포는 현재 어느 단계에 있는가?

A. G_1기
B. G_2기
C. 전기
D. S기
E. 말기

정답 A

G_1기는 S기에서의 핵 DNA 복제 이전에 세포 크기의 증가와 세포소기관의 복제가 일어나는 것이 특징이다. G_2기는 유사분열의 핵분열 이전의 단계이다. 전기와 말기는 유사분열의 단계이다.

20.3 유사분열의 말기에 해당하는 세포에서 관찰할 수 있는 것은?

A. 적도면에서의 염색체 정렬
B. 세포질만입구의 형성
C. 유사분열 방추사 해체
D. RNA 및 단백질 합성
E. 염색질의 풀림

정답 C
유사분열 방추사 해체 및 방추사부착점 미세소관의 분해는 말기를 특징짓는다. 적도에서의 염색체 정렬은 유사분열의 중기에서 나타난다. 세포질만입구의 형성은 핵분열이 완료된 후 발생하는 세포질분열 중에 발생한다. RNA 합성과 단백질 합성은 G_1기의 세포에서 볼 수 있다. 염색질의 풀림은 간기의 S기에서 발생한다.

20.4 세포주기가 활성화된 림프구는 쌍을 이룬 방추사부착점이 분리되고 자매염색분체가 반대쪽 방추극으로 이동하는 것으로 관찰된다. 이 림프구의 유사분열 단계는?

A. 후기
B. 중기
C. 전중기
D. 전기
E. 말기

정답 A
후기는 반대쪽 방추극으로 자매염색분체를 이동시키기 위해 쌍을 이룬 방추사부착점과 동원체의 분리를 특징으로 한다.

20.5 오로라 A가 결핍된 세포가 분열 자극을 받았을 때 이 세포는 분열기 중 어느 시기를 완료할 수 없는가?

A. 후기
B. G_1기
C. 중기
D. 전중기
E. S기

정답 A
오로라 A가 없으면 중심체는 후기에 충분한 γ-튜불린을 축적할 수 없어 제 기능을 수행하지 못한다. 후기 이전에 진행되는 전기, 전중기 및 중기와 간기(G_1, S 및 G_2)의 유사분열 단계는 오로라 A가 없어도 정상적으로 일어날 수 있다.

세포주기의 조절

Regulation of the Cell Cycle

21

I. 개요

세포주기는 고도로 조절되어 세포 증식, 세포 분화 및 세포 죽음 사이의 균형 또는 **항상성**(homeostasis) 상태를 유지한다. 특정 유형의 세포는 살아 있는 동안 분열 능력을 계속 유지한다. 다른 유형의 세포는 분화 후 세포주기의 활성 단계(G_1 → S → G_2)로부터 영구적으로 벗어난다. 어떤 세포는 세포주기를 빠져나갔다가 다시 돌아와 주기를 시작하기도 한다. 세포는 그 유형과 기능에 따라 발생 자극 및 주변 환경 자극에 대해 적절히 반응한다.

일시적으로 또는 가역적으로 분열을 멈추는 세포는 **G_0기**(G_0 phase)에서 **휴지기**(quiescence) 상태에 있는 것으로 간주한다(그림 21.1, 20장 참조).

일시적으로 세포가 휴지기 상태인 것과 달리, **노쇠한**(senescent) 세포는 연령 증가 또는 축적된 DNA 손상으로 인해 영구적으로 분열을 멈춘 것이다. 예를 들어, 뉴런은 노쇠한 것으로 간주하여 세포주기의 활성 단계로 재진입하지 않는다(세포 노쇠에 대한 자세한 내용은 24장 참조). 반면에 소장 상피세포와 골수 조혈모세포는 정상적인 기능을 하는 동안 빠른 세포 교대를 해야 하기에 지속적으로 대체되어야 한다. 간을 구성하는 간세포(hepatocyte)는 세포주기를 지속적으로 진행하지는 않지만, 필요한 경우 그렇게 할 수 있는 능력을 유지한다. 활성화된 세포주기로 재진입하는 간세포의 이러한 능력은 부상이나 질병 후 간의 재생을 의미하며, 이 특성은 간의 일부를 이식이 필요한 환자에게 제공하는 생체 간 이식 과정에서 성공적으로 활용되었다. 수술 후 몇 주 이내에 간 조직은 기증자와 수혜자 모두에서 2배로 커진다.

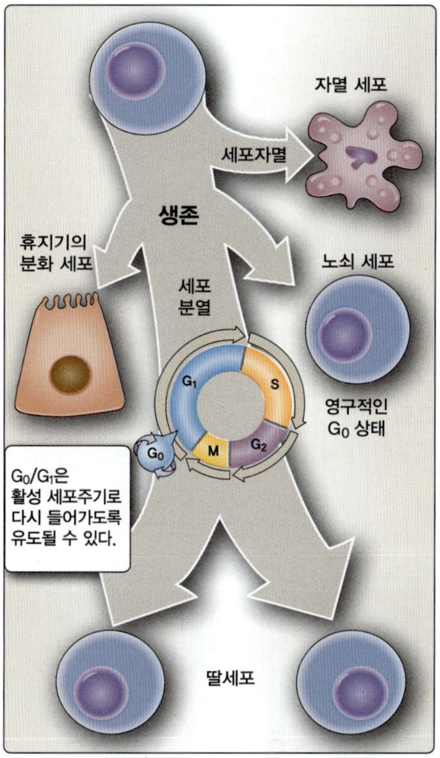

그림 21.1
조직 항상성은 분화, 세포 생장 및 세포 죽음 사이의 균형을 필요로 한다.

II. 세포주기 조절인자

세포주기 조절인자는 세포주기의 다양한 단계에서 주기 진행을 조절한다. 세포주기를 조절하는 매개자는 **사이클린**(cyclin)과 **사이클린 의존적 인산화효소**(cyclin-dependent kinase, CDK)로 분류된다. 이러한 단백질과 효소의 발현 양상은 세포주기 단계에 따라 다르다. 특정 사이클린과 CDK가 결합한 복합체(**cyclin-CDK**)는 효소(인산화효소) 활성을 가지고 있다. 필요에 따라 **사이클린 의존적 인산화효소 억제인자**(cyclin-dependent kinase inhibitor, CKI)를 동원하여 사이클린-CDK 복합체를 억제할 수 있다(그림 21.2).

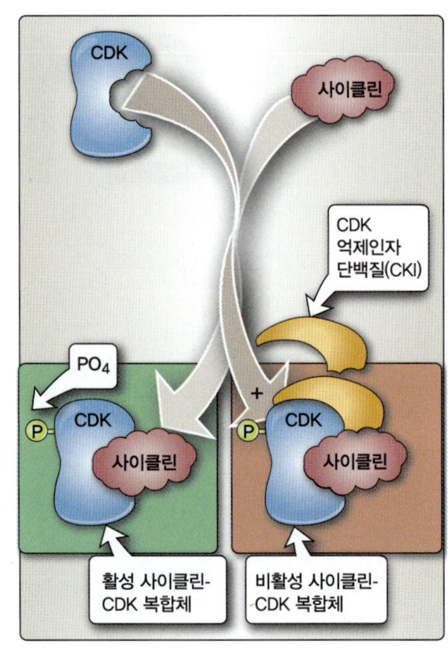

그림 21.2
세포주기 매개자 및 복합체 형성

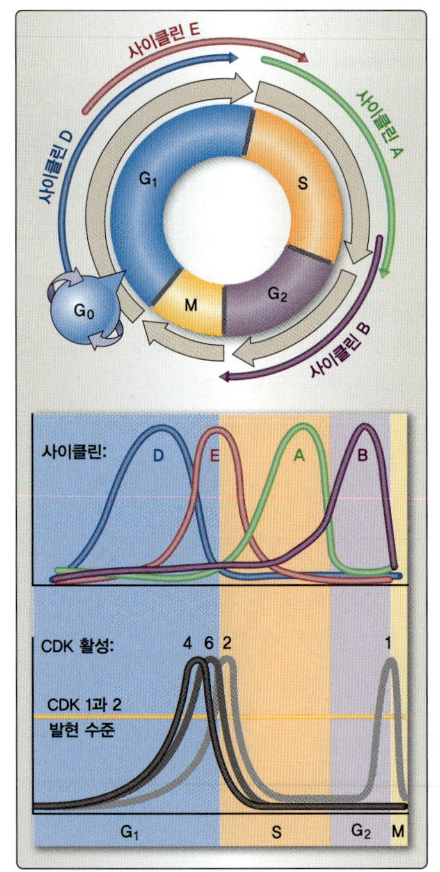

그림 21.3
세포주기별 사이클린의 발현 및 CDK 활성화

표 21.1 세포주기를 조절하는 사이클린과 CDK의 기능

사이클린	인산화효소	기능
D	CDK4	G_1/S 경계에서 제한점을 통과하여 진행
	CDK6	
E, A	CDK2	S기 초기에 DNA 합성 개시
B	CDK1	G_2기에서 M기로 전환

A. 사이클린

사이클린(cyclin)은 D, E, A, 그리고 B 사이클린으로 분류되는 세포주기 조절 단백질 집단으로 세포주기의 특정 단계를 조절하기 위해 발현된다. 사이클린 농도는 세포주기의 단계에 따라 합성과 분해(프로테아솜 경로, 12장 참조)로 인해 증가 또는 감소한다(**그림 21.3**).

D형 사이클린(사이클린 D1, D2 및 D3)은 **제한점**(restriction point)의 통과에 필수적인 G_1기 조절인자로서, 이 제한점을 통과하면 그다음 세포주기 단계로 들어가 다시 돌이킬 수 없게 된다. S기 사이클린에는 사이클린 E과 사이클린 A가 포함된다(**표 21.1**). 유사분열 사이클린(mitotic cyclin)에는 사이클린 A와 B가 포함된다.

B. 사이클린 의존적 인산화효소

CDK는 세포주기 동안 일정한 양으로 존재하는 세린/트레오닌 인산화효소이다. 그러나 이들의 효소 활성은 CDK 활성화에 필요한 사이클린의 농도에 따라 변화한다(**그림 21.3**). 특정 사이클린이 먼저 CDK에 결합한 다음 **CDK 활성 인산화효소**(CDK-activating kinase, CAK)가 CDK의 트레오닌 잔기를 인산화하여 활성화를 완료한다. 그다음으로 활성화된 **사이클린-CDK 복합체**(cyclin-CDK complex)는 해당 기질 단백질의 세린 및 트레오닌 아미노산 잔기의 인산화를 촉매한다. 이러한 인산화는 기질 단백질의 활성화 상태를 변화시킨다. 이 조절 단백질의 변화는 세포주기의 다음 단계의 시작을 유도하게 된다.

활성화된 CDK2는 G_1에서 S기로의 이동(S기 전이) 및 DNA의 합성의 개시에 관여하는 표적 단백질을 활성화시키는 역할을 한다. CDK1은 유사분열 개시에 중요한 활성화 단백질을 표적으로 한다.

III. 확인점 조절

세포주기의 중요한 지점에 위치한 **확인점**(checkpoint)은 각 단계의 중요한 과정이 제대로 이루어졌는지 점검하고 필요한 경우 다음 단계로의 진행을 지연시킨다(**그림 21.4**). 그러한 확인점 중 하나는 G_1기의 **제한점**(restriction point)이다. 제한점에 도달하기 전에 세포는 G_1기를 진행하기 위한 외부의 생장인자의 자극이 필요하다. 그 후, 세포는 추가 자극 없이 세포주기를 계속 진행한다. 다른 하나는 아래에 설명한 대로 **G_2기 확인점**(G_2 checkpoint)이다. **S기 확인점**(S-phase checkpoint)은 세포주기 진행을 감시하며, S기 세포에 DNA 손상이 발생하면 수선(repair)하기 위해 DNA 합성 속도가 느려진다.

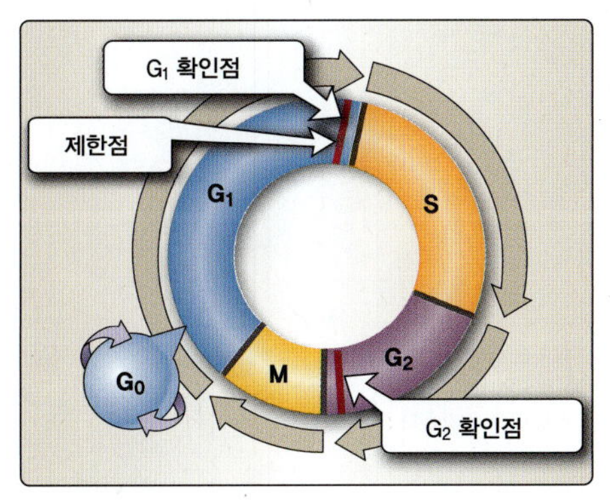

그림 21.4
세포주기를 진행하기 위해서는 특정 CDK에 의한 사이클린의 활성화가 필요하다.

A. G_1기 확인점

G_1기 동안 세포 성장이 적절하게 이루어질 때까지 핵에서 DNA의 합성이 시작되지 않는 것이 중요하다. 따라서 S기가 시작되기 전에 G_1기가 완료되도록 하는 종양 억제인자(tumor suppressor) 및 CDK 억제인자 등과 같은 주요 조절인자가 있다. 종양 억제 단백질은 일반적으로 지속적인 생장이 필요하지 않거나 바람직하지 않을 때, 혹은 DNA가 손상되었을 때 G_1기 내에서 세포주기 진행을 중단시키는 작용을 한다. 종양 억제 유전자의 돌연변이는 부적절한 상황에서도 세포주기가 진행될 수 있게 하는 단백질을 만들어낸다. 암세포에서 종종 종양 억제 유전자의 돌연변이가 관찰된다.

1. **망막모세포종(RB) 단백질:** 종양 억제인자 RB(retinoblastoma)는 일반적으로 세포주기의 G_1기에서 세포를 정지시킨다. 유전성 망막모세포종으로 알려진 안구 악성 종양에서 관찰되는 것과 같이 RB 유전자에 돌연변이가 발생하면 세포는 G_1기에서 멈추지 못하고 세포주기를 계속해서 진행하게 된다.

   정상적인 **휴지기 세포**(resting cell)에서 RB 단백질은 인산화된 아미노산 잔기를 거의 포함하지 않는다. 이 상태에서 RB는 G_1/S 전환에 중요한 전사인자 E2F와 그 결합 파트너 DP1/2에 결합하여 세포가 S기로 진입하는 것을 억제한다(그림 21.5). 따라서 휴지기 세포에서 정상적인 RB는 G_1에서 S기로의 진행을 방해한다.

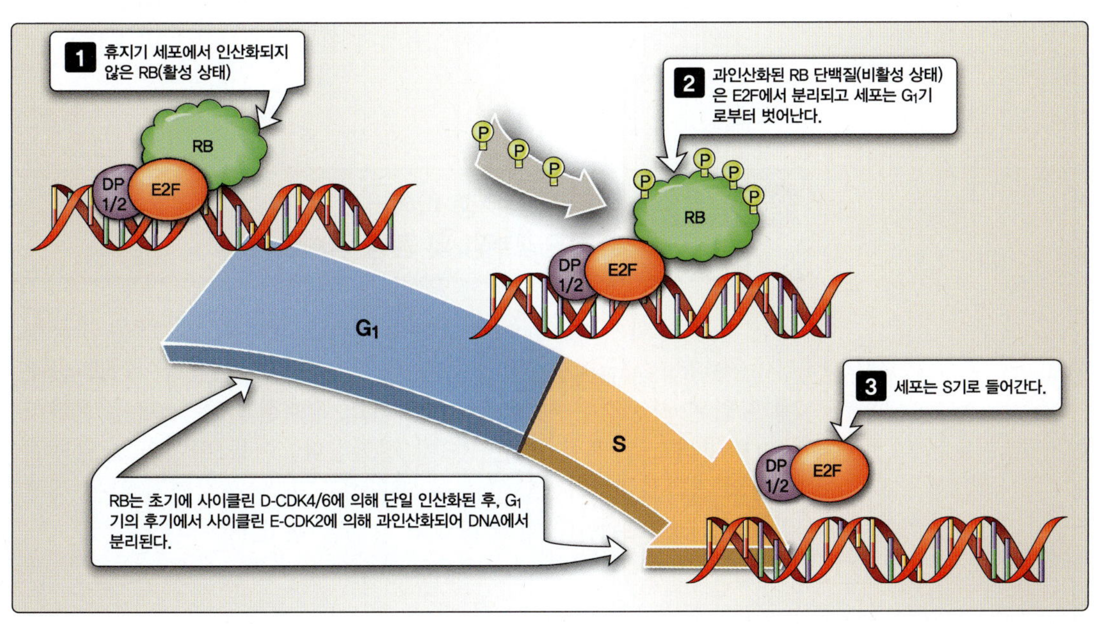

그림 21.5
S기 유전자의 전사를 조절하는 RB의 작용

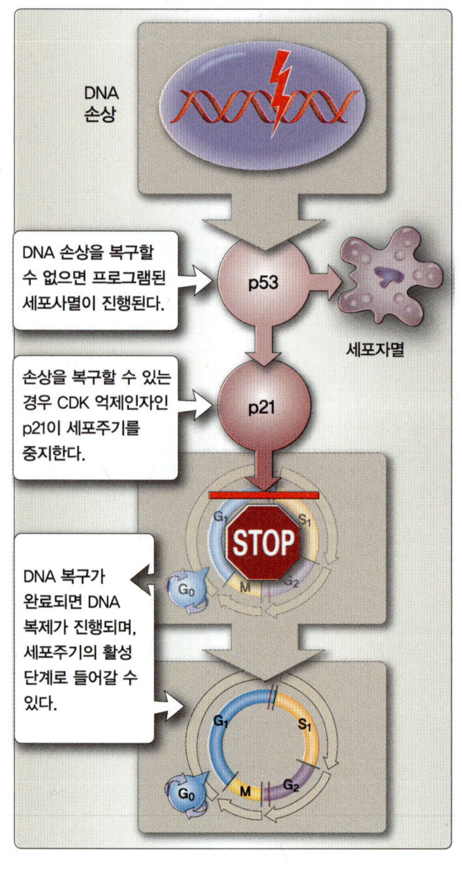

그림 21.6
DNA 손상 후 p53에 의한 세포 운명의 조절

활발하게 주기를 진행하는 세포(actively cycling cell)에서 RB는 사이클린 D 수준을 증가시키는 MAP 인산화효소 연쇄반응(17장 참조)을 통한 신호전달과 생장인자 자극의 결과로 비활성화된다. 이어서 사이클린 D-CDK4/6 복합체가 활성화되어 RB를 인산화한다. 사이클린 E-CDK2에 의한 RB의 추가적인 인산화는 세포가 G_1기를 벗어나도록 한다. 과인산화된 RB는 더 이상 전사인자 E2F가 DNA에 결합하는 것을 억제할 수 없다. 따라서 E2F는 DNA에 결합하여 S기에 필요한 단백질을 만드는 유전자를 활성화하게 된다. E2F에 의해 조절되는 S기 유전자의 산물로는 DNA 합성에 관여하는 타이미딘 인산화효소와 DNA 중합효소가 있다.

2. **p53:** p53 종양 억제 단백질은 G_1기에서 중요한 조절 역할을 한다. DNA가 손상되면 p53이 인산화되고 이를 통해 p53 단백질이 안정화되어 활성화된다. 활성화된 p53은 **CKI**(그림 21.2 참조)의 전사를 유도하여 p21이라는 단백질을 생성하고, 이 단백질은 세포주기 진행을 중단시켜 손상된 DNA의 복구를 유도한다. DNA 손상이 회복 불가능한 경우 p53은 대신 세포자멸을 유발한다(23장 참조).

   p53 유전자가 돌연변이되어 세포주기를 정지시킬 수 없으면 세포주기가 조절되지 못한 채로 진행된다. 모든 인간 암의 50% 이상에서 p53 돌연변이가 나타난다(그림 21.6).

3. **사이클린 의존적 인산화효소 억제인자(CKI):** 이러한 사이클린 의존적 인산화효소 억제인자에는 2가지 유형이 있는데, **INK4A**(Inhibitors of CDK4A) 집단 구성원은 D형 사이클린이 CDK4 및 CDK6과 결합하여 이를 활성화하는 것을 억제한다. **CIP/KIP**(CDK interacting protein/kinase inhibitory protein) 집단 구성원은 CDK2 인산화효소의 강력한 억제인자이다. 위에서 설명한 p21은 CIP/KIP의 구성원($p21^{CIP1}$)이다.

임상 적용 21.1 인간 유두종 바이러스, 자궁경부암 및 종양 억제인자

인간 유두종 바이러스(human papillomavirus) 균주 16 및 18은 자궁경부암(cervical cancer)의 원인으로 알려져 있다. 이러한 바이러스 균주에 감염된 자궁경부 세포에서 바이러스 단백질 E6은 p53에 결합하고, 바이러스 단백질 E7은 RB에 결합한다. 이들 바이러스 단백질 결합의 결과로 RB와 p53이 모두 비활성화되고, 조절되지 않은 세포주기의 진행으로 인해 악성 종양이 발생할 수 있다.

B. G_2 확인점

S기 동안 DNA가 완전히 복제되기 전에 핵분열(유사분열)이 시작되지 않는 것이 온전한 유전체의 상태를 위해 중요하다. 따라서 S기 이후 유사분열 개시 이전에 작용하는 G_2 확인점도 세포주기 내에서 중요한 조절 지점이다. CDK 및 인산가수분해효소(phosphatase)는 G_2 확인점에서 작용한다.

1. **사이클린 의존적 인산화효소 1(CDK1):** 사이클린 의존적 인산화효소 1(cyclin dependent kinase 1, CDK1)은 유사분열 진입을 조절한다. G_1, S 및 G_2기 동안 CDK1은 타이로신 잔기가 인산화되어 그 활성이 억제된다. 세포가 G_2기를 거쳐 M기로 진행하려면, CDK1에서 이러한 억제성 인산화가 제거되어야 한다.

2. **cdc25C 인산가수분해효소:** cdc25C 인산가수분해효소(cell division cycle 25C phosphatase)는 CDK1에서 억제성 인산화 제거를 촉매하는 효소이다(그림 21.7). 탈인산화 후 CDK1은 사이클린 B에 결합하여 활성화된다. 그 후, CDK1-사이클린 B 복합체는 핵으로 이동하여 세포 구조물의 주요 구성요소(예: 미세소관)를 인산화시킴으로써 유사분열을 활성화시킨다. 유사분열에서 염색체가 분리되기 전에 세포주기가 중단되어야 한다면, cdc25C는 종양 억제인자 ATM 및 ATR(ATM and Rad3 related)의 작용을 통해 비활성화될 수 있다(아래 참조).

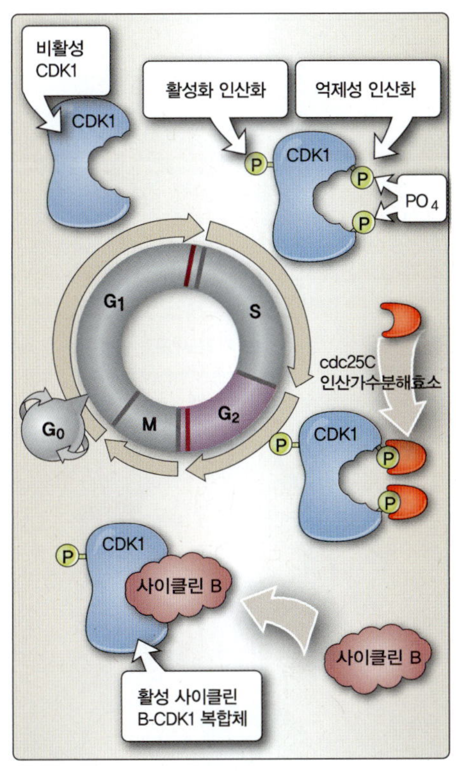

그림 21.7
G_2기에서 M기로의 진행은 cdc25C 인산가수분해효소 및 CDK1에 의해 조절된다.

IV. DNA 손상 및 세포주기 확인점

세포 내의 DNA 손상은 복제 오류, 화학적 노출, 산화적 손상 및 세포 대사 등의 다양한 방식으로 일어날 수 있다. DNA 손상에 대한 일반적인 반응은 DNA 수선(7장)이 완료될 때까지 G_1기에서 세포주기를 중단하는 것이다. 앞에서 설명한 것처럼, 종양 억제인자 p53은 세포를 G_1기에 정지시킴으로써 DNA 손상에 반응한다. 그러나 DNA 손상 유형에 따라 서로 다른 세포주기 조절 시스템이 사용될 수 있으며, 세포주기의 다른 단계가 중단될 수 있다. 또 다른 종양 억제 단백질 또한 DNA 손상에 대한 확인점 조절에서 중요한 역할을 할 수 있다.

A. DNA 손상에 대한 ATM 및 ATR 반응

종양 억제인자 ATM(모세혈관확장성 운동실조증, ataxia telangiectasia mutation) 및 ATR은 DNA 손상에 대한 세포 반응에서 중요한 세린/트레오닌 단백질 인산화효소이다(그림 21.8).

ATM 단백질은 이온화 방사선에 의해 활성화되며, 2중가닥 DNA 절단에 반응하는 주요 매개체이다. 이는 G_1/S, S 및 G_2/M 단계의 진행에서 세포주기의 정지를 유도할 수 있다. ATR은 UV 유도 DNA 손상에 대한 반응으로 세포주기를 정지시키는 역할을 하며, 2중가닥 DNA 절단에 대한 반응에서 2차적인 역할을 한다.

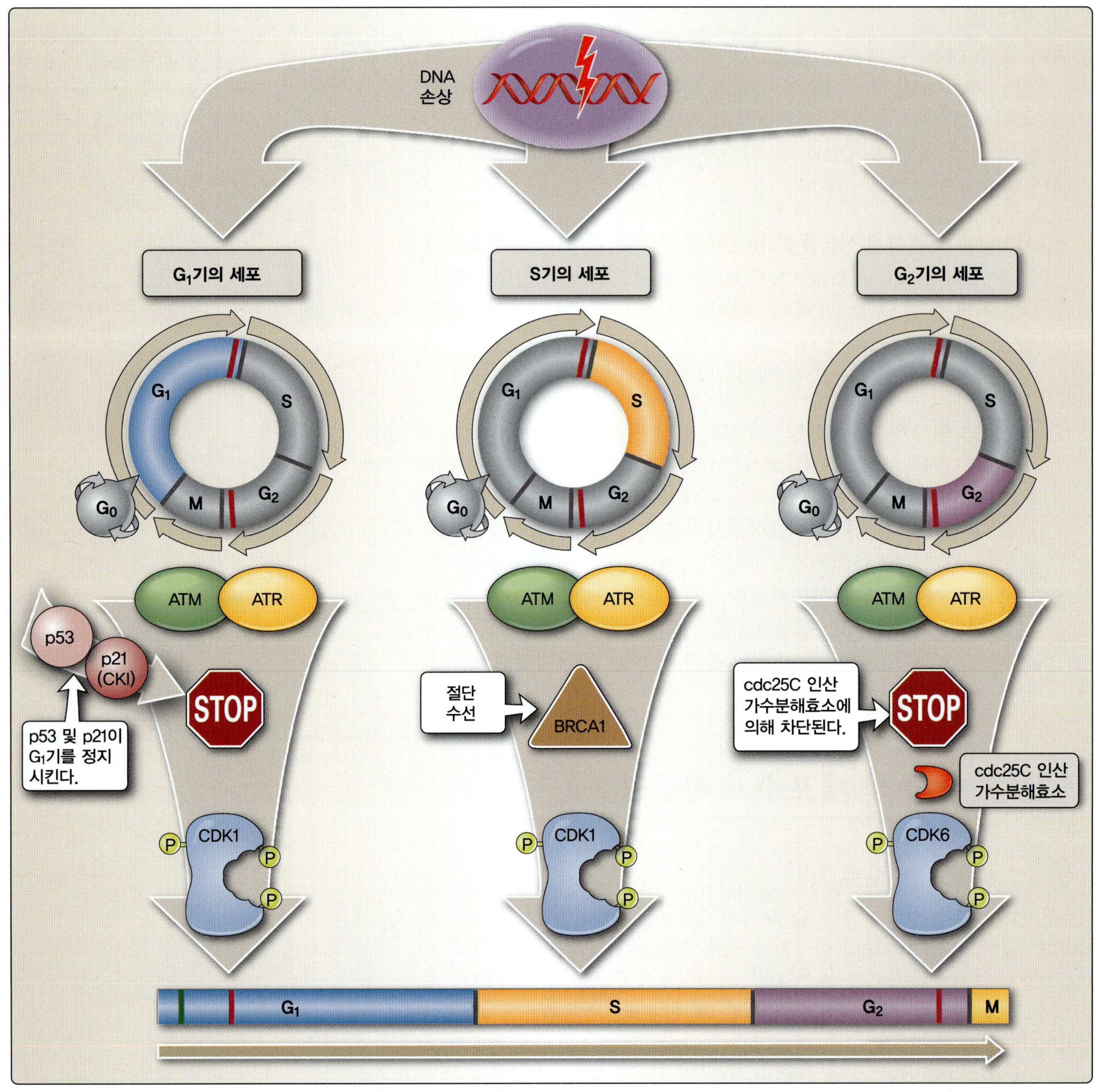

그림 21.8

G_1 및 G_2 확인점 조절과정에서 ATM/ATR

1. **BRCA1**: 유방암 감수성 유전자 1(brest cancer susceptibility gene 1)의 단백질 산물인 **BRCA1**은 2중가닥 DNA 절단을 수선하는 역할을 하며, 세포주기의 모든 단계에 관여한다. 반응 메커니즘에 관련된 세부 사항 및 다른 단백질은 아직 밝혀져 있지 않다.

V. 항암제와 세포주기

정상 세포와 종양세포 모두 동일하게 세포주기를 사용한다. 그러나 정상 조직과 **종양**(neoplastic, 암) 조직은 활성화된 세포주기로 진입한 총 세포 수가 다를 수 있다. 일부 화학치료제는 활발하게 세포주기를 진행하는 세포에서만 효과적이다(**그림 21.9**). 이러한 치료법은 세포주기 특이적인 약물로 간주되며, 분열하는 세포의 비율이 높은 종양에 사용된다. 정상적으로 활발하게 주기를 진행하는 세포 역시 이러한 약제에 의해 손상된다. 분열하는 세포의 비율이 낮은 종양에서는 세포주기-비특이적 약물을 치료적으로 사용할 수 있다.

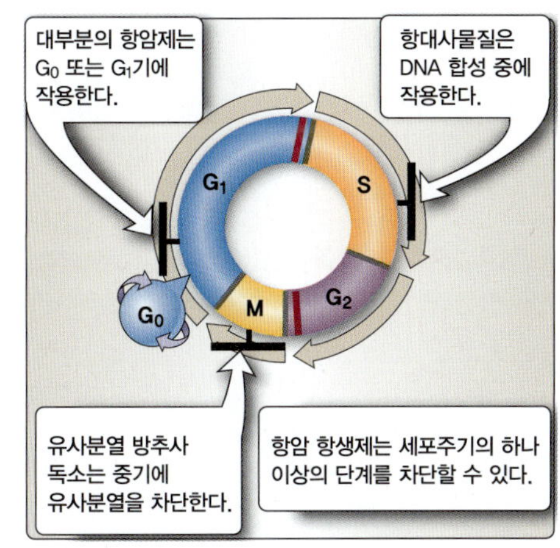

그림 21.9
항암제와 세포주기

A. 항대사제

정상적인 퓨린 또는 피리미딘 뉴클레오타이드 전구체와 구조적으로 유사한 화합물을 항대사제(antimetabolite)라고 한다. 이들은 세포주기의 S기에서 세포에 독성 효과를 나타낸다. 또한 DNA 및 RNA 합성에서 정상적인 뉴클레오타이드와 경쟁할 수 있다(7장 및 8장). 이 범주에 속하는 약물의 예로는 메토트렉세이트(methotrexate)와 5-플루오로우라실(5-fluorouracil)이 있다.

B. 항암 항생제

블레오마이신(bleomycin)과 같은 일부 항암 항생제(anticancer antibiotics)는 세포주기가 G_2기에 멈추도록 하는 반면, 이 범주의 다른 약물은 세포주기의 어떤 단계에도 특이적이지 않지만 DNA에 결합하고 그 기능을 방해함으로써 휴식 중인 세포보다 활발하게 주기를 진행하는 세포에 더 많은 영향을 미친다. 일부 알킬화제(alkylating agent)와 나이트로소우레아(nitrosourea)는 세포주기 비특이적 항암 항생제이다. 이러한 제제는 종종 생장률이 낮은 고형 종양을 치료하는 데 사용된다.

C. 유사분열 방추사 독소

유사분열 방추사 독소(mitotic spindle poison)로 작용하는 약물은 특히 유사분열의 중기 동안, 혹은 M기 세포를 억제한다(20장). 이들의 작용 메커니즘은 튜불린과의 결합(4장)과 염색체 분리에 필요한 미세소관의 방추장치를 방해한다. 이러한 치료법은 종종 백혈병과 같은 생장률이 높은 암을 치료하는 데 사용된다. 빈크리스틴(vincristine) 및 빈블라스틴(vinblastine) 등의 빈카 알칼로이드(vinca alkaloid) 및 탁솔(taxol)은 유사분열 방추사 독소의 예이다. 탁솔은 전이성 유방암, 난소암 및 정소암을 포함한 특정 암을 치료하기 위해 다른 화학요법 약물과 함께 사용된다.

임상 적용 21.2 경구 약물 및 암 치료

새로 개발된 항암 약물은 CDK4/6을 표적으로 하며 경구 섭취가 가능하다. 이는 DNA 복제 또는 유사분열을 방해하며, 정맥 주사로 투여되는 전통적인 세포독성 약물과는 다르다. 지속적으로 세포주기를 진행하는 암세포에서 D형 사이클린은 S기에서 분해되지만, G_2기에서 다시 축적되어 후속 G_1기에서 CDK4/6과 재결합하여 중단 없는 세포주기를 진행한다. CDK4/6 억제제는 사이클린 D와 CDK4/6의 재결합을 방해한다. CDK4/6과 사이클린의 결합 및 안정성은 유사분열촉진 활성단백질 신호전달 경로(mitogen-activated signaling pathway)의 활성화 신호 경로에 의존하기 때문에, 사이클린-CDK4/6 상호작용을 억제하는 약물과 함께 MAP 인산화효소 경로를 억제하는 약물을 사용하면 상승효과를 나타내는 것으로 보인다. 이러한 약물의 조합을 통해 세포는 G_1기에서 정지되고 세포주기에서 휴지기(G_0) 상태로 빠져나갈 수 있게 한다. CDK4/6 억제제를 사용한 단일 요법은 아직 암 조절에 효과적인 것으로 입증되지 않았지만, 이들과 MAP 인산화효소 억제제와의 병용 요법이 유망할 것으로 보인다.

요약

- 사이클린과 CDK 단백질은 세포주기 진행을 조절한다.
- 특정 사이클린은 세포주기의 특정 시점에서 만들어지고 분해된다.
- CDK는 세포주기의 특정 시점에서 제한적으로 효소 활성을 가지며, 세포주기의 다음 단계를 진행하는 데 필요하다.
- 세포는 G_1 사이클린인 사이클린 D 집단과 같은 특정 사이클린을 직접 활성화시키는 생장인자의 작용으로 세포주기에 들어가게 된다.
- 종양 억제 단백질은 세포주기의 진행을 억제한다. 돌연변이가 일어난 종양 억제인자는 악성 종양을 형성할 수 있는, 조절되지 않은 세포주기를 진행한다.
- 확인점 조절은 DNA 손상이 누적되는 것을 방지하기 위한 안전장치이다.
- RB 단백질은 S기에 특이적인 전사인자를 억제함으로써 S기로의 진행을 막는다. RB는 인산화되지 않은 형태로 활성화되고 과인산화된 형태로 비활성화된다.
- p53은 유전체가 손상되지 않도록 보호한다. DNA가 손상된 경우 p53은 CKI의 합성을 유도할 수 있다.
- CDK1은 G_2/M기 전환을 조절하고 cdc25C의 인산가수분해효소의 작용에 의해 활성화된다.
- ATM 및 ATR은 특정 유형의 DNA 손상을 감지하고 이에 반응하는 인산화효소이다.
- 외부 및 내부 요인이 다양한 유형의 DNA 손상에 관여한다.
- 항암제는 세포주기 특이적 또는 세포주기 비특이적 작용을 할 수 있다.
- 항대사제는 S기의 세포를 억제하는 반면, 항암 항생제는 G_2기 세포의 축적을 유발하거나 세포주기에 상관없이 작용할 수 있다. 유사분열 방추사 독소는 방추사의 형성을 방해하여 유사분열 중인 세포에 영향을 미친다.

학습 문제

다음 중 가장 적절한 답을 하나만 고르시오.

21.1 다음 유형의 세포 중 노화되어 영구적으로 G_0기에 있는 것은 무엇인가?

A. 배아 줄기세포
B. 조혈모세포
C. 간세포
D. 소장 상피세포
E. 뉴런

정답 E

유사분열이 완료된 뉴런은 세포주기로 다시 들어가지 않는다. 배아 줄기세포(1장)는 분열과 분화 능력을 가지고 있다. 골수에서 발생하는 조혈모세포는 손실된 혈액 세포를 대체하거나 면역 반응에 필요한 세포를 생성하기 위해 계속 분열한다. 간의 기능적 세포인 간세포는 분열 능력을 유지하여 필요 시 간이 재생될 수 있도록 한다. 소장 상피세포는 그 기능 및 위치로 인해 일상적인 결과로 발생하는 손상에 대해 대체 가능해야 하므로 빠르게 분열한다.

21.2 돌연변이된 RB 단백질을 가진 세포에서 다음 중 어떤 작용이 억제되는가?

A. DNA 합성의 활성화
B. G_1기에서 세포주기 정지
C. 사이클린과 CDK의 결합
D. 유사분열 중 핵분열의 완성
E. CDK로부터 억제성 인산화 제거

정답 B

돌연변이된 RB 단백질은 G_1기에서 세포주기를 중단시키지 않는다. 대신 G_1기에서 통과하도록 허용한다. DNA 합성은 활성화되고, 사이클린은 세포주기가 진행되는 동안 CDK에 결합할 것이며, G_2기를 진행하기 위해 CDK1에서 억제성 인산화는 cdc25C 인산가수분해효소에 의해 제거될 것이다. RB는 유사분열에서 역할이 없다.

21.3 활발하게 세포주기를 진행하는 세포가 G_1기에 있는 동안 DNA에 손상을 받았을 때 다음 중 세포주기를 정지시키는 기능을 하는 것은?

A. cdc25C 인산가수분해효소
B. 사이클린 D
C. CDK2
D. E2F
E. $p21^{CIP1}$

정답 E

$p21^{CIP1}$은 p53에 의해 활성화되는 CKI이며, DNA 수선이 일어날 수 있도록 세포주기 진행을 멈추는 역할을 한다. cdc25C 인산가수분해효소는 유사분열 진입을 조절하는 CDK1을 탈인산화시킨다. 사이클린 D는 CDK4 또는 CDK6을 활성화하여 G_1기에서 S기로의 진행을 허용한다. CDK2는 사이클린 E 또는 A에 의해 활성화되어 초기 S 단계에서 DNA 합성을 시작한다. E2F는 G_1/S 전환에 중요한 전사인자이다.

21.4 정상적으로 세포주기를 진행하는 세포의 S기에서 활성화되는 단백질은?

A. BRCA1
B. CDK2
C. p21
D. p53
E. RB

정답 B

보기 중 CDK2만이 S기 동안 활성화된다. 유방암 감수성 유전자인 BRCA1은 2중가닥 DNA 손상의 복구에 역할을 하며, 정상적인 주기의 세포에서는 작용하지 않는다. p21은 DNA 손상에 반응하여 p53에 의해 유도되는 CDK 억제인자이다. 정상적인 RB는 세포가 나머지 세포주기를 진행하는 것이 적절하지 않을 때 세포를 G_1기에서 중단시킨다.

21.5 S기를 막 마친 세포에서 DNA 복제오류가 확인되었을 때, 이러한 DNA 손상에 대한 세포 반응으로 적절한 것은?

A. 사이클린 D와 CDK2의 결합
B. 제한점(G_1)에서 세포주기 정지
C. cdc25C 인산가수분해효소의 불활성화
D. 퓨린 뉴클레오타이드 생합성 억제
E. RB가 전사인자 E2F에 결합

정답 C

cdc25C 인산가수분해효소의 불활성화 시, 이 세포는 G_2기에서 세포주기를 중단해야 한다. G_2기 확인점에서의 조절은 cdc25C 인산가수분해효소의 불활성화, CDK1의 탈인산화 방지 및 DNA 수선을 위한 세포주기 정지를 포함한다. 사이클린 D가 CDK2에 결합하면 G_1기 내에서 진행이 가능하다. 제한점은 G_1기 내에 있고 이 세포는 G_2기에 있다. 퓨린 뉴클레오타이드 생합성의 억제는 일부 세포주기 특이적 암 화학요법 약물의 작용이다. E2F에 대한 RB 결합은 S기로의 진입을 막는다. 이 세포는 이미 S기를 완료했다.

21.6 79세 여성에게서 발견된 간암 세포의 생검(biopsy)에서 돌연변이 종양 억제 단백질을 가진 악성 세포가 발견되었다. 다음 중 이 종양에서 돌연변이 형태로 존재할 가능성이 가장 큰 단백질은 무엇인가?

A. CDK4
B. 사이클린 B
C. 사이클린 D1
D. $p21^{CIP1}$
E. p53

정답 E

암세포의 50% 이상이 돌연변이 p53 종양 억제 유전자를 가지고 있다. $p21^{CIP1}$은 기능적 p53에 의해 유도되어 G_1기에서 세포주기를 정지시키는 CKI이다. 다른 단백질인 사이클린과 CDK는 세포주기를 활성화하는 기능을 한다.

21.7 최근 방광암 진단을 받은 72세 남성이 메토트렉세이트(methotrexate)로 화학요법 치료를 받고 있다. 첫 치료 2주 후, 환자는 쇠약, 탈모, 구강 궤양을 보였다. 다음 중 이러한 징후와 증상의 기본 메커니즘을 가장 잘 설명하는 것은?

A. 활발하게 주기를 진행하는 정상적인 세포가 약물에 의해 파괴된다.
B. 약물의 세포주기 비특이적 효과가 정상 세포를 손상시킨다.
C. 지속적인 종양 생장은 정상적인 체세포에 손상을 일으킨다.
D. 현재의 징후와 증상은 진단되지 않은 병리로 인해 발생한다.
E. 종양세포 용해로 인해 정상 체세포가 손상된다.

정답 A

정상적으로 세포주기를 진행하는 세포는 S기에 영향을 미치는 세포주기 특이적 항대사제인 메토트렉세이트에 의해 파괴된다. 이 약물은 S기에 있는 신체의 모든 세포를 손상시킬 수 있다. 환자의 쇠약은 적혈구 생성 억제로 인한 빈혈 때문에 발생한다. 메토트렉세이트는 세포주기 비특이적 약물이 아니다. 비특이적 약물은 이 환자에서 볼 수 있는 정도로 정상 주기의 세포를 손상시키지 않을 것이다. 지속적인 종양 생장과 종양세포 파괴는 다른 체세포를 손상시킬 수 있지만, 그 근처의 세포가 가장 큰 영향을 받을 수 있다. 이 환자의 상황에서, 징후와 증상을 일으키는 영향을 받은 세포들은 모두 활동적으로 주기를 진행하는 세포이다. 진단할 수 없는 병리가 존재할 수 있지만, 징후와 증상에 대한 설명은 정상 주기의 세포가 메토트렉세이트의 S기 특이적 작용으로 인해 손상되었다는 것이다.

비정상적인 세포 생장

Abnormal Cell Growth

22

I. 개요

세포는 종종 세포자멸(apoptosis) 및 괴사(necrosis), 허물벗기 또는 탈락, 부상에 의한 세포사멸을 통해 소실된다. 새로운 세포는 일반적으로 **항상성**(homeostasis)으로 알려진 고도로 조절된 균형 상태를 통해 손실된 것과 동일한 비율로 세포를 대체한다. 정상적인 세포 조절 메커니즘이 제대로 작동하지 않으면, 조절 및 점검이 되지 않은 세포분열이 생겨 **암**(cancer)이 발생하는 요인이 된다.

원발암유전자(protooncogene)는 정상적인 세포 생장과 발생을 조정하는 단백질을 조절하거나 생산한다. 원발암유전자를 변형시킨 돌연변이는 그들을 조절 유전자에서 암을 유발하는 **종양유전자**(oncogene)로 전환시킬 수 있다. 또한, 종양 억제 유전자의 기능상실을 일으키는 돌연변이도 암을 유발할 수 있다.

정상 세포가 암세포로 변형되는 동안(발암, carcinogenesis) 일어나는 대부분의 유전적 변화는 체세포 돌연변이이다. 세포가 분열할 때마다 체세포 돌연변이의 가능성이 있다. 따라서 세포는 항상 암에 대한 낮은 위험도를 가지고 있다고 말할 수 있다. 암 발생의 가장 흔한 원인은 환경적 요인이다.

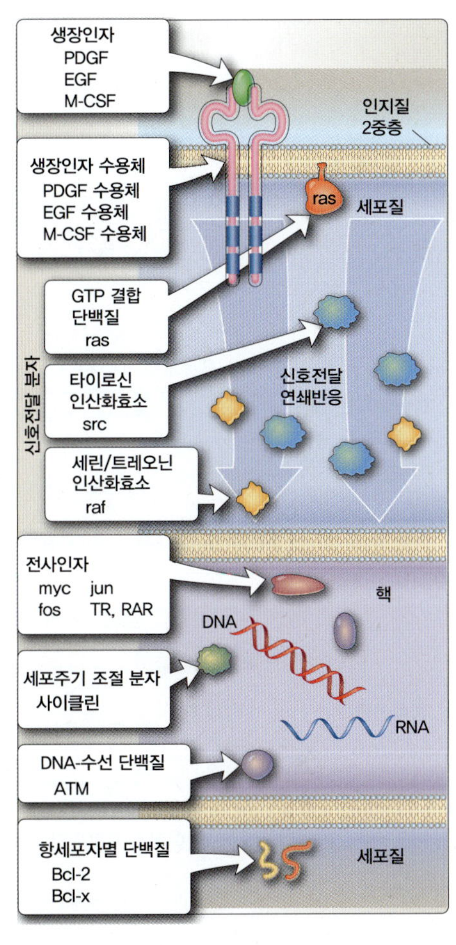

그림 22.1
원발암유전자와 생장 조절에서의 역할

II. 유전자와 암

세포분열은 세포 내 여러 단백질에 의해 조절된다. 이러한 단백질은 유전자의 산물이기 때문에 유전적 돌연변이는 조절되지 않는 세포 증식을 일으킬 수 있다. 일반적으로 원발암유전자는 세포주기의 진행을 촉진하고 종양 억제 유전자는 세포주기의 진행을 억제하는 기능을 한다. 원발암유전자와 종양 억제 유전자의 돌연변이는 모두 암으로 이어질 수 있다.

A. 원발암유전자 및 종양유전자

원발암유전자로부터 발현되는 단백질은 세포의 생장과 분화를 조절한다. 이 유전자는 해당 단백질의 양적 및 질적 변화를 일으키는 돌연변이가 일어나서 **종양유전자**로 변할 수 있다. 결함이 있는 유전자의 산물에 대한 분자유전학적 연구 결과로 원발암유전자에 대해 알게 되었다. 원발암유전자는 세포 생장, 증식 및 분화를 조절하는 다양한 신호전달 연쇄반응에서 동정되었다. 원발암유전자는 다양한 세포 경로에서 정상적인 조절 요소로서 폭넓게 작용한다(그림 22.1).

세포 생장 및 분화 조절과 관련된 여러 단계에 관여하는 원발암유전자에서 돌연변이는 발생할 수 있다. 그러한 돌연변이가 특정 세포에 축적되어 생장 억제에 대한 점진적인 해제가 일어나면, 결국 종양을 형성하는 세포를 생성한다. 점돌연변이, 삽입돌연변이, 유전자 증폭, 염색체 전좌 등 종양 단백질 발현에 있어서의 변화는 모두 이러한 유전자의 조절되지 않은 활성을 초래할 수 있다(**그림 22.2**).

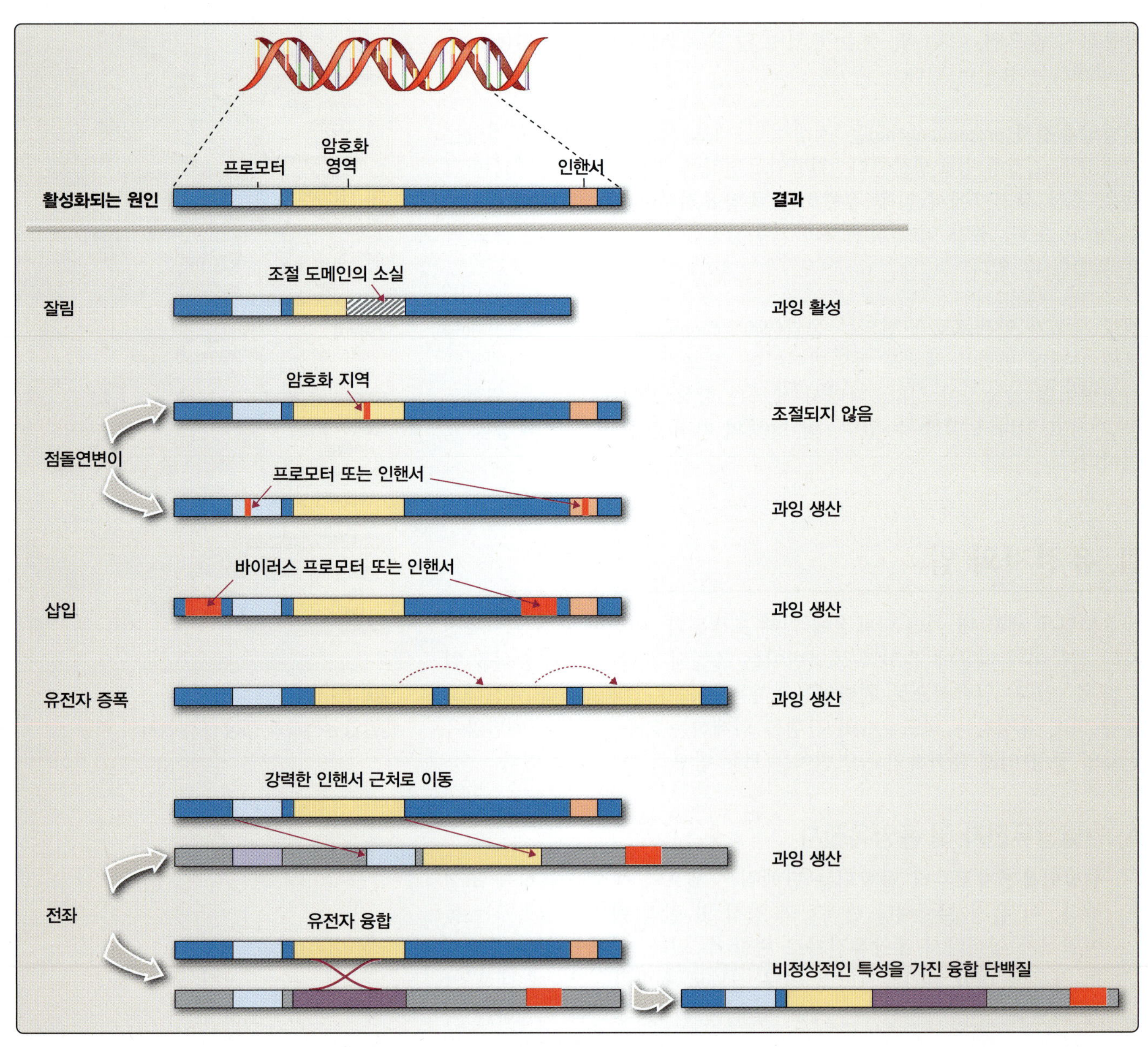

그림 22.2
원발암유전자가 종양유전자로 되는 메커니즘

B. 종양 억제 유전자

종양 억제 유전자(tumor suppressor gene)는 조절되지 않고 진행되는 세포주기를 억제하여 정상적인 세포 생장 조절을 유지하는 데 중요하다. 종양 억제 유전자 기능을 감소시키는 상황은 종양(neoplasm) 형성으로 이어질 수 있다.

종양 억제 유전자의 돌연변이는 세포가 암에 걸리기 쉽게 만든다. 종양 억제 유전자의 단백질 산물은 일반적으로 세포 생장과 분열을 억제한다. 따라서 돌연변이나 기타 변형을 통한 **기능상실**(loss of function)은 정상적으로 세포 생장을 조절하는 통제 기능을 없애서 악성 형질전환으로 이어질 수 있다.

1. **망막모세포종:** 망막모세포종(retinoblastoma) 유전자인 RB는 1987년에 최초로 클로닝된 종양 억제 유전자이다. RB는 G_1기에서 세포주기의 진행을 억제하여 과도한 세포 생장을 방지하는 작용을 한다(21장 참조). 돌연변이 RB는 G_1기에서 S기로의 세포주기를 조절하지 못하는 기능 장애 단백질을 생성한다.

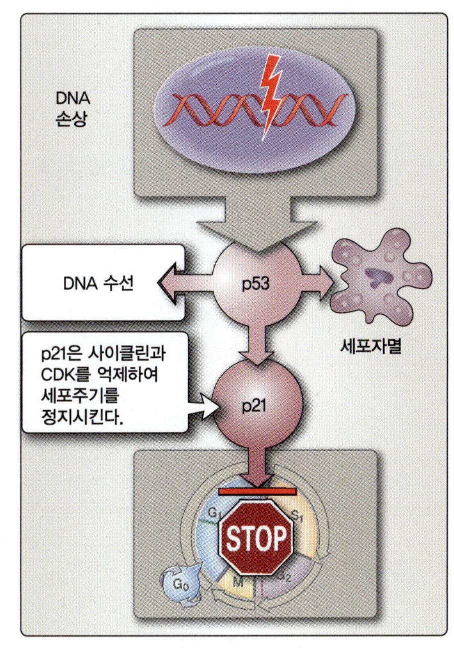

그림 22.3
유전체 수호자인 p53

임상 적용 22.1 망막모세포종

망막모세포종은 눈의 망막에서 시작되는 태아 악성 종양(embryonic malignant neoplasm)이다. 망막모세포종에 대한 소인을 담당하는 유전자는 13번 염색체의 q14 밴드 내에 위치한다. 망막모세포종 사례의 40%는 유전적이며, 60%는 산발성(비유전성)인 것으로 추정된다. 유전성은 부모 중 한 사람의 생식계열에서 유전되는 돌연변이에 의해 발생하며, 따라서 영향을 받은 사람은 신체 내의 모든 세포에서 하나의 돌연변이 RB 유전자를 가지고 태어난다. 거기에 정상적인 RB 유전자에 또 한 번 돌연변이가 발생하면, 먼저 망막에 악성 종양이 유발된다. 유전성 망막모세포종 환자는 2차 악성 종양의 빈도가 현저하게 증가하는데, 가장 흔한 것은 골육종이다. 비유전성 형태의 망막모세포종을 가진 사람은 생애 초기에 RB 돌연변이를 획득하지만, 유전되지는 않는다(생식세포 돌연변이가 아님).

2. **p53—유전체의 수호자(p53—guardian of the genome):** 가장 흔하게 불활성화되는 종양 억제 유전자는 **p53 유전자**로, 분자량이 53 kd인 단백질 또는 **p53**을 암호화하며, 이는 종종 암 발생과 관련이 있다. 인간 암의 절반 이상이 p53 돌연변이를 보인다(21장). p53의 기능상실은 세포 내 유전체의 불안정성을 초래할 수 있다(그림 22.3). 정상적인 기능을 하는 p53은 고유한 특성으로 인해 암 예방에 중요하다.

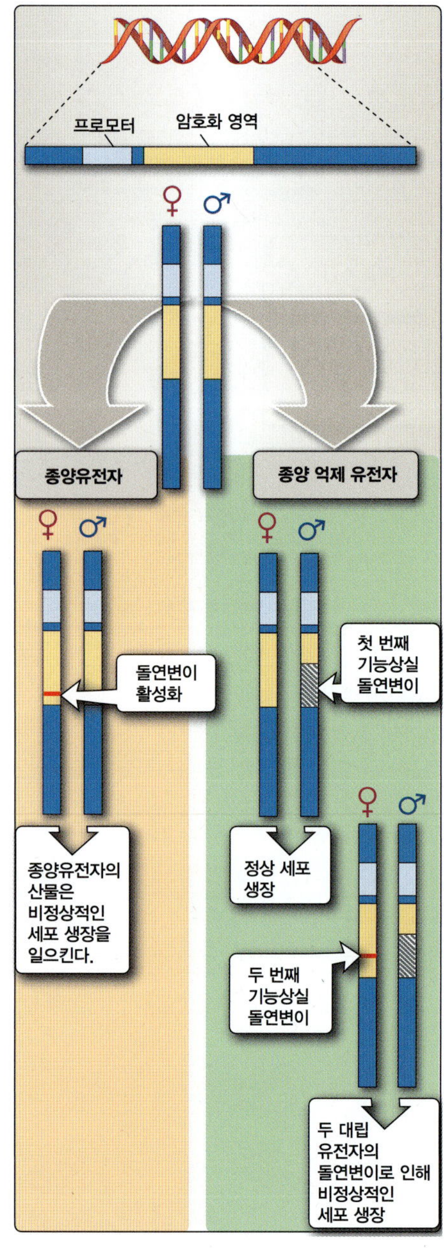

그림 22.4

세포 수준에서 종양유전자는 우성으로, 종양 억제 유전자는 열성으로 작용한다.

p53

- 유전자 발현을 조절하고 생장 조절과 관련된 몇 가지 핵심 유전자를 조절한다.
- DNA 수선을 촉진한다. DNA 손상이 발생하면 p53은 손상을 감지하고 손상이 복구될 때까지 세포의 G_1기 정지를 일으킨다.
- 손상된 세포의 세포자멸(apoptosis)을 활성화한다. 세포 내의 DNA 손상이 복구될 수 없을 때 이러한 세포에서 세포자멸을 유도한다.

3. **종양유전자 및 종양 억제 유전자의 특성:** 일부 유전적 돌연변이는 세포의 생장에 이점을 부여하여 이러한 세포를 선택적으로 생장하게 한다. 따라서 원발암유전자의 돌연변이가 일어나면 종양유전자로 "활성화"된다(**그림 22.4**). 이러한 유전자는 일반적으로 생장을 조절하기 때문에 이들 유전자의 돌연변이는 종종 조절되지 않는 암의 생장을 유발하게 된다.

일반적으로 종양 억제 유전자는 돌연변이 및 결실(deletion)에 의해 "비활성화"되어 단백질의 기능상실 및 통제되지 않은 세포 생장을 초래한다. 생장의 조절이 일어나지 않는 경우는 종양 억제 유전자의 두 사본 모두에 돌연변이가 있거나 그들이 모두 소실되어야 한다. 반면에 종양유전자는 원발암유전자의 두 사본 중 단 하나의 사본에 돌연변이가 생긴 것만으로도 효과가 나타나는 우성으로 작용한다(**그림 22.4**).

임상 적용 22.2 종양유전자 및 종양 억제제로서의 마이크로 RNA

마이크로 RNA(microRNA, miRNA)는 표적 RNA의 수준을 전사 후에 조절함으로써 유전자 발현을 조절하는 부류이다. miRNA는 다른 유전자의 비암호화 및 인트론 영역 내에서 암호화되고 RNA로 전사되지만, 단백질로 번역되지는 않는다. 이 단일가닥 RNA 분자는 길이가 21~23개 뉴클레오타이드이며, *pri-miRNA*로 알려진 1차 전사체에서 짧은 줄기-고리 구조를 가진 *pre-miRNA*를 거쳐 최종적으로 기능적 miRNA로 가공된다. 성숙한 miRNA 분자는 하나 또는 그 이상의 전령 RNA(mRNA) 분자에 부분적으로 상보적이며, 유전자 발현을 억제하는 기능을 한다. 현재까지 포유류 유전체에서 60% 이상의 유전자를 표적으로 하는 약 1,000개의 마이크로 RNA 유전자가 존재한다고 알려져 있다.

miRNA는 사이토카인, 생장인자, 전사인자 등과 같은 세포 내의 중요한 단백질의 발현에 영향을 미친다. miRNA의 발현 양상은 종양에서 자주 변한다. miRNA의 표적이 종양유전자인 경우, miRNA의 기능이 상실되면 표적 유전자 발현이 증가한다. 반대로 특정

임상 적용 22.2 종양유전자 및 종양 억제제로서의 마이크로 RNA(이어짐)

miRNA의 과다발현은 표적 종양 억제 유전자의 단백질 산물을 감소시킬 수 있다. 따라서 miRNA는 종양유전자 및 종양 억제 유전자로 작용한다. miRNA의 기능에 대한 새로운 시각은 암의 진단과 치료를 증진시킬 수 있다.

III. 암의 분자적 기초

정상 세포는 복잡한 생화학적 신호전달 과정에 반응하여 발생, 생장, 분화 또는 사멸하게 된다. 암은 세포가 이러한 제한에서 벗어나 결과적으로 비정상적인 자손 세포가 증식하는 결과로 나타난다.

암의 발달은 단계적인 과정이다. 종종 성인의 암에서는 악성으로 전환되기 전에 특정 부위에서 여러 유전적 변이가 발생해야 한다. 유년기의 암은 돌연변이의 수가 적더라도 명백한 암의 증상이 나타나는 것으로 보인다. 희귀한 돌연변이를 물려받아 이들이 신체의 모든 체세포에 존재하면 하나 이상의 부위에서 암의 발생을 촉진하게 된다.

A. 암 발생—다단계 과정

생장 조절 능력을 상실한 자손 세포가 만들어지려면 오랜 시간 동안 핵심 유전자들의 돌연변이가 축적되어야 한다. 각각의 돌연변이는 결국 악성 상태를 만드는데 어떤 식으로든 기여한다. 이러한 돌연변이의 축적은 수년에 걸쳐 이루어지며, 이것이 인간에서 암이 발생하는 데 오랜 시간이 걸리는 이유를 설명한다(**그림 22.5**). 외인성(환경에서 기인한 손상) 및 내인성 과정(세포의 반응에 의해 생성된 발암성 생성물) 모두 DNA를 손상시킬 수 있다. 수선되지 않은 DNA 손상은 유사분열 동안 돌연변이로 이어질 수 있다. DNA 복제 중 오류 증가 또는 DNA 수선의 효율성 감소는 유전적 돌연변이의 빈도를 증가시킬 수 있다. 또한, 원발암유전자와 종양 억제 유전자에서 돌연변이가 발생할 때 암세포가 된다.

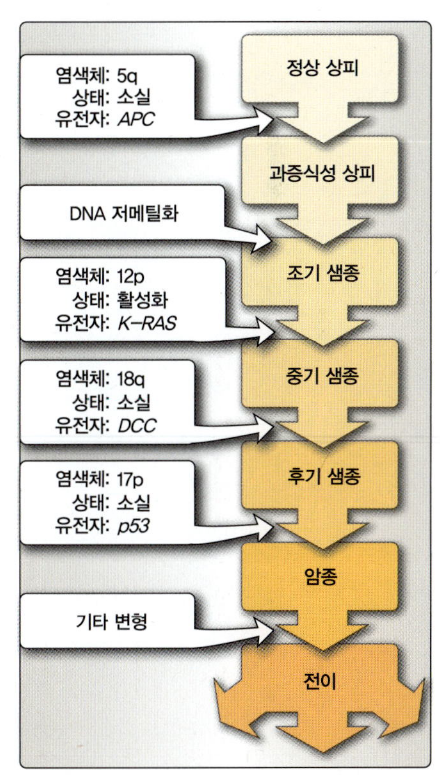

그림 22.5
대장암의 진행

임상 적용 22.3 운전자 및 승객 돌연변이

이제 여러 암세포의 모든 암호화 유전자 서열을 쉽게 확인할 수 있게 됨에 따라, 이러한 암에서 특정 돌연변이가 발견되고 있다. 이러한 연구는 모든 돌연변이가 종양 발생의 원인이 아니라는 것을 확인하는 데 도움이 되었다. 실제로 돌연변이가 일어날 때 소수의 유전자가 암세포를 자라도록 하는데, 이것이 "운전자 유전자(driver gene)"

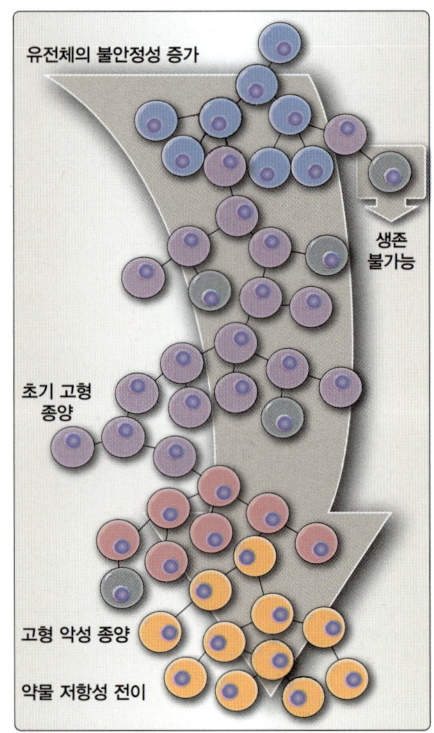

그림 22.6
클론 진화 모델

임상 적용 22.3 운전자 및 승객 돌연변이(이어짐)

의 존재를 암시한다. 암에서 돌연변이된 나머지 유전자는 "승객"으로 간주하는데, 이러한 돌연변이는 초기 암 병변의 진행 중에 우연히 발생했을 수 있기 때문이다. 이러한 결과로 특정 암에 대해 확인된 일련의 운전자 유전자를 표적으로 하는 암 치료법이 제시되었다. 임상적으로 유용한 반응을 얻기 위해서는 1차 병변과 전이성 병변 모두에 존재하는 이러한 운전자 유전자 돌연변이를 표적으로 삼아야 한다.

B. 암 이론

암세포가 유전적으로 불안정하다는 것은 오랫동안 알려져 왔다. 지난 20년 동안 특정 유전자가 이러한 불안정성의 원인이 된다는 것을 알게 되었다. 현재는 거의 200개의 종양유전자와 170개의 종양 억제 유전자가 확인되었다. 기저막을 분해하여 세포가 이동할 수 있도록 하는 추가적 유전자도 발암 과정에 중요한 것으로 알려져 있다. 매우 다양한 유전적 치환(permutation)이 일어날 수 있음에도 불구하고, 특정한 돌연변이 유전자들의 조합이 특정 유형의 암 또는 같은 조직에 생긴 다양한 유형의 암에서 발견되었다. 이러한 관찰로부터 암 형성에 대한 몇 가지 이론이 나왔다.

1. **클론 진화 모델(clonal evolution model):** 이 모델은 암이 어떻게 진화하는지 설명하기 위해 1970년대에 제안되었다. 이 모델에 따르면 초기 손상(유전적 돌연변이)은 단일 세포에서 발생하며, 이로 인해 이 세포는 인접한 세포보다 선택적인 생장 이점과 훨씬 더 많이 분열할 수 있는 시간을 갖게 된다. 이 클론 집단 내에서 한 세포는 두 번째 돌연변이를 통하여 추가적인 생장 이점을 얻게 되고 양적으로 확장하여 주된 세포 유형이 된다. 이러한 클론 확장의 반복은 결국 완전히 발달된 악성 종양으로 이어진다. 주요 유전자 내에 축적된 돌연변이는 단일 형질전환 세포를 결국 악성 종양으로 발전시킨다(그림 22.6).

2. **암의 표식:** 암에서 확인된 유전자의 수는 지속적으로 증가하고 있으며, 이러한 관찰에서 얻은 복잡한 특징들은 비록 인간의 모든 암에 적용되지 않더라도 대부분 암의 형성을 결정지을 수 있는 일련의 유전적 및 세포적 원리로 정리할 수 있다(그림 22.7). 이 모델에 따르면 암이 형성되기 위해서 세포는 아래에 제시되는 능력을 지녀야 한다.

   - 생장 신호의 자급자족적 확보
   - 생장 억제 신호에 둔감
   - 세포자멸 방지
   - 무한 복제 가능성 확보

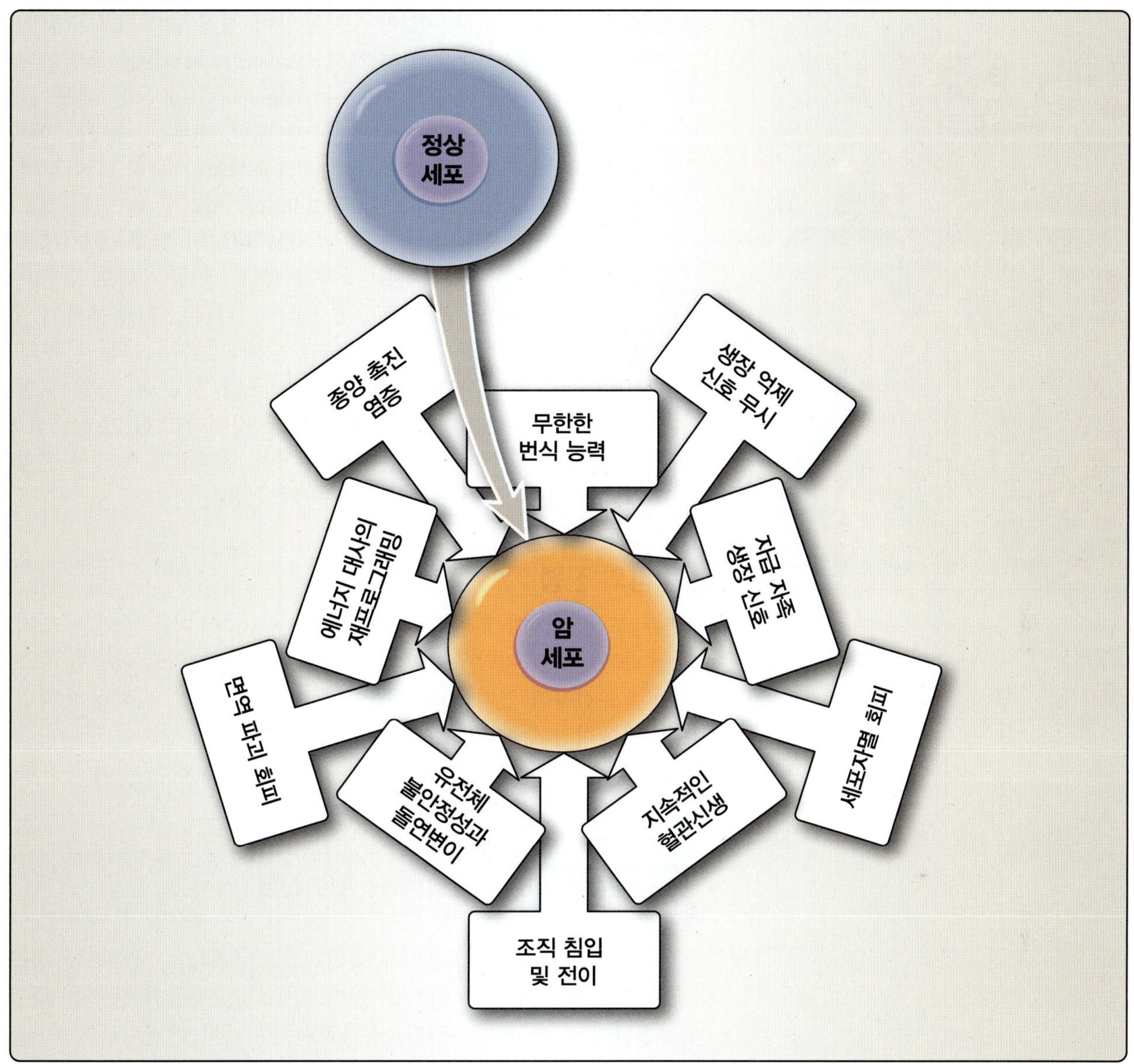

그림 22.7
암의 특징

- 혈관신생 유지
- 조직 침범 및 전이 능력 획득
- 유전체 불안정성 생성 및 돌연변이
- 염증 촉진
- 면역 파괴 회피
- 에너지 대사의 재프로그래밍

위의 특징을 나타내는 유전적 손상의 종류는 암에 따라 다양하다. 그러나 세포가 여러 중요한 생장 조절 메커니즘을 상실하고 종양을 형성할 때까지 모든 암은 이러한 다양한 종류의 유전자들이 손상되어야 한다.

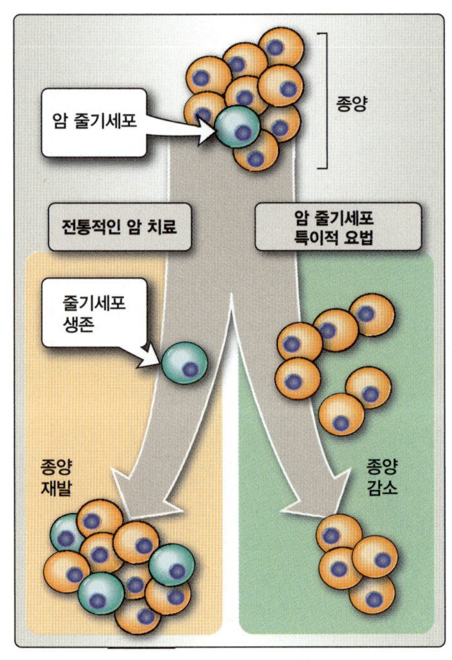

그림 22.8
암의 줄기세포 이론

3. **암의 줄기세포 이론:** 이 이론은 종양이 성체 줄기세포와 같이 무한한 증식 능력을 지닌 암 줄기세포(cancer stem cell)를 포함한다는 연구에 기인한다. 조혈모세포(hematopoietic stem cell) 계통이 잘 특성화되었기 때문에 암 줄기세포에 대한 대부분 증거는 백혈병에서 유래한다. 암 줄기세포는 자가 증식이 가능하고 이질적 종양(heterogeneous tumor)의 모든 구성요소를 형성할 수 있는 것으로 보인다. 이러한 종양 유발 세포는 약물 내성이 있고, 줄기세포의 전형적인 표지자를 발현하는 경향이 있다. 암 줄기세포 모델은 또한 표준 화학요법이 모든 종양세포를 파괴하는 데 성공하지 못하여 일부 세포가 생존 가능한 상태로 남아 있다는 임상 결과와도 일치한다. 이 이론에 따르면 "성공적인" 암 치료 후 종양 재발의 원인은 적은 수의 암 줄기세포 때문일 것이다(**그림 22.8**). 선조세포(progenitor)로부터 자가 증식의 특성을 부여하고 종양성 변형을 매개할 수 있는 여러 유전자들이 확인되었다.

C. 종양의 진행

암세포는 진화함에 따라 전이 능력을 얻는다. 이들 중에는 조직 구조를 파괴하고 기저막을 침범하여 세포가 다른 부위로 이동할 수 있도록 하는 유전자가 있다. 또한, 종양이 세포 덩어리로 축적됨에 따라 종양의 지속적인 생장과 생존을 위한 적절한 영양과 산소를 공급하기 위해 혈관의 생장 또는 **혈관신생**(angiogenesis)을 유도하는 것이 중요하다.

임상 적용 22.4 혈관신생 및 종양 진행

암이 진행됨에 따라 암세포가 덩어리로 축적된다. 지속적인 생장과 생존에 필요한 영양과 산소를 얻기 위해서는 적절한 혈액을 종양으로 공급하는 것이 중요하다. 암세포는 몇 가지 메커니즘에 의해 새로운 혈액 공급 방법을 생성한다. 혈관신생(angiogenesis) 또는 **신혈관형성**(neovascularization)은 활성화되거나 억제될 수 있다. 정상적인 생리적 조건에서는 혈관신생 억제가 우세하여 새로운 혈관의 생장을 차단한다. 새로운 맥관 구조가 필요할 때 활성인자는 증가하고 억제인자는 감소한다. 종양은 자신의 생장 지속에 중요한 두 가지 혈관신생 인자인 **혈관내피 생장인자**(vascular endothelial growth factor, VEGF)와 **염기성 섬유모세포 생장인자**(basic fibroblast growth factor, bFGF)를 방출한다. 현재 종양 진행을 억제하기 위한 몇 가지 혈관신생 억제제와 혈관신생 생장인자들에 대한 항체가 임상 시험 중에 있다. 종양의 혈관신생 메커니즘 중 하나는 *p53* 유전자의 돌연변이이다. 일반적으로 정상적인 p53 단백질은 혈관신생 억제제인 **트롬보스폰딘**(thrombospondin)의 발현을 조절한다. p53의 돌연변이는 트롬보스폰딘의 생산 부족으로 인해 새로운 혈관 형성을 촉진한다.

표 22.1 가족성 암 증후군의 예

증후군	원발성 종양	관련된 암 발생	유전자	유전자 산물의 기능
가족성 유방암	유방암	난소암	*BRCA1*	2중가닥 DNA 절단수선
	유방암	난소암 이자암 흑색종	*BRCA2*	2중가닥 DNA 절단수선
리프라우메니 증후군	육종 유방암	백혈병 뇌종양	*p53*	전사인자 세포자멸 세포주기 정지
유전성 비용종증 결장암	대장암	자궁내막 난소 방광 신경교아세포종	*MSH2 MLH1*	DNA 부정합수선 DNA 안정성 유지
가족성 샘종성 용종증	대장암	십이지장 위 종양	*APC*	β 카테닌 양의 조절 세포 부착
가족성 망막모세포종	망막모세포종	골육종	*RB*	세포주기 조절 전사인자

IV. 유전적 돌연변이 및 암

암에 걸릴 소인을 물려받은 사람의 수는 전체 암환자 수에 비해 적다. 그러나 암 유발 유전자에 돌연변이가 있는 사람의 경우, 암 발병 위험도가 몇 배 더 높다. 이러한 돌연변이는 생식세포 계열(germ line)을 통해 유전되기 때문에 신체의 모든 세포에 존재한다.

가족성 암에서 돌연변이된 유전자의 상당한 비율이 종양 억제 유전자이다. 몇 가지 예가 표 22.1에 나와 있다. 원발암유전자에 돌연변이가 생기면 배아는 발생과정 중 생존하기 어렵다. 이것은 발생과정 동안 체계적인 생장이 태아의 생존에 중요함을 의미하는데, 종양유전자의 존재가 종양 억제 유전자의 한쪽 사본의 결손보다 생존에 더 치명적이라는 것을 나타낸다.

V. 약물대사 효소의 돌연변이 및 암 감수성

암 유발 유전자의 유전이 암 발생 위험을 증가시키기는 하지만, 실제 발병 비율은 낮다. 반면, 발암물질대사 효소(carcinogen-metabolizing enzyme)는 사람들 사이에 여러 종류가 높은 비율로 존재하며, 특정 발암물질의 활성화를 야기하는 종류를 가진 일부 개인에서는 암 발병 위험이 증가하게 된다.

환경 내 화학물질은 DNA와 상호작용하여 중요한 유전자에 돌연변이를 일으키는 **유전독성**(genotoxic) 화학물질과 화합물의 성질에 따라 메커니즘이 다른 **비유전독성**(non-genotoxic) 화학물질로 분류될 수 있다. 화학적 발암은 다단계 과정이다(그림 22.9). 눈에 띄는 발암 가능성은 없지만, 장기간 노출될 경우 종양의 발달에 크게 영향을 미친다. 생활습관 측면에

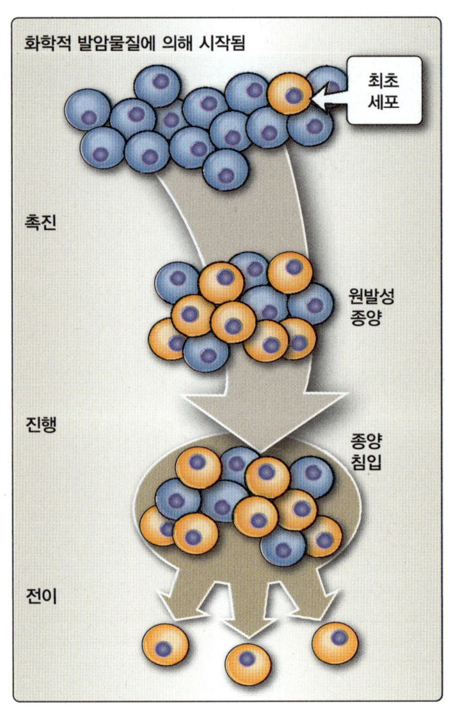

그림 22.9
화학물질로 인한 암 발생

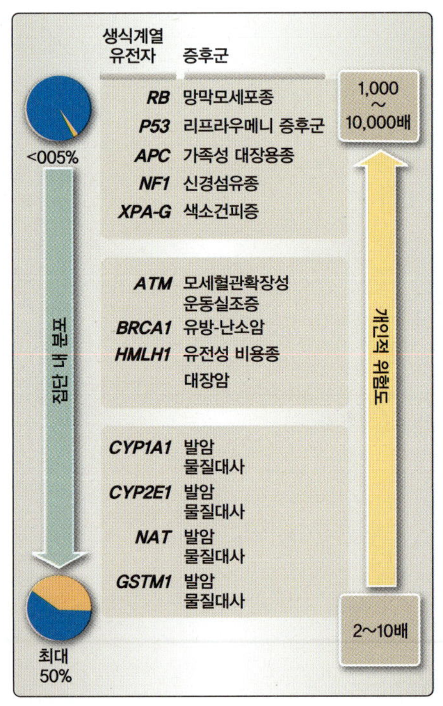

그림 22.10
약물대사 효소와 암 위험도

서 외인성 호르몬, 고지방 식이, 음주 등은 암을 촉진하는 것으로 알려져 있어, 암 발생 위험도를 결정하는 중요한 요인이 될 수 있다.

유전적 소인, 민족, 연령, 성별, 건강 및 영양 장애가 암 감수성 요인인 반면, 최근의 연구에서는 특정 약물대사 효소의 다형성이 이러한 개인 간 차이와 관련이 있음을 보여준다(그림 22.10). **사이토크롬 P450**(cytochrome P450, *CYP1A* 및 *CYP2E1*), **글루타티온 전달효소**(glutathione transferase, *GSTM1*) 및, ***N*-아세틸 전달효소 유전자**(*N*-acetyl transferase gene, *NAT*)와 같은 약물대사 유전자의 발현 또는 종류의 변이는 개인의 생체 반응에 강력한 영향을 미친다.

VI. 원발암유전자 및 종양 억제 유전자의 돌연변이는 종양의 에너지 대사를 재프로그래밍한다

1924년 바르부르크(Otto Warburg)는 포도당의 대사과정에서 암세포는 정상 세포와 달리 산소가 존재하더라도, 산화적 인산화과정을 거치지 않고 해당과정만을 통해 포도당을 젖산으로 산화시킨다는 사실을 알아내 이를 **호기성 해당과정**(aerobic glycolysis)으로 명명하였다. 정상 조직에서는 산소 부족 시에만 해당작용(젖산 생성)이 일어나는 반면, 종양세포는 항상 포도당을 흡수하고 산소 가용성과 관계없이 젖산을 생성한다. 현재 이 해당과정은 거대분자의 합성에 있어서 전구체로 사용되는 중간체를 생성하는데 도움이 되기 때문에, 증식하는 세포의 요구를 충족시키는 메커니즘으로 인식되고 있다. 생장을 위한 구성물 외에 증식하는 세포에는 적절한 에너지 공급과 산화환원퍼텐셜을 유지할 수 있는 능력이 필요하다. 증식하는 세포에서 활성화된 대사 경로는 원발암유전자와 종양 억제 유전자를 포함하는 신호 경로에 의해 조절되기 때문에 이러한 핵심 유전자의 돌연변이는 또한 종양 대사에 유리한 변화를 제공한다(그림 22.11). 예를 들어, PI3K/Akt 경로를 통한 생장인자 자극(18장)은 **GLUT 운반체**(GLUT transporter)의 발현을 증가시켜 세포로의 포도당 흡수를 증가시킨다. 영양소의 섭취 증가로 ATP/ADP 비율이 현저하게 증가한다. 암에서 c-myc 종양유전자의 활성화는 대사과정에서 다양한 목적을 수행하는 아미노산인 글루타민의 흡수를 증가시킨다. 이는 거대분자 합성을 위한 주요 질소 공여체일 뿐만 아니라 NADPH 생성을 위한 기질 역할도 한다. 종양 억제 단백질 p53은 세포가 스트레스를 받는 동안 동화 반응을 조절한다. p53에 의해 이루어지는 한 가지 메커니즘은 5탄당 인산 경로(pentose phosphate pathway)를 통한 NADPH 생성 억제이다(리핀코트의 그림으로 보는 생화학, 13장 참조). p53의 돌연변이는 종양세포가 조절되지 않은 NADPH의 합성으로 인해 산화환원퍼텐셜을 유지할 수 있도록 한다.

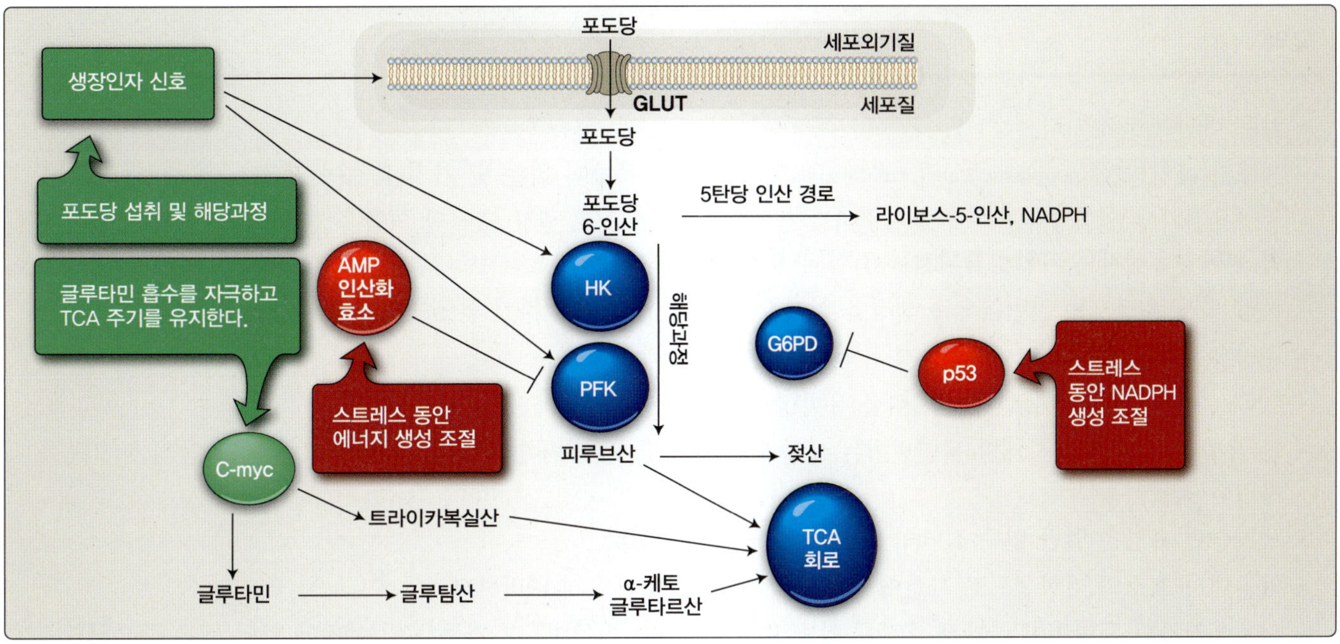

그림 22.11
대사과정은 종양유전자 및 종양 억제 유전자를 포함하는 신호전달 경로에 의해 조절된다. [역자주: **C-myc**, Cellular myelo cytomatosis oncogene(원발암유전자 계열로 세포의 에너지대사와 증식에 관여함); **HK**, hexokinase; **PFK**, phosphofructokinase; **G6PD**, glucose-6-phosphate dehydrogenase]

임상 적용 22.5 p53 돌연변이는 사람의 암 발생 요인이다

폐암, 유방암, 결장암 및 기타 일반적인 종양의 50% 이상에서 p53 종양 억제 유전자의 돌연변이가 관찰된다. 돌연변이 스펙트럼은 암 유형 및 환경 노출에 따라 달라지며 관련된 특정 위험 요소에 대한 단서를 제공한다.

p53 유전자의 특정 코돈의 돌연변이는 벤조피렌 부가물(담배 연기, 환경 생식계열)이 DNA에 결합할 때 폐, 머리 및 목에서 암을 발생한다. 간 종양의 위험 인자인 아플라톡신과 B형 간염이 유행하는 지역에서는 특정 p53 돌연변이(코돈 249, AGG에서 AGT로)가 이러한 종양을 발생하는 것으로 보인다.

피부의 편평세포암과 기저세포 암종의 *p53* 유전자에서 나타나는 변화는 자외선 노출의 결과이다. 자궁경부 종양은 인간 유두종 바이러스(human papillomavirus, **HPV**)에 의해 발생한다. HPV 양성 종양에서 p53은 정상적인 형태로 남아 있지만, HPV와 결합하면 빠르게 분해된다. p53은 그 기능의 상실이 어떻게 암으로 나타나는지 보여주는 예이며, 암 예방에 있어 그 중요성을 보여준다.

임상 적용 22.6 바르부르크 현상과 종양의 임상적 발견

정상 조직과 암 조직에서 포도당의 활용의 차이는 양전자 방출 단층 촬영(positron emission tomography, **PET**) 스캔을 사용하여 종양의 발견에 적용되었다. 방사성 포도당 유도체 [^{18}F] 플루오로-2-디옥시-D-글루코스(fluoro-2-deoxy-D-glucose, **FDG**)를 환자에게 주사한 후, 환자를 스캔하여(FDG-PET) 조직 간 포도당 흡수의 차이를 감지한다. FDG-PET는 암의 단계, 전이 및 치료의 효능을 추적하는 데 사용한다. PET를 통해 측정되는 세포 내 FDG 농도는 포도당 흡수와 직접적인 상관관계가 있다.

요약

- 암은 다단계 과정이다.
- 세포가 종양 변형(neoplastic transformation)을 겪기 전에 획득해야 하는 몇 가지 특징이 있다.
- 종양유전자는 원발암유전자의 돌연변이로 생기며, 일반적으로 생장 조절의 역할을 한다. 돌연변이가 일어나면 원발암유전자는 과활성화되거나 조절 과정 없이 작용하게 된다.
- 종양 억제 유전자는 일반적으로 생장을 억제한다. 종양 억제 유전자가 돌연변이되면 기능을 잃는다.
- 종양유전자는 우성으로, 종양 억제 유전자는 열성으로 작용한다.
- DNA 수선 유전자의 돌연변이는 암을 유발할 수 있다.
- 암 유발 유전자의 생식계열 돌연변이는 드물게 발생한다. 암에 대한 유전적 요인은 모든 인간 암의 5~10%를 차지한다.
- 생활습관 요인은 일반 인구 집단의 암 발병에 영향을 미친다.
- 약물대사 효소의 다형성으로 사람에 따라서 암 감수성이 다르게 나타난다.
- p53 유전자의 돌연변이는 가장 흔하게 암과 관련된 돌연변이이며, 그 기능은 암 예방에 있어 매우 중요하다.

학습 문제

다음 중 가장 적절한 답을 하나만 고르시오.

22.1 p53의 돌연변이로 기능을 상실하게 되었을 때 나타나는 현상으로 옳은 것은?

A. DNA 손상 후 G_1 단계에서 정지할 수 있는 세포의 능력
B. 혈관신생 억제제 생산의 증가
C. 손상된 세포의 세포자멸 유도 감소
D. DNA 복구 증가
E. 세포 내 DNA 손상의 감소

정답 C

p53이 더 이상 DNA 손상을 감지할 수 없기 때문에 p53의 기능상실은 손상된 세포의 생존을 증가시킨다. p53은 G_1기에서 세포주기를 멈출 수 있고 혈관신생 억제제의 생성을 전사 단계에서 활성화하며 손상된 DNA를 복구할 수 있다. 돌연변이 p53의 존재는 세포 내에서 DNA 손상을 증가시킬 것이다.

22.2 다음 중 원발암유전자를 종양유전자로 활성화하지 못하는 메커니즘은 무엇인가?

A. 유전자의 단일 점돌연변이
B. 다른 염색체 부위로의 유전자 전좌
C. 유전자의 증폭
D. 전체 유전자의 결실
E. 유전자의 과다발현

정답 D

전체 유전자의 결실에서는 유전자의 발현이 일어나지 않는다. 다른 모든 변형은 부적절한 종양 형성 단백질을 생산할 가능성이 있다.

22.3 다음 중 종양 형성의 위험성을 증가시키는 것은 무엇인가?

A. DNA 수선 효소의 활성 증가
B. 원발암유전자의 돌연변이 비율 감소
C. 종양 억제 유전자의 활성 감소
D. 발암물질 대사효소 활성 증가
E. 세포주기 활성의 감소

정답 C
종양 억제 유전자의 활성이 감소되면 DNA 손상이 축적되고 세포주기가 조절되지 않아 종양 형성의 위험성이 증가한다. DNA 손상 복구의 증가는 세포의 정상적인 상태를 유지하는 데 도움이 된다. 원발암유전자의 돌연변이는 암 발생을 증가시키므로 감소는 종양 형성을 예방할 것이다. 발암물질 대사효소 활동의 증가는 잠재적인 발암물질을 제거하는 데 도움이 된다. 세포주기 활성의 감소는 비정상적인 생장을 방지한다.

22.4 다음의 개인 건강 정보를 근거로 할 때 암 발생 위험이 가장 큰 사람은 누구인가? (단, 연령은 모두 24세이다.)

A. 당뇨병 남성
B. 심혈관 질환의 가족력이 있는 비만 남성
C. 외인성 호르몬을 복용하는 폐경 전 여성
D. 지속적인 다이어트를 하는 저체중 여성
E. 유방암 가족력이 있는 여성

정답 E
유방암 가족력이 있는 여성은 해당 유전자에 돌연변이를 가지고 있을 가능성이 크다. 돌연변이 유전자는 몸의 모든 세포에 존재한다. 돌연변이 유전자가 있으면 세포가 추가적인 돌연변이에 취약해진다. 현재의 정보로는 암 발병 위험성이 가장 높지만, 이 여성이 반드시 암에 걸릴 것이라는 의미는 아니다. 당뇨병이나 심혈관 질환, 저체중이라고 해서 암 발병 위험성이 높아지지는 않는다. 외인성 에스트로젠은 암 발병 위험성을 약간 증가시키는 것으로 알려져 있다.

22.5 다음 중 혈관신생을 억제할 가능성이 있는 단백질은 무엇인가?

A. 샘종성 대장 용종증(adenomatous polyposis coli, APC)
B. 텔로머레이스
C. 트롬보스폰딘
D. 망막모세포종
E. *N*-아세틸 전달효소

정답 C
트롬보스폰딘은 혈관신생 억제제이다. APC 돌연변이는 결장에서 용종이 생기기 쉽다. 텔로머레이스 활성화는 종양의 "불멸화"에 필요하다. 망막모세포종은 G_1기로의 전환을 조절하는 종양 억제 유전자이다. *N*-아세틸 전달효소는 다형성을 통해 인구 집단의 암 발생 위험에 영향을 미칠 수 있는 약물대사 효소이다.

23 세포의 죽음

Cell Death

I. 개요

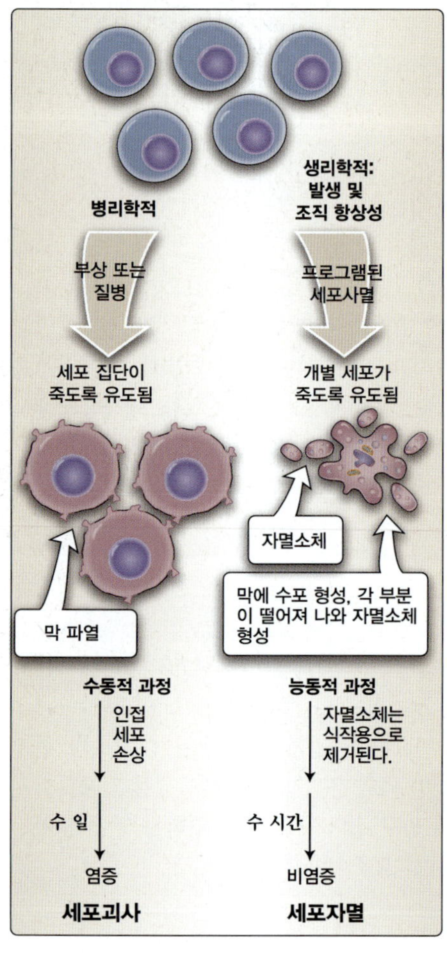

그림 23.1
세포괴사 및 세포자멸

모든 세포는 결국 괴사(necrosis) 또는 세포자멸(apoptosis)에 의해 죽는다. 괴사는 세포 손상이나 우발적 요인에 의해 유도되는 수동적이고 병리적인 과정이며 종종 집단 내 세포가 동시에 죽는 것을 포함한다(그림 23.1). 괴사한 세포의 세포막이 파열되어 세포질과 세포소기관이 주변 조직액으로 유출되기에 종종 염증 반응을 유발한다. 대조적으로, 세포자멸은 이웃 세포를 손상시키거나 염증을 유발하지 않고 개별 세포를 제거하는 능동적이고 정상적인 생리학적 과정이다. 세포자멸은 또한 바이러스 감염을 포함한 병리학적 과정에 의해 유발될 수 있다. 세포자멸을 겪고 있는 세포는 세포막에 특징적인 "수포(blebbed)" 형태를 가지며, 식세포에 의해 삼켜지는 자멸소체(apoptotic body)를 형성한다. 세포자멸은 세포분열 및 분화만큼 세포 및 조직 생리의 기본이다. 세포자멸을 조절하는 경로의 장애는 암, 자가면역 질환 및 신경퇴행성 질환을 유발할 수 있다.

II. 괴사

괴사(necrosis)는 급성 손상이나 질병에 의해 유발되는 수동적이고 병리적인 과정이다. 일반적으로 조직의 손상 이후 해당 부분의 세포들이 동시에 괴사된다. 괴사로 인해 죽는 세포는 부피가 증가하고 터져서 세포 내 물질을 방출하고 잠재적으로 조직에 손상을 줄 수 있는 **염증 반응**(inflammatory response)을 유도한다. 괴사 과정은 며칠 내에 완료된다.

임상 적용 23.1 괴사 및 혈청 효소

효소를 포함한 세포 내 물질은 괴사되는 세포에서 방출되기 때문에 진단 및 예후 결정을 위해 환자의 혈액에서 유래한 혈청 샘플에서 효소 측정을 수행한다. 예를 들어, 대부분 세포에는 포도당에서 ATP를 생성할 때 사용하는 효소인 젖산 탈수소효소(lactate dehydrogenase, LDH)가 포함되어 있는데, 조직 세포가 괴사로 죽으면 혈액에 LDH가 나타난다. 사실, LDH는 종종 괴사성 세포 죽음의 일반적인 표지자로 사용된다.

III. 세포자멸

생존인자가 없는 세포는 세포 내 자기 파괴 프로그램이 활성화되어 **세포자멸**(apoptosis)이라고 하는 계획된 과정에 의해 죽는다. 생존을 위한 신호의 수신은 세포가 필요로 하는 때와 장소에서만 계속 살 수 있게 한다.

세포자멸을 겪는 세포는 크기가 줄어들지만 터지지는 않는다. 이들의 세포막은 온전한 상태로 남아 있지만, 막의 일부는 싹처럼 돌출되거나 **수포**(bleb)와 같은 형태가 된다. 이로 인해 비대칭성과 인접한 이웃 조직 세포에 부착할 수 있는 기능을 잃는다. 일반적으로 세포기질 쪽에 접한 2중층 안쪽의 인지질층에 존재하는 막 인지질인 **포스파티딜세린**(phosphatidylserine)이 **스크램블레이스**(scramblase)의 작용으로 뒤집혀 세포 표면에 노출된다. 자멸 중인 세포의 마이토콘드리아는 ATP가 필요한 능동수송으로 **사이토크롬 *c***(cytochrome *c*)를 방출하지만, 막의 수포 내에 남아 있게 된다(그림 23.2). 막은 수포 형태의 작은 방울 모양에서 시작하여 세포 표면에서 성장하면서 깊은 막 돌출부를 형성한다. 이는 ROCK1(Rho 관련 단백질 인산화효소 1)로 알려진 세포골격 조절 세린/트레오닌 단백질 인산화효소에 의존하는 과정이다. 핵 내에서는 염색질이 분절되고 응축된다.

자멸소체(apoptotic body)는 자멸 세포의 단편화(apoptotic cell fragmenting)에 의해 개개의 소포로 형성된 후 대식세포(macrophage) 및 가지돌기(수지상)세포(dendritic cell) 등 식세포에 의해 먹힌다. 자멸소체는 막 표면에 제시된 포스파티딜세린에 의해 식세포에 먹히는 물체로 인식된다(그림 23.3). 막 인지질의 포스파티딜세린은 건강한 세포일 때 세포질 쪽의 내부층에 위치하다가 자멸 세포에서는 스크램블레이스의 작용을 통해 막의 바깥층으로 이동한다.

식세포는 세포의 죽음으로 인한 염증 위험을 줄이면서 자멸소체를 감싸 안고 분해한다. 식세포는 또한 염증을 억제하는 인터루킨-10(IL-10) 및 형질전환 생장인자-β(transforming growth factor-β, TGF-β)를 비롯한 사이토카인을 방출한다. 따라서 세포자멸을 겪을 때 조직의 이웃 세포에 광범위한 손상이 발생하지 않는다. 세포자멸은 몇 시간 안에 완료된다.

A. 생물학적 의의

괴사는 광범위한 세포의 죽음, 조직 손상 및 염증을 초래하는 외상성 과정이지만, 세포자멸은 그 생존이 생물체에 해롭거나 정상적인 발생 또는 기능에 있어 필요없는 세포를 선택적으로 제거하는 이점이 있다.

1. **손상된 세포의 제거:** 손상된 세포의 제거는 세포자멸의 중요한 기능이다. 세포가 복구할 수 없을 정도로 손상되거나, 바이러스에 감염되거나, 영양이 부족하거나, 방사선이나 독소의 영향을 받을 때 종양 억제 단백질 **p53**(*p53* 유전자의 산물, 21장 참조)의 작용으로 세포주기가 중단되고 세포자멸이 유도된다(그림 23.4).

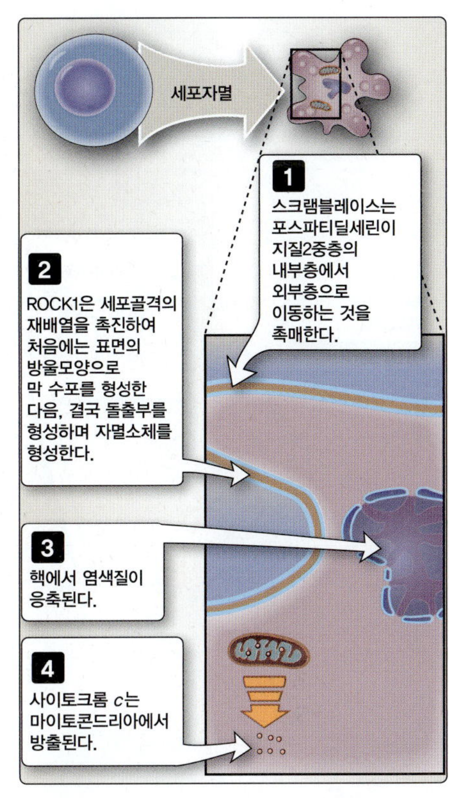

그림 23.2
세포자멸 동안 세포의 변화

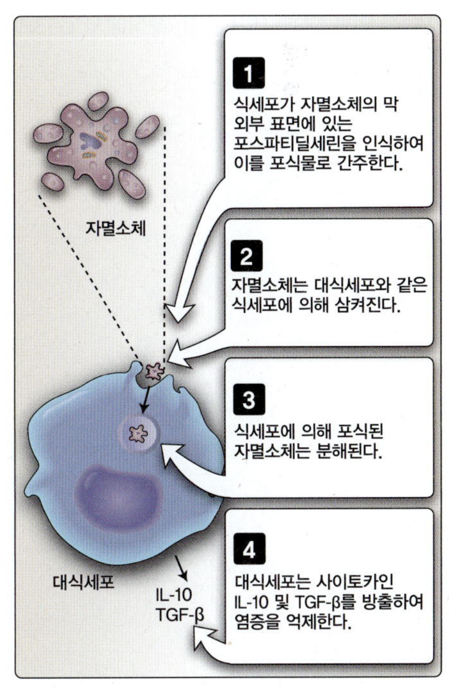

그림 23.3
식작용을 통한 자멸소체의 제거

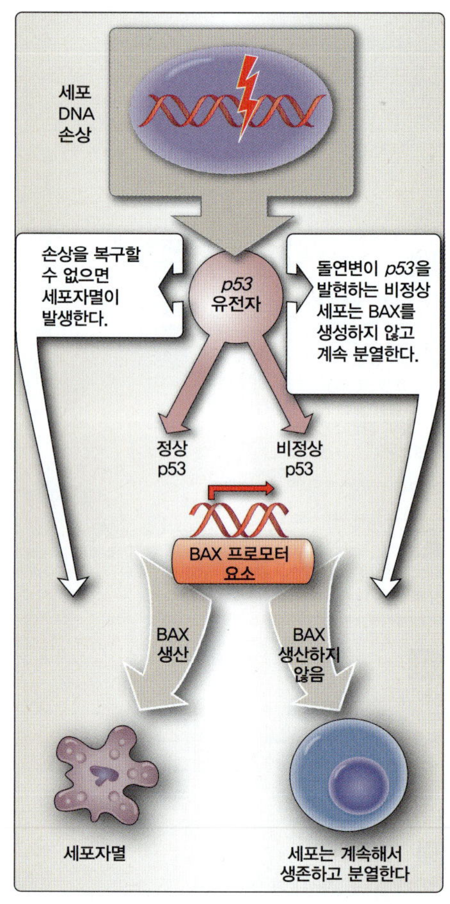

그림 23.4
DNA 손상에 대한 세포자멸 과정에서 p53의 역할

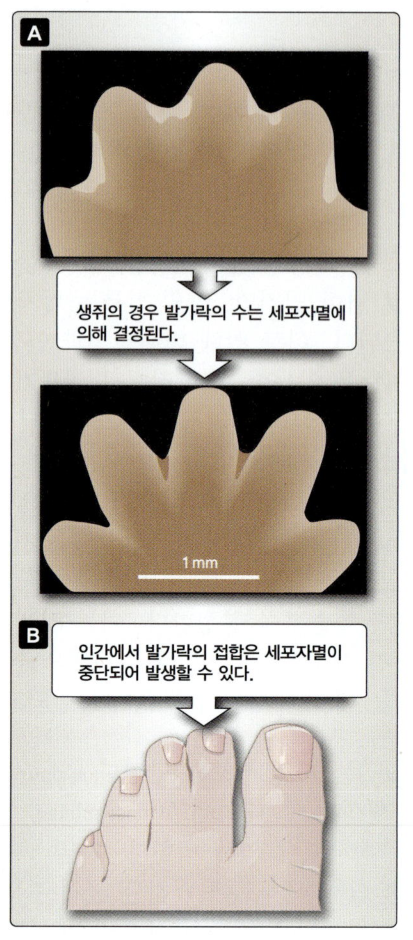

그림 23.5
세포자멸로 인한 “조각(형태형성)”

정상(야생형) p53은 세포자멸유도 단백질(proapoptotic protein)인 **Bax** 유전자의 프로모터 내 p53 반응요소에 결합하여 프로그램된 세포자멸을 유발한다. 세포자멸에 의한 개별 세포의 제거는 다른 세포에 필요한 영양분을 절약하고 바이러스 감염이 다른 세포로 확산되는 것을 중단시킨다. 그러나 돌연변이가 일어난 p53은 세포주기를 중단시키거나 세포자멸을 개시할 수 없다. 따라서, 돌연변이 p53을 발현하는 비정상 세포는 그들의 생존이 개체를 손상시킴에도 불구하고 세포자멸을 겪지 않은 채로 계속해서 분열한다.

2. **발생 과정:** 세포자멸은 배아의 발생 중에 일어난다. 이 기간 동안의 광범위한 세포분열 및 분화는 종종 과도한 수의 세포를 만들어내는데, 이들 세포는 정상적인 발생을 통해 제대로 된 기능을 갖추려면 반드시 제거되어야 한다. 발생 중인 척추동물 신경계에서 생성된 신경세포의 절반 이상이 형성 직후 계획된 세포자멸을 겪는다.

선택적 세포자멸은 발생하는 조직의 형태를 “조각”한다. 예를 들어, 손과 발의 완전한 형성을 위해 발생 중인 각 손가락 및 발가락 사이의 세포들에서 자멸이 일어나야 한다(그림 23.5A). 불완전한 세포자멸은 비정상적인 구조를 초래할 수 있다(그림 23.5B). 건강하고 성숙한 적응면역계(adaptive immune system)의 발달 또한 세포자멸을 필요로 한다. 자가 반응성 T 세포가 세포의 레퍼토리에서 제거되는 과정인 가슴샘(thymus, 흉선)의 음성 선택(negative selection)도 마찬가지로 세포자멸을 통해 이루어진다(리핀코트의 그림으로 보는 면역학, 제3판, 9장 참조).

소닉 헤지호그와 세포자멸

척추동물의 배아발생과정에서 신호 분자인 소닉 헤지호그(sonic hedgehog, **Shh**)는 척삭(notochord)에서 방출된 후 농도 기울기를 만들어서 신경관 세포들이 패턴을 형성하도록 한다. 신경관 세포는 Shh 수용체인 패치드 1(Patched 1, **Ptc1**)을 발현한다. Shh가 이 수용체에 결합하면 표적세포가 살아남는다. Shh가 없는 경우 Ptc1을 발현하는 세포는 세포자멸을 겪는다.

3. **조직 항상성:** 정상적이고 건강한 성인의 경우 세포분열과 세포자멸 사이의 균형을 통해 세포 수가 상대적으로 일정하게 유지된다(그림 23.6). 건강한 사람의 골수와 상피조직에서 매시간 수십억 개의 세포가 죽는다. 세포가 손상되거나 작용하지 않으면 교체해야 하지만, 새로운 세포의 생성은 안정적인 기본 집단을 유지하기 위해 세포자멸과 병행되어야 한다. 이러한 항상성은 세포 수와 정상적인 기능을 유지하는 데 필요하다. 균형이 깨지면 비정상적인 생장과 종양 또는 비정상적인 세포 손실이 발생할 수 있다. 복잡한 제어 시스템이 항상성을 엄격하게 조절한다. 이와 관련하여 작동하는 하나의 신호 메커니즘은 일반적으로 세포의 생존을 위해 세포자멸을 억제하는 신호를 보내는 소닉 헤지호그(Shh) 신호 경로이다. 신호를 수신하지 못하면 세포자멸이 발생한다. 그러나 소닉 헤지호그 시스템이 손상되면 세포자멸을 억제하는 신호가 부적절하게 전달되어 손상된 세포가 죽음을 피해 악성 종양으로 발전할 가능성이 있다.

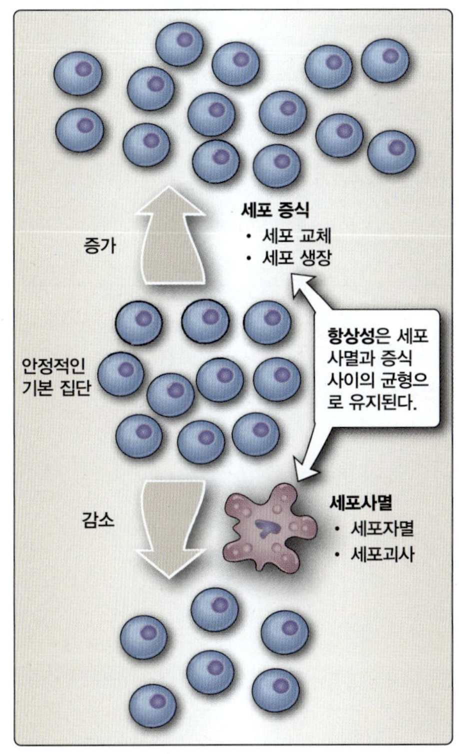

그림 23.6
항상성은 세포의 증식과 세포의 사멸 사이의 균형에 의해 유지된다.

B. 세포자멸의 개시

세포자멸 메커니즘의 구체적인 세부 사항은 세포 유형 및 자극에 따라 다르다. 그러나 연구를 통해 공통적인 단계가 있음이 제시되었다. 세포 내부 및 외부 자멸 프로그램이 모두 존재하며, 둘 다 동일한 하위 매개인자를 사용하여 세포자멸 과정을 완료한다.

1. **아팝토솜:** 세포 구성요소나 DNA에 돌이킬 수 없는 손상이 지속되면 **내부 세포사멸 프로그램**(internal cell death program)이 시작된다

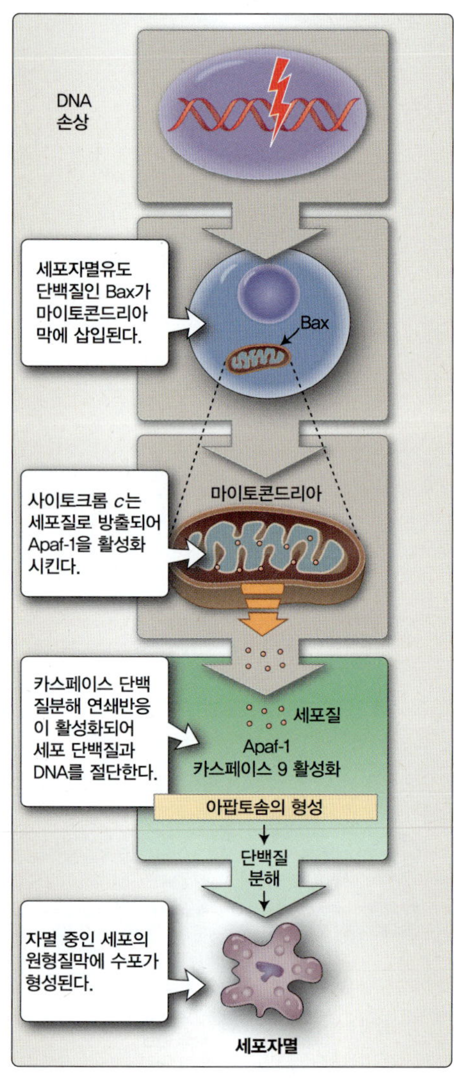

그림 23.7
아팝토솜의 형성을 통한 세포자멸

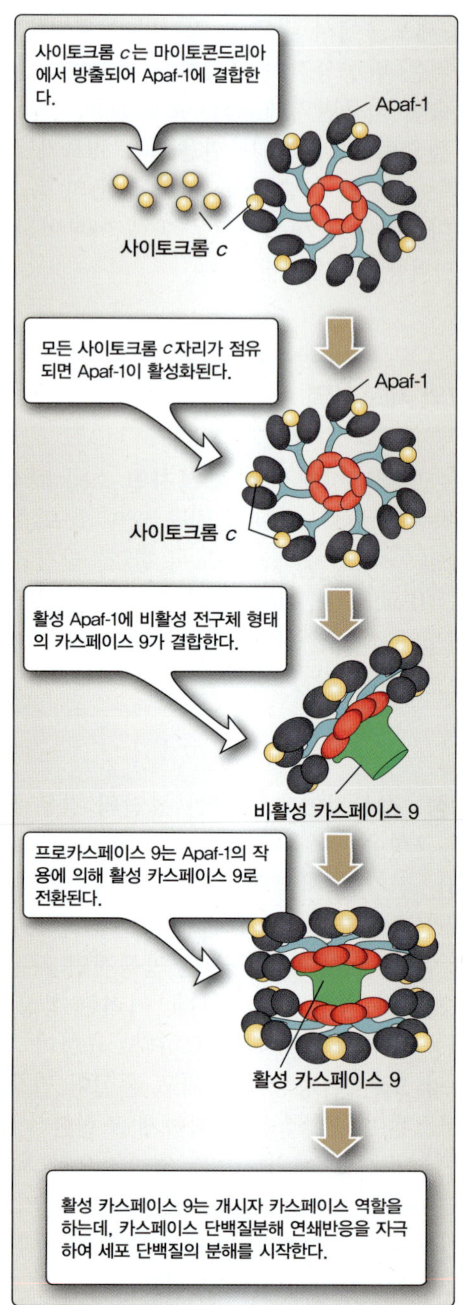

그림 23.8
사이토크롬 *c*의 Apaf-1 활성화 및 아팝토솜 형성

(**그림 23.7**). Bcl-2 계열의 세포자멸유도 단백질인 **Bax**가 유도되어 마이토콘드리아 막으로 삽입되어 사이토크롬 *c*가 마이토콘드리아를 빠져나갈 수 있는 통로를 형성한다.

세포질의 사이토크롬 *c*는 ATP를 필요로 하는 큰 단백질 복합체인 **아팝토솜**(apoptosome)의 형성을 촉발한다. 아팝토솜은 내부 신호에 의해 촉발되는 세포자멸에서 나타나는 특징적 구조이다. 이 복합체를 형성하기 위해 세포질 사이토크롬 *c*는 **세포자멸 단백질분해효소 활성인자**(apoptotic protease activating factor, **Apaf-1**) 연결자 단백질을 활성화시킨 후, 카스페이스 9(caspase 9)를 활성화시킨다. 활성화된 카스페이스 9는 세포자멸로 이끌도록 세포의 단백질과 DNA를 분해하여 세포를 파괴하는 **카스페이스**(caspase) 단백질분해 연쇄반응을 시작한다(그림 23.8).

2. **사멸 수용체:** 세포자멸을 자극하는 **외부 프로그램**(external program)은 **종양 괴사인자 수용체**(tumor necrosis factor receptor, **TNFR**) 유전자 대집단의 구성원인 **사멸 수용체**(death receptor)를 통해 일어난다. 이 집단의 개별 구성원은 특정 리간드를 인식하지만, TNFR 계열의 모든 구성원이 세포사멸을 시작하는 것은 아니다. 세포사멸을 시작하는 TNFR은 "**사멸 도메인**(death domain, **DD**)"이라고 하는 상동의 세포질 서열을 가지고 있다.

   Fas-관련 사멸 도메인(Fas-associated death domain, **FADD**) 및 TNFR-관련 단백질(TNFR-associated death domain, **TRADD**) 같은 연결자 분자는 이러한 DD를 가지고 있다. 그들은 카스페이스 8 또는 10의 활성화를 통해 사멸 수용체와 상호작용하여 세포자멸 신호를 "사멸 기구(death machinery)"로 전달한다(그림 23.9). **사멸유도 신호복합체**(death inducing signal complex, **DISC**)는 DD와 활성화된 카스페이스로 구성된다(그림 23.10 참조).

   Fas 사멸 수용체(Fas death receptor)는 **Fas 리간드**(FasL, CD178이라고도 함)와 맞물릴 때 세포자멸 세포의 죽음을 개시하는 TNFR 대집단의 구성원이다. 세포독성 T 세포는 바이러스에 감염된 숙주세포에서 Fas 사멸 수용체와 상호작용하는 FasL을 발현하여 세포자멸을 자극한다. TNFR1은 사멸 신호에도 관여하지만 Fas(CD95)에 비해 사멸-유도 능력이 약하다.

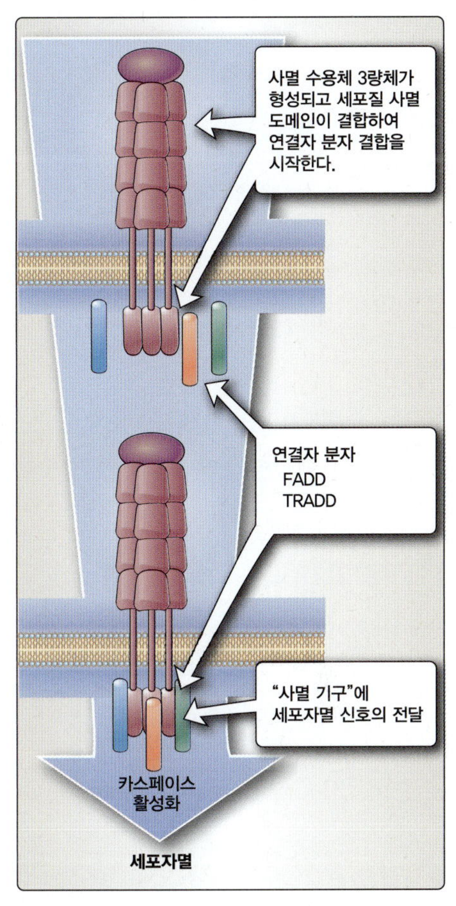

그림 23.9
사멸 수용체에 의한 세포자멸의 개시

Fas 리간드-유도 세포자멸(Fas ligand-induced apoptosis)

인접한 세포 표면의 막에 고정된 FasL 3량체는 Fas 수용체의 3량체화를 유발한다(그림 23.10). 그 결과 수용체의 DD가 모이게 되고, 세포질 연결자 단백질인 FADD의 사멸 도메인에 결합하여 결국 FADD를 모집하게 된다. FADD는 DD뿐만 아니라 사멸인자 도메인(death effector domain, **DED**)을 포함하는데, 이는 카스페이스 8의 불활성형 혹은 전구체형인 프로카스페이스(procaspase) 8의 직렬로 반복되는 유사한 도메인에 결합한다. Fas 수용체(3량체), FADD 및 카스페이스 8의 복합체는 사멸유도 신호 복합체(DISC)라고 한다. FADD에 의해 모집된 프로카스페이스 8은 스스로 활성화될 수 있다. 이후 카스페이스 8은 하위 카스페이스들을 활성화시켜 세포자멸 과정에 투입한다. FasL-Fas(CD178:CD95)에 의해 유발된 세포자멸은 면역 체계의 조절에 중요한 역할을 한다.

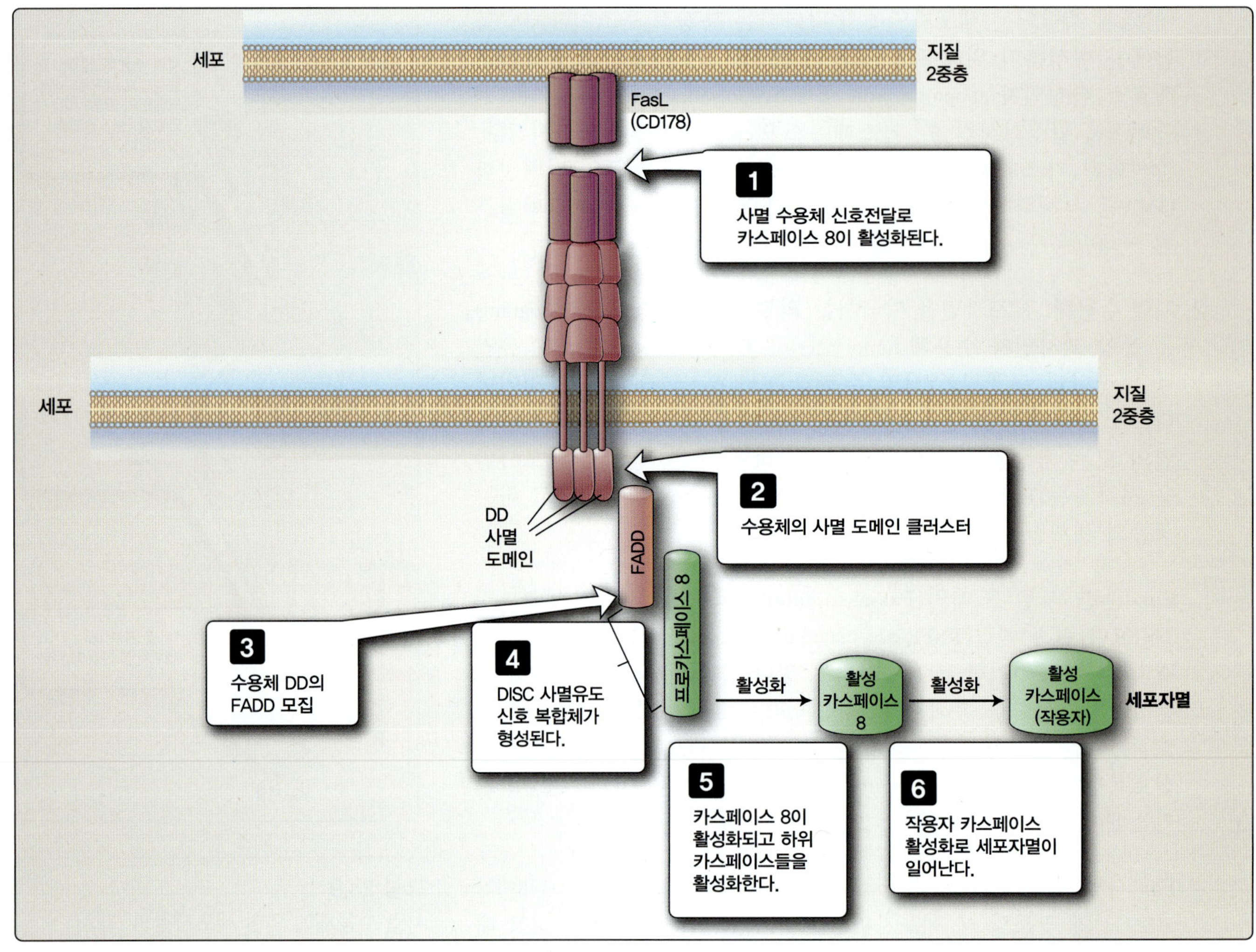

그림 23.10
Fas 수용체에 대한 FasL 결합의 결과로 유발된 세포자멸

C. 단백질분해효소인 카스페이스 계열

세포자멸은 개시자 카스페이스 2와 9를 활성화하는 아팝토솜(apoptosome)을 통해 자극되는 내부 프로그램인지, 아니면 사멸 수용체/DISC에 의해 자극되어 개시자인 카스페이스 8과 10을 활성화하는 외부 프로그램인지에 관계없이 단백질분해효소(protease)인 카스페이스의 연쇄반응에 의해 세포의 구성요소를 실제로 분해한다. 카스페이스는 세포사멸의 주요 작용자로 작용하는 단백질분해효소(기질이 단백질인 효소)이다. 카스페이스는 효소 분자의 촉매 부위 내에 존재하는 시스테인 아미노산 잔기의 이름을 따서 명명된 시스테인 단백질분해효소 집단의 구성원이다. 카스페이스는 불활성형인 자이모젠(zymogen) 또는 효소전구체(proenzyme)형태로 합성되며, 필요할 때 기능적인 단백질분해효소가 되도록 활성화된다. 이런 번역 후 변형으로 인해 사멸되어야 할 세포에서 필요할 때 효소가 빠르게 활성화될 수 있도록 한다.

1. **카스페이스의 분류:** 카스페이스는 기능에 따라 분류된다(그림 23.11). 11개의 카스페이스 계열이 사람에서 확인되었다. 일부는 세포사멸에 관여하지 않는다. 카스페이스 1은 사이토카인 성숙에 관여하고, 카스페이스 4 및 5는 염증에 관여하며, 카스페이스 14는 피부의 발생에 중요하다. 나머지 카스페이스는 세포자멸에 관여하며, 이 과정의 개시자(initiator) 또는 작용자(effector)로 구분된다.

   개시자 카스페이스(initiator caspase)에는 카스페이스 2, 8, 9 및 10 등이 있다. 이들은 카스페이스 2와 9의 **카스페이스 모집 도메인**(caspase recruitment domain, CARD) 및 카스페이스 8과 10의 DED와 같은 특징적인 도메인을 가져, 단백질분해효소가 카스페이스 활성을 조절하는 분자와 상호작용할 수 있도록 한다. 개시자 카스페이스는 비활성 효소전구체 형태의 작용자 카스페이스를 절단하여 활성화시킨다.

   작용자 카스페이스(effector caspase)에는 카스페이스 3, 6, 7이 포함된다. 이러한 "집행자(executioner)" 카스페이스는 핵과 세포질 내의 구조적 및 기능적 단백질을 분해하여 세포자멸적 파괴를 일으킨다.

2. **카스페이스 연쇄반응:** 이 과정은 세포자멸이 시작되는 동안 질서정연한 방식으로 카스페이스들이 순차적으로 단백질 분해를 활성화하는 것이다. 카스페이스 억제인자는 이 과정을 조절한다. 연쇄반응은 아팝토솜, 사멸 수용체 및 세포독성 T 세포에서 방출되는 그랜자임 B(granzyme B)를 비롯한 다양한 자극에 의해 활성화될 수 있다.

   아팝토솜과 사멸 수용체는 둘 다 개시자 카스페이스를 활성화하지만, 서로 다른 것들이다. 아팝토솜이 카스페이스 9를 활성화하는 동안 사멸 수용체는 카스페이스 8과 10을 활성화한다. 세포독성 T 세포에서 방출된 그랜자임 B는 작용자 카스페이스인 카스페이스 3과 7을 활성화한다.

3. **카스페이스의 표적:** 핵 및 세포질 단백질 모두 카스페이스에 의한 분해 표적이 된다. 많은 경우에, 기질 분해과정에서 카스페이스의 역할은 정확히 알지 못하며, 어떻게 단백질의 파괴가 세포사멸과 관련되는지도 불분명하다. 핵의 구조적 섬유상 단백질인 핵 라민(lamin)은 카스페이스의 표적이다.

   추가적으로, DNA 분절인자 45/카스페이스-활성 DNA분해효소의 억제인자가 절단되는데, 이로 인해 카스페이스-활성 DNA분해효소가 핵으로 들어가 DNA를 조각냄으로써 자멸 중인 세포에서 보이는 DNA의 사다리꼴 패턴(laddering pattern) 특징을 유발한다(그림 23.12). DNA는 핵산내부가수분해효소(endonuclease)에 의해 뉴클레오솜을 감고 있는 길이에 해당하는 크기의 배수(예: 2, 4, 6, 8 등)로 절단된다. 독특한 180 bp의 사다리꼴이 세포자멸을 겪고 있는

카스페이스:	역할:
카스페이스 1	사이토카인 성숙
세포자멸:	
카스페이스 2, 8, 9, 10	개시자 카스페이스
카스페이스 3, 6, 7	작용자
카스페이스 4, 5	염증
카스페이스 14	피부 발생

그림 23.11
카스페이스의 유형 및 역할

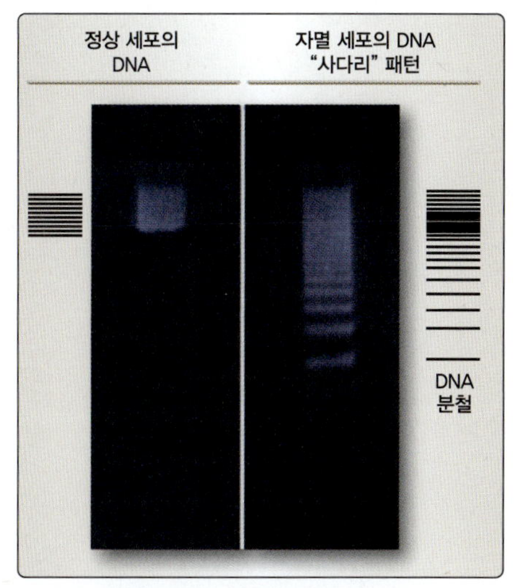

그림 23.12
자멸하는 세포의 DNA 분절화("사다리" 패턴)

Bcl-2 계열
생존유도:
Bcl-2
Bcl-xL
사멸유도:
Bax
Bak
Bid

그림 23.13
Bcl-2 계열의 생존유도 및 사멸유도 단백질

DNA에서 보인다. 세포자멸을 겪고 있는 세포의 폴리 ADP-라이보스 중합효소(poly ADP-ribose polymerase, PARP)는 또한 Bcl-2 부류의 하나인 Bid와 마찬가지로 세포자멸 과정 동안 카스페이스에 의해 절단되는 것으로 알려져 있다.

D. Bcl-2 계열

카스페이스의 경우와 마찬가지로 내부 프로그램에 의해 세포자멸이 시작되었는지 또는 사멸 수용체 및 외부 자극을 통해 시작되었는지 여부에 관계없이 Bcl-2 계열 단백질 구성원이 세포자멸 과정을 완료하는 데 사용된다. 세포자멸이 유도된 세포에서, 사멸유도(proapoptotic) 단백질에 대한 비율이 생존유도(prosurvival) 단백질의 비율보다 높게 나타난다. 이러한 생존유도 및 사멸유도 단백질 중 다수는 Bcl-2 단백질 계열이다.

Bcl-2 계열의 생존유도(antiapoptotic, 세포자멸억제) 단백질의 종류에는 **Bcl-2** 및 **Bcl-xL** 등이 있으며, 사멸유도(prodeath) 단백질의 종류에는 **Bak** 및 **Bax**가 있다(그림 23.13).

아팝토솜의 내부 프로그램이 세포자멸을 자극하면 사멸유도 단백질인 **Bax**가 유도되어 마이토콘드리아 막에 삽입된 후, 사이토크롬 *c*가 마이토콘드리아를 빠져나갈 수 있도록 하는 통로를 형성한다. 사멸 수용체 신호는 일반적으로 카스페이스 8의 활성화를 초래하는데, 이는 Bid를 절단하여 tBid를 생성하게 한다(그림 23.14). 이에 대한 반응으로 Bak와 Bax는 세포기질에서 마이토콘드리아 외막으로 이동하여 투과할 수 있으며, 사이토크롬 *c* 및 세포자멸 단백질 억제인자(inhibitor of apoptosis protein, IAP)의 길항제인 Smac/DIABLO(direct IAP binding protein with low pI)를 포함한 사멸유도 단백질의 방출을 촉진한다.

E. 질병에서의 세포자멸

세포자멸은 정상적인 발생과 생리학적 기능에 필요하므로 필연적으로 세포자멸 매개체의 돌연변이는 암(불충분한 세포자멸)에서 알츠하이머병(과도한 세포자멸)에 이르는 질병을 초래할 수 있다. 헌팅턴병 및 파킨슨병을 비롯한 노화와 관련된 일부 다른 신경퇴행성 질환은 개인의 생존에 도움이 되는 정상적인 기능을 가진 세포의 자멸을 포함한다.

1. **암:** 암은 세포분열과 세포자멸 사이의 항상성이 깨질 때 발생한다. 많은 암세포는 세포자멸 대신에 생존하게 하는 돌연변이를 가지고 있다. 암세포의 세포자멸 감소는 세포자멸 조절 단백질의 발현 변화로 인해 발생할 수 있다.

   예를 들어, 염색체 전좌로 인해 Bcl-2 유전자가 면역글로불린 무거운 사슬 유전자자리 옆으로 이동하고, 세포자멸억제 Bcl-2 단백질이 *myc* 종양유전자도 발현하는 림프구에서 과다발현되면 림프종

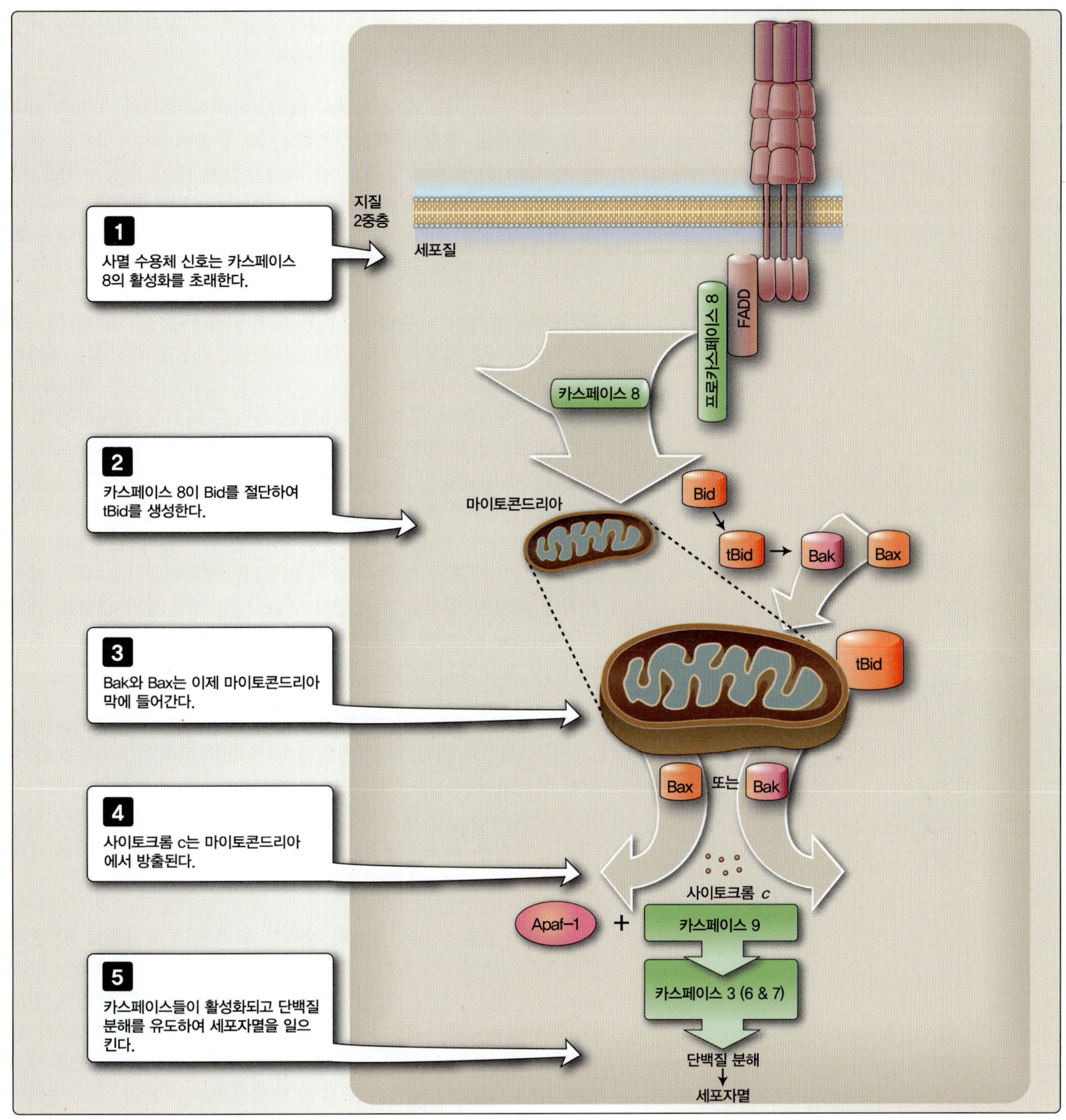

그림 23.14
세포자멸 과정의 Bcl-2 계열 단백질

(lymphoma)이 발생할 수 있다. Bcl-2 유전자는 또한 유방암, 전립선암, 폐암 및 흑색종과 관련이 있다. 또 다른 예는 일반적으로 아팝토솜에 의한 카스페이스 9의 활성화를 촉진하는 Apaf-1이다(그림 23.8 참조). Apaf-1의 돌연변이 형태가 전립샘 종양에서 발견되

었으며, 이는 아팝토솜이 적절하게 조립될 수 없게 만들기에 종양 세포가 세포자멸을 피할 수 있도록 한다.

세포자멸은 암 치료와도 관련이 있다. 이온화 방사선 요법은 암세포의 세포자멸 경로를 재활성화하는 데 도움이 되는 것으로 여겨진다. 그리고 일부 종양에서 암 화학요법에 대한 내성은 Bcl-2의 과다발현과 그에 따른 세포자멸의 결함으로 인해 발생할 수도 있다. 일부 새로운 암 치료법은 아팝토솜을 활성화하고, 또 다른 치료법들은 카스페이스를 자극하도록 고안되었다.

2. **자가면역:** 류마티스 관절염, 전신 홍반성 루푸스 및 제1형 당뇨병은 부분적으로 세포자멸의 결함으로 인해 발생할 수 있는 자가면역(autoimmune) 질환의 예이다(리핀코트의 그림으로 보는 면역학, 16장 참조). 자가면역 질환의 두드러진 특징은 자기를 인식하는 T 세포가 세포자멸을 통한 음성 선택(negative selection)을 하지 못하는 것이다. 자가 반응성 세포는 생존하고 증식한다. 세포자멸의 결함은 때때로 세포자멸 신호전달에 관여하는 단백질의 비정상적인 발현에 기인한다. 예를 들어, 일부 연구에서는 류마티스 윤활막에 침투하는 T 세포가 높은 수준의 Bcl-2를 발현하고 Fas-유도 세포자멸에 내성이 있음을 나타낸다. Fas 사멸 수용체의 결함과 이자섬(pancreatic islets)에서 세포자멸의 증가는 이자의 β 세포의 파괴와 제1형 당뇨병의 발병을 유발할 수 있다.

   강화된 세포자멸은 또한 **인간 면역결핍 바이러스**(human immunodeficiency virus, **HIV**)에 의한 면역결핍 상태인 에이즈(AIDS)로의 진행에 영향을 미칠 수 있다. 부적절한 세포자멸로 $CD4^+$ 보조 T 세포가 고갈되면, 이 개체에서 T 세포가 현저하게 감소한다. 일부 HIV 단백질은 세포자멸억제 Bcl-2를 비활성화시키고, 다른 HIV 단백질은 Fas-매개 세포자멸을 촉진한다.

3. **신경퇴행성 질환:** 다른 유형의 장애도 증가된 세포자멸로 인해 부분적으로 발생할 수 있다. 만성 신경퇴행성 질환인 **조현병**(schizophrenia)은 망상, 환각, 감정 상태의 변화가 특징이다. 이러한 결함의 기본 메커니즘은 잘 알려지지 않았지만, 최근의 사후 데이터는 신경세포의 자멸 양상이 변했음을 시사한다. 세포자멸 조절 단백질과 DNA 단편화 패턴은 조현병 환자의 대뇌피질의 여러 영역에서 변형된 것으로 보인다. **알츠하이머병**(Alzheimer disease)이 있는 경우, 국소화된 세포자멸이 신경돌기 및 시냅스 손실에 기여하여, 초기의 인지 기능 저하를 야기한다. 또한, HIV 바이러스에 감염된 많은 개인은 **HIV-관련 치매**(HIV-associated dementia, **HAD**)로 알려진 신경퇴행 증후군을 앓게 된다. HAD는 영향을 받은 뇌 영역에서 활성화된 카스페이스 3과 관련이 있는 것으로 보이며, 이러한 카스페이스 경로를 억제하기 위한 약리학적 개입이 파괴적인 세포자멸을 중단시키는 데 도움을 줄 수 있는 것으로 예상된다.

F. 세포자멸의 실험적 분석

세포자멸을 평가하기 위해 역사적으로 여러 실험적 분석이 존재했다. 아래에 설명된 방법 외에도, Bax와 같은 자멸유도 단백질의 발현 분석 및 카스페이스 활성을 측정할 수 있다. 이러한 접근 방식 중 다수는 오늘날 연구에서 더 이상 일상적으로 사용되지 않지만, 이러한 접근 방식의 기초를 이해하면 각 기술이 목표로 하는 세포자멸 메커니즘의 다양한 측면을 이해하는 데 유용하다.

1. **DNA의 사다리꼴: DNA 사다리꼴**(DNA laddering) 패턴을 분석하는 것은 아마도 세포자멸이 발생했는지 감지할 수 있는 가장 오래된 기술일 것이다. 자멸된 세포의 유전체 DNA는 약 180개의 염기쌍 단편으로 분해되기 때문에 아가로스 젤 전기영동에서 특징적인 사다리 형태가 나타난다(그림 23.11 참조).

2. **TUNEL: TUNEL**(Terminal uridine deoxynucleotidyl transferase nick end labeling) 방법은 DNA 가닥의 절단이나 틈(nick)의 존재로 인한 DNA 단편화를 검출한다. 말단 디옥시뉴클레오티딜 전달효소는 실험을 위해 표지된 dUTP의 첨가를 촉매한다.

3. **아넥신 5: 아넥신** 5(annexin 5) 친화도 분석은 세포자멸 과정 초기의 세포를 검출하는 데 유용하다. 아넥신은 세포막의 인지질에 결합하는 단백질 집단이다. 아넥신 5는 건강한 세포에서 세포질쪽 인지질층에 존재하는 포스파티딜세린에 결합한다. 세포가 계획된 세포자멸을 시작한 직후, 포스파티딜세린은 바깥쪽 인지질층으로 뒤집힌다. 아넥신 5에 대한 항체를 사용하여 바깥쪽 인지질층에 포스파티딜세린을 표지하는 세포를 감지하면 세포자멸 과정을 시작했음을 알아낼 수 있다.

4. **유동 세포계수법(flow cytometry):** 이 방법으로 집단 내의 **세포 크기**(cell size)와 **과립도**(granularity)를 측정하는 데 사용할 수 있으며, 둘 다 자멸 세포와 정상 세포에서 다르게 나타난다. 자멸하는 세포는 크기가 줄어들기 때문에, 전방각 광 산란(forward angle light scatter)은 정상 세포에 비해 세포자멸 집단에서 강도가 낮게 나타낸다. 자멸하는 세포의 과립도는 측면 산란(side scatter)에서 보이는 것처럼 정상 세포에 비해 증가한다.

요약

- 세포사멸은 세포 집단에서 일어나는 병리학적 과정인 **괴사**(necrosis)와 개별 세포에서 일어나는, 발생 및 조직의 항상성에 중요한 생리적 과정인 **세포자멸**(apoptosis) 중 하나를 통해 일어난다 .
- 괴사 세포는 파열되어 효소를 포함한 내용물을 세포 밖으로 방출하여 종종 염증 반응을 유발한다.
- 자멸하는 세포는 세포막의 표면에 깊은 함몰 부위가 생기면서, 파열되지 않은 막성 **수포** 형태의 **자멸소체**(apoptotic body)를 만들어 프로그램된 세포사멸을 진행한다.
- **스크램블레이스**(scramblase)는 세포질 쪽인 내층 인지질의 **포스파티딜세린**을 세포 외부쪽 인지질층으로 이동시킨다. 식세포는 막 표면의 포스파티딜세린의 위치 이동을 탐지하여 자멸소체의 식작용을 수행한다. 식세포에 의한 자멸소체의 분해는 염증 반응을 방지한다.
- 세포자멸은 **아팝토솜**(apoptosome)의 조립을 유발하는 **내부 과정** 또는 **사멸 수용체**(death receptor)를 통한 **세포 외부 신호**에 의해 자극될 수 있다.
- 내부 세포사멸 프로그램에서 DNA가 손상되면 **p53**은 **Bax**의 생성을 유도하여 **사이토크롬** *c*가 마이토콘드리아를 빠져나가 **Apaf-1**을 활성화하고, 함께 카스페이스 단백질분해 연쇄반응을 활성화하는 아팝토솜을 형성한다.
- **사멸 수용체**는 종양 괴사인자 수용체 계열에 속하며, **사멸 도메인**(DD)이라고 하는 상동 세포질 영역을 가지고 있다. DD는 활성화되는 카스페이스와 함께 죽음을 유도하는 신호 복합체인 **DISC**를 형성한다.
- 자멸하는 세포는 Bcl-2 단백질 계열의 자멸유도 및 생존유도 단백질 구성비를 변화시켜 자멸유도 단백질을 증가시킨다.
- 내부 또는 외부 프로그램을 통해 활성화된 카스페이스 단백질분해 연쇄반응은 세포질 및 핵에서 단백질의 절단을 촉매하여 세포자멸을 초래한다.
- 특정 세포의 불충분한 세포자멸은 암 및 자가면역 상태를 유발할 수 있으며, 과도한 세포자멸은 신경퇴행성 질환 및 HIV 감염으로 인한 AIDS 발병에 중요한 역할을 할 수 있다.

학습 문제

다음 중 가장 적절한 답을 하나만 고르시오.

23.1 64세 남성에서 적혈구의 대량 파열이 일어난 것으로 추정하였다. 다음 중 이 추정을 확인하는 데 도움이 될 수 있는 결과는 무엇인가?

A. 아넥신 5
B. 카스페이스 활성
C. DNA "사다리" 형태
D. 혈청 내 LDH
E. TUNEL 분석

정답 D

적혈구의 대량 파열은 괴사에 의해 발생하는데, 이때 LDH를 포함한 세포 내 효소가 환자의 혈액으로 방출된다. 아넥신 5, 카스페이스 활성, DNA 사다리 형태 및 TUNEL은 모두 세포자멸을 검출하는 데 사용된다. 적혈구에는 유전체 DNA가 포함되어 있지 않기 때문에 적혈구의 DNA의 사다리 형태는 불가능하다.

23.2 8세 여아가 팔에 부상을 입어 염증 반응이 시작되면서 통증과 부기가 발생했다. 다음 중 이 반응을 일으키는 죽은 세포의 특징은 무엇인가?

A. 세포 단백질을 절단하기 위한 카스페이스 3의 활성화
B. 마이토콘드리아로부터의 사이토크롬 *c* 방출
C. 세포 외 리간드에 결합하는 Fas 사멸 수용체
D. Bcl-2에 대한 Bax의 세포 내 비율 증가
E. 반응 중에 파열된 원형질막

정답 E
파열된 세포막은 사멸의 결과로 염증 반응을 유도하는 괴사 세포의 특징이다. 다른 보기는 모두 염증을 자극하지 않는 세포자멸과 관련이 있다.

23.3 정상적인 발생과정에서 세포의 죽음이 유도되고, 그 세포 내에서 세포자멸이 형성된다. 다음 중 이 과정에 필요한 것은 무엇인가?

A. ATP 형태의 에너지
B. Fas 사멸 수용체 신호
C. 세포에서 마이토콘드리아 손실
D. 원형질막 파열
E. 세포로부터의 효소 방출

정답 A
내부 세포자멸 신호에 대한 반응으로 자멸소체 형성에는 ATP 형태의 에너지가 필요하다. FasL은 Fas 사멸 수용체를 통해 세포자멸 신호가 외부의 자극으로부터 수신될 때 신호를 보낸다. 마이토콘드리아의 손실, 원형질막 파열 및 효소 방출은 모두 괴사성 세포사멸 중에 발생한다.

23.4 실험실에서 배양 중인 세포 집단에서 생존 가능한 세포의 총수가 감소하는 것으로 관찰된다. Bax 단백질을 분석한 결과 발현이 증가한 것으로 나타났다. 다음 중, 이 세포 집단에서 세포자멸이 일어나고 있음을 확인하는 데 사용할 수 있는 것은 무엇인가?

A. Bcl-2 단백질 발현 증가
B. 배양 배지의 세포 내 효소
C. 바깥쪽 인지질층의 포스파티딜세린
D. 죽어가는 세포에서 마이토콘드리아 방출
E. 파열된 원형질막

정답 C
포스파티딜세린은 일반적으로 원형질막의 세포질쪽 인지질층에 존재하는 인지질이다. 그러나 세포자멸 중에는 세포 바깥쪽 인지질층에 나타난다. 포스파티딜세린에 결합하는 아넥신 5는 또한 외부층에서 이를 검출하는 데 사용될 수 있다. Bcl-2는 자멸억제성으로 세포자멸 동안 발현이 증가되지 않는다. 원형질막이 파열된 괴사 세포는 세포 내 효소와 마이토콘드리아를 방출한다.

23.5 다음 조건 중 과도한 세포자멸이 질병을 유발할 수 있는 조건은?

A. 유방암
B. HIV/AIDS
C. 림프종
D. 류마티스 관절염
E. 전신 홍반성 루푸스

정답 B
HIV 감염은 $CD4^+$ 보조 T 세포의 부적절한 세포자멸로 인해 AIDS로 진행된다. 불충분한 세포자멸은 유방암 및 림프종과 같은 암, 또한 류마티스 관절염 및 전신 홍반성 루푸스와 같은 자가면역 질환에서 관찰된다.

24 노화와 노쇠

Aging and Senescence

I. 개요

노화(aging)는 개인이 살아 있는 동안 발생하는 변화를 반영한다. 또한 시간이 지남에 따라 생물학적 기능이 저하되는 것으로도 설명된다. 진핵세포의 노화 과정을 설명하는 몇 가지 가설이 있다. 백발, 주름진 피부, 시력 감소를 포함한 노화의 특징은 심장 질환, 제2형 당뇨병 및 암과 같은 노화 과정으로 인해 발생하는 질병과는 별도로, 고령에 도달한 모든 개인에게 영향을 준다.

노쇠(senescence)는 정상적인 2배체 진핵세포가 분열 능력을 상실하는 과정으로, 노화 과정에 기여하게 된다. 성인의 세포는 신생아의 세포보다 분열할 수 있는 능력이 작으므로 노화와 노쇠는 관련이 있다. 우리 몸의 세포는 무한정 분열할 수 있는 능력을 갖지 않는다. 세포 유형에 따라 일정한 수의 분열 후에는 더 이상 스스로 복제할 수 없다. 이런 경우, 세포는 복제 노쇠(replicative senescence) 상태에 있는 것으로 설명한다. 여러 유전자가 복제 노쇠를 조절하는 역할을 하는 것으로 알려져 있다. 젊은 사람에서는 특정 유형의 세포 노쇠가 암 발병으로부터 보호될 수 있지만, 시간이 지남에 따라 노쇠 세포가 많이 축적되면, 노화의 현상 및 그와 관련된 병리 현상이 나타난다.

II. 노쇠의 시작

노쇠한 세포(senescent cell)는 여전히 살아 있고, 작용하며, 대사적으로 활동적이지만, 더 이상 분열할 수 없다. 인간 세포의 한정적인 분열횟수는 섬유모세포(fibroblast)의 데이터를 사용하여 1960년대에 헤이플릭(Leonard Hayflick)에 의해 처음 기술되었다. 그의 발견은 복제 노쇠가 세포주기의 활성 단계에서 보낸 총 시간이 아니라 세포가 일생 동안 완료한 세포분열의 총 횟수에 달려 있음이 밝혀졌다. 또한 이는 세포 유형에 따라 다르다. 생식세포와 같은 일부 세포는 무한정 분열하는 반면, 신체 대부분의 다른 정상 세포는 나이가 들면서 분열을 멈추고 더 이상 분열하지 않는 노쇠 단계로 들어간다.

증식하는 세포는 DNA 복제주기를 반복함에 따라 전체 염색체 끝까지 DNA를 복제할 수 있는 능력을 상실하여 텔로미어(telomere)가 점진적으로 짧아지기 때문에 세포분열 횟수의 한계에 도달한다(7장 참조). 텔로미어가 짧아진 세포는 일반적으로 세포 노쇠에 들어간다.

A. 세포 노쇠의 실패

텔로머레이스 역전사효소는 텔로머레이스 효소 복합체의 일부이며, 끝에 있는 TTAGGG 서열에 반복적인 뉴클레오타이드를 첨가하여 텔로미어의 길이를 연장함으로써, 여러 번의 세포분열 이후에 텔로미어가 짧아지는 것을 방지한다. 만약 이 효소가 노쇠에 접어들어야 할 세포에 작용하면 세포는 계속해서 분열할 수 있다.

텔로미어가 짧아진 세포는 일반적으로 노쇠에 들어간다. 그러나 세포 노쇠에 실패하여 계속해서 증식하는 세포에서는 종종 암을 유발할 수 있는 염색체 이상이 나타난다. 따라서 세포 노쇠 반응은 악성 형질전환을 예방하는 데 도움이 되는 안전장치이다. DNA 손상의 축적, 종양유전자(oncogene)의 부적절한 발현, 활성산소종(reactive oxygen species, ROS)의 생성은 모두 세포 노쇠를 유발하는 것으로 알려져 있다(**그림 24.1**).

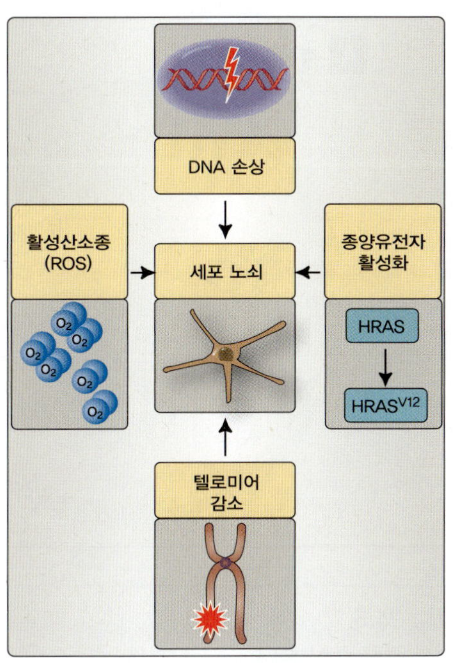

그림 24.1
세포 노쇠의 유도 [역자주: **HRAS**(Harrey Rat Sarcoma virus에서 유래)는 Ras 대집단에 속하는 소형 GTP가수분해효소로서 세포분열을 조절한다. $HRAS^{V12}$는 HRAS의 12번째 아미노산이 발린으로 돌연변이된 것으로 세포분열을 촉진한다.]

B. 세포 노쇠 표현형

노쇠 세포는 여전히 분열할 수 있는 휴지기의 세포와 구별되는 몇 가지 특성을 나타낸다. 노쇠 세포는 생리적 생장 자극제로 되돌릴 수 없는 최종 분화 상태에 있다. 노쇠 세포는 복제할 수는 없지만, 일반적으로 생존할 수 있고 대사 활동적이며 장기간 생존하고 세포자멸에 저항한다(**그림 24.2**). 이들 세포는 또한 노쇠-관련 β-갈락토시데이스(senescence-associated β-galactosidase, **SA-β-gal**)효소를 발현한다.

1. **비가역적 세포주기 정지:** 노쇠 세포의 생장 정지는 대부분 G_1기에서 발생하며, 세포주기 억제인자의 발현 증가와 사이클린 및 전사인자(E2F)와 같은 세포주기의 정상적인 진행에 필요한 세포주기 조절인자의 발현 감소를 동반한다(21장 참조).

   사이클린 의존성 인산화효소 억제인자 p21 및 p16은 노화 및 노화-관련 질병에서 중요한 매개체이다. 이들은 사이클린 의존성 인산화효소(21장)를 비활성화하여 망막모세포종 단백질의 인산화를 억제함으로써(활성형 저인산화 상태) G_1기에서 더 이상 세포주기가 진행되지 않도록 한다.

2. **염색질 변형: 염색질 재구성**(chromatin remodeling)은 DNA에 결합하는 전사 기구의 능력을 조절하기 위한 염색질 구조의 변형이며, 유전자 발현을 조절하는 수단이다. 염색질 재구성의 결함은 세포 노화와 함께 발생한다. 노쇠 세포는 다음과 같은 특징이 있다.

   a. **DNA 메틸화의 변화:** 전반적으로 연령이 증가함에 따라 DNA 메틸화(DNA methylation)가 유전체 전반에 걸쳐, 특히 반복적인 DNA 서열 영역에서 감소한다. 그러나 유전자의 프로모터 영역 내에서 발견되는 CG 부위에서는 메틸화가 증가한다.

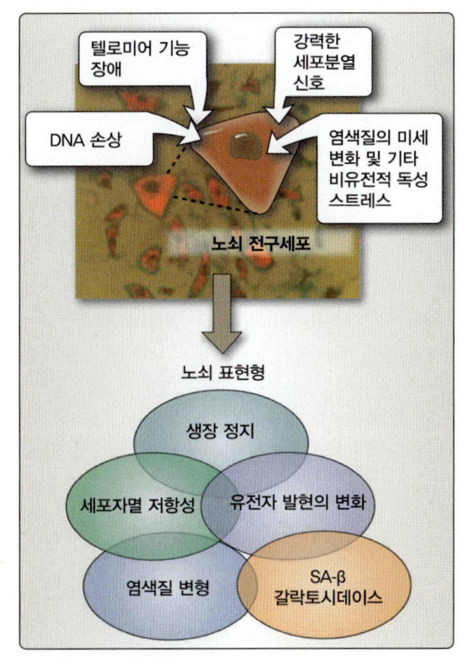

그림 24.2
세포 노쇠의 표현형

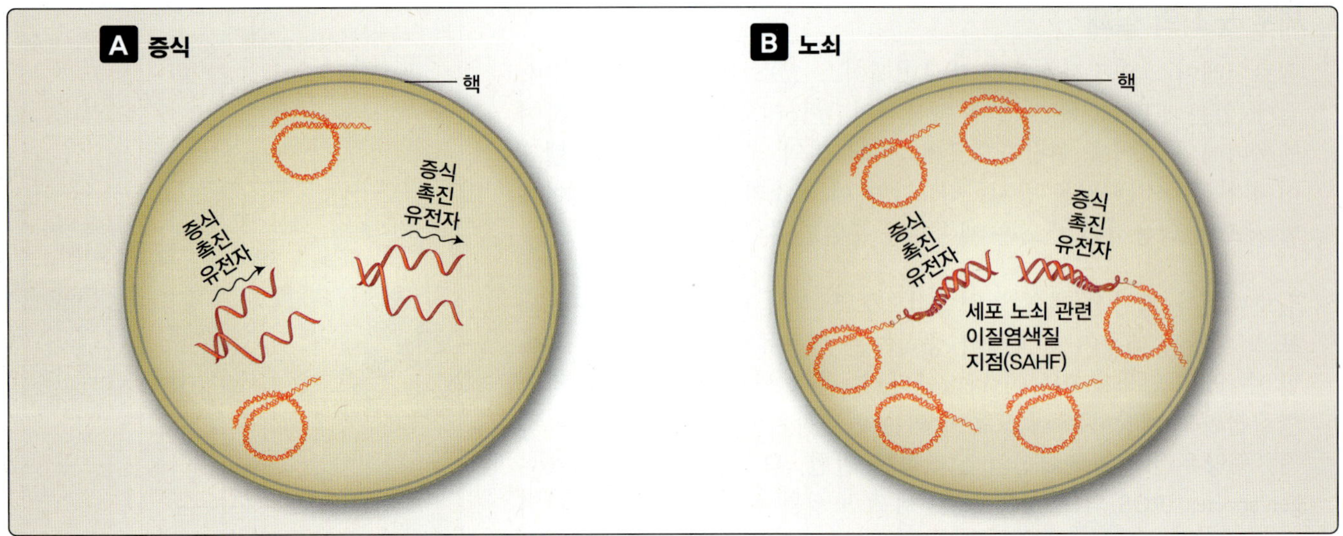

그림 24.3
노쇠-관련 증식 중단

b. **히스톤의 탈아세틸화:** 히스톤 단백질에서 이러한 유형의 변화는 염색질에서 **노쇠-관련 이질염색질 지점**(senescence-associated heterochromatin foci, SAHF)이라고 하는 독특한 영역을 만든다. SAHF는 세포가 S기를 진행하는 데 필요한 사이클린 A 유전자와 같은 증식 촉진 유전자를 격리함으로써 노쇠-관련 증식 중단에 관여한다. SAHF는 휴지기 세포의 가역적인 세포주기 정지와는 관련이 없다(그림 24.3).

3. **시르투인: 시르투인**(sirtuin) 단백질들은 NAD^+ 의존적 탈아세틸화효소 활성을 가지고 있으며, 세포 대사를 조절하고 노화와 관련된 변화로부터 DNA를 보호하는 단백질 집단이다. 시르투인은 진화적으로 보전되어 회충, 초파리, 효모 및 포유류에서 발견된다. 최초로 발견된 시르투인인 Sir2(silent information regulator 2)는 효모에서 탈아세틸화 효소로 확인되었다. 그 이후로, 발견된 다른 시르투인 단백질들은 또한 NAD^+가 필요한 리포아미데이스(lipoamidase) 및 ADP-라이보실 전달효소(ADP-ribosyl transferase) 활성을 추가적으로 가지고 있음이 밝혀졌다. NAD^+에 대한 의존성으로 인해 세포 에너지 대사에서 중요한 조절인자로 여겨진다.

시르투인 단백질들은 에너지 대사에서 중요한 역할을 할 뿐만 아니라 DNA 손상 복구에 필수적인 NAD^+의 가용성에 반응하도록 진화했다. 세포에서 NAD^+가 감소하면 시르투인 활성이 감소하는데, 이는 노화에서 나타나는 현상이다. 생체시스템에서 NAD^+ 생합성이 나이에 따라 감소하면 시상하부(노화 조절 센터)와 지방 조직(그 조절인자) 사이의 정보교환이 중단된다.

최근의 연구 결과는 시르투인 단백질들이 노화와 수명을 조절할 것이라는 이전의 추측을 입증해 주었다. 예를 들어, 생쥐의 뇌와 시상하부에서 Sir2에 대응하는 사람의 시르투인 1(SIRT1)을 과다 발현하였을 때, 노화 징후가 지연되고 수명이 연장됨을 관찰하였다. 또 다른 시르투인 단백질인 SIRT6을 과다발현하도록 만든 쥐는 수명이 더 길어지는 것으로 나타났다.

4. **세포 노쇠 관련 분비 표현형:** 노쇠 세포는 대사적으로 활성 상태를 유지하며, 유전자 발현의 몇 가지 변화를 통해 이들 세포에서 분비되는 몇몇 특정 단백질을 생산한다. 여기에는 전염증성 사이토카인(proinflammatory cytokine), 생장인자, 케모카인(chemokine), 세포외기질 분해효소(extracellular matrix–degrading enzyme)가 포함되며, 이들을 종합적으로 노쇠-관련 분비 표현형(senescence-associated secretory phenotype, SASP)이라고 한다. 각 구성요소는 세포 유형에 따라 다를 수 있지만, 결과는 세포외기질 조직의 약화와 염증의 발생이다. SASP로 인한 만성 염증 및 조직 기능 장애는 노화 및 제2형 당뇨병, 신경퇴행성 질환 및 암과 같은 관련 만성 질환을 유발하는 것으로 보인다.

임상 적용 24.1 칼로리 제한, 노화 및 적포도주

영양 부족(malnutrition) 없이 칼로리 섭취를 줄이는 칼로리 제한은 인간을 포함한 광범위한 생물종의 수명을 연장하는 데 중요한 것으로 알려져 있다. 더 적은 칼로리를 섭취하면 기능 저하 및 노화 관련 질병을 포함한 노화 징후를 천천히 나타나도록 하는 데 도움이 될 수 있다. 개인이 소비하는 칼로리를 제한할 때 발생하는 생리적 변화에 대해서는 많이 알려졌지만, 관련된 분자 메커니즘에 대해서는 상대적으로 덜 알려져 있다. 시르투인 단백질들은 칼로리 제한의 관점에서 수명에 영향을 주는 핵심 분자일 수 있다. 시르투인은 칼로리 감소로 인해 발현이 유도되는 것으로 밝혀졌다. 적포도주의 폴리페놀 화합물인 레스베라트롤(resveratrol)은 칼로리 제한(calorie restriction)의 효과와 비슷한 결과를 내는 것으로 밝혀졌으며, SIRT1 발현을 강력하게 유도한다. 이 반응에서는 세포 대사에 있어 몇 가지 관련된 보호 효과가 발생하여 노화와 관련된 생리 기능 저하를 억제하는 데 도움이 된다. 이를 위해 필요한 레스베라트롤의 양에는 주의할 점이 있는데, 실험실 동물에서 볼 수 있는 유익한 효과를 내기 위해서는 100병의 적포도주가 필요하다!

임상 적용 24.2 조로증 및 핵 구조

허친슨-길포드 조로증후군(Hutchinson-Gilford progeria syndrome, HGPS)은 핵의 지지대 단백질(scaffold protein)을 암호화하는 라민 A 유전자의 돌연변이로 인해 발생하는 희귀 증후군으로, 노화가 가속화되는 것이 특징이다. 이러한 증후군을 지닌 사람은 심각한 생장 지연, 피하 지방 감소, 골밀도 감소, 탈모 및 근육 발달 저하를 나타낸다. 그들은 또한 주름진 피부를 보이며 높은 뇌졸중 및 심근 경색 발병률을 보인다. 이들의 평균 수명은 12~15년이다. 흥미롭게도 이 환자들은 노화의 모든 양상을 나타내지 않는다. 실제로 그들에게서 암, 신경퇴행성 질환 또는 관절염이나 백내장과 같은 기타 노화 관련 질환의 발병률은 증가하지 않는다. 그러나 분자 수준에서 보면, HGPS 환자의 세포는 노화가 가속화되어 있는 것으로 나타났다. HGPS 환자의 세포는 구조(그림 24.4)와 염색질에 있어서, 건강하지만 훨씬 더 나이가 많은 사람에게서 볼 수 있는 것과 같은 뚜렷한 변화가 나타난다.

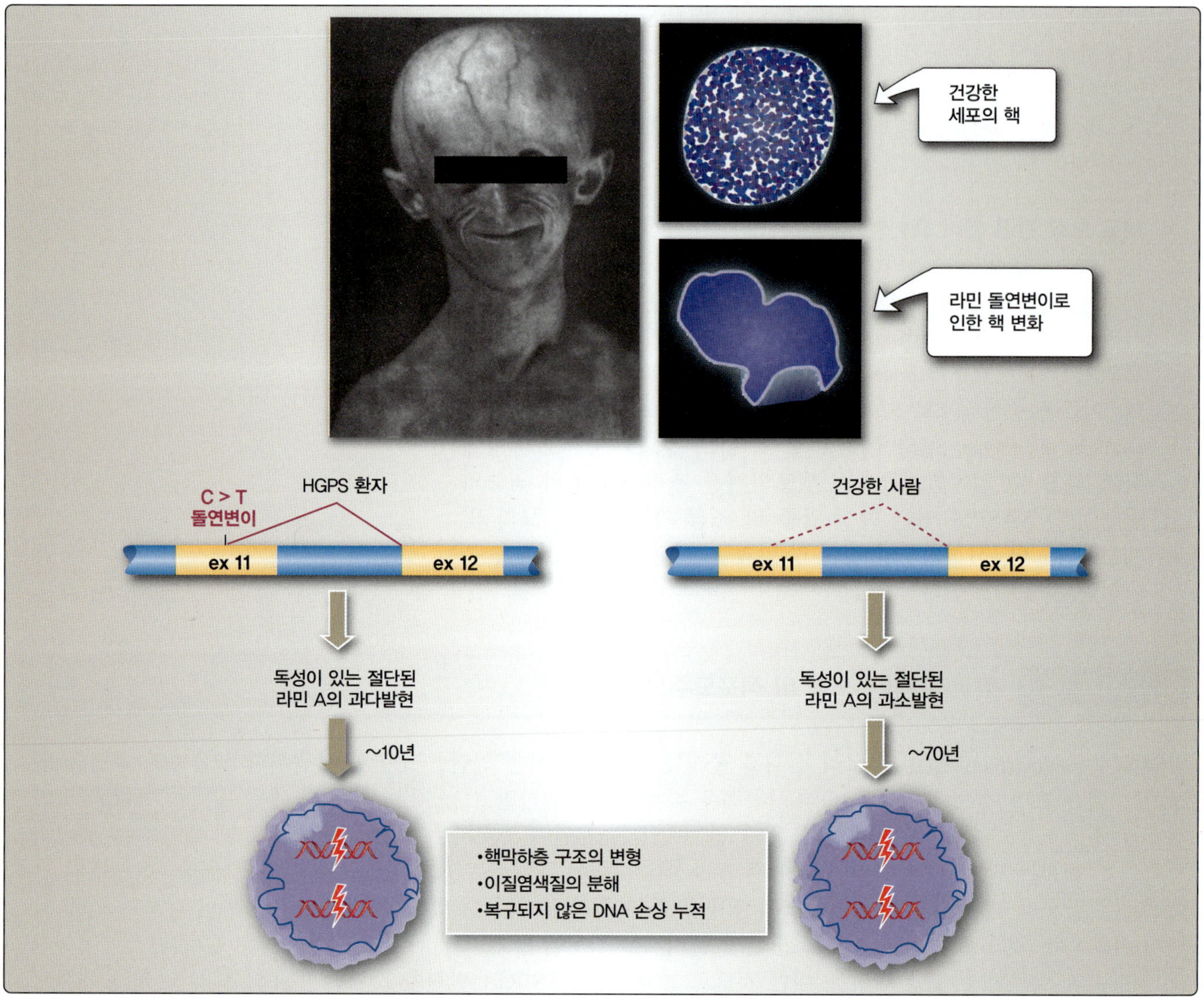

그림 24.4
허친슨-길포드 조로증후군(HGPS)과 핵 구조

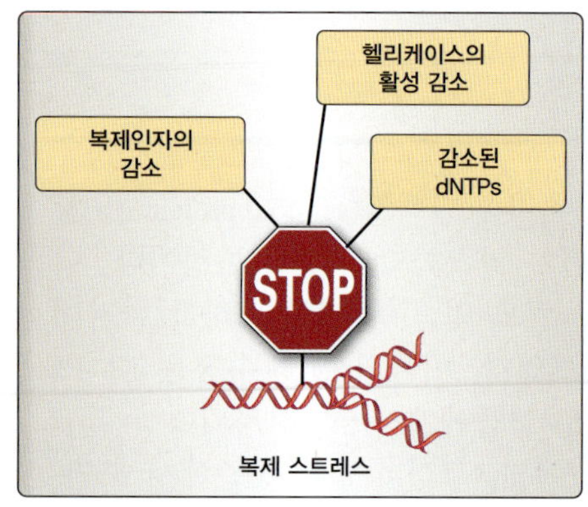

그림 24.5
DNA 복제 스트레스

C. 노화와 관련된 메커니즘

인간의 나이에 따라 발생하는 변화를 설명하기 위해 여러 이론이 제안되었다. 그러나 전반적인 노화 과정에 대한 각 이론의 구체적인 기여도와 상대적 중요성에 대해서는 여전히 논쟁이 진행 중이다.

1. **DNA 복제 스트레스:** 비효율적인 DNA 복제로 정의되는 DNA 복제 스트레스(DNA replication stress)는 DNA 복제분기점(replication fork)이 느리게 진행되거나 멈추게 한다. 복제인자의 발현 감소, dNTP 감소, 헬리케이스의 활성 감소 등을 포함하여 많은 인자가 DNA 복제에 대한 이러한 유형의 스트레스에 기여하는 것으로 알려져 있다(**그림 24.5**).

RecQ 헬리케이스는 유전체와 그 기능을 유지하는 데 중요하며, DNA를 풀어 2중가닥 DNA의 복제를 돕는다. 헬리케이스의 활성이 감소하면 정상적인 DNA의 복제가 이루어지지 못하고 노화 과정에 이르게 되는 원인이 된다. WRN RecQ 헬리케이스 유전자의 돌연변이는 조로증인 **베르너 증후군**(Werner syndrome)의 원인이 된다. 베르너 증후군 환자는 수명 단축 외에도 조기 백발 및 모발 가늘어짐, 골다공증, 제2형 당뇨병, 백내장 및 암 발병률 증가를 나타낸다.

2. **마이토콘드리아, 활성산소종 및 노화:** 마이토콘드리아는 자체 유전체를 가지고 있기에, 핵과 독립적으로 자체 DNA를 복제하고 전사한다. 핵 DNA와 마찬가지로 마이토콘드리아 DNA(mtDNA)는 DNA 손상인자에 지속적으로 노출된다. 노화에서 자유 라디칼 이론(free radical theory)은 노화 및 관련 퇴행성 질환이 세포 구성요소에 대한 자유 라디칼의 해로운 영향으로부터 기인한다고 생각한다. 세포에서 활성산소종(reactive oxygen species, **ROS**)의 공급원 중 하나는 마이토콘드리아 내에서 발생하는 산화적 인산화의 산물이다. 따라서 자유 라디칼 노화 이론은 마이토콘드리아 노화 이론이다. mtDNA는 ROS의 생성 부위와 가깝게 위치함으로써 산화 스트레스에 취약하기 때문에, mtDNA의 돌연변이는 평생 동안 점진적으로 축적된다. 이러한 돌연변이는 세포의 산화적 인산화 활성을 감소시켜 ROS 생산이 증가된다. 늘어난 ROS와 함께 연령에 따른 mtDNA 변이의 증가는 생물체의 노화로 끝나는 "악순환"을 만든다(그림 24.6).

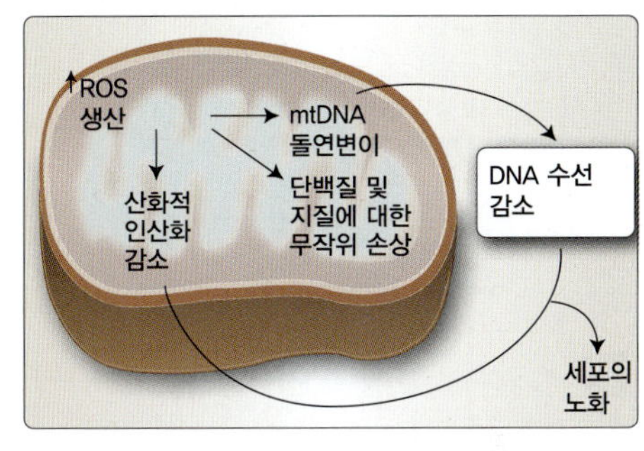

그림 24.6
마이토콘드리아, 활성산소종 및 노화

3. **노화의 줄기세포 이론:** 줄기세포(stem cell)의 노화 이론에 따르면, 인간의 수명 동안 자가재생 및 조직 대체에 중요한 조직 특이적 성체 줄기세포는 나이가 들면서 분열 능력이 감소한다. 이러한 세포는 휴지기 상태로 유지되지만, 심지어 휴면 기간이 연장된 후에도, 생리적 생장인자의 자극에 반응하여 세포주기로 유도될 수 있다. 일단 자극을 받으면, 줄기세포는 미분화 자손을 생산할 수 있으며, 이 결과 차례로 증식하여 분화된 세포가 생산된다. 노화는 미분화된 세포(undifferentiated progeny)와 분화 세포 모두를 생산하는 줄기세포의 능력에 영향을 미치는 것으로 생각된다(그림 24.7).

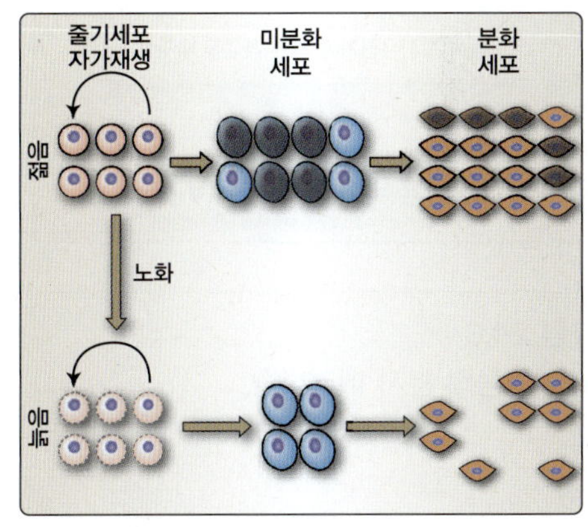

그림 24.7
줄기세포의 기능은 나이에 따라 변한다.

D. 노쇠 반응의 분자 메커니즘

다양한 자극이 노쇠 반응을 유도할 수 있지만, 모두 하나 또는 두 개의 서로 다른 경로로 모여 노쇠 반응을 일으키고 유지하는 것으로 보인다. 이들 경로는 두 가지 종양 억제 단백질인 p53과 pRB(RB 단백질)에 의해 조절된다(21장). p53은 자가재생 조직특이적 줄기세포에서 분화를 활성화한다. 종양 억제인자 p16은 또한 노화와 관련된 줄기세포 감소에 중요한 역할을 하는 것으로 나타났다. 나이와 관련된 p16 수준의 증가는 자가재생 능력을 제한하고 조직의 항상성을 방해한다.

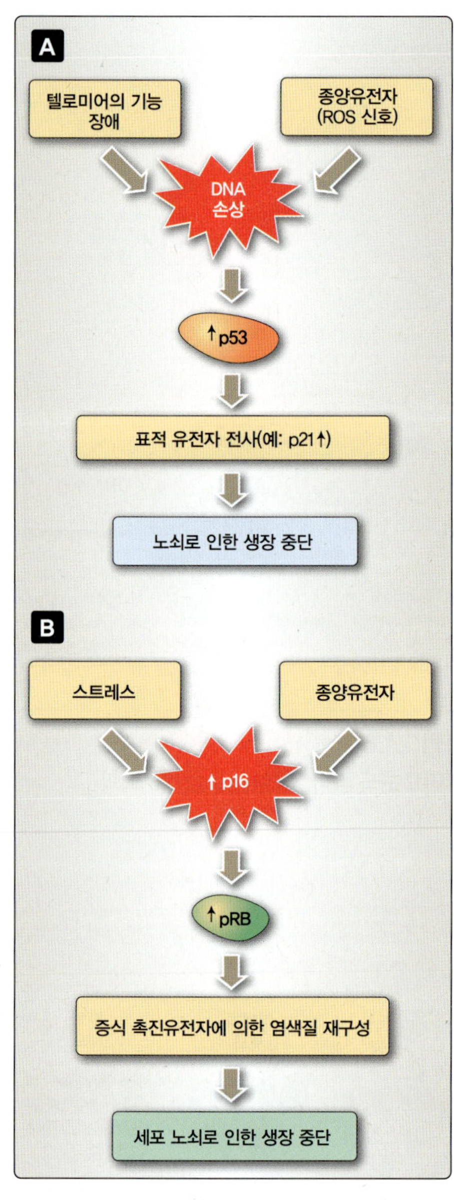

그림 24.8
노쇠 반응의 분자 메커니즘

1. **p53 경로:** p53이 DNA 손상에 대한 세포 반응의 중요한 중재자라는 것은 잘 알려져 있다. 손상된 DNA와 유사한 텔로미어의 감소가 p53의 증가를 유발하기 때문에 p53은 노쇠 반응의 중요한 중재자이다. 정상 세포 내 종양유전자의 부적절한 활성화는 또한 p53의 활성화를 통해 세포 노쇠 반응을 유도한다. Ras와 같은 종양유전자(17장 및 22장)는 ROS 생성을 통해 신호를 보내며, 이는 유사분열촉진인자(mitogen)의 세포분열 효과에 필요하다. 그러나 DNA를 손상시키는 ROS의 생성은 또한 p53에 의해 유도되는 손상 반응도 활성화한다.

   적어도 일부 세포 유형에서는 DNA 손상, 텔로미어 기능 장애 및 종양유전자의 과다발현에 의한 노쇠 유도가 p53 경로로 수렴되는데, 이는 노쇠를 일으키고 유지하는 데 필수적이다(**그림 24.8A**). 세포 노쇠로 인한 생장 중단을 생리적 생장 신호로 되돌릴 수는 없지만, p53의 불활성화로 되돌릴 수 있는데, 이는 부분적으로 노화 관련 암 발생의 증가를 설명한다.

2. **pRB 경로:** 일부 세포에서는 p53 불활성화만으로는 세포 노쇠 표현형을 되돌리기에 불충분한 것으로 보인다. 차이점은 p16 발현의 유무에 있다. 스트레스는 p16의 발현을 증가시키고 결과적으로 pRB의 증가는 염색질을 재구성함으로써, 세포주기 조절인자를 암호화하는 유전자의 세포 노쇠-관련 억제를 초래한다(**그림 24.8B**).

요약

- 대부분 진핵세포는 자신의 수명 동안 제한된 수의 세포분열을 겪는다.
- 복제 세포 노쇠는 증식 능력의 영구적인 정지를 말하며, 이미 끝낸 세포분열의 횟수에 의해 결정된다.
- 노쇠 세포는 대사적으로 활성 상태일 수 있지만 어떤 조건에서도 세포주기의 활성 단계에 진입하지는 않는다.
- 노쇠 세포에서 p16 및 p21과 같은 세포주기 억제인자의 발현이 증가되는 것으로 보인다.
- 노쇠 세포의 염색질은 히스톤과 DNA의 변형으로 인해 독특한 구조를 나타낸다.

요약(이어짐)

- 시르투인은 노화와 관련된 신진대사 및 생리 기능 저하를 방지하는 NAD^+-의존적 탈아세틸화 효소 활성을 가진 단백질 집단이다.
- 마이토콘드리아-관련 ROS 형성은 산화적 인산화 감소와 함께 거대분자의 산화적 손상과 관련이 있다.
- 줄기세포의 복제 가능성이 연령에 따라 감소하기에, 노화 동안 조직 재생능력이 결핍된다.

학습 문제

다음 중 가장 적절한 답을 하나만 고르시오.

24.1 다음 중 노쇠 세포(senescent cell)의 특징을 옳게 설명한 것은?

A. 분열하는 대신 세포자멸을 겪는다.
B. 비가역적인 세포주기 중단을 나타낸다.
C. 전체 크기의 긴 텔로미어를 유지한다.
D. 대사적으로 비활성이다.
E. 검출할 수 없는 β-갈락토시데이스 활성이 있다.

정답 B
노화 세포는 비가역적 세포주기 중단을 나타낸다. 이들은 텔로미어 감소(짧은 텔로미어)를 보이고, 세포자멸에 저항하고, β-갈락토시데이스를 발현하고, 대사적으로 활성 상태를 유지한다. 그러나 그들은 어떤 조건에서도 세포주기에 들어갈 수 없다.

24.2 다음 중 노화와 관련된 것으로 알려진 DNA 변형 유형은 무엇인가?

A. 프로모터 영역에서 DNA의 사이토신 메틸화
B. 염색질 영역의 탈아세틸화
C. mtDNA에 대한 산화적 손상
D. CG 부위의 DNA 메틸화 증가
E. 위의 모든 것

정답 E
DNA의 프로모터 영역에서 사이토신의 메틸화는 중요한 유전자를 침묵시키는 데 중요한 반면, 노쇠-관련 이질염색질 지점(SAHF)을 생성하는 염색질 영역의 탈아세틸화는 여러 세포주기 조절 유전자의 침묵을 초래한다. 활성산소종(ROS)의 생성으로 인한 산화적 손상과 mtDNA의 후속 돌연변이는 노화 과정과 관련이 있다. DNA의 메틸화 및 탈메틸화는 노화와 함께 보이지만, 메틸화는 DNA의 반복 CG 서열로 제한된다.

24.3 다음 중 성체 줄기세포에서 p53의 증가와 관련 있는 것은?

A. 증식 활성화
B. 세포자멸
C. ROS 생성
D. 분화 유도
E. 텔로미어의 단축

정답 D
성체 줄기세포에서 p53의 증가는 증식이나 세포자멸이 아니라 이들 세포의 분화 유도와 관련이 있다. 증가된 p53은 활성산소종(ROS)의 생성이나 텔로미어의 단축을 유발하지 않는다.

핵심용어

가소성 plasticity 여러 세포 유형으로 분화하는 줄기세포의 능력.

간기 interphase 연속적인 핵분열(유사분열) 사이의 세포주기 부분으로, 성장기(G_1 및 G_2기)와 핵 DNA의 합성(복제)기(S기)로 구성된다.

골지복합체 Golgi complex 소포체로부터 원형질막 사이에 있는, 일련의 편평한 주머니가 쌓인 막성 소기관이다. 글라이코실화, 인산화 및 단백질 분해를 포함하여 새로운 단백질에 대한 변형을 각각 담당하는 시스(cis), 중간(medial) 및 트랜스(trans) 영역을 가지고 있다. 트랜스 골지망은 새로 합성되고 변형된 단백질을 분류하고 포장한 다음, 수송 소포를 형성한다.

공통서열 consensus sequence 진화적으로 잘 보전된 DNA 서열로, 인식 표지 또는 잠재적인 DNA 인식자리 역할을 한다. 일반적으로 특정 DNA 서열을 인식하는 전사인자에 의해 결합된다. 여기에는 프로모터, 스플라이스 수용자 및 공여자 서열이 포함된다.

과오돌연변이 missense mutation 단일 염기의 변화로 원래 코돈에 의해 암호화된 것과 다른 아미노산을 지정하는 코돈을 생성한다.

괴사 necrosis 원형질막의 파열, 세포 내용물의 세포외액으로의 방출 및 염증 유발 가능성을 수반하는 손상 또는 병리학적으로 반응하는 세포사멸.

기능상실 loss of function 원래의 야생형 기능을 상실한 단백질을 생성하는 유전자 돌연변이.

기본 경로 default pathway 자유 라이보솜 또는 소포체 결합 라이보솜에서 합성된 단백질이 취하는 경로로, 단백질을 다른 소기관으로 안내하는 신호서열이 없을 때 이 경로를 따라간다.

기본 프로모터 basal promoter RNA 중합효소 II를 올바른 부위로 안내하는 TATA 박스와 개시 빈도를 지정하는 CAAT 및 GC 박스를 포함하며, 전사가 얼마나 자주 일어날지를 결정한다.

내재 막단백질 integral membrane protein 막의 구조에 중요한, 원형질막에 내장된 막관통 및 지질고정 단백질.

노쇠 senescence 체세포분열 후에 세포주기의 활성 단계로 다시 들어갈 수 없지만, 계속 생존하고 대사 반응을 하는 살아있는 세포의 특징.

노쇠-관련 분비 표현형 senescence-associated secretory phenotype (SASP) 전염증성(proinflammatory) 및 세포외기질 분해효소를 분비하면서 대사 활성을 유지하는 노쇠 세포.

노화의 줄기세포 이론 stem cell theory of aging 조직 특이성 성체 줄기세포는 나이가 들면서 분열 능력이 감소한다. 그러나 장기간의 잠복기 후에 생장인자의 자극에 의해 분열하도록 유도될 수 있다.

뉴클레오타이드절제수선 nucleotide excision repair 자외선 및 환경에 있는 화학물질로 인한 DNA 손상을 복구한다.

능동수송 active transport 농도 기울기를 거슬러서 원형질막을 가로질러 기질을 이동시키는 데 에너지가 필요한 과정.

다분화능 multipotency 소수의 다른 세포 유형을 생성하는 세포의 능력.

다중약물내성 multidrug resistance (MDR) 암세포가 암세포를 죽이도록 고안된 치료제(약물)를 방출할 때 발생한다. MDR이 생기는 암세포는 화학요법 약물에 반응하지 않는다.

단백질 분해 protein degradation 정상적인 수명이 끝난 단백질 분해 또는 단백질 손상에 대한 반응으로 인한 세포질 단백질의 분해는 라이소솜 및 자가소화 또는 프로테아솜을 통해 발생할 수 있다.

단백질 수송 protein trafficking 새로 합성된 단백질이 세포 내부 또는 외부의 올바른 위치에서 적절하게 작용하는 데 필요한 변형을 하기 위해 소기관에서 소기관으로(수송 소포를 통해) 세포 내에서 이동하는 것이다.

단분화능 unipotency 하나의 세포 유형만 생성할 수 있는 세포의 능력.

단일가닥 DNA 결합 단백질 single-stranded DNA-binding protein 2중가닥 DNA에 대한 단일가닥 DNA의 조기 결합을 방지한다. 이는 상보적 가닥이 생성될 때까지 복제 중에 중요하다.

단일수송체 uniporter 수동수송(촉진확산 포함)으로 생체막을 통해 한 번에 한 종류의 기질을 이동시키는 운반체이다.

데스모신 교차결합 desmosine cross-link 3개의 알라이신(allysyl) 잔기(변형된 라이신 잔기)의 측쇄와 트로포엘라스틴(tropoelastin) 폴리펩타이드의 1개의 라이신 잔기 사이에 형성된 공유결합으로, 트로포엘라스틴 사슬로부터 상호 연결된 고무 같은 엘라스틴 네트워크를 형성한다.

동반수송체 symporter 생체막을 가로질러 동일한 방향으로 두 기질의 이동을 촉진하는 막관통 단백질로, 2차 능동수송 작용을 한다.

동적 불안정성 dynamic instability 미세소관이 성장 및 축소 단계에서 지속적으로 전환할 때 끊임없이 변화하는 상태에 대한 설명.

딸세포 daughter cell 모세포의 세포분열로 생성된 유전적으로 동일한 세포.

라미닌 laminin 상피조직의 주요 접착 단백질; 파이브로넥틴처럼 다기능 단백질로, 세포 표면을 세포외기질의 프로테오글라이칸과 콜라젠 모두에 연결한다.

라이보솜 RNA ribosomal RNA (rRNA) 전체 RNA의 약 80%를 차지하며 단백질과 결합하여 라이보솜을 형성한다.

라이보솜 ribosome 단백질 합성을 위한 세포 기구이며, 단백질과 라이보솜 RNA로 구성된다.

라이소솜 분해 lysosomal degradation 단백질을 소화하기 위해 라이소솜 내에서 강력한 산성 가수분해효소를 사용한다.

라이소솜 lysosome 결함이 있고 노화된 거대분자를 가수분해하는 산성 가수분해효소를 가지고 있고, 내부 환경이 산성인 막으로 둘러싸인 소기관.

리간드 활성화 전사인자 ligand-activated transcription factor 호르몬이 결합하면 세포 내 스테로이드 호르몬 수용체가 활성화되고 DNA에 결합하는 전사인자로 전환된다.

마이크로 RNA microRNA (miRNA) 유전자 발현을 하향 조절하기 위해 mRNA에 결합하는 RNA.

마이토콘드리아 mitochondria 산화적 인산화 과정에서 ATP를 생성하고 에너지 생산 기능을 하는 데 사용되는 고유한 막 또는 기질이 있는 복잡한 구조의 세포소기관. 이들은 자가복제하며, 독특한 마이토콘드리아 단백질 생산을 위한 마이토콘드리아 DNA와 라이보솜을 가지고 있다.

망막모세포종 단백질 retinoblastoma protein 세포가 G_1기에서 S기로 진행하는 것을 억제하는 종양 억제 단백질이다. 돌연변이되면 암이 발생할 수 있다.

미세소관 운동 단백질 microtubule motor protein 미세소관에 결합한 후 세포소기관 또는 막으로 둘러싸인 소포 등의 화물을 끌어당겨 미세소관 네트워크를 따라 이동하는 디네인 및 키네신 계열의 ATP 의존성 단백질.

미세소관 microtubule 원통형의 세포골격 구조로서, 튜불린으로부터 형성된다. 원필라멘트로 조립하기 위한 에너지원으로 GTP를 사용하며 핵분열 동안 염색체 이동, 섬모와 편모 형성 및 세포 내 수송에 관여한다.

배수성 ploidy 세포에 있는 염색체 사본의 수를 말한다. 대부분 체세포는 2배체이며, 각 부모로부터 하나씩 물려받은 염색체의 두 사본을 가지고 있다. 생식세포는 반수체이며, 각 염색체의 단일 사본을 가지고 있다.

배아 줄기세포 embryonic stem cell (ESC) 세 가지 배엽(외배엽, 중배엽 및 내배엽)을 모두 생성할 수 있는, 배아에서 가장 원시적이고 분화되지 않은 세포이다.

번역 조절 translational control 모든 mRNA가 세포질에 도착할 때 번역되는 것은 아니며, 번역은 억제될 수 있다.

번역 후 조절 posttranslational control 올바른 세포 내부 또는 외부 위치에서 완전하고 완벽한 기능을 하는 단백질이 되도록 새로 합성된 단백질에 추가되는 변형.

부수체 DNA satellite DNA 동원체에서 발견되며, RNA로 전사되지 않는 고도로 반복적인 서열이다. 마이크로부수체 DNA는 연속해서 여러 번 반복되는 1~6개 염기쌍의 짧은 서열을 의미한다.

부정합수선 mismatch repair 복제 중에 DNA에 도입된 하나 또는 몇 개의 잘못된 뉴클레오타이드의 삽입 및 삭제로 인해 A-T 및 C-G의 정상적인 염기쌍을 유지하지 못하는 염기의 불일치를 복구한다.

부착 adhesion 세포 표면에 노출된 막관통 단백질(세포 부착 분자)을 사용하여 세포가 다른 세포 및 세포외기질과 상호작용하는 과정이다.

사멸 수용체 death receptor 종양괴사인자 수용체(tumor necrosis factor receptor, TNFR) 집단의 구성원이며, 외부 신호를 통해 사멸 리간드와 결합하여 세포자멸을 유도하는 막관통 단백질.

사이클린 의존적 인산화효소 cyclin-dependent kinase 세포주기 동안 농도는 일정하게 유지되지만, 특정 사이클린에 의해 활성이 조절되어 효소 기능이 세포주기 동안 다양한 시기에 증가/감소하는 세포주기 조절 효소이다.

사이클린 cyclin 여러 집단의 세포주기 조절 단백질로, 세포주기의 특정 시기에 단백질 농도가 증가/감소한다.

사이토크롬 *c* cytochrome *c* 세포자멸 촉진 단백질인 Bax 또는 Bak에 의해 형성된 통로를 통해 자멸 세포의 마이토콘드리아에서 방출된 후, 카스페이스 단백질분해효소를 활성화하는 아팝토솜 구조의 형성을 촉진하여 세포 단백질의 분해를 초래한다.

삼투 osmosis 물의 농도가 고농도인 곳에서 저농도인 곳으로 반투막(아쿠아포린 사용)을 통해 물이 통과하는 것으로, 생체막의 양쪽에 균등한 압력을 만들기 위해 발생한다.

선택적 스플라이싱 alternative splicing 1차 전사체에서 서로 다른 엑손을 결합하여 여러 단백질을 형성하는 유전자의 능력.

세포 부착 분자 cell adhesion molecule 원형질막에 파묻힌 막관통 단백질로, 다른 세포의 세포 부착 분자, 다른 세포의 특정 분자(예: 특정 탄수화물) 또는 세포외기질의 구성요소에 특이적으로 결합한다. 여기에는 캐드헤린(cadherin), 셀렉틴(selectin), 면역글로불린(immunoglobulin) 대집단, 인테그린(integrin)의 네 가지 집단이 존재한다.

세포골격 cytoskeleton 진핵세포 내부에 지지 구조 시스템을 만드는 단백질 필라멘트의 복잡한 네트워크.

세포기질 cytosol 세포소기관이 없는 세포질의 유체 부분.

세포연접 cell junction 어떤 조직의 세포가 다른 세포에 부착되어 조직의 구조를 온전하게 유지하는 데 중요한 특수 영역이다. 세포 부착 분자의 집단에 의해 매개되는 이들은 물리적 장벽을 형성하거나, 세포골격 필라멘트를 세포외기질에 연결하거나, 세포 간 신호전달에 관여할 수 있다.

세포외기질 extracellular matrix (ECM) 조직의 물리적 특성에 기여하는 세포에서 분비되는 거대분자.

세포자멸 apoptosis 개별 세포가 손상을 일으키거나 염증을 유발하지 않고 죽는, 프로그램된 세포예정사를 의미한다.

세포주기 cell cycle 분열하는 세포에서 볼 수 있는 주기로서, 간기(G_1, S, G_2기)와 분열기(M)를 포함하며, 하나의 모세포에서 두 개의 딸세포가 형성된다.

세포질 cytoplasm 원형질막 안쪽의 세포 내부를 의미하며, 세포기질과 세포소기관을 포함한다.

세포질만입구 cleavage furrow 세포질분열이 끝날 때 두 딸세포를 분리하도록 수축하는 세포골격 액틴 필라멘트를 기반으로 하는 구조.

소포체 endoplasmic reticulum (ER) 핵과 연결되어 막으로 둘러싸인 공간으로, 새로 합성된 단백질이 글라이코실화를 통해 변형되고 지질이 합성되는 장소이다. 라이보솜이 부착된 거친면소포체와 라이보솜이 없는 매끈면소포체가 있다.

수동수송 passive transport 기질 농도가 높은 쪽에서 에너지 없이 기질 농도가 낮은 쪽으로 막관통 단백질 또는 이온통로를 통해 원형질막을 가로질러 기질이 이동하는 것. 촉매확산이라고도 함.

수송 소포 transport vesicle 소포체와 골지체에서 떨어져 나와 새로 합성된 단백질(신생 폴리펩타이드)을 가지고 있는 막으로 된 영역으로, 미세소관 네트워크를 따라서 세포소기관으로 이동할 수 있다.

수포 bleb 세포자멸을 겪고 있는 세포의 원형질막의 특징으로, 막 자체는 파열되지 않지만 쭈글쭈글한 영역을 형성한다.

스플라이세오솜 spliceosome 1차 전사체를 성숙한 mRNA로 전환하는 특별한 구조; 1차 전사체, 소형 핵 RNA 및 단백질로 구성되며, 총칭하여 snRNP라고 한다. 이 복합체는 인트론 제거를 촉진한다.

시르투인 sirtuin 세포 대사를 조절하고 노화와 관련된 변화로부터 DNA를 보호하는 데 참여하는 NAD^+ 의존적 탈아세틸화효소 활성을 가진 단백질 집단; 진화적으로 보전되어 많은 종에서 발견된다.

신호서열 signal sequence 새로 합성된 단백질의 구조적 특징으로, 변형되기 위해 세포소기관으로 보내는 주소 표지 역할을 한다.

신호인식입자 signal recognition particle (SRP) 단백질과 RNA로 구성된 세포질 화합물로, 라이보솜이 N 말단에 소수성 신호 펩타이드를 포함하는 단백질을 합성할 때 소포체 막의 SRP 수용체에 결합하는 것을 촉진한다. 새로 합성된 단백질은 ER의 내강에서 변형된다.

아데닐산 고리화효소 adenylyl cyclase $G\alpha_s$ 단백질에 의해 자극되고 $G\alpha_i$ 단백질에 의해 억제되는 막 관련 효소; 활성화되면 ATP를 2차 전달자인 cAMP로 전환한다.

아연 집게 모티프 zinc finger motif 전사인자에서 발견되는 DNA 결합 모티프.

아쿠아포린 aquaporin 삼투를 통해 생체막을 가로질러 물의 이동을 촉진하는 막관통 단백질.

아팝토솜 apoptosome Apaf-1과 결합하는 cAMP에 의해 자극된 다음, 카스페이스 연쇄반응의 자극을 유도하는 세포 내 기구로서 세포자멸 동안 내부 신호를 통해 만들어진다.

안티코돈 anticodon mRNA의 특정 코돈을 인식하고 성장하는 펩타이드 사슬에 해당 아미노산의 삽입을 지정하는 tRNA의 3개 뉴클레오타이드 염기 서열.

액틴 필라멘트 actin filament 처음에는 근육에서 확인되었지만, 현재는 모든 세포 유형에서 발견되는 세포골격 구성요소이다. 근육 수축과 세포질의 물리적 상태를 조절한다. G-액틴 단량체는 ATP를 사용하여 F-액틴으로 중합된다.

액틴-결합 단백질 actin-binding protein 액틴의 중합, 액틴 미세섬유들의 결합 및 더 작은 조각으로의 분해를 통제함으로써 세포골격에서 액틴의 구조를 조절한다.

야누스 인산화효소 janus kinase 세포질 쪽에 있는 타이로신 인산화효소로서, 수용체 신호전달의 결과로 활성화되면, STAT를 인산화하여 전사인자가 되도록 활성화한다.

엘라스틴 elastin 피부, 동맥 및 폐가 찢어지지 않은 채 늘어나고 수축하도록 하는 세포외기질의 주요 섬유 단백질이다.

역수송체 antiporter 세포막을 가로질러 서로 반대 방향으로 두 기질의 이동을 촉진하는 막관통 단백질로서 2차 능동수송에서 작용한다.

연결자 단백질 adaptor protein 효소 수용체의 인산화된 타이로신 잔기에 결합하는 세포질 안쪽의 단백질.

염기절제수선 base excision repair DNA의 염기에서 발생하는 자발적인 탈퓨린화 및 탈아미노화를 교정한다.

염색질 재구성 chromatin remodeling 전사에 관여하는 세포 내 기구에 의해 접근할 수 있도록 염색질을 재배열한다.

염색질 chromatin 진핵세포의 핵에서 단백질과 결합된 DNA에 의해 형성된 복잡한 구조로, DNA 분자 구성을 다양하게 하고 진핵생물에 고유한 방식으로 유전자 발현을 조절하게 한다.

염색체 chromosome 매우 긴 선형의 2개의 DNA 가닥이 비공유결합으로 형성된 2중가닥 복합체 및 그와 결합한 히스톤 단백질로 구성되며, 텔로미어 말단과 핵분열 중에 방추사가 부착할 수 있는 동원체가 있다.

용질 운반체 solute carrier 포도당, 아미노산 및 이온 운반체를 포함하는 커다란 운반체 그룹으로, 용질 이동을 촉진하기 위해 ATP 가수분해가 직접적으로 필요하지 않다. 여기에는 펩타이드 운반체, 유기 음이온 수송 폴리펩타이드, 유기 이온 운반체 및 H^+/유기 양이온 역수송체가 포함된다.

운반 RNA transfer RNA (tRNA) 적절한 아미노산을 운반하고 번역에 사용되는 안티코돈을 제공함으로써 단백질 합성에 작용한다.

운반체 transporter 기질의 농도가 높은 쪽에서 낮은 쪽으로 생체막을 가로질러 기질의 이동을 촉진하는 막관통 단백질이다. 효소와 유사한 기능을 수행하지만, 기질을 생성물로 전환하는 대신 운반체는 포화 방식으로 막을 통해 기질을 이동시킨다. 수동수송의 작용은 촉매 확산이라고도 알려져 있다.

원발암유전자 protooncogene 정상 세포 생장을 위한 유전자로, 돌연변이가 발생하면 암을 촉진할 수 있다.

원형질막 plasma membrane 개별 진핵세포의 외부 경계를 형성하는 선택적 투과성인 인지질 2중층.

위상이성질체화효소 topoisomerase DNA의 단일가닥 또는 2중가닥 절단을 유도하여 DNA의 비틀림 응력을 완화하는 효소이다.

유동 모자이크 모델 fluid mosaic model 인지질 2중층을 유동적인 바다에 비유하는 세포막 모델로, 막단백질이 전체에 분산되어 모자이크와 같은 패턴으로 지질층에 분포해 있다.

유비퀴틴 ubiquitin 프로테아솜 경로에 의해 파괴될 단백질에 공유결합으로 첨가되는 보전된 단백질이다.

유사분열(체세포분열) mitosis 이미 핵 DNA가 두 배가 된 세포의 전기, 전중기, 중기, 후기 및 말기를 포함하는 핵분열. 그 결과 각각의 새로운 딸세포에 대해 하나씩 동일한 새로운 유전정보 세트가 생성된다.

유전독성 genotoxic 염색체나 DNA에 손상을 일으키는 화학물질.

유전부호 genetic code 3개의 뉴클레오타이드 염기(코돈)로 구성되어 있으며, 특정 아미노산 사이의 대응 관계를 제공하는 사전과 같은 역할을 한다.

유전성 공모양적혈구증 hereditary spherocytosis 액틴결합 단백질인 스펙트린의 결함 또는 부재로 인해 발생하는 유전 질환으로, 적혈구가 구형이고 깨지기 쉬우며 용해되기 쉽다.

유전자 조절 도메인 gene regulatory domain 유전자가 올바르게 발현되도록 하는 정보가 있는 특정 염기서열 요소를 포함하는 영역.

유전자 gene 기능성 단백질을 생성하는 데 필요한 DNA 서열.

유전체 genome 생물체의 완전하고 총체적인 핵 DNA.

이온 기울기 ion gradient 1차 능동수송의 결과로 특정 이온은 세포 내부보다 세포 외부에서(또는 그 반대로) 더 높은 농도로 존재하는데, 이러한 기울기의 힘을 이용하여 다른 분자를 그 분자의 농도 기울기를 거슬러서 수송할 수 있다(2차 능동수송).

이온 통로 ion channel 고농도인 쪽에서 저농도 쪽으로 막을 통한 이온의 이동을 허용하는 막관통 단백질로서, 수동수송 작용을 한다.

인슐린 민감성 포도당 수송 insulin-sensitive glucose transport 지방세포 및 휴지기 골격근세포로의 포도당을 수송하는 단일수송체(GLUT 4)는 인슐린 신호로 인해 세포 표면으로 이동한다.

인슐린 비민감성 포도당 수송 insulin-insensitive glucose transport 대부분의 세포에서 포도당을 운반하는 단일수송체에는 인슐린이 필요하지 않다.

인슐린 insulin 혈액 내 포도당 수치의 증가에 대한 반응으로 이자 랑게르한스섬의 β 세포에서 분비되는 단백질 호르몬이다. 이 과정은 제1형 당뇨병 환자에게는 해당되지 않는다. 지방세포 또는 휴지기 골격근세포로의 포도당 흡수 자극제 또는 포도당 대사의 중요한 조절제로 작용한다.

인지질 2중층 phospholipid bilayer 세포질에 가까운 내부층과 외부 환경을 향한 외부층으로 구성된 두 층의 역평행 인지질 층.

인지질 phospholipid 세포막에서 가장 풍부한 유형의 지질; 양친매성으로 극성 머리 부분은 인산염, 글리세롤(또는 스핑고신) 골격, 염기(세린, 에탄올아민, 이노시톨 또는 콜린)를 가지고 있고, 소수성 꼬리는 2개의 지방산(이 중 하나는 완전히 포화되어 있고 다른 하나는 탄소 2중결합을 가진 불포화 상태)을 가지고 있다.

인지질분해효소 C phospholipase C 특정 G 단백질-연결수용체에 의해 활성화될 때 막의 인지질을 절단하여 2차 전달자인 다이아실글리세롤과 이노시톨 3인산을 생성함으로써 소포체에서 2차 전달자인 칼슘의 방출을 유도하는 막의 효소 집단.

인핸서 enhancer 전사인자가 결합하여 전사 개시 속도를 증가시키는 DNA의 짧은 영역.

자가소화 autophagy 소포체의 일부를 사용하여 소포 또는 자가소화소포가 형성되고 소량의 세포질을 삼키는 과정이다. 라이소솜과의 융합으로 라이소솜의 효소가 거대분자를 소화시킨다. 선택적 및 비선택적 자가소화 경로가 모두 존재한다.

전령 RNA messenger RNA (mRNA) 전체 RNA의 약 5%를 차지한다. 핵에 있는 DNA의 유전 정보의 전사를 통해 합성되며 번역을 위해 세포질로 이동한다.

전분화능 pluripotency 생물체의 발생에 필요한 태반, 양막, 융모막과 같은 지지 구조를 제외한, 신체의 모든 세포 유형을 발생시키는 세포의 능력.

전형성능 totipotency 단일 세포가 전체 생물체로 발생할 수 있는 잠재력(예: 수정란 및 4 세포기 단계).

제1형 당뇨병 diabetes mellitus type 1 이자의 랑게르한스섬의 β 세포가 파괴되어 인슐린이 생성되지 않고 혈중 포도당 수치가 증가하는 자가면역 질환이다.

제2형 당뇨병 diabetes mellitus type 2 세포가 인슐린의 효과에 둔감해지고 인슐린 수용체의 신호전달에 결함이 있어 혈중 포도당 수치가 증가하는 질병이다.

젤 gel 보다 단단한 세포 내부의 상태를 의미하며, 액틴 다발 및 이로 인한 교차결합으로 인해 형성된다.

조절 분비 regulated secretion 분비 단백질이 특정 시간에만 세포에서 방출될 때를 의미한다. 이 불연속적인 세포외배출 과정은 수송 소포(저장 과립이라고도 함) 내의 새로운 단백질이 세포 외부에서 필요할 때까지 세포질에 머물러 있게 한다. 이러한 유형의 분비를 조절하려면 적절한 자극이 필요하다.

졸 sol 덜 구조적이고 더 조각난 액틴 필라멘트로 인해 발생하는, 세포 내부가 더 용해된 상태.

종결돌연변이 nonsense mutation 아미노산에 대한 코돈을 번역의 종결을 유발하는 종결코돈으로 전환시키는 단일 염기의 변화.

종양 억제 유전자 tumor suppressor gene 세포 증식을 예방하는 유전자. 이 유전자의 활동이 감소하면 생장 조절이 상실될 수 있다.

종양유전자 oncogene 정상적인 세포 생장과 관련된 유전자의 돌연변이로, 암을 유발할 가능성이 있다.

주변 막단백질 peripheral membrane protein 원형질막의 세포질 쪽에 위치한 단백질로, 막의 지질에 간접적으로만 부착된다.

줄기세포 미세환경 stem cell niche 줄기세포의 자가증식과 유지를 조절하여 줄기세포가 고갈되지 않도록 보호하는 동시에 줄기세포의 과잉 생산으로부터 개체를 보호하는 미세환경이다.

중간섬유 intermediate filament 추가적으로 구조적 안정성을 제공하는 세포골격 필라멘트의 유형이다. α-나선 막대형 단백질의 소단위체에 의해 형성되고 서로 꼬인 2량체를 형성한다. 케라틴(keratin)과 비멘틴(vimentin)은 흔한 중간섬유이다.

지질뗏목 lipid raft 콜레스테롤 수송, 세포내섭취 및 신호전달에 작용하는 세포막 내의 특화된 콜레스테롤 및 스핑고지질이 농축된 영역으로 일시적으로 형성된다.

침묵돌연변이 silent mutation 코돈의 단일 염기가 변했지만, 원래 코돈과 동일한 아미노산을 지정하는 돌연변이.

카베올라 caveolae 세포의 신호전달 단백질이 고농도로 발견되는 세포막의 일부분으로, 안쪽으로 접혀진 막의 변화를 일으키는 카베올린(caveolin) 단백질을 함유한 지질뗏목의 일종이다.

카스페이스 caspase 세포자멸 중에 활성화되어 세포 단백질의 소화를 담당하는 단백질분해효소.

코돈 codon 번역과정에서 특정 아미노산을 지정하는 3개의 뉴클레오타이드 염기이다. A, G, C 및 U로 구성된 RNA 언어라고 할 수 있으며, 일반적으로 5' 말단에서 3' 말단으로 쓴다.

콜라젠 collagen 세포외기질의 섬유질 단백질 집단으로, 인체에서 가장 풍부하다. 합성 중에 바이타민 C를 필요로 하며, 주로 뼈, 힘줄 및 피부에서 발견되는 질긴 단백질 섬유를 형성한다.

콜레스테롤 cholesterol 세포막의 주요 구성요소인 지질로, 극성 하이드록실기 및 탄화수소에 부착된 소수성 스테로이드 고리를 포함한다. 세포막 전체에 퍼져 있으며 인지질 사이에 삽입된다.

타이로신 인산화효소 Tyr kinase 수용체 단백질 또는 세포질 타이로신 인산화효소와 관련된 효소 수용체 신호전달에 사용되며, 기질의 타이로신 잔기를 인산화하여 세포 내에서 간단하고 강력한 신호를 보낸다.

텔로머레이스 telomerase 염색체의 텔로미어는 반복적인 DNA로 구성되어 있는데, 세포분열에 따라 짧아진다. 이런 텔로미어를 유지하기 위해 염색체 말단의 단백질과 복합체를 형성하는 효소를 의미한다.

트라이뉴클레오타이드 반복 trinucleotide repeats 마이크로부수체 서열은 일반적으로 특정 유전자에 특정 수로 존재하는데, 반복된 개수가 확장되어 유전자 불안정성을 유발하고 특정 인간 질병의 근원이 될 수 있다.

트라이뉴클레오타이드 확장 trinucleotide expansion 3개의 염기서열로 구성된 단위체가 유전자의 암호화 또는 비암호화 영역에서 나란히 반복되어 개수가 증가하는 것.

트레드밀링 treadmilling G-액틴 단량체가 F-액틴 중합체로 추가 및 제거되는 비율이 서로 같아서 정지된 상태처럼 보인다. 마치 런닝머신을 따라 움직이는 것처럼 새로운 G-액틴 단량체가 추가되면서 개별 G-액틴이 중합체를 따라 움직이는 것처럼 보인다.

파이브로넥틴 fibronectin 결합조직의 주요 접착 단백질; 세포 표면(인테그린을 통해)을 프로테오글라이칸 및 콜라젠에 연결하는 다기능 단백질.

퍼옥시솜 peroxisome 지방산과 퓨린이 분해되고 과산화물이 해독되는, 막으로 둘러싸인 소기관.

폴리 (A) 꼬리 poly (A) tail 전령 RNA(mRNA)에 추가되는 아데닌 뉴클레오타이드의 긴 사슬.

프로테아솜 proteasome 유비퀴틴화된 단백질을 인식하고 이를 펼쳐서 더 작은 펩타이드로 분해하는 ATP가수분해효소를 포함하는 커다란 단백질 복합체이다.

프로테오글라이칸 proteoglycan 세포외기질에 있는 글라이코스아미노글라이칸과 단백질의 집합체로서, 표면에 순 음전하를 가지고 있어 서로 반발하고 점액 분비물과 관련되어 미끄러운 특성을 가지고 있다. 점액다당류라고도 한다.

피브릴린 fibrillin 엘라스틴 전구체인 트로포엘라스틴의 발판 역할을 하는 세포 외 공간의 당단백질 유형이며, 탄력 섬유 유지에 필요하다. 피브릴린을 암호화하는 FBN1 유전자의 돌연변이는 긴 팔다리, 큰 키, 근시 및 대동맥 이상을 나타내는 상염색체 우성 형질인 **마르팡(Marfan) 증후군**을 초래한다.

항시 분비 constitutive secretion 새로 합성된 단백질을 운반하는 소포가 트랜스 골지망을 떠나 근처 원형질막과 지속적으로 융합하여 소포 내용물을 세포 외 공간으로 방출할 때를 의미함.

핵 nucleus 사람의 경우 23쌍의 염색체를 포함한 유전체 DNA를 가지고 있는 진핵세포의 소기관.

혈액 뇌 장벽 blood-brain barrier 독성 물질 및 박테리아를 포함한 기타 많은 물질이 뇌로 들어가는 것을 방지하는 동시에 물, 산소, 이산화탄소는 통과시키는 특수 시스템이다.

호르몬 결합 도메인 hormone-binding domain 특정 호르몬이 결합하여 활성화되는 스테로이드 호르몬 수용체의 COOH 말단 근처 영역.

확산 diffusion 물질이 고농도인 영역에서 저농도 영역으로 퍼져서, 공간 내에서 고르게 분포하는 현상.

확인점 checkpoint 문제가 감지되면 다음 단계로의 진행을 중단시킬 수 있는 세포주기 내의 지점으로, DNA를 복구하거나 세포자멸을 일으킨다.

후성유전학적 변형 epigenetic modification DNA 염기서열이 직접 변형되지 않은 채로, DNA가 RNA로 전사되는 능력에 영향을 미치는 메틸화에 의한 DNA의 변화.

휴지기 quiescent 세포주기의 활성 단계(G_1, S, G_2, M)로 다시 들어갈 수 있는, 세포주기의 G_0 단계에서 휴식 중인 세포.

히스톤 histone 아르지닌과 라이신이 풍부한 염기성 단백질로 된 이질적인 집단으로, DNA의 음전하를 띤 당-인산 골격에 단단히 결합하고 염색체와 염색체 포장(응축)을 구조적으로 지원한다.

1차 능동수송 primary active transport 펌프 역할을 하는 막단백질과 자체 ATP가수분해효소를 사용하여 ATP를 가수분해하여 저농도에서 고농도로 농도 기울기에 역행하여 기질의 이동을 촉진하는 생체막 수송의 한 형태이다.

2중가닥 DNA 수선 double-stranded DNA repair 상동재조합(homologous recombination) 또는 비상동말단결합(nonhomologous end joining)을 통해 이온화 방사선, 산화성 자유라디칼 또는 화학요법에 의해 생성된 DNA의 두 가닥 손상을 복구한다.

2차 능동수송 secondary active transport 1차 능동수송으로 인해 확립된 한 이온의 기울기를 에너지원으로 활용하여 다른 물질을 농도 기울기를 거슬러서 그 이온의 이동과 같은 방향 또는 반대 방향으로 수송하는 동반수송체 또는 역수송체를 의미하며, 직접적인 ATP 가수분해가 필요하지 않다.

2차 전달자 second messenger G 단백질 신호를 통해 생성되는 세포 내 신호분자로, 그 중 다수가 세린/트레오닌 단백질 인산화효소를 활성화한다.

5' 캡 5′ cap RNA 합성 개시 후 mRNA의 5' 말단에 추가된 메틸구아노신 잔기로, 전사체를 분해로부터 보호하고 번역 중에 라이보솜이 결합하는 것을 돕는다.

ATP 결합 카세트 운반체 ATP-binding cassette transporter 세포에서 이온과 외래물질을 내보내고 세포가 독소를 방출하는 주요 방법을 나타내는 1차 능동수송체.

Bcl-2 집단 Bcl-2 family B세포 림프종(B-cell lymphoma, Bcl)에서 고농도로 발현되는 단백질의 이름을 따서 명명되었다. 이 단백질 집단에는 세포의 생존을 촉진하는 단백질과 사멸을 촉진하는 단백질이 모두 포함되어 있으며, 그 비율이 세포의 운명을 결정한다.

DNA 결합 도메인 DNA-binding domain 스테로이드 호르몬 수용체의 꺾임(hinge) 영역 근처에 위치한다. 활성화된 수용체의 이 부분은 DNA와 상호작용하여 단백질의 아미노 말단 근처에 있는 유전자 조절 도메인이 특정 유전자의 전사를 조절하도록 한다.

DNA 복제 스트레스 DNA replication stress DNA 복제분기점이 느리게 진행되거나 정지되는 비효율적인 DNA 복제; 헬리케이스의 활성 감소 및 복제인자를 하향 조절하는 요인에 의해 발생한다.

DNA 연결효소 DNA ligase DNA 중합효소에 의해 RNA 프라이머를 제거하고 남겨진 부분을 채운 후, DNA에 남아 있는 틈이나 절단 부위를 밀봉하는 효소.

DNA 중합효소 DNA polymerase DNA 합성에 작용하는 효소; 일부는 교정 능력이 있다.

DNA 프라이메이스 DNA primase DNA의 합성을 개시하는데 필수적인 RNA 분자를 합성하는 효소.

DNA 헬리케이스 DNA helicase 복제분기점 형성을 촉진하기 위해 ATP의 에너지를 사용하여 2중가닥 DNA의 짧은 부분을 푸는 효소.

G 단백질 G protein 세포막의 안쪽에서 발견되는 신호전달 단백질로, 종종 α, β 및 γ 소단위체로 구성된 이형3량체로 구성되어 있다. α 소단위체가 구아닌 뉴클레오타이드(GDP 또는 GTP)에 결합하고 이를 가수분해하는 능력으로 인해 명명되었으며, 2차 전달자의 생성을 조절한다.

G 단백질-연결수용체 G-protein coupled receptor 막을 7번 통과하는 막관통 수용체로서, 리간드에 의해 자극된 후 이형3량체 G 단백질과 결합한다.

GLUT glucose transporter 포도당 단일수송체로서 작용하는데, 포도당 농도가 높은 곳에서 낮은 곳으로 생체막을 가로질러 한 번에 한 분자의 포도당 이동을 촉진하는 포도당 운반체 집단이다.

LINES long interspersed elements 복사된 후 유전체의 여러 장소에 통합된 긴 산재요소(7,000개의 염기쌍).

MAP 인산화효소 연쇄반응 MAP kinase cascade 유사분열 촉진 활성화 단백질(mitogen activated protein, MAP) 인산화효소의 기능 때문에 명명됨. 이 시스템은 세포 생장 조절에 중요한데, 기질의 세린/트레오닌 잔기를 인산화하고, 전사인자의 인산화 및 생장 관련 유전자의 전사를 조절한다.

mRNA 반감기 mRNA half-life 특정 mRNA에 대한 분해율의 척도; mRNA가 원래 농도의 절반으로 분해되는 데 필요한 시간.

p53 세포주기의 G_1/S 및 G_2/M 확인점 모두에서 작동하는 종양 억제 단백질로, DNA 복구가 필요한 경우 세포주기 진행을 중단하고, DNA 복구가 완료되지 않으면 세포자멸을 유도할 수 있다. 돌연변이되면 암이 발생할 수 있다.

PI3 인산화효소 PI3 kinase (PI3K) 종종 세포분열과 관련된 세포 신호전달에서 중요한 효소로 작용하는 세린/트레오닌 단백질 인산화효소 집단이다. 이들 효소는 포스파티딜이노시톨-4,5-2인산(PIP_2)을 인산화하여 포스파티딜이노시톨-3,4,5-3인산(PIP_3)을 생성한다.

Ras 세포 생장을 조절하는 분자 스위치 역할을 하는 이형3량체 G 단백질의 α 소단위체와 상동인 세포 신호 단백질.

RNA 간섭 RNA interference (RNAi) 2중가닥 RNA에 유전정보를 저장하는 레트로바이러스에 대한 신체 방어의 일부로 생각되는 이 과정은 2중가닥 RNA의 존재로 인해 촉발되며, 핵산내부가수분해효소에 의한 인식과 RNA 유도침묵복합체(RISC)의 형성을 포함한다.

RNA 중합효소 RNA polymerase DNA 주형에서 다양한 유형의 RNA 합성을 촉매한다.

SINES short interspersed elements RNA 중간체를 사용하여 스스로 증폭하는 짧은 산재요소(종종 < 500 염기쌍).

STAT signal transducer and activator of transcription 효소 수용체 신호전달 과정 중 타이로신 잔기에서 인산화되는 STAT 집단으로, 신호 변환기 및 전사 활성자의 기능을 갖는다. 타이로신이 인산화된 다른 STAT와 2량체를 형성한 후 핵으로 이동하며, DNA에 결합하여 전사를 조절한다.

찾아보기

한글 찾아보기

ㅇ

ㅈ

ㅊ

ㅋ

ㅌ

ㅍ

ㅎ

기타

영문 찾아보기

A

D

E

F

J

K

L

M

N

Q

R

S